U0919355

国家社会科学基金资助
教育部人文社会科学重点研究基地基金资助
项目主持人　钱学文

中东、里海油气与中国能源安全战略

钱学文等　著

时 事 出 版 社

前　言

在全球化背景下，世界经济和国际政治的互动关系越来越强。经济的发展和竞争越来越多地渗透到政治冲突中，政治冲突则反过来进一步推动经济竞争。在这一互动关系中，石油和天然气占有极其重要而独特的地位，能否确保油气供给，意味着能否维护国家的经济安全。改革开放以后，我国经济建设的发展速度很快，伴随我国经济的腾飞，石油和天然气的需求大幅度增长，并逐渐成为阻碍我国经济发展的“瓶颈”。要确保我国的石油供应，不仅需要搞好国内油气资源开发和利用，而且要积极参与国际油气资源的开发和利用，搞好国际能源合作。在这方面，我国同中东、中亚里海产油国有着良好的经济合作基础，彼此之间完全可以发展成为优势互补、互利共赢的能源合作伙伴。自中国石油企业实施“走出去”战略起，由于中国与中东产油国之间存在着传统的友好关系，加之石油安全在中国能源安全中所占有的核心地位与作用，中东油气资源的优势地位凸显，中东地区因而成为双方石油企业利用各自的相对优势，开拓互利市场和资源交换的重要舞台。而搞好与中东产油国的能源合作，既有利于落实中央“两种资源、两个市场、两种资金”的战略思想，也有利于保持中国国民经济的持续稳定发展，实现中东产油国与中国的互利双赢和共司发展。

客观上说，中东能源是一个经过长期研究的老问题，但是过去的研究大都局限在世界大国对中东油气资源的争夺方面，很少与我国的利益联系起来。现在，中东、里海油气资源已成为我国进口能源的重要来源，因此，必须从战略高度重视发展我国与这些国家的关系，确保能源供给。2001年，前外长唐家璇曾表示，今后一个时期我国的外交将是石油外交。从石油供应的安全角度和能源来源的多元化考虑，参与开发、利用中东的石油资源理应列入我国的重点战略目标。

本书主要从“世纪之交的世界石油市场和中东里海能源形势、中东主要产油国的能源发展态势和战略、里海能源研究、世界大国的能源战略和政策、中国的能源安全战略”五个方面，对中东、里海地区的油气资源和我国能源发展的关系，进行了分析和探索。将中东、里海能源和我国的能源安全问题结合起来研究，不仅具有明显的经济意义，也有深远的政治意义和战略意义。国家的安定统一通常需要一个广阔而富有弹性的战略疆域地带。从地域上看，我国大西北较易受中东、里海地区的影响，因此，发展与这些国家的友好合作关系，进行经贸往来（包括石油贸易），不仅是我国经济发展的需要，也是地缘政治的需要，有利于我国大西北地区的开发和稳定。进入21世纪以来，中东、里海地区的不稳定因素急剧上升，最突出的一个例子就是，“9·11”事件后，阿富汗地区局势骤变，我国大西北因地域相邻难免要受其影响。与中东、里海地区国家合作开发能源，有望带动我国大西北地区的经济发展，这既有利于解决民族问题，减少不稳定因素的孳生，也可为我国大西北地区的开发，特别是新疆地区经济的稳步发展和大力开展过境贸易等创造良好的条件。

中东是我国周边战略的组成部分，中东国家是我国在反对霸权主义、建立国际政治经济新秩序的斗争中可以借重的国际力量。加强与中东国家的经贸合作，使双边经贸额达到一定的规模，有助于巩固和发展双方良好的政治关系。里海地区有所不同，这一地区涉及到各种力量的地缘政治经济利益，呈现出复杂的争夺与竞争势态，也由于我国特殊的地缘位置和国际地位，使得我国必须实行审慎的地缘外交战略，及时制定相应的能源政策，才能保障我国在参与中东、里海石油合作开发的竞争中获取最大的利益。

最后要说明的是，中东的名称，虽是沿用了过去以欧洲为中心的地区概念，但其内涵已有扩展。按照我国外交部、经贸部等中央部门的地区司设置，本书中所涉及的研究对象主要包括西亚、北非地区的阿拉伯国家，以及土耳其、以色列、伊朗等国。

本书为国家社会科学基金项目暨教育部人文社会科学重点研究基地基金项目，完成于2005年末，然后送交全国哲学社会科学规划办公室和教育部社会科学司评价中心，分别组织专家评审，前后历时约一年半，期间根据国内外的能源形势变化和一些专家意见不时地对原稿进行了修改和补充。

课题组成员由中国石油勘探开发研究院孙永祥、国家对外经济研究所张晶、上海国际问题研究所李伟建、中国社会科学院世界经济与政治研究所刘明等资深能源研究专家组成。孙永祥研究员和张晶教授主要撰写了“里海能源篇”及“借鉴篇”

中的第 4 章“俄罗斯的能源战略”；李伟建研究员参加了“国际能源环境”和“参与中东油气有利于中国的和平发展”、刘明研究员参加了“全球化与中东产油国油气发展战略之调整”等部分章节的撰写，并提供了大量的素材和资料。借此机会，谨致以衷心的感谢。

限于学识，书中谫陋、不足之处，尚请专家、学者赐正。

钱学文

2007 年 2 月 15 日

目　　录

能源形势篇

中东油气篇

里海能源篇

借鉴篇

中国能源安全篇

能源形势篇

进入21世纪后，“9·11”事件、阿富汗战争、美伊战争、巴以冲突升级等，对国际油价走势和能源形势产生了极其深刻的影响，世界大国因此纷纷调整能源安全战略，对中东、里海两个重要石油产地展开了新一轮的争夺，由此逐渐勾勒出了世界能源供求新格局的轮廓。

第一章

中东、里海油气资源

“中东”是一个以欧洲为中心的地域名称，泛指欧、亚、非三洲连接的地区，西方国家向东方扩张时开始使用，以后广泛流行。离欧洲东面较近的地方称近东，较远的称中东，近东和中东经常混用，没有明确的界限。狭义的中东仅指伊朗和阿富汗，广义的中东包括埃及、巴勒斯坦、叙利亚、伊拉克、约旦、黎巴嫩、也门、沙特阿拉伯、阿拉伯联合酋长国、阿曼、科威特、卡塔尔、巴林、土耳其、塞浦路斯等国家和地区。二战以后，特别是近二三十年来，随着国际形势的变化，中东的地域范围被进一步扩展至整个西亚、北非地区。

里海沿岸国家主要由俄罗斯、伊朗、阿塞拜疆、哈萨克斯坦、土库曼斯坦组成，其中伊朗既是里海沿岸国家，又是中东波斯湾国家。它所拥有的大量油气资源，无论对于中东地区还是里海地区都是举足轻重的。

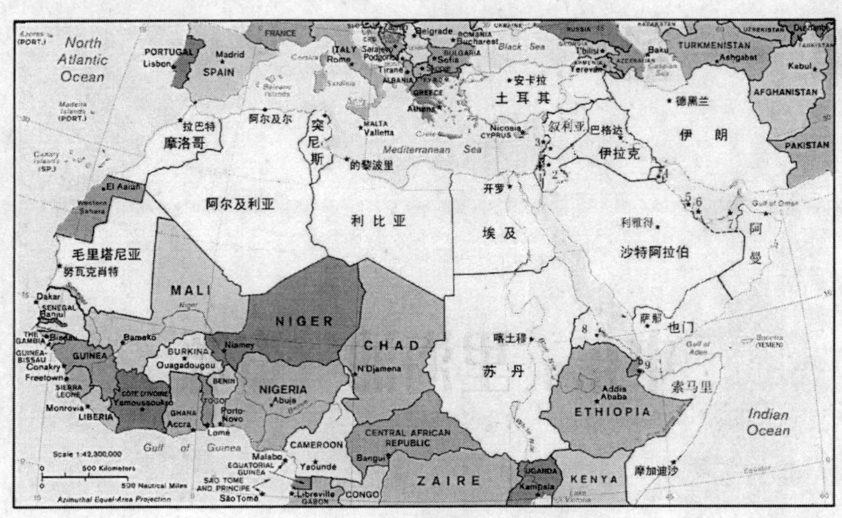

本书涉及的西亚、北非国家示意图

1. 以色列　2. 约旦　3. 黎巴嫩　4. 科威特　5. 巴林

6. 卡塔尔　7. 阿联酋　8. 厄立特里亚　9. 吉布提

第一节　世界油气资源

一、2003—2005年世界石油探明剩余储量①

2003年，世界石油探明剩余储量约为1733.99亿吨，储采比约40.3年。其中，欧佩克成员国的产量约为1212.59亿吨，占68.69%，储采比约76.6年；中东地区约为1067.18亿吨，占61.54%，比2002年略有增长，储采比约86.8年。在中东产油国中，储采比超过100年的有伊拉克、科威特、阿联酋。沙特是世界第一大石油大国，探明剩余储量为2618亿桶，355.34亿吨，占世界探明剩余储量的20.49%，储采比为85年。

2004年，世界石油探明储量约为1750.27亿吨，其中欧佩克成员

① 2005年世界油气资源统计资料请参阅本章第二节附表，以下同。

国的约为1191.25亿吨，占69.28％，比上年略有增长；中东地区约为1075.36亿吨，占61.43％，比上年略有下降。在2004年的探明剩余石油储量世界排名前10位中，沙特第一、伊朗第三、伊拉克第四、阿联酋第五、科威特第六、利比亚第九。

2005年世界石油探明剩余储量为1770.62亿吨，比上年的1750.27亿吨增长了20.35亿吨，约合1.16％。新增的储量几乎全部来自欧佩克成员国。2005年该组织的石油探明剩余储量1235.15亿吨，同比增长1.86％，即22.56亿吨。2005年的全球石油储采比为40.6年，与2004年的40.5年差不多。从全球石油储量的分布情况看，中东储量仍稳居第一。

二、2003—2005年世界石油产量

2003年，世界石油产量约为34.04亿吨，约合7450万桶/日，其中欧佩克成员国约为13.29亿吨，约合2910万桶/日，占39.04％；中东地区石油产量为12.11亿吨，约合2650万桶/日，占35.58％。

2004年，世界石油产量约为35.50亿吨，同比增长4.28％。其中，欧佩克成员国约为14.4155亿吨，占40.61％；中东地区约13.032亿吨，占36.71％。《BP世界能源统计2005》的资料显示，2004年全球石油生产首次超过了8000万桶/日。欧佩克的产量增加了220万桶/日，达到3290万桶/日，继续引领国际市场走向。伊拉克和委内瑞拉的供应有所反弹，但仍低于先前的最高水平。沙特阿拉伯的产量达到1060万桶/日，创历史新高。

中东产油国2004年的石油产量世界排名依此为：沙特第一（4.215亿吨）、伊朗第四（1.865亿吨）、阿布扎比第十二（0.925亿吨）[①]、科威特第十三（0.925亿吨）、利比亚第十五（0.7亿吨）、伊拉克第十六（0.6375亿吨）、阿尔及利亚第十七（0.525亿吨），其他中东产油国均在二十名以后。

---

① 2003年，阿联酋的油气储、产量由阿布扎比、迪拜、沙迦、哈马伊角4个酋长国分别统计。

欧佩克成员国以外的石油生产增幅为 96.5 万桶/日，比此前 10 年的平均水平约高出 20 万桶/日。俄罗斯成为石油输出国组织以外的最大供应国。安哥拉、中国、厄瓜多尔、赤道几内亚与哈萨克斯坦的增幅都超过 10 万桶/日。石油生产下降幅度最大的是英国和美国，分别下降了 23 万桶/日和 16 万桶/日。①

在 2004 年石油产量的世界排名中，俄罗斯首次超过沙特，位居第一，产量 4.475 亿吨，沙特 4.375 亿吨，其后依次为：美国 2.70 亿吨、伊朗 1.97 亿吨、中国 1.747 亿吨、墨西哥 1.705 亿吨、尼日利亚 1.62 亿吨、挪威 1.47 亿吨、加拿大 1.22 亿吨、阿联酋 1.1769 亿吨、委内瑞拉 1.105 亿吨、伊拉克 1.035 亿吨、科威特 1.025 亿吨、英国 0.915 亿吨。

表 1—1②　　2004 年世界石油储产量统计一览表

国家或地区	石油储量（万吨）	同比增长（%）	估算产量（万吨）	同比增长（%）
世界总计	**17502767.01**	**0.94**	**354966.5**	**3.6**
亚太地区小计	**496523.36**	**-5.26**	**36489.5**	**0.1**
澳大利亚	20424.66	-57.40	2150.0	-17.0
孟加拉国	767.12	0.00	20.5	10.8
文莱	18493.15	0.00	950.0	-1.8
中国	250000.00	0.00	17470.0	2.1
中国台湾省	54.79	0.00	4.0	0.0

① 资料来源：新华网，2005 年 6 月 29 日。《BP 世界能源统计 2005》由 BP（英国石油）、发改委能源局、国家统计局工业交通统计司联合发布。

② 资料来源：美国《油气杂志》2004 年 12 月 20 日。2005 年世界石油储产量统计一览表请参阅本章附表。

续表

国家或地区	石油储量（万吨）	同比增长（%）	估算产量（万吨）	同比增长（%）
印度	73578.08	0.00	3425.0	2.3
印度尼西亚	64383.56	0.00	4865.0	-4.0
日本	801.37	0.00	68.5	-3.5
马来西亚	41095.89	0.00	4275.0	6.8
缅甸	684.93	0.00	65.0	0.0
新西兰	705.21	-5.54	120.0	0.4
巴基斯坦	3954.45	0.00	310.0	1.5
巴布亚新几内亚	3287.67	0.00	230.0	-4.6
菲律宾	2082.19	0.00	66.5	-10.1
泰国	7991.10	0.00	770.0	-3.6
越南	8219.18	0.00	1700.0	2.0
西欧总计	**220577.67**	**-11.69**	**27408.5**	**-6.3**
奥地利	849.32	0.00	88.5	-2.7
丹麦	18082.19	3.37	1965.0	6.9
法国	2006.71	-1.33	115.0	-6.0
德国	5402.11	-10.78	343.5	-9.6
希腊	95.89	16.67	12.0	0.0
意大利	8516.44	0.00	575.0	20.0
荷兰	1452.05	0.00	220.0	-3.9
挪威	116438.36	-18.64	14700.0	-4.1
西班牙	2159	0.00	29.5	-10.6
土耳其	4109.59	0.00	210.0	-5.4
英国	61465.75	-3.82	9150.0	-13.0
东欧和原苏联小计	**1086893.84**	**0.00**	**54482.0**	**7.7**

续表

国家或地区	石油储量（万吨）	同比增长（%）	估算产量（万吨）	同比增长（%）
阿尔巴尼亚	2260.27	0.00	31.0	3.3
阿塞拜疆	95890.41	0.00	1490.0	-2.7
白俄罗斯	2712.33	0.00	175.0	0.0
保加利亚	205.48	0.00	5.0	0.0
克罗地亚	1031.16	0.00	95.0	-8.2
捷克共和国	205.48	0.00	29.0	0.0
格鲁吉亚	479.45	0.00	15.0	7.1
匈牙利	1403.84	0.00	112.0	-5.5
哈萨克斯坦	123287.67	0.00	4930.0	11.0
吉尔吉斯斯坦	547.95	0.00	10.0	0.0
立陶宛	164.38	0.00	—	—
波兰	1320.21	0.00	100.0	13.6
罗马尼亚	13090.68	0.00	510.0	-11.5
俄罗斯	821917.81	0.00	44750.0	8.6
塞尔维亚	1061.64	0.00	75.0	-3.2
斯洛伐克	123.29	0.00	5.0	0.0
塔吉克斯坦	164.38	0.00	—	—
土库曼斯坦	7479.45	0.00	1080.0	2.9
乌克兰	5410.96	0.00	400.0	0.0
乌兹别克斯坦	8136.99	0.00	670.0	-6.9
西亚小计	**9990966.58**	**0.34**	**110989.0**	**6.5**
阿联酋	1339726.03	0.00	11768.5	2.9
巴林	1706.30	0.00	870.0	0.6
伊朗	1723287.67	0.00	19700.0	4.1

续表

国家或地区	石油储量（万吨）	同比增长（%）	估算产量（万吨）	同比增长（%）
伊拉克	1575342.47	0.00	10350.0	55.8
以色列	27.40	－47.09	0.5	0.0
约旦	13.70	0.00	—	—
科威特	1356164.38	2.59	10250.0	9.6
中立区	68493.15	0.00	2985.0	－2.1
阿曼	75424.66	0.00	3835.0	－7.4
卡塔尔	208315.07	0.00	3910.0	6.1
沙特阿拉伯	3553424.66	0.00	43750.0	3.2
叙利亚	34246.58	0.00	2520.0	－4.5
也门	54794.52	0.00	1750.0	0.0
非洲小计	**1380601.34**	**15.79**	**40566.0**	**8.2**
阿尔及利亚	161643.84	4.30	6025.0	8.5
安哥拉	74136.99	0.00	4900.0	11.4
贝宁	112.47	0.00	—	—
喀麦隆	5479.45	0.00	350.0	7.7
刚果（前扎伊尔）	2561.64	0.00	130.0	2.0
刚果共和国	20628.90	0.00	1200.0	－0.1
埃及	50684.93	0.00	3560.0	－5.1
赤道几内亚	164.38	0.00	1600.0	32.5
埃塞俄比亚	5.86	0.00	—	—
加蓬	34232.88	0.00	1175.0	－2.2
加纳	226.16	0.00	30.0	0.0
科特迪瓦	1369.86	0.00	150.0	16.3
利比亚	534246.58	0.00	7750.0	8.6

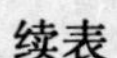
续表

国家或地区	石油储量（万吨）	同比增长（%）	估算产量（万吨）	同比增长（%）
摩洛哥	21.92	0.00	1.0	0.0
尼日利亚	482945.21	41.02	11750.0	9.6
南非	214.79	0.00	160.0	93.9
苏丹	7712.33	0.00	1435.0	12.5
突尼斯	4213.15	0.00	350.0	6.4
西半球总计	**4327204.23**	**－0.07**	**85031.5**	**0.5**
阿根廷	36636.99	－5.18	3400.0	－3.8
巴巴多斯	34.37	0.00	5.0	0.0
玻利维亚	6034.25	0.00	175.0	8.7
巴西	145205.48	24.71	7450.0	－3.0
加拿大	2449315.07	－0.05	12200.0	5.3
智利	2054.79	0.00	50.0	0.0
哥伦比亚	21123.29	－16.30	2650.0	－2.1
古巴	10273.97	0.00	200.0	0.0
厄瓜多尔	63419.18	0.00	2590.0	24.0
危地马拉	7205.48	0.00	100.0	－16.3
墨西哥	200000.00	－6.85	17050.0	1.2
秘鲁	13052.05	233.96	405.0	－7.2
苏里南	1520.55	0.00	56.5	－4.2
特立尼达和多巴哥	13561.64	0.00	650.0	－4.8
美国	299876.71	－3.47	27000.0	－5.0
委内瑞拉	1057890.41	－0.74	11050.0	10.1
欧佩克总计	**12125863.01**	**1.80**	**144155.0**	**7.6**

表 1—1 中，估算探明剩余石油储量统计截至 2005 年 1 月 1 日，石油储量换算系数为 1 桶＝0.1370 吨，产量换算系数为 1 桶/日＝50 吨/年。在产油井数统计截至 2003 年 12 月 31 日，其中不包括关闭井、注入井或服务井数。欧佩克成员国用斜体字表示。

另外，需要指出的是：加拿大的探明剩余石油储量约为 2449315.07 万吨，仅次于沙特，居世界第二位。但这一排名并没有得到普遍认可，因为加拿大 95%的石油资源都是其西部艾伯塔省蕴藏的焦油砂，属非常规石油。这类油藏开采难度大，在测算储量时往往被排除在外。

2005 年的全球石油估算产量达 35.8969 亿，较上年的实际产量 35.6217 亿吨（估算产量 35.4967 亿吨）增长 1250 万吨，即同比增长约 0.8%。欧佩克成员国 2005 年的石油估算产量为 14.6716 亿吨，较上年的实际产量 14.373 亿吨增长 2985 万吨，即同比增长 2.1%；它的石油增产额超过了全球的石油增产额（1250 万吨），这意味着非欧佩克产油国的石油产量总和是不增反减。在阿拉伯海湾产油国中：沙特的石油产量达 4.5775 亿吨，同比增长 4.6%，全年净增 2025 万吨；阿联酋达 12338.5 万吨，同比增长 4.8%，全年净增 570 万吨；科威特同比增长 4.4%，全年净增 450 万吨；卡塔尔、巴林和阿曼同比分别增长 2.2%、0.5%和 0.1%；伊朗和伊拉克同比分别下降 1.3%和 8.1%。在中亚里海地区，俄罗斯的产量增长达 4.6075 亿吨，同比增长 3.7%，实际增长 1641.5 万吨，这一增长低于预期，增幅仅占上年增幅 43%；阿塞拜疆产量增长 500 万吨，达 2000 万，同比增长 33.3%；哈萨克斯坦基本持平；土库曼斯坦增长 100 万吨，达 1100 万吨，同比增长 10%；乌兹别克斯坦从上年的 750 万吨增至 800 万吨，同比增长 6.7%。西非的安哥拉发现了新的深海石油，其产量因此得以较大幅度提升，从上年的 4931 万吨增至 6125 万吨，增幅达 24.2%。

2005 年经合组织的石油产量下降幅度较大，创下历史纪录，达 95.3 万桶/日。受飓风影响，美国的产量减少了约 40 万桶/日。另外，英国和挪威的产量也分别下降了20万桶/日以上。[①]

三、2003—2005年世界石油消费

2003年，世界日均消费石油7970万桶，其中美国占25.4%、中国占7.1%、日本占7%，其他国家占60.5%。[②] 同年石油消费世界排名依次为：美国约2000万桶/日、中国约565.87万桶/日、日本约577.9万桶/日、德国约260万桶/日、俄罗斯约260万桶/日、印度约220万桶/日、韩国约220万桶/日、加拿大约220万桶/日、巴西约10万桶/日、法国约210万桶/日、墨西哥约210万桶/日。

2004年世界石油消费量的增长创下1976年以来的新高，平均日增250万桶，这是过去10年平均增长率的2倍多。在全球经济的带动下，石油消费的增长已成为全球现象，世界各国的石油消费大都超过了过去10年的平均水平。2004年世界十大石油消费国依次为：美国9.273亿吨，同比提高2.1%；中国3.086亿吨，同比提高14.3%；日本2.505亿吨，同比下降1.2%；俄罗斯1.318亿吨，同比提高3.6%；印度1.153亿吨，同比提高5.1%；巴西1.017亿吨，同比提高了4.5%；加拿大1.001亿吨，同比提高3.1%；韩国0.991亿吨，同比下降1.2%；法国0.952亿吨，同比下降了0.9%。[③]

2005年是世界石油消费市场继续增长的一年，同比增长1.3%，每日的石油消费实际增长101.5万桶，达8245.9万桶/日，低于过去10年的平均增长率。造成这一结果的主要原因是，美国、中国以及亚太地区国家的石油增长放缓。2005年美国的石油消费较上年增加13.5万桶/日，基本保持了近几年的增长水平；中国的石油消费增加了21.6万桶/日，远低于2004年100万桶/日的水平；印度尼西亚、马来西亚、

---

① 王立敏：《高油价影响下的2005年世界能源市场——〈BP世界能源统计2006〉总览》，载《国际石油经济》，2006年第7期，第36页。

② 中国能源网：《2003年世界日均消费石油所占比率》，2004年2月20日。

③ 新浪网信息：《2004年世界十大石油消费国》，2005年8月2日。

泰国和菲律宾降低了油价补贴，印度采用进口天然气和煤炭来降低石油消费。所有这一切使2005年的世界石油消费增长趋缓。2005年石油消费居世界前8位的国家如表1—2所示。

表1—2　　2005年石油消费居世界前8位的国家

排名	国家	消费量（万桶/日）	比上年增长	占世界比例
1	美国	2065.5	0.66%	24.6%
2	中国	698.8	2.9%	8.5%
3	日本	536.0	1.4%	6.4%
4	俄罗斯	275.3	1.4%	3.4%
5	德国	258.6	-1.7%	3.2%
6	印度	248.5	-3.5%	3.0%
7	韩国	230.8	0.8%	2.7%
8	加拿大	224.1	-0.2%	2.6%

四、2004—2005年世界炼油能力

2004年世界炼油能力继续缓慢增长，由2003年的717个炼厂总加工能力8205.5万桶/日增至2004年的8240.9万桶/日，炼厂数量则减为675家，净增产能35.4万桶/日。

2004年唯一新增加的炼厂是国际石油公司在巴布亚新几内亚新建的炼厂，产量3.25万桶/日，已于8月份开始销售炼制产品。被关闭的炼厂主要分布在东欧和南美，如：塞浦路斯2.7万桶/日炼厂（2004年4月关闭）；谢夫隆德士古在巴拿马的6万桶/日的Las Minas炼厂和在危地马拉1.6万桶/日的Escnintla炼厂（这两座炼厂将改造为油品接收终端）；西班牙雷普索尔公司在玻利维亚的3000桶/日的

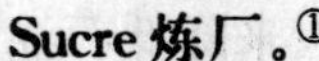

Sucre 炼厂。①

在全球炼油能力排名前 25 位的大石油公司中，位居前 3 位的仍是埃克森莫比尔公司、皇家荷兰壳牌公司集团和 BP 公司。中国石油化工集团公司从第 5 位上升至第 4 位，委内瑞拉国家石油公司则由第 4 位降至第 5 位，中国石油天然气集团公司位居第 13 位。在最新的统计中，英国精炼公司、苏诺克公司和鲁克石油公司变化最大，英国精炼公司因投资 4.65 亿美元，购得埃尔帕索公司的阿鲁巴岛炼厂（1575 万吨/年），排名上升两位。其中，3.65 亿美元用于购买炼厂，1 亿美元用于购买相关海运、燃料储存和销售设施。此外，英国精炼公司还为炼厂的运营投入了 1.62 亿美元。

炼油能力超过 2000 万吨/年的世界级大炼厂现已增至 17 个，排名前两位的仍是委内瑞拉瑞拉帕拉瓜纳炼制中心的胡迪瓦纳炼厂和韩国 SK 公司的蔚山炼厂。印度信任石油公司的贾姆纳格尔炼厂因加工能力增至 3300 万吨/年，排名从 2003 年的第 6 位上升至第 3 位。韩国 LG—加德士公司的沃川炼厂原油加工能力从 3085 万吨/年增至 3250 万吨/年，位居贾姆纳格尔炼厂之后。埃克森莫比尔在新加坡的裕廊炼厂炼油能力从 2935 万吨/年增至 3025 万吨/年，排名第 5 位。新近跻身世界排名的中国台湾麦寮炼厂，炼油能力为 2250 万吨/年，位居第 11 位。请参阅表 1—3：

表 1—3　　美国《油气杂志》公布的世界最大炼油公司排名②

排名 2005—1—25	排名 2004—1—25	公司	原油加工能力（桶/日）
1	1	埃克森莫比尔	5693000
2	2	皇家荷兰/壳牌	4934000

① 饶兴鹤：《世界油气产储量及炼油能力呈现不同幅度增长》，中油网，2004 年 12 月 22 日。

② 中油网消息：《世界最大炼油公司排名》，2004 年 12 月 24 日。

续表

排名 2005—1—25	排名 2004—1—25	公司	原油加工能力（桶/日）
3	3	BP	3867000
4	5	中石化	2793000
5	4	委内瑞拉石油公司	2641000
6	6	道达尔	2622000
7	8	康菲公司	2615000
8	8	谢夫隆德士古	2063000
9	9	沙特阿美	2061000
10	10	巴西石油	1966000
11	13	英国精炼公司	1930000
12	11	墨西哥石油	1851000
13	12	中石油	1782000
14	14	伊朗国家石油公司	1474000
15	15	日本石油公司	1157000
16	18	俄国鲁克石油	1150000
17	16	西班牙雷普索尔	1106000
18	17	科威特国家石油公司	1085000
19	19	俄国尤科斯公司	1048000
20	20	印尼国有石油公司	993000
21	21	美国马拉松阿什兰石油公司	935000
22	22	意大利阿吉普	906000
23	26	苏诺克公司	880000
24	23	韩国 SK 公司	817000
25	24	印度石油公司	777000

2005年，由于中国和沙特阿拉伯等国扩大产能，全球炼油产能激增2.8%，创下30年来最大增幅。截至2005年底，全球炼油总产能达8513万桶/日，创下历年来高点，并超过2004年底的8280万桶/日，是继1978年炼油产能大幅增长3.1%之后的最高水平。中国、印度与美国等各国经济增长带动汽油、柴油与喷射燃油等各项油品需求，促使产能加速扩张。

另据美国能源部公布数据：截至2004年底，10年间全球产能平均年增长达1.1%。中国的产能增长34%，达625万桶/日；沙特阿拉伯增长20%，达210万桶/日；德国增长4.5%，达43万桶/日；全球最大石油消费国美国的炼油产能持平，达1713万桶/日。

五、2003年与2005年世界天然气储量

由BP（英国石油公司）与中国发改委能源局以及国家统计局工业交通统计司联合发布的《BP世界能源统计2005》报告显示：2004年世界天然气探明储量179.5万亿立方米，[①] 比2003年的172.068万亿立方米增长4.32%。2003年，世界天然气第一大国俄罗斯储量为48万亿立方米，占世界总量的26.7%，其次是中东的伊朗（27.5万亿立方米）和卡塔尔（25.8万亿立方米），分别占世界总量的15.3%和14.4%。这三个天然气大国拥有世界天然气储量的一半以上。其他天然气资源大国依次为：沙特（3.8%）、阿联酋（3.4%）、美国（2.9%）、尼日利亚（2.8%）、阿尔及利亚（2.5%）和委内瑞拉（2.4%）。在亚太地区，天然气主要集中在澳大利亚、印尼和马来西亚，它们储量基本相当，分别占世界总量的1.4%左右，中国天然气储量约为2.23万亿立方米，占世界总量的1.2%。请参阅表1—4：

① 美国《油气杂志》关于2004年世界天然气储量的统计数字是171.040569万亿立方米，同比下降0.6%，与BP的统计数字有较大差异。

表 1—4　2003 年、2004 年世界各地区天然气探明剩余可采储量①

地区	2003 年（亿立方米）	2004 年（亿立方米）	2004/2003 年变化	2004 年占世界总量比例	储采比（年）
北美洲	73907	73764	-0.2%	4.3%	9.1
中南美洲	70635	70940	0.4%	4.1%	53.6
欧洲	55702	54948	-1.4%	3.2%	17.6
前苏联	552918	552918	0.0%	32.3%	76.5
中东	713086	714190	0.2%	41.8%	311.8
非洲	127407	134933	5.1%	7.9%	106.2
亚太地区	126026	108713	-13.7%	6.4%	35.4
世界	1720681	1710406	-0.6%	100.0%	64.8

表 1—4 中的中东不包括北非的阿拉伯产油国，2004 年世界天然气探明剩余储量 171.0406 万亿立方米，与《BP 世界能源统计 2005》报告公布的数字（179.5 万亿立方米）有较大差异。

根据美国《油气杂志》公布的数字，2005 年世界天然气探明剩余储量为 1730775.82 亿立方米，比上年增长 20369.82 亿立方米，增幅 1.15%。其中，欧佩克成员国的天然气探明剩余储量为 892798.48 亿立方米，比上年增长 17123.57 亿立方米，增幅 1.96%。

2005 年世界天然气探明剩余储量居前 10 位的国家如表 1—5 所示。其中，俄罗斯稳居第一，天然气储量达 47.5726 万亿立方米，占世界总量的 27.50%；伊朗和卡塔尔分列第二位和第三位，分别占世界总量的 15.89%和 14.90%。2005 年中国的天然气探明剩余储量为 2.35 万亿立方米，储采比为 47 年。

① 资料来源：《石油综合信息》总第 269 期。

表 1—5　　2005 年世界天然气探明剩余储量前 10 位国家

排名	国家	探明剩余储量（万亿立方米）	占世界总量比例	储采比
1	俄罗斯	47.5726	27.50%	80.0
2	伊朗	27.5000	15.89%	>100
3	卡塔尔	25.7832	14.90%	>100
4	沙特	6.8340	3.95%	99.3
5	阿联酋	5.6209	3.25%	>100
6	美国	5.4514	3.15%	10.4
7	尼日利亚	5.2290	3.02%	>100
8	阿尔及利亚	4.5450	2.63%	52.2
9	委内瑞拉	4.2871	2.48%	>100
10	伊拉克	3.1701	1.83%	>100

六、2003—2005 年世界天然气产量

《BP 世界能源统计 2005》公布的数字显示，2004 年世界天然气产量达 26916 亿立方米，比上年增长 2.8%。美国与俄罗斯依然是世界天然气生产大国，在世界天然气总产量中，有 21.9% 来自俄罗斯、20.2% 来自美国。然后是加拿大（6.8%）、英国（3.6%）、伊朗（3.2%）、阿尔及利亚（3.0%）。在亚太地区，印尼（2.7%）和马来西亚（2.0%）的天然气产量得到保持，中国的天然气产量增长 18.5%，达到 408 亿立方米，占世界总量的 1.5%。

表 1—6　2003 年、2004 年世界各地区天然气产量①

地区	2003 年（亿立方米）	2004 年（亿立方米）	2004/2003 年变化	2004 年占世界总产量比例
北美洲	8241	8083.4	-1.9%	30.6%
中南美洲	1030	1323.3	28.5%	5.0%
欧洲	3477	3124.0	-10.2%	11.8%
前苏联	7734	7226.7	-6.6%	27.4%
中东	1891	2288.9	21.0%	8.7%
非洲	1169	1269.3	8.6%	4.8%
亚太地区	2850	3072.9	7.8%	11.6%
世界	26392	26388.5	0.0%	100.0%
欧佩克	3283	3958.4	20.6%	15.0%

表 1—6 中的中东不包括北非的阿拉伯产油国，2004 年世界天然气估算产量为 26388.5 亿立方米，与《BP 世界能源统计 2005》报告公布的数字（26916 亿立方米）有较大差异，比较接近美国《油气杂志》公布的 26383 亿立方米。

按《油气杂志》公布的数字，2005 年世界天然气估算产量达 27825.67 亿立方米，比上年的实际产量 26719.18 亿立方米增长了 1106.52 亿立方米，增幅为 4.14%。2005 年，世界各地的天然气产量有增、有减。在美国，造成美国天然气产量下滑的原因：一是受飓风影响；二是近年来天然气消费增长停滞。2005 年美国的天然气产量达 5385.04 亿立方米，占世界总产量的 19.35%，比上年下滑了 2.47%。

2005 年俄罗斯的天然气产量达 6311.86 亿立方米，占世界总产量的 22.68%，比上年增长 3.91%。在欧洲，英国的天然气生产已连续第

① 《石油综合信息》总第 269 期。

5年下滑，荷兰和意大利也开始下滑，但是俄罗斯和挪威的天然气产量已足够弥补这些国家的产量下降。

2005年中国的天然气生产为全球增长之最，产量达504.92亿立方米，比上年的407.64亿立方米天然气产量增长了23.86%。表1—7为2005年世界天然气产量排名，其中中国排名第11位，跻身世界前10位已近在咫尺。

表1—7　2005年世界天然气产量排名

排名	国家	产量（亿立方米）	占世界总产量的比例	比上年增长
1	俄罗斯	6311.86	22.68%	3.91%
2	美国	5385.04	19.35%	-2.47%
3	加拿大	1698.80	6.11%	-16.29%
4	英国	925.69	3.33%	-8.47%
5	伊朗	906.14	3.26%	23.20%
6	阿尔及利亚	900.48	3.24%	6.78%
7	挪威	848.96	3.05%	10.75%
8	荷兰	691.59	2.49%	-16.46%
9	沙特	649.59	2.33%	18.01%
10	印度尼西亚	641.66	2.31%	2.69%
11	中国	504.92	1.81%	23.86%

七、2004年世界天然气消费

2004年，世界天然气的消费增长了3.3%。由于高昂的天然气价格以及产业重组，在美国这个全世界最大的市场，天然气的消费停滞不前。除美国之外，世界其他地方的天然气消费增长了4%，其中俄罗斯、中国与中东的增幅最大。

2004年世界天然气消费量增长3.3%，达26893亿立方米，高于近10年的平均增长率2.3%。美国依然是世界头号天然气消费大国，消费量达6467亿立方米，占世界总消费量的24%。俄罗斯位居第二，占15%。然后是英国、加拿大、德国、伊朗、日本、哈萨克斯坦、乌克兰等，均在3%左右。随着环保意识增强，中国对于绿色能源天然气的需求不断增加，消费量较上年增长19%，达到390亿立方米，占世界总量的1.5%。

2005年世界天然气消费增长速度比2004年更加缓慢，据《BP世界能源统计2006》的数据资料为2.3%，接近于过去10年的平均增长率。2005年美国的天然气消费量降低了1.5%，英国的天然气消费量降低了2.2%。其他地区的天然气消费则有不同程度的增长，亚太地区增长最快，2005年天然气消费量达4069亿立方米，较上年增长了7.8%。其中，中国的天然气消费量从2004年的390亿立方米上升到470亿立方米，增幅达20.8%。此外，南欧和印度的增幅也很大。导致2005年天然气消费增长放缓的原因主要有：飓风频发对美国的天然气市场产生不利影响、管道气和液化天然气（LNG）的发展加速、天然气市场的国际化发展加快等。

八、中东地区的油气出口

中东地区是全球石油储藏最丰富的地区，长期以来一直是全球石油市场的重心。2004年中东产油国的石油产量约为130110万吨，相当于2600万桶/日，其中约1/4用于本地区消费，其余部分出口到世界各地。在这些出口石油中：60%流向亚洲（除西亚外）、19%流向欧洲、15%流向北美，剩余6%出口到南美、中美和非洲。

沙特是中东最大的石油生产和出口国，2004年日均石油产量约为875桶，约占中东日均石油产量的34%；伊朗居次席，约占15%；此外，阿联酋约9%、伊拉克约8%、科威特约7.9%、利比亚约6%、阿尔及利亚约4.7%左右。中东主要产油国大都拥有增加石油生产和出口的能力，只是伊拉克存有一些问题，它虽已恢复石油出口，但由于战后资金和人为破坏因素的干扰，其石油出口恢复到市场预期还有待时日。从长远看，沙特、伊朗、伊拉克、阿联酋、科威特、利比亚和阿尔及利亚的石油生产能力有望得到较大增长，在全球石油市场上发挥越来越重要的作用。据预测，这些中东产油国的石油产量到2010年可望增至2880万桶/日，条件是欧佩克继续奉行利润最大化战略，继续推行限产保价政策。

中东油气的主要出口地现已转向亚洲市场，占出口总量的60%以上。但是，中东油气对亚洲市场大都采用溢价销售，这明显不利于亚洲石化产业的发展。如果双方之间不能造成双赢的局面，那彼此的矛盾必然激化，进而迫使亚洲国家从其他地方寻找油气来源，从长远看肯定将影响中东石油对亚洲市场的出口。这对中东油气来说，同样也是不利的。

2005年中东产油国的石油出口总量达9.9105亿吨（合1982.1万桶/日），占世界出口总量的39.7%。前苏联地区的石油出口量达3.538亿吨（合707.6万桶/日），占世界出口总量的39.7%。

同年，全球的石油贸易量为24.615亿吨（合4990.6万桶/日），比上年的23.807亿吨（合4811万桶/日）增长了3.7%。其中原油贸易量18.852亿吨，成品油贸易量5.763亿吨。美国的石油进口总量6.667亿吨，较上年增长了4.9%，占世界石油进口总量的27.1%；日本的石油进口总量为2.582亿吨，占世界石油进口总量的10.5%；中国的石油进口总量1.669亿吨，占世界石油进口总量的6.15%，世界排名第三。①

① 王立敏：《高油价影响下的2005年世界能源市场——〈BP世界能源统计2006〉总览》，《国际石油经济》，2006年第7期，第36页。

第二节　中东地区的油气资源与产量

一、石油探明剩余储量和估算产量

（一）2003 年中东产油国探明剩余石油储量和估算产量

表 1—8　2003 年中东产油国探明剩余石油储量和估算产量表　（单位：万吨）

世界排名	国家或地区	探明石油储量	世界排名	国家或地区	估算产量
1	沙特阿拉伯	3553424.66	1	沙特阿拉伯	42150.0
3	伊朗	1723287.67	4	伊朗	18650.0
4	伊拉克	1575342.47	12	阿布扎比	9250.0
5	科威特	1321917.81	13	科威特	9250.0
6	阿布扎比①	1263013.70	15	利比亚	7000.0
9	利比亚	493150.68	16	伊拉克	6375.0
14	卡塔尔	208315.07	17	阿尔及利亚	5250.0
15	阿尔及利亚	154986.30	21	阿曼	4110.0
20	阿曼	75424.66	23	埃及	3750.0
23	中立区	68493.15	24	卡塔尔	3600.0
27	迪拜	54794.52	27	中立区	3000.0
28	也门	54794.52	30	叙利亚	2640.0
29	埃及	50684.93	33	也门	1750.0
33	叙利亚	34246.58	35	迪拜	1650.0

① 2003 年阿联酋的油气储、产量由阿布扎比、迪拜、沙迦、哈伊马角 4 个酋长国分别统计。

续表

世界排名	国家或地区	探明石油储量	世界排名	国家或地区	估算产量
37	沙迦	20547.95	41	苏丹	1000.0
47	苏丹	7712.33	43	巴林	870.0
54	突尼斯	4213.15	53	突尼斯	330.0
55	土耳其	4109.59	57	土耳其	225.0
66	巴林	1843.29	58	沙迦	225.0
70	哈伊马角	1369.86	90	哈伊马角	2.5
93	以色列	51.78	91	摩洛哥	1.0
95	摩洛哥	21.92	92	以色列	0.5
96	约旦	13.70			
	中东小计	10671760.29		**中东小计**	121079.0
	世界总计	17339884.70		**世界总计**	340433.5
	欧佩克小计	11911246.58		**欧佩克小计**	132180.0
中东石油储量约占世界总量的 61.54%			中东石油产量约占世界总量的 35.6%		

资料来源：美国《油气杂志》2003 月 12 月 22 日。

（二）2004 年中东石油生产国探明剩余储量和估算产量

表 1—9　　2004 年中东产油国石油储、产量统计表

国家或地区	石油储量（万吨）	同比增长（%）	估算产量（万吨）	同比增长（%）
阿联酋	1339726.03	0.00	11768.5	2.9
巴林	1706.30	0.00	870.0	0.0
伊朗	1723287.67	0.00	19700.0	4.1
伊拉克	1575342.47	0.00	10350.0	55.8
以色列	27.40	-47.09	0.5	0.0

续表

国家或地区	石油储量（万吨）	同比增长（%）	估算产量（万吨）	同比增长（%）
约旦	13.70	0.00	—	—
科威特	1356164.38	2.59	10250.0	9.6
中立区	68493.15	0.00	2985.0	-2.1
阿曼	75424.66	0.00	3835.0	-7.4
卡塔尔	208315.07	0.00	3910.0	6.1
沙特阿拉伯	3553424.66	0.00	43750.0	3.2
叙利亚	34246.58	0.00	2520.0	-4.5
也门	54794.52	0.00	1750.0	0.0
阿尔及利亚	161643.84	4.30	6025.0	8.5
埃及	50684.93	0.00	3560.0	-5.1
利比亚	534246.58	0.00	7750.0	8.6
摩洛哥	21.92	0.00	1.0	0.0
苏丹	7712.33	0.00	1435.0	12.5
突尼斯	4213.15	0.00	350.0	6.4
中东小计	10749489.33	7.28	130110.0	7.46
欧佩克总计	**12125863.01**	**1.80**	**144155.0**	**7.6**
世界总计	**17502767.01**	**0.94**	**354966.5**	**3.6**
	中东石油储量约占世界总量的61.42%			

资料来源：美国《油气杂志》2004月12月20日。

根据表1—9，2004年中东产油国的探明剩余石油储量占世界总量的61.42%；估算产量占世界总量的36.65%；在产油井数口（不包括关闭井、注入井或服务井数），占世界总量的1.82%。从中东石油产量占世界总量的比例和中东在产油井数占世界总量的比例可以看出，中东在产油井的出油效率最高。

（三）2004年探明剩余石油储量世界排名前20位的国家

表1—10　　2004年石油储量世界排名前20位国家一览表

世界排名	国家或地区	探明剩余储量（万吨）	同比增长
1	沙特阿拉伯	3553424.66	0.00%
2	加拿大	2449315.07	-0.05%
3	伊朗	1723287.67	0.00%
4	伊拉克	1575342.47	0.00%
5	科威特	1356164.38	2.59%
6	阿联酋	1339726.03	0.00%
7	委内瑞拉	1057890.41	-0.74%
8	俄罗斯	821917.81	0.00%
9	利比亚	534246.58	0.00%
10	尼日利亚	482945.21	41.02%
11	美国	299876.71	-3.47%
12	中国	250000.00	0.00%
13	卡塔尔	208315.07	0.00%
14	墨西哥	200000.00	-6.85%
15	阿尔及利亚	161643.84	4.30%
16	巴西	145205.48	24.71%
17	哈萨克斯坦	123287.67	0.00%
18	挪威	116438.36	-18.64%
19	阿塞拜疆	95890.41	0.00%
20	阿曼	75424.66	0.00%
	注：仿体字为中东国家或地区		

资料来源：美国《油气杂志》2004月12月20日。

从表 1—10 可知，在 2004 年石油储量世界排名前 20 位国家中，中东国家占 9 个，它们是沙特、伊朗、伊拉克、科威特、阿联酋、利比亚、卡塔尔、阿尔及利亚、阿曼。里海沿岸产油国俄罗斯、哈萨克斯坦、阿塞拜疆也都在其中。

（四）2004 年石油估算产量世界排名前 20 位的国家

表 1—11　　2004 年石油估算产量前 20 位国家世界排名表

世界排名	国家或地区	石油估算产量（万吨）	同比增长
1	俄罗斯	44750.0	8.6%
2	沙特阿拉伯	43750.0	3.2%
3	美国	27000.0	-5.0%
4	伊朗	19700.0	4.1%
5	中国	17470.0	2.1%
6	墨西哥	17050.0	1.2%
7	挪威	14700.0	-4.1%
8	加拿大	12200.0	5.3%
9	阿联酋	11768.5	2.9%
10	尼日利亚	11750.0	9.6%
11	委内瑞拉	11050.0	10.1%
12	伊拉克	10350.0	55.8%
13	科威特	10250.0	9.6%
14	英国	9150.0	-13.0%
15	利比亚	7750.0	8.6%
16	巴西	7450.0	-3.0%
17	阿尔及利亚	6025.0	8.5%
18	哈萨克斯坦	4930.0	11.0%
19	安哥拉	4900.0	11.4%

续表

世界排名	国家或地区	石油估算产量（万吨）	同比增长
20	印度尼西亚	4865.0	-4.0%
	注：仿体字为中东国家		

资料来源：美国《油气杂志》2004月12月20日。

从表1—11可知，在2004年石油估算产量世界排名前20位国家中，中东国家占7个，它们是沙特、伊朗、阿联酋、伊拉克、科威特、利比亚、阿尔及利亚。里海沿岸产油国中，俄罗斯排名第1、哈萨克斯坦第18位。

（五）2005年中东产油国的探明剩余石油储量与石油开采产量

2005年中东产油国的探明剩余石油储量为10937783.4万吨，比上年的10749489.33万吨增长了188294.07万吨，增幅1.75%。其中，西亚产油国的探明剩余石油储量为10183706.30万吨，北非产油国为754077.11万吨。数据说明，中东产油国新发现的石油资源大于开采掉的石油资源，这与中国入不敷出的情况形成了鲜明的对照。

2005年中东产油国的石油总产量为133370.5万吨，比上年的130110.0万吨增长了3260.5万吨，增幅为2.51%。其中，西亚产油国的石油产量为113114.0万吨，北非产油国的产量为20256.5万吨。

二、天然气探明剩余储量和估算产量

（一）2003年中东天然气生产国探明剩余储量

2002年中东天然气探明剩余储量约为82.2万亿立方米，① 2003年同比下降3.91%，为789879.51亿立方米，占世界总量的45.91%。详

① 资料来源：美国《油气杂志》，2002年12月23日。

情请参阅表1—12：

表1—12　　2003年中东天然气生产国探明剩余储量一览表

世界排名	国家或地区	天然气探明剩余储量（亿立方米）	同比增长
2	伊朗	266179.80	—
3	卡塔尔	257684.70	—
4	沙特阿拉伯	65299.00	—
5	阿布扎比①	55529.64	—
7	阿尔及利亚	45307.20	—
10	伊拉克	31148.70	—
20	埃及	16565.45	—
21	科威特	15574.35	—
23	利比亚	13139.09	—
27	阿曼	8291.22	—
33	也门	4785.57	—
39	沙迦	3029.92	—
43	叙利亚	2406.95	—
50	迪拜	1161.00	—
56	巴林	920.30	—
58	苏丹	849.51	—
59	突尼斯	778.72	—
68	以色列	389.36	—
72	哈伊马角	339.80	—
75	中立区	283.17	—

① 阿联酋的天然气产量由阿布扎比、沙迦、迪拜和哈伊马角4个酋长国分列，合计为60060.36亿立方米。

续表

世界排名	国家或地区	天然气探明剩余储量（亿立方米）	同比增长
85	土耳其	84.95	—
87	约旦	62.30	—
91	索马里	56.63	—
98	摩洛哥	12.18	—
	中东小计	789879.51	-3.91%
	世界总计	1720680.81	10.45%
	欧佩克小计	867179.81	22.95%

资料来源：美国《油气杂志》2003年12月22日。

（二）2004年中东天然气生产国探明剩余储量

2004年中东探明剩余天然气储量同比增长0.98%，约为797693.59亿立方米，约占世界总量的46.64%。详情请参阅表1—13：

表1—13　2004年中东天然气生产国探明剩余储量一览表

地区排名	国家或地区	探明剩余储量（亿立方米）	同比增长
1	伊朗	266179.80	—
2	卡塔尔	257684.70	—
4	沙特阿拉伯	66403.37	—
5	阿联酋	60060.36	—
7	阿尔及利亚	45448.79	—
10	伊拉克	31148.70	—
20	埃及	16565.45	—
21	科威特	15574.35	—

续表

地区排名	国家或地区	探明剩余储量（亿立方米）	同比增长
23	利比亚	14724.84	—
27	阿曼	8291.22	—
33	也门	4785.57	—
43	叙利亚	2406.95	—
56	巴林	920.30	—
59	突尼斯	778.72	—
75	中立区①	283.17	—
	其他中东国家	6437.30	—
	中东小计	797693.59	0.98%
	世界总计	1710405.69	-0.60%
	欧佩克小计	875674.91	0.98%

资料来源：美国《油气杂志》2005年3月24日。

（三）2002年和2003年中东产油国的天然气生产

2003年3月上旬，美国《油气杂志》发表了部分世界天然气产量的年度统计资料。2002年世界天然气总产量为24981.15亿立方米，比2001年增长了178.33亿立方米。是年，欧佩克成员国的天然气产量有所下降，全年共生产天然气3205.40亿立方米，比2001年下降3.54%。

自20世纪90年代起，世界天然气工业得到持续高速发展。2002年世界天然气产量与10年前的21758亿立方米相比，年均增长约1.57%，其中2001年增幅最大，达3.85%。中东地区的天然气增长主要来自于阿联酋，净增产量139.04亿立方米。中国天然气产量在2001

① 沙特和科威特各占中立区储产量的一半。

年历史最高水平的基础上，2002 年继续高速增长，达到 328.14 亿立方米，较上年增长 8.29%。但在世界各国天然气产量的排名中，由于阿联酋的产量猛增，中国从第 15 位降至第 16 位。

在 2002 年世界天然气产量排名中，俄罗斯居首位，美国降至次位，两国产量分别达 5957.15 亿立方米和 5703.87 亿立方米，两国产量合占世界总量的 46.7%。位居 3—20 位的依次为：加拿大、英国、阿尔及利亚、荷兰、挪威、印度尼西亚、墨西哥、伊朗、沙特阿拉伯、马来西亚、阿根廷、阿联酋、澳大利亚、中国、印度、巴基斯坦、委内瑞拉和卡塔尔。

2002 年位次增长最快的是阿联酋，年产量从 236.36 亿立方米增加到 375.40 亿立方米，位次由 2001 年的第 20 位猛升至第 14 位。在世界排名前 20 位中，中东国家仅占 5 席，分别是：阿尔及利亚（第 5 位）、伊朗（第 10 位）、沙特阿拉伯（第 11 位）、阿联酋（第 14 位）和卡塔尔（第 20 位）。2002 年中东国家的天然气产量排位虽不瞩目，但储量丰富，发展潜力很大。

表 1—14　2002 年和 2003 年中东天然气生产国估算产量一览表

地区排名	国家或地区	估算产量（亿立方米）		同比增长
		2002 年	2003 年	
1	阿尔及利亚	750.80	803.44	7.01%
2	沙特阿拉伯	423.37	516.48	21.99%
3	伊朗	441.82	461.29	4.41%
4	阿联酋	375.40	400.33	6.64%
5	卡塔尔	221.79	227.48	2.56%
6	埃及	149.02	141.67	-4.93%
7	科威特	65.51	83.17	26.96%
8	巴林	69.94	75.85	8.45%
9	利比亚	69.79	70.33	0.77%

续表

地区排名	国家或地区	估算产量（亿立方米）		同比增长
		2002 年	2003 年	
10	阿曼	67.01	55.75	-16.80%
11	叙利亚	56.63	52.98	-6.45%
12	突尼斯	22.67	21.62	-4.64%
13	伊拉克	19.92	14.01	-29.68%
14	也门	—	—	—
15	其他中东国家	2.63	2.97	13.09%
	中东小计	2736.3	2927.37	6.98%
	世界总计	24981.15	26382.84	5.61%
	欧佩克小计	3205.40	3281.41	2.37%
2003 年中东天然气估算产量约占世界总量的 11.10%。				

《BP 世界能源统计报告 2003》发表的统计资料与美国《油气杂志》公布的数字基本接近，在 2002 年发展的基础上，2003 年世界天然气总产量增长了 5.61%，达到 26382.84 亿立方米，比上年增长了 1401.69 亿立方米。欧佩克组织的天然气产量也比上年增长了 2.37%，全年共生产天然气 3281.41 亿立方米。中东增长 6.98%，主要来自于科威特和沙特阿拉伯，增幅分别接近 27%和 22%。①

2003 年世界天然气产量排名中，俄罗斯继续排在首位，美国第 2，位居 3—10 位的分别是：加拿大、英国、荷兰、阿尔及利亚、挪威、印度尼西亚、伊朗、沙特阿拉伯。

① 唐湘：《专家解读 BP 世界能源 2003 统计报告》，《石油商报》，2004 年 7 月 2 日。

（四）2004 年中东天然气生产国估算产量

表 1—15　　2004 年中东天然气生产国估算产量一览表

地区排名	国家或地区	估算产量（亿立方米）		同比增长
		2004 年	2003 年	
1	阿尔及利亚	843.34	803.44	4.97%
2	伊朗	735.52	461.29	59.45%
3	沙特阿拉伯	550.44	516.48	6.58%
4	阿联酋	424.76	400.33	6.10%
5	卡塔尔	294.40	227.48	29.42%
6	埃及	140.82	141.67	-0.60%
7	科威特	91.89	83.17	10.48%
8	利比亚	71.03	70.33	1.00%
9	巴林	66.94	75.85	-11.75%
10	阿曼	57.82	55.75	3.71%
11	叙利亚	53.37	52.98	0.74%
12	突尼斯	25.09	21.62	16.05%
13	伊拉克	19.92	18.99	35.55%
14	也门	—	—	—
15	中立区①	—	—	—
	其他中东国家	15.66	2.97	427.27%
	中东小计	3375.34	2927.37	15.30%
	世界总计	26719.18	26382.84	1.27%
	欧佩克小计	3997.57	3281.41	21.82%
2004 年中东天然气生产国估算产量约占世界总量的 12.63%。				

① 沙特和科威特各拥有中立区的一半产量。

对表1—15中的数字稍做比较，就能发现中东天然气生产国的估算产量占其探明剩余储量的比例很小，2004年中东探明剩余天然气储量达797693.59亿立方米，但产量仅为3375.34亿立方米，产储比为1∶236，这说明在中东的天然气发展领域存在着非常可观的上升空间。

与石油资源相似，天然气资源的分布也不平衡。在天然气资源方面，中东海湾国家具有得天独厚的资源条件。从表1—15可知：截至2003年底，全世界探明天然气储量的45.90%在中东，其中尤以海湾地区居多。2004年，中东国家的天然气储量有增有降，喜忧参半。排位中东第一的伊朗，探明剩余储量达27.5万亿立方米，同比增长19.55%；其次是卡塔尔，探明剩余储量达25.8万亿立方米，同比增长79.16%；第三是沙特，探明剩余储量达6.82万亿立方米，同比增长7.42%；第四是阿联酋，探明剩余储量达6.103万亿立方米，比上年略有增长；第五是阿尔及利亚，探明剩余储量达4.4875万亿立方米，同比下降约1个百分点。

截至2003年底，中东国家的天然气产量不超过2450亿立方米/年，仅占全球天然气产量的10%不到，相对其拥有的天然气资源，发展滞后，但具有良好的发展前景。2004年，伊朗的天然气产量达861.312亿立方米，并计划在第四个五年发展计划（2005年3月—2010年）期间达到5.80亿立方米/日；卡塔尔的液化天然气产量达1540万吨，计划到2010年增至7700万吨，增长4倍；阿尔及利亚天然气产量达807.48亿立方米，计划至2007年产量翻一番；沙特、阿联酋在天然气的开发和利用方面，尚处低端水平，产量不高，为此都提出了中长期的发展规划，计划至2010年使天然气的产量上一台阶；业界预计，未来5年将有近百亿美元的资金注入其天然气资源的开发。

一般而言，随着科学技术的发展，更多的先进勘探开采技术应用于油气资源的开发，有助于勘探开发埋藏更深的油气资源。这可能就是中东产油国常能找到新油田的一个重要原因。海湾国家甚至认为：他们拥有的油气资源可能远远大于目前的探明储量。但是，要增加油气生产，除必须投入巨额资金外，还应积极引进世界先进技术。

（五）2005 年中东产油国的探明剩余天然气储量与产量

2005 年中东天然气生产国的探明剩余天然气储量为 804997.1 亿立方米，比上年的 797693.59 亿立方米增长了 7303.51 亿立方米，增幅 0.91%，与上年差不多。其中，西亚生产国的探明剩余天然气储量为 726444.32 亿立方米，北非生产国为 78367.31 亿立方米。

2005 年中东天然气生产国的天然气总产量为 3999.39 亿立方米，比上年的 3375.34 亿立方米增长了 624.05 亿立方米，增幅为 18.49%。其中，西亚生产国的天然气产量为 2864.42 亿立方米，北非生产国的产量为 1134.97 亿立方米。中东天然气资源的储采比为 1∶201。由此可见，中东地区的天然气生产还未得到较好的开发和利用，上升空间较大。

第三节　里海沿岸国家的油气资源与产量

一、石油探明剩余储量和估算产量

2004 年里海沿岸国家探明的石油资源（伊朗除外，已列入中东产油国统计）约为 1048575.34 万吨，约占世界总量的 5.99%；估算石油产量约为 52250 万吨，约占世界总量的 14.72%；在产油井数 58889 口（不包括关闭井、注入井或服务井数），约占世界总量的 7.06%。从里海石油产量占世界总量的比例和里海在产油井数占世界总量的比例可以看出：里海在产油井的出油效率相对中东在产油井略逊一筹，但同世界其他地区相比，还是比较高的。请参阅表 1—16：

表 1—16　**2004 年里海探明剩余石油储量一览表**　（单位：万吨）

世界排名	国家	探明剩余储量	占世界总量
1	俄罗斯	821917.81	4.70%
15	土库曼斯坦	7479.45	0.04%
17	哈萨克斯坦	123287.67	0.70%
26	阿塞拜疆	95890.41	0.55%
合计		1048575.34	5.99%

资料来源：美国《油气杂志》2004 年 12 月 20 日。

表 1—17　**2004 年里海石油估算产量一览表**　（单位：万吨）

国家	估算产量	同比增长	占世界总量	在产油井
俄罗斯	44750.0	8.6%	12.61%	2460
土库曼斯坦	1080.0	2.9%	0.30%	42473
哈萨克斯坦	4930.0	11.0%	1.39%	11854
阿塞拜疆	1490.0	-2.7%	0.42%	2120
	52250.0		14.72%	58889

资料来源：美国《油气杂志》2004 年 12 月 20 日。

说明：表 1—17 的 2004 年估算产量与《油气杂志》于 2005 年末公布的实际产量略有出入。

2005 年上述里海沿岸 4 国的探明剩余石油储量为 1048575.34 万吨，其中：俄罗斯 821917.81 万吨、阿塞拜疆 95890.41 万吨、哈萨克斯坦 123287.67 万吨、土库曼斯坦 7470.45 万吨。4 国的石油估算产量为 54025 万吨，其中：俄罗斯 46075 万吨、阿塞拜疆 2000 万吨、哈萨克斯坦 4850 万吨、土库曼斯坦 1100 万吨。

二、天然气探明剩余储量和估算产量

2004 年里海沿岸国家天然气探明剩余储量及世界排名如表 1—18

所示。

表 1—18 2004 年里海沿岸国家天然气探明剩余储量一览表（单位：亿立方米）

排序	国家名称	天然气储量	天然气产量
1	俄罗斯	475725.60	6074.31
15	土库曼斯坦	20105.07	—
17	哈萨克斯坦	18406.05	140.65
26	阿塞拜疆	8495.10	102.45
	里海地区小计	522731.72	6317.41

资料来源：美国《油气杂志》2005 年 3 月 24 日。伊朗除外，列入中东国家统计。

《BP 世界能源统计 2005》公布的数字显示，2004 年里海沿岸国家的天然气储量又有新的增长：排名世界第一的俄罗斯达 48 万亿立方米，独占世界总量的 26.7%；其他里海国家的天然气储量，按保守估计约占世界总量的 4.3%，合 7.7185 万亿立方米。这与美国《油气杂志》公布的数字有所差异。美国《油气杂志》公布的数字显示：2004 年这 4 个里海沿岸国家的天然气储量与上年基本相同，保持不变。

2005 年俄、哈、阿、土 4 国探明的剩余天然气储量与上年持平，产量略有变化：俄罗斯从 6074.31 亿立方米增至 6311.86 亿立方米，哈萨克斯坦从 140.65 亿立方米增至 200.20 亿立方米，阿塞拜疆从 102.45 亿立方米增至 103.92 亿立方米，土库曼斯坦产量不详。

里海地区探明的油气资源和产量虽然不能与中东海湾地区相提并论，但蕴藏的资源量很大，其远景被专家们看好。根据已探明的地质资料分析，里海的石油储量约在 150 亿吨—330 亿吨之间，约占世界石油总储量的 18%，其中阿塞拜疆和哈萨克斯坦两国拥有近一半的里海资源，是美国石油储量的 3 倍多。有些西方石油公司把里海称为“第二个波斯湾”、“第二个中东”，甚至宣称“谁掌握了里海战略资源的控制权，谁就能主宰 21 世纪的国际能源市场”。①

第四节　中东、里海油气发展的历史回眸

一、中东油气发展回眸

中东油气的重中之重是海湾油气，海湾地区由围绕波斯湾（又名阿拉伯湾）的 8 个国家组成，即伊拉克、伊朗，加上海湾阿拉伯合作委员会 6 国（沙特、阿联酋、科威特、阿曼、卡塔尔、巴林）。海湾油气资源的最大特点是质优、量大、价廉。

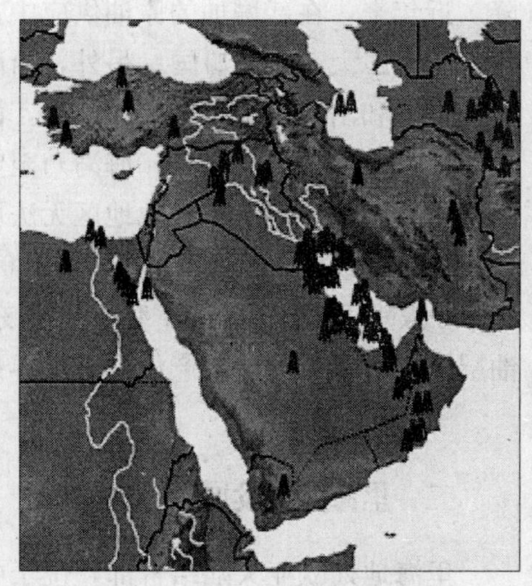

中东含油气区示意图

二战时期，美国总统罗斯福曾就海湾石油对未来世界的重要性，向美国著名石油地质学家埃弗里特·李·德戈里尔咨询。德戈里尔在对沙特、科威特、伊拉克和伊朗进行了实地考察之后，得出了世界石油的重心将从墨西哥湾—加勒比地区转移到中东波斯湾地区的结论。德戈里尔的预测是准确的。二战结束后，海湾地区在世界石油市场上的地位日益上升。到 20 世纪 70 年代中期，海湾地区的石油产量已经占世界石油产量的 40%。1973 年阿拉伯产油国以石油为武器反抗西方，让以美国为首的西方国家真正感受到了海湾石油的政治威力。

近年来海湾地区每日的石油供应量都在 2000 万桶以上，比美国的

① 中油网信息：《“第二个中东”里海：石油储量占世界总储量的 18%》，2005 年 5 月 25 日。

产量多3倍，占世界石油产量的1/4强。海湾石油原先大都出口到欧洲，现已逐渐转向亚洲。海湾石油对世界经济的良性发展至关重要。从1991年的海湾战争，到2003年的美英联军大举进攻伊拉克，几乎都与这一地区的石油资源有关。

但是，从全球石油的供应格局看，随着其他地区新发现和新开采油田的增多，中东地区特别是海湾地区的石油产量在全球的比重出现下降。近年来，在新增加的原油供应中，俄罗斯增长迅速，已成为仅次于沙特的第二大石油出口国。另外，哈萨克斯坦和阿塞拜疆等中亚国家的石油生产和出口设施正在加紧建设，西非地区的石油生产引人注目。尽管如此，在可预见的未来，海湾乃至整个中东地区在世界油气生产中的绝对重要地位，仍然是其他地区无法取代的。

据一些权威机构公布的数字，2010年全球的石油消耗将比现在增加20%，日消耗量超过1亿桶。中东地区的油气资源条件全球最优：油层浅、开采方便、生产成本全世界最低、产能增长前景最被看好。

二、里海油气发展回眸

里海地处欧亚大陆结合部，位于中亚、外高加索和伊朗之间，是世界最大的内陆咸水海，总面积为38.6万平方公里，呈S形，南北长1200公里、东西宽320公里。注入里海的河流有10条，其中包括伏尔加河。里海经伏尔加河—顿河通航运河与黑海相连。该地区油气资源十分丰富，即使是最保守的估计，其开发潜力也同科威特或伊朗这样的富油国家不相上下。由于当地能源消费有限，因而可供出口的油气潜力比较可观。法国《回声报》曾发表文章说：“很多石油公司都期待着阿富汗局势能稳定下来，以启动它们打开中亚通道的计划，因为那里被视为世界第三大油田，有些人把它称为21世纪的‘丝绸之路’”。

苏联解体使里海地区国家由2个（苏联、伊朗）变成5个（俄罗斯、伊朗、哈萨克斯坦、阿塞拜疆、土库曼斯坦）。按俄罗斯的划分方案，5国所占的里海面积分别为：哈萨克斯坦为11.3万平方公里、阿塞拜疆为8万平方公里、土库曼斯坦为7.8万平方公里、俄罗斯为6.4

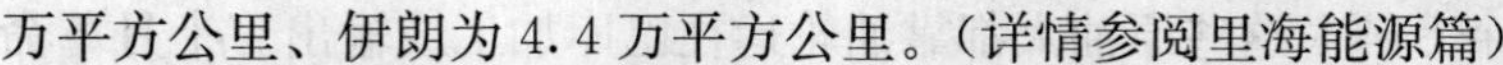

万平方公里、伊朗为4.4万平方公里。(详情参阅里海能源篇)

里海地区的石油主要分布在哈萨克斯坦，天然气主要分布在土库曼斯坦，它们分别占里海石油或天然气储量的50%。20世纪90年代，有关里海地区发现丰富油气资源的报道不断出现，不少人甚至用“第二个中东”来称呼里海地区。另外，里海地区的地缘政治战略地位也十分重要，控制里海地区就意味控制中亚、高加索乃至中东北部。鉴于上述两方面的原因，10多年来里海地区成了大国利益冲突和国际资本激烈竞争的舞台，与此同时里海沿岸国家之间有关里海的划分和油气资源归属的争议也日趋激烈。尽管沿岸国家多次磋商使争议有所缓和，但要彻底解决这一问题不是轻易能够做到的。里海油气作为世界关注的焦点，对中国来说也不例外。中国基于自身发展的需要，不仅关注，而且介入了里海油气的开发。

里海油田可谓是世界上最早进行大规模开采的油田之一。早在13世纪，里海西岸的阿塞拜疆就发现了石油。19世纪后半叶，巴库及其周围地区开始了大规模的石油开采和加工，这是里海石油最早的工业开发。1872年，里海地区的原油年产量达2.6万吨。1873年，由于使用了蒸汽动力的钻井设备，原油产量在短短的20多年里，迅速增长400余倍。到1901年，达到1100万吨，占当时世界原油产量的50%。在世界石油贸易中，里海石油占据了30%。当时，巴库的原油和成品油除少量在本地消费外，几乎全部进入了沙俄的国内市场和世界市场(主要是欧洲)，这也就是说：里海石油和世界其他石油产区，从一开始开采和输出就紧密地联系在一起了。

1878年，世界上第一艘油轮和最早的一批铁路油槽车，开始用于里海地区。当时，油轮主要航行在巴库—阿斯特拉罕及伏尔加河下游航线上，而油槽车则由巴库进入连接沙俄和欧洲的铁路网。巴库油田是世界上最早使用输油管的油田之一。早期的输油管仅用于油田至炼厂或炼厂至港口之间，以后随着原油产量的提高，在巴库至巴统之间修建了一条长883公里的输油管，这是沙俄时期最长的输油管。

巴库油田开发后不久，在里海东岸的土库曼斯坦境内，确切地说，在切列肯半岛地区也开发了油田，但规模小很多。至一战期间，年产原油还仅十余万吨。这些原油大都靠油轮运往巴库加工或输出。十月革命以后，苏维埃政府非常重视里海地区的石油、天然气开发，经过几次大规模勘探，油气储量不断增加，产量也随之上升。

1940年，阿塞拜疆的石油产量达到2220万吨，占前苏联产量的71%，是世界上最大的石油产区之一。由于里海石油的重要性，希特勒入侵前苏联时，专门把里海—高加索地区确定为最重要的战略打击目标之一。二战结束后，里海石油的产量逐渐减少，有时虽有回升，但始终达不到1940年的水平。直到1991年，石油产量还只有1170万吨。造成产量下降的原因主要是储量减少。在苏联解体前，为了增加里海地区的剩余油气探明储量，前苏联进行过数次大规模的勘探工作，最后一次是在20世纪80年代开始的，结束于1988年，但原计划扩大探明储量的目的没有达到。这次勘探的结果未正式公布，对于里海地区是否存在扩大储量的远景，前苏联既不肯定，也不否定。20世纪90年代初，由于外资的参与，局部地区小规模的勘探工作开始启动。一些国际石油天然气公司都不同程度地参与了这项勘探活动。后来随着时间的推移，勘探、开发的力度才越来越大。

从当前能源形势看，在2010年之前海湾地区在世界能源领域的中心地位不会改变，将一直是全球能源的主要供应地。然而海湾形势的多变性和不确定性，使许多国家都为了谋求能源安全而推行了石油进口渠道多元化的政策，以此减少对海湾石油的依赖。这一政策的实施，使里海地区的油气资源越来越引起西方国家的关注。

虽然里海地区也存在着错综复杂的民族、领土、宗教等矛盾和纷争，但与海湾地区相比，局势相对比较稳定。从地域上看，它似乎更靠近全球能源消费增长最快的亚洲。若能与海湾油气配合协调，则能更好地满足日本、韩国甚至美国等西方国家的油气需求，在世界油气供需平衡中发挥举足轻重的作用。

但是必须注意到：10多年来里海地区一直是国际资本激烈竞争的舞台。里海地区在建项目和计划项目的投资金额大都来自西方各大跨国石油公司，国际资本是里海油气资源开发名副其实的主角。在参与里海油气资源开发的跨国石油巨头当中，BP、谢夫隆-德士古、阿莫科、美国加州联合石油公司、挪威国家石油公司、埃克森-莫比尔、日本伊藤忠、壳牌、道达尔等老牌石油集团最为活跃。这些公司大都以主要作业者甚至唯一作业者的身份从事运营，项目出资份额也大都在20%以上。

新世纪初，全世界发现了17个大油田，其中两个位于里海地区：一个是阿塞拜疆的沙阿德尼兹油田，另一个是哈萨克斯坦的卡沙甘油田。卡沙甘油田仅次于排位世界第一的沙特盖瓦尔油田，与科威特的布尔甘油田相并列。

里海局势虽然比较复杂，但西方石油公司仍投入了大量资金。从美国的阿富汗战略看，一旦阿富汗成为连接中亚油田和外部世界的“丝绸之路”，里海地区的油气发展前景，将更令全球各大跨国石油公司垂涎三尺。

附录一
石油输出国组织（OPEC 或欧佩克）

1960 年 9 月 14 日，由伊朗、伊拉克、科威特、沙特阿拉伯和委内瑞拉 5 国代表在巴格达开会，决定联合起来共同对付西方石油公司，维护石油收入，宣告成立石油输出国组织，简称“欧佩克”或“OPEC”。随着成员国的增加，欧佩克很快发展成为亚洲、非洲和拉丁美洲一些主要石油生产国的国际性石油组织。欧佩克总部设在维也纳，现有成员国 11 个，除上述 5 国外，还有非洲的利比亚、阿尔及利亚和尼日利亚，东南亚的印度尼西亚，西亚的卡塔尔和阿联酋。

石油输出国组织的宗旨是：协调和统一各成员国的石油政策，并确定以最适宜的手段来维护它们各自和共同的利益。

主要机构有：大会，是最高权力机关；理事会，负责执行大会决议和指导该组织的管理；秘书处，在理事会指导下主持日常事务工作。秘书处内设有一专门机构——经济委员会，协助该组织把国际石油价格稳定在公平合理的水平上。

出版物：《石油输出国组织公报》（月刊）、《石油输出国组织评论》（季刊）、《年度报告》、《统计年报》。

2003 年该组织成员国石油总储量为 1191.125 亿吨，约占世界石油储量的 69%，其中排在前三位的成员国分别是沙特阿拉伯（355.342 亿吨）、伊朗（172.329 亿吨）和伊拉克（157.534 亿吨）。2003 年该组织成员国原油产量为 13.218 亿吨，约占世界原油产量的 39%，其中排在前三位的成员国分别是沙特阿拉伯（4.215 亿吨）、伊朗（1.865 亿吨）和尼日利亚（1.060 亿吨）。

为使石油生产者与消费者的利益都得到保证，欧佩克实行石油生产

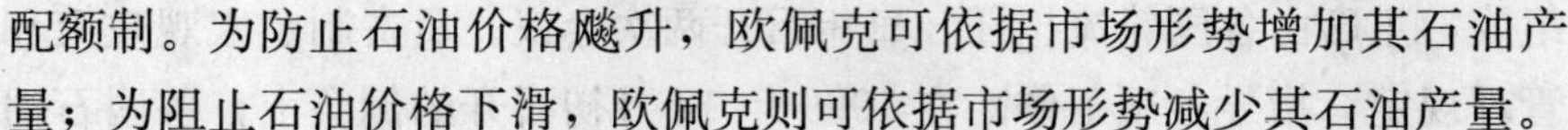

配额制。为防止石油价格飚升，欧佩克可依据市场形势增加其石油产量；为阻止石油价格下滑，欧佩克则可依据市场形势减少其石油产量。

附录二
阿拉伯石油输出国组织
（Organization of Arab Petroleum Exporting Countries——OAPEC）

阿拉伯石油输出国组织于 1968 年 1 月 9 日由利比亚、沙特、科威特在贝鲁特创立。至 1998 年该组织有 11 个成员国：阿尔及利亚、巴林、埃及、伊拉克、科威特、利比亚、卡塔尔、沙特、叙利亚、突尼斯、阿联酋。其中，突尼斯自 1986 年以来在自己要求下，成员国资格一直被冻结。

其宗旨为加强和密切成员国在石油工业方面的关系与合作，维护其在石油领域的个体和整体权益，协调各成员国的行动以公平、合理的份额向消费市场供油，为石油工业吸引资本和技术创造良好气氛。

该组织的主要活动有：协调成员国的石油经济政策，制订成员国应遵循的法律机制，交流技术和情报，尽可能为成员国公民提供训练和就业机会，利用成员国的资源和潜力参与石油工业项目。

该组织总部设在科威特城。1990 年 8 月 2 日伊拉克入侵科威特后，该组织的工作改在开罗和沙特的吉达进行。同年 12 月 8 日，该组织总部迁往开罗。1994 年 12 月 10 日，迁回科威特城。

出版物：《秘书长年度报告》，阿拉伯文、英文；《石油与阿拉伯合作》季刊，阿文，附英文索引和目录；《OAPEC 月刊》，阿、英文；《能源观察》，阿文；《OAPEC 年度统计报告》，阿、英文。

组织机构：（1）部长理事会：最高权力机构，由各成员国石油部长组成，主席由各国轮流担任，每年召开两次会议。负责制定宏观政策和管理规定，指导各项工作。在1999年12月初召开的例会上，各国石油部长讨论了制订该组织石油政策和第二年工作计划等问题。（2）执行局：由各成员国副部长组成。一年至少召开3次会议，主席由各国轮值。负责指导该组织的活动，审议秘书处有关聘用人员的规章制度及预算草案，处理有关协议的申请，起草活动的安排和日程。（3）秘书处：每三年改选换届。按理事会和执行局制定的政策处理日常事务。下设经济、技术、石油开采和生产、能源、情报、公共管理和财政等部门。（4）裁决论坛：由5名主席和5名法官组成。负责解决成员国之间或成员国与其他石油公司发生的纠纷。该论坛有权进行审判。

第二章

中东、里海油气中的政治因素

第一节 概 述

中东地区是当之无愧的世界能源供应中心。长期以来，欧洲进口石油中的60％、日本进口石油中的80％以上都来自中东。欧佩克曾推测，到2010年全世界消费的石油一半以上将来自中东。

第一次海湾战争结束后，虽说美国基本上掌握了中东地区的主导权，但对中东油气资源的控制仍较有限。然而，在美国的全球战略中，关注、控制、获取中东油气一直是其中的重要一环。2001年4月，美国对外关系委员会发表了《21世纪的战略能源挑战》报告，向政府提出警告，称“受种种因素的影响，一场能源危机随时可能爆发……能源的中断可能会严重影响到美国和世界经济，并且会以种种显著的方式作用于美国的国家安全和对外政策”。美国的一些专家、学者也告诫政府，在国内石油储备有限、中东局势持续紧张的情况下，对随时可能发生的石油供应中断必须早做准备。他们还提出了以下一些见解：

1. 中东及海湾地区的原油供应占世界总供应量的25％左右，在今后10年里有可能增至30％—40％，而美国的中东政策是脆弱的，留有

较大隐患；

2. 在美国的能源结构中：石油占 41%、天然气占 24%、煤占 23%、可再生能源占 10%、核能占 7%；

3. 美国的石油消费占世界总量的 25%以上，有一半靠进口（目前自产石油仅占消费总量的 1/4），其石油进口量占世界总量的 26%；

4. 美国最大的石油供应国是沙特、加拿大、委内瑞拉、墨西哥、科威特、阿联酋；

5. 美国从中东地区进口的石油约占进口石油总量的 15%，而欧洲达 60%、日本达 80%。出于能源安全考虑，美国应实现油气来源多元化，实施战略转移。

一个月后，小布什政府在 2001 年 5 月 17 日发布的《国家能源政策报告》中强调，美国正面临 20 世纪 70 年代石油禁运以来最严重的能源短缺，为此提出了“鼓励革新和采取新技术，寻找可替代能源，开发阿拉斯加石油以减少对进口石油的依赖程度”等应策，但重点还是放在从国外获得更多的石油来源上，认为波斯湾仍是美国利益的关键，要把能源安全当作美国对外政策的当务之急。2003 年 3 月，美国通过伊拉克战争掌握了伊拉克的油田，控制了中东油气的阀门。这一年，美国的探明可采石油储量约 31.0644 亿吨，占世界总量 1733.99 亿吨的 1.79%，产量 2.8625 亿吨，排名世界第 3，按现有储采比，不考虑油砂岩储量和未探明的石油储量等因素，开采年限仅 11 年左右。但美国能源消费惊人，每年的石油消费约占全球总量的 25%，能源供求矛盾十分突出，石油缺口完全靠进口石油弥补。

伊拉克战争结束后，美国积极地推行起它的大中东计划，试图在中东地区建立起西方式的民主制度，其真正用意恐怕仍与中东地区的油气资源有关。在这一地区的石油大户中，沙特、阿联酋、科威特、伊拉克和伊朗的油气储量不仅在中东，就是在世界上都是数一数二的。现在的伊拉克，虽已产生新政府，且有美军保驾，但局势不稳，恐怖袭击事件频频发生。要使大量油气源源不断地流入国际市场仍需假以时日，以及各方的通力合作。沙特、阿联酋、科威特是美国的传统友好国家，在这三个国家中，沙特能源外交政策的重点是要把油价维持在合理的范围内，既反对油价过高损害世界经济的发展，又竭力避免油价过低影响产油国的经济和社会发展需要。沙特的这一政策符合美国长期追求的战略利益，对科威特和阿联酋等阿拉伯兄弟国家石油政策影响也较大，对抑制伊朗等产油国关于高价、高产的主张具有积极意义。

伊朗的石油储量世界排名第三，伊斯兰革命以来，伊朗一直以伊斯兰什叶派教义统治全国，一改巴列维时期的亲西方态度，与美国等西方国家对抗，被美国视为“邪恶轴心国”之一。伊朗的油气资源一直是世界油气市场上的一个重要供应源，其政局若发生动荡，就会对世界油气市场产生冲击。

2005 年 6 月伊朗强硬派的保守人物艾哈迈德·内贾德当选伊朗总统，引起了部分西方国家的不安，业内人士更是担心内贾德的当选会引起伊朗与西方国家关系的全面紧张，从而影响伊朗的油气生产和世界石油价格。

美国争夺中东油气，既有确保自身能源安全的愿望，也有假借石油问路，维护其世界霸权地位的意图。但是，霸权主义、强权政治的做法不得人心，世界走向多极化已是大势所趋、人心所向。在国际能源新格局的形成过程中，美国以霸权主义为核心的能源战略正面临越来越多的反对和制约。

里海地处欧亚大陆的中心位置，战略地位十分重要。尽管里海油气的真实储量还有待大规模的勘探开发，但有关各方的估计大都比较乐观，认为里海地区应是仅次于中东和西伯利亚的世界第三大石油储积区，是 21 世纪世界经济发展的最大能源库之一。里海地区的石油储量具有分布广、品位高、杂质少等优点。里海沿岸国家人口少，工业在国民经济中所占比重低，能源需求不大，因而石油出口潜力巨大，像哈萨克斯坦石油生产的 90%、土库曼斯坦油气生产的 75%都可供出口。因此，里海油气资源一直为美国等西方国家所垂涎和觊觎。

里海原是苏联与伊朗的界湖，1990 年苏联解体后，里海沿岸国家由苏联和伊朗两国变为哈萨克斯坦、俄罗斯、阿塞拜疆、土库曼斯坦和伊朗五国，其周边还有几个新独立的独联体国家。这些国家大都有意与俄罗斯保持距离，地区局势因而趋向复杂化。在此情况下，美国的国际石油公司便以“帮助这些国家减少对俄罗斯的依赖”为名，谋求建设避开俄罗斯的新输油管道，将里海的石油推向国际市场。但事与愿违，结果并不顺利。如美国的加利福尼亚联合石油公司曾计划兴建经阿富汗输送土库曼斯坦原油的管道，并投入了数千万美元，但这一计划终因局势变化而难以成为现实。

“9·11”事件为美国逐鹿中亚找到了冠冕堂皇的理由。在“反恐”旗号下，美国堂而皇之地把军队开进了中亚，并投入巨资修建了永久性军事基地。随着时间的推移，美国借反恐实现其地缘战略目标的意图昭然若揭。美国凭借其技术和资金上的优势，利用中亚里海国家急于依靠石油资源致富和融入国际社会的心理，积极鼓励美国的大石油公司向这些国家大量投资，以便从经济上控制这些国家，使它们在政治上更加依赖西方。

哈萨克斯坦政治学家耶兰·卡林说：“9·11”以后，中亚的“地缘政治现实已发生变化，美国变成了中亚的第三个邻国，所有各方需要花很长时间才能适应这一变化”。[①] 日本舆论认为：驻中亚美军基地表面上是防范塔利班卷土重来，其长远目标实际上是试图在该地区实现战略利益。美国正把对阿富汗的反恐战争变成在里海和中亚地区建立美国主导的稳定结构的契机，其根本原因在于该地区是涉及能源的地缘政治战略地带。[②] 英国《卫报》指出：美军长期驻扎的动向与美国以中亚石油和天然气资源为目标的中亚战略密切相关。在美国的能源安全战略中，外交和军事举措已成为保护其能源供应的重要手段。

在美国的积极策划、进取下，中亚的石油格局发生了变化：一条北连哈萨克斯坦和乌兹别克斯坦、南接伊朗和阿富汗的新铁路和一条从阿塞拜疆的巴库、经格鲁吉亚的第比利斯至土耳其杰伊汉港口的输油管线先后上马；另一条从土库曼斯坦经阿富汗和巴基斯坦到阿拉伯海的新天然气管道被列入了研究计划。2002 年 9 月 18 日，巴—杰输油管道正式

---

① 《美俄：一家觊觎里海，一方加强控制》，《中国青年报》，2004 年 2 月 5 日。

② 李向阳：《谁来为 21 世纪中国加油》，中国社会科学出版社，2005 年版。

开工，美国能源部长阿伯拉罕和阿、格、土三国首脑全部出席开工典礼。对沿途的小国而言，伴随输油管而来的是可观的经济利益。然而理解这条管道深层含义的俄罗斯表示强烈反对，它借口“潘基西山谷[①]的恐怖主义问题”，向格鲁吉亚挥舞起反恐大棒，但是并没有收到预期的效果。2005 年 5 月这条石油管线还是建成开通了。

对于里海石油的争夺，欧盟、日本、俄罗斯都不甘示弱。英国政府以国家名义作担保，鼓励它的财团放开手脚对里海油气进行投资。欧盟国家同中亚国家频频签订协议，确定了各种不同性质的援助计划和改革计划。日本把加强它与中亚和外高加索 8 个国家的关系看成是开展欧亚大陆外交的支柱之一，对其关注不亚于欧美国家。而俄罗斯则不动声色，继续推进客观存在的独联体一体化计划，同时加强对里海地区石油的开发和外输的控制。在中亚各国面临原教旨主义等威胁时，俄罗斯积极出面协调地区的各种纠纷和冲突，充分体现出了它的“领导作用”。它以“突破北美，稳定西欧，争夺里海，开拓东方，挑战欧佩克”的石油战略，逐渐在世界上确立了能源大国的地位。普京上台后有意牵头建立一个由俄罗斯、伊朗、阿塞拜疆、土库曼斯坦和哈萨克斯坦组成的“里海五国同盟”，通过一个共同的天然气战略来确立和增强俄罗斯及其能源盟国在世界能源市场的优势，只是未成正果。2002 年，俄罗斯支持的里海石油运输管道投入使用，抢先获得了里海石油主要出口通道的地位。2003 年，俄罗斯鲁克石油公司总裁阿列克别罗夫两次访问哈萨克斯坦，与哈总统纳扎尔巴耶夫举行了两次工作会谈，结果拿到了哈境内三块大油田的开发权。该公司在哈的远景投资总额计划至 2008 年达到 170 亿美元。

俄罗斯的炼油能力经过重新整合，鲁克石油公司和尤科斯石油公司名次大幅上升，2004 年分别位居世界第 16 位和第 19 位。俄罗斯尤科斯石油公司首席执行官库克斯曾向外界宣布：到 2009 年，俄罗斯的原油出口量每天可达到 1100 万桶，届时有可能超过沙特阿拉伯。

---

① 位于格鲁吉亚与俄罗斯的边境地区。

第二节　影响中东油气发展的政治因素

一、巴以冲突危及美国石油储备

2001年，中东地区日益激化的民族矛盾再次成为国际焦点。就在巴以冲突愈演愈烈之际，小布什总统突然发表讲话，强烈要求以色列从被占巴勒斯坦领土撤军，并派国务卿鲍威尔前往中东斡旋。布什此次讲话显然是受了国际石油价格不断上扬的影响。

从2001年1月起，随着巴以冲突的不断升级，国际原油价格同步上扬。4月2日，国际原油价格超过28美元/桶，这是自2000年10月起首次超过28美元。石油价格的飙升给刚刚露出复苏迹象的美国经济带来了压力，道琼斯指数和纳斯达克指数像晴雨表，马上有所反映。如果说油价飙升给股市带来的影响只是短期的，那么对于美国宏观经济来说，油价持续上涨造成的负面影响则是长期的，其最终结果很可能是拖累美国经济复苏甚至陷于衰退。纵观战后60年的美国经济发展史，任何一次严重的经济衰退几乎都是被国际油价上涨所诱发。因此，面对一触即发的巴以局势，美国总统迅速做出反应，通过向巴以双方施加政治压力，间接舒缓国际油市。果然，就在小布什总统发表讲话数小时之后，国际油价便出现大幅回落，跌至26美元/桶以下。

小布什总统上台后，美国在巴以问题上一度奉行“不过多干涉”的原则。即使在以色列遭受一系列炸弹袭击以及巴勒斯坦多名领导人被暗杀的重要时刻，美国政府都没有对双方施加政治压力，但是面对由于巴以冲突导致的油价上涨，却不得不做出了强烈反应。据美国燃油业研究基金会公布的资料，当时美国的战略石油储备已经下降到20世纪70年代两次石油危机以来的最低水平，仅能支撑53天，而此前的历史最高储备水平（1985年）可以支撑118天。因此，美国必须有所准备，以应付可能发生的石油危机。

美国调整它的中东能源政策，同其石油储备不足有关。美国出现石油储备减少，是由于美国燃油市场对外依赖程度越来越大所致。1985年，美国日产原油约900万桶，现在仅为600万桶，而每日的进口量却是1985年的3倍。对于美国来说，从海外市场进口原油的比例越大，石油储备的成本就越高，而政府对战略石油储备的重视程度则越低。1985年里根总统当政期间，供给学派在美国经济界居主导地位，十分重视来自供给方的经济冲击。由于两次石油危机的经验教训，供给学派在其政策建议中特别强调石油储备的重要性，并得到了里根总统的积极支持。到了20世纪90年代，由于冷战结束，爆发全面石油危机的可能性大大降低，于是继续保持大量石油储备的做法逐渐遭到了来自其他经济学派的反对。可以说，正是这两方面的原因才促使美国逐渐减少了它的石油储备。

2001年4月2日，伊拉克当局宣布：准备向以色列以及支持以色列的以美国为首的西方国家实施石油禁运。当时美国每天都要直接或者间接从伊拉克进口石油100万桶，这大约占到美国全部进口量的1/10强。伊拉克如果真的采取石油禁运措施，那对美国经济的打击是不言而喻的。4月5日，伊朗政府表示，若能事先征得欧佩克委员会的同意，它将响应伊拉克进行石油禁运的号召。对此禁运问题，其他欧佩克成员国大都不热心，像沙特甚至表示反对，认为尽管石油仍然是阿拉伯国家的重要武器，但是减少石油供应无论从政治角度还是从经济角度都不明智，因此不同意实施针对西方的石油禁运。

面对伊拉克提出的新一轮石油禁运口号，美国政府重新审视并修订了原有的石油储备政策，以重新建立起足够的石油储备，来应付石油市场的冲击。由于石油市场的冲击对美国经济乃至全球经济都产生影响，因此美国曾试图联合日本、巴西、印度等石油进口大国，共建全球性的石油储备机制。但是，这一想法实施起来很不容易，需要参与的各方共同商议协调。这不符合美国的传统——它需要一种更简单易行的方法，它需要机会。

二、充满变数的2002年

“9·11”事件改变了世界，使国际关系特别是大国关系发生了微妙变化。美、日、欧三大经济体同时步入冷冬。受世界经济衰退的影响，国际石油需求增长减缓，欧佩克与非欧佩克携手维护国际油价遇阻，反恐战争造成的不确定因素给国际油市乃至中亚里海及中东地区的油气出口带来了消极影响。

“9·11”事件是世界自进入和平与发展时代起遭受的最大冲击，它深刻影响了世界政治和经济新格局的形成。该事件首先改变了美国的安全战略。美国过去一向认为它的安全问题在境外，为此它在全球65个国家和地区派驻军队，布防核武器，但是象征美国经济实力的“双子座”和象征美国军事实力的“五角大楼”的被袭，使美国的经济、军事和霸权主义实力受到前所未有的挑战。“9·11”事件虽使美国受到打击，然而它的整体实力并未受影响，它的对外战略的主要目标没有变，价值观也没有变。美国利用“9·11”事件迅速调整了它在中东及中亚的战略：立即进入阿富汗并迅速扩展至中亚，从而弥补了它在这一地区的势力真空。从深层次看，小布什总统借助反恐，通过对阿富汗塔利班实施军事打击，目的在于打通从中亚经阿富汗、巴基斯坦到阿拉伯海的石油运输通道。其次，“9·11”事件使大国关系出现调整和互动。迹象表明：俄罗斯之所以允许美国进入中亚地区，一是想在车臣问题和军火销售问题上要美国少讲话；二是想借助美国的先进设备与技术，改善俄罗斯和中亚里海的油气开采条件，提高产量。俄罗斯的承诺是：保证安全、畅通地向欧洲供应油气，协助美国逐步减少对中东油气的依赖。俄罗斯的这一想法最终未能顺利实现。对于中亚里海能源，俄、美之间有合作，但更多的是争夺。

三、美国的阿富汗战略

阿富汗临时政府主席卡尔扎伊在出席东京会议和访问中国之后，对美国和英国进行了为时一周的访问。卡尔扎伊访问华盛顿的行程安排比较丰富，如去清真寺看望穆斯林信徒、会见在美的阿富汗族群领袖、去阿富汗驻美大使馆参加升旗仪式、在国会和国防部会见美国议院和军方要人，最后作为特约嘉宾出席布什的国情咨文演讲。现象表明，美国对这位象征美国反恐胜利和未来希望的人物殷勤备至。

卡尔扎伊与美国的关系很深，早在20世纪80年代阿富汗抗苏战争时期，他就已成为美国的“自己人”。“9·11”事件后，他由于同美国外交、安全和情报部门之间的关系比较密切，重新落入美国视野，并且得到了美国国家安全委员会委员兼美国阿富汗特使、兰德公司阿富汗计划负责人哈利扎德的大力举荐。1996—1997年间，卡尔扎伊与哈利扎德都曾向美国加州联合石油公司提出过建议，要求修建一条耗资20亿美元、由土库曼斯坦起经阿富汗至巴基斯坦的输油管道。

在东京召开的援助阿富汗会议上，卡尔扎伊为阿富汗临时政府筹集到了45亿美元援助，这对于阿富汗的经济重建很重要。在上述援助中，欧、美、日捐款约占总捐款量的一半，这意味着欧、美、日将持续保持对阿富汗政权的最大发言权。虽然华盛顿、波恩、布鲁塞尔、东京召开的数次重建阿富汗的国际会议反映了美、欧、日轮流坐庄的局面，但分歧客观存在。美国在阿富汗除反恐目标外，还有驻军中亚，控制中东、里海油气等图谋。2001年1月，欧盟外交与安全政策高级代表索拉纳曾建议美国不要在全球事务中奉行单边主义，而应继续利用多边机制，与欧盟、俄罗斯合作。多边问题需要用全球性的方式解决，而不是单边主义。这实际上是欧盟向美发出的信号，即美不能只希望欧盟出钱，自己却独享胜利果实。

美、欧、日看重阿富汗并投下巨资，实际上都是瞄着里海的油气资源的。在阿富汗建设一条大型的油气输送管线就好比是向这个大宝盆插入了一根吮吸管，因此拥有这条运输线的控制权意义十分重大。里海地区的油气蕴藏量是当今世界所剩不多、尚未完全探明和开发的油气宝藏。20世纪90年代，美国曾打算修建一条从里海经阿富汗到巴基斯坦及印度洋海岸的油气运输管线，但由于塔利班政权的阻挠，谈判于1998年破裂。俄罗斯在里海占有重要的战略地位，美国、欧盟只有全面控制从巴库到土耳其地中海杰伊汉港口的输油管线才能与之抗衡。阿富汗的地缘经济意义由此可见一斑。

四、美、俄之争

随着阿富汗反恐局势尘埃落定，美、俄矛盾渐渐浮出水面，但俄罗斯几乎挡不住美国在该地区的美元攻势。美国以经济援助、提供资金、租用等方式在中亚国家修建军事基地，派驻军队。美在阿富汗有3个军事基地（马扎里沙里夫、巴格拉姆和坎大哈），在中亚有9个，这对俄罗斯的后院显然构成了直接威胁。为了抵制美国利用阿富汗修建油气管道的图谋，普京在东京会议前夕出访土库曼斯坦，呼吁建立俄、土、哈、乌四国天然气生产联盟，以抗衡美国在该地区日益膨胀的影响力。在阿富汗重建方面，俄罗斯并没有表明愿出多少钱来帮助临时政府。长期接受俄罗斯支持的北方联盟在阿富汗临时政府成立后比较低调，而美、英支持的卡尔扎伊则劲头十足。总之，在美、俄争夺中，俄罗斯稍处下风。

五、美国必欲猎取的目标——伊拉克

2003年2月，美国为了抢占伊拉克北部油田，需要把土耳其当作攻击伊拉克的北线。为了收买土耳其政府，价码从最初的40亿美元增至最后的260亿美元，但在土耳其人民的反对下，土耳其总理作出了明智选择，从而使已经整装上船的美军只得下船待命。据统计，2月15日和16日两天，全球各大城市总计有上千万人走上街头，进行反战示威。

英、美双方最先组成了17个工作小组，专门研究实施军事占领和开发油田的具体计划。据媒体报道，美国曾向俄罗斯传达过要求俄放弃反战立场的要求，否则伊拉克欠俄罗斯的80亿美元巨债将无法保障。美国还向法国、俄罗斯表示：法道达尔菲纳埃尔夫石油公司、俄鲁克石油公司过去在伊拉克的300亿—400亿美元的资金投入，都将因法、俄的反战立场，而有可能在美占领伊拉克后丢失。美国传话中国，要求勿与法、德、俄为伍，中国要想得到长期持续的快速发展，必须得到美国保证下的平价油的支持。最后，美国在联合国的一片反对声中，坚持出兵攻打伊拉克，这是它全球石油战略最重要的一环，它要控制伊拉克石油，进而瓦解欧佩克。① 美国石油金融公司总经理狄万曾公开表示："我们的石油策略是瓦解石油输出国家组织。"②

面对全世界的指责，美国国务卿鲍威尔和英国外交大臣奥伯莱恩特地召开联合记者会，称"那不是夺油而是反恐"、"伊拉克石油属于伊拉克人民所有"。但据英国《独立报》和《卫报》的报道，美国占领期间，伊拉克石油将"自然地"由美国掌控。由此不难看出美国入侵伊拉克的真实目的。前哈佛大学教授、著名经济学家萨克斯（Jeffrey D. Sachs）曾指出：当今美国副总统切尼与国防部长拉姆斯菲尔德，皆于 1974 年福特总统时代进入白宫。1973 年 10 月中东战争爆发后，阿拉伯石油输出国家对美实行石油禁运，使美国经济遭受重挫，福特连任选举因而失败。这一痛苦记忆，使得瓦解阿拉伯石油输出国家组织、掌控中东油权，成为共和党长期以来的努力目标。"9·11"事件之前，美国德州莱斯大学贝克公共政策研究中心与美国外交关系委员会合作完成了《21 世纪战略石油政策之挑战》评估报告，在该报告中夺取伊拉克石油被列入了时间表。2001 年 4 月，白宫内阁会议做出决议：伊拉克对石油市场有可能造成不安定的影响，美国无法接受这样的风险，因而必须进行军事干预。这一决定为 2003 年 3 月出兵占领伊拉克做好了理论准备。

英国《新政治家》周刊认为，资源争夺并非是新世纪的战争新动力，而是对正常状态的一种回归，因为冷战期间意识形态的争斗是极为反常的。20 世纪 90 年代的第一场海湾战争表明，世界冲突已回归至资源的争夺上，发动那场战争的原因显然是为了重新夺回对能源供应的控制权，这一点在 2003 年的美伊战争中得到了更明确的印证——海湾之所以能够成为全球冲突的焦点，就是这种对石油资源的占有欲，而不是伊斯兰教极端势力所构成的威胁。

由于在资源争夺之中经常掺杂了伊斯兰因素，资源争夺战因而被复

① 详见第一章附录一。

② 中国石油网：《全球能源秩序的大异变》，2003 年 2 月 24 日。

杂化，文明的冲突和资源争夺也因此被混淆起来。在一定程度上，这两种斗争可以互相利用，就像石油作为经济资源也可以用作政治武器一样。

事实证明，伊拉克战争的结果同发动这场战争的起因没有关系，美国并没有能够找到它所说的伊拉克拥有大规模杀伤性武器的有力证据；与此相反，随着时间的推移，美国企图重画中东油气地图的野心却暴露无遗，它的主要目标是：

（1）控制伊拉克石油；

（2）维持以色列在中东的军事优势；

（3）削弱欧佩克组织的作用；

（4）用各种方式寻衅滋事，遏制伊朗，进而图之。

如此，美国的全球石油战略一目了然。据美国经济和政策研究中心主任魏斯布洛特（Mark Wesbrot）的分析：由于2001年欧佩克组织在委内瑞拉和伊拉克倡导下酝酿减产涨价，所以美国自2002年起就想以各种方式“解放伊拉克”、“改变委内瑞拉政权”，进而瓦解欧佩克组织。

从中亚里海到波斯湾，美国的一切行动均以它的石油战略为中心。美国是世界上最大的石油消费国，每年都需要大量进口能源。由于国内能源的产量和供应日减，因此如何以强势形态获取世界廉价能源，有效制止石油生产国家的“集体议价”，遂成为美国石油战略的指导方针。

伊拉克成为美国必欲控制的真正原因，还是在于它的油气资源。沙特阿拉伯有355亿吨油藏，伊拉克有157亿吨油藏。近二三十年来，由于接连不断的战争因素（如两伊战争、海湾战争）和局势动荡等因素，伊拉克未能对自己的油气资源进行有效的勘探。据美国专家估计：伊拉克的实际油气储量可能与沙特阿拉伯不相上下。伊拉克的油气资源埋藏浅，形同漂浮在油海上的陆地，开采成本非常低，一桶才1—2美元。因此，伊拉克石油对美国而言，其诱惑力不言而喻。

“倒萨”后的伊拉克局势分外复杂，按美式民主程序建立起来的什叶派政权，强硬地按自己的宗教传统而不是按美式思维逻辑我行我素，与此同时，蕴藏在民间的反抗烈焰与恐怖主义暴力袭击事件交炽一片，不时喷发，从而形成一个剪不断、理还乱的局面，使美深陷困境，不能安心享受战争红利。世界油气市场的竞争与争夺也因此愈演愈烈。

第三节　影响里海油气发展的政治因素

随着世界经济的发展和对油气需求的不断增加，开发里海油气成了里海沿岸国家经济发展的一项基本国策。然而，一些油气消费大国为谋取21世纪能源安全，对里海油气展开了激烈的争夺，从而深刻地影响了里海地区的地缘政治和经济。

一、美国

如前所述，美国是世界上最大的石油消费国家，其大部分的石油消费都需要依靠国外进口。过去进口的油气大多来自中东海湾地区，但从能源安全战略考虑，美国一直在寻找更多的海外能源基地。海湾战争后，美国采取了油气进口来源多元化的策略，其首要目标就是让里海地区成为未来可替代海湾的能源供应基地之一，为此美国通过向里海地区输出资本，支持新独立的独联体国家，竭力限制俄罗斯和伊朗扩展影响，努力保护本国石油财团利益。美国凭借其强大的经济实力和科技优势，运用经济、政治手段积极介入里海能源的勘探、分配、开采、输出等一切有关事务，力争在里海资源开发的国际竞争中发挥主导作用。在这场开发里海能源的竞争中，美国的政治战略意图远远超过了经济利益的考虑。

二、俄罗斯

俄罗斯一直把里海地区视作自己的势力范围，把里海的能源开发视为本国的根本利益。俄罗斯特别担心随着这场能源国际争夺战的全面展开，里海沿岸各国的政治、经济、外交会进一步摆脱俄罗斯的影响，特别是新建输油管线路绕道避开俄境，会使俄罗斯丧失对里海能源的控制，从而蒙受巨大的经济和政治利益损失。所以，俄罗斯的总体目标是最大程度地恢复它在这一地区的政治和经济影响，争取早日重返中亚。俄罗斯的主要措施是：不断加强联合开发，以保证俄罗斯的参与与控制，同时利用俄罗斯在地区安全的主导地位和地缘政治的优势，向哈萨克斯坦、土库曼斯坦和阿塞拜疆施压，确保三国油气经俄外运，以扩大俄罗斯在开采油气资源中的份额和权益。为达目的，俄罗斯曾不惜运用外交和强硬手段阻止中亚纳入以美国为首的西方势力范围。为报复土库曼斯坦接受美国主张的绕过俄境的油气管线方案，俄罗斯曾关闭土库曼斯坦经俄罗斯到乌克兰的天然气管道，使土库曼斯坦蒙受了不小的经济损失。

三、日本

日本既是能源消费大国，也是石油进口大国，保障能源供给是其维持国家生存和经济发展的基本国策。尽管日本能源政策的重点在中东，但从能源安全出发，日本也重视油气供应渠道的多元化，并把里海列为日本的重要能源供应地之一。早在 1997 年 7 月，桥本首相就提出了欧亚大陆外交战略，认为里海地区是日本能源供应地分散化战略的一个重要目标，日本应与这一地区加强对话与信任，要为实现该地区的繁荣而加强合作。① 在此思想指导下，日本外务省及其下属机构开始密切关注中亚里海的战略态势和能源竞争，并专门组织班子，认真研究对策。日本首相、外相等高层人士，则纷纷出访中亚，推动能源外交。作为互动，日本通产省也积极推行里海石油战略，不仅和俄罗斯一起参与中亚里海地区的油气开发工程，还利用政府开发援助基金，与里海沿岸国家合作，积极参与铁路、公路、航线、通信网、油气管道等的项目建设。总之，在里海的国际能源竞争中，日本力求占有一席之地，同时配合美国，牵制俄罗斯、中国、伊朗在该地区发挥作用，以求在国际政治舞台上扮演重要角色。

---

① 余建华：《走向新世纪的里海能源国际竞争》，中国石油网，2003 年 4 月 18 日。

四、欧盟国家

相对来说，欧盟国家争夺里海能源的积极性远远不及美国和日本，但也并非无所作为，它们基本上采取了“参与”、“跟进”的政策。这些国家参与竞争的一个重要意图便是支持里海国家摆脱俄罗斯的控制，加快向西方靠拢，推进市场经济改革和私有化进程。

五、伊朗

伊朗一直将自己视为伊斯兰世界的代表力量，在包括中近东、中亚和南亚的广大地区影响较大。它作为里海沿岸国家之一，不甘落后地参与了里海油气的竞争，以保护自己的经济利益。伊朗的油气战略主要出于政治因素，同美国针锋相对，决意要打破美国对它的制裁和围堵。1996 年 8 月美国通过的达马托法，不仅禁止美国公司与伊朗的经贸往来，而且禁止第三国公司投资伊朗的石油工业。然而，在美国重压之下，伊朗并不消极气馁，而是利用其油气资源和地缘优势主动出击，积极拓展外交和经济活动空间。它首先与俄罗斯联手，共同与美抗争。在这场国际竞争中，伊朗与俄罗斯存在颇多共同利益，双方不仅在里海法律地位及其油气主权划分问题上立场相近，而且有着阻止以美国为首的西方势力控制里海能源开发的强烈意愿。1996 年 6 月伊、俄发表联合公报，明确表示两国将同其他里海国家合作，一起阻止美国势力侵入这一地区。利用地缘优势，伊朗还大大加强了与其他里海国家的能源合作，除与哈萨克斯坦进行换油贸易外，还与土库曼斯坦和土耳其达成合作，修建从土库曼斯坦经伊朗到土耳其的天然气管道协定。此外，伊朗还以各种优惠条件吸引西方跨国石油公司前来投资，以致法国道达尔公司不顾美国经济制裁的威胁，大胆参与伊朗的油气开发项目。伊朗的上述举措最后竟成功地迫使美国检讨和调整相关政策，放弃对道达尔公司的制裁行动，同时申明对伊朗的制裁法案不适用于经由伊朗的输油管道建设。

六、土耳其

长期以来，土耳其一直怀有向中亚和高加索地区扩展其势力影响的目标。苏联解体后，它以美国和北约为后台，充分利用与中亚里海国家的传统文化联系，吸引这些国家向它靠拢。为此，它积极投资里海油气资源的开发项目。土耳其的石油自给率仅为18%，它需要引进里海的油气资源促进本国经济发展。它借助自己地处欧亚交界和控制黑海海峡的有利条件，鼓励阿塞拜疆、哈萨克斯坦、土库曼斯坦的油气经其领土输往欧洲和世界市场，赚取可观的过境费。

2001 年 7 月 11—12 日土耳其总统塞泽尔出访阿塞拜疆，准备就进口天然气项目同阿政府协商。这一项目的优势在于它的建设周期短且难度不大，只需在格鲁吉亚再铺设 280 公里的管道，阿天然气就可利用前苏联留下的 490 公里长的管道经格鲁吉亚输往土耳其。在阿方最初提出向土输送天然气的方案时，土并没有给予肯定答复，原因是它担心该项目会影响土库曼斯坦—伊朗—土耳其的跨里海天然气项目，并阻碍对土具有战略意义的巴—杰管道项目的实现。

能源不仅关系到经济发展，也是地缘政治中的重要因素。土耳其本国油气资源缺乏，但地理位置重要，这是它手中的王牌。土耳其的战略目标是要在新世纪使自己成为东西方之间的“能源通道”。因此在能源政策上，土耳其十分重视油气来源的多样化。1996 年，土耳其同伊朗签订天然气管道协议，该管道铺成后伊每年向土出口天然气 30 亿立方米。同年土耳其还与俄罗斯天然气工业股份公司商洽兴建跨黑海的“天然气蓝流项目”，后来又与埃及、希腊成功地签署有关天然气管道建设的合作协议，通过该协议，土耳其可以将埃及的天然气输往欧洲市场。

在土耳其的能源战略中，巴—杰管道方案一直被视作重点。启动此方案的重要一环是促成土库曼斯坦—巴库—第比利斯—土耳其的天然气管道项目并行施工，以降低成本。出于战略利益考虑，美国一贯支持巴—杰管道方案，这样既可避开伊朗，也可绕过能源竞争对手俄罗斯。

2005年5月25日，巴—杰输油管线建成启用。这意味着里海油田与地中海“连”了起来，为西方提供了一道通往中亚油库的管道。新油管道的投资商估计：里海盆地能为美国和西方国家提供50年的石油和天然气。这条输油管道从2005年末起全面运作，输送100万桶/日，约占全球原油产量的1%。当然这仅仅是起步，数年后其输油能力应达到400万—500万桶/日，才符合设计要求。

美国是这条输油管线的巨大受益者。美国能源部长博德曼说：“新油管线有助于增添石油供应来源，减轻美国对中东石油的依赖。”“9·11”事件后，美国等西方国家便一直在探讨如何减少对中东石油供应的依赖。里海输油管道由以英国石油公司为首的财团经营，该财团提供了30%的建造费，其他70%的资金来自美国、日本和欧洲银行以及世界银行。

这条输油管道的建成对高加索和里海地区的地缘政治形势具有重要影响。英国广播公司（BBC）报道称，以前里海国家出产的石油大都通过俄罗斯管道出口到国际市场。这条新油管的建成，既使俄罗斯失去一笔可观的过境费，又使俄罗斯大大减弱了对里海国家发号施令的能力。①

七、油气管道

世界大国对里海油气的争夺由来已久，争输油管道实际上就是争油气。

长期以来，里海地区有限的石油输出管道主要是从阿塞拜疆首都巴库经俄罗斯抵达黑海港口，或自哈萨克斯坦西部经俄罗斯抵达黑海港口。这些管道运输能力相当有限，每天的输油能力总共在10万—16万桶间，加之俄罗斯征收的过境费甚高，因此这些国家和在当地投资的国

① 中国新闻网：《里海输油管点评：美国抢占俄罗斯传统势力范围》，2005年5月27日。

际石油公司都迫切希望改变现状，另择管道输出路线，希望实现输出渠道多元化。

这一地区原有输油管道三条：自阿塞拜疆的巴库经俄罗斯抵达新罗西斯克港；从巴库经格鲁吉亚到苏帕萨港；自哈萨克斯坦经俄罗斯到黑海。由于年久失修和运输能力有限，有关国家从本国利益出发，提出了完全不同的北向、西向、南向、东向四种输油管道建设方案。

俄罗斯作为里海沿岸国家之一，为了控制中亚地区的油气运输大动脉，坚持北向方案。它先在波罗的海建成专向欧洲出口石油的管道输油系统，然后在摩尔曼斯克兴建每年可向美国出口5000万吨石油的输油港。另外，俄罗斯还考虑建设两条输油管道：一条横跨东西伯利亚，自安加尔斯克至太平洋纳霍德卡港，称为“安纳线”，全长约4000公里，年输油能力约5000万吨；另一条西起俄罗斯伊尔库茨克州的安加尔斯克油田，向南进入布里亚特共和国，绕过贝加尔湖后一路向东，经赤塔州进入中国，直达大庆，称为“安大线”，年输油能力3000万吨。① 除石油外，为了出口天然气，俄罗斯兴建了从新罗西斯克港经黑海海底至土耳其的“蓝流”管线工程，走在了美与中亚国家合作兴建的巴库—第比里斯—埃尔祖鲁姆天然气管线之前。俄罗斯根据本国经济复苏与发展的整体情况，通过加大外资引进力度，大力开发新油田，既实现了石油增产规划，又扩大了石油出口能力。随着经济实力的增强，其对外关系也得到了不断的调整。

“9·11”事件后，美国积极推行反恐战略，同世界上最大的石油供应国沙特的政治关系骤然紧张，为了确保能源供应，美国进一步扩大了对中亚里海地区石油开发的投入，与阿塞拜疆、哈萨克斯坦、格鲁吉亚、土库曼斯坦四国达成协议，兴建巴—杰输油管道。该工程于2002年9月18日正式开工，2005年5月开始试充油，10月部分管道正式投入运营，共耗资40亿美元，年输油能力约5000万吨。这是一条绕开俄罗斯和中东地区的独立石油通道。

① “安大线”方案后被淘汰。

日本从石油安全和争夺远东石油主动权进而实现挤压中国、争取俄罗斯的战略目的出发，与中国就俄罗斯远东石油输出管道的建设进行了激烈的争夺。2002年12月，正当俄方对中、俄输油管道进行最终定夺时，日本强行挤入。2003年1月日本首相小泉纯一郎访俄期间，两国宣布了修建安加尔斯克至纳霍德卡输油管道的意向。3月7日，俄能源部就中、日竞争建设的以东西伯利亚为起点的输油管道路线一事，做出了在中、俄国境附近分别建设通向日、中的运输支线的妥协决定方案。5月29日，经过9年谈判的中俄原油管道项目签署协议。6月29日，日本外相川口顺子访俄，就修建亚太地区输油管道问题继续进行磋商。2004年12月6日，俄罗斯驻日本大使洛斯尤科夫在东京外国记者俱乐部表示，修建连接俄远东地区和日本西海岸的输油管道（安纳线）最符合俄罗斯的利益，可为俄罗斯远东地区的发展提供能源，日、韩、中三国都可以参与该工程。决定安纳线上马实际上意味着安大线出局。但洛斯尤科夫称，这是一个什么最符合俄罗斯利益的问题，而不是在中国和日本中选择谁的问题。①

第四节　伊拉克战争对中东、里海油气形势的影响

2003年3月，美、英在事先未经联合国授权的情况下，发动了伊拉克战争，受到全世界的关注。战争不出意外地速战速决，但人们更关注的是伊拉克的战后问题。美国发动这场战争的理由冠冕堂皇，是伊拉克拥有“大规模的杀伤性武器”，然而人们更相信这一切都是为了石油。其实不止美国和英国，俄罗斯、法国等大国的对伊立场也与石油有关。

---

① 《俄驻日大使洛斯尤科夫称俄将宣布建安纳线决定》，《国际金融报》，2004年12月9日。

一、伊拉克战争前中东、里海油气形势的特点

1. 中东能源（主要指石油和天然气），在国际政治中的地位凸显，成为各种重大国际事件的重要诱因，世界各大国为石油而激烈争夺。“9·11”事件后，美国发动的阿富汗战争，美军进入中亚和外高加索建立军事基地，美英联军发动伊拉克战争，法、德、俄三国挑头反对美国对伊动武等等，都程度不同地具有争夺石油的背景。大国间的石油争夺表面平静，但实际上已趋白热化。它们争夺的目标是：(1) 石油资源；(2) 石油运输线路；(3) 石油市场及石油定价权。

2. 石油对各大国的重要性越来越大。美国是世界最大的石油消费国，2004 年进口原油逾 6 亿吨，约占其石油需求的 60%。如果国外石油供应中断或油价暴涨，就会对美国经济造成严重的负面影响。俄罗斯是在世界上占有重要地位的石油生产国和石油出口国，石油出口收入占国家外汇收入和国家财政收入的 40%以上。近年来俄罗斯的经济持续增长完全得益于石油出口和石油的高价位。由此不难看出，石油在国际政治和国际经济中已占有越来越重要的地位。

3. 一些国家为了各自的利益和安全，纷纷推行石油出口多元化或石油进口多元化的政策。俄罗斯为了避免石油出口过分依赖某个或某些国家的状况，已逐步实行石油出口多元化的政策。在西边，它的油气主顾是德国等欧洲国家。为了减少对这些国家的依赖，它还向美国和土耳其大量出口油气。在东亚，它不仅把油气卖给中国，也卖给日本和韩国。美国十分重视石油引进多元化的政策。为了减少对中东石油的依赖，已逐步将石油供应地向北美、拉美、俄罗斯、中亚和西非转移。

4. 为了争夺油气资源、运输线路和市场，积极开展能源外交。俄罗斯的能源外交特别活跃，而且还常常由普京总统亲自主持。几乎成为世界石油超级大国的俄罗斯，这些年除了大力增产、扩大出口外，还在能源外交方面采取了以下 3 项重大举措：

(1) 利用俄对中亚和外高加索产油国的传统影响和这些国家的油气出口需要借道俄罗斯，一面争夺这些国家的油气资源，一面控制这些国

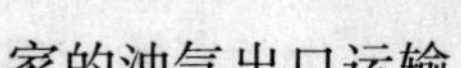

家的油气出口运输。

（2）俄本国油气资源十分丰富，但仍向外大力扩展，购买伊拉克、伊朗等国的石油股权。

（3）加大油气出口，扩大俄罗斯油气在世界油气市场的份额。

5. 世界上条件较好的油气富集区几乎全被国际石油公司瓜分，可以投资开发的油气资源越来越少。试以土库曼斯坦的天然气生产为例，据统计：到 2010 年土库曼斯坦的天然气产量可达 1200 亿立方米，其中出口 1000 亿立方米。但是，数年前俄罗斯就同土库曼斯坦签订了合同，近期购买土库曼斯坦天然气 500 亿立方米，远景购买 600 亿立方米。2002 年 12 月，土库曼斯坦、阿富汗和巴基斯坦签订合同，计划修一条从土库曼斯坦经阿富汗到巴基斯坦的天然气管道，年输气量 300 亿立方米。同月，保加利亚、土耳其、罗马尼亚、匈牙利和奥地利签署了从中亚到欧洲的天然气管道协议，输气量将在土库曼斯坦—巴基斯坦天然气管道之上。中东 80%以上的油田股份已被西方石油公司拿走，其他国家要想获得上游资源，只能从西方石油公司手中购买或者从资源国手中购买条件较差、成本较高的油田。因此，其他国家进入资源国油气产业上游的空间越来越小。

6. 国际石油市场动荡不稳，石油价格持续走高，对许多国家的经济造成负面影响。这一情况的形成，不是供需关系作用的结果，而是政治、军事因素使然。2002—2003 年，巴以冲突、伊拉克危机、委内瑞拉工潮、恐怖主义活动等导致油价暴涨，在伊拉克战争爆发前原油价格一度接近每桶 40 美元。

7. 国际恐怖主义对国际能源安全，主要是石油运输安全的威胁加大。尽管它们的矛头主要针对美国，但同时也对其他国家的能源安全构成威胁。

二、伊拉克战争使中东、里海油气形势出现微变

1. 战后伊拉克的石油生产与出口能力。2003 年 5 月 22 日，联合国安理会通过了 1483 号决议，宣布解除对伊拉克的经济制裁。自此，伊

拉克的石油生产、出口能力的恢复以及对世界油市可能产生的影响，很快成为市场关注的焦点。伊拉克战争爆发前，伊境内日产原油 250 万桶，日出口量约 170 万桶，占世界石油出口的 4%。尽管伊拉克的油田及开采设施在伊拉克战争中并未遭到毁灭性的破坏，但战后的人为洗劫和社会动荡使伊恢复石油生产的速度大大慢于市场预期，伊的石油生产能力并未得到很好的恢复。从石油工业方面看，石油基础设施的重建需要大量资金，如果没有大石油公司的进入，没有外部资金的注入，石油增产比较困难。有专家提出，在累计 375 亿美元上游勘探开发投资到位的前提下，伊拉克的石油生产有望在 2006 年增至 400 万桶/日，至 2010 年达 700 万桶/日。但由于战后伊拉克的国内局势错综复杂，暴力恐怖袭击事件频频发生，致使石油生产难有突破，2004 年才达 205 万桶/日；好在国内消费有限，仅 40 万桶/日，所以 2004 年的出口量也能达 150 万—160 万桶/日。

伊拉克作为欧佩克的创始国之一，自第一次海湾战争起，在受到联合国经济制裁的同时，还被长期排除在欧佩克配额体系之外。战后伊拉克在石油产量和出口有所恢复的情况下，能否重新享受欧佩克的生产配额，直接关系到油市格局的变化。对于伊拉克的回归，欧佩克成员国大都不表示反对，并计划给予伊拉克与伊朗同样的产量配额（360 万桶/日），现在的伊拉克实际上已成为美国掌控的石油王牌，美英石油公司已基本控制其 70%以上的油田权益。[①] 2004 年伊拉克的探明剩余储量为 1575342.47 万吨，排名世界第 4，但其石油资源的钻探率仅达 23%，在已发现的 80 个油田中仅开发了 17 个，石油增产潜能巨大。随着美国大中东计划的推行，伊拉克新政府的建立，美国掌控下的伊拉克在恢复石油生产方面虽然仍大大低于期望值，但国际资本对伊拉克油田的投资方兴未艾，外资公司的上游勘探开发投资不断增多。

2. 欧佩克的市场控制力有所减弱，但影响仍不可低估。欧佩克陷于三面受敌的困境：一受美国打压，二受以俄为主的非欧佩克产油国的挑战，三受伊拉克油气业迅速崛起的威胁。自 20 世纪 70 年代发生两次

① 《多元化构成世界石油经济新格局》，《石油经济网》，2004 年 9 月 16 日。

石油危机起，削弱欧佩克就已成为美国的既定目标。进入新世纪后，美通过建立西方石油战略储备、促进欧佩克内部分化以及支持、扶植非欧佩克生产国等手段对其进行打压，使欧佩克影响渐成衰势。伊拉克战争后，美国支持伊拉克重返欧佩克，对此欧佩克也陷于两难境地：它若接受伊拉克重返组织，则需要重新调整内部现行配额机制，使本已复杂的内部矛盾更趋激化；若将其拒之门外，放任自流，其庞大的石油产量与产能则又是欧佩克的有力竞争者。2003 年 9 月 24 日，欧佩克在其维也纳总部结束了为期一天的部长级会议。伊拉克自伊战以来，首次出席了欧佩克会议。经过磋商，欧佩克在会议召开的当天最终同意伊拉克作为该组织的正式成员出席会议。欧佩克成员国最终化解了内部矛盾同意伊拉克出席会议，主要是考虑到伊拉克的原油生产潜力及其对国际石油市场的影响力。

经长年的市场化运作，欧佩克内部已形成严密的利益关系，并以此对国际石油市场产生重要影响。美国为了减少对阿拉伯石油的依赖，曾于 20 世纪 70 年代初制订了“在中东地区以外寻找能源”的计划，但没有取得理想结果，既没有改变世界石油供应的现状，也没有减少世界经济对中东石油的依赖。相反，在此后的 30 年内，由于中东地区的探明剩余石油储量在世界总量中所占的份额不断增长，世界大国对中东石油的依存度不断提高。中东石油大都由欧佩克成员国生产，其特点是：生产成本和油价低，石油输出设备完善。欧佩克为保障和稳定世界石油市场起到了至关重要的作用。近年来欧佩克的传统权威地位虽有所弱化，但作为亚、非、拉三大洲主要石油生产国的国际组织，其影响仍不可低估。

2004 年，欧佩克的石油探明剩余储量为 1212.59 亿吨，占世界总量的 69.28%；[①] 天然气的探明储量约达 875675 亿立方米，约占世界总量的 51.2%，其中伊朗、卡塔尔的天然气储量都出现较大增长。2004 年欧佩克的石油估算产量约 14.42 亿吨，同比增长 7.6%，占世界总量

---

① 参见第一章第一节表 1—1 有关 2004 年世界油气储产量，请参阅本章附表，以下同。

的40.62%；供应石油3300万桶/日，同比增长7.4%，约占世界石油供应量的40%；天然气产量约达3958.4万亿立方米，约占世界总量的15%，拥有较大的增产潜力。

3. 中东国家的油气地位因地区局势不稳，令人望而生畏而有所下降，俄罗斯等里海沿岸国家、非洲非欧佩克成员国的地位上升，影响增强。

伊拉克战争后，产油国与石油进口国之间的共同利益与矛盾分歧相互缠绕，相互依赖进一步增强，既斗争又妥协将成为其相互关系的主要特征。在世界石油市场，俄罗斯的油气增产最快，能源地位爬升也最快。里海沿岸国家阿塞拜疆、哈萨克斯坦、土库曼斯坦三国的石油产量从2002年的6491.5万吨提高到2004年的7500万吨，两年增长15.79%。

非洲的石油蕴藏也很丰富，由于新技术的运用和新油田的陆续发现，探明剩余储量不断增加，2004年约达138.06亿吨，同比增长12.42%，约占世界总储量的7.88%。[①] 非洲石油不仅油质好、成本低、易运输，而且远离动乱中心，相对安全，被西方的各大国际石油公司视为“尚待开发的处女地”，竞相投入巨资进行勘探开发。2004年非洲石油估算产量达40566万吨，天然气估算产量达1269.3亿立方米，分别占世界总量的11.43%和4.8%，而且后劲十足。非洲除尼日利亚、阿尔及利亚和利比亚外，其余产油国都不是欧佩克的成员，不受欧佩克石油政策的约束。2004年，上述3个国家的石油探明剩余储量为1178835.63万吨，估算产量约为25525万吨，无论从储量还是产量看，都是非洲油气生产的主力。

4. 沙特阿拉伯乃世界第一石油大国，除已探明的石油储量（2004年为355.3425亿吨）外，至少还有约205.5亿吨可开发的石油，主要集中在北部与伊拉克接壤的地区。伊战后美国石油公司在伊拉克大量开采石油，等于同沙特争夺地下石油资源，使沙特备感压力。随着时间的推移，国际资本逐渐减少了在中亚、俄罗斯、西非等地的油气投资，而

---

① 参见第一章第一节表1—1，含北非的阿拉伯产油国储量。

增加了对伊拉克的油气投资，对此掌控伊拉克重建大权的美国发挥了主导作用。有行家曾预测，战后伊拉克石油日产量一二年内可望恢复到海湾战争前的350万桶，5年后可增至600万桶，继而冲击海湾第一产油国沙特的地位。这一预测看来过于乐观了。战后伊拉克的复杂局势使石油产量的恢复变得十分不易，因此美国力促伊拉克重返国际油市，以便达到打压欧佩克、制约俄罗斯等多重目的的策略难以见效。

5. 伊拉克战争后，产油国与石油进口国之间的共同利益与矛盾分歧相互交错，既斗争又妥协，成为相互关系的一个重要特征。世界石油供需虽基本平衡，但生产能力已接近饱和。自20世纪80年代起，全球油气生产出现了两个不得不关注的问题：一是每年的石油开采量都超过发现量；二是石油需求量和运输量迅速增大。由于石油及石油产品，如汽油、煤油、柴油等均为易燃品，运输过程防火要求很高，国际局势一紧张，石油运输线会首先成为军事攻击目标。因此，能源问题过去是，现在是，将来还会是世界地缘政治的核心问题。

伊拉克战争对世界能源形势的影响取决于战争能否给伊拉克和中东带来企盼中的和平和稳定。在世界油气市场上，虽然争夺十分激烈，但总态势还是争夺与合作并存。

三、中东、里海油气在大国争夺下的形势特点

进入21世纪以后，大国间对中东、里海油气资源的争夺愈演愈烈；在此背景下，两地区的油气形势出现了以下一些特点：

1. 中东、里海油气在国际政治中的地位凸显，成为当代国际社会的重中之重，世界大国为打一场激烈的石油争夺战在纷纷做准备。石油对各消费大国生死攸关。

2. 各大国为了争夺油气资源、运输线路和市场，积极开展能源外交。

3. 国际石油公司纷至沓来，展开角逐，从事能源开发的国际合作与竞争。

4. 世界产油大国和消费大国为了各自的利益和安全，或实施石油

出口多元化，或实施石油来源渠道多元化的政策。俄罗斯总统普京曾指出，俄不反对各种能源输出线路的存在，不反对从经济和环保角度对能源输出多元化进行论证，但其背后不应暗藏政治因素。俄罗斯的能源系统，从资源开发到向国际市场出口都是开放的。普京认为，里海沿岸国家首先应在能源和运输领域进行合作，“南北”运输走廊（俄罗斯—伊朗—阿拉伯海）应成为连接南亚和欧洲的重要纽带，“合作之门”向所有国家敞开。

5. 大国之间有竞争也有合作。比如美俄之间，美坚持要修巴—杰输油管线，这是竞争的一面；但同时美又要增加从俄的石油进口，甚至帮助俄扩大它的北部港口摩尔曼斯克的石油运输能力，这是合作。中美之间也有利益一致的地方：两国都是石油进口国，都希望油价平稳；中国与西方国家在资金、技术方面存在着广阔的合作空间。

6. 世界石油需求的增长非常之快，特别是亚洲国家的经济迅速增长，带动了石油需求的增长，而世界上的石油生产则基本上在按计划进行。1998 年全球的石油生产超过 36 亿吨，产量超过需求 6000 万，导致国际油价跌破 10 美元/桶。进入新世纪后，全球石油产量每年都不超过 36 亿吨，但全球的石油需求增长了许多，从而造成近年来世界石油市场油价高居不下、持续增长、连创新高的局面。

附表一

2005 年主要石油消费国消费量和生产量 （单位：万桶/日）

国家	消费量	产量
美国	2070	680
中国	700	360
日本	540	12
俄罗斯	280	960
德国	260	17

续表

国家	消费量	产量
印度	250	84
韩国	230	0.7
加拿大	220	300
墨西哥	200	380
法国	200	7
沙特阿拉伯	190	1100
巴西	180	170
意大利	180	15
英国	180	180
伊朗	170	410
西班牙	160	3
印尼	120	110
荷兰	110	96
泰国	90	30

附表二

2005 年美国、中国原油进口及主要来源国家比较 （单位：万吨）

序号	美国			中国		
	原油进口国	进口量	比上年增减	原油进口国	进口量	比上年增减
1	加拿大	8415	4.1%	沙特阿拉伯	2218	28.6%
2	墨西哥	7495	-6.2%	安哥拉	1746	7.7%
3	沙特阿拉伯	7355	-1.6%	伊朗	1427	7.8%
4	委内瑞拉	6370	-1.8%	俄罗斯	1278	18.6%

续表

序号	美国			中国		
	原油进口国	进口量	比上年增减	原油进口国	进口量	比上年增减
5	尼日利亚	5190	-3.7%	阿曼	1084	-33.7%
6	伊拉克	2585	-21.1%	也门	684	39.2%
7	安哥拉	2230	45.8%	苏丹	662	14.7%
8	厄瓜多尔	1285	10.3%	刚果	553	16.0%
9	英国	1190	19.2%[?]	印度尼西亚	409	19.2%
10	阿尔及利亚	1160	7.9%	赤道几内亚	370	6.4%
	其他合计	7230	6.5%	其他合计	2250	-15.5%
	总计	50500	0.1%	总计	12682	3.3%
	前10位合计	43270	-0.9%	前10位合计	10431	3.3%

2005年世界石油储产量与在产油井统计一览表

国家或地区	石油储量	同比增长（%）	在产油井（口）	估算产量（万吨）	2004年实际产量(万吨)	同比增长（%）
世界总计	**17706158.00**	**1.16**	**798745**	**358969.0**	**356217.0**	**0.8**
亚太地区小计	**492279.75**	**-0.98**	**89124**	**36940.5**	**36506.5**	**1.2**
澳大利亚	19684.93	-3.62	1330	2200.0	2202.0	-0.1
孟加拉国	383.56	-50.00	41	20.0	20.0	0.0*
文莱	18493.15	0.00	779	925.0	946.0	-2.2
中国	250000.00	0.00	72255	18175.0	17426.0	4.3
中国台湾省	32.62	-40.50	71	5.0	4.5	11.1
印度	80107.40	7.96	3686	3300.0	3438.5	-4.0
印度尼西亚	58917.81	-8.49	8326	4725.0	4858.5	-2.7
日本	801.37	0.00	145	76.5	71.5	7.0

续表

国家或地区	石油储量	同比增长（%）	在产油井（口）	估算产量（万吨）	2004 年实际产量(万吨)	同比增长（%）
马来西亚	41095.89	0.00	788	4140.0	4296.0	－3.6
缅甸	684.93	0.00	450	65.0	65.0	0.0
新西兰	726.03	2.95	66	75.0	105.0	－28.6
巴基斯坦	3961.67	0.18	204	320.0	310.5	3.1
巴布亚新几内亚	3287.67	0.00	39	230.0	230.0	0.0
菲律宾	1897.26	－8.88	11	84.0	62.0	35.2
泰国	3986.30	－50.12	905	900.0	770.5	16.8
越南	8219.18	0.00	28	1700.0	1700.0	0.0
西欧总计	**203320.63**	**－7.82**	**5986**	**25339.0**	**27757.5**	**－8.7**
奥地利	849.32	0.00	905	84.5	85.5	－1.4
丹麦	18191.78	0.61	225	1890.0	1945.5	－2.8
法国	2169.86	8.13	463	108.0	114.5	－5.7
德国	5030.14	－6.89	1006	350.0	351.5	－0.5
希腊	95.89	0.00	12	9.0	11.5	－22.2
意大利	8516.44	0.00	113	575.0	575.0	0.0
荷兰	1452.05	0.00	203	220.0	220.0	0.0
挪威	105547.95	－9.35	801	13550.0	14775.5	－8.3
西班牙	2159.26	0.00	23	17.5	26.5	－34.0
土耳其	4109.59	0.00	852	210.0	210.0	0.0
英国	55198.36	－10.20	1383	8325.0	9441.5	－11.8
东欧和原苏联小计	**1087263.68**	**0.03**	**55627**	**56393.0**	**54132.0**	**4.2**
阿尔巴尼亚	2714.11	20.08	1338	30.0	30.5	－1.6
阿塞拜疆	95890.41	0.00	130	2000.0	1500.0	33.3
白俄罗斯	2712.33	0.00	—	185.0	185.0	0.0

续表

国家或地区	石油储量	同比增长（%）	在产油井（口）	估算产量（产量单位）	2004年实际产量(万吨)	同比增长（%）
保加利亚	205.48	0.00	100	5.0	5.0	0.0
克罗地亚	947.18	-8.14	864	87.5	95.5	-8.4
捷克共和国	205.48	0.00	—	29.5	29.5	0.0
格鲁吉亚	479.45	0.00	281	15.0	15.0	0.0
匈牙利	1403.84	0.00	875	101.0	112.5	-10.2
哈萨克斯坦	123287.67	0.00	705	4850.0	4850.0	0.0
吉尔吉斯斯坦	547.95	0.00	—	10.0	10.0	0.0
立陶宛	164.38	0.00	—	—	—	—
波兰	1320.21	0.00	512	100.0	100.5	-0.3
罗马尼亚	13090.68	0.00	6000	500.0	515.0	-2.9
俄罗斯	821917.81	0.00	38173	46075.0	44433.5	3.7
塞尔维亚	1061.64	0.00	646	75.0	75.0	0.0
斯洛伐克	123.29	0.00	—	5.0	5.0	0.0
塔吉克斯坦	164.38	0.00	—	—	—	—
土库曼斯坦	7479.45	0.00	2460	1100.0	1000.0	10.0
乌克兰	5410.96	0.00	1353	425.0	420.0	1.2
乌兹别克斯坦	8136.99	0.00	2190	800.0	750.0	6.7
西亚小计	**10183706.30**	**1.93**	**11109**	**113114.0**	**111311.0**	**1.6**
阿联酋	1339726.03	0.00	1456	12338.5	11768.5	4.8
巴林	1706.30	0.00	496	875.0	871.0	0.5
伊朗	1814520.55	5.29	1120	19400.0	19658.5	-1.3
伊拉克	1575342.47	0.00	1685	9200.0	10012.5	-8.1
以色列	27.40	0.00	6	0.5	0.5	38.9
约旦	13.70	0.00	4	—	—	—

续表

国家或地区	石油储量	同比增长（%）	在产油井（口）	估算产量（产量单位）	2004年实际产量(万吨)	同比增长（%）
科威特	1390410.96	2.53	790	10700.0	10250.0	4.4
中立区	68493.15	0.00	578	2875.0	3000.0	-4.2
阿曼	75424.66	0.00	2298	3825.0	3821.0	0.1
卡塔尔	208315.07	0.00	421	4000.0	3912.5	2.2
沙特阿拉伯	3620684.93	1.89	1560	45775.0	43750.0	4.6
叙利亚	34246.58	0.00	132	2375.0	2516.5	-5.6
也门	54794.52	0.00	563	1750.0	1750.0	0.0
非洲小计	**1405210.23**	**1.78**	**9137**	**44171.5**	**41372.5**	**6.8**
阿尔及利亚	155479.45	-3.81	1285	6750.0	6033.5	11.9
安哥拉	74136.99	0.00	1070	6125.0	4931.0	24.2
贝宁	112.47	0.00	8	—	—	—
喀麦隆	5479.45	0.00	255	410.0	370.0	10.8
乍得	20547.95	—	95	900.0	877.0	2.6
刚果（前扎伊尔）	2561.64	0.00	150	100.0	100.0	0.0
刚果共和国	20628.77	0.00	460	1200.0	1200.0	0.0
埃及	50684.93	0.00	1267	3480.0	3546.0	-1.9
赤道几内亚	164.38	0.00	38	1600.0	1600.0	0.0
埃塞俄比亚	5.86	0.00	—	—	—	—
加蓬	34232.88	0.00	393	1170.0	1175.0	-0.4
加纳	226.03	-0.06	3	30.0	30.0	0.0
科特迪瓦	1369.86	0.00	9	150.0	150.0	0.0
利比亚	535972.60	0.32	1472	8200.0	7733.0	6.0
摩洛哥	14.64	-33.19	7	1.5	1.0	21.2
尼日利亚	491452.05	1.76	2379	12125.0	11712.5	3.5

续表

国家或地区	石油储量	同比增长（%）	在产油井（口）	估算产量（产量单位）	2004年实际产量(万吨)	同比增长（%）
南非	214.79	0.00	28	120.0	131.0	-8.4
苏丹	7712.33	0.00	9	1450.0	1433.5	1.2
突尼斯	4213.15	0.00	209	360.0	348.5	3.3
西半球总计	**4334377.40**	**0.17**	**627762**	**83011.0**	**85138.0**	**-2.5**
阿根廷	31786.99	-13.24	15872	3550.0	3691.5	-3.8
巴巴多斯	34.25	-0.36	117	4.5	5.0	-10.0
玻利维亚	6034.25	0.00	328	205.0	175.0	17.1
巴西	154017.81	6.07	11987	8125.0	7396.0	9.9
加拿大	2449210.96	0.00	50955	11500.0	12089.0	-4.9
智利	2054.79	0.00	315	50.0	50.0	0.0
哥伦比亚	21123.29	-16.30	7634	2600.0	2638.0	-1.4
古巴	10273.97	0.00	251	200.0	200.0	0.0
厄瓜多尔	63419.18	0.00	1044	2550.0	2627.5	-2.9
危地马拉	7205.48	0.00	20	92.5	101.0	-8.4
墨西哥	176468.49	-11.77	3052	16600.0	16916.5	-1.9
秘鲁	12734.25	-2.43	4660	525.0	443.0	18.5
苏里南	1520.55	0.00	523	59.0	56.5	4.4
特立尼达和多巴哥	13561.64	0.00	3895	725.0	614.5	18.0
美国	292753.42	-2.38	511440	25600.0	27093.5	-5.5
委内瑞拉	1092178.08	3.24	15669	10625.0	11041.5	-3.8
欧佩克总计	**12351493.15**	**1.86**	**36741**	**146715.0**	**143730.0**	**2.1**

注：估算探明剩余石油储量统计截至2006年1月1日。在产油井数统计截至2004年12月31日，其中不包括关闭井、注入井或服务井数。储量换算系数为1吨=7.3桶，1桶/日=50吨/年，即100万桶/日=5000万吨/年。

斜体字为欧佩克成员国。

资料来源：美国《油气杂志》，2005年12月19日。

第 三 章

中东、里海油气与世界石油市场

第一节　国际油价回顾

一、油市概述

1998 年世界油价疲软，跌至低谷；1999 年在欧佩克成员的共同努力下油价强烈反弹；2000 年由于国际油市局部失衡导致油价波动；2001 年前三季度国际油市以调整为特征；“9·11”事件后，世界油价出现需求主导性的下降趋势。

2001 年年初美联储宣布降息，油价转向高走。伦敦石油交易所的布伦特油 2 月份期货价格上涨了 80 美分，以 25.10 美元报收。纽约商品交易所的 WTI 油也收高 79 美分，以 28 美元收盘。不久，美国联邦储备理事会宣布，将联邦基金利率调降 0.5 个百分点，并且如果有必要的话还要进一步降息，以免经济放缓。市场普遍认为这有助于改善经济前景，并推高了对石油需求的预期，油价也因此大幅上扬。这次油价上涨同时也得益于欧佩克准备减产的预期。欧佩克为了避免重蹈两年前油价跌至 10 美元以下的覆辙，根据伊朗、阿联酋、利比亚和印尼等国提出的减产建议，在 1 月 17 日的部长级会议上进行了专门的讨论。沙特认为，为使油价能够保持在25美元的目标价位，至少要减产150万桶/日；科威特则认为减产数量应在150万—200万桶之间。2001年1—11月，国际市场布伦特原油平均价为25.42美元/桶，同比降低11.6%；欧佩克一揽子油价为23.72美元，同比下降4.34%。

2001年，以“9·11”事件为分水岭，世界油市被分为前后两个阶段。

(一)“9·11”事件以前

2001年初，世界石油需求约为7730万桶/日，供应约为7740万桶/日，供求基本平衡，一季度末石油库存为55.5亿桶；二季度，全球石油需求约为7470万桶/日，供应约为7600万桶/日，供求差距拉大，二季度末石油库存为57.1亿桶，比一季度末增加了0.7亿桶；三季度，世界石油需求为7560万桶/日，供应为7660万桶/日，三季度末石油库存比二季度末进一步增长0.5亿桶，达57.4亿桶，与2000年同期相比猛增了1.1亿桶。

在2001年的前9个月里，欧佩克共减产三次：1月17日欧佩克召开的第113次特别部长级会议，决定从2月1日起削减石油产量150万桶/日，从2670万桶/日减至2520万桶/日；3月16日举行的第114次部长级会议决定，从4月1日起再削减产量限额100万桶/日，从2520万桶/日减至2420万桶/日；7月25日欧佩克再次宣布减产，决定从9月1日起将欧佩克10国（不包括伊拉克）的产量限额再减少100万桶/日。欧佩克的这三次减产累计达350万桶/日。

由于欧佩克三次减产，2001年的油价基本稳定在每桶25美元，波动幅度在20美元—28美元之间。对此，时任石油输出国组织主席、阿尔及利亚能源和矿业部长哈利勒向新闻界解释说：由于欧佩克在2000年三提原油产量，从而导致2001年世界石油市场上的原油日供应量提高了约140万桶，带来了一定的负面效应，使世界原油市场供大于求，造成国际油价大幅回落，在2000年最后六周里跌至每桶20美元左右，低于欧佩克规定的每桶22美元的内部参考价。对此，沙特、科威特等欧佩克成员国几经讨论取得共识，一致同意减产，终使油价回升并稳定在每桶 25 美元左右。

美国对欧佩克的减产计划是不满意的。虽然从美国石油学会（API）公布的数字看，美国 2001 年的石油库存有所上涨，但美国能源部长里查森认为这一库存水平仍低于正常年份，因此他坚持要求欧佩克国家不要减产。

（二）“9·11”事件以后

“9·11”事件对世界石油需求产生了严重影响。首先直接导致民航业受损。据统计：美国航空燃料需求每日减少 30 万桶，全球航空燃料需求每日减少 50 万桶。美国的反恐战争虽使军用航空燃料需求增加，但无法弥补民用航空燃料需求下降造成的亏空。其次，“9·11”事件使低迷的世界经济受到沉重打击，导致全球石油需求出现负增长。

欧佩克的周平均油价在“9·11”事件后两周内曾经超过每桶 25 美元，以后一路下滑，单日油价一度跌破每桶 16 美元。在全球石油供应基本有保证和国际油市出现全球性需求下降导致油价不断下降的情况下，欧佩克迫切需要做的就是立即减产保价。在 2001 年 11 月 14 日举行的欧佩克部长级会议上，各成员国代表做出决定：从 2002 年 1 月 1 日起削减日产配额 150 万桶，条件是非欧佩克产油国协助减产 50 万桶。这种以要求非欧佩克产油国同时参与减产为条件的决议是欧佩克过去从未有过的。对此，墨西哥承诺减产 10 万桶/日，挪威考虑减产 10 万—20 万桶/日，阿曼愿意减产 2.5 万桶/日，而俄罗斯则极不情愿地宣布从 2002 年 1 月 1 日起每天减少原油出口 15 万桶。

由于对非欧佩克产油国的配合减产缺少信心，2001 年 11 月中旬油价跌破 18 美元。尽管此时北半球已入冬，但“9·11”事件后经济萎缩引起的石油需求下降、欧美等主要消费地区库存的上升，以及市场上随时可能爆发的欧佩克与非欧佩克产油国之间的油价战，都给以后的油价走向带来下滑压力。

二、2002年世界油市

为了稳定市场、制止油价下滑，欧佩克根据2001年11月14日举行的部长级会议决议，从2002年元旦开始再削减150万桶。对此，俄罗斯、挪威和墨西哥等非欧佩克产油大国也相应减少了原油出口，从而使油价迅速反弹，马上从2002年1月的平均18.33美元/桶上扬到了4月的24.88美元/桶。

2002年3月15日，欧佩克举行部长级会议，决定将日产量限定在2170万桶。4月26日，欧佩克成员国在维也纳再度开会，决定将这一原油日产限额再保持3个月。这是根据当时世界石油市场供求形势做出的决定。4月8日，伊拉克宣布暂停石油出口30天，以支持巴勒斯坦人民的斗争事业，油价随即攀升。标准原油价格每桶升高1.01美元，为27美元，最高时达到27.43美元；美国的原油期货升高34美分，为26.55美元。同日，欧佩克秘书处宣布，上周欧佩克7种市场监督原油一揽子平均价为每桶25.44美元，比前一周的23.93美元上涨了1.51美元。这是欧佩克一揽子原油周均价自2001年9月下旬以后首次超过25美元/桶。欧佩克油价上扬的主要原因是：石油商普遍担心巴以冲突升级，会使世界油市的供应受到影响。这一阶段，是巴以冲突升级拉动了国际市场油价，使每桶原油上涨了6美元。

5月中旬，油价再次走低，下跌了近3美元/桶，一度跌破23美元，后出现回升，达23.96美元。这一阶段油价波动虽然较大，但基本保持在每桶22—28美元的欧佩克价格调控机制范围内。欧佩克的会议公报指出：该组织2001年起实施的减产措施，在一些非欧佩克产油国的支持下，使石油市场恢复了相对平衡。5月间出现的市场油价下跌，其原因并不全在市场本身，有些是政治因素造成的，特别是同俄罗斯和挪威采取的一系列举措有关——俄罗斯宣布两个月内取消对原油出口的限制，挪威宣布从第三季度起不再减产。此外，美国等西方国家的经济复苏乏力，使得石油需求缺乏张力。因此，包括沙特在内的一些欧佩克成员国纷纷表示，它们不想改变第119次欧佩克会议决定的原油开采配额。

9月底，经欧佩克调控，国际油价攀上了高价位。纽约商品期货交易所西得克萨斯轻油11月期货，在9月的最后一周，每日每桶的收盘价都在30美元以上；伦敦国际石油交易所布伦特原油11月期货也达29美元左右。

导致油价升高的原因是多方面的：一是美伊关系紧张；二是欧佩克在9月大阪会议上做出的不增产的决定；三是美国原油库存再次下降；四是墨西哥湾热带风暴的影响；五是以色列包围阿拉法特总统府等因素也对国际油价产生影响。

9月23日上午，在伊拉克拒绝接受联合国新决议的消息驱动下，纽约商品期货交易所西得克萨斯轻油电子板交易突然升至30美元以上，这一行情导致23日国际石油市场一开盘即走高；伦敦国际石油交易所布伦特原油11月期货的开盘价为每桶28.80美元，达年内最高点；纽约商品期货交易所西得克萨斯轻油11月期货的收盘价升至0.87美元，报每桶30.71美元。除了战争气氛不断升温以外，墨西哥湾的风暴和美国原油库存下降多种因素也导致油价暴涨，23日欧佩克的一揽子平均油价突破了22—28美元的范围。24日伊拉克称，联合国武器核查人员进入伊拉克地区将不受限制，这一消息削弱了美英对伊动武的理由，导致国际油价在等待美国石油库存报告前暂处平静状态。美伊关系是油价波动的关键，市场也很关注这方面的动向。27日，美国向联合国提交了一份有关伊拉克问题的最新决议草案，要求联合国为伊接受武器核查设立最后期限，如果伊在7天内不接受“严格且毫不含糊”的武器核查或有任何违抗行为，联合国应授权美英“采取一切必要手段”，迫使伊拉克就范。这一次小布什政府的“倒萨”行动真的进入了倒计时。受此影响，国际油价蓄势待发，继续上扬已不可避免。

按欧佩克油价机制，连续20天一揽子油价超过28美元就要增加产量配额。对此，欧佩克成员国之间也存在着竞争和矛盾，各国都想自行超产以增加本国收入，但又都想通过欧佩克的限产措施，防止油价下滑。例如，沙特就常常表示，只要欧佩克一揽子油价超过28美元，它就增加产量；美国打击伊拉克若造成石油供应中断，它也会及时增产补充市场。但实际上，凡欧佩克成员国都有超配额生产的嫌疑。这一时期，油价走高的重要因素不在于供求关系，而在于美若对伊动武可能引发的中东原油供应危机。2002 年 12 月，油价暴涨，并一路走高，导致这次油价走高的原因有 4 点：一是人们普遍担心美国准备进行的“倒萨”行动会影响来自中东地区的原油供应；二是欧佩克成员国委内瑞拉国内石油工人大罢工造成石油生产供应中断；三是巴以冲突愈演愈烈；四是恐怖主义活动猖獗。

三、2003 年油价走势

2003 年 1 月 3 日，欧佩克油价攀升到每桶 30.83 美元/日。到 1 月 7 日，欧佩克油价已连续 15 个交易日超过每桶 28 美元。对此，欧佩克 1 月 12 日在维也纳召开特别会议，决定每日增加石油产量 150 万桶，即从 2 月 1 日起，除伊拉克之外，把 10 个成员国的石油日产量最高限额从 2300 万桶提高到 2450 万桶，以稳定世界油价。

在随后的一个月里，由于美国不断对伊拉克发出战争威胁，加上委内瑞拉发生反政府大罢工导致石油出口中断，国际市场原油价格又上涨了 20%左右，持续保持在每桶 33—34 美元的高位。2 月 7 日，因美、伊战争一触即发，原油期货价格突破每桶 35 美元大关，取暖油期货价格开始步步攀高。该日，纽约商交所 3 月原油期货合约价格飙升 96 美分，收于每桶 35.12 美元，创下 2000 年以来的历史新高。3 月 10 日，欧佩克成员国的有关部长和大臣纷纷抵达维也纳，以参加次日举行的欧佩克第 124 次会议。在这次每年 3 月召开的欧佩克例会上，成员国代表共同制订了第二季度的石油政策。为了确保石油供应不因战争出现短缺，防止油价暴涨，沙特和科威特等欧佩克成员国主张，一旦美伊开战就暂时取消开采限额，让各成员国放量生产。但遭到伊朗、阿尔及利亚和尼日利亚等成员国的反对，这些国家认为眼前市场供应充足，没有必要增产。阿尔及利亚代表哈利勒表示，2002 年欧佩克两度决定增产，共达 280 万桶/日，现在即使爆发战争也无必要增产。伊朗石油部长赞加内更将油价问题提到政治高度，表示伊朗不支持含有政治动机的决定。他表示，欧佩克不应做出会被穆斯林和阿拉伯人视为支持美国进攻一个欧佩克成员国的决定。欧佩克内部出现分歧不足为怪，关键在于欧佩克成员国到底有多少剩余生产能力。实际情况是，此时除了委内瑞拉的石油产量还没有达到限额外，在高油价吸引下，其他成员国都在超配额开采，已缺乏再增产的潜力。如果委内瑞拉不能迅速恢复生产，一旦伊拉克每天170万桶的原油出口中断，仅仅依靠欧佩克是难以填补缺口的。

在期货方面，2003年2月的柴油期货每吨上涨20.25美元，收于每吨317.25美元；3月，取暖油期货达23年来的高点每加仑1.113美元，收盘时回落至每加仑1.0957美元，总计上涨了6.86美分；汽油期货价格攀升3.87美分，收于每加仑1.0670美元。伦敦国际石油交易所3月布伦特原油期货合约价格上涨90美分，收于每桶32.34美元。这一阶段，由于供应紧张和现货价格激增，取暖油期货价格累计上涨了20%。

3月中旬，美伊战争越来越近，欧佩克油价迅速下滑，从每桶34.5美元一直跌至21日的24.5美元，不足25美元。但美伊开战数日后油价随即回升，3月28日欧佩克单日油价上涨到每桶27.23美元。4月7日，美军对巴格达发动猛烈袭击并进入巴格达中心地带，由于石油交易商相信美伊战争将很快结束，加上美国国内原油库存上升和尼日利亚部分停产油田重新开工，减轻了对油价的压力，致使油价下跌。据报道，纽约下跌了3%，伦敦下跌了5%。在此前的4月4日，欧佩克召开部长级会议决定减产200万桶/日，但由于该减产数量低于市场预期，所以国际油价不升反降。

4月24日，欧佩克召开成员国石油部长会议。在这次会议上，欧佩克试图通过提高减产配额来控制市场，却造成了市场的进一步混乱，使交易商颇感意外。4月28日—5月2日，国际油价在起伏中企稳。但由于欧佩克对于当时超产行为的认可，将自己的可信度推向了谷底，并给短期市场价格趋向带来了一定的风险。这一决定造成了国际油价在随后的几天里连续下降，降到5个半月来的最低点。西得克萨斯轻油盘中交易价接近每桶25美元，布伦特原油跌破了23美元。

这一时期影响国际油价走势的因素还有：欧佩克主席关于保价问题

的表态，美国原油库存回升幅度不足以及市场交易清淡等。

在国际原油连续下滑的情况下，欧佩克一揽子油价也向价格机制底线逼近。欧佩克主席阿提亚对这一油价水平非常担忧，认为欧佩克应在适当的时机采取行动稳定油价。欧佩克秘书长席尔瓦也认为，如果油价已降至价格机制下限以下，欧佩克应在6月份召开的会议上再次减产。欧佩克高级官员表态救市后，国际油价出现连续两天的止跌回升。但是，由于缺乏刺激市场的基础，市场交易清淡。在成品油市场，汽油价格走低，导致成品油价格整体小幅回落。由于航空燃料和汽油需求走弱，该时期美国的油品需求量下降。美国能源信息署的报告称，非典型性肺炎导致客流量减少，使航空燃料的需求量下降22%，汽油需求量下降4%。截至4月25日，美国航空燃料的需求量日降130.9万桶，周降幅达9%。但由于美国的原油库存没有达到预期的增长量，因此没有给这一时期的国际油价造成太大的波动。

这一时期纽约商品期货交易所西得克萨斯轻油6月期货均价为每桶25.646美元，收盘价最高点为每桶26.03美元，最低点为每桶25.24美元。伦敦国际石油交易所布伦特原油6月期货均价为23.556美元，收盘价最高点为每桶23.82美元，最低点为每桶23.26美元；布伦特原油盘中最高点每桶24.39美元，最低点为每桶22.97美元。欧佩克一揽子油价连续5天在24美元以下，比一周前的油价略有回升。国际市场的汽油和柴油价格，除纽约和鹿特丹汽油市场外，都较稳定。这一时期的国际油价走势说明，由于4月24日召开的欧佩克成员国石油部长会议，在每天减产200万桶的问题上，没有提出明确的期限和约束力，因此国际石油市场供应过剩的问题依然存在。自伊战爆发起，国际石油价格已经从3月份的最高点下跌了30%多，欧佩克一揽子油价跌到了24美元以下。虽然欧佩克领导人多次以保价表态来刺激市场，但这仅仅是短期行为，市场缺乏有效的提价基本面，国际油价的走势基本依赖于美国原油库存的变化。

5月9日，欧佩克原油平均价格出现反弹，连续4个交易日超过每桶25美元，扭转了前一阶段油价走势的低迷局面。14日，欧佩克原油单日平均价格持续回升，每桶油价突破了26美元。据欧佩克通讯社5

月15日报道，它的7种市场监督原油一揽子平均价[①] 14日为每桶26.13美元，比前一日的25.41美元上涨了0.72美元。自4月24日欧佩克决定提高原油日产限额90万桶后，其油价曾连续8个交易日低于每桶24美元。

这一阶段影响国际油价的主要因素有三：一是联合国对伊拉克重新出口石油的争论；二是美国国内石油和汽油库存低于上年同期水平；三是沙特阿拉伯首都利雅得发生恐怖性爆炸袭击事件。

5月24日，伊拉克过渡时期石油部长加迪班在美英联军支持下举行的新闻发布会上表示：伊拉克现已日产原油70万桶，石油部门在美军保护下将尽快增加原油产量，争取在一个月内翻番，达到130万/日或150万桶/日。石油出口也争取在今后三个星期里恢复。

美伊战争爆发前，伊拉克的原油产量为300万桶/日，另外还有800万—900万桶原油储存在土耳其的杰伊汉港无法运出，这是因为联合国的制裁措施使得伊拉克当局无法销售这些原油。

国际油气市场对伊拉克恢复石油生产曾一度持乐观态度，认为伊拉克稍经调整，其原油生产就能恢复至250万桶/日的水平，最终达到600万—700万桶/日，而其国内消费每日仅需30万—40万桶，但实际情况与此大相径庭。

6月5日，国际油价在委内瑞拉、墨西哥和沙特阿拉伯即将会晤的消息中止跌回升；6日国际油价延续涨势，纽约轻油收盘价突破了31美元；9日国际油价继续上涨；10日纽约轻油连续3天收盘于31美元以上，伦敦布伦特原油也突破每桶28美元；11日在美国原油库存意外下降的影响下国际油价依旧上涨，纽约轻油攀至每桶32美元以上，伦

---

① 欧佩克一揽子油价于1986年制订出台，包括阿尔及利亚的撒哈拉混合原油、印尼的米那斯原油、尼日利亚的博尼轻质原油、沙特的阿拉伯轻质原油、阿联酋的迪拜原油、委内瑞拉的蒂亚·胡安娜原油和非欧佩克成员墨西哥的伊斯莫斯原油。根据欧佩克作价机制，如果欧佩克一揽子平均油价连续20个交易日在每桶28美元以上，该组织将每天增产原油50万桶。如果连续10个交易日低于每桶22美元，将每天减产50万桶。

敦布伦特原油7月期货稳定在每桶28美元以上。6月5—11日，国际油价在美国原油库存短缺中连续5天上涨。影响这一阶段国际油价的主要因素是伊拉克局势、欧佩克多哈会议、美国石油原油库存低落等。

由于伊拉克局势错综复杂，其原油恢复出口过程比预期的缓慢多，因此交易上总担心石油供应趋紧。伊拉克过渡时期石油部长加迪班虽公开表示要在6月中旬恢复石油出口，至9月达到战前水平，但伊拉克在美军的持续占领下，不仅安全受威胁，电力供应也不足，要6月中旬恢复石油出口很难。这一阶段曾有消息说，伊拉克—土耳其石油管道已处于正常状态，一旦土耳其杰伊汉港的油罐清空即可输送伊拉克石油，但伊拉克的局势表明：要在6月至9月的三四个月里，恢复战前水平实在是不可能的。由于伊拉克试图恢复油气生产并出口石油，欧佩克在卡塔尔首都多哈举行的欧佩克石油部长特别会议上做出决定，维持每天2540万桶的产量配额不变，但要求各成员国从6月起严格按照配额生产，降低实际超出配额的产量。在此阶段，美国石油学会和美国能源署先后公布了石油库存报告。美国能源信息署的报告显示：由于减少了原油进口，美国的原油库存（石油战略储备除外）下降了460万桶，比上年同期低4040万桶；截至6月6日，商业石油库存总量比上年同期低1.154亿桶。美国石油学会的报告显示：截至6月6日，美国的原油库存降低了272.5万桶，与美国能源信息署的数字有所不同，原油进口减少了91.3万桶/日。

同月，根据多哈会议决定，欧佩克各成员国减产184万桶/日，油价经小幅震荡后，至20日重又回升到26.34美元/桶。这一时期纽约轻油7月期货收盘最高价为32.36元/桶，最低价为30.74美元/桶；伦敦布伦特原油7月期货收盘最高价为28.39美元/桶，最低价为27.44美元/桶。

6月22日，伊拉克输油管道再次发生爆炸，给伊拉克的石油供应蒙上了一层阴影，加上美国石油库存减少、用油高峰临近，欧佩克收紧供应，致使国际油价持续走高。

7月3日，欧佩克一揽子平均油价升至27.60美元，这是欧佩克一揽子油价连续4天在27美元以上。印度尼西亚、阿尔及利亚、尼日利亚和委内瑞拉等成员国纷纷表示，希望欧佩克在9月的会议上增加配额。

7月22日，国际油价出现大幅下跌，纽约轻油8月期货每桶下跌1.5美元，9月期货每桶下跌1.34美元；伦敦布伦特原油9月期货报收每桶27.49美元，下跌1.2美元。油价跌幅为近期罕见，下跌原因较多，期货因素如纽约轻油期货正值转换期，8月期货收盘后结束，9月期货转为即期等，其他因素如萨达姆的两个儿子库赛与乌代被打死的消息导致交易商大量抛盘，频繁故障的美国炼油厂恢复正常，加勒比海热带风暴减弱解除了对墨西哥湾油气生产的威胁等，也是造成近期油价下跌的原因。7月23日，纽约轻油电子盘交易9月期货止跌回升，报每桶29.52美元，比收盘时上涨3美分；交易区间在每桶29.47—29.65美元之间。

8月21—27日，国际油价经震荡整理，企稳在高价位。21日纽约港口新配方汽油价格飙升带动纽约商品期货交易所汽油期货价格猛升，同时刺激了国际石油天然气期货市场价格全面上涨。纽约轻油10月期货上涨近1美元，布伦特原油10月期货一度突破每桶30美元；22日市场缺乏新的消息，国际油价开始盘整微跌；25日伦敦布伦特原油休市，纽约轻油获利回吐。26日布伦特原油小幅升高，纽约轻油有所反弹，盘中高点一度突破32美元。27日由于纽约汽油卖压的影响以及美国中西部和墨西哥湾地区原油库存量增加，国际油价回落。这一时期美国能源信息署和美国石油学会公布的美国石油库存报告出现差异，评估数据不一。美国能源信息署的报告显示，截至到8月22日，原油库存比前一周减少了20万桶，比去年同期低2020万桶；汽油库存总量减少了570万桶，为2000年11月17日以来最低点，其中新配方汽油库存下降了110万桶；常规汽油减少了330万桶；馏分油库存量上升了70万桶；美国石油战略储备增加了320万桶，达到6.159亿桶；美国石油及产品商业库存总量比上年同期低9030万桶。一周前美国石油产品需求全面增加，需求总量达2060万桶。美国石油学会的报告显示，美国原油库存比前一周上升了366.8万桶；美国汽油库存总量比前一周减少了360.4万桶；馏分油库存量比前一周增加了166.2万桶；美国原油日进口量为每天1020万桶，比前一周增加了29.8万桶；装置运转率为94.1%。这一阶段，油价居高不下还有一个原因，那就是伊拉克北部油田的出口管道遭破坏后一直未能修复，从而进一步加剧了国际市场石油供应的紧缺度。

8 月 22 日，欧佩克一揽子油价每桶 29.04 美元，比 21 日上涨 3 美分。这是欧佩克一揽子油价再次连续第 5 个交易日高于 28 美元以上。欧佩克新闻机构称，它有能力将油价维持在每桶 22—28 美元之间。这一周，纽约轻油 10 月期货收盘最高价为 22 日的每桶 31.95 美元，最低价为 23 日的每桶 30.21 美元；伦敦布伦特原油 10 月期货收盘最高价为本月 22 日的每桶 29.77 美元，最低价为 23 日的每桶 29.18 美元。

9 月 11 日，欧佩克一揽子油价为每桶 26.44 美元，虽比前日下跌 4 美分，但这是欧佩克一揽子油价连续 60 个交易日超过 26 美元/桶。

9 月 18 日的一周，欧佩克一揽子原油周平均价继续下跌，达 25.48 美元/桶，比前一周的周均价差 96 美分。这是欧佩克一揽子原油周均价自 6 月以来首次跌到 26 美元以下。

据统计，2003 年 8 月欧佩克一揽子月均价为 28.63 美元/桶，7 月为 27.43 美元/桶，6 月为 26.74 美元/桶，5 月为 25.60 美元/桶，4 月为 25.34 美元/桶，3 月为 29.78 美元/桶，2 月为 31.54 美元/桶，1 月为 30.34 美元/桶，2002 年 12 月为 28.39 美元/桶，11 月份为 24.29 美元/桶，10 月为 27.32 美元/桶。

2003 年上半年欧佩克一揽子平均价为 28.11 美元/桶。

2003 年第二季度欧佩克一揽子季均价为 25.85 美元/桶，第一季度为每桶 30.55 美元/桶。

2002 年第四季度一揽子季均价为 26.83 美元/桶，第三季度为 26.09 美元/桶。

2002 年欧佩克一揽子年均价为 24.36 美元/桶，2001 年为 23.12 美元/桶，2000 年为 27.60 美元/桶，1999 年为 17.47 美元/桶。（详见本节附表）

鉴于前一时期油价的持续下跌，9 月 24 日欧佩克做出了削减生产配额决定，国际市场原油价格因此重新上扬。10 月 6 日，欧佩克单日油价再次突破该组织价格调控机制规定的每桶 22—28 美元上限，至 10 月 10 日单日油价已比 9 月 24 日高出 4.29 美元。10 月中旬，国际油价继续攀升，达 29.88 美元/桶，而欧佩克 7 种市场监督原油一揽子平均价则达到28.19美元/桶，比一周前上涨了1.41美元。对于欧佩克内定的一揽子原油平均价基准问题，欧佩克的一名高级代表表示，欧佩克不会改变其22—28美元/桶的一揽子原油平均价基准。委内瑞拉的代表曾建议将基准原油价格区间调高为每桶25—32美元，但后来还是放弃了这一主张，表示还是将价格维持在现有区间较为理想。

期货方面，11月17日在经过连续6个交易日的上涨后，国际原油期货价格出现高位调整。纽约商业期货交易所12月原油期约结算价收低64美分，为每桶31.73美元。伦敦国际石油交易所2004年1月布兰特原油期货结算价也下跌了51美分，收于29.05美元。导致国际原油期货高位调整的原因主要有4点：

(1) 连续上涨之后来自获利盘确认收益的回吐压力；

(2) 12月份原油期货合约进入最后几个挂牌交易日，在一定程度上增加了部分获利仓了结退场的心情；

(3) 天气预报称未来5日美国多数地区气温较往常高，这意味着燃料油的短期需求要下降，使家用燃油期约走势受到影响，同时亦连累原油价格；

(4) 布什总统出访英国，人们普遍比较关注。

现货市场方面，17日欧佩克公布的7种市场监督原油一揽子平均价升至每桶29.26美元，连续第6个交易日超过每桶22—28美元上限。11月21日，欧佩克一揽子平均价收于每桶29.41美元，成为市场监督油价超过每桶22—28美元上限的第11个交易日。

11月24日，纽约商业期货交易所和伦敦国际石油交易所的原油期约双双受挫，纽约商业期货交易所2004年1月份原油期货合约结算价下跌了5.92%，每桶下跌1.87美元，收于每桶29.74美元，布兰特2004年1月原油期货约结算价重挫5.08%，下跌了1.50美元，收于每桶27.86美元。市场交投趋冷的原因是，原油期约刚经历了前期大涨，因此场内鲜有开新仓者，又逢感恩节临近，交投自然不多，因此稍有订单就能把价格打低很多。这种情况，纽约商业期货交易所2004年月1月份原油期货表现更为明显一些。但值得注意的是，在其后的亚洲电子盘交易中，纽约商业期货交易所1月的原油期约价位回升较快，在纽约市场29.74美元/桶的收市价基础上再涨17美分，收于29.91美元/桶。

12月上旬，欧佩克一揽子平均价为每桶28.50美元，基本上在每桶27.92—29.02美元之间窄幅调整，其中有4个交易日的油价超出欧佩克每桶22—28美元价格调控机制的上限。12月4日，欧佩克召开部长会议，做出了不改变生产限额的决定，欧佩克油价从当天的每桶29.02美元降至5日的每桶28.69美元。

2003年12月的世界油气市场最让人感到意外的是，按理说萨达姆落网对于伊拉克的社会稳定和石油出口是利好消息，世界油价应降才是，然而萨达姆被捕产生的不确定性，造成了伊拉克石油生产的不稳定，最终导致油价上涨，影响了世界原油市场。12月中旬，欧佩克秘书处公布，15日欧佩克7种市场监督原油一揽子平均价格升至30.04美元/桶，这是欧佩克单日油价自伊拉克战争结束起首次突破每桶30美元。这一天，受伊拉克前总统萨达姆被捕消息的影响，国际市场的油价开市后都曾一度下跌，但随后发生的伊拉克汽车爆炸事件迅速触动了油市神经，油价马上呈现出先抑后扬的走势。

期货方面，12月8日纽约商品交易所原油期货价格上涨近4.5%，每桶超过32美元，达到近3周的最高位。纽约商交所2004年1月的轻质低硫原油期价当天上涨1.37美元，收盘时为每桶32.10美元。伦敦石油市场1月份交货的布伦特原油期价也上涨1.24美元，收盘时为每桶29.98美元。纽约市场1月份取暖用油期货价格上升了5%，达每加仑90.54美分；1月份汽油期货价格上升2.6%，为每加仑87.34美分。导致纽约市场原油期货价格上扬的直接因素是：由于美国东北部地区持续低温，天然气价格一路上扬，促使人们取暖改用燃油，从而给纽约市场的原油价格造成上升压力。

原油期货的这一上涨势头至12月下旬开始出现较大幅度的下跌。受美国东北部地区气温偏高和天然气价格下降的影响，12月22日纽约商品交易所原油期货价格每桶下跌1.15美元，收于31.87美元，跌幅达3.5%。一般认为，每桶32美元是原油的一个重要支撑价位，跌破这个价位，可能意味着油价将继续下滑。在伦敦国际石油交易所，布伦特原油期货价格每桶下降1.09美元，跌到28.96美元。另外，纽约市场1月份交货的天然气期货价格每1000立方英尺下降65.8美分，至6.32美元，跌幅高达9.4%；1月份交货的取暖油价格每加仑下降4.38美分，达到89.41美分。

从整体看，2003年国际油市经历了自第一次海湾战争以来最大幅度的震荡，整体上维持高位运行。1—8月份，国际标准原油布伦特的平均价格高达28.39美元/桶，接近5年来的年均最高价位。从油价走势上看，2003年前3个季度国际原油价格的变化呈现出先扬后抑、高位盘整的特点，大致可分为四个阶段。

第一阶段是1—3月上旬。期间，伊拉克局势日益紧张，加上委内瑞拉石油工人持续罢工致使其原油出口减少约7500万桶，对美国的出口完全中断，在担心现货供应短缺的市场心理下，美国原油库存跌至2.72亿桶的警戒线水平更是加剧了油价上涨的动力，致使油价一路飙升。

第二阶段是3月中旬至4月底，油价出现一轮大幅波动。由于市场预计美国对伊拉克的军事打击将速战速决，油价的战争因素得以逐步消化，加之期货市场上投机基金的大量抛盘，油价在开战后骤然下滑，战争次日WTI原油4月份的纸货就跌到26.91美元/桶的低位（在3月12—22日期间，WTI原油跌幅达10美元/桶)。与此同时，尼日利亚爆发大规模种族冲突，近40%的原油生产暂停，这一因素引领了油价的止跌回升。

第三阶段是5—8月底。期间，美国的石油库存成为市场焦点。油价在夏季驱车旅行高峰引发季节性需求增加，美国主要石油工业生产区域墨西哥湾屡遭风暴袭击，伊拉克石油出口恢复缓慢等因素的支撑下维持高位徘徊，欧佩克一揽子油价连续20个交易日稳定在26—28美元/桶的高位范围。

第四阶段自9月初起，油价在美国原油库存增加，夏季汽油需求高峰结束的影响下回落。期货市场投机基金的出逃则是推动了油价的大幅下挫。9月18日，WTI原油降至26.8美元/桶，为5月初以来的最低点。9月24日，欧佩克组织在维也纳召开的部长级会议上出人预料地做出了从11月1日开始减产的决定。欧佩克这一决定的出发点是为避免2004年原油供求关系出现严重失衡。在冬季取暖油需求预计大增的情况下，减产的消息直接导致原油止跌回升。

综上所述，不难发现美伊战争、委内瑞拉石油工人罢工、欧美石油库存偏低以及供应偏紧是导致2003年前3个季度油价维持在高位的主要原因。另据欧佩克公布的数据，欧佩克2003年一揽子原油参考价格平均为每桶28.10美元，较上年度高出15.35%，也高于欧佩克内定的22—28美元的油价基准。这一价格还达到了自1984年年初以来的欧佩克一揽子原油参考价格的最高水平。欧佩克在2004年1月5日公布的假日油价评估报告显示：截至2004年1月2日，欧佩克一揽子原油平均价格连续21天超过28美元的内定油价基准上限。

欧佩克的数据还显示，12月份一揽子原油平均价格为29.44美元，较上年同期上涨3.7%，也是自3月份以来油价最高的一个月份。（详情参阅本节附表）

四、2004年世界油市

2003年，全球原油需求增长了约1.9%，年末国际油价超过30美元/桶。

2004年初，国际原油市场笼罩在供求紧张的阴影下，油价出现螺旋式大幅攀升态势，牵动了世界各国经济决策层的神经。1月20日，纽约市场原油价格超过每桶36美元。2月油价受欧佩克2月10日做出的从4月1日起减产100万桶/日的决定影响，蓄势待发。3月油价在欧佩克减产和美国库存偏低等因素影响下小幅走高。3月11日，西班牙发生的连环爆炸案加剧了市场恐慌心理，受此影响油价迅速升至38美元/桶高点。石油价格的持续走高，对于消费者和经济运行的影响十分明显。第二季度的原油价格稳步上涨，季度价格在每桶34—42.50美元间波动，除了基本面因素的影响外，中东暴力冲突、伊拉克局势以及恐怖袭击等因素使油价出现较大波动。

4月，纽约市场原油期货价格的波动区间为34—38美元/桶，中东地区的巴以冲突加剧以及伊拉克的输油设施屡遭破坏为当月油价提供支撑。5月油价开始大幅走高，当月价格区间在39—42美元/桶。5月10日，油价突破40美元/桶，形成2004年的第一个上涨高峰。由于全球经济增长导致国际市场原油需求不断增长，自5月起欧佩克一再提高石油产量，并创造了10月份日产3061万桶的25年来最高纪录。但油价上涨仍无法抑制，而欧佩克剩余生产能力已接近极限。资料显示，20世纪90年代初欧佩克的剩余生产能力为每日700万桶，现在只有100万桶，约为全球石油日需求量的1%，从而出现了市场的“结构性短缺”。在这种情况下，任何突发性事件都有可能导致油价大涨。6月油价因沙特胡拜尔市发生针对外国石油公司雇员的恐怖袭击而继续走强，6月2日达到42.33美元/桶的高点，当月油价在每桶37.50—42.50美元间波动。6月3日，欧佩克决定从7月1日起每日增产200万桶，并根据情况从8月1日起再增产50万桶。这一消息对暂缓油价上涨起到了一定作用。但至6月底，国际油市受中东地区错综复杂的局势影响，进一步失控，伊拉克频繁发生袭击事件以及挪威石油工人举行大规模罢工令市场行情继续走高。

7月，纽约市场原油期货价格的交割区间为38.50—43.00美元/桶，俄罗斯尤科斯石油公司的税务案成为影响当月价格的主要因素。尤科斯石油公司为俄罗斯之最，日产原油约180万桶，其中75%供应国际市场，但由于欠税数百亿美元，其供应一度几乎中断。受此影响，7月28日油价冲至42.90美元/桶，再次创下新高。8月，尤科斯事件和伊拉克局势继续为市场价格提供心理支撑，使价格进一步上扬，当月价格在每桶43—49美元间波动；在伊拉克纳杰夫冲突最激烈的时候，价格甚至达到49美元/桶高位。对于世界油市出现的波动，美国虽及时采取了措施，将原油商业库存增至3.05亿万桶，达2002年8月以来最高水平，但对减轻国际油市的压力效果并不明显。8月末，伊拉克反美武装和政府达成和平协议，油价才回落至43美元左右。9月，在尤科斯事件、“伊万”飓风登陆美国海湾地区、挪威石油工人罢工、尼日利亚局势动荡等因素的影响下，油价居高不下，全月交割价在每桶44—50美元之间。9月27日油价终于突破50美元大关，形成当年的第二个上涨高峰。

10月是2004年全年油价变动最剧烈的月份。在“伊万”飓风使美国海湾地区油气大幅减产、非洲最重要的产油国尼日利亚局势不稳、挪威石油工人罢工、冬季来临前市场对取暖油供应的担心、对冲基金的推波助澜等因素的综合作用下，油价连创新高，10月22日和27日，每桶油价两次突破55美元，达55.17美元高位。10月的油价交割区间为48.00—55.17美元。11月初，美国大选尘埃落定，对冲基金获利纷纷退场，油价开始回落。11月4日，油价跌到50美元，徘徊于46.50—49.50美元之间。12月1日和2日，纽约商品交易所原油期价下跌了近6美元，跌幅超过14%。10日，纽约油价再次下跌1.82美元，收于每桶40.71美元，降至近5个月来的最低水平。这一阶段，技术性因素减少，市场重新回归基本面轨道，美国的原油库存再次成为油价涨落的主要因素。

总而言之，油价上涨是2004年国际石油市场的主旋律。对于2004年的油价构成，行家们的看法是：油价＝实际价格＋风险溢价＋对冲基金溢价，其中风险溢价约为10—15美元（即各种技术性因素或政治因素的影响），对冲基金的影响为8—15美元。根据美国能源部的测算，石油勘探、开采、运输等方面的成本约15美元，加上一倍左右的利润，原油的合理价格应在每桶30—34美元之间。按此计算，2004年风险溢价和对冲基金将油价推高了17美元左右。

五、2005年和2006年的世界油市

进入2005年后，国际油市挟上一年涨势，继续刷新历史纪录，使人们对未来油价的走势格外关注。油价上涨基本反映了这一阶段的供求关系。2004年底，在一些国际经济组织对2005年全球经济增长预期进行下调的同时，一些主要能源机构也相应调低了对2005年全球原油需求增长的预期。但是，全球原油需求增长并没有因此出现减弱迹象，2005年3月仅美国的原油日需求量就同比增长80多万桶/日。同需求的快速增长相比，原油供应增长却受到多种因素制约，世界主要产油国虽号称“都在开足马力生产”，但原油产量仍供不应求。

原油市场的基本供求矛盾短期内难以解决，这已成为业内人士的共识。但市场分析师对油价走势的看法并不一致，如：纽约原油市场的分

析师认为，在国际市场油价屡破历史纪录的前提下，油价继续上涨的心理阻力已不复存在；法国的能源分析师认为，全球需求增长如脱缰野马，除非需求增长减弱，否则油价只能继续上涨，因此国际油市应做好迎接油价涨至每桶 60 美元的心理准备；另有专家认为，如果原油供应链的重要环节出现问题，油价甚至有可能达到每桶 70 美元以上。

6 月，受众多因素的影响，国际油价再创新高，达到每桶 59.23 美元的新高。这次油上涨的原因是：全球第三大石油出口国——挪威的石油工人因待遇问题与资方发生冲突，采取罢工行动，导致该国的石油产量每日减少 100 万桶，这对油价起着积极的推涨作用。欧佩克主席萨巴赫于 20 日表示，如果国际市场原油价格继续保持高位，他将与欧佩克各成员国进行磋商，以使欧佩克的原油日产量再增加 50 万桶。但市场分析师普遍认为，要想使油价下降，欧佩克的少量增产对油价没有太大的作用，除非市场需求减少。8 月 10 日，欧佩克 11 种市场监督原油一揽子平均价突破每桶 57 美元历史高位，纽约市场原油期货价格同一天也一度达到创纪录的每桶 65 美元。

8 月 29 日，“卡特里娜”飓风对美国墨西哥湾石油生产设施造成严重破坏，纽约市场轻质原油期货价格在亚洲交易时段盘中摸高至每桶 70.80 美元。9 月 2 日，美国能源部部长塞缪尔·博德曼宣布，为弥补原油市场近日因“卡特里娜”飓风造成的市场供应短缺和平抑市场油价，美国政府决定动用 3000 万桶战略石油储备。同日，国际能源机构执行总干事克洛德·芒迪宣布，该机构的所有 26 个成员国一致同意动用战略石油储备，总计投入市场的石油达 6000 万桶。国际油价受抑下降。

9 月 21 日由于市场担心“丽塔”飓风会给美国石油业造成重创，国际油价复又上扬。当天纽约市场收盘时，10 月份轻质原油期货价格每桶上涨 0.60 美元，以 66.80 美元报收。9 月 23 日，西方七国集团财政部长和中央银行行长在华盛顿举行会议，指出能源价格飞涨对全球经济发展构成风险，表示将努力稳定石油价格。

进入 10 月后，国际油价连连下挫，较之一个多月前曾触及历史高点每桶 70.85 美元的国际油价，下降了约 12.77%，得到了短暂回缩喘息的机会。10 月 10 日，纽约商品交易所 11 月份交货的轻质原油期货价格每桶下跌 4 美分，收于 61.80 美元；伦敦国际石油交易所 11 月份交货的北海布伦特原油期货价格每桶下跌 1.05 美元，收于 58.16 美元，盘中一度跌至 57.82 美元，为 7 月 28 日以来的最低水平。10 月 12 日，由于美国能源部能源情报署发表报告预计长期石油需求上升趋势不变，国际市场原油期货价格连续第二个交易日回升。当天，纽约商品交易所 11 月交货的轻质原油期货价格每桶上涨 59 美分，收于 64.12 美元。伦敦国际石油交易所北海布伦特原油 11 月份期货价格每桶上涨 49 美分，收于 60.57 美元。10 月接近每桶 60 美元的国际油价表明：8 月出现的原油天价已暂时离去。在短短的一个月时间里，国际油价几乎缩水了近 10 美元。但是在国际油价下滑的下阴线中，全球头号石油消费国——美国的作用和影响清晰可见。

10 月 3 日，美国能源部长塞缪尔·博德曼表示，美国政府准备采取包括动用东北部燃油战略储备在内的任何措施来保证今年冬季取暖用油的供应。他发表这一言论的当天和次日，油价分别下跌 0.77 美元和 1.57 美元，并对原油市场随后几天的交易造成持续影响。

10 月 5 日，美国能源署公布：9 月美国的汽油需求日均 880 万桶，同比下降 2.6%。这条消息一发布，纽约商交所 11 月交货的原油期货价格每桶下跌 1.11 美元，收于 62.79 美元。次日，美国能源署发布消息，称国际能源机构要求成员国投放的战略储备石油已到岸，前一周美国的石油进口为 450 万桶/日，同比增长 26%，升幅为 1990 年以来之最。当天收盘时，纽约商交所 11 月交货的原油期货价格每桶下跌 1.43 美元，收于 61.36 美元。对于国际油价的短暂下探，市场分析师们保持了应有的冷静，他们将这种情形比喻为“中场休息”。他们认为：让油价保持这一下跌趋势并非易事，因为需求旺盛的冬季就要到来，短暂的弱势格局改变不了油价上涨的大势。果然，气候因素对 2005 年第四季度的国际油价产生了重要影响。

在美国东北部地区严寒天气推动下，12 月油价走势强劲。交易商和其他市场人士在油价大涨后，为锁定获利而抛压推低油价，但鉴于暴风雪导致美国北部天气愈加寒冷及冬季燃料需求增加的预期，加之英国伦敦西北部邦斯菲尔德油库 12 月 11 日发生爆炸引发大火的影响，国际油价依旧上扬。纵观整个国际原油市场，天气、供求关系、投机力量、恐怖分子活动以及地缘政治关系等一直是主导2005年油价走势的关键因素，油市的整体氛围并无太大改变。国际能源署（IEA）的油市报告称，随着发展中国家原油消费的快速增加，全球石油需求未来五年将以强劲速度成长，预计2006—2010年，全球石油日需求量将平均增长180—200万桶，高于2005年增长118万桶/日的预估。2005年末召开的欧佩克成员国部长会议，对实际产量略微进行限制，以符合该组织日产2800万桶的官方产量上限。有专家认为，鉴于全球能源消费的实际增长速度，即便欧佩克继续将产量保持在每天3000万桶（25年来的最高水平），油价仍不能恢复到欧佩克所期望的50美元的水平。但油价居高不下对世界经济的发展确有着难以预测的抑制作用。

2006年1月17日，受伊朗核危机和尼日利亚石油减产等因素影响，纽约市场原油期货价格每桶上涨2.39美元，收于每桶66.31美元，达近3个月来的最高点。与此同时，天然气、汽油、燃油价格也大幅上涨。国际原油价格的再度走强，奠定了能源市场的牛市主基调，新加坡燃料油纸货市场和上海燃料油期货市场也都呈现出持续上涨的行情。

3月27日，尼日利亚武装组织“尼日尔三角洲解放运动”虽释放了被绑架的3名外国石油工人，但宣称尼的石油危机并未结束，他们将对油田和石油生产设施发起更多的袭击。在此前的4个月里，尼的原油生产已因此下降了25%。次日，受尼日利亚和伊朗的石油生产形势影响，国际油价持续上扬，突破每桶66美元关口。纽约商交所5月交货的轻质原油期货价上升1.91美元，收于每桶66.07美元，达到了近两个月的最高点；伦敦国际石油交易所5月交货的北海布伦特原油期货价格上升1.36美元，收于每桶64.97美元。

5月底，虽然伊朗核问题有所缓和，但是尼日利亚油田不时遭到武装分子袭击，从而影响了国际油价走势，其震荡幅度为2美元，6月2日国际油价达72.33美元/桶。自2006年1月10日伊朗重启铀浓缩活动以来，该问题就一直困扰着国际油市，并在4月令国际油价冲破75美元大关。美国国务卿赖斯于5月31日表示，如果伊朗停止铀浓缩及核燃料回收活动，美国准备与欧盟一起，同伊朗谈判解决核问题。由于市场对伊朗核问题的担忧减轻，国际原油期货价格在5月下旬曾有两个交易日出现下跌。而欧佩克维持的每日2800万桶原油产量和美国汽油库存上升也有利油价的盘整。6月9日，八国集团财长会议在俄罗斯第二大城市圣彼得堡开幕。该会议重点讨论全球经济平稳发展问题，并以能源安全为重点，探讨油价高涨、通货膨胀、全球贸易、美元汇率等议题。当全世界的目光都盯上本届会议的时候，各国财长都在关注美国的经济和金融走势。美国巨大的贸易赤字、美元汇率的走势，对全球经济有着举足轻重的影响。美国联邦储备委员会主席本·伯南克不久前曾警告说，美国的通胀出现了“不受欢迎的发展趋势”。此言一出，意味着美联储将继续升息，从而引起全球股市大跌。6月13日，受美联储将进一步提高利率的影响，纽约市场原油期货价格大幅下跌，收于每桶70美元以下。

7月12日，以黎冲突影响了油价走势。因局势变化，纽约原油期货价格在不到30分钟的时间内下挫接近2美元，之后又大幅反弹。接着，在连续4个交易日中，由于担心以黎冲突升级将导致中东地区的石油出口中断，国际原油价格连破纪录，纽约和伦敦的原油期货价格也不断被刷新。纽约油价攀升了约4%，每桶油价最高达78.40美元。7月17日，国际油价在连续4日收高之后，盘中首次出现下跌，并剧烈波动。纽约油价报每桶76.55美元，下跌0.48美元。以往的经验告诉人们，任何关于中东局势的消息都会拨动能源市场脆弱的神经，引发油价暴涨或者暴跌。但也有分析师认为，即使没有这次冲突，我们也会看到80—85美元/桶的油价；[①] 按照历年的情况，美国第三季度的飓风季节都会给原油的供给和需求带来巨大的压力。

8月30日，布伦特原油最低跌至69.48美元/桶，最后收于69.86美元。纽约WTI原油30日最低跌至69.30美元/桶。无论是伦敦油还是纽约油都一度跌破70美元，这是近两个月来首次。

9月15日，国际油价在回落到近5个月的最低点后，开始小幅反弹。15日伦敦洲际交易所北海布伦特原油11月期货开盘每桶63.61美

---

① 国际油价于2007年9月12日（纽约时间）连破中价、收盘价两项纪录，首破80美元/桶大关。

元，比上一交易日收盘涨 7 美分；纽约商品交易所西得克萨斯轻质原油 10 月期货在电子交易系统每桶 63.28 美元，比上一交易日收盘上涨 6 美分，交易区间每桶 63.28—63.45 美元。

在当时的国际石油市场上，欧佩克的一些成员国试图以每桶 60 美元为防御底线；而伊朗则明确表示，更愿意接受比欧美原油期货价位低 3—5 美元的欧佩克一揽子油价。9 月 13 日，欧佩克的一揽子油价实际上已跌破每桶 60 美元。

从 8 月 8 日到 9 月 14 日，油价下跌了 16 美元多，跌幅为近 16 年来之最。14 日布伦特原油下跌到每桶 61.96 美元的低点，比 8 月 8 日每桶 78.65 美元的历史最高点下跌了 16.69 美元，这是自 1990 年底第一次海湾战争以来跌幅最大的一次。布伦特原油从历史最高点下跌了 20%，其主要原因：一是美国商业石油库存增加；二是飓风和地缘政治紧张局势有所缓和，从而导致油价迅速下跌。

9 月 12 日，沙特阿拉伯石油大臣纳伊米表示，当前的价格水平是公道的，这是自油价开始下跌以来第一次听到沙特说话。沙特没有说出它希望要的原油价格是多少，而其他欧佩克成员国则表示他们想要的价格是 50—60 美元。12 日的欧佩克一揽子油价每桶大约为 57 美元。美国成品油库存保持在接近 7 年来同期的最高水平，原油库存与一年前相比高出 6%。

附　表

表 1　　欧佩克一揽子原油月均价　　（单位：美元/桶）

2006 年		2005 年		2004 年		2003 年	
月份	月均价	月份	月均价	月份	月均价	月份	月均价
12	57.95	12	53.47	12	35.70	12	29.44
11	55.42	11	52.20	11	38.96	11	28.45
10	54.97	10	52.55	10	45.37	10	28.54

续表

2006年		2005年		2004年		2003年	
月份	月均价	月份	月均价	月份	月均价	月份	月均价
9	59.34	9	59.26	9	40.36	9	26.32
8	68.81	8	56.81	8	40.27	8	28.63
7	68.89	7	53.13	7	36.29	7	27.43
6	64.60	6	52.04	6	34.61	6	26.74
5	65.11	5	46.96	5	36.27	5	25.30
4	64.44	4	49.63	4	32.35	4	25.34
3	57.86	3	49.07	3	32.05	3	29.78
2	56.36	2	41.68	2	29.56	2	31.54
1	58.29	1	40.24	1	30.33	1	30.34

资料来源：根据欧佩克新闻机构公布的数据绘制。

表2 欧佩克一揽子原油季均价 （单位：美元/桶）

2006年		2005年		2004年		2003年	
季度	季均价	季度	季均价	季度	季均价	季度	季均价
4	56.06	4	52.74	4	35.72	4	28.86
3	65.79	3	56.40	3	39.07	3	27.38
2	64.74	2	49.34	2	34.42	2	25.85
1	58.29	1	44.08	1	30.75	1	30.55

资料来源：根据欧佩克新闻机构公布的数据绘制。

表3 欧佩克一揽子原油年均价 （单位：美元/桶）

年度	2006年	2005年	2004年	2003年	2002年	2001年	2000年	1999年
年均价	61.08	50.64	36.05	28.10	24.36	23.12	27.60	17.47

资料来源：根据欧佩克新闻机构公布的数据绘制。

第二节 影响国际油价的重要因素

一、2001年影响油价的重要因素

2001年，随着世界经济的持续下滑，国际油价基本处于下行态势，但相对平静。美国的“9·11”事件，使国际油市变得跌宕起伏。“9·11”事件后，国际油价曾在恐慌的气氛下短时期内猛涨，并达到31.05美元/桶的年内高点，但随着市场情绪的逐步恢复，原油价格稳步回落，9月底从每桶27美元跌至23美元左右。以后更是节节下滑，于11月15日跌破20美元大关，到11月19日每桶价格暴跌到15.85美元，创下近年又一新低。到12月上旬，国际市场油价重挫了将近30%。导致油价持续下跌的主要原因是供需失衡：一方面，世界经济增长速度放慢导致石油的需求减少；另一方面，各产油国（无论是欧佩克成员国，还是非欧佩克产油国），大都不能严格遵守欧佩克的减产决议，有的甚至继续超额生产石油。欧佩克成员国的实际产量比其生产限额估计高出80.9万桶/日。从中不难看出，影响国际油价的一个重要因素是世界主要产油国之间的博弈。

（一）欧佩克

20世纪90年代后期，欧佩克一直是国际油价的执牛耳者。面对2001年后期油价的大幅下跌，欧佩克成员国深感忧虑并考虑实施减产，以使供求关系保持平衡，恢复油价。但国际石油市场自进入新世纪起，其控制权已逐渐向世界石油大国转移，欧佩克已不能单独地操纵和控制国际油价的走势。尽管欧佩克成员可以独立减产，但由于欧佩克成员国的石油产量仅占世界份额的40%，若无非欧佩克产油国的合作，其单方面的减产已不能对世界石油的供应产生重大影响，并以此控制油价。相反，它的单方面减产，只会进一步减少其市场份额。因此，尽管欧佩克内部要求减产的呼声日益高涨，但迟迟做不出减产决定，其减产保价

机制也不予自动实施。

解决上述问题的关键是欧佩克产油国必须采取统一行动，否则它的减产措施就达不到稳定油价的目的。为此，2001 年 11 月 14 日，欧佩克维也纳部长会议通过了一个有条件减产 150 万桶原油的决议，即从 2002 年 1 月 1 日起，将原油日产量削减 150 万桶，同时要求非欧佩克产油国削减产量 50 万桶；如果非欧佩克产油国不同意减产，那欧佩克也不减产。此举说明，欧佩克实际上将 2002 年的减产行动权交给了非欧佩克产油大国。在那些主要的非欧佩克产油国中，墨西哥、挪威与欧佩克减产合作的可能性较大，最难合作的是世界产油大国俄罗斯。欧佩克为迫使俄罗斯参与减产，从 2001 年 11 月 15 日开始，对俄罗斯发起了一轮全面的价格战。博弈双方变成了欧佩克与以俄罗斯为首的非欧佩克产油国。

（二）俄罗斯

俄罗斯的石油开采潜力很大，2001 年的原油日产量约 665 万桶。当时俄罗斯的国内经济正面临严峻挑战，通过石油出口换取外汇已成为俄罗斯外汇收入的主渠道，由于石油减产有可能导致外汇收入下降，使俄外汇市场遭受风险，因此要俄罗斯大幅度削减石油产量不仅比较困难，反而有可能使俄罗斯利用欧佩克减产的机会进一步扩大它的市场份额。果不其然，俄罗斯于 2001 年 11 月 19 日宣布，对本国石油产量不做大量减产安排。但考虑到统一减产的实际作用，又于 11 月 23 日宣布，同意每天减产 3 万桶，这一数字仅占其日产量的 0.5%。

欧佩克的减产措施由于得不到俄罗斯的支持，未能收到预期的效果，结果国际油价继续大幅下挫，欧佩克一揽子原油平均价跌到每桶 15.85 美元，创下近年来又一新低。

面对俄罗斯的冷淡，欧佩克主席罗德里格斯愤怒地表示：欧佩克的油价不设底限，如果欧佩克与非欧佩克产油国之间不能就共同实施减产措施达成一致，国际油价完全有可能再次跌至 10 美元的水平。由于中东各产油国的石油开采成本要远低于俄罗斯，因此欧佩克决心将价格战打到底，以迫使俄罗斯妥协。

价格战的结果无疑使欧佩克和俄罗斯双双受害，其中俄罗斯首当其冲，最突出的一个例子是油价下跌首先令俄罗斯卢布贬值。11 月 19 日，卢布兑美元的汇率跌至 29.80：1 的历史低位，22 日突破 1 美元兑 30 卢布大关，达到 30.10：1，从而突破了人们的心理防线，在俄罗斯民众中引起了不小的恐慌。俄罗斯的一些经济学家对此发出警告，认为油价若降到 12 美元/桶，卢布汇率就可能跌至 37—40 卢布兑 1 美元。这对俄罗斯经济明显不利，居民生活水平必随之下降。其次，油价下跌大大减少了俄罗斯的外汇收入。据测算，油价每下降 1 美元，俄罗斯每年就会减少 10 亿美元收入。由此可见，随着价格战的深入，俄罗斯面临的经济压力越来越大，如果国际油价继续走低，俄罗斯经济肯定得不偿失，因此提高减产幅度已属必然。12 月 5 日，俄罗斯结束了与欧佩克长达一个月的对峙局面，同意每日减产 15 万桶原油，相当于俄原油日出口量的 5.2%。这次减产为期 3 个月，然后再根据到时的油价重新商讨。受此影响，伦敦 1 月份的期油价格一度回升到 20 美元以上，达 20.25 美元/桶。尽管市场人士对俄罗斯减产保价的可信度表示怀疑，但欧佩克和俄罗斯的价格战总算可以告一段落了。

（三）美国

欧佩克与俄罗斯之间的石油价格战，虽会造成某种不稳定因素，对美国的全球战略产生影响，但国际油价的持续走低，对以美国为首的西方发达国家非常有利。

2001 年美国的石油进口量占其石油供给量的 1/2，美国经济的长期走势取决于它的能源安全和世界石油市场。“9·11”事件后，经济学家预测美国的下半年经济将下滑 1%。10 月底，美国政府公布，它的 GDP 在第三季度出现了 0.4%的负增长。但此后的石油价格持续下跌，为美国经济扭转颓势提供了三个方面的有利条件：

（1）美国可以此降低生产成本、抑制通胀，尽快实现经济复苏；

（2）可进一步提升消费者的消费信心和消费能力，大大促进消费，使本来打算流出海外购买石油的资金留存于国内，不管它们是否流入消费市场，对美国经济都有积极意义。根据某些经济学家的估算，国际油价每降低1美元，美国消费者可增加50亿美元的消费能力。另外，油价每降低5美元或利率降低0.5个百分点对美国经济也起类似的刺激作用。

(3) 油价暴跌促使美国政府在未来几年内尽早增加战略石油储备，以防止石油供应短缺。

由于这一时期油价不断下挫，而美国的石油储备目标要达到7亿桶，美国总统布什指示紧急能源储备委员会周密布置，尽早开始增加石油储备。

在单极化世界里，政治经济秩序中各种不可预测情况，加剧了国际石油市场近25年来的跌荡起伏，美国经济的不景气不仅影响像墨西哥这样的邻国，还影响整个欧洲。同样，对亚洲经济的发展也产生了十分明显的影响。

二、2002年影响国际油价的重要因素

2002年2月以后，国际油价稳中有升，逐渐走高。究其原因，除美国经济复苏起了拉动作用外，巴以局势的不断恶化、美伊之间的紧张关系以及俄罗斯的石油出口政策都对国际油价产生了影响。

(一) 巴以局势对油价的影响

以色列围困阿拉法特，军事打击巴勒斯坦，造成了严重的人道主义灾难，在全世界范围内引起了一片反对声。以色列此次军事打击的目标很明确，仅限于巴勒斯坦地区，其意图很清楚，它并不想引起新的阿以战争。以色列政府认为，为了实现与巴勒斯坦停火，以色列做出了许多让步和牺牲，可是阿拉法特仍拒绝美国特使提出的停火协议，继续支持巴勒斯坦恐怖分子的恐怖行动。因此，以色列决心惩罚并抛弃阿拉法特，在打击巴勒斯坦恐怖分子的名义下，直接打击以阿拉法特为首的巴勒斯坦民族权力机构。此外，以色列政府还打算一举消灭巴激进组织，消除以色列面临的恐怖威胁，彻底恢复以色列人对国家安全的信心，为以后恢复以巴和谈占据有利地位。在阿拉伯方面，一些阿拉伯产油国因

无力而无意与以色列抗衡。中东地区长期以来一直是世界上最大的石油库，阿拉伯产油国的动向对世界油价的影响举足轻重。巴以矛盾的核心是争权利，不是为油，故以色列此次军事打击对油价的影响，主要看阿拉伯产油国家的反应。

自20世纪90年代初相继爆发海湾危机和海湾战争后，沙特、科威特、阿联酋、阿曼、卡塔尔、巴林6个海湾阿拉伯产油国因战争消耗，实力大大下降。伊拉克因屡屡对外用兵，且长期遭联合国的制裁，军事、经济实力大减，早已成为空架子。叙利亚、约旦因缺乏坚实的经济基础，实力本来就不足。至于位于北非的阿拉伯产油国，除埃及早在20世纪70年代末就首先对以色列奉行了和平政策，其他国家不要说鞭长莫及，就是能力都成问题。因此，单从军事与经济角度来看，已没有哪一个阿拉伯国家愿意单独与以色列进行战争。除军事和经济因素外，鉴于美国在世界上的强大地位和它的中东政策，任何阿拉伯产油国都不敢轻言停止石油出口来与之抗衡。

长期以来，美国一直是以色列最强有力的盟国，它对以色列的政策取向具有决定性的影响。冷战后，美国中东政策有所调整，注意在阿以之间保持相对平衡。在西方国家进口石油的总量中，30%以上来自中东地区，其中西欧和日本对中东石油的依赖达到60%以上。美国从波斯湾地区进口的石油虽有所下降，但2001年仍占全国石油消费量的23.5%。由此可见，中东石油不仅对美国经济本身至关重要，对确立美国在世界事务中的主导权也具有特别重要的意义。因此，中东一向被美国视为国家重大战略利益的重点地区。冷战期间，美国通过支持并借助以色列，同前苏联及其阿拉伯盟友进行过激烈的较量。苏联解体后，美国抓住了海湾危机这一历史机遇，通过海湾战争，牢固地确立了它在中东地区的政治与军事地位，同时由于前苏联的衰退，它在中东已基本不存在竞争对手。鉴此，以色列在美国心目中的战略地位和作用有所下降，与此相反，伊朗、伊拉克等对美国持强硬态度的地区强国对美国的中东战略利益构成了新的威胁，而沙特、埃及、科威特、约旦等阿拉伯温和国家则由于伊拉克威胁的存在而不得不更依赖美国的军事存在。20世纪90年代初发生的海湾危机和战争使美国认识到，适当照顾阿拉伯温和国家的利益，可以更好地维护美国在整个中东的战略利益。正是在这种背景下，美国调整了中东政策，在阿以之间保持相对的平衡。

“9·11”事件后，美国把矛头首先对准了伊拉克，把它定性为必须予以严厉打击的恐怖主义国家，而打击伊拉克最好能得到一些阿拉伯国家的认可和支持。由于以色列对巴勒斯坦的军事打击引起了阿拉伯国家和人民的强烈不满，在这种情况下美国为了全面实施自己的反恐战略，适度改变了对以色列一贯推波助澜的态度。这一微妙变化，对稳定海湾局势，保障石油供给客观上起到了一定的作用。

以色列对巴勒斯坦的军事打击虽难以持久，却也不至于引发新的阿以战争。因此，这次军事打击并没有影响世界石油的实际供应量，只是使世界石油市场产生了短暂的恐慌心理。

（二）美伊矛盾激化的影响

“9·11”事件发生后，布什政府认为，对恐怖主义组织和国家不能继续容忍下去，必须主动予以彻底打击，以免再度遭受恐怖袭击。美国认定伊拉克为恐怖主义国家的理由有三条：一是伊拉克奉行恐怖主义政策，对美国深怀敌意；二是伊拉克不仅拥有越来越多的生物和化学武器，同时还在努力发展核武器；三是萨达姆拒不遵守武器核查制度，驱逐国际武器核查人员。由于萨达姆的顽固性，美伊之间的矛盾不可调和。

美国曾以极小的代价取得了对阿富汗塔利班政权军事打击的速胜，这一胜利为后来美国彻底打击伊拉克创造了条件。关键是美国打击伊拉克牵涉到阿拉伯国家、俄罗斯、土耳其、欧洲、日本和中国等方方面面的利益，美国打击伊拉克前必将采取若干有力举措来协调各方利益，这需要花费相当长的时间。伊拉克原是产油大国，但由于长期遭受联合国的制裁，石油出口没有保证，更多的时候靠走私石油获取外汇。伊拉克石油出口的多寡（包括走私石油），对国际油价的稳定很有影响。

中东是世界上最重要的石油产地和最大的石油出口地，美伊强烈对峙和激烈冲突的过程引起国际油价在短期内大幅上扬完全正常。从历史上看，在20世纪90年代初海湾危机爆发后，国际油价出现了巨大波动。从 1990 年 6 月下旬的最低价 14 美元/桶，一度上涨到 10 月上旬的 42.1 美元/桶。1991 年 1 月中旬，反映世界石油市场价格基本走势的三大价格——美国西得克萨斯中质油、英国北海布伦特原油和中东迪拜原油价格分别是每桶 29—31 美元、28—30 美元、25—27 美元。

需要指出的是：海湾危机前后，决定油价的原油供求关系并未发生根本性变化，产油国尚有 400 万桶/日的剩余开采能力，足以弥补伊、科两国石油出口总量 400 万桶/日的缺口。各国的石油储备也很充裕。在美国攻击伊拉克前夕，国际能源机构通过了海湾战争开始后的石油供应应急计划，美国、日本、德国等国在开战的当天向市场投放了大量的战略石油储备，一夜之间就使油价降低了 30%。由此可见，即使在国际石油充裕的情况下，战争的威胁也会在短期内将国际油价推向高点。一旦战争爆发，产油国及拥有石油储备的大国及时采取应对措施，油价很快就能恢复正常。

2002 年初美国将伊拉克列入打击对象，为国际石油市场带来了一定的恐慌气氛，但由于世界石油的剩余生产能力已数倍于伊拉克所产原油，所以这次发生的油价波动持续得并不太久。4 月 8 日，出于反美、反以需要，伊拉克总统萨达姆宣布从即日起停止石油出口 30 天，以支持巴勒斯坦人民的斗争事业，欧佩克油价随即在此后的数周里大幅上扬，反映出石油商对巴以暴力冲突有可能进一步扩大到整个中东地区，继而影响国际原油供应的普遍担心。巴以的暴力冲突升级使国际油价上涨了 6 美元/桶。对于伊拉克宣布停止石油出口以后的油价走势，美国能源情报署的估计是，有可能导致油价每桶上涨 5 美元。

在 2002 年里，因原油需求、价格及炼油利润均出现下降，美国炼油商仅动用了 86% 的炼油能力。伊拉克停止石油出口后，为应付油价暴涨，各大炼油公司均决定延长设备保养期或减少生产，同时立即调整生产计划，加大开工率。油价暴涨、暴跌对产油国都不是好事。价涨高了就增产抑价，价跌多了就减产保价，这一直是世界主要产油国特别是欧佩克奉行的原则。在伊拉克宣布停止出口石油的当日，欧佩克秘书长罗德里格斯就表示，欧佩克将商讨采取相应措施保持市场稳定。沙特阿拉伯石油大臣称，沙特有义务确保世界石油市场的稳定，同时确保油价

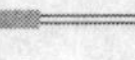

维持在公正的水平上。

（三）俄罗斯的石油出口政策

2002年2月，在欧佩克强烈要求下，俄罗斯正式表态继续限制石油出口。其实，在俄罗斯与欧佩克之间的石油产量及价格策略斗争中，无论选择合作还是针锋相对，其目的都是为了最大限度地利己。

针锋相对策略就是双方均增加石油出口，直至国际油价降至无可再降。1986年以沙特为首的几个中东产油国对其他产油国就采取了这种策略，结果国际油价急剧下跌至10美元以下，双方损失巨大。2001年11—12月，俄罗斯与欧佩克对此策略作了切身体验，经验证明：谁也无法从竞相增产（或增加出口）削价中获利。欧佩克对俄罗斯在一定范围内的越轨，还是能容忍的，而俄罗斯则希望能有条件地继续减产保价，这些条件是：私下增产，但不超过10万桶/日；维持现有石油出口量，一旦价格超过某一高位如27美元后自动增产。俄罗斯同意继续减少出口，这会在短期内对国际油价起向上的支撑作用，但是，这种支撑作用难以长久，因为俄罗斯与欧佩克的减产保价协议并未达到均衡状态，双方的合作是临时的，一旦国际油价继续上涨或有其他风吹草动，双方马上就会各行其道。

（四）美国经济对油价的影响

2002年，美国经济走出了2001年衰退的低谷。2001年，美国经济因投资过度，引起社会总供给超过社会总需求，造成产能过剩、股市暴跌，在消费需求和投资需求双双下滑的压力下，发生衰退。但从长期来看，一国经济的增长取决于该国潜在的经济增长速度，而一国的潜在经济增长速度又取决于劳动力增长速度加劳动生产率的增长速度。如果潜在的经济增长率高于现实的经济增长速度，则政府可以使用扩张性的财政货币政策，使经济增长速度上升到潜在的经济增长率水平。反之，扩张性的财政货币政策也会导致通胀上升。

自1996年以来，美国劳动力的增长速度为1%，劳动生产率的增长速度为3%，潜在经济增长速度为4%，较20世纪80年代中期有了较大的提高。究其原因：一是在20世纪80年代中期，为了应对企业竞争力削弱、国内外市场大量丧失的困境，美国企业痛下决心进行结构调整，到1996年美国企业终于成为世界上最有竞争力的企业。二是20世纪90年代兴起的IT革命。IT革命对美国劳动生产率的提高做出了实实在在的贡献。到目前为止，美国IT革命对劳动生产率的推动作用还只发挥了一半，这次科技革命浪潮对劳动生产率的推动作用还能持续多年。从中长期看，经过调整的新经济，无论在美国或其他国家都具有广阔前景，技术进步促进劳动生产率提高的趋势将继续下去。

在美国经济的潜在增长速度高于现实增长速度的情况下，美国当局及时采取了扩张性的宏观经济政策，很快扭转了投资和消费需求下降的趋势，2002年经济出现较好的增长势头。

美国经济的强劲增长有助于全球经济的增长，当全球经济趋于繁荣时，原油需求增加，从而拉动石油价格走高。从历史上看，全球经济发展状况是决定油价的基本因素。1996年、1997年，全球经济增长率为3.5%，油价分别为每桶20.3美元和18.7美元；1998年全球经济增长率为1.9%，油价为13.7美元；1999年全球经济增长率为2.8%，油价为18美元；2000年全球经济增长率为4.7%，油价为28.4美元；2001年下半年全球经济走低，国际油价在11月份一度降至18美元以下，而2002年国际油价的走高，则同美国及全球经济的增长存在着某种必然的联系。

（五）地区局势的影响

2002年，低迷近半年的国际油价开始逐步攀升，进入4月份世界油价出现大幅上扬，到4月8日欧佩克7种市场监督原油一揽子平均价达到25.44美元/桶。欧佩克油价在这一阶段大幅上扬的主要原因是，石油商担心巴以暴力冲突及美伊的紧张局势进一步扩大到整个中东地区，继而影响甚至中断国际市场上的原油供应。

2002年4月，以色列对巴勒斯坦的武装行动进一步升级，石油界人士非常担心巴以武装冲突在中东地区最终演变成为全面战争，再次爆发石油危机。在此战争溢价心理作用下，石油公司和能源交易商大量购买石油，致使纽约市场的原油价格连续 5 个交易日上涨，涨幅超过10%。

随着中东紧张局势不断升级，同年 4 月 8 日，伊拉克宣布正式动用“石油武器”，暂停对外出口石油 30 天。受此消息影响，当日全球油价急剧上扬。欧佩克秘书长阿里·罗德里格斯认为，一旦美伊间的对抗行动成为现实，油价全面上涨是不可避免的。

三、2003 年影响油价走势的重要因素

进入 2003 年后，随时可能爆发的伊拉克战争和委内瑞拉石油业的持续大罢工，带动国际油价一路狂涨，迅速达到了每桶 33 美元以上的高位。

（一）伊战爆发前影响油价走势的重要因素

1. 美英增兵海湾促使油价攀升

一般来说，每年 1 月国际市场上的原油价格都会有上升的压力，因为这时恰逢北半球取暖用油的需求旺季。2003 年 1 月的油价上涨，除了季节性因素外，还受到委内瑞拉石油业罢工、伊拉克武器核查危机、巴以冲突以及恐怖主义活动等多方面的夹击。1 月 12 日，欧佩克维也纳特别会议决定，每日增产原油 150 万桶，以稳定世界原油价格。按照以往规律，欧佩克一宣布增产，油价多少会出现回落，然而由于美英两国继续在海湾增兵，中东局势持续吃紧，故油价不仅没有下跌，反而攀上两年来的最高点。在随后的一个多月里，油价基本维持在每桶 33—34 美元左右的高位。在此期间，国际市场上的一些基准原油，如纽约得州轻质油、伦敦北海布伦特原油和欧佩克 7 种监督原油等，也都先后跃过每桶 30 美元大关，纽约市场的原油期价甚至一度达到每桶 35 美元。

2. 委内瑞拉罢工刺激油价上涨

商品价格的波动，一般都缘自供求关系的变化。2002 年 12 月，委内瑞拉石油业举行全国大罢工，使该国的产油量从日均 300 多万桶，一

下子降到了几十万桶，国际石油市场的供需天平突然倾斜，油价自然要涨。后经政府努力，委内瑞拉的石油产量恢复到150万桶/日，但由于运输人员仍在罢工，因此油库里虽然已经有油，却不能尽数运出。

对于委内瑞拉闹罢工造成的供应短缺，欧佩克是有能力弥补的，如沙特等国都拥有一定的剩余生产能力。况且解决委内瑞拉的罢工问题仅是个时间问题，因此石油市场真正担心的是伊拉克局势。这一时期，美国对伊拉克发出的战争威胁不时升级，每升级一次，油价都会跟着往上涨。联合国制裁下的伊拉克，每天出口原油约160万桶，一旦战争打起来，这160万桶就无法进入国际石油市场，从而影响国际油价。

3. 美伊战争对油价走势的影响

(1) 战前油价走势预测

西方媒体在谈论一触即发的美伊战争时，大多针对石油市场，认为战争对敏感的国际油市造成冲击不可避免，但对影响的程度存有分歧，提出了两种不同意见：一种观点认为，美伊战争只会对油价产生短暂影响，不会引发石油危机，即油价会在战争初期急升，但随着美国的速战速决，油价必掉头转跌，回到每桶25美元的合理水平。另一种观点认为，美伊战争会产生溢出效应，导致出现动乱，或波及中东地区，或激发美国与阿拉伯人民的矛盾，使恐怖主义势力得到加强，破坏世界的政治稳定、经济发展，其影响必然超出石油危机范围。

(2) 沙特对国际油价的态度

“9·11”事件之后，沙特阿拉伯作为世界上最大的石油生产国一再表示，它反对用石油获取政治利益。1月25日在达沃斯世界经济论坛年会上，沙特石油大臣阿里·纳伊米表示，国际市场没有必要因美国可能对伊拉克发起战争，而担心出现石油短缺。他认为每桶油价25美元是比较合理的，能够照顾到石油生产者、消费者、石油公司等各方面的利益。沙特会尽一切努力，让国际油价回落到每桶25美元上。他还表示，如果美英对伊拉克的战争真的发生，那么即使委内瑞拉的产油情况仍不见好转，沙特和其他欧佩克产油国也能保证提供充足的原油。

20世纪70年代第一次石油危机期间，阿拉伯产油国对美国等支持以色列的西方国家实行石油禁运，导致油价暴涨。但这次不同，沙特、科威特和阿联酋等国，都不会为了反对美国的倒萨行动，而放弃石油美元。这是因为，欧佩克不仅内部竞争十分激烈，同非欧佩克产油国的竞争也异常激烈。进入新世纪后，由于欧佩克采取减产保价措施，墨西哥逐步取代沙特，成为对美国的头号原油出口国。俄罗斯在普京上台后，石油工业发展很快，与以前相比，日产量提高了100多万桶，出口也在不断上升，这一时期俄罗斯每天在国际市场上卖出的原油及成品油，已超过500万桶，仅次于沙特。对此，欧佩克也在想方设法地维持原油产量，确保市场份额不被抢走。

(3) 欧佩克的态度

欧佩克当值主席阿提亚于3月间对新闻媒界说，现在世界市场上并不缺油，油价出现上涨，是一些投机分子利用人们对战争的恐惧，借可能爆发美伊战争的机会，通过暴炒油价牟利。欧佩克曾在3月11日举行的欧佩克部长级会议上，讨论过减产的问题，认为委内瑞拉的石油工人一旦结束罢工，加上取暖用油需求因北半球冬季即将过去而减少，市场上不久就会有每天200万桶的富余原油。石油供应非常充裕，作中长期观察，石油供过于求。

(4) 伊拉克的产油和出口能力

从理论上说，伊拉克大量出口石油是可能的。伊拉克拥有大量的油气资源，美国能源部情报局的研究人员甚至估计，伊拉克的石油储量可能高达301亿吨，只是由于近20多年来国内政治动荡，战争不断，它的油田才没有被充分勘探和开采。伊拉克还是欧佩克组织的发起国，一旦联合国解除对它的制裁，它肯定会要求恢复原先享有的石油生产份额。伊拉克的石油储量虽大，但联合国的石油换食品协议对其石油出口做了限制，日均在200万桶上下。这一数量对现行国际石油市场影响有限，其缺口容易被欧佩克的增产填平，况且美国等西方大国的战略石油储备已能应付战争期间的特别需求。美伊战争虽有可能引发油价快速上扬，甚至跨越每桶40美元大关，但其影响力不会很大，油价在经过一定时期的上扬后会逐步恢复至合理范围。这一点在20世纪90年代美国发动海湾战争和科索沃战争的历史中已得到充分证明。美国等西方国家在发动战争前对各种战略因素都会作综合考虑，特别是石油价格，不会

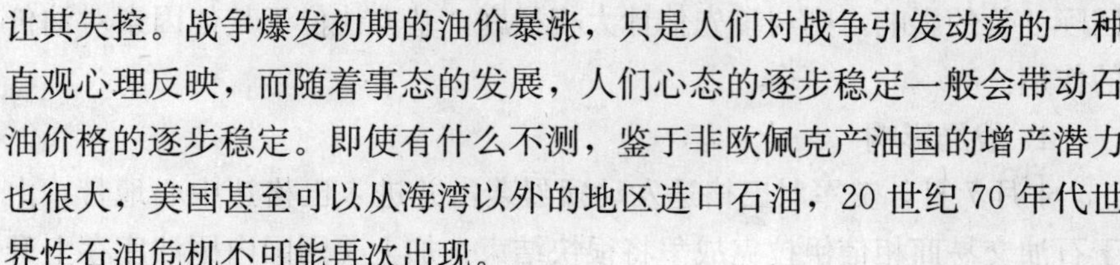

让其失控。战争爆发初期的油价暴涨，只是人们对战争引发动荡的一种直观心理反映，而随着事态的发展，人们心态的逐步稳定一般会带动石油价格的逐步稳定。即使有什么不测，鉴于非欧佩克产油国的增产潜力也很大，美国甚至可以从海湾以外的地区进口石油，20世纪70年代世界性石油危机不可能再次出现。

（5）世界经济与油价

世界经济与油价之间存在着一个相辅相成的关系。世界经济的发展对油价走势极具影响力，反之也会因油价的不确定性而充满变数。

中东是世界油库，石油储量占全球的2/3。中东局势向来诡异多变，数十年来一直是石油市场的导火索。1973年的第四次中东战争、1980年爆发的两伊战争和1991年的海湾战争都导致油价的上涨，进而给世界经济造成不利影响，其中有两次甚至出现了严重的经济衰退。但是伊拉克与这些战争没有可比性，鉴于美国在世界经济中所占的比重，伊拉克战争可能产生的影响要小得多，战争持续时间的长短，将是决定性因素。1991年的第一次海湾战争，曾使美国经济的增长急剧下降，并使老布什大选受挫。为此，小布什吸取了第一次海湾战争的经验，首先从改革税制着手，然后采取一系列措施，竭力振兴经济。美国经济从2002年第一季度开始，终于走出了衰退。与此同时，欧元区及其他地区的增长情况，也没有出现明显的不良现象，但经济学家们警告说：如果能源价格降不下来，美国有可能再次出现衰退，其他地区的复苏也可能夭折。

市场的大起大落，都会对经济产生不利影响，特别是石油市场，油价即使是短期上涨，也会给石油消费国的经济带来负面影响，增加它们对通胀的担忧，使经济增长的前景变得难以捉摸。过去30年的历史证明，油价大幅上涨，对经济发展始终是个危险信号。

（二）伊拉克战争结束后影响油价走势的重要因素

伊拉克战争从爆发至结束，无论过程之简单还是用时之少，都让世人目瞪口呆，伊拉克几乎未经任何有效抵抗就宣告土崩瓦解，也让一些军事评论家们大跌眼镜，事先的种种预测都成笑谈。至于这次战争对于

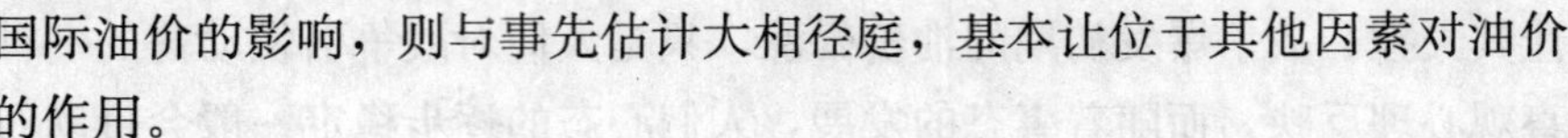

国际油价的影响，则与事先估计大相径庭，基本让位于其他因素对油价的作用。

1. 战局影响

4月7日，美军对巴格达发动猛烈袭击并进入巴格达中心地带，由于石油交易商相信伊拉克战争将很快结束，加上美国国内原油库存上升和尼日利亚部分停产油田重新开工，减轻了对油价的压力，致使油价进一步下跌。4月4日，欧佩克召开欧佩克部长会议，决定减产200万桶/日，但由于减产量低于市场预期，国际油价不升反降。联合国通过解除对伊制裁决定后，油价下跌更是难以阻挡。5月，受其他因素的影响，油价开始上涨，至月末超过26美元/桶。6月，由于欧佩克成员国每日减产184万桶，欧佩克油价经小幅盘整，至20日重新回升到26.34美元/桶的水平。面对动荡的世界石油市场，多元化的石油政策遂成为世界大国能源应策的主流。

2. 中长期因素

石油作为一种特殊的战略商品，其价格波动涉及多方面因素，往往与其价值相背离。但从中长期看，影响世界油价走势的还是石油产业自身的发展。世界经济减速与油价狂涨之间的互动关系对世界经济的长期走势影响深远。这方面有两个因素值得关注。

（1）国际石油供应市场正日趋多元化。欧佩克固然具有得天独厚的自然优势，其油质好，开采方便，成本低。但非欧佩克国家石油产量已发展至欧佩克的两倍。俄罗斯、非洲、拉美地区在世界石油市场中的重要性凸显，他们一边大力提高生产能力，一边千方百计地跻身欧佩克的传统市场。欧佩克一手操控世界石油市场的局面一去不复返，而国际石油供应市场的多元化确实有利于油价的中长期稳定。

（2）世界能源多元化。从长远看，新的替代能源必然出现，石油必将缓慢淡出世界能源消费行列，作为世界经济运转的血液，其霸主地位将逐渐动摇，其价格波动的影响力也将缓慢减弱。有些国际石油公司甚至认为，21世纪是天然气的世纪，天然气供应量将超过石油。此外，可再生能源也会吞噬一部分石油市场，如太阳能、风能、生物能源的利用已取得不少经验和成就，燃料电池的研发工作也有相当进展。一些国

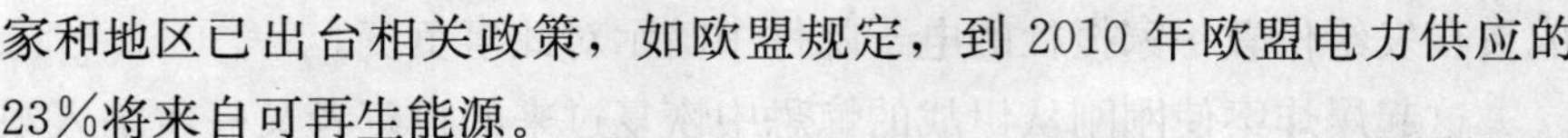

家和地区已出台相关政策，如欧盟规定，到 2010 年欧盟电力供应的 23%将来自可再生能源。

3. 欧佩克对油价的调控

长期以来，欧佩克为调控油价发挥了重要作用，掌控着全球逾半的石油贸易。欧佩克每年召开两次例会，此外还根据油价涨落情况，不定期召开紧急会议。近年来，由于欧佩克的努力，特别是引入价格调控机制后，增加了石油市场的稳定。2003 年 4 月 24 日，欧佩克成员国在维也纳召开协商会议，决定自 6 月 1 日起每日减产 200 万桶，减至 2540 万桶。伊拉克战争结束后，为了防止油价暴跌，欧佩克主席阿提亚提议召开紧急会议商讨对策。人们原先猜想欧佩克为限制超产，会要求成员国严格遵守日产 2450 万桶的开采配额，但欧佩克会议的决定使人们颇觉意外，它不仅取消了成员国的日产限额，还把成员国的实际原油产量提高到了每日 2700 万桶以上，这实际上是把欧佩克成员国的部分超额产量合法化。

9 月 24 日，欧佩克在其维也纳总部为调控油价举行了为期一天的部长级会议。沙特、伊朗、科威特、阿联酋、阿尔及利亚、委内瑞拉、印度尼西亚和伊拉克等成员国的石油部长或大臣出席了此次会议。会上，各成员国部长同意继续减产 90 万桶/日。据欧佩克秘书处和部长监督委员会的报告透露，欧佩克第一季度每日增加库存 140 万桶，而不是通常所说的 110 万桶。这样，对于 9 月 24 日欧佩克会议作出继续减产的决定就很容易理解了。12月4日，欧佩克再次召开会议，对石油市场供应状况重新进行了评估，并对次年的油价走势做出了新的估计。

4. 沙特首都利雅得爆炸案

5月12日午夜，沙特阿拉伯首都利雅得接连发生 3 起爆炸事件，使 29 人丧生，其中包括 10 名美国人和 9 名自杀性爆炸者。美国国务卿鲍威尔在爆炸案发生数小时后刚好到利雅得访问，他认为这是一起经过周密计划的恐怖主义袭击，并指出制造爆炸事件的手段留有“基地”组织的痕迹。美国总统布什对此十分震怒，于 13 日表示，一定要捉拿事件的元凶，并将他们绳之以法。爆炸案发生当日，“基地”组织的一名成员在发给伦敦一家报社的电子邮件中暗示对此事负责。

这起爆炸案使刚刚从伊战的惊恐中恢复过来的投资者又一次陷入艰难境地。由于害怕有更多的恐怖袭击事件发生，金融市场特别是原油期货市场发生剧烈动荡。5 月 13 日，纽约商品交易所 6 月份交货的轻质低硫原油价格每桶猛涨 1.15 美元，收于 28.5 美元/桶；伦敦国际石油交易所北海布伦特原油 6 月份期货价上涨 1.01 美元，达到 25.9 美元/桶。上述两家交易所的原油期货价格上涨幅度均达 4%左右。5 月 14 日，伦敦北海布伦特 6 月交货的原油期货价格承接前一日的涨势，收盘于 26.26 美元/桶，上涨 36 美分。

伊战结束后，美国国内乐观情绪弥漫，认为美国的安全问题已经得到保证。布什总统曾宣称，伊拉克战事改变了全世界，形势已经逆转。联邦调查局也表示已布下天罗地网，能截获任何恐怖主义活动的信息。因此，美国人的注意力已渐渐从反恐战争中移开。这次爆炸案既向美国人敲响了警钟，也引起了人们对中东石油供应的担心。由于沙特阿拉伯是世界上最大的原油出口国，因此发生在沙特的任何恐怖主义暴力事件，都会影响到石油市场的原油价格。

四、2004 年影响油价走势的重要因素

一般而言，世界经济的增长是石油需求增长的主要因素。2004 年国际油价高涨一定程度上反映了世界范围内对石油的需求，但经分析发现，导致 2004 年石油需求增长的因素很多，并非仅仅是经济发展主动拉动的结果。

1. 供求关系脆弱。2004 年全球经济增长导致国际市场对石油的需求不断增加，而石油供给由于受政治事件、恐怖袭击、自然灾害以及劳资纠纷等因素的影响变得极不稳定，供求关系非常脆弱。

2. 国际油市存在明显的结构性缺陷。为了平抑油价，自 2004 年 5 起，欧佩克多次提高石油产量，在 10 月甚至创造了日产 3061 万桶的 25 年来最高纪录，但是仍不能抑制油价上涨，而欧佩克剩余生产能力已接近极限。这一情况导致市场信心受挫。20 世纪 90 年代初欧佩克剩余生

产能力为700万桶/日，现在只有100万桶/日，约为全球石油日需求量的1%，国际油市存在明显的结构性缺陷。

3. 市场恐慌心理。自2004年1月起，国际市场上“储量枯竭论”再次抬头，诸多国际石油集团和石油生产国竞相瞒报已探明的石油储量，造成市场恐慌，人们对原油供应能力、供求平衡普遍缺乏信心。

4. 美国的原油库存因素。美国是世界最大的石油消费国，其国内市场对原油需求有两个高峰期：一是每年11月到次年1月的冬季取暖油需求高峰；二是每年6—8月的夏季汽油需求高峰。美国的原油库存对油价走势具有重要影响。首先，2004年一季度北半球异常寒冷致使取暖油用量大增，仅美国1—2月份取暖油及包括取暖油在内的馏分油需求量就比一年前分别上升了10.5%和18%。其次，因天然气供应出现短缺，美国天然气价格持续保持高位，从而影响到全球天然气的价格飞涨。在此情况下，电力公司以及其他能源用户转而采用价格略低的石油产品，从而加大了国际市场对石油的需求。三是美国夏季旅游普遍选择汽车作为交通工具，对汽油的需求量大幅度增加。

5. 中东局势持续紧张，恐怖活动此起彼伏，对世界石油供应带来了不确定性因素。美伊战争主要战事结束后，伊拉克局势一直动荡不定。针对石油设施的恐怖袭击事件接连不断，使伊拉克的石油生产和出口迟迟不能恢复到战前水平，也给世界石油市场增添了新的阴影。

6. 市场投机基金活跃。大量国际投机资金根据油价变动形势和消费心理，在国际石油期货市场从事投机炒作，牟取暴利。在供求关系没有发生重大变动的情况下，油市动荡大都由市场投机造成。在2004年秋季的油价暴涨过程中，投机活动造成的溢价每桶不下10美元。

通过以上6点不难看出，国际油价的定价机制已悄然发生变化。通常，需求增长快和有限的剩余产能是影响油价涨落的主要因素，但是基本面以外的偶发因素通过国际炒家的心理变化使原油价格产生大幅波动，这种放大机制已越来越明显。另外，美国原油储备体系对国际油价也有很强影响力。有行家认为，2004年油价从41.3美元涨到55.67美元，都是对冲基金的贡献，此后回落至42.5美元也是拜基金所赐。在成品油与原油差价方面，2004年第三、第四季度新加坡柴油和纽约原油的差价经常是在5美元以上，有时甚至达10美元。这意味着加工一桶柴油的利润至少在6—7美元。一般来讲，这种差价很少能维持3个月，但它竟然能够超过3个月，这说明世界成品油的市场需求非常巨大，而它的生产能力满足不了市场需求。

五、影响2005年油价走势的重要因素

2005年，国际油价在国际政治、供需关系、库存变化、自然灾害以及生产事故等大小因素的共同作用下，呈螺旋形上升，原油价格从1月份的42.12美元/桶一直飙升到8月30日70.85美元/桶的历史最高点。后在美国政府和国际能源机构的调节下，油价回落，并于11月跌破56美元关口，但是这一70多美元/桶的油价对于所有石油进口国来说都是一次强烈的震撼。一般而言，市场供求决定价格，但2005年影响国际原油价格的因素除供求关系外，至少还应考虑到另外三大因素的作用，即交易技术指标、突发因素和世界经济运行趋势。特别是石油期货市场，常常需要参考市场交易技术指标。在不考虑其他基本因素和突发因素的前提下，世界经济增长率对原油需求量的影响、基金入市和出市量、市场超买或超卖程度等都会成为交易商做交易决定的参考数据。2005年的主要矛盾不是世界原油储量问题，而是世界原油需求量的增长过快与原油增产能力严重不足之间的问题，这一局面短期内难以改观。在这种情况下，真正对油价起决定性影响的是世界经济运行态势。此外，自然灾害如“卡特里娜”飓风对美国墨西哥湾的袭击，美国一些炼油厂和印度孟买油田发生火灾等生产事故对国际油市也都形成冲击，造成油价上升。

从技术层面分析，国际油价从2005年8月30日的70.85美元一路下滑至11月18日55.40美元的价位，同日WTI原油收盘价下跌至56.14美元/桶。此后国际油价一改颓势，出现强劲反弹。12月，WTI价格不断上扬，并于年末越过61美元/桶。2006年新年伊始，国际油价继续走高，到1月6日已回升至64.21美元/桶，比11月份最低时上涨14.4％。初步分析，导致这一阶段国际油价快速回升的主

要因素是：

1. 全球石油需求持续增长。据世界银行初步估计，2005 年世界经济增长 3.2%，虽然比 2004 年的 3.8%下滑 0.6 个百分点，但仍保持了近年来较快的发展态势。世界经济的良好增长势头直接带动了全球石油消费需求的增长。

2. 欧佩克成员国的产量调控。12 月中旬，欧佩克成员国召开部长级会议，决定继续维持日产 3000 万桶的水平。12 月底，欧佩克成员国再度召开部长级会议，对市场供应的判断做了修正，认为 2006 年春国际市场的需求将下降，为避免油价大跌，各成员国达成协议，把实际产量下调至 2800 万桶/日。

3. 伊朗、尼日利亚、伊拉克等主要产油国局势动荡，严重影响国际市场的稳定。伊朗不顾欧美各国警告，于 1 月 10 日宣布，重新开始核研究，此举引起国际社会的严重关注。国际原油市场担心，伊朗与欧美在核问题上矛盾如果不断升级，势必影响各方关系，甚至影响伊朗的原油生产和输出。尼日利亚的一处石油管线遭到恐怖袭击以及石油工人被绑架事件，导致原油日产量减少 22 万桶。此外，伊拉克的油田和炼厂屡遭破坏、以色列总理沙龙病情恶化等因素也都对国际油价的走势产生影响。

4. 美元汇率再度走弱。2005 年 11 月 17 日美元对欧元的汇率为 1∶0.857，到2006 年 1 月 9 日降至 1∶0.823，下跌了约 4%。美元汇率的下跌，助推国际油价再度走高。

5. 国际基金炒作。美国能源署宣布，截至 2005 年 12 月 23 日，美汽油和馏分油库存分别减少了 120 万桶和 90 万桶，报 2.029 亿桶和 1.268 亿桶，其中汽油较上年同期下滑 1300 万桶。这一消息引发了国际市场的炒作热情，许多基金纷纷增持汽油合约，对油价上涨起到推波助澜的作用。

六、影响 2006 年油价走势的重要因素

2005 年出现 70.85 美元/桶的国际油价新纪录后，全世界的分析

师们在展望2006年的国际油价走势的时候，几乎都一厢情愿地认为国际油价在经历了如此暴涨之后，应回归至45美元/桶的理性价位，但事与愿违。2006年7月的欧佩克一揽子油价平均价达68.89美元/桶，刷新了欧佩克一揽子油价月度平均历史最高纪录；6月达64.60美元/桶，5月为65.11美元/桶，4月为64.44美元/桶，这也是欧佩克一揽子油价每月平均有史以来第一次突破60美元/桶；而此前3月为57.86美元/桶，2月为56.36美元/桶，1月为58.29美元/桶。从2006年欧佩克的一揽子原油月均价看，2006年的国际油价较之2005年的国际油价，显然上了一个台阶。影响2006年国际油价走势的重要因素主要有：

1. 供需矛盾。2006年同2005年一样，原油市场的主要矛盾不是世界原油储量问题，而是世界原油需求量的增长过快与原油增产能力严重不足之间的矛盾在作祟。全世界的分析师们几乎都注意到了这一问题，但并未真正引起足够的重视。1998年世界石油产量大幅度增加，亚洲金融危机导致石油需求降低，受此影响国际油价迅速塌陷，跌破10美元/桶，滑入谷底；据统计该年国际原油市场供过于求，生产过剩6000万吨，约合120万桶/日。从1998年至2006年，世界经济经过七八年的发展，早已今非昔比，由此带动的能源需求增长也早已超过了1998年国际能源市场供应过剩的6000万吨之数。其间，美国、中国、印度、韩国以及其他亚太国家在油气需求方面都有很大的增长。2002—2005年，虽然美国的石油产量呈下降趋势，分别是2.873亿吨、2.8625亿吨、2.7亿吨和2.56亿吨，但石油消费持续上升，分别为8.88亿吨（合1776万桶/日）、10亿吨（合2000万桶/日）、10.26亿吨（合2052万桶/日）① 和10.35亿吨（合2070万桶/日）。美国从2002年至2005年的石油消费增长幅度达1.55亿吨，比中国2005年的全年进口量1.31亿吨还多0.24亿吨。从这一数据看，把全球油价的上涨归咎于中国等亚太地区发展中国家的石油需求增长，是完全站不住脚的。

---

① 美国能源信息署：《美国能源信息署2005年世界原油展望报告》，中国新能源网，2004年12月14日。

2. 地缘政治影响。在伊核问题上，自伊朗公开宣布重新启动核研究起，以美国为首的西方国家与伊朗的斗争更趋尖锐、复杂。美方认为，长期以来伊朗一直在利用政治谈判玩“时间游戏”，美指控伊朗总统内贾德使用伊朗的资源支持恐怖主义活动，制造核武器，因此强烈要求立即对伊朗采取制裁措施，但其他世界大国未能百分之百地予以认同，仍在做推进结束僵局的外交努力。伊朗是欧佩克第二大产油国，日产原油约 400 万桶，对国际原油市场的影响举足轻重，伊核问题扩大化必然会增加原油期货市场的“伊核问题因素”。鉴于伊朗核问题的严重性和敏感性，国际油价受其影响在所难免。伊朗政府官员曾于 2006 年年初（1 月 15 日）警告说，西方国家把伊核问题提交联合国安理会讨论，这对于问题的解决没有任何益处，而任何针对伊朗实施的制裁都有可能引发国际油价的大幅波动。另外，中东地区的突发事件对国际油价的走势也具有重要影响，像 2006 年 7 月中旬的以黎军事冲突，就使国际油价完全失控，并于 8 月 8 日再次创下历史新纪录，达 78.85 美元/桶。

3. 自然灾害。美国的墨西哥湾盛产石油天然气，但每年的八九月都要频频遭受海洋飓风的袭击，石油生产因此受影响，从而推高国际油市的走势。

总之，无论何种因素引发国际油价大幅变动，实际上反映的还是国际市场对原油供应的担心，一旦有供过于求的迹象出现，油价便会迅速回落。

第三节　国际油价大幅波动对我国经济发展的影响

2005 年 8 月底国际油价冲破了 70 美元/桶大关，尽管人们并不忽视油市风险问题，但要真正做好防范与规避准备并不容易。20 世纪 70 年代以来，由于石油的战略重要性和各地储量的不均衡性，以及世界油库中东地域政治的错综复杂性，使国际石油市场经常处于震荡之中，这就给各国的能源安全带来了一定的风险，影响各国经济的稳定发展，甚至造成威胁。因此，应该充分重视防范和规避国际石油市场的风险问题。

一、世界石油市场波动回顾

二战结束60年来，国际油市已多次大起大落。20世纪50年代，油价仅1—2美元/桶；70年代10月中东战争导致油价猛涨，继而两度引发了世界性的石油危机。国际油市风云变幻，在世纪之交的数年里更是得到了充分体现。1997年1月国际油价约23.19美元/桶；1998年12月8日跌破10美元/桶大关；1999年2月进一步跌至谷底9.5美元/桶，[①] 至3月开始反弹并一路攀升；2000年8月突破30美元/桶，最高时达到37.61美元/桶。2001年"9·11"事件发生后，油价迅速上窜至30美元/桶以上。但是没过几天，油价又迅速下滑至19.87美元/桶，跌至欧佩克内定基准油价22—28美元以下。10月再创历史新低，达19.07美元/桶。2002年中东地区局势紧张，4月油价又涨至27美元/桶。再从欧佩克的一揽子年均价看：1999年是17.47美元/桶，2000年是27.6美元/桶，2001年略有下跌，但仍在欧佩克认可的油价范围内，为23.12美元/桶；2002年稍有回升，达24.36美元/桶；2003年以后因中东局势多变，地域政治形势吃紧，油价出现强劲上涨走势，当年达28.10美元/桶；2004年是36.5美元/桶；2005年是50.64美元/桶，不仅年年上涨，而且步幅越来越大。从2006年上半年欧佩克的一揽子月均价看，油价已经又上了一个台阶。

影响油价波动的因素很多，不同时期都有不同的因素，但最重要的是石油的供求关系。从需求方面看，先进科技的进步、世界经济的发展态势以及各种短期因素的作用，对国际油价的波动有很大影响。二战后石油的广泛应用使油价逐渐走高，并决定了油价的长期趋势和水平。其次，世界经济的发展与衰退，既造成石油需求的变化，也影

---

① 《国际金融信息报》，2000年1月24日。

响国际油价的发展趋势。1997—1999 年 2 月发生的国际油价暴跌，其主要原因就是亚洲地区爆发的金融危机。危机爆发期间，亚洲的经济发展速度减缓，国际石油需求显著下降，从而引起石油供求的不平衡。另外，全球性气候变异，墨西哥湾的飓风影响，世界各国和各地区的石油库存，以及一些突发性的军事、政治等事件，也都首先对石油需求产生影响，然后对油价的短期升降起作用。1999—2000 年，石油价格一路飚升，其中的一个重要原因是世界范围内的石油库存短缺，无法满足欧佩克限产后产生的巨大缺口。2003 年美国的石油库存对油价的影响很大。2005 年 8 月的卡特里娜飓风和 2006 年 7 月的以黎冲突都使油价出现剧烈的变化，前者使油价突破了 70 美元/桶大关，后者则摸高至 78.85 美元/桶，达历史最高水平。因而有分析家预测：在不久的未来，油价冲高至 80—85 美元/桶将不足为奇，甚至冲破 100 美元/桶也都是可能的。

从石油供应方面看，主要产油国的产量政策、西方发达国家的石油储备政策、各种地域政治、民族冲突及军事原因、期货市场投机炒作等，也对国际油价产生重要影响。从世界石油资源分布看，中东（西亚北非）、中亚（包括俄罗斯）和北美三大地区产油国的生产决策对世界石油的供给起关键性作用。欧佩克在调控油价方面的作用，过去无可置疑，但从近年来的几次油价波动看，欧佩克必须与非欧佩克产油国合作，联手实施限产决策或增产决策，才能起到一定的油价调控作用。20 世纪 70 年代的 10 月中东战争造成供应突然减少甚至中断，继而引发了两次世界性石油危机，造成全球性的石油供应紧张。由于大国争夺，中东地区在经济和政治方面历来敏感，长期动荡不安，对油价稳定存在着严重的潜在威胁。为了应对上述突发事件，70 年代遭遇石油危机后，西方发达国家大都建立了石油储备体系，在油价不稳的情况下，它们的石油储备在一定程度上改善了世界原油的供需平衡关系。西方发达国家的石油储备政策对国际油价风险具有一定防范作用。在期货市场上，从长远看，油价走势影响到供需双方的决策，从而影响最终的博弈结果；从短期看，期货投机商利用市场信息和人们的心理因素对油价进行炒作，加大了油价波动的幅度，使油价更加不稳定。亚洲和拉美的金融危机发生期间，有些国家把部分投资基金、对冲基金转入了期货市场，因而给国际油市增添了许多不稳定因素。

在国际油价的决定过程中，国际政治、经济形势、科技发展状况等因素具有很大的可变性，准确预测油价因而十分不易。试以 2006 年 3—8 月的国际油价为例。国际市场原油价格自 3 月中旬起持续上涨，纽约及伦敦两大交易市场一周内接连冲破 70 美元和 75 美元两个心理关口。3 月 21 日，纽约市场的油价首次达到每桶 75.17 美元的历史性最高价位。导致油价波动的主要原因首先是伊核问题，国际市场得到的信息是：一是联合国安理会要求伊朗中止铀浓缩活动和国际原子能机构向安理会提交伊朗核查报告的最后期限（4 月 29 日）已临近；二是伊朗在 23 日强硬地宣布其核计划是“一个不可逆转的进程”；三是美国表示在推动安理会对伊朗制裁无效的情况下，不排除对伊朗动武的可能性。市场人士由此做出了最坏的预测，认为一旦美伊动武，国际油价会升至每桶 100 美元以上。除伊核问题外，支撑市场高油价的因素还有：市场不相信欧佩克能够兑现增加产量的承诺，尼日利亚的原油产量因反政府武装的破坏活动而大幅下降，造成欧佩克 3 月份的实际日产量低于 2800 万桶的日产限额等。2006 年 7 月中旬，以色列与黎巴嫩突然发生军事冲突，引起市场恐慌，造成国际油价持续走高，至 8 月 8 日创下 78.85 美元/桶的历史新纪录。这次油价暴涨，完全是突发因素起作用的结果。

二、国际油价波动对我国经济发展的影响

油价大幅波动对我国经济发展的影响主要表现在以下几方面：

1. 增加石油外汇支出。2005 年中国共进口 1.31 亿吨原油，约合 9.563 亿桶，同年平均每桶油价上涨了 15.1 美元，这样全年就需要多支出外汇 144.4 亿美元。虽然我国的三大石油公司都在实施“走出去”战略，参与海外油气资源的开发，但远未到可以解决国内石油供需缺口的程度。

2. 油气开采业利润与油价同升同降。油气开采业是受原油价格波

动最直接的行业，油价的波动与行业利润走向具有很高的一致性，油价每波动1美元，影响利润50亿—60亿元人民币。2004年WTI油价上升了10.2美元/桶，油气开采业的利润增加了528亿元人民币；2005年比2004年上升了15.1美元/桶，行业利润增加了1167亿元人民币。这是在油价上涨下的情景，反之若是油价下降，那就是又一种情景。

3. 适度的油价上升有利于石油开采业。我国的石油工业勘探费用高、生产的原油稠油多，所以生产成本高，再加上管理费用、财务费用、营业外支出等，综合成本为每桶11.6美元，比起中东国家的1—2美元/桶高出几倍，即使是其他国际大石油公司的原油生产成本也普遍低于10美元/桶。在此情况下，如果遇到低于10美元/桶的低油价，中国原油生产单位的境遇就会变得很困难。特别是现在中国的油田开采不少都已进入中后期，增产油气都依赖勘探，因而需要大笔资金，这样生产成本就会继续上升。但是，当国际油价上涨至一定幅度后，上述问题也就不存在了。

4. 使成品油市场的竞争更趋激烈。油价上涨时，尽管成品油的价格可以跟随原油价格相应上调，但成品油市场的竞争激烈程度远高于原油市场，成品油上涨的空间有限，企业利润难以保证。中国炼油企业的加工成本很高，每吨油的加工费为26美元，远高于国际炼油企业桶油炼制成本每吨7.2美元的平均水平，在商业竞争中明显处于劣势。加入WTO后，因成品油价须同世界接轨，所以中国的炼油企业处境一度很困难，但油价大幅攀升后，情况就不一样，因为彼此的竞争差距缩小了。

5. 油价波动加重了石油石化相关产业的负担。国内成品油多次调价后，售价高出成本价近20个百分点，国内相关行业的一些企业都陷入了困境：一是国内交通运输、航空、铁路、渔业等的燃油成本负担大大增加，汽油费用支出也普遍上升；二是一些以燃油为燃料的生产性工业企业运行受挫；三是原油价带动石化原料价，增加了石化企业的原料成本，继而带动了石化产品价格，并在化纤、纺织、轻工、建材、涂料等相关行业产生连锁反应。对于社会生产，石油与石化产业的景气几乎牵动所有产业的神经。油价上涨对化学工业的影响，取决于成本上升幅度与产品销售价格上涨幅度的对比。如果成本上升的幅度大，销售价格上升的幅度相对较小，企业就会受到负面影响；如果成本上升的幅度小，销售价格上升的幅度相对较大，企业就能够从中受益。

6. 油价波动不利于保持国民经济的稳定。油价上涨对宏观国民经济的影响很大，主要表现在三个方面：一是油价上涨加重了财政负担，提高了工业成本，导致经济复苏放慢。在供求失衡格局尚未改善的情况下，如果出现由成本推动的价格大幅上扬，国民经济有可能陷入比通货紧缩更为严重的滞胀局面。二是对于石油消费国，油价上涨造成能源进口费用急增，使进口贸易顺差明显减少或逆差显著增加。三是油价上涨引起国内产品价格普遍提高，从而削弱出口产品的竞争力，给各国的对外贸易带来不利因素。

7. 油价适当上涨有利于炼油业的发展，否则难免厄运。我国的原油价格与国际接轨，成品油价格由政府调控。当原油价格在一定区间内波动时，炼油业才有可能受益。实践证明，油价大约在40—50美元/桶时是炼油企业的最佳盈利点。2004年油价基本在50美元以下波动，国内炼油业一片景气，全年获利207.6亿元，比上年增长1.56倍。但是，国际油价从2005年3月进入50美元/桶的高价位后，我国炼油业便从4月起进入亏损状态，此后油价一路走高，行业一路亏损，全年盈亏相抵后净亏损189亿元。2006年1—5月份炼油行业亏损221.2亿元，同比增亏210.3亿元（上年同期亏损10.8亿元）。

8. 油价上升给国内带来一定通胀压力。中国国内的石油价格和国际联动，而石油作为燃料和化工原料，其产业链非常之广，下游产品包括一些化工产品的价格都随之上涨，因此石油价格上升对中国国家的经济发展（GDP的发展）有一定抑制作用。

通过以上分析可以看出，国际油价波动对于我国的油气产业发展乃至经济建设极易造成危害，因此应积极防患于未然，提前做好准备，采取各种手段规避、抵御、抗击风险，以期获得经济建设持续、稳定、健康的发展。

三、高油价背后的美国因素

2003年伊拉克战争之后，国际原油价格进入上涨通道。2005年8月美国遭受飓风后，国际油价突破70美元；2006年3月，在伊核局势难以预料之下，油价再次攀上70美元；7月中旬以黎军事冲突爆发，至8月8日升至历史最高点78.85美元/桶，直逼80美元大关。从“伊拉克战争→墨西哥湾飓风→暴风雪→伊朗核问题→以黎军事冲突”这一油价路程，可以清楚地看出中东地缘政治的不稳定性和军事冲突、自然灾害等因素促使油价走高的催化作用。

目前世界上有些观点将石油价格上涨归诸于中国等发展中国家的需求上升，这样的解释不符合事实。中国石油需求远没有上升到能够影响世界石油供需平衡的地步。在国际油价上涨的背后，实际上是美国因素在起作用，它的单边主义全球战略，造成地缘政治问题频发，已成为国际油价上涨事实上的助推器。高油价为美国带来了巨大的利益，近年来油价走高对美元起到了抑制作用，使美国的大量债务贬值，有效地缓解了它的巨额财政赤字。在美联储不断加息的这段时期里，美国经济表现得出乎意料的稳健，有专家认为是美国因素主动把油价抬上去的。油价长期居高不下，说明美国因素正在起作用，它正在谋求一种新的途径，用以影响世界。

油价走势实际上一直取决于美国的利益选择。从当前看，高油价带来的通胀压力日渐显露，对各国经济都是一个严重威胁，甚至连产油国都对高油价产生了怀疑心理。当石油输出国与消费国共同起来消解高油时，油价回落便是必然的。但油价回落有可能意味着欧盟与中国经济的更加强劲的增长，意味着美国财政赤字的继续扩大和竞争力的持续衰退，如果这样，那美国一定会利用高油价向世界经济转嫁自己的风险，包括地缘政治风险和战争风险。

总而言之，在世界经济突然进入一种复杂的博弈之中后，如何与日渐强大的区域经济合作组织进行利益的重新组合、在地缘政治博弈中诉求全球主导权，同时维护美元帝国的经济秩序演变，这才是美国经济战略的落脚点。美国不会轻易放弃制导油价上下的美国因素，但会更加积极地寻找经济领域之外的机会，向世界转嫁自己的风险，并用风险来控制世界的演变。

第四章

中东、里海油气与世界供需格局

第一节　世界能源需求

石油是不可替代的重要能源和工业原料，其总量变化常为负值，而需求总是增加，一些西方发达国家的能源需求大都高度依赖石油和天然气。石油工业同时还是资本和科技高投入的行业，一旦油价波动和石油危机爆发极易受冲击，其脆弱性显而易见。由于国际市场上石油价格起伏不定，暴利诱人，一些国际投机集团或公司便利用各种机会扰乱供求平稳，操纵油价，控制市场。另外，石油还常常被当作为武器，用于国际纷争和抗衡，从而直接影响到人们生存的政治环境。为此，一些世界大国都把自身的石油安全、经济安全等问题放在首要位置，予以认真思考和应对。

在经济全球化趋势下，世界各国都在走向开放、走向市场化，生产要素在全球流动，各国相互依赖程度大大提高，而各经济主体和生产要素的活动加剧，也大大促进了世界经济的发展。但是，全球化在促进世界进步和带来繁荣的同时，也给许多国家尤其是一些弱小的发展中国家带来了不少新问题和新矛盾，使原有的经济、社会问题变得更加复杂，使国际经济秩序面临重组抉择，国际政治关系格局变数增大。

进入新世纪后，在和平、对话、合作与发展已成为时代主旋律的条件下，国与国之间虽讲究互利合作，但相互制约，以经济手段达到政治目的或以政治谋略获取更大的经济利益也时有发生。不管怎么说，在各国的对外战略中，经济利益总是第一位的。从这一点讲，石油安全是经济安全，也是国家安全。

近年来，经济全球化大大推进了国际石油产业的全面发展。尽管各国都在加大资金和科技投入，寻找替代能源或调整能源结构，但石油在国际能源供应中的地位仍不可替代，其比重依然很大，且有明显的增长势头。

1. 美国的石泊消费占世界总量的27%，为世界之最，年消费石油10亿吨以上。2005年自产2.56亿吨，余下全部依赖进口。它是世界上最大的石油进口国，其进口的石油占世界总进口量的26%。

2. 日本也是石油消费大国。对日本来说，它的石油资源在海外，而市场在国内，它对海外石油资源的依赖程度极高。在它的能源结构中，石油占54%以上，每年进口约2.7亿吨石油，主要来自中东，石油的供应和运输受制于国际和地区形势的发展。日本于20世纪50年代进行能源结构调整，后受低油价的诱惑，石油消费比重不断上升。70年代曾受到两次能源危机的猛烈冲击，但在以后的油价大波动中，由于坚持石油储备，取得了较好的结果。

3. 俄罗斯是石油、天然气资源大国。2005年石油探明剩余储量约为82.1918亿吨，约占世界总量的4.64%；石油估算产量为4.6075亿吨，约占世界总产量的12.83%，居世界首位。按此开采速度和已探明剩余石油储量，约可采17年。俄罗斯本国消费石油1.23亿吨，余下产量供出口。随着亚洲油气需求的增加，俄罗斯正在着手铺设东向油气输送管道，以便向中国、日本、韩国三国输出油气。

4. 中国为发展中大国，经济增长速度长期居世界首位，它对能源尤其是石油的需求增长迅速。1999—2000年，中国石油产量约1.6—1.7亿吨，而需求则为1.9—2亿吨，自给率约80%，缺口量不断上升，但2000年进口才0.7亿吨。2004年中国的石油需求增长在全球需求增长中约占1/3。2005年，经济降温和对过热行业发展的限制使中国的油品需求增长放缓，但电力能源和交通运输燃料需求仍保持强劲增长势头。①

5. 中东地区长期以来在世界原油供应中一直占主力地位，在今后的10—15年里，其地位仍难以撼动，所占比重还将增长。2004年中东的石油产量约达13.34亿吨，占世界总量的37.16%。由于中东产油国的生产成本大多低于5美元/桶，有的甚至不足1美元/桶，所以一方面容易招致国际石油垄断集团的互相竞争，另一方面也加大了提高产量或减产保价的随意性。至于非常条件下伊拉克的石油走私，则加剧了国际市场的投机因素。

6. 西伯利亚和中亚里海，拥有世界上约27%的石油资源。由于苏联解体，经济滑坡，原有的油气勘探、开采设施陈旧老化，严重影响了油气生产。西方资本和政治势力乘虚而入，纷纷参股和控股介入新老油气田的开采。在中亚里海地区，西方进入既快且深，形成了与俄国、伊朗对峙的局面。

近10年来，随着世界经济的增长，石油需求增长迅速，而产量增长时紧时缓，加上各国石油战略储备急剧上升，致使油价走势难以预测。1998年世界石油产量约达36亿吨，2004年则为35.4967亿吨，略低于1998年的水平。产量下降而需求猛增，显然是2004年和2005年国际油价持续走强走高的主要原因，而石油生产国同国际石油垄断集团及西方石油消费大国之间的矛盾，国际能源机构和国际石油大公司的操纵，欧佩克成员国不遵守减产计划，各自超配额超限量生产等，也直接影响了油价的稳定。

欧佩克各成员国曾在2000年3月达成协议，要努力使油价维持在22—28美元/桶范围内。若油价超过或跌出这个范围且持续20天时，各成员国自动增减产量50万桶/日。事实上，该协议很难严格执行，无

---

① 董雅俊：《2004年国际石油市场回顾与展望》，中国化工网，2005年1月26日。

论什么时候，各成员国都会留一手，这是心照不宣的事情。总之，要平抑高油价，必须增产原油，而今后能够继续增产的国家可能也就是中东几个产油国和个别非欧佩克国家。

以上各种因素，都对世界的石油生产和消费产生重要影响。美国受中东政策的制约，正在对自己的石油进口源头作战略调整；俄罗斯为了自己的“强国情结”，正不惜一切力量确保控制石油输送枢纽站——车臣地区，同时与美国针锋相对，为中亚里海地区的油气资源展开激烈的争夺。美国远离本土，在宿敌石油大国伊朗的后院、在俄罗斯势力范围内的原苏联高加索、中亚地区抢“油管”和“油碗”，其战略意义深远。石油已经成为消费国之间、资源国之间以及消费国和资源国之间相互遏制、相互争斗的武器。

一、2002年以来的世界石油需求

据阿拉伯石油输出国组织（OAPEC）发布的对全球石油需求量的统计，2002年末为7620万桶/日，同比增长约50万桶/日。2003年第一季度的全球石油平均需求达7630万桶/日，第二季度为平均7650万桶/日，第三季度为7700万桶/日，第四季度为7760万桶/日，比上年同期增加约140万桶。这是阿拉伯石油输出国组织的统计，与其他国际权威组织的统计存在一定的差异。

另据国际能源署的报告资料，2004年2月世界石油需求较上年同期增长3.7%，达8047万桶/日，增幅为1997年以来之最。同年6月，世界石油需求增至8110万桶/日，较上年同期增长2.9%，即每日增加231万桶。国际能源署需求分析专家强调，这是25年来最为强劲的增长，这一增长充分体现了中国的经济增长对周边经济体如印度、泰国和越南等亚洲国家经济的强劲拉动作用。中国作为这一增长的主动力，其原油需求量增长了约79万桶/日。从产量看，2004年5月世界石油日产量保持在8200万桶，其中非欧佩克产油国的产量变化不大，基本保持在4970万桶/日，而10个欧佩克成员国（除伊拉克外）的石油产量见长，日增 68 万桶，达到 2610 万桶/日。①

2005 年，由于中国和东南亚经济继续保持快速增长，世界原油需求增长 152 万桶/日，达 8400 万桶/日，这一增长导致国际原油市场价格持续上扬。国际能源署宣布，2005 年一季度对欧佩克成员国的原油需求在近两年来首次超过供应量。2005 年 1 月欧佩克成员国的原油产量减少了 77 万桶/日，降至 2880 万桶，比国际能源署预估的对欧佩克成员国的原油日需求量 2910 万桶低 30 万桶。②

表 4—1　　2003 年、2004 年世界石油需求统计 （单位：百万桶/日）

	2003	2004 年					2004/2003
	全年	1 季度	2 季度	3 季度	4 季度	全年	变化
世界石油需求	79.7	82.4	81.2	81.9	84.0	82.4	3.3%
经合组织	48.8	50.2	48.2	49.2	50.3	49.5	1.4%
北美洲	24.6	25.0	24.9	25.2	25.3	25.1	2.0%
欧洲	15.5	15.8	15.4	15.7	16.0	15.7	1.7%
亚太地区	8.8	9.4	8.0	8.3	9.1	8.7	-1.1%
非经合组织	30.9	32.2	33.0	32.7	33.6	32.9	6.4%
前苏联	3.6	3.5	3.7	3.7	3.9	3.7	3.6%
欧洲	0.7	0.8	0.7	0.7	0.7	0.7	2.9%
亚太地区	13.6	14.7	15.1	14.6	15.1	14.9	9.3%
中南美洲	4.7	4.7	4.9	5.0	5.0	4.9	3.6%
中东	5.6	5.8	5.8	6.0	5.9	5.9	5.8%
非洲	2.7	2.8	2.8	2.7	2.9	2.8	2.6%

① 中国石油网：《国际能源署预测：2004 年石油需求将再创新高》，2004 年 6 月 17 日。

② 荆引：《国际能源署预期第一季度欧佩克原油需求量两年多来将首次超过供应量》，和讯网，2005 年 2 月 10 日。

续表

	2003	2004年					2004/2003
	全年	1季度	2季度	3季度	4季度	全年	变化
世界石油供应	79.6	82.2	82.3	83.2	84.4	83.0	4.3%
非欧佩克	49.0	50.0	50.0	49.7	50.6	50.1	2.3%
经合组织	21.6	21.8	21.5	20.7	21.2	21.3	-1.3%
北美洲	14.6	14.8	14.7	14.4	14.6	14.6	0.1%
欧洲	6.3	6.4	6.2	5.7	6.0	6.1	-3.9%
亚太地区	0.7	0.6	0.6	0.6	0.6	0.6	-10.8%
非经合组织	25.6	26.4	26.7	27.2	27.5	26.9	5.3%
前苏联	10.6	10.8	11.1	11.4	11.4	11.2	8.3%
欧洲	0.2	0.2	0.2	0.2	0.2	0.2	0.0%
亚太地区	6.0	6.1	6.2	6.2	6.3	6.2	3.5%
中南美洲	4.0	4.0	4.0	4.1	4.1	4.0	1.0%
中东*	2.0	1.9	1.9	1.9	1.9	1.9	-5.0%
非洲	3.1	3.3	3.3	3.5	3.5	3.4	11.8%
炼厂加工增量	1.8	1.9	1.8	1.8	1.9	1.8	1.7%
欧佩克	30.7	32.2	32.3	33.5	33.8	33.0	7.4%
原油	26.8	27.9	28.1	29.2	29.4	28.7	7.0%
天然气液	3.9	4.3	4.3	4.3	4.4	4.3	10.3%
供需差额	-0.1	-0.2	1.1	1.3	0.4	0.6	—

*本表中的中东一栏内不包括北非的阿拉伯产油国。

资料来源：《石油综合信息》总第269期。

二、2002年以来的世界石油消费

2002年世界最大石油消费国的前三位依次为美国、日本、中国，年石油消费量分别为8.88亿吨（占全球消费量35亿吨的25%）、2.49

亿吨和2.48亿吨。德国和俄罗斯并列第四，年消费量均为1.27亿吨。上述5国占全球石油消费总量的46%。欧盟国家2002年消费石油6.31亿吨，占全球消费总量的18%。欧佩克成员国的石油消费量为2.85亿吨，仅占世界消费总量的8%。[①]

2003年全球日均消费石油约7970万桶，其中：美国占25.4%，约合2000万桶/日；中国占7.1%，约合566万桶/日；日本占7%，约合558万桶/日；其余60.5%，为其他国家的合计消费。[②] 2004年全球日均消费石油约8240万桶/日，比2003年的日均消费量增长3.4%，这是自1998年以来最高的年增长率。

强劲的石油需求和供给中断之间的矛盾，最终结果是显著降低了欧佩克的剩余产能（而这相当于全球的石油剩余产能），因此实际和潜在的石油供应中断正逐步吞噬这部分缓冲能源，且刺激原油价格冲高。油价已经远远超欧佩克成员国为其一揽子原油制定的22—28美元的价格范围，而只要剩余产能维持低水平，该价格协议对油价的控制力就会相当有限。

三、美国对世界能源需求的预测

美国作为全球最大的石油消费国，早在2001年就对2020年前的世界能源发展趋势做出了预测，认为：到2020年世界石油需求将达到1.2亿桶/日；按2001年的世界石油产量，满足这一需求，需要全球增加石油产量约4230万桶/日。在布什总统向国会提交的政府能源计划即《国家能源政策》里，石油仍被确立为21世纪前20年的世界能源消费主体，在此期间，估计全球能源消费将增长59%，亚洲和中南美的能源需求将增长一倍以上。另外，全世界对天然气的使用也将增长一倍。由于对石油的需求加大，世界会出现诸如欧佩克内部、欧佩克与非欧佩克国家之间、石油与其他能源之间的竞争等有关石油的地缘政治问题。

---

① 德国石油行业协会2003年1期公报。

② 中国能源网：《2003年世界日均消费石油所占比率》，2004年2月20日。

美国对2020年前能源发展趋势的预测，主要有以下一些重点：

1. 世界能源消费趋势，从1999—2020年，21年内世界能源消费将增长59%。

2. 世界能源使用量将从1999年的38200万亿Btu增长到2020年的60700万亿Btu。（Btu为英制热能单位，1 Btu＝1055.06焦耳［J］，1英热单位/时［Btu/h］＝0.293071瓦［W］，1桶原油＝5.8×10^6英热单位［Btu］）

3. 2000年世界油价居高不下，由于东南亚经济的恢复和前苏联经济的强劲增长（解体后首次出现持续两年的增长），油价大大超出原先预计。

4. 亚洲和中南美的能源需求至2020年将增长一倍以上，占世界能源消费增长总量的一半多，占发展中国家能源增长的81%。亚洲的经济增长对石油市场的长期发展至关重要，而亚洲地区石油需求的增长则有助于加强中东产油国与亚洲市场的经济联系。

5. 20世纪90年代，世界油价起伏较大。1998年最低，曾一度跌破10美元/桶，这是东南亚经济衰退，石油需求减少，而美国和西欧的冬天又比较暖和，导致石油供过于求的结果。2000年世界油价得到巨大恢复，最高达37美元/桶，造成油价上升的原因是多方面的，如：欧佩克成员国和非欧佩克的俄罗斯、墨西哥、阿曼、挪威等国联合采取了减产行动；一些石油公司担心油价重新下跌，不愿拿出更多的资金快速开发新油田，以适应石油需求的增长；世界石油需求得到较大恢复，特别是亚洲石油需求的增长，随着亚洲经济的恢复超过预期；中东紧张局势加剧了油价的波动；石油公司共同抵制低价订单，等等。

6. 2003—2020年，国际油价格以年均0.3%的增长率缓慢持续上升，甚至预计国际油价在2003年会跌落到20.50美元/桶，然后沿预计轨道返回，重新上升至22美元/桶。但油价的实际走势，因美国的反恐战略和中东的紧张局势，于2003年一路走强，持续保持在每桶28美元以上的价位上，至2005年8月底，甚至攀上超过70美元/桶的历史高位。

7. 俄罗斯因世界油市的持续走高和国内工业生产的好转，自苏联解体后首次出现连续两年的经济增长。1999—2020年俄罗斯石油需求的年增长率估计为1.7%，至2020年其石油消费量可望达5600万亿Btu，约占世界石油消费估算总量60700万亿Btu的9.2%。

8. 欧佩克内部、欧佩克与非欧佩克成员供应国之间、石油与其他能源尤其是天然气之间都出现了竞争。

9. 1990年二氧化碳的排放量为58.21亿公吨（相当于煤当量），到2020年估计为97.62亿公吨，30年约翻一番。

10. 未来新增的石油资源主要在海上，大西洋海域在发展相应的深水开发技术后，将成为拉美和非洲可靠的石油生产和供应地，像卡斯皮奥海域和西非深海地区，都是20世纪末开发的极有前途的石油产地。

11. 到2020年，世界消费和生产方式会出现改变，发展中国家同发达国家在能源消费方面会逐渐拉平。现在，发达国家是主要的石油消费者，但在今后的20年中，发达国家与不发达国家之间的消费差距将会缩小，世界石油消费增量的65%属发展中国家，世界石油需求增长最显著的地区是亚洲、中东、中南美和俄罗斯，约消费石油1600万桶/日，中东530万桶/日，中南美470万桶/日，前苏联410万桶/日。北美洲将是发达国家中石油消费增长最快的地区，石油消费将增长880万桶/日，其中美国增长630万桶/日，墨西哥220万桶/日，加拿大30万桶/日。

12. 21世纪影响世界能源形势的四大因素：

（1）包括日本在内的亚洲国家经济得到持续恢复；

（2）中国的政治改革和经济增长；

（3）巴西等拉美国家的经济影响；

（4）俄罗斯的经济复兴。

所有这些国家都有可能在短期内出现政策上的不连贯现象，从而导致世界石油市场出现难以预测的变化。

13. 石油是世界能源消费的主要部分，在21世纪的前20年里，它将继续保持这一地位。到2020年，石油消费在世界能源消费的总量中，将保持在40%的水平上，即使不超过这个水平（因为许多国家增加了天然气和其他燃料消费），它仍将是世界主要消费能源。在20世纪的最后30年里，世界石油需求的年均增长率约为1.6%，从2001—2020年，估计世界石油消费的年均增长率为2.3%，以此速度增长，至2020年世界石油的日需求量，将达1.2亿桶，以现在的生产能力，须增加4240万桶/日。

14. 制定能源政策时应认真考虑天然气和石油生产的短缺因素。

美国的《国家能源政策》已提出多年，实际情况证明，这一报告的许多预测都出现了这样或那样的偏差，究其原因是这个世界的能源形势变化太快，而能源形势变化太快的原因则是能够影响世界能源形势变化的因素太多，这也许是所有石油输出国和消费国斗智斗勇大博弈的必然结果。

第二节　大国角逐世界油市

“9·11”事件后，反恐斗争以及美国的强硬政治外交政策带来了世界政治、经济、军事、外交关系的不断调整。这些调整深刻地反映在世界石油供求格局的形成和变化上，同时也影响着大国的政治外交政策和反恐斗争。石油是世界大国经济较量的战略筹码，也是世界大国角逐的主要目标。各大国为争夺石油资源、石油运输线、石油市场以及石油定价权展开了激烈的争斗。近年来在世界石油市场上，美国同欧佩克成员国、美国同俄罗斯、欧佩克成员国同非欧佩克成员国，展开了一轮又一轮大搏杀，世界油市如同群雄逐鹿。

一、美国加强对海湾石油的控制

美国是世界第一大石油消费国，年消费逾10亿吨石油，约占全球能源消费的1/4。在美国消费的原油中，大半以上依赖进口，是世界上最大的石油进口国。在美国的能源战略中，海湾地区一直是美国势在必得的石油战略要地，是美国石油安全的保证。10多年前美国就试图控制海湾石油，但由于伊拉克的处处作对长期不能如愿。萨达姆政权统治下的伊拉克处于中东的中心地带，石油储量暂列世界第四，为地区大国，在中东的地缘政治和经济中占有重要地位。出于能源安全考虑，第一次海湾战争后，美国采取了石油来源多元化策略，对中东石油的依赖程度因此有所减少。与此同时，美国加强了对本国能源的开发和利用，其中包括阿拉斯加自然保护区的石油资源。但是，美国的这一能源策略，实施的难度较大，进展较缓，所以它对海外石油的需求有增无减。2001年以来，从中东特别是海湾地区进口的石油都要占到进口总量的26%以上。

从近年来的世界石油供应格局看，全世界年产石油35亿吨左右，阿拉伯海湾地区是世界石油中心、大油库，石油供应量约为2000万桶/日，占世界石油产量的1/4强。尽管世界大国都在加快石油供应来源或出口渠道多元化的进程，使海湾地区的石油产量在全球的比重有所下降。但是，无论现在还是将来，海湾地区的石油地位仍然是其他石油产区无法取代的。海湾油气对世界经济的良性发展至关重要。

美国在加强控制海湾油气的同时，很重视石油来源的多元化，它与俄罗斯签订了石油能源合作协议，加强了在西非尼日利亚等国的投入，加速了乍得至大西洋港口的石油管道建设，增加了西非产油国对美的原油出口，甚至有消息说美国有意劝说尼日利亚退出欧佩克。在亚洲，美国还联合土库曼斯坦、阿富汗和巴基斯坦等国筹建经阿富汗至巴基斯坦输往印度洋的中亚油气输送管线。

2003年，美英联军在未事先经联合国授权的情况下，以反恐为借口，迫不及待地对伊拉克采取了谋划已久的“倒萨”行动，一举摧毁了萨达姆政权，控制了伊拉克石油的开发权。美国掌握了让伊重返国际油市这张“王牌”，就有可能实现取代沙特、挤压欧佩克、制约俄罗斯、重整世界石油格局、借“石油武器”推进全球战略的目的。

美国执意推翻萨达姆政权的深层原因是：伊拉克已探明的石油蕴藏量在海湾地区仅次于邻国沙特阿拉伯和伊朗，居世界第四位，石油开采潜力巨大。尤其让美国石油大亨们心痛的是：由于战争，他们不得不在10多年前撤离了伊拉克。伊拉克政府近年来与外国石油公司签订的特许开采协议关系到高达440亿桶的石油开采安排，这一数量相当诱人，但在伊拉克的招标名单上，却没有美国人的踪影。由于美伊两国关系严重恶化，所以只要有萨达姆在，或有美国政府的遏制政策在，曾拥有伊拉克油田25%份额的世界第一大石油公司埃克森美孚就只能作壁上观。小布什入主白宫后立即宣布，美国面临能源危机，必须在国内外加快新油田的开发。“9·11”事件后，小布什将伊拉克列为“邪恶轴心”，发誓要将萨达姆赶下台，“解放”伊拉克人民。当然，更多的人相信布什要“解放”的是伊拉克的石油。

美伊战争后，中东、里海的油气形势充满变数，美国的倒萨和进攻伊拉克的政策深刻地影响了世界经济的前景和各国的对外政策。

二、非欧佩克产油国公开叫板，欧佩克步履维艰

经普京政府多年努力，俄罗斯很快成为一个重要的石油生产国和出口国。2004年俄罗斯向国内市场供油2.072亿吨，比2003年增加680万吨；向非独联体国家出口石油21580万吨，比2003年增加2790万吨；向独联体国家出口石油3990万吨，比2003年增加290万吨；过境运输石油2150万吨，比2003年增加180万吨。高油价刺激了石油商的出口积极性，石油出口量在石油总产量的比重从2003年的33.1%增加到2004年36.4%[①]，出口量仅次于沙特，居世界第二。

“9·11”以后，石油和天然气迅速成为俄罗斯与大国周旋的重要筹码。俄利用世界能源市场的新变化，以“突破北美、稳定西欧、争夺里海、开拓东方、挑战欧佩克”的战略方针全面拓展能源外交，在世界能源市场的影响和地位迅速攀升。2003年4月15日伊拉克战争期间，俄海军突然倾巢出动，进行军事演习，其目的就是想保护自己在伊拉克的利益。

除俄罗斯外，墨西哥及非洲的一些非欧佩克产油国也不甘落后，从欧佩克手中夺取了不少市场份额。美国重整世界石油格局，使欧佩克内部矛盾剧增，其成员国大都不愿意因减产保价而丧失市场份额。2003

① 《2004年俄罗斯油气工业综述》，中国石油网，2005年5月5日。

年5月，正当欧佩克酝酿“减产保价”时，美国为使伊拉克的油气能够尽快进入世界油市，平抑油价，一反常态非常积极地游说起联合国，要求取消对伊制裁。俄罗斯则声明计划提高石油产量10.4%，想在油价跌至谷底前，再赚上一笔石油美元。墨西哥外长路易斯·德尔别茨发表声明，表示不理会欧佩克出台的政策。俄罗斯、墨西哥等国与欧佩克如此较劲，意味着它们与欧佩克间的石油市场争夺战进入了白热化阶段。

如前所述，美国发动对伊战争的目的之一，就是通过控制伊石油资源瓦解欧佩克。由于战后伊拉克的“石油生产”基本由美掌控，从价格因素考虑，美当然希望伊生产和出口的油气越多越好，而此时对伊来说，生产并出口“尽可能多的石油”比以往任何时候都显迫切。伊多产并多出口石油，必然会对欧佩克的石油配额限制形成冲击，进而引发欧佩克与伊拉克之间的矛盾。倘若伊拉克被欧佩克拒之门外，那么一场世界石油市场的“价格战”将难以避免。总之，市场份额日渐缩小对欧佩克驾驭油价走势不利。从长远看，欧佩克与非欧佩克成员国之间的协调与合作非常重要，关系到双方的互利双赢，否则只能得到一个一损俱损的结果。

三、英、法、俄的伊拉克石油之争

1. 英国跻身海湾不受欢迎

2003年，英国追随美国出兵伊拉克，同样具有获取石油的战略意图。截至伊战爆发前，英国北海等传统油田的开采已近饱和状态，一些石油公司发现石油利润的增长空间已越来越狭窄，因此不得不努力寻找新的石油资源。同其他国家的同行一样，BP和壳牌等英国大牌石油公司也将目光投向了伊拉克。但是，在阿拉伯世界，总是同美国站在一起的英国口碑很不好，尤其是在伊拉克，许多业内人士认为，伊拉克人把英国看作“美国国务院的一个部门”，所以英国的国际石油公司在伊难有太大的作为。

2. 法国把握领先机会

同是西方国家，法国在伊的待遇就要好得多。当美、英的跨国石油公司限于禁令而难有作为的时候，全球第四大石油公司道达尔菲纳埃尔夫通过其巴格达销售代表，与伊政府（包括后来的过渡政府）保持着密切联系。在此前的几年中，道达尔菲纳埃尔夫同伊政府讨论了多项油田开发计划，其中包括位于两伊边境附近的马吉姆油田，该油田藏量非常丰富，至少有300亿桶。

法国在对伊动武问题上的立场与美截然相反，有些人因此指责法国政府是在为该国公司争取时间，尽快达成开采伊拉克石油的协议，以确保战后重建份额。对于这种说法，法国人不屑一顾，因为即使未能达成任何实质性的协议，法已领先其他国家一大步。法国公司已经基本完成了对伊拉克石油资源的地质考察工作，如果从头做起，这至少需要12—18个月的时间。再则，法国人在联合国安理会的表现颇得伊拉克人心，无论战前战后，伊拉克人都更愿意接受这个合作伙伴。

3. 俄罗斯传统优势地位难以为继

俄与伊的经济合作关系长期以来一直比较密切。海湾战争爆发前，苏联和伊拉克的双边贸易额曾达到每年20亿美元。这也是俄竭力试图恢复的水平。2000年，俄罗斯的一个石油工业企业家代表团乘坐民航包机从莫斯科不经中转直飞首都巴格达，这一“打破常规”的做法让饱受制裁之苦的伊拉克非常感动，众多政府高级官员亲临机场迎接贵宾，使冷清多年的萨达姆国际机场因此热闹了一番。

自此，在俄政府的支持下，一些专门从事石油开采和管道建设的俄罗斯公司纷纷在伊拉克安营扎寨，而作为俄政府，则在联合国安理会上坚持反对美国对伊动武。伊拉克战争爆发前，俄罗斯的石油公司是伊石油的最大买主，年交易金额达50亿美元。俄伊石油关系虽然发展顺利，但偶尔也有波折，如伊政府曾突然单方面中止了同俄第一大石油公司鲁克石油公司共同开发西古尔奈油田的合同，后由于俄罗斯方面的反应强烈，伊拉克方面才连忙做了补救工作，将合同转给了另一家俄罗斯公司。战前，伊拉克曾明确表示，伊境内已探明的油田共有73处，已开采的24处已全部交由俄罗斯石油公司负责运营，剩余的也将逐步交由俄罗斯开采。利用战前美英与伊拉克为敌的特殊条件，抓紧进入伊的石油市场，以图在对伊制裁解除之后能在伊拉克石油市场的竞争中占据有利地位，这是俄罗斯的对伊策略。但美英对伊动武的结果，彻底打乱了俄罗斯的如意算盘，俄对于伊拉克油气的传统优势地位难以为继，一切都得看美国的脸色和心情。

四、世界油市大搏杀小输赢，供需格局变化不大

近年来油气需求增长最快的是包括中国在内的东亚地区，高出世界油气需求年均增长水平约2个百分点。欧洲各国石油需求略有增长，但由于英国在北海的石油产量有所下降，使整个欧洲对中东石油的依赖程度处于较高水平上。与此同时，包括美国在内的一些石油消费国都在不同程度地调整减少对中东石油的依赖程度，但调整幅度是渐进的，比较有限的。

战后伊拉克局势复杂多变，影响了油气的正常生产和出口，但因急需重建资金，不得不在现有条件下尽可能地增加石油生产和出口，2004年伊拉克终于恢复到战前的出口水平200万桶。这一年委内瑞拉和尼日利亚的石油生产和出口也基本恢复正常或趋于恢复，加上世界经济及美欧主要国家经济复苏缓慢，因此世界石油市场基本保持平衡。此前，欧佩克国家多次承诺要满足世界石油的供需平衡，沙特也表示若是伊拉克停止石油出口，它会马上提高产量，以满足世界需求。欧佩克一直希望油价处在一个较高但消费者能够接受的水平上，这样对维护自身利益和世界经济的增长都有好处。但从中长期看，由于美英的跨国石油公司直接参与和主导伊拉克石油工业的恢复、重建和新的勘探开发，伊拉克的石油生产和出口有可能出现新的增长，直至历史最高水平。在此情况下，美国掌控下的伊拉克若向美英发达国家的利益倾斜，干扰和影响欧佩克对国际油价的集体干预调控措施，将使已经不太“灵验”的欧佩克限产保价措施可能会进一步“失灵”，国际石油市场的秩序、国际油价的定价机制将面临新的选择。当然，这仅仅是一种假设。实际上，世界石油资源的分布格局基本没有出现大变动，中东油气依然是最主要的资源地区。欧佩克所有成员国的剩余可采石油储量占世界总量的69.28％以上（2004年），里海地区目前虽引人注目，但除去俄罗斯和伊朗的油

气储量，其他国家的储量仅占世界总量的很小一部分，难以成为举足轻重的中东型资源地。世界各主要产油地区仍有一定潜力，俄国北极大陆架及西太平洋大陆架、美洲大西洋大陆架、西非大陆架和南中国海等虽具有较大石油开采远景，但都不具备撼动中东石油地位的能力。另一方面中东油田的规模大多为巨型和大型，储量丰富，油井产量世界最高，成本世界最低。所以从中长期看，中东作为世界石油主要供应地的地位不会变。

中东形势动荡是导致世界经济乃至政治局势不稳定的一个重要因素。美国通过能源来源多元化，减少对中东石油的依赖程度，原是一种为了更多地获取中东石油而采取的以退为进的策略性选择，但随着形势的发展，美国适时利用反恐机会，一举摧毁了伊拉克的萨达姆政权，从而为今后全面控制海湾地区的油气资源作好了充分的准备。伊战前，不少石油消费国曾担心，中东形势动荡不定以至于失控，会造成石油短缺或油价大幅上扬，从而给经济发展带来严重的冲击。但后来的油市形势证明，这些担心并不成立。

伊战前后，各种利益矛盾的交织使世界石油市场上的群雄角逐更显激烈、残酷。欧美国家为了获取发展本国经济所需的世界石油资源控制权，俄罗斯为了确立石油霸主地位发展本国经济重塑大国形象，欧佩克国家为了确保丰厚的石油收入维护油价政策和市场份额，纷纷跻身世界石油市场，从而成为激化市场矛盾、促进不同利益集团进行重新组合的主线。

第三节　伊拉克战争前后的世界石油供应

伊战前，从石油生产方面看，中东仍是石油产量最多的地区，2002年估算产量达 97643 万吨，约占世界估算总量的 30%，绝对值最高。而相对于原油储量的比例，中东却又是全球最低，西欧的相对比例最高，北美次之，这就是说按照产量与储量的比例计算，中东石油的可采时间全球最长，而西欧石油将最快枯竭。从世界石油的消费分布看，北美是世界上石油消费最多的地区，占全球30%以上，消费量超过自产油量的1.5倍。产油最多的中东，其石油消费仅多于非洲，仅占世界石油消费的6%左右，相当于自产油量的1/5。从石油供需缺口看，缺口最大的地区不是北美，而是亚洲，近20年来这一地区的石油消费增长了一倍，增长速度为世界之最，石油需求从占世界石油消费总量的10%上升到了25%，与北美、欧洲的石油消费差不多。在亚洲，石油消费增加最多的是中国，其次是韩国和印度，但韩国和印度的增长速度要快于中国。与亚洲不同的是，东欧和前苏联国家的石油消费呈现出不断下滑的趋势。从石油出口看，世界石油出口最多的地区仍是中东，其出口量占全球石油出口量的1/3，其石油产量的80%以上用于出口。在前10大石油出口国中，中东国家占了5个，其中沙特的石油出口世界第一，占全球石油出口总量的13.5%。在石油进口国家与地区中，美国25%、欧洲60%和日本80%以上的石油进口都来自中东。除中东外，非洲、东欧和前苏联国家以及中南美洲也是石油净出口地区。从石油进口看，亚洲和大洋洲是石油进口最多的地区，对进口石油的依赖全球最高，依赖度高达62%。美国是世界最大的石油进口国，进口量长期占世界进口总量的25%，对进口石油的依赖度为53%。西欧的进口依赖度为51%。在亚洲地区，日本进口石油最多，依赖度高达99%，然后依次为韩国、中国和印度；韩国石油完全依赖进口，中国的依赖度为32%。

美国对海外石油依赖严重，因而美力求建立以其为主导的国际能源新秩序。“9·11”事件后，美国通过强化美俄能源合作、加速里海油气开发、抢滩非洲石油、发动伊战等手段，加紧抢占石油地缘战略要地，全面推进全球石油战略。分析美国的石油战略不难发现，伊拉克石油早就落入了它的视野，美国非常希望伊拉克石油能够成为它博弈国际油市大棋局的一颗棋子，在它的直接控制下，用于调节国际油价。

战前的伊拉克在国际石油市场可谓无足轻重，在石油换食品计划下，几乎没有左右油价的能力。长期的国际制裁使其石油业的生产设施年久失修，即使放开了也很难迅速恢复生产。伊战结束后，全球能源巨头蜂拥而入，争抢伊拉克油阀。此刻，由于俄罗斯、挪威、墨西哥等非欧佩克产油国势力渐大，国际石油市场的供需格局开始发生变化。

2003 年全球石油市场始终随着伊拉克局势的发展跌荡起伏。从美国对伊开战前的猛涨到战后初期的下滑，再到 2003 年后半段的逐步攀升，油价涨落“有致”。2003 年 12 月 13 日，萨达姆被捉，但对石油市场的影响犹如昙花一现，油价短暂下行后便重拾升势。截至 2003 年 12 月 19 日，北海布伦特原油期货价格攀升至每桶 30.36 美元，纽约轻质原油期货价格也摸高到每桶 33.45 美元。此外，欧佩克 7 种市场监督原油一揽子平均价在 12 月 16 日达到每桶 30.04 美元，自伊战结束起首次突破每桶 30 美元大关。随后，伊拉克很快成为国际油市重新“洗牌”的诱因之一。日产 70 万桶，1 个月后产量翻番，努力实现日产 130 万—150 万桶，这就是战后伊拉克的实际生产能力。与当时全球约 7600 万桶/日的需求量及欧佩克 2450 万桶的日产限额相比，几乎是杯水车薪。但是不可否认，伊拉克确实存在着巨大的石油生产潜力，问题是怎样才能把它的石油阀门越开越大，最终形成“滚滚洪流”。2003 年 5 月 24 日，伊拉克宣布恢复石油出口。同年 6 月，欧佩克召开部长级会议。在会议举行的前一天，伊拉克临时政府石油部长乌卢姆率团抵达维也纳，但当时欧佩克还未就伊代表的资格问题达成一致。委内瑞拉认为伊临时政府不具备合法性，反对伊临时政府代表出席会议，而阿尔及利亚、科威特和阿联酋等则对伊代表出席会议表示欢迎。经过磋商，欧佩克在会议召开的当天最终同意伊拉克作为该组织的正式成员出席会议。

欧佩克成员国最终化解了内部矛盾，同意伊拉克出席会议，主要是考虑到伊的原油生产潜力及其对国际石油市场的影响力。欧佩克所有成员国承认：一旦伊重返欧佩克生产配额机制，欧佩克稳定国际市场油价的作用将得到加强，这是欧佩克所希望的。尽管伊的石油出口量还有限，但伊恢复石油生产的进程对国际油价一直有影响。会议公报在阐述减产原因时，将非欧佩克产油国的增产和伊“正在恢复的石油生产”视为国际石油市场今后的“不稳定因素”。

伊拉克是欧佩克创始成员国，由于受联合国制裁，其石油产量 10 多年来一直未计入欧佩克配额机制。伊重返欧佩克石油限产保价机制后，既有利于促进世界石油市场的稳步发展，也有利于加快它的战后重建工作。10多年的经济制裁和伊战，使伊拉克国内石油生产的基础设施遭到严重破坏，恢复生产能力谈何容易，况且伊国内的政治局势非常不稳定，自杀性的恐怖袭击接二连三，石油生产受到严重影响。

自伊战开始起，伊拉克一直缺席欧佩克部长级会议。此次伊临时政府欣然接受邀请，出席欧佩克部长级会议，充分说明伊临时政府在政治、外交、经济和国内治安方面面临着诸多困难，急需国际社会支持。作为欧佩克创始成员国，“重新回到”欧佩克并参与欧佩克的决策，符合伊拉克的利益。乌卢姆曾向媒体表示，伊将与所有的欧佩克成员国改善关系，并支持欧佩克稳定国际原油市场的所有努力。

4个月后的11月15日，从巴士拉港前往约旦亚喀巴港的油轮起航。11月20日，联合国秘书长安南在安理会会议上宣布，已实施7年的伊拉克石油换食品计划将于21日午夜正式终结。12月11日，科威特和伊拉克能源合作联合委员会举行首次会议，讨论双方在石油领域的全面合作问题。所有迹象都表明：伊重返世界石油市场的步伐正在加快。但是，这并不是所有欧佩克成员国所愿意看到的。欧佩克轮值主席阿提亚对此忧心忡忡地表示：石油供应将会大量增加，多到市场无法吸纳，“我们不希望看到过量的石油供应对油价造成压力，我们不想再度陷入1998年的困境。”当时，石油市场供过于求，油价陡然降至每桶10美元以下。

阿提亚的担心不无道理。伊拉克拥有丰富的探明剩余石油储量，世界排名第四。美国能源部的一份报告估计其储量可能高达2500亿桶，为世界之最。特别值得一提的是，伊拉克的石油资源靠近地表，开采成本为每桶1—2美元。据美国《新闻周刊》透露，美英石油巨头意欲把“产量分成协议”引入伊拉克，即与伊未来政府签订勘探开发油田协议，产油后按比例与伊分享。众所周知，控制伊石油资源就可以在一定程度上左右世界石油市场，而引入这种协议就有可能比较容易地达到这一目的，从而改变几十年不变的“游戏规则”。

2003年欧佩克成员国之间就配额问题争吵不断，非欧佩克产油国乘机开足马力出油，内忧外患导致欧佩克操控石油价格的能力不断削弱。30年前欧佩克占国际市场供应份额的80%，到2003年已仅剩40%

的份额，要欧佩克以此份额来掌控国际石油市场，确有些力不从心。

2004年第一季度的国际原油市场供需基本相符，第二季度稍稍供大于求，为此欧佩克及时采取减产措施，使产量减至2300万桶/日。这一年，欧佩克在做出减产决定之前，大都采取同挪威、墨西哥等非欧佩克产油国合作的方式。从2004年的供求形势看，世界石油市场旧格局的打破和新格局的建立正处在交替、渐变过程，趋势已渐明朗，在世界石油市场上，欧佩克的石油虽然重要，但要继续成为左右市场的关键很难。

对于石油市场格局的渐变，世界能源消费大国在制定相关对策时，大都采取了以下一些措施：

（1）在中东以外地区加大石油开发的投入，如中亚里海、俄罗斯以及西非几内亚湾等，这些国家或地区都有发展本国经济和提高经济实力的迫切要求，石油勘探开发的力量也需要加强；

（2）世界能源消费大国打通和建设中东地区以外的油气输送通道，以保证石油的供应；

（3）在重大石油天然气项目上，加强地区性或多国合作；

（4）增加天然气需求，减少对石油依赖。

从世界经济长远发展看，世界石油供需格局难有根本性的变化。但世界石油供应板块之间的一些竞争因素不应轻易忽视。首先是伊拉克石油重返世界石油市场问题，这不仅可能加剧欧佩克成员国之间的竞争，也可能加剧产油国和非产油国之间的市场份额之争。其次，占世界石油储量近70%、产量40%、出口量65%的中东产油国虽保持着石油供应的主导地位，但俄罗斯—里海产油国和非洲产油国的崛起，使中东产油国受到新的挑战，并使世界石油市场的份额之争更为激烈。

1. 中东石油供应源优势依旧

在伊战后的世界石油市场中，中东仍保持着世界主要石油供应源的优势。首先，它的石油资源丰富，开采成本低廉，平均开采年限近百年，高于世界其他石油产地的平均年限44年。这一优势有望随着伊拉克重返世界油市而进一步增强。虽然各石油消费国为确保石油安全纷纷实施了进口多元化战略，增加了其他进口渠道，但对中东石油仍保持着

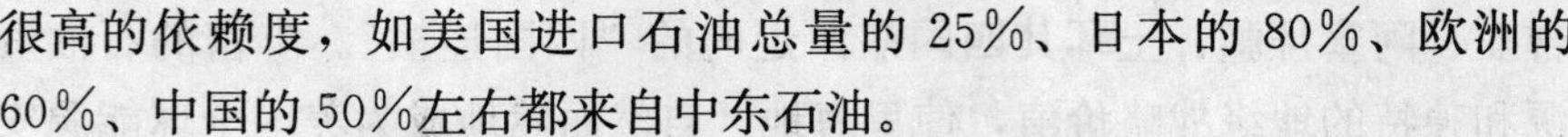

很高的依赖度，如美国进口石油总量的25%、日本的80%、欧洲的60%、中国的50%左右都来自中东石油。

2. 俄罗斯—里海石油崭露头角

俄罗斯由于经济发展和体制改革初见成效，其石油工业发展较快。其探明剩余石油储量虽然比不上中东石油大国，但也位居世界前列，2004年约占世界总储量的4.7%。为了争夺市场份额，俄罗斯处处表现出咄咄逼人的气势，一方面积极向欧洲推销油气产品，以获取国内经济发展所需的大量资金，2002年俄罗斯前9个月日产728万桶起，自10月起增至797万桶/日，产量首次超过沙特，成为世界第一大石油生产国。该年俄罗斯石油产量达36925万吨，沙特为36900万吨。① 2003年俄石油产量达37023万吨，出口20000万吨以上；2004年达44750万吨，同比增长8.6%；俄罗斯石油生产的远期目标，至2010年达5.5亿—6亿吨。

为了增加石油出口，向亚太地区输出石油，2002年11月27日俄罗斯鲁克石油公司、尤科斯石油公司、西伯利亚石油公司和秋明石油公司签署备忘录，决定投资34亿—45亿美元，修建从西西伯利亚到北部港口摩尔曼斯克的输油管道。该管道长2500—3600公里，日输油量为100万桶，经过巴伦支海专门向美国和西欧出口原油，计划于2007年投入使用。② 此外，俄罗斯还一直在与中国、日本，甚至韩国就远东输油管线如安大线和安纳线的建设问题进行反复磋商。

俄罗斯能源远期发展的困境是：其石油资源的可采年限仅为24年，缺乏强大的后劲支持。因此，它一边积极向伊朗、伊拉克等中东产油国寻求合作，一边竭尽全力争夺里海石油的控制权，以获取更多的石油资源。俄罗斯试图控制里海石油还有一层意义，即有利于加强对该地区企图摆脱俄罗斯影响的新独立国家的控制，为此俄罗斯考虑沿前苏联建成的巴库至黑海的新罗西斯克港的输油管线，再建一条新输油管线，以俄罗斯、亚美尼亚、伊朗组成南北走向的“三国合纵”，对抗美国、格鲁

① 美国《油气杂志》，2002年12月23日。

② 许圣如：《中俄石油管线变数：摩尔曼斯克方案》，和讯网，2003年9月19日。

吉亚、阿塞拜疆、土耳其四国东西走向的“四国连横”。丰富的石油资源和独特的地缘战略价值，使里海地区自然而然地成为美国全球能源安全战略的一部分。由于伊战后美国把主要精力和视线都集中在伊拉克石油工业的重建上，并力图“主导中东石油市场”，这就使俄罗斯有机会在里海地区获得一些竞争优势。美俄在里海地区的争夺，有助于里海油气供应板块的形成，成为世界石油市场的重要组成部分。①

3. 非洲产油国异军突起

非洲计有 18 个大大小小的产油国，2003 年探明石油储量为 1192368.5 万吨，约占世界总量的 6.88%；2004 年增至 1380601.34 万吨，约占世界总量的 7.89%，同比增长 15.79%。2003 年的石油估算产量为 36557.5 万吨，约占世界总量的 10.74%；2004 年增至 40566 万吨，约占世界总量的 11.43%，同比增长 8.2%。非洲产油国的构成比较复杂，尼日利亚、阿尔及利亚和利比亚是三个欧佩克成员国，它们的石油储、产量是非洲的绝对主力。其中阿尔及利亚和利比亚又是北非阿拉伯产油国，连同埃及、摩洛哥、苏丹、突尼斯一起被列入大中东范畴。非洲与俄罗斯—里海产油国相比，2004 年的探明剩余石油储量高出 442926.81 万吨，估算产量少了 11684 万吨。值得一提的是，尼日利亚的石油储量增长很快，2004 年同比增长 41.02%，净增 140479.41 万吨，产量同比增长 9.6%，净增 2025 万吨。② 由此不难看出，非洲石油市场的发展潜能也是可观的。

伊战后，中东局势异常复杂诡异，为了保证石油供应的安全，石油消费国与生产国应建立起平等互利的良好关系，相互尊重，精诚合作。在中东，还应特别尊重资源国的民族和宗教信仰，这样既有利于建立世界和谐的政治与经济发展环境，也可减少恐怖主义滋生的土壤。

---

① 《伊拉克战后国际石油市场萌动格局重组》，中国远洋航务网，2003 年 6 月 21 日。

② 参阅能源形势篇第一章第一节表 1—1。

中东油气篇

新世纪，中东地区矛盾错综复杂、巴以冲突不断升级、恐怖袭击事件接二连三、恐怖主义势力与反恐力量反复较量、世界大国角逐争斗，使中东形势日趋紧张、动荡，国际油价在风雨飘摇中跌宕起伏。中东产油国根据世界油气发展大势，纷纷制订或调整各自的油气发展策略，推出新举措。

第一章

中东产油国的油气产业发展①

进入21世纪后，中东地区的政治不稳定、巴以冲突升级、暴力恐怖袭击事件频频发生、美国出兵伊拉克等因素，造成国际油市不稳，走势很难预测。出于能源安全考虑，一些中东主要产油国纷纷使出新招，力求在国际油气市场上获得先机和主动。

第一节　沙特——对外资开放油气市场

一、油气产业发展基础

（一）油气储量和产量

沙特是世界石油的“巨无霸”，2003年沙特已探明的石油地质储量为355.3425亿吨，约占世界总储量1733.9882亿吨的20.49%，居世界首位；已探明的天然气储量为6.5299万亿立方米，约占世界总储量

① 本章中东产油国的油气资源情况统计至2004年，有关2005年的资料请参阅“能源形势篇第一章附表”。

172.0680万亿立方米的3.79%，居世界第4位；石油产量4.2150亿吨，约占世界石油总产量34.0434亿吨的12.38%，居世界首位。[①] 2004年石油估算产量约达4.375亿吨，被俄罗斯超出，世界排名退居次席。

2002年沙特的天然气产量约423.37亿立方米。[②] 2003年增长22%，达516.48亿立方米，同比增长21.99%。随着油气勘探开发技术的不断发展和科技进步，沙特的油气储产量一直是世界油气供应的一个稳定因素，长期保持世界第一石油大国地位。沙特是资源出口型国家，经济发展严重依赖石油，2002年90%—95%的出口收入、70%—80%的国家税收、40%的GDP来源于石油出口。2004年沙特的天然气探明剩余储量达6.6403万亿立方米，同比增长1.69%。

（二）油田

沙特共有87个在产油气田，其中74个生产石油，13个生产天然气。沙特最重要的油田是：

1. 格瓦尔油田：发现于1948年，是世界上最大的油田，位于利雅得以东200公里，探明剩余储量约670亿桶。

2. 赛法蒂瓦油田：发现于1951年，探明剩余储量370亿桶，伴生气储量5360亿立方英尺。

3. 豪塔油田：发现于1989年，位于利雅得以南180公里，日产20万桶阿拉伯优质油，有的密度达49%。

4. 沙伊巴油田：位于南部鲁卜哈里大沙漠中，探明剩余石油储量达150亿桶，天然气储量达25万亿立方米的天然气。

（三）输油管线

主要有东西原油管线、布盖格—延布管线、泛阿拉伯管线、伊拉克管线等，共长2万公里。东西原油管线由沙美石油公司经营，是沙特的

---

① 参阅能源形势篇第一章第一节表1—1至表1—5。

② 1桶＝0.137吨，或1吨＝7.3桶；1千立方英尺＝28.32立方米。

主要输油管线。出于战略考虑，沙特扩大了这条管线的运输能力，一旦东海岸港口因故遭封锁，可改从西海岸延布港出口原油。布盖格—延布管线主要输送天然气凝析油，泛阿拉伯管线和伊拉克管线都是跨国油气输送管线，前者输往黎巴嫩，后者穿越阿拉伯大沙漠。

另外，一条从东南部沿海地区经也门哈达拉毛地区到阿拉伯海的输油管线正在拟建中。

（四）原油品种

共有阿拉伯重油、阿拉伯中油、阿拉伯轻油、阿拉伯特轻油、阿拉伯超轻油 5 种。

（五）油田开发史

1933 年沙特将石油开采权授予加州阿拉伯标准石油公司（现在的谢夫隆公司），在沙特东岸开始石油勘探。

1937 年 3 月 4 日，沙特东部达曼油田的第 7 号井发现了原油，这是沙特的第一口生产油井。1938 年沙特第一个商业油田——哈林油田被发现。

1939 年 5 月，从沙特东部海湾沿岸的塔努拉角港装运出第一船原油，运往巴林炼厂，这是沙特出口的第一船油。

（六）石油天然气产量及加工能力

1. 石油生产加工

2004 年沙特日产原油 950 万桶，日加工原油 180 万桶，加工后的成品油主要品种：特级汽油、石脑油、煤油、柴油、燃料油、沥青、润滑油等。沙特国内有五座独资的大炼油厂，即塔努拉角炼油厂、利雅得炼油厂、拉比赫炼油厂、吉达炼油厂和延布炼油厂。此外还有合资炼油厂 4 家，境外合资炼油厂 5 家。

2. 天然气加工

日处理天然气近 2 亿立方米，主要用于国内海水淡化、发电、工业原料和加工出口。天然气加工后的产品主要有丙烷、丁烷、天然苯、乙二醇、苯乙烯、初级形态塑料、尿素等。

3. 石化公司

沙特基础工业公司（萨比克）为沙特石化企业之最，拥有 18 个工业集团，生产各种石油天然气下游产品，2003 年生产能力超过 4230 万吨，出口 100 多个国家，总额超过 104 亿美元，销售额占世界同行业第 12 位。

4. 油气产品运输公司

菲拉公司是沙美石油公司属下的石油运输公司，拥有庞大的油气运输船队，计巨轮 20 多艘，大型油轮 19 艘，负责把沙特的出口油气产品输送到世界各地。

（七）石油出口

沙特是世界第一大原油出口国，由于受供求关系和欧佩克限产的影响，年出口量时有变化。2003 年出口原油 23.81 亿桶，亚洲占 48.3%、北美占 25.1%、西欧占 18.3%。出口成品油 4.11 亿桶，亚洲占 67.2%、中东占 11%、非洲占 8.3%、西欧占 7.2%。[①] 2004 年沙特出口石油净获 1050 亿美元，超过政府预算 250 亿。从沙特进口石油的前五位国家：美国、日本、韩国、印度、中国，其中美国日进口原油 176 万桶，始终保持首位。

（八）石油天然气销售收入在国民经济中的地位

油气产业占 GDP 的 31.2%；油气出口占出口总值的 87.9%；石油收入占财政收入的 90%。

二、油气产业对外开放

（一）产量受压，石油地位受挑战

长期以来，沙特一直是世界第一石油大国，储量、产量与出口均为

① 资料来源：中国驻沙特经参处网站。

世界第一。但近年来俄罗斯油气产业的崛起，使沙特备感压力，受到有力挑战。首先在天然气生产方面，无论储量、产量与出口，俄罗斯都是世界第一。2003 年 10 月，俄开始改写历史，其石油产量一举超过沙特阿拉伯，跃居世界第一。过去，沙特一直是美国、欧洲和日本的主要油气供应国。而现在，委内瑞拉、加拿大和墨西哥等产油国已成为沙特在美国市场上的竞争对手。2002 年沙特向美国出口的原油占美国原油进口总量的 16.8%，低于 2001 年 17.3%。2003 年 3 月伊拉克战争爆发期间，沙特日产石油 1050 万桶，出口原油 810 万桶/日（约合 4 亿吨/年）。为此，沙特石油与矿产大臣纳伊米自豪地向媒体公开表示，沙特完全有能力填补因伊战导致的世界石油市场原油暂时短缺。[①] 沙特 40% 的出口原油以及大部分精炼油都销往亚洲市场。

（二）加快油气产业对外开放步伐

2003 年 7 月 22 日—24 日，沙特政府在英国伦敦召开会议，邀请国际公司投标沙特东部共计 12 万平方公里的三个天然气富产区。这三个勘探项目各占地 3 万—5 万平方公里。来自英国、加拿大、中国、法国、德国、美国、俄罗斯等 12 个国家的大约 40 个公司参加了这次招标会议。

沙特自 20 世纪 80 年代初实现油气资源国有化后，一直拒绝外资企业进入本国油气市场。这次沙特邀请全球最著名的石油公司参加投票，意味着沙特在经过 20 多年的自我封闭后，开始再次对外开放。沙特提出：参与沙特油气资源勘探开发的外国石油公司必须具有雄厚财力和从事这方面工作的丰富经验。

沙特虽有 87 个油气田，但油气储量主要集中在 8 大油田内，其中包括世界上最大的陆上油田——格瓦尔油田和世界上最大的海上油田——赛法蒂瓦油田。格瓦尔油田估算储量为 700 亿桶，主要生产轻质原油，产量约占沙特石油总产量的一半。赛法蒂瓦油田估算储量为 190 亿桶。

---

① “沙特原油出口正常”，《深圳商报》，2003 年 3 月 22 日。

沙特的长远目标是开发轻质原油，在沙特生产的石油产品中，65%—70%为轻油，其余为中油或重油。沙阿（联酋）边境地区的谢巴油田，以生产轻质原油为主。

（三）油气领域的对外开放政策

沙特的石油、天然气资源归国家所有，勘探、开发、加工、运输、销售由沙美石油公司垄断经营。沙美石油公司是世界上最大的石油公司之一，原称阿美石油公司，1944 年建立，1973 年被政府收购股份 25%，1980 年股份被政府全部收购，实现国有化。经 10 多年的实践和运营，沙特经济在国有化的道路兜了一圈后，又回到了起点。从 20 世纪 90 年代起，沙特实施经济改革，在一定的范围内推行私有化政策，取得了较好的效果。

2000 年 1 月，沙特宣布成立最高石油委员会（SPC），负责国家油气政策的制订、调整和执行，鼓励民营企业和外国投资者参与开发沙特的油气资源。2000 年 5 月沙特公布新的外国投资法，宣布对外开放油气领域。沙特制订油气开放政策基于以下条件：石油储量居世界第 1 位，天然气储量居世界第 4 位；石油生产成本为世界最低国家之一，每桶仅 1—2 美元，石油的勘探成本更低，约每桶 10 美分；油气产能大；国家经济与石油工业融为一体；政治和经济体系稳定；国际油市走势。2000 年 5 月，为吸引外资，沙特成立了“总投资局”（SAGIA），专门负责外商的投资事务。该法允许外商独立拥有沙特的矿产地和取得许可证的项目，同时将公司利税从 45%降低到 30%。这是沙特在油气开发方面推出的一项新举措，但截至 2003 年 6 月，沙特仍有不少领域不允许外商独资经营，如石油的上游生产和能源运输管线。

沙特的天然气储量大、产量小，2005 年探明剩余储量约为 6.8340 万亿立方米，居世界第 4 位（前 3 位是俄罗斯、伊朗和卡塔尔）。政府优先扩大天然气产量，鼓励把天然气用作石化工业的原料，用于发电、海水淡化、替代石油作为燃料等。沙特的天然气开发总体目标是在 2009 年实现产量增 3 倍，达到 1200 万立方米/年。沙美石油公司投资 450 亿美元，决定在 21 世纪的前 25 年内兴建上游天然气开发和加工设施的计划，旨在每年增加 849 万—1415 万立方米的天然气储量。

沙特在天然气领域的对外开放政策具体如下：

1. 非伴生气产区由沙美石油公司继续开采天然气，开采后的加工、销售对外开放；

2. 未开采的探明产区，对外开放天然气的开发和生产以及下游产品的生产；

3. 未勘探地区对外开放，允许勘探、开发、生产及下游加工。

在上述对外开放的天然气生产领域，外资公司可参与两类项目的投资：一是全国的大型综合类项目，如天然气的勘探、开采、加工、运输、销售；二是配套项目，如为油气开采和加工服务的电站、淡化水站及为石化工厂供气的辅助设施项目。这两类项目都需要巨额投资和先进技术，需要国际公司和沙美石油公司共同参与。

2000 年以来，美国、加拿大、意大利、法国、荷兰、俄罗斯、西班牙、英国、中国的 12 家知名公司参与了沙特天然气区块的投资开发，勘探工作已全面展开，钻井工作已准备进行。

近年来沙特的石油领域原则上仍由沙美石油公司垄断，但外资公司通过沙美石油公司的资格预审后，可以投票以沙美石油公司为主的石油开发项目。石油加工领域向外资开放，允许外商合资或独资开办石油加工厂。为鼓励发展民族工业，扩大利用外资，沙特政府于 20 世纪 70 年代起兴办了朱拜勒和延布两个工业区，由皇家委员会管理，工业区的主要企业是石油化工企业，其工业产值已占 GDP 的 6%，固定资产投资的 7.6%，工业投资的 55%，外国投资的 85%，美国、法国、日本、加拿大、德国、英国为投资最多的国家，印度自 2005 年起也加快了在沙特投资的步伐。由于沙特政府不断加大利用外资的力度，门越开越大，吸引外商蜂拥而入，成为石化领域的主要投资力量。截至 2003 年底，沙特利用外资总计 353 亿美元，其中石化和塑料企业占 85.2%。

三、油气出口港

沙特的原油大都从东部的海湾出口，主要油运码头有日输原油 600

万桶的塔努拉角码头和日输原油300万桶的朱亚曼角码头。西部红海岸的主要油运码头是延布码头，日输500万桶。塔努拉角码头为世界上最繁忙的输油码头。

第二节 伊朗——加强勘探与开发

一、油气储量和产量

伊朗的石油天然气储量丰富，是欧佩克第二大石油输出国。20世纪末，伊朗获得巨大的石油和天然气发现。其中最重要的是1999年在伊朗西南部胡齐斯坦省靠近伊拉克边界的阿扎德甘（Azadegan）油田，估算可采储量为50亿—100亿桶（约合6.8亿—13.7亿吨）。

2003年，石油探明剩余储量为172.3288亿吨，约占世界总储量1733.9882亿吨的9.93%，估算产量1.865亿吨，同比增长增长8.7%，约占世界总量34.0434亿吨的5.48%，居世界第4位。天然气探明储量为26.6179万亿立方米，约占世界总储量172.068万亿立方米的15.48%，仅次于俄罗斯，居世界第2位。

2004年，石油探明剩余储量与上年相同，约占世界总量1750.2767亿吨的9.85%，估算产量约1.97亿吨，约占世界总量35.4966亿吨的5.55%；天然气探明剩余储量也与上年相同，约占世界总储量171.0405万亿立方米的15.56%，世界排名不变，估算产量约为735.52亿立方米，占世界总产量26719.18亿立方米的2.75%，同比增长59.45%。①

2003年7月，伊朗石油部宣布在南部港口布什尔附近发现一个估算储量385亿桶的特大重油油田，石油储量因此大增，一举超过伊拉克，排名世界第3位。天然气储量中9.4万亿立方米为伴生气，16.7万亿立方米为非伴生气，南帕斯和北帕斯气田占非伴生气储量的84%。

---

① 美国《油气杂志》，2005年3月24日，参阅能源形势篇第一章第一节表1—11。

二、油气分布

伊朗油气资源主要集中在南部胡泽斯坦地区及海湾。近年来，伊朗的油气勘探非常活跃，取得了巨大成绩，相继获得一大批重大的油气发现，其中包括伊朗近30年来发现的最大油田——阿扎德甘油田（可采储量50—100亿桶）、巨型的达库汶海上油田（可采储量50亿桶）、达斯特阿巴丹浅海油田（规模与阿扎德甘油田相当）、塔布纳克气田（4000亿立方米）、霍马气田（1150亿立方米）以及宰拉气田（250亿立方米）。

（一）石油

伊朗原油产量主要来自阿瓦士、马伦、加奇萨兰、阿加贾里、比比哈基麦和帕里斯6个油田，产量之和约占伊朗原油总产量的2/3，计有18个油田储量超过10亿桶（1.37亿吨），其中3个与邻国共享。

伊朗的陆上油田开发工作主要集中在提高一些老油田的采收率上，对马伦、卡兰季油田和帕里斯油田等进行天然气回注。伊朗虽然在阿加贾里、比纳克、兰姆沙赫和库珀尔等油田提高采收率未能取得理想效果，但在加奇萨兰油田取得了成功，实施大规模天然气回注后，增产效果较好。

伊朗海上石油产量主要来自杜瑙德、萨尔曼、艾布扎和基斯尔斯四个油田，全部用于出口。伊朗通过扩大海上油田的开发，使2003年的日产量增加到了110万桶。

伊朗的巴拉尔油田储量1.05亿桶，由一家加拿大公司（Bow Vallay Energy）负责实施三维地震勘探工作。

伊朗国家石油公司在赫尔穆兹地区开发了5个油气田，储量估计为4亿桶，生产潜力为每天8万桶。2004年伊朗的海上油田产量从上年的10.5万桶/日提高到13万桶/日。

伊朗在里海地区估计有150亿桶石油和3000多亿立方米的天然气资源，初步勘探早已进行，但正式的油气开采还未进行。

（二）天然气

伊朗大量的天然气资源为非伴生气，主要分布在以下几个气田里，虽然还未进行大规模的开发，但潜力巨大。

1. 南帕尔斯气田

南帕尔斯气田是伊朗最大的非伴生气田，也是伊朗影响最大的气田开发项目之一，地质上是卡塔尔北部气田（储量为 10.762 万亿立方米）的延伸。南帕尔斯气田于 1988 年发现，20 世纪 90 年代初估算储量为 3.625 万亿立方米，现估计为 13 万亿立方米，其中大部分为可采储量，并伴有 170 亿桶以上的凝析油。南帕尔斯气田生产的天然气大部分输送到北方，小部分用于阿加贾里、阿瓦士、曼苏里油田的回注，以提高采收率。

南帕斯气田第 1 期开发项目已于 2003 年 3 月完成，日产能力为 2500 万立方米天然气、4 万桶天然气液和 200 吨硫，日创 350 万美元产值。第 2、3 期工程合同由道达尔公司（现名道达尔菲纳埃尔夫公司）、俄罗斯天然气工业股份公司和马来西亚国家石油公司于 1997 年 7 月签订，价值 20 亿美元；该工程也已完成，日产 5664 万立方米天然气和 8 万桶凝析油，产量超过伊朗国家石油公司 2266 立方米/日的预期。

第 4、5 期工程由阿吉普公司（60%）和伊朗法尔斯石油公司（40%）承包。

第 6—8 期工程计划日产 8500 万立方米天然气和 12 万桶凝析油，原由壳牌公司承包，2002 年壳牌收购英国 Enterprise 公司后退出，由挪威国家石油公司投资 3 亿美元接手第 6—8 阶段开发工作，伊朗法尔斯石油公司持股 60%参与合作开发。南帕斯气田第 6—8 期开发项目投资约 26 亿美元。

第 9、10 期开发工程总计投资约 20 亿美元。2002 年 9 月，以韩国 LG 公司为首的财团获得了该工程的开发合同。LG 持股 42%，伊朗海上工程建设公司和石油工业工程建设公司协助参与。

通过逐步开发，伊朗国家石油公司现已能每日出口 9 万—12 万桶南帕斯气田生产的凝析液，但由于南帕斯气田与卡塔尔北气田相似，生产的凝析液硫醇含量较高，需要特殊处理，因此限制了潜在用户的数量。伊朗国家石油公司只能通过价格机制建立起南帕斯凝析液产品的市场地位。

开发南帕斯气田总共需要200亿美元投资，现在伊朗已达成120亿美元的回购合同，另外还签订30亿美元合同在南帕斯工业区修建一座石化厂。

2. 北帕尔斯气田储量为1.36万亿立方英尺，是伊朗计划长期开发的重要组成部分，日产天然气1.02亿立方米，其中1/3产量回注到陆上的加奇萨兰油田、比比哈基麦油田和比纳克油田中，其余2/3产量输送到阿加贾里油田回收利用。

3. 萨尔曼油田的库夫（达兰）非伴生气气田，储量约1800亿立方米，日产非伴生气1410万立方米和12万桶原油。萨尔曼油田位于伊朗和阿联酋的海域交界处，在阿联酋称为阿布库西油田。库夫气田由伊朗国家石油公司开发，由于要建设两个海上平台，项目投入资金6亿美元。

4. 塔卜纳克（Tabnak）气田。它位于伊朗西南山区。2002年10月，伊朗国家石油公司完成气田1期开发工作，初始产量约为2000万立方米/日，2期工程投产后产量将上升到5950万立方米/日。

三、石化工业

1997年，伊朗把石化产业视作经济多样化的重点，计划到2013年投资206亿美元，发展石化工业项目，其中40亿美元由政府出资，其余部分则希望通过外国公司和伊朗侨民参与投资伊朗国家石化公司的项目获得。

2001年，为了充分利用丰富的油气资源，伊朗采取了一系列推动石化工业发展的措施，欲将石化生产能力从当年的1400万吨提高到2005年的3500万吨。为此，伊朗国家石化公司特制订了一个到2003年的石化工业发展计划，主要实施6—10号烯烃项目。

伊曼港是伊朗的特别经济区，以石化工业著称，伊朗国家石化公司的6号烯烃、3号芳烃、1号PTA/PET等项目就在这里实施。至2005年，伊曼港经济特区有望建成3家烯烃厂（6、7和8号）、一套芳烃、一套甲醇、两套精对苯二甲酸/聚酯以及一套工程聚合物装置。

在阿萨卢耶的帕斯经济能源特区，伊朗国家石化公司在建项目有9号和10号两家烯烃厂、一家甲醇厂、一家芳烃厂和一家合成氨/尿素厂。到2005年，阿萨卢耶的乙烯年产量可达232万吨。

2001年底，法国德希尼布（Coflexip）公司与伊朗国家石化公司签订的阿萨卢耶9号烯烃项目的乙烯蒸汽裂解装置合同生效，价值2亿欧元，全部设备要求在2003年7月前到位。2002年10月，伊朗国家石化公司的帕斯石化公司同法国德希尼布公司和伊朗（Nargan）工程咨询公司签订在阿萨卢耶兴建年产30万吨聚乙烯厂的工程合同，价值1亿欧元，要求在34个月完成。该石化厂是9号烯烃项目的一部分。

2002年，伊朗国家石化公司的10号烯烃项目中世界上最大的乙烯裂解装置工程建设合同进入实施阶段。该装置的设计能力为年产130万吨乙烯，价值3.3亿欧元。法国德希尼布公司提供专有的乙烯制造技术、裂解装置和设备，并负责建设监督和试运行。

2003年3月，韩国的现代工程建设公司获得价值12亿美元的天然气处理厂建设合同。该厂位于阿萨卢耶，年处理能力为1350万吨天然气，计划3年建成。

另外，伊朗国家石化公司还计划与外国公司合作兴建4套天然气液化装置。其中，BP、印度Reliance集团和伊朗国家石化公司（持股50%）组成财团开展伊朗LNG项目的可行性研究。伊朗LNG项目采用南帕斯气田11—12期生产的天然气作原料，两套装置的设计能力为年产800万吨LNG。

四、国际合作

（一）希望与目标

伊朗希望吸引外资投资油田开发，尤其是海上油田开发。2002年伊朗提出了宏伟的石油产能增长计划，到 2005 年把石油产能力提高到 450 万—500 万桶/日，到 2010 年将石油产能提高到 560 万桶/日，到 2020 年提高到 730 万桶/日。2003 年伊朗的原油产能达 420 万桶/日，但实际产量仅为 372 万桶/日，2004 年和 2005 年的实际产量基本持平，较之 2003 年有所增长，都保持在接近 400 万桶/日的水平线上。

（二）存在问题

2002 年，伊朗陆上 32 个油田的生产能力达 310 万桶/日，其中 4/5 来自西南部的胡齐斯坦地区；另外 12 个海上油田的生产能力达 70 万桶/日。受美国经济制裁影响，伊朗大部分陆上油田生产技术和设备陈旧落后，油藏压力下降，水侵问题严重。老油田产量每年约递减 25 万—30 万桶/日，只有采用新技术和加大投资可大幅提高石油采收率。

过去一二十年，伊朗国家石油公司大力应用提高采收率（EOR）技术，提高陆上油田的产量。最常用的方法是注气，伊朗陆上油田的注气量约 1 亿立方米/日。预计到 2010 年，海上油田也将开始注气，总注气量将达到 1.7 亿立方米/日。

（三）对外合作

1979 年伊斯兰革命后，伊朗宪法禁止任何外国公司拥有伊朗自然资源，石油勘探开发活动全部由伊朗国家石油公司承担，与外国石油公司签订的合作协议大多为技术服务性质。为了吸引外资投入，1998 年伊朗首次采用风险服务回购的投资方式，推出陆上勘探区块 12 个、海上勘探区块 5 个、陆上油田注气项目 3 个、提高石油采收率项目 9 个、海上油田开发项目 8 个、气田开发项目 3 个。虽然美国政府早在 1996 年就通过了行政命令和伊朗、利比亚制裁法案，限制和禁止美国和非美国公司投资伊朗石油工业，但伊朗油气还是受到许多西方国际石油公司的青睐和惠顾，对外合作取得巨大成功，先后与 BP、道达尔、挪威国家石油公司、挪威水电海德鲁公司、马来西亚国家石油公司、俄罗斯鞑靼石油公司等十几家外国公司签订了 16 项合作项目，其中包括 4 项陆上勘探合同、1 项海上勘探合同、8 项海上开发合同和 3 项陆上开发合同，共吸引到上百亿美元资金。

2003年1月，伊朗国家石油公司推出8个海上勘探区块，对外招标。5月，又推出8个大型陆上油气区块，进行勘探开发招标，区块总面积1万平方公里。壳牌、BP、挪威国家石油公司、意大利爱迪生天然气公司、奥地利能源公司、埃尼集团和道达尔公司均欣然前往投标，其中最令世界瞩目的是阿扎德甘油田开发项目。2004年2月，伊朗与日本签署合同，开发阿扎德干油田，合同价值20亿美元。按计划，1期产能为12万桶/日，2期产能为35万桶/日，产量高峰为40万桶/日。

（四）欢迎美商投资

1995年，美国总统克林顿发布了一项总统命令，禁止所有的美国公司同伊朗之间发生商业关系。1996年，克林顿总统签署了伊朗—利比亚制裁法案，欲对那些在伊朗石油领域投资的外国公司也进行制裁。后来考虑到多方面的因素，该法并没有得到百分之百的执行。但是美伊（朗）常年交恶，经济制裁不断，给伊朗油气工业的发展造成了很大的负面影响。

近年来，伊朗有关方面曾多次表示，希望美国的跨国公司（如埃克森莫比尔公司等）到伊朗的油气领域进行投资，享受伊朗提供的投资优惠。伊朗在2005年的油气排行榜上列世界石油储量第3，世界天然气储量第2。

（五）与中国的合作

1. 勘探开发合作

伊朗地处西亚，地理上同中国较近，油气管线、专用码头等基础设施齐全，这些都是同中国石油企业进行国际合作的有利因素。由于政治、宗教等影响，西方国家的石油公司在伊朗缺乏牢固的合作基础，而中伊两国却有着传统的友好关系和经贸往来，加之中国石油天然气集团公司在伊朗的设备销售、物探、测井和钻井服务项目已初具规模，伊方也有意在石油领域进一步加强同中国的合作。因此，中伊之间进行油气合作的条件较好。

2003年12月31日，中国石油化工集团公司胜利油田伊朗卡山项目组，在伊朗卡山区块进行的风险勘探获得重大油气发现，奥朗1号井开始喷油，原油为低硫轻质油。据初步测算，单井最低日产原油700吨，最高可望超过1000吨。此外，还有可观的伴生天然气产出。

卡山区块位于伊朗中部伊斯法罕省，面积约5000平方公里。20世纪中期，伊朗曾对该地区进行石油勘探，根据地质构造，认为理论上有原油存在。20世纪70年代初期，伊朗和法国的石油公司对该地区再度进行勘探，但以失败告终。法国公司在该地区打井钻探至3980米，仍未发现油气。在随后的30年里，伊朗曾一度放弃了在该地区寻找原油的努力，将目标转移到扎格罗斯山地区。90年代末，伊朗对卡山区块进行风险勘探国际招标，中石化集团公司中标，并于2001年1月与伊朗国家石油公司签定了风险勘探合同。经过一系列重磁、二维地震资料采集和分析等前期准备，确定在奥朗地区钻探第一口勘探井，2003年5月开钻。经过项目组全体工程技术人员8个月的努力，完成油井钻探3963米，终于获得重大油气发现。

卡山区块风险勘探取得的重大发现对中伊（朗）双方都具有重要的意义。奥朗1号井是中石化集团公司在海外发现的第一个日产千吨级石油，这一成果既展示了中国石油企业的实力，也增强了伊朗与中国石油企业开展合作的信心，为中国石油企业与伊朗在油气开发领域进行实质性合作奠定了良好的基础，同时也预示了双方在石油领域里的良好合作前景。

2. 油气供应合作

中国从1995年起大量进口伊朗原油，2000年进口量猛增至700万吨，价值14.64亿美元，占中国从伊朗进口总额的83%，占当年中国原油进口总值的10%，原油成为中国从伊朗进口的第一大商品。伊朗是欧佩克成员国中的第二大原油出口国，在它的原油出口中，亚洲占50%，其余出口欧洲和非洲市场。在亚洲市场所占的50%中，日本占20%、韩国占10%。

2001年中国从伊朗进口原油增至1085万吨，价值20.69亿美元，占中国同期原油进口总值的18%。2002年，从伊朗进口的原油继续增长至1110.70万吨，但因油价变化因素，实际支出20.40亿美元，不增反降，占中国当年原油进口总量的15.76%，伊朗遂成为中国的第一大原油供应国。2003年伊朗向中国的石油出口量被沙特超出，退居次席。2004年和2005年都是我国进口原油超过1000万吨的贸易伙伴。

第三节 伊拉克——恢复景气有待时日

一、油气储量和产量

2003年，伊拉克探明剩余石油储量为157.5342亿吨，约占世界总量1733.9882亿吨的9.08%，居世界第4位；产量因受战争影响，处于低水平状态，仅为6375万吨，约占世界石油总量340434万吨的1.87%，居世界第16位。探明天然气储量为3.1148万亿立方米，约占世界总储量172.0680万亿立方米的1.81%，居世界第10位；估算产量为14.01亿立方米，因战争同比下降29.68%。

2004年，伊拉克探明剩余石油储量为157.5342亿吨，与上年基本持平，世界排名不变；估算产量约达1.035亿吨，同比增长55.8%，世界排名升至第12位；天然气探明剩余储量与上年相同，估算产量约达18.89亿立方米，同比增长35.55%。2005年因国内局势混乱、失控，产量有所下降，跌至9200万吨。

二、油藏特点和分布

伊拉克的油气储量丰富，但是勘探开发程度较低。20多年来因连年战争和经济制裁，国家在油勘探和开采方面，基本没有投入，所以伊拉克真正的资源量可能远大于目前的数字。据美国能源部的估计，资源潜力约2500亿桶（约合340亿吨）。伊拉克最重要的油田有7个，分别是北部地区的基尔库克油田、巴伊哈桑油田和南部地区的南北茹米拉油田、祖贝尔油田、米桑油田、西库尔纳油田。伊拉克西部沙漠也蕴藏着大量的油气资源，已发现、圈定、绘制并确认具有潜力的含油气构造计

526个，其中仅125个构造有过钻井作业。在辽阔的西部沙漠地区，可能储藏的石油资源估计达1000亿桶，只是苦于无力开发。伊拉克的石油埋藏浅、开采成本很低（2.90美元/桶），不到深海开采成本9.87美元/桶的1/3，油气前景十分看好。

伊拉克石油总体质量较好，但品质上变化较大，API[①]介于24℃和42℃之间。伊拉克出口的原油主要来自两大油区：南部的茹米拉油田和北部的基尔库克油田。茹米拉油田主要生产三种原油：巴士拉常规油（通常API为34℃，含硫量2.1%），巴士拉半成熟油（API为30℃，含硫量2.6%），巴士拉重油（API为22℃—24℃，含硫量3.4%）。基尔库克油田，自1927年首次发现后，主要生产API为37℃，含硫量2%的原油。

伊拉克境内共有油田92个，其中开采过或正在开采的油田53个、气田13个，勘探中的油田26个。探明储量在5亿桶以上的主要油田，除中部的东巴格达油田（110亿桶，410亿立方米的伴生气）、北部的基尔库克油田（100亿桶）和科赫莫拉（Khurmala）油田（10亿桶）外，多数分布在伊拉克南部地区，计有：马吉努（Majnoon）油田（121亿桶—200亿桶）、西库尔纳（West Qurna）油田（113亿桶—150亿桶）、茹米拉南北油田（100亿桶）、纳赫尔—乌姆尔（Nahr Umr）油田（60亿桶）、瑞塔威（Ratawi）气田（31亿桶）、亥尔菲亚（Halfayah）油田（25亿桶—46亿桶）、纳西雷亚（Nasiriya）油田（20亿桶—26亿桶）、萨拜—鲁亥斯（Subba-Luhais）油田（22亿桶）、吐巴（Tuba）油田（15亿桶）、尕尔弗（Gharraf）油田（10亿桶—11亿桶）、阮菲迪尼（Rafidain）油田（7亿桶）、艾摩亚（Amara）油田（5亿桶）。

主力油田一直是南方的茹米拉（Rumaila）油田（日均产量约100万桶）、北部的基尔库克油田（日均产量约90万桶）和中部的东巴格达油田（5万桶/日）。[②] 2002年，伊拉克的92个油田中，在产油田仅24个，日均产量约199万桶。

---

① API（石油密度的一个指标）＝141.5/（15.5℃时的比重）－131.5。

② 《伊拉克的石油资源情况》，中国油气网，2003年。

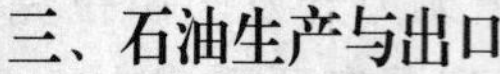

三、石油生产与出口

1973年，伊拉克实现油气产业国有化，从此石油、天然气的生产和出口便成为其经济赖以发展的基础，在其国民经济中处于主导地位，为支柱产业。伊拉克的油气工业主要包括石油开采、提炼和天然气开采。

从两伊战争结束到第一次海湾战争爆发前，伊拉克平均日产原油350万桶，最高时达450万桶，约合2.25亿吨/年。海湾战争结束后，由于开采设备被毁，石油产量跌至30万桶/日。1996年12月安理会第986号决议实施后，石油生产开始恢复，但由于缺乏资金投入，加上机械、技术进口方面的限制，伊拉克的石油工业还是一厥不振。

2000年，伊拉克平均日产原油约257万桶，主要通过伊—土（耳其）石油管道和贝克尔港出口。土耳其曾计划建设第3条土伊石油管道，以提高从基尔库克油田（伊）向杰伊汉港（土）输送石油的能力。2000年11月，伊叙（利亚）重开关闭了18年之久的输油管道，次年1月决定在基尔库克油田至班尼亚斯港（叙）之间重铺输油管道，以取代老管道。

伊拉克70%的天然气属于石油伴生气，主要产于北部基尔库克油田和南部茹米拉油田。伊拉克有9个集气站，日处理天然气0.42亿立方米，约合153.3亿立方米。天然气通过管道输送至位于祖拜尔和巴士拉的液化处理站，加工后供出口。

在石油出口方面，因受联合国“石油换食品”计划和战争因素的影响，伊拉克的石油出口波动很大，2001年伊拉克官方的日均石油净出口量约为200万桶，2002年出现下滑约为150万桶/日。随着世界格局多极化的出现，伊拉克石油出口对象逐渐从欧美向亚洲转变。2002年，在伊拉克每天生产的199万桶石油中，46万桶用于国内消费，150万桶用于出口。其中，约9万桶出口约旦，56.6万桶通过中间商（如俄罗斯公司）出口美国，20万—40万桶走私出口，其主要途径是：

1. 走哈布拉口岸线路，用卡车运往土耳其（10万—15万桶，主要是燃料油）；

2. 用卡车运往约旦（约1万桶—3万桶）；

3. 大量借道基尔库克—巴尼亚斯石油管线，少量通过摩苏尔—阿勒颇铁路输往叙利亚；

4. 沿海湾海岸线和通过盖斯岛运往伊朗；

5. 从乌姆盖斯尔通过小油轮运往迪拜；

6. 供应给塞浦路斯、苏丹、巴基斯坦、越南、埃及、意大利、乌克兰等国家的石油公司。

四、石化工业

1. 石油炼制

伊拉克炼油工业按现代标准已属落后陈旧且结构简单，其产品结构不能满足当前及未来发展需求。1924年伊拉克在靠近伊朗边境的万德建成第一家炼厂，加工能力50万吨/年。1955年建成杜拉炼厂，加工能力500万吨/年。1972年建成巴士拉炼厂，1979年扩能，加工能力750万吨/年。1982年建成拜伊吉炼厂，加工能力1550万吨/年。另外还有7座小规模炼厂，合计加工能力约750万吨/年。伊拉克全国原油加工能力约3500万吨/年：减压蒸馏能力700万吨/年、石脑油生产300万吨/年、加氢精制1200万吨/年、加氢裂化170万吨/年、润滑油生产能力47万吨/年。

2002年，伊拉克的炼制能力下降为40多万桶/日，约合2000多万吨/年。伊拉克的10来个炼厂：炼能依次为拜伊吉炼厂（15万桶/日）、巴士拉炼厂（14万桶以上/日）、杜拉炼厂（10万桶/日）；其余为小型炼厂，依次为哈奈根炼厂（1.2万桶/日）、哈迪塞炼厂（0.7万桶/日）、玛府什莱炼厂（0.45万桶/日）和盖亚拉炼厂（0.2万桶/日）。海湾战争期间，上述大型炼厂均遭到严重破坏，至今未能得到很好的恢复。①

伊拉克的主要炼厂之间建有产品管道网络连通。润滑油以传统的糠

① 《盘点伊拉克的石油家底》，石油经济网，2003年4月7日。

醛精制和甲乙酮脱蜡工艺方法生产。汽油生产以添加四乙基铅方法提高辛烷值。1991年的海湾战争使伊拉克的炼厂严重损毁，此后虽经努力，在一定程度上恢复了生产，但汽油辛烷值下降，含硫量上升，环保和安全系统达不到标准，储运能力明显降低。

2003年美国及盟军占领伊拉克时，虽未对炼厂直接进行破坏，但发电厂及电力传输设施的破坏间接影响了炼厂的正常运营。伊战前，伊拉克石油产品除能满足国内需求，还能出口液化石油气（LPG）、柴油及燃料油。伊战后，伊拉克的炼油能力降至50%—60%，已不能满足国内重建需要和正常社会生活所需。为了缓解炼厂产量不足与产品需求的矛盾，必须更新改造炼厂，提高加工能力。

2. 天然气加工业

伊拉克的天然气加工历史较短，它的第一座天然气加工厂建于1950年，主要加工本国的伴生天然气。1967年伊建成日处理200万立方米天然气的基尔库克硫磺厂和日产230桶LPG的塔吉厂；1978年日处理400万立方米天然气的祖贝尔加工厂建成，1980年实现产能翻番；1983年建成两套日处理760万立方米天然气的北气炼厂；1988年建成日处理3000万立方米天然气的南气炼厂和日处理600万立方米天然气的北茹米拉炼厂。

据不完全统计，伊拉克现有天然气加工能力约6000万立方米/日，成品净化天然气4400万立方米/日，同时副产大量LPG和凝析汽油；另外，还有一些规划建设中的天然气处理厂，设计能力约2800万立方米/日。[①]

五、对外合作

伊拉克的石油资源对世界上的大石油公司极具吸引力。联合国宣布“石油换食品”计划，解除伊拉克石油出口上限后，伊拉克为了尽快扩

① 饶兴鹤：《伊拉克油气加工业现状及未来发展前景》，石油经济网，2004年3月4日。

大石油生产、增加原油出口、恢复本国经济，对外积极开展国际合作搞勘探开发。伊拉克与外国石油公司开展合作，通常签订 4 种合同：产量分成合同、服务合同（包括技术服务合同和风险服务合同）、合资经营和回购合同。这些合同的共同特点是：政治色彩浓厚，对外合作范围广泛，合同条款比较优惠，但项目执行较难。例如，经联合国批准，俄罗斯的两家石油公司获得了在萨达姆油田钻井 45 口的协议和开发贝亥桑、基尔库克和萨达姆油田的上游合同；俄罗斯—白俄罗斯联合公司和伊拉克就伊拉克南部萨拜—鲁亥斯油田，签署了价值 520 万美元的服务合同；土耳其石油跨国公司获得了在伊拉克北部科赫莫拉油田的钻探合同；俄罗斯和伊拉克之间签署的价值 35 亿美元、期限 23 年的西库尔纳油田恢复合同等等。

对于储量低于 20 亿桶的小油田，伊拉克分别和意大利、西班牙、俄罗斯、法国、中国、土耳其等国家的石油公司签署了合同，如纳西利亚油田被埃尼集团和莱普索石油公司得到，吐巴油田被印度石油与天然气委员会、阿尔及利亚国家石油公司、印度尼西亚国家石油公司获得，瑞塔威油田被壳牌公司、马来西亚石油公司中标，盖尔弗油田被日本石油勘探公司等获取，艾摩亚油田由越南石油公司承包，瑙尔油田由叙利亚石油公司签约，等等。

除油田外，伊拉克还通过授权风险合同，促进西南沙漠 9 个区块的勘探。印度石油与天然气委员会得到区块 8 的授权风险合同，印度尼西亚石油公司获得区块 3 的勘探合同。另外，还有一些国际石油公司对伊拉克的西部沙漠地区感兴趣，如莱普索石油公司、瑞典伦丁石油公司、印度石油与天然气委员会、日本 MOL 公司、马来西亚石油公司和加拿大兰吉尔石油公司等。通过前期地震工作，伊拉克在靠近约旦和沙特的边境地区至少确定了 110 个远景区块。

伊拉克现已同众多国际石油公司就新、老油田的开发，签订了近 500 亿桶总量的协议，据德意志投资银行估计，伊拉克的潜在产能为 400 万桶/日，潜在投资超过 200 亿美元。这些国际石油公司以道达尔菲纳埃尔夫公司（估计有 125 亿—270 亿桶的储量）、俄罗斯石油公司（鲁克、俄国家石油公司和俄马歇诺进口公司，共有 75 亿—150 亿桶）、中国石油公司（约 20 亿桶）和埃尼集团公司（不到 20 亿桶）为代表。

六、石油输出管线和终端

伊拉克石油输出设施（管线、港口、泵站等）在两伊战争和沙漠风暴行动中受到严重破坏。长 600 英里（1 英里≈1.609 公里），口径 40 英寸（1 英寸＝2.54 厘米），通向土耳其的基尔库克—杰伊汉管线是伊拉克最大的原油出口管道，最大运力为 110 万桶/日，但在伊战前仅为 90 万桶/日。与之并行的是一条 46 英寸口径的管道，最大运力为 50 万桶/日，原是为出口巴士拉常规油设计的。合起来，两条并行管道的最大运力为 150 万—160 万桶/日。但是要达到最大运力完全取决于伊拉克对扎胡测量站和沿途泵站的修复，这笔费用非常大，仅修复土耳其边界以南 93 英里处被破坏的 IT—2 泵站，就需要资金约 5000 万美元。这使得双线运力达到 160 万桶/日有一定难度。伊拉克国内还建有一条可逆向输油的、运力为 140 万桶/日的石油战略管线，由两条并行线组成，主要用于调节油气出口：一是通过海湾出口北方的基尔库克原油；二是通过土耳其地中海港口出口南方的茹米拉原油。

在海湾，伊拉克有三个石油输出终端：米纳巴克、科赫阿迈亚和科赫茹拜，其中米纳巴克是伊拉克最大的石油出口终端，拥有 4 个 40 万桶/日的泊位，可装卸超大型油轮，日输能力达 120 万—130 万桶。科赫阿迈亚终端先在两伊战争期间遭受严重破坏，后在 1991 年的沙漠风暴行动中完全被摧毁，一直处于瘫痪之中。2001 年 3 月，该终端的两个泊位得到修复，吞吐量达 120 万桶/日。

七、战争结束，恢复油气生产有待时日

伊拉克石油资源丰富，产能潜力巨大，运输管线配套齐全，如果正常生产，其石油出口量会占中东石油总出口量的较大比例。伊战前，世界石油公司基本完成了对伊拉克油气资源的争夺和瓜分。但美国对此坚

决说“不”！它在反恐旗号下，一举推翻了萨达姆政权，轻易打破了原已形成的油气格局，各国石油公司要想再次获取伊拉克油气，须先征得美国同意。美英联军进入巴格达已3年多，伊拉克过渡政府早先宣称的油气生产恢复速度因局势严重失控而相差甚远，恢复景气颇费时日。其实，即使没有伊战，或者美国的军事打击没有对伊拉克的油气生产设施造成破坏，伊拉克仍需要花费18个月至3年的时间，并投入50亿美元资金，才能对原有生产设施进行必要的维修和重建，把产能提高到350万桶/日。但是，实际情况并非如此，战后伊拉克的复杂局势，使伊在短期内恢复油气生产的梦想变得非常遥远。据初步估算，电力是伊拉克维持石油生产和出口的基本保证，现在若要将伊拉克的电力系统修复至1990年的水平，约需要投入200亿美元；若要把石油产能恢复到400万桶/日，则需要更长的时间和数百亿美元的投资才能实现。石油利润是伊拉克战后重建的资金来源之一。现在为了防止出现大规模的疾病和经济危机，大笔资金必须用于人道主义项目和其他建设方面，从而使油气工业的重建资金难以得到保证。另外，在油气生产方面，由于受条件限制，并缺乏稳定的政策，伊政府无力制订最佳方案以恢复油气生产，如结合出口设施和处理厂的最大能力，制定油田的最佳开发方案；根据国情，制订铺设和扩建国内和出口运输通道的最佳方案；按需制定油田设备供应及相关设施（如港口、公路和铁路等）的最佳方案以及通讯和电力领域建设的最佳投资方案等等，这些情况同样拖住了恢复石油景气的步伐。

第四节　科威特——步步求稳

石油是科威特财政收入的主要来源和国民经济的支柱，约占国内生产总值的40%，占出口创汇的95%。长期以来，科威特对于外国公司在科从事油气勘探、开采、销售、加工和石化生产的控制一直较严，外国公司较难涉足上述领域项目的经营、开发，与科威特在石油领域的合作仅限于承揽石油设施建设。但随着时代进步和地区形势变化，科威特

人的观念也开始更新，政策已出现松动。

一、油气储量和产量

2003 年，科威特探明剩余石油储量为 132.1917 亿吨，约占世界石油总储量的 7.62%，居世界第 5 位；探明天然气储量为 1.5574 万亿立方米，约占世界天然气总储量的 0.9%，居世界第 21 位。石油产量 9250 万吨，约占世界总量的 2.72%，居世界第 13 位；天然气估算产量达 87.17 亿立方米，同比增长 26.96%。据《俄罗斯油气新闻》2004 年 6 月 1 日报道，科威特在近 2 个月里已经把本国的原油日产量从 220 万桶增加到了 235 万桶，日增 15 万桶。目前，科正在设法按日产 240 万桶的比率来生产原油。科能源大臣法赫德·萨巴赫认为，250 万桶的日产量应是科可以达到的最高限度。

2004 年，科威特探明剩余石油储量为 135.6164 亿吨，同比增长 2.59%，约占世界总储量的 7.75%，世界排名不变；估算石油产量 1.035 亿吨，同比增长 9.6%，约占世界总量的 2.72%，世界排名不变。天然气探明剩余储量与上年相同，估算产量 91.89 亿立方米，同比增长 10.48%。

在石油勘探方面，科威特取得重大进展，在北部地区发现了一新油田——萨布里亚油田。科威特石油公司于 2004 年 4 月底宣布，该公司先在萨布里亚的 SA-72 井采用侧钻法，获得了日产 4352 桶轻质原油，后在 SA-153 井打出了高质量的轻质原油和伴生气。[①] 该油田的发现对科威特北方来说意义重大。在科威特打一口探测井或评价井的成本是 1630 万—1960 万美元，利用废弃井则可节约 50%以上的成本。为此，科威特石油公司已开始着手编制萨布里亚油田的综合开发规划。

① 王清："科威特北部发现新油田"，《中国石油报》网络版，2004 年 4 月 27 日。

二、同伊朗的矛盾

杜拉海上油田位于波斯湾海域，其归属问题是科威特同伊朗之间的一个重要矛盾，已争议40余年，可追溯到20世纪60年代。伊朗坚持其有权分享该油田资源，但科威特认为油田全部位于其领海之内，最多只能同沙特共享油田南部的一小部分。2003年10月27日，伊政府发言人阿卜杜拉·拉马丹·扎德公开声明，称伊朗保留对杜拉油田拥有的权利，强调按所有国际准则，这个油田的所有权都应由两国共享，并希望通过双边协商解决这一问题。次日，伊朗石油部长比詹·赞加内警告科，在没有明确划分海湾边界线的情况下，不要在杜拉油田采取任何行动，伊绝对不会放弃自己对该油气田的权利。科石油能源部代表伊萨·奥努对此表态，称杜拉油田位于科境内，不应是公共油田，该问题应由科、伊（拉克）的法律专家队伍合作解决，为双方划定一条不损害任何一方利益的边界线。对此，科能源大臣法赫德·萨巴赫决定在适当的时候访伊，与伊朗有关方面研究这个问题，以期达成一个最终协议。11月23日，科能源大臣法赫德·萨巴赫在记者招待会上宣布，科考虑把杜拉油田争议问题提交国际仲裁法庭。他表示，科不希望双方的分歧升级，科外交大臣正在进行外交努力，以寻找解决这一问题的办法。他还强调，科不会利用目前数万美军陈兵海湾的优势向伊施压换取有利结果。

科石油储量丰富，但天然气匮乏。科、沙两国曾于2001年4月成立了一个联合技术委员会，专门研究开发杜拉油田事务。

三、同伊拉克的油气合作

2003年12月中旬，伊拉克石油部长访问科威特，就石油出口双方达成了一项协议。根据协议，科不仅同意把伊拉克还债的10亿美元用于伊拉克石油重建项目，还同意向伊拉克提供煤油、汽油等相关石化产品，以缓解伊拉克冬季燃料不足之困难（缺口约达40%）。另外，科威特还决定，在未来10年内向伊拉克提供50亿美元援助，为此特地成立一家公司，以帮助伊拉克迅速恢复石油生产。

四、油气发展现状与重要举措

（一）产量上强调维护欧佩克现有石油生产水平

自2003年12月起，科威特能源大臣法赫德一直坚持维护欧佩克的现有石油生产水平，他认为现行油价是“合适”的，主要理由如下：

1. 油价有时可能会超出欧佩克价格标准，如超过33美元一桶，但这是偶然的，并不能真正反映世界石油市场的供求关系，在这种大幅上扬的背后可能有某些市场投机心理和政治因素存在。另外，欧佩克国家的石油销售以美元来结算，但美元正在贬值。

2. 维护现有的生产水平，有利于欧佩克实现供求平衡，达到生产和消费方双赢的目的。

3. 成员国间的协商十分重要，有利于保证油价维持在每桶22—28美元之间的范围内。

4. 强调日后油价会明显下跌，但实际情况是，油价自此持续上涨，至2005年8月底，首超70美元/桶。

5. 认为原油供应并不短缺，市场上所提供的数量能够满足需求，因此不需要增产。

6. 科威特会与欧佩克成员国协调立场，共同应对任何可能出现的新情况。

实际上，国际油价自此走出了一条连续3年的上阳线，历史纪录一破再破，最终摸高78.85美元/桶（2006年8月8日），令世界瞠目结舌。科威特能源大臣法赫德的某些预测几乎完全落空，但油价上涨却是所有原油输出国所希望的，就像沙特能源大臣在油价从70美元/桶高位回落之后所表示的那样，50美元/桶的油价是乐意接受的。但是殊不知50美元/桶的油价在2003年和2004年还都是不可想象的天价。从近几年的油价走势看，只要可能，欧佩克并不太在意每桶22—28美元的调价机制，提高产量配额更多的是控制在如何获取最大利益，而不是下调油价，况且近年来欧佩克的调价能力已越来越弱。

（二）与伊拉克的油气协调关系

科威特希望伊拉克能够逐步恢复石油生产，但认为只有在伊拉克真正恢复了安全与稳定之后，它的石油生产才能在欧佩克生产配额体系中发挥作用。2003 年 11 月 19 日，科威特、伊拉克达成协议，组成一个由双方能源和石油部长（大臣）挂帅的最高协调委员会，负责协调两国的石油事务。伊拉克临时过渡政府石油部长阿鲁姆认为，通过最高协调委员会，伊科两国可以对能源特别是石油领域里急待解决或悬而未决的问题，直接通过对话解决。伊拉克未来的一项重要石油政策是出口港的多元化，在伊拉克石油永远保持在伊拉克人手中的原则下，假道科海港出口伊石油，也可以提交科伊石油最高委员会研究讨论。

科石油大臣法赫德表示，科希望伊拉克保持稳定，希望看到它尽快回到国际社会中来，科随时准备向兄弟的伊拉克人民提供一切形式的援助。

（三）成立石油开发项目跨国财团

2003 年 9 月 24 日，科威特最高石油委员会正式发文通知，让投标承包提高科威特北部油田石油产量的公司组建三家跨国财团。根据科威特成立跨国财团的条款，每个财团只能有两家经营者。但科最高石油委员会接受了科诺科菲利普斯公司的要求，在埃克森莫比尔为首的财团中，它从以前的经营者地位降至非经营者。被科威特最高石油委员批准的 3 家财团是：

1. 以谢夫隆—德士古为首的财团（股份最多，占 50%），其他公司有道达尔（Total SA）公司（20%）、加拿大石油公司（10%）、俄罗斯西伯利亚石油公司（10%）、中石化（10%）。

2. 以 BP PLC 为首（占股 65%），西方石油公司占 25%、印度的石油天然气公司和印度石油公司合占 10%。

3. 以埃克森—莫比尔为首（占 37.5%），其他公司有皇家荷兰壳

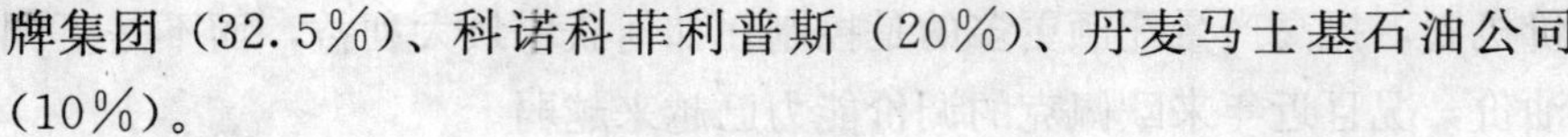

牌集团（32.5%）、科诺科菲利普斯（20%）、丹麦马士基石油公司（10%）。

（四）希望与中国公司开展全方位合作

科威特石油公司为了全面落实自己的油气发展长远规划和发展战略，实现日产原油500万桶，日炼油150万桶的目标，于2003年推出了一系列建设计划，其中包括新建一座炼厂，新上两套乙烯、芳烃生产线，翻新14艘油轮等。10月22日，中石化代表团拜会了科威特石油公司副主席、首席执行官纳德尔·苏尔坦先生。科方高度赞扬了中石化公司与雪伏龙等国际大公司共同组成联合体，积极参与科北部油田开发的远见卓识。

科方对中科石油合作提出了大胆的设想，要求科威特石油公司和中石化跳出石油贸易的圈子，扩大合作领域。科方希望中石化不仅要参与科威特石油下游的建设，同时也要加强在上游领域的合作。科石油公司资金充足，愿到中国投资，合作方式不限，希望中石化为其提供好的项目。另外，科方还希望两国公司至中国以外的地区和国家开展合作，参与石油项目的建设，把双方的关系提升到战略伙伴的高度。科方非常推崇科石油公司与美国道格拉斯公司的合作模式，建议中科双方也能尽快就合作的愿望、领域、方式等达成谅解备忘录，并努力向科美合作模式接近。科方强调，科石油公司一直把中国当作重要的战略市场，希望中国能像日本、印度一样，成为科石油和石化产品最大的买家之一。

（五）挖掘潜能

科威特有4个在产油田，合计产量为45万桶/日。为提高产能，科通过招标，让外国公司对这些油田的生产进行扩能，目标是使这4个油田的总产量达到90万桶/日。由中石化集团公司和其他4个国际跨国石油公司组成的财团参与了这次竞标活动。该财团中，谢夫隆德士古公司拥有50%的股权，法国的道达尔公司20%，加拿大国有石油公司、西伯利亚石油公司和中石化各拥有10%。

（六）科威特与埃及共建天然气管道厂

科和埃及共同投资 8500 万美元，在埃及北部塞得港自由贸易区，开办一个专门生产天然气管道的出口型联合企业，其规模为塞得港自由贸易区最大，其产品能满足阿拉伯天然气输送 2 期工程（即约旦亚喀巴港至拉哈卜市的输气铺线工程）的全部需要。

（七）油气发展战略

根据科威特油气开发战略，未来 20 年，科威特将投资 400 亿美元，对油气勘探开采、炼厂建设和石化产业进行战略性扩张，把原油生产能力从 2003 年的 250 万桶/日提高到 2010 年的 350 万桶/日和 2020 年的 400 万桶/日，以适应国内经济发展和满足国际市场需求。

科能源大臣艾哈迈德·萨巴赫在“2003 年中东石油和全球能源安全会议”上表示，科的经济发展和基础设施改造要求科加大油气产业的发展速度。作为科威特 2020 年油气战略的一部分，科计划投资 220 亿美元，开发大型油气项目。其中上游项目耗资 70 亿美元，科威特想借助外国石油公司的技术和力量，解决已进入成熟期的主力油田——布尔甘油田的产量下降问题，把科北部 5 个油田的产量从 45 万桶/日提高到 90 万桶/日。在油气下游领域，科投资 110 亿美元，其中 34 亿美元用于新建一个炼能为 100 万桶/日的环保型大型炼厂，1.37 亿美元用于艾哈迈迪炼厂扩容改造工程，其余 70 多亿美元用于建设一批大型石化项目，计划在 2007 年前建成一家年产 76 万吨石脑油和 32 万吨苯的工厂，一个生产香烃和石腊的一体化大型企业，以及与此配套的海水淡化厂和发电厂等。

科威特国家石油公司首席执行官苏尔坦认为：全球石油消费将从 2002 年的 7700 万桶/日增加到 2030 年的每日 1.2 亿桶。为满足世界日益增长的油气消费需求，需要全球的石油公司在未来 30 年内投资 5.3 万亿美元，其中 2.2 万亿美元用于新油田的开发。科的油气发展战略，作为国家经济发展的一部分，基本适应了国际市场消费增长的需要。科在未来的 20 年内，将在上述 3 个领域总计投入 400 亿美元，如果科要把石油产能提高到 500 万桶/日，那么还须追加投资 50 亿美元。上述项目的实施，需要国内企业与包括外国石油公司在内的广大国际开发商的密切合作。[①]然而，科威特的油气发展战略也面临诸多挑战。

首先，科威特宪法禁止把自然资源所有权授予外国实体，把外国石油公司对科油气产业的投资参与，限制在以合同形式提供技术和维修服务范围内，视为有偿劳动。这一法规难以吸引到外国石油公司的积极参与。为此，科威特政府有关部门表示，要在不违宪的前提下，吸引外国石油公司更多地参与科油气开发，并提出一种称为“经营服务协议”的方案，允许政府保留石油资源所有权，控制石油产量和企业决策管理。外国公司充当服务提供者、承包者角色，以此获取石油回报。此外，为提高产量，允许外国公司获取资金回报和激励报酬。该方案虽有别于外国石油公司期望的“产量分成协议”，但已是一个不错的折衷方案。

其次，科威特油气发展战略需要巨额资金投入，急需从西方跨国石油公司那里获得先进的勘探、生产技术。科本身财力有限，要在国际市场上吸引到足够的投资并不容易。在技术方面，科威特成熟油田的保产增产，新油田的勘探开发，以及石油人才的培养，都需要获取西方石油公司的先进技术和管理经验。但后者显然不会轻易将先进技术转让给前者。

其三，科威特石油公司在创造就业机会方面也受到一些指责。科威特的油气产业占国民经济的半壁江山，但创造的就业机会在 2003 年仅为 3.07 万人，占全国劳动力的 2.2%以下。增加油气产业的就业机会，解决本国劳动力问题，对科来说是一难以解决的问题。

第五节　阿联酋——中国油气行业实施“走出去”战略的桥头堡

一、油气储量和产量

2003 年，阿拉伯联合酋长国（简称阿联酋）的油气储量和产量由

① 徐惠喜：“科威特启动油气扩张战略”，《经济日报》，2004 年 10 月 19 日。

阿布扎比、迪拜、沙迦、哈伊马角四个酋长国分别统计，参加世界排位。

1. 阿布扎比

2003年，阿布扎比探明剩余石油储量为126.3013亿吨，约占世界总量的7.28%，居世界第6位；探明天然气储量为5.5529万亿立方米，约占世界天然气总储量的3.23%，居世界第5位。石油产量9250万吨，约占世界石油总量的2.72%，居世界第12位。

2. 迪拜

2003年，迪拜探明剩余石油储量为5.4794亿吨，仅占世界总量的0.3%，居世界第27位；探明天然气储量为0.1161万亿立方米，居世界第50位。石油产量1650万吨，居世界第35位。

3. 沙迦

2003年，沙迦探明剩余石油储量为2.0547亿吨，居世界第37位；探明天然气储量为0.3029万亿立方米，居世界第39位。石油产量220万吨，居世界第58位。

4. 哈伊马角

2003年，哈伊马角探明剩余石油储量为0.1369亿吨，居世界第70位；探明天然气储量为0.0399万亿立方米，居世界第72位。石油产量7.5万吨，居世界第90位。

2003年阿联酋合计石油产量11127.5万吨，同比增长12.14%；天然气产量约400.33亿立方米，同比增长6.64%。

2004年阿联酋合计石油产量11768.5万吨，同比增长2.9%；合计天然气探明剩余储量与上年持平，约60060.36亿立方米，占世界总量的3.51%，世界排名第5位。2005年合计天然气产量达457.04亿立方米，比2004年增长7.60%。

据业内人士估计，如果采用更先进的勘探技术，阿联酋的实际储量可以翻番。如果按日均250万桶的产量计算，阿联酋已探明的原油储量可开采105年。

自1997年11月欧佩克实施产量配额决议起，阿联酋原油日产配额由216.6万桶增至236.6万桶，实际日产达245万桶，93%供出口。日炼油能力为21.3万桶。以阿布扎比为例，按目前生产水平，还可开采100年以上。天然气年产量393亿立方米，70%内销。

阿布扎比是阿联酋的油气大户，原油储量占阿联酋的94%，日产量约200万桶，占全国的93%；天然气储量约占全国的91%。迪拜石油日产量为40万桶，沙迦近5万桶；迪拜、沙迦及其他酋长国储气量共约5000亿立方米。

二、油气产业机构与企业

阿联酋石油矿产部负责制定石油发展政策，协调与欧佩克的关系，下属机构和公司主要有：

1. 阿布扎比最高委员会

它是阿布扎比石油生产的最高决策机构，主席是阿布扎比酋长国王储哈里发·本·扎耶德。

阿布扎比石油公司（ADNOC）成立于1971年，集开采、加工、运输和销售于一体。30多年来，为发展阿布扎比的石油、天然气工业发挥了巨大作用。

该公司现已成为阿布扎比石油工业的代名词。它通过对“阿布扎比陆上石油开采公司”和“阿布扎比海上石油开采公司”分别控股60%，对“扎库姆开发公司”和“乌姆达克开发公司”分别参股88%，控制了阿布扎比石油产量的90%以上。上述石油公司的其他股份分别由欧、美、日的一些大石油公司所拥有，如BP、壳牌石油公司、埃克森、莫比尔、道达尔、三井物产株式会社、葡萄牙石油公司等。

阿布扎比石油公司在乌姆纳尔和鲁维斯建有两家炼油厂：乌姆纳尔炼油厂建于1976年，设计加工能力为1.5万桶/日，现炼油能力为8万桶/日，主要生产石脑油、汽油、航空燃料、煤油、天然气和燃料油等；鲁维斯炼油厂设在鲁维斯工业区，距阿布扎比市235公里，1981年试生产，设计、加工能力为每天12万桶，主要生产燃料汽油、石脑油、航空燃料、天然气、燃料油、硫磺和液化石油气等。乌姆纳尔和鲁维斯的两个炼油厂约消耗阿联酋原油产量的10%。

阿布扎比石油公司在阿布扎比西部的哈布山拥有一家天然气加工厂，加工能力为每天1500万立方米。阿布扎比液化气公司在达斯岛建有一家液化天然气加工厂。阿布扎比天然气工业公司在鲁维斯、迪拜天然气公司在杰贝勒—阿里、沙迦天然气公司在沙迦分别拥有自己的液化石油气加工厂。沙迦天然气日产2200万立方米，其中约37%供应给迪拜及其周围其他酋长国。阿联酋每年出口液化气约800万吨，其中约500万吨出口日本。日本是阿联酋最大的油气进口国，其26%的能源需求都从阿布扎比进口。

2003年由于世界石油涨价以及阿联酋石油产量的增加，阿联酋石油业的增长达到了前所未有的水平。与2001年每桶石油平均价格23.1美元和2002年每桶24.4美元的价格相比，2003年每桶石油的平均价格上涨到28.1美元，从而对阿联酋整体经济状况的改善发挥了积极作用。阿联酋以可变价格计算的GDP增长速度已达到10%，非石油工业的发展速度达6.4%。

2. 阿联酋国家石油公司（ENOC）

阿联酋国家石油公司组建于1993年，总部设在迪拜，公司总裁同时兼任阿联酋财务部和工业部部长、迪拜市长。强大的政府支持及丰富的石油资源，使ENOC在短短10多年内，在拓展石油和天然气业务及相关产品等领域取得了飞速的发展，已成为一个全球化、多元化和现代化的石油集团公司。

公司由首席执行官哈桑·苏尔坦领导一支经验丰富的团队实现经营管理，除油气生产外，还积极参与其他领域的商业合作。公司的历史可追溯至20世纪中叶，其前身创立于1974年，开办后始终坚持现代企业管理理念，以质量和专业化管理为先导，不断地成长壮大。多年来，公司一直与韩国LG-Caltex、荷兰Vopak等国际知名石化公司保持着良好的合作关系，并与之共享工艺、专业技术及其他方面的资源。现在公司正进入一个多元化发展、富有挑战的新时期。

3. 海豚能源公司

阿联酋海豚能源公司于2003年注册成立，专门负责海豚天然气工程的招投标和项目管理工作。按照与卡塔尔达成的协议，阿联酋政府在这个公司中控股51%，其他股份采取国际招标方式确定。经过激烈竞争，美国安然公司和法国道达尔菲纳埃尔夫公司分别获得该公司24.5%的股份。安然公司后来又将24.5%的股份退还给阿联酋，为此阿联酋于2004年初寻找新的合作伙伴，计有4家国际知名石油公司参加竞争，最后美国西方石油公司以3.1亿美元胜出，这次竞标遂告结束。海豚能源公司的成功组建表明：阿联酋和卡塔尔共同打造的海湾地区最大天然气合作项目——“海豚天然气工程”准备工作一切就绪，从此进入大规模施工阶段。

三、计划与目标

2003年阿联酋在油气产业扩建中的投资为10多亿美元，并计划在以后的5年内再投资30亿美元，以提高石油、天然气产量和炼油、天然气加工能力，加速开采新油田。在以前的10年中，阿联酋共投下不少于250亿美元的巨额资金用于开发重大油气项目，阿在石油领域的巨资投入不仅是为了保持其作为中东乃至世界主要产油国之一的地位，更是为了满足全球对原油需求的不断增长，特别是中国对原油需求的快速增长。

2003年阿联酋的原油产量为222万桶/日，计划到2006年提高至358万桶/日。为了实现该计划，阿联酋考虑分三步走，先把阿布扎库姆油田的日产量从原来的55万桶提高到120万桶，然后把巴布油田（属阿布扎比陆上石油公司）的日产量提高至46万桶，再把巴布海萨油田的日产量从原来的55万桶增加到73万桶。但是实际进展未能如愿，2004年实际增长2.9%，达235万桶/日，2005年增至250万桶/日，2006年为260万桶/日，未能实现既定目标。

四、海豚天然气项目

在天然气生产方面，阿联酋公司的海豚天然气项目可谓海湾地区之最，计划于2006年完成，它包括卡塔尔北部汽田的开发、天然气输送，以及阿联酋的天然气下游工业建设项目。阿联酋是中东地区最早利用天然气和出口液化天然气的国家，1977 年向日本出口了达斯岛的第一批液化天然气。2005 年阿联酋的天然气年产量达 457.04 亿立方米，通过海底输气管道从卡塔尔进口天然气的海豚项目计划于 2006 年底开始输气。

海豚天然气工程分天然气开采和输送两大部分。开采部分总投资约 15 亿美元，输气部分总投资 20 亿美元以上，其中铺设海底管道大约耗资 8 亿—8.5 亿美元。法国公司负责在卡塔尔北方油气田进行开采，并将开采出来的油气输送至卡塔尔拉凡角炼油厂分离。美国西方石油公司负责输气管道铺设、送气和工程风险管理。

在该项目中，阿联酋和卡塔尔实际上是各有所需。阿联酋工业发展速度快，天然气需求量每年递增 10%，但又不愿过多消耗自己的天然气储量。海豚天然气工程竣工后，卡塔尔将每天向阿布扎比和迪拜输送 5600 万立方米天然气（约合 200 亿立方米/年，接近卡塔尔 1/2 的年产量）。海豚天然气工程是个开放型工程，从阿联酋续接上管道就可以向周边国家供气。而卡塔尔想借助这个工程，将天然气打入阿曼以及巴基斯坦、印度等南亚国家。海豚天然气工程生产的天然气价格比国际市场低，每 1000 立方英尺的售价约 1 美元到 1.1 美元，受到消费国的青睐。

2005 年 9 月 6 日，阿联酋海豚能源公司宣布，它与阿曼石油公司签署了一项天然气销售合同，海豚能源公司从 2008 年起平均每天向阿曼石油公司输送 570 万立方米天然气。

五、与美国的天然气合作

2005 年 2 月，阿联酋阿布扎比天然气工业公司和美国柏克德公司签署了一项投资 14 亿美元建造一座大型天然气厂的协议，该厂的设计能力为每天处理 3680 万立方米天然气，生产 12.5 万桶凝析油和 1.2 万吨液化天然气。同年 7 月 16 日，上述两公司又签署了一项在阿联酋建造一座投资 12 亿美元的大型天然气厂的协议。该项目由美国柏克德公司管理，按合同应在 38 个月内完成安装、试运转，设计能力为每日处

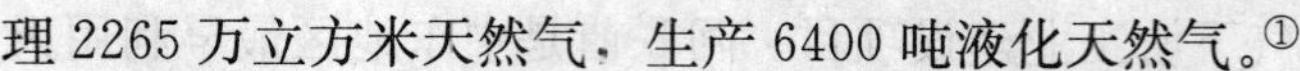

理2265万立方米天然气，生产6400吨液化天然气。①

六、同中国的油气合作

以鼓励企业赴海外投资为核心的“走出去”战略是中国油气行业的一项基本策略。中国企业实施“走出去”战略，在阿联酋进行的显著成效的实践，使阿联酋成为中国通向中东地区，获取丰富油气资源的桥头堡。

阿联酋号称“中东的香港”，每年都有大批来自中东、欧洲和非洲的商人云集迪拜，年贸易额达800多亿美元。阿联酋政府通过推行自由贸易政策和建立自由贸易区，使迪拜很快成为继香港、新加坡之后，世界排名第3位的转口贸易中心、金融中心和展览中心，销往中东、非洲和东欧地区最大商品集散地。阿联酋所辐射的市场是一个具有13亿—15亿人口的巨型消费市场。阿联酋进口关税低，不设企业和个人所得税、增值税、营业税和消费税，没有外汇管制，消费档次多样化，是中国企业走出国门，进入中东乃至非洲和东欧市场的一条便捷的“绿色通道”。长期以来，中国与中东地区的国家一直有着良好的政治和经贸往来，特别是近年来，中国对中东地区的进出口贸易发展很快，其中对阿联酋的商品出口已在中国的对外出口中居重要地位。

近几年，中阿间的一个重要合作项目，是根据两国政府的合作意向建设的“中国商品（迪拜）分拨中心”，工程造价约2.45亿美元，主要投资方为迪拜政府。该中心以进口阿联酋油气、出口中国产品为基线，由中国中东投资贸易促进中心与迪拜杰拜勒—阿里自由贸易区共同组织实施，2004年12月7日建成开业，具有起点高、档次高、平台大、成本低、功能全等特点，项目实施单位——中国中东投资贸易促进中心，拥有阿联酋及周边国家近30个商业客户网络和国外招商网络，与这些国家的商会有着良好的合作关系。该中心实际上是一新型综合商贸城，

① 李峻：《美国Bechtel工程公司又获阿联酋天然气协议》，中国石油网，2005年7月18日。

位于迪拜“国际城”内，由市场、仓库和公寓三大部分组成。市场建筑外型是一条中国龙，总长1200米，面积15万平方米，有近4000个商铺。仓库地处两地，周转市场仓库紧靠市场，面积3万平米；保税仓库设在杰拜勒—阿里自由贸易区，面积1.5万平米。公寓楼共25栋，总面积14万平米，供中国商人居住。该中心的初期目标是：力争年出口额超过10亿美元，占中国对这一地区出口额的10%左右。

中国商品迪拜分拨中心的建成，为进一步推动中阿油气贸易，扩大中国商品的出口，打造中国商品的整体形象品牌，奠定了良好的基础。作为上述合作的延伸，2005年6月13日，中石油集团公司与阿布扎比国家石油公司签订了油气合作谅解备忘录。阿联酋方面非常重视正在不断扩大的中国能源市场，认为这对阿联酋经济是一个巨大的机遇，为了获得这一市场份额，阿联酋认真研究了对中国市场增加油气出口的可能性，中东市场对中国来说可能是一个小市场，但阿联酋希望成为中国在中东地区的一个重要经贸合作伙伴，成为将中国商品转口到欧洲的贸易中心。阿联酋愿意为中国公司提供各种便利，以使中国公司能够获得阿联酋能源和石油项目的更大份额。

七、与中国台湾省的合作

2005年7月4日，阿联酋国际石油投资公司在一个由中国台湾省石油公司主承包的工程中投资23.6亿美元，建设两个石化企业，一个在台湾南方，一个在阿联酋本土。这项协议有助于台湾公司削减原油成本，确保台湾从阿联酋得到原油供应。台湾的石油消费在近20年间翻了3倍，所需原油99%依赖进口。2005年在中海油公司宣布要以185亿美元的价位收购美国的尤尼科公司之后，触动了台湾的能源神经，台湾的一些石油公司因此欲投资60亿美元在阿布扎比建一大型石化工厂。①

① 柳承春：《阿联酋同意同台湾在石油方面进行合资》，中国能源网，2005年7月4日。

第六节 利比亚——调整经济模式、扩大国际合作

一、油气储产量

2003年，利比亚探明剩余石油储量为49.3150亿吨，约占世界总量的2.84%，居世界第9位；探明天然气储量为1.3139万亿立方米，约占世界总量的0.76%，居世界第23位。石油估算产量7000万吨，约占石油总量的0.51%，居世界第15位；天然气产量约70.33亿立方米，同比增长0.77%。

2004年，利比亚探明剩余石油储量为53.4247亿吨，同比增长8.33%，世界排名不变；探明剩余天然气储量为1.4725万亿立方米，同比增长12.07%。石油估算产量7750万吨，同比增长8.6%；天然气产量约71.03亿立方米，同比增长1.0%。

2005年利比亚的石油产量同比增长6%，达8200万吨，天然气产量同比增长2.86%，达73.06亿立方米。

利比亚的油气储量丰富，含硫量极低，为高品质原油，1959年发现并开始产油，石油工业从此成为利比亚国民经济的支柱产业，利比亚也就此成为北非地区最大的石油生产国，石油出口占国家收入的75%—90%，人均国民收入曾一度达1万美元，一下子从一个非洲赤贫国家跃为非洲最富有的国家之一。

利比亚未探明的石油储量潜力极大，已被开发利用的油气资源仅占国家总面积的25%，其余75%的资源尚未进行勘探。在已发现的陆上油田中，有12块油田的储量超过10亿桶，有2块在5亿桶—10亿桶，多数油田还可开采30年以上。另外，在利比亚与突尼斯的边境还有一块富油区。

利比亚从1961年起出口石油，并于次年正式加入了欧佩克组织。1968年，利比亚成立了国家石油公司，下建诸多小规模的石油公司，

专门负责石油的勘测、钻探、提炼、运输、出口以及销售等。1979年，利比亚推出对外油气合作法，国家石油公司开始与外国公司合作生产，条件是利方必须拥有51%以上的开采许可权。

二、国际制裁

20世纪70年代，利比亚最高石油日产量达到300万桶，人民生活富裕。1992年，利比亚因1988年发生的震惊世界的洛克比空难事件遭受联合国的经济制裁。美国严厉禁止外国公司在利比亚进行4000万美元以上的项目投资。10多年的国际制裁使利比亚的经济建设特别是作为其国民经济支柱的油气产业遭受了巨大损失，生产设备陈旧老化，许多早年从美国进口的机器不仅破旧不堪，而且技术上也已淘汰，无法得到零配件。此外，利比亚的油气开发和利用同国际严重脱轨，缺乏技术人员，致使油气产量下降，出口市场大幅萎缩。

进入21世纪后，利比亚开始逐步修复与西方国家的关系。2003年8月利宣布对洛克比空难事件负责，同意向受害者家属支付高达27亿美元的赔偿金；9月13日，联合国正式宣布解除对利比亚的制裁；12月，利宣布放弃开发大规模杀伤性武器的计划，美随即取消对利实施长达23年的旅行禁令。2004年4月，美对利长达18年的经济制裁也告结束，6月28日正式与利恢复外交关系，两国关系迅速升温。除美国外，2004年意大利总理贝卢斯科尼、英国首相布莱尔、德国总理施罗德、法国总统希拉克和加拿大总理马丁先后访问利比亚，从此揭开了利比亚与这些国家的历史新篇章。

利比亚被解除制裁后，立即表现出迫切要求重返国际社会，与世界各国开展合作的愿望。它一边加强改革开放的力度，积极创造投资环境，以吸引外资，让外资企业参与利比亚油气资源的开发和利用；一边积极开展外交活动，向世界宣传利比亚的油气私有化政策，以期收到事半功倍的效果。按利比亚政府的油气发展计划，2006年利的石油日产量应达到200万桶，要实现这个目标，经济、技术相对落后的利比亚急需引进大量的外资以及先进的生产技术和管理经验，对利来说是任重而道远。但也必须注意到，利比亚对外关系的急转弯，极有可能为利的油气行业带来更多的发展机遇。

三、油气发展思路和举措

（一）推行私有化

为适应大力发展油气产业的需要，利实施经济改革与对外开放政策。2002 年，利比亚领导人卡扎菲号召民营资本进入油气领域，要求民营公司参与本国油气资源的开发。卡扎菲认为：石油工业内的一些国营企业经营太差，应该放弃原有体制；一些国家公务人员不负责任，使国家企业浪费了数 10 亿美元，这种现象如果再继续下去，经济必将崩溃。为此，他下令包括石油企业在内的所有重要国营企业实行私有化，以促进经济发展。卡扎菲建议成立民营公司开发石油，在石油勘探、生产和销售方面，甚至可以寻求外国专家帮助经营。他表示：这一私有化政策同样适用于国家银行、机场、公路和公用企业。

卡扎菲于 1969 年执政后即推行企业国有化政策，历经 33 年，到 2002 年 1 月决定开放经济，改变发展模式。5 个月后对外界郑重宣布：从 2002—2006 年，利政府要在石油天然气等工业项目中投资 350 亿美元，同时引进大量外资，以振兴经济。利比亚国家人民委员会秘书舒克里表示，石油行业是利比亚的支柱产业，其私有化进程分两个方面进行：一是向外国公司加大开放力度，改善投资环境；二是通过交易所逐步增加私营股份。石油行业既是利比亚私有化进程的龙头，也是主要领域。

利比亚的经济发展严重依赖油气产业，国家收入的 90％来自石油出口，政府开支的 3/4 靠石油收入。根据欧佩克 2003 年 11 月起生效的石油产量配额，利比亚日产石油 130 万桶。凭此石油收入，一时难以满足利比亚经济的发展需要，为此利比亚政府决心在经济领域引入自由竞争机制，特别鼓励私有经济参与利比亚的投资与发展，同时也希望外国资本能提供 30％—40％的投资，参与利比亚的经济建设。

（二）鼓励外资参与油气开发

2003 年 11 月，国家人民委员会秘书舒克里在伦敦召开的第 24 届“石油与金融”国际会议上表示，随着国际环境的逐步改善，利比亚决定向国际石油资本开放 100 个油气开采区块，同时出台相应政策，提供良好的投资条件，鼓励国外的大型企业进入国内，尤其欢迎外资进入利比亚的石油领域。这是自 2003 年 8 月利与美、英达成协议，和平解决洛克比空难事件后，进一步调整国家经济模式、扩大国际经济合作的一项重大举措。

国家人民委员会秘书舒克里一再向外界表示，解除经济制裁后，世界开始重新走向利比亚，利欢迎外国投资者参与开发利比亚的油气资源，利政府保证提供优惠政策和良好的投资条件，吸引外资投资石油领域，同时努力加强与国外经济的合作，扩大对外开放，同时给投资者以丰厚的回报。

利比亚的石油日产量曾经达到过 300 万桶，后因经济制裁，投资减少，生产设备得不到更新换代，致使石油日产量降至 130 万桶。为了改变面貌，利准备简化与国际石油公司签约的程序，让外资企业成为本地区油气领域的主要生产者。

（三）经济转型

从 2004 年起，利比亚进行经济转型，计有 360 家国有企业要在这一年内实行所有制改革。其中，有 50 多家石油、石化以及钢铁、化肥、农业等领域的大型国有公司允许外资直接进入，总价值数 10 亿美元。利比亚尤其欢迎外资进入石油领域，因为这一领域“特别需要大量的资金和外国公司的先进经验”。利政府列出了 361 家改制企业的名单，它们的所有制改革进程从 2004 年 1 月份开始，一年内分三个阶段完成，其中 241 家小型企业由本企业职工认股购买，中型企业向社会公开拍卖，大型企业在最后阶段让外资收购。利政府表示：这一举措旨在降低政府直接参与经营活动的程度，“最大限度地发挥私营部门的作用”。这是自 1969 年以来，利首次允许外资直接进入利比亚的国有企业。

四、油气机构与油气发展

（一）利比亚国家石油公司

利比亚国家石油公司根据 1970 年 11 月 12 日颁布的第 24 号法令成立，从此取代根据 1968 年 4 月 14 日颁布的第 13 号法令成立的利比亚石油总公司。新公司下设各职能部门，旨在适应石油工业的飞速发展，并与国际石油工业的发展步伐相一致。1986 年，利比亚国民大会颁布了第 158 号决定，授权利比亚国家石油公司全面负责国家油气行业的发展。利比亚国家石油公司通过各下属子公司如管理和生产公司、炼油公司、国内/国际销售公司、各种服务公司等履行职责，并通过与国外勘探公司、开发公司和专业化石油服务公司合作，开展部分业务。

利比亚国家石油公司拥有 7 条石油输送管道和 6 个石油储备基地。这 7 条石油输送管道是：（1）萨利尔—马尔沙·哈雷格（土布鲁克）；（2）马斯拉—拉斯拉努夫；（3）瓦哈—西德尔；（4）哈姆马达·哈姆拉—扎维亚；（5）阿马尔—拉斯鲁拉夫；（6）伊提萨尔—祖韦提那；（7）纳赛尔—马尔沙·布雷格。6 个石油储备基地是：（1）马尔沙·哈雷格；（2）祖韦提那；（3）马尔沙·布雷格；（4）拉斯拉努夫；（5）西德尔；（6）扎维亚。另外，扎维亚石油储备和炼制基地正在筹划扩建中。

（二）勘探活动

利比亚的石泔勘探始于 1955 年，并于当年 4 月颁布了国家石油法（25 号法）。利比亚于 1959 年在阿梅尔和泽尔腾（现称纳赛尔）发现了第一批油田，1961 年开始出口石油。2004 年，利比亚日产原油约 155 万桶，国内日消费约 25 万桶，日出口约 130 万桶，绝大部分（超过 90%）销往欧洲，如意大利（2004 年 1—10 月 54.5 万桶/天）、德国（27.4 万桶/天）、法国（9.4 万桶/天），还有一部分销往西班牙和希腊。此外，2004 年 6 月，利比亚在中断对美出口石油近 20 年之后，恢复对美出口石油，当年10月达到6.6万桶/日。

利比亚国家石油公司及其下属公司负责地震勘测，曾先后在昔兰尼亚地台、锡尔特盆地、哈马德盆地、古达米斯盆地、木祖克盆地和库弗腊盆地等沉积盆地以及部分海上地区进行勘探。1980—1987年，在内陆地区做了19.4269万公里的地震测线，海上区域做了5.2987万公里的地震测线，钻勘探井273口，其中118口井获得发现，成功率达到43%。近几年，由于国际石油公司的加入，利比亚国家石油公司开始受益于世界先进勘探技术的运用。

利出口的石油等级是：西德尔原油36℃—37℃API、沙拉拉原油44℃API、祖韦提那原油42℃API、布阿提费尔原油41℃API、布雷格40℃API、锡尔特加原油40℃API、萨利尔原油38℃API、阿穆纳原油36℃API、布里原油26℃API。出口途径主要通过利国家石油投资公司的欧洲营销网络销售给意大利阿吉普公司、奥地利能源公司、雷普索尔-YPF公司和西班牙石油公司、土耳其杜布拉斯炼油公司以及法国的道达尔等公司，小部分销往亚洲及南部非洲国家。总之，利比亚原油油质好，API度高（在25℃—45℃之间，小于20℃的为重油），含硫量低，蜡油产率高。①

（三）天然气

利比亚的探明天然气储量都是在开发石油时发现的，过去从未进行过专门的天然气勘探，利现已改变这种状况，在勘探和生产分成合同模式中专门提供了鼓励天然气勘探和开发的合同条款。据不完全统计，1999年初至今，利比亚已提供130多个的勘探区块，吸引外资100多亿美元。

利的天然气产量近年不断增长有两个原因：一是利用天然气代替国内石油需求，以此增加石油出口；二是天然气储量丰富，利比亚希望增加天然气出口，特别是出口到欧洲。利专家估计，利天然气储量应在2万亿—2.8万亿立方米之间，远高于美国《油气杂志》2005年的统计（1.49万亿立方米），主要集中在阿塔哈迪、达法—瓦哈、哈提巴、泽

---

① 资料来源：中国驻利比亚经商参处主页。

儿腾、撒哈尔和阿苏德等老气田，但在古达米斯、布里和锡尔特盆地发现的新气田，也有丰富储量。为扩大天然气生产和销售，利目前正在积极寻求外国公司的投资。

利比亚的天然气开发尚处起步阶段，主要有萨拉赫、那胡拉、法里格、瓦法等气田。2000 年 12 月，利比亚国家石油公司宣布，在锡尔特盆地发现了 135 亿立方米的新气田。随着利西部天然气工程和耗资 66 亿美元的海底管线的建成使用，利出口到欧洲的天然气增长迅速。此前，利天然气的唯一消费者是西班牙的埃格公司，现在西部天然气工程（由意大利埃尼集团和利比亚国家石油公司各持 50%的股份）已将利的天然气出口扩展到了意大利及其周边国家。从 2005 年开始，每年大约有 65 亿立方米以上的天然气从利的天然气基地，经地中海海底管线（称为“绿色管道”）出口到意大利西西里岛东南部。然后转至意大利各地或其他欧洲国家。该条海底管线（埃尼集团持有 75%的股份）长约 370 英里，口径达 32 英寸，于 2004 年 10 月建成。

（四）油气炼制

利比亚有 5 家炼厂，炼油能力为 38 万桶/日，远高于 22.7 万桶的本地日需求，其余供出口。

1. 拉斯拉努夫出口炼油厂，建于 1984 年，位于锡尔特湾，日炼油量 22 万桶；

2. 扎维亚炼厂，建于 1974 年，位于利比亚西北部，日炼油量 12 万桶；

3. 塔布鲁克炼厂，日炼油 2 万桶；

4. 布雷格炼厂，利比亚最老的炼厂，位于塔布鲁克附近，日炼油 1 万桶；

5. 萨利尔炼厂，最高炼能为 1 万桶/日。

2002 年 5 月，利比亚与韩国 LG 石化公司签署了一份改造扎维亚炼油厂的合同，金额达 2.8 亿美元。2003 年 7 月，利斥资 4.3 亿美元购买了埃及 MIDOR 炼油厂 39%的股份。该炼厂位于亚历山大，为埃及唯一的私营企业，其股份原先属于以色列的梅尔哈夫集团公司，2000 年底该公司因巴勒斯坦起义而撤资。

利比亚是意大利、德国、瑞士和埃及（1998 年初开始）精炼产品的直接生产商和销售商。但 1996 年欧洲提高的环卫标准，对急需改造升级的利比亚炼厂产生了严重的制约作用，不利于它增加对欧洲市场的油气供给。在埃及，利比亚计划在利—埃沿海和埃及境内建汽油站。这些汽油站由利比亚石油投资公司运营。

（五）液化天然气（LNG）

20 世纪 60 年代，美国埃索公司在马尔沙·布雷格兴建了液化天然气厂，年产 35 亿立方米，利因此成为世界上液化天然气的重要出口国。此后，因受技术限制和美国的制裁，利无法获得生产液化天然气所必需的设备及零配件，实际生产只能达到设计能力的 15%，产量越来越少，仅出口西班牙。

解除制裁后，很多跨国公司都把目光转移到利液化天然气的生产潜力上。2004 年 3 月，壳牌公司和利比亚国家石油公司签署油气合作协议，改造升级马尔沙·布雷格液化天然气厂，欲将其建成一个新的液化天然气出口基地。除壳牌外，西班牙雷普索尔公司等大型公司对开发利比亚液化天然气的出口潜力也都表示出浓厚的兴趣。

（六）更新发展思路

2002 年 1 月，利比亚国家石油公司领导层换血，新任公司主席上任伊始表示，他的首要使命就是吸引外国石油公司前来投资。2003 年 6 月利比亚新人委秘书舒克里组阁后，更是把油气资源的开发提上了议事日程，立刻采取了“放宽政策，简化审批手续，与外国公司签订油气勘探开发合同，加强伙伴关系，铺设通往意大利的跨地中海天然气输送管道”等重要措施。

利比亚的石油储藏大多为低硫“甜油”，生产成本极低，平均每桶仅约 1 美元。另外，还有相当一部分土地从未经过油气勘探，开发条件较好，政策也较优惠，因此众多外国石油公司都跃跃欲试。现在，开发利比亚油气资源的大门已打开，路障已完全消除，国际石油公司除报以一片喝彩之声外，纷纷做好了准备，以便在利比亚的油气项目上争得自己的开发项目。

五、加强国际合作

（一）与国际石油公司的合作

联合国对利比亚制裁的解除和利的经济改革为世界各大石油公司带来了巨大的商机。利目前拥有几十家大型的石油、天然气公司，新建的石油城已初具规模，意大利、土耳其、韩国、中国等多家石油公司已捷足先登。

在同利国家石油公司合作的外国公司中，起步早、规模较大的是意大利阿吉普—埃尼石油公司。它是利国家石油公司最大的合作伙伴，其次是西班牙的雷普索尔公司和奥地利能源公司。与欧洲公司相比，亚洲国家的石油公司也不显落后。2003 年 7 月，印度石油天然气公司与利达成协议，获准在其两个石油区块进行勘探作业。8 月，印尼工商贸易部长在访利期间与利方达成了一项从利每天进口 5 万桶原油的协议。日本政府则表示，愿意向利比亚提供 36 亿美元的贷款，用于改造利的炼油厂。

意大利爱迪逊天然气公司每年从利进口约 40 亿立方米的天然气，用于本国的发电。法国天然气公司每年从利进口约 20 亿立方米的天然气。意大利埃尼集团在位于加毕斯湾的海上气田和瓦发油气田进行天然气开发。该工程耗资 8.7 亿美元，完工后可年产 80 亿立方米天然气和 7 万桶凝析油，其中 3/4 供出口，1/4 供应国内，或用作燃料，或用于发电。

（二）与美国石油公司的合作

美国的埃克森莫比尔石油公司是在 1982 年被迫撤出利比亚市场的。1986 年，大陆石油公司、马拉松石油公司等另外 5 家美国石油公司也相继停止在利比亚作业。这些美国公司对意大利埃尼石油公司等欧洲公司独吞利的油气资源耿耿于怀，一直试图重返利比亚。《纽约时报》

2003年12月21日报道，利政府表示欢迎那些因国际制裁离开利的美国石油公司重新回来，并且希望美国政府尽快撤销有关禁令，同意放行。这是利政府在同意放弃大规模杀伤性武器后，再次向美国示好。利转变国际政策的目的，就是要在世界油气紧俏的时候充分发展油气产业，以此带动本国经济发展。美国石油公司若能顺利回归，那么它们的技术设备，至少能够帮助利比亚每天增产100万桶原油。2005年利日产164万桶原油，计划到2020年增至300万桶，实现这一目标必须得到外国尤其是美国的帮助。利对外联络与国际合作秘书（相当于外长）穆罕默德·沙勒加姆说："美国在利比亚有石油生意可做，我们会说服美国石油公司回来。"①

2005年1月30日，利比亚举行了解除制裁后的第一轮开标仪式，共有56家石油公司参加了该轮石油勘探开发区块的招标。美国西方石油公司获得9个区块，美国阿美利达和谢夫隆各获得一个区块的勘探权，其他中标的公司有印度、阿联酋、澳大利亚、巴西、阿尔及利亚、加拿大、澳大利亚等石油公司。美国西方石油公司和阿联酋利瓦公司联合体获得的5个勘探开发区块，分别为锡尔特盆地的106和124区块、木祖克盆地的131和163区块和利埃边境的059区块。美国西方石油公司、澳大利亚伍德塞德公司和阿联酋利瓦公司联合体获得的4个勘探开发区块，分别为锡尔特盆地的035、036、052和053区块。

（三）与中国的合作

中国与利比亚的油气合作起步于2002年，该年4月江泽民主席访利期间，双方签署了《中利石油领域合作协定》。12月，中石油集团公司在利比亚承建的油气双线管道工程正式开工。

2005年5月初，利比亚国家石油公司拿出44个石油勘探开发区块，发布了第二轮招标公告。27个国家的48家石油企业（其中包括埃克森莫比尔、科纳科菲利普、谢夫隆、壳牌、BP等著名石油公司）参

---

① 文艳："不要'大炮'要石油，利呼唤美国公司回来"，载《扬子晚报》2003年12月24日。

与了该轮活动，中石油、中石化、中海油三家中国石油公司，在总结了上次竞标失利的经验后，再次出击。从表面看，竞标成功与否很大程度上取决于投标公司给利国家石油公司的产品分成比率，给得越多，中标的可能性就越大。此外，油田开发商在最初5年还需承担石油开发的全部成本（勘探、评估、培训），而这期间利国家石油公司仍保留区块的所有权。但实际上，石油作为一种战略资源，在国际关系中越来越多地扮演着政治筹码的角色。从首轮招标美国公司大获全胜就可略窥一斑。石油交易不能简单地理解为商业交易，它不一定符合商业和技术角度的考虑，更多的是政治游戏中的一张大牌。2005年10月2日，利比亚第二轮石油勘探开发区块开标，中石油集团子公司中国石油天然气勘探开发公司参与投标的海上17-4区块（2535平方公里）中标，分成比例高达28.5%，为所有中标区块之最。中石油在利第二轮石油勘探区块招标中获胜，是多年来锲而不舍开拓利比亚市场的成果，实现了中利在石油区块合作上零的突破，从而为进一步推进中利能源领域的合作奠定了基础。①

利比亚的第三轮石油区块招标于2006年8—9月举行，共计14个区域的41个区块，总面积近10万平方公里。

（四）与北非阿拉伯国家的天然气合作

1997年6月埃及总统穆巴拉克访利，两国就输气管道建设达成原则性协议。2001年，利比亚国家石油公司和埃及石油公司达成协议，合资成立阿拉伯油气管道公司，修建一条埃—利输气管道，一条利—亚（历山大）输油管道，前者主要用于发电、海水淡化、出口，后者主要用于炼油、消费。另外，利还筹建了一条从北非通往南欧的输油管道，长1450公里，这条管道可以把埃及、利比亚、突尼斯和阿尔及利亚的天然气经摩洛哥输送到西班牙（摩洛哥和西班牙的管道已经建成）。

1997年5月，突尼斯和利比亚达成协议，合资修建一条从利比亚天然气基地美丽塔到突尼斯南部城市加毕斯工业区的天然气管道。1998

① 资料来源：驻利比亚经商参处网站，2005年10月5日。

年末，突利两国签署协议，利比亚每年向突供应 20 亿立方米天然气。2003 年 10 月，两国专门成立了一个合资公司，负责修建该管道。

第七节　卡塔尔——天然气产业独树一帜

卡塔尔国土面积仅 1.14 万平方公里，但在世界石气市场上占有重要地位，是著名的世界天然气储产大户。卡塔尔的北方气田，是世界上首屈一指的非伴生天然气田，按现有储量估计，可继续开采 200 多年。油气的开发和利用，以及相关的石化工业已成为卡塔尔的经济命脉和支柱产业。

一、油气储量和产量

2003 年，卡塔尔探明剩余石油储量为 20.8315 亿吨，约占世界总量的 1.2%，居世界第 14 位；探明天然气储量为 25.7684 万亿立方米，约占世界总量的 14.98%，仅次于俄罗斯和伊朗，居世界第 3 位。石油产量 3600 万吨，约占世界总量的 1.05%，居世界第 24 位；天然气产量 227.48 亿立方米，同比增长 2.56%。

2004 年，卡塔尔探明剩余石油储量为 20.8315 亿吨，探明天然气储量为 25.7684 万亿立方米，均与上年持平。石油产量 3910 万吨，同比增长 6.1%；天然气产量 294.4 亿立方米，同比增长 29.42%。

二、主要油气企业

卡塔尔石油公司（QP）主管全国的石油、天然气工业，制定发展战略，持股并参与主要企业的管理，负责协调石油和天然气的生产和销售（含出口）。主要企业有：

1. 拉斯拉凡液化天然气公司

拉斯拉凡液化天然气公司是一个合资公司，1999 年 5 月建成时，拥有两条液化天然气（LNG）生产线，年产660万吨液化天然气，6月实现首批液化天然气出口。第三生产线于2004年5月建成投产，第四条生产线在安装调试中，第五生产线已签署协议。

2. 卡塔尔液化天然气公司

卡塔尔第一家从事天然气开发利用的公司，1996年首次出口液化天然气，2001年达740万吨，2005年计划增至890万吨。

3. 卡塔尔化肥公司（QAFCO）

世界上专门生产尿素和氨的最大厂家之一，拥有年产280万吨尿素、200万吨氨的生产能力，向全世界25个国家和地区提供出口。

4. 卡塔尔石化公司（QAPCO）

该公司是中东地区专门生产乙烯和低密度聚乙烯的最大厂家之一，年产乙烯40.6万吨，低密度聚乙烯33.3万吨。

5. 卡塔尔乙烯基公司（QVC）

2001年4月投产，年产二氯化乙烯（EDC）17.5万吨，氯乙烯单体（QCM）23万吨，烧碱29万吨。

6. 卡塔尔化工公司（Q-CHEM）

年产45万吨聚乙烯，50万吨乙烯，4.7万吨乙烷-1。

7. 卡塔尔塑料制品公司（QPPC）

2000年8月建成投产，年产330万公斤塑料袋，150万公斤塑料薄膜，专门向卡塔尔石化公司提供高强度塑料袋，替代进口。

8. 卡塔尔燃料添加剂公司（QAFAC）

1999年12月建成投产，年产82.5万吨甲醇。公司建有六个储存罐，储存容量为4.8万立方米。中国台湾中华石油公司拥有这家公司20%的股份，李长荣化工工业公司拥有15%的股份。

除卡塔尔本国的石化企业外，BP、埃克森、道达尔菲纳埃尔夫等国际大公司纷纷前来投资建厂，参与卡塔尔油气的开发利用。

三、液化天然气的生产与出口

卡塔尔主要有两家液化天然气出口单位：卡塔尔液化天然气公司和

拉斯拉凡液化天然气公司。

卡塔尔液化天然气公司下游集团包括卡塔尔通用石油公司（QG-PC，65％）、道达尔（10％）、埃克森莫比尔（10％）、日本三井（7.5％）、日本丸红（7.5％）。该公司主要有4条生产线，总生产能力为920万吨/年，1996年12月首批液化天然气出口日本。

拉斯拉凡液化天然气公司的两个主要股东是卡塔尔通用石油公司和埃克森莫比尔，拥有两条液化天然气生产线，生产能力各为330万吨/年。第一条生产线于1999年初建成，同年8月向韩国燃气公司提供出口。第二条生产线于2000年4月建成投产。2001年4月，拉斯拉凡液化天然气公司与日本千代田公司、三井公司、意大利司南普吉提公司就建设第三条生产线签署协议，该生产线的设计能力为470万吨/年，是当时世界单条生产线产能之最。

2000年5月，埃克森莫比尔和卡塔尔通用石油公司签署了一个开发北方气田与产品分成的协议。该项目1期工程的天然气生产量为1400万立方米/日，最终生产能力为5000万立方米/日。

卡塔尔原先主要向日本和韩国出口液化天然气，后来逐渐扩大至印度、西班牙和意大利。1999年7月，拉斯拉凡液化天然气公司与印度国家石油公司签署了一个750万吨/年的液化天然气供货合同（自2003年中期开始）。以后又同西班牙天然气公司和意大利爱迪生天然气公司签订了供货合同，从2005年起供应液化天然气350万吨/年。

此外，卡塔尔还积极参与阿联酋海豚项目①的筹划与实施。1999年6月，阿联酋国家油气公司同卡塔尔、阿曼、巴基斯坦签署了实施该计划的初步意向书，同莫比尔公司签署了从卡塔尔北方气田供应天然气的意向书，总投资为100亿美元。卡塔尔从2005年起每年销售约200亿立方米的北方气田天然气，先由一条连接北方气田和阿布扎比的管线输送，而后进入连接阿布扎比、迪拜和阿曼的输气网。2000年3月阿联酋国家油气公司宣布，选择法国道达尔菲纳埃尔夫公司和美国安然公司为项目执行方，两家公司各拥有24.5％的股份。前者供应北方气田的

① 请参阅本章第五节。

天然气，后者致力于管线发展。2001 年 5 月，安然公司宣布退出，股份移权至阿联酋国家油气公司。虽然道达尔菲纳埃尔夫公司有意获取该项目的更多股份，但阿联酋国家油气公司更希望有其他公司参与。由于欧佩克采取减产保价措施，阿联酋和阿曼的国内伴生气产量随之减少，所以该项目可以部分缓解两国对天然气的更多需求。2000 年 7 月卡塔尔同科威特签署了一份燃气销售原则协议，气源是埃克森莫比尔在北方气田拥有的份额。

卡塔尔在天然气合成油方面也有发展，共开发了两个项目。2001 年 7 月，卡塔尔石油公司和南非沙索公司签署了兴建天然气合成油工厂的协议，该项目的生产能力为 3.4 万桶/日。福斯特惠勒公司参与了该项目的初步设计。另一个项目由莫比尔公司承包，设计能力为日产 8 万桶天然气合成油。

四、加大能源投资，扩大油气生产

2004 年 1 月，卡塔尔国家石油公司宣布，它同世界跨国公司合作，计划在未来 4 年内投资 228 亿美元，发展油气工业，其中 47 亿美元向银行贷款，49 亿美元通过出售股票融资获取，余下 132 亿美元由外资提供。在资金使用方面，90.65 亿美元用于液化石油气和输油管道项目，82.41 亿美元用于天然气开采和液化气加工，27.47 亿美元用于原油开采，27.47 亿美元用于石化部门。这次同卡塔尔国家石油公司合作投资的是美国埃克森莫比尔、大陆菲利浦斯集团和法国道达尔菲纳埃尔夫石油集团等国际知名石化企业。

卡塔尔的主要在建项目或计划上马项目：

1. 2004 年 7 月 20 日，卡塔尔石油公司同荷兰皇家壳牌石油集团签署协议，计划在拉斯拉凡工业城建造世界上最大的液化天然气生产厂。根据协议，壳牌集团投资 50 亿美元并提供生产技术，卡塔尔石油公司供应天然气。根据协议，壳牌在 2011 年以前完成工程建设，并达到日产 13.7 万桶液化燃料的生产能力。这项油气合作协议意义重大，是卡塔尔向着成为全球液化天然气中心这一目标迈出的重要一步，将对卡塔

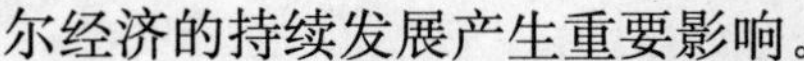

尔经济的持续发展产生重要影响。

2.2004年7月13日，卡塔尔能源大臣同美国莫比尔公司执行副总裁达成协议，在拉斯拉凡工业区内兴建第3座天然气液化厂。该项目预计耗资70亿美元，全部融资由莫比尔公司负责，这也是莫比尔公司投资兴建的唯一一座天然气合成油工厂。合同期为25年，计划2011年建成投产，日耗天然气5100万立方米，生产清洁燃油15.4万桶，最大生产能力为16万桶/日。此前，卡塔尔还与南非沙索石化公司、壳牌公司分别达成开办天然气合成油工厂的协议，同美国埃克森莫比尔公司达成了液化气出口协议。根据协议，卡塔尔在从2008年起，每年向美国出口2000万吨液化天然气。①

3.建造拉斯拉凡天然气公司第五液化天然气生产线。2004年7月，拉斯拉凡天然气公司总经理与日本千代田公司国际项目部经理签订了合同。这条生产线的设计生产能力为年产470万吨，总投资约15亿美元，计划2007年建成投产。日本千代田公司是拉斯拉凡天然气公司第三和第四生产线的主要承建公司。根据新合约，卡塔尔的这条生产线比以前降低成本7%，施工工期比第四生产线缩短6个月。

五、建立天然气运输船队公司

为与液化天然气（LNG）的生产配套，2004年卡塔尔开始组建LNG运输船队公司，计划在5年内建成世界上最强的LNG运输船队。该公司总注册资金约14亿美元，其中政府投资40%，社会融资60%。社会融资主要面向卡塔尔人，少量接受海湾邻国的国民资金。2003年以来，卡塔尔在天然气销售方面取得了突飞猛进的业绩，通过与国际著名公司签约，已成功进入了美、英等国的天然气市场。根据订单，卡塔尔到2010年的LNG生产量已超过6000万吨/年。随着大量订单的接踵而至，卡塔尔迎来了一个LNG运输船队快速发展的

① 中国驻科威特经商参处：《卡塔尔计划2008年向美国出口液化天然气》，新浪网，2004年11月6日。

新时期。

为了增强天然气的出口能力，卡塔尔天然气运输公司计划从2004年起，5年内约需要90艘LNG运输船，现已投入使用的LNG运输船有42艘，尚未交货的剩48艘。① 另外，卡塔尔还需要为出口液化石油气（LPG）和硫磺配备许多运输船。按卡塔尔目前拥有的运输能力，远远不能满足运输需要。为此，卡财政大臣向世界造船界公开发出信息，希望他们参加竞标。在卡塔尔的现役运气船中，13.5万吨级的4仓运气船，造价一般在1.6亿—1.75亿美元；14.5万吨级的约2亿美元；15.3万吨级的（2005年交货）约2.3亿美元；按计划，到2010年将会有大批22万吨级和25万吨级的大型运输船加入船队。卡塔尔海运公司分别占股15%—30%不等，其余股份主要为日本公司所有。

六、与美国油气公司的国际合作

卡塔尔的北方气田是现今世界上最大的天然气田之一，其探明储量不断增长，增长潜力巨大。近年来，随着油价高企，天然气市场的重要性日益突出，卡塔尔的天然气资源遂成为国际能源巨头抢滩开发的重点。

1. 2004年7月12日，卡塔尔石油公司与埃克森莫比尔签订了一项有关天然气的原则协议，在拉斯拉凡工业城建设天然气液化加工项目，70亿美元投资全部由埃克森莫比尔出资，该项目日需5000万立方米天然气作原料，全部取自卡塔尔北方气田，计划于2011年建成投产，协议有效期为25年，项目设计生产能力为日产16万桶LNG及其他石油产品，其中有一半为清洁燃料柴油，20%为润滑油等，其余为天然气其他产品。②

---

① 李峻：《卡塔尔5年内将拥有世界最大LNG运输船队世界制造网》，中国石油网，2005年9月16日。

② 《美国与卡塔尔签署天然气建设协议》，慧聪网化工行业频道，2004年7月16日。

2. 2005年2月27日，卡塔尔石油公司又与埃克森莫比尔石油公司、皇家荷兰壳牌集团分别签订了天然气合作协议，两个协议总金额高达190亿美元。埃克森莫比尔签署的是共同开发液化天然气2期项目协议，总投资128亿美元，这是全球液化天然气领域内最大的合作项目。壳牌集团与卡塔尔石油公司共同斥资60亿美元，在卡塔尔的莱凡角合作建造一家LNG工厂，计划从2010年起向欧美市场供应LNG。

七、卡塔尔天然气与中国

中东产油国对外商投资本土油气资源的态度正由封闭型向开放型转变，这为国际石油集团提供了巨大的商机，但是卡塔尔的天然气市场对于中国公司来说，稍显力不从心。中石油、中石化等集团虽都已跻身世界500强前50位，但与壳牌、埃克森莫比尔等国际大公司相比仍存在差距。对于投资天然气项目，一次前期投入动辄上百亿美元，即使中国公司通过融资能够募集到所需资金，但在技术、人力资源、地缘政治等各方面仍存在某些问题。对此，中国企业应客观面对国际竞争，与海湾产油国保持友好关系，选择合适的项目。①

天然气市场的发展依赖输配系统的形成和健全。天然气运输主要有两种方式：管道运输与液态输送。液态天然气是今后全球资源发展的重要方向，但由于天然气的液化、运输和再气化的成本较高，所以相对于管道运输，以液态输送天然气不易取得增长。再则，天然气市场的上下游之间存在一个利益均衡机制。如果上游不顾下游利益，下游就形不成健全的市场，那么管道就会形同虚设，投入的资本就会付诸东流；反之，如果下游不顾上游利益，气源的供应就会因投资者无利可图而萎缩，继而影响下游自身的利益。

---

① 仇晓慧、崔忠亚："卡塔尔天然气成能源圈地新热点"，《全球财经观察》，2005年3月15日。

八、天然气生产前景

卡塔尔的天然气发展远景举世瞩目，它要把自己建成全球最大的液化天然气供应基地，取代印度尼西亚成为最大的天然气出口国。根据卡塔尔能源部的油气发展计划，至2011年底液化天然气将达到年产6000万吨的水平，至2012年卡塔尔在天然气、石化领域的累计投资将达750亿美元。

卡塔尔对未来能源供需的估计是：如果原油日需求量至2030年增加50%，达到1.2亿桶，那么天然气的需求量将每年增加3000亿立方米。为了满足这一不断增加的世界需求，卡塔尔能源部门必须不断追加投资。

第八节　阿尔及利亚——前景独好

一、油气储量

2003年，阿尔及利亚探明剩余石油储量为15.4986亿吨，约占世界总量的0.89%，居世界第15位；石油产量5250万吨，约占世界总量的1.54%，居世界第17位。探明剩余天然气储量为4.5307万亿立方米，约占世界总量的2.63%，居世界第7位；天然气产量803.44亿立方米，同比增长7.01%，约占世界总量的3.22%，在中东地区产油国中排名第1位。

2004年，阿尔及利亚探明剩余石油储量为16.1643亿吨，同比增长4.30%，世界排名不变；石油产量6025.0万吨，同比增长14.76%。探明剩余天然气储量为4.5449万亿立方米，同比增长不足0.3%，约占世界总量的2.65%；天然气产量843.34亿立方米，同比增长4.97%，约占世界总量的3.16%，中东地区天然气生产排名依然第1。

二、油气企业

阿尔及利亚国家油气公司成立于 1963 年，专门负责管理国家的油气工业。1970 年尔及利亚阿实施油气资源国有化后，阿国家油气公司就开始全面承担国家油气工业的各项业务，如油气的勘探与生产、油气产品与化工产品销售、国家炼油厂管理、油气产品运输、液化天燃气和液化石油气产销、国际经营等。

1991 年阿尔及利亚向外资推行油气产业开放政策，颁布了新石油法，准许外国石油公司参与国内的油气生产活动，由阿国家油气公司负责与外国公司的合作，并进行管理。自 1992 年起，阿已先后与道达尔公司、西班牙石油公司、意大利阿吉普公司、西班牙雷普索尔公司、美国阿纳达科公司、莫比尔公司、以色列阿科公司、加拿大石油公司和阿根廷石油公司签署了 12 项勘探开发合作协议。

三、发展现状与前景

未来 10 年里，阿尔及利亚希望能吸引到 500 亿—730 亿美元的外资，用于油气资源的开发和利用。阿的油气资源主要集中在 4 个油气盆地，约占 1/3 的国土面积，另外近 2/3 的面积尚未进行油气勘探。现共有 34 个在产油田，集中分布在中部地区和利比亚边界附近，其中大都是 50 年代发现的，主要生产低硫轻质原油。阿的天然气资源非常丰富，占全国油气总储量的 70%，是政府的重点投资开发对象。近年来，阿不断发现储量丰富的大油田，引起全球能源界的广泛关注，这也使得阿油气的发展前景格外看好。为此，阿政府制定了一系列投资优惠政策，完善了石油部门的管理法规，积极鼓励外资公司参与阿油气的勘探和开采。在阿油气资源和优惠政策的吸引下，世界各国的大型石油公司纷至沓来，纷纷加大了开发阿油气的投资力度。

阿尔及利亚是欧佩克成员国之一，日产原油能力 140 万桶，2005 年估算产量 135 万桶/日。作为世界上的重要天然气生产国，阿原先计划到2010年使天然气产量达到850亿立方米，但实际上2004年就已接近这一目标。阿尔及利亚2004的天然气产量达843亿立方米，2005年达900亿立方米，超过了这一目标。

为了合理有效地开发油气资源，阿尔及利亚政府非常重视国际合作，它的第四轮大规模油气勘探和开采招标活动使大量的国际资本纷纷涌入国内，参与投资和开发。这一举措同时也给了石油工业中游的输油管道和出口终端、下游的炼油和石化带来了投资机会。

2004年2月，欧佩克宣布减少其成员国的石油生产配额，由于在阿尔及利亚的油气出口中，原油出口仅占30%，其余70%为天然气出口，因此减少原油生产配额不会给阿尔及利亚的油气出口造成太大的影响。阿尔及利亚的石油开采已有数十年历史，由于不断有新的油气矿藏被发现，因此现在的探明剩余储量仍相当于1970年的储量。1997—2000年，阿尔及利亚与外国石油公司共签订了10项合同，仅相当于2001年一年阿与外国公司签订的合同数量，此后阿尔及利亚与外国石油公司的合作日益增多，这说明阿尔及利亚对外开放油气资源的决心是坚定的，政策上具有延续性，实施的力度仍在不断加强。

阿尔及利亚的油气储藏面积约150万平方公里，但每万平方公里的油气勘探钻井或生产钻井数仅8口，远低于国际平均数100口/万平方公里。再从产量看，阿尔及利亚2005年日产原油约135万桶，2010年的发展目标是200万桶/日，由此可见，阿尔及利亚的油气生产有着深厚的发展潜力。

四、油气收入与投资

2003年阿尔及利亚的油气总收入达240亿美元，大大超过2002年的181亿美元水平，创下了历史新高。其中油气出口总额突破210亿美元，比2002年增长16%。2004年，由于产量增长较快和世界油价持续上涨，阿尔及利亚油气出口收入大幅增至315亿美元，较2003年增长32%；石油税收约为217亿美元，较上一年增长25%；油气销售为1.59亿当量吨，其中1.33亿当量吨油气用于出口，出口量较2003年增长 2%。2004 年油气领域投资合计为 39 亿美元，较 2003 年有所下降，其中 15 亿美元为来自国外石油公司。[①]

五、出口

油气出口在阿尔及利亚的出口贸易中占有重要地位，约占阿尔及利亚出口收入总额的 95%。阿的油气产品大部分供出口，国内消费仅占能源总产量的 30%，出口原油大部分销往美国和欧洲。天然气（含液化天然气）主要销往欧洲（74%）、北美（18%）、南美（4%）、亚洲（2%）和非洲（2%），其中意大利每年向阿尔及利亚进口 240 亿立方米，是阿尔及利亚天然气的第一进口国；法国每年向阿尔及利亚进口 90 亿立方米，占国内天然气消费的 22.8%。2003 年，美国向阿尔及利亚进口了总价值约 40 亿美元的油气产品，其他进口阿尔及利亚油气产品的西方国家依次为西班牙、比利时和英国。

六、输气管线

阿尔及利亚已建成的输气管线有两条。一条称作“穿越地中海管线”(TransMed)，1987 年开通，经突尼斯穿越地中海直抵意大利，全长 2509 公里，在阿境内 549 公里，年输气能力为 240 亿立方米，主要向意大利、斯洛文尼亚和突尼斯供气，其中意大利的天然气消费量约占输气总量的 40%。2005 年 5 月意大利埃尼集团与阿尔及利亚国家油气公司达成协议，决定投资 4 亿美元，为该线增能，计划到 2012 年将该线的输气能力提高到 335 亿立方米/年。另一条输气管道称作“马格里布—欧罗巴”管线(Maghreb-europe)，1996 年开通，经摩洛哥通往西班牙，全长 1370 公里，在阿境内 530 公里，在摩境内 500 公里，输气能力为 80 亿立方米/年。

阿尔及利亚的第 3 条输气管道于 2004 年 6 月破土动工，称作“地中海天然气管线”（Medgaz），现仍在建设中。该线南起阿尔及利亚的

---

① 资料来源：中国驻阿尔及利亚经商参处网站。

贝尼萨夫，北至西班牙的阿尔梅里亚，总投资逾 6 亿美元，计划 2007 年建成，每年向西班牙等欧洲国家输送约 40 亿立方米的天然气。

阿尔及利亚的第 4 条经地中海撒丁岛直抵意大利的油气输送管道正在筹划之中。①

阿尔及利亚的 5 家炼厂和 7 个出口口岸位于沿海地区，各在产油气田与这些炼厂和出口口岸之间由油气输送管线连接，现在原油和石油产品的日出口量约 16.4 万吨。

七、国际合作与引资

1986 年和 1991 年，阿尔及利亚两次修改法律，允许外资企业投资国内的油气产业。至今，阿已先后同美国、英国、法国、意大利、西班牙、澳大利亚、利比亚和马来西亚等近 20 个国家的 30 多家公司签署了 50 余个合作协议。在这些合作项目中，阿尔及利亚一般都承担 35%当地费用，其余 65%由合作伙伴承担。自与外资企业开展合作以来，阿新发现油气田共计 100 余处，其中 70%是外资公司发现的。

1999—2003 年，世界上共有 50 多个国际石油公司来阿参与油气资源的勘探与开发，投资金额逐年增加。1999 年外企的直接投资约 6.71 亿美元，2003 年增至 23 亿美元，5 年间直接投资金额累计达 86 亿美元。从参与投资的外国公司看，美国投资居首位，逾 30 亿美元，占 35%，其次是意大利（14%）、澳大利亚（9%），英国、马来西亚、加拿大（各占 8%）、法国（7%），以及俄罗斯、西班牙等。在已完成的主要项目中，英国公司占 30%、美国公司占 20%、澳大利亚公司占 16%、西班牙公司占 15%。

2003 年，阿政府决定引资开发阿第二大油库——乌尔乌德油田。5 月，一个总投资约 16.8 亿美元的石油工程项目宣布启动，其中 7.7 亿美元用于建造“乌尔乌德组织中心”，日本 JGC 公司以 EPC（设计、采

① 《阿尔及利亚石油天然气领域调研》，中国驻阿尔及利亚商务处网站，2004 年 9 月 14 日。

购、施工）方式获得建设合同，项目的土木工程由阿国内公司完成。其他在建的重要项目还有中石油集团的阿德拉一体化项目和德国林德公司投资建设的斯基克达氦气厂，前者投资 3.7 亿美元，后者投资 9000 万美元。2004 年 1 月 19 日，斯基克达液化天然气厂突然发生爆炸，造成 20 余人死亡，4 亿美元经济损失。阿政府后决定对该厂的重建工程进行国际公开招标，希望使该厂的 LNG 生产能力增至每年 4 亿吨。

阿国家油气公司迄今已进行过多次区块风险勘探工程国际招标，该公司建议投资者与合作商通过浏览阿能矿部网站，以获取项目信息，在公开、透明原则下，要求有关各方尊重竞争规则。目前阿尔及利亚在石油、天然气和液化天然气领域最大的合作伙伴分别是美国维利迪公司、意大利埃尼公司与法国天然气公司。

2004 年，阿尔及利亚在油气领域取得多项成就：一是在油气领域吸引投资 80 亿美元，法国天然气公司、道达尔公司、BP 公司、意大利埃尼集团、西班牙恩德萨公司等均参与了阿油气领域的投资与开发；二是与意大利就合作建设“穿越地中海”输气管道增能工程达成协议，该项目建成后可满足意大利、斯洛文尼亚和瑞士等国的部分油气需求；三是阿国家油气公司参与了秘鲁油气项目开发，每日在秘鲁生产 5 万桶石油，用于在当地市场销售或向墨西哥等国出口；四是与德国 BASF 化工集团合作，在西班牙联合投资，建成一座丙烯生产工厂，总投资 2.15 亿欧元，其中阿方占 49%、德方 51%，按合同规定，工厂采用脱氢工艺，年产 35 万吨丙烯，每年所需的 42 万吨丙烷原料由阿供应；五是石化炼制能力增至每天 50 万桶。①

八、同中国的合作

2003 年 12 月 6 日，中石油中标谢里夫盆地 102A-112 区块和乌埃德姆亚盆地 350 区块的油气风险勘探项目，这是中石油首次进入阿油气

① 《阿尔及利亚国家石油天然气公司在西班牙投资建厂》，中国驻阿尔及利亚经商参处网站，2004 年 3 月 18 日。

风险勘探领域。此前7月，中石油同阿方签署了一份石油合作合同，承担了阿德拉油田开发、炼厂建设和经营、销售上下游一体化的项目。

这次被中石油中标的102A-112区块位于阿尔及尔与奥兰之间的沿海地区，面积约9000平方公里；350区块位于阿尔及利亚中部，紧靠阿最大的天然气田—哈西勒迈勒，面积约8700万平方公里。根据合同，中石油须在3年勘探期内，投资3100万美元，用于这两个区块的油气勘探工程。2004年4月，中石油对这3处油气田开始正式进行勘探。

2004年7月28日，包括法国道达尔、挪威国家石油公司、壳牌、BP等35家世界知名石油企业参加了阿尔及利亚第五轮油气风险勘探项目投标。阿的油气发展目标是，到2010年将石油产量提高到每日200万桶，在未来5—10年内将探明储量提高到800亿桶[①]（约合110亿吨），2005年阿的探明剩余石油储量为15.5亿吨。目前，中石油正在阿尔及利亚逐步站稳脚跟，确立自己的地位。

第九节　阿曼——大力发展天然气

一、油气储量

2003年，阿曼的探明剩余石油储量为7.5424亿吨，约占世界总量的0.43%，居世界第20位；石油产量4110万吨，约占世界石油总量的1.2%，居世界第21位。探明天然气储量为0.8291万亿立方米，约占世界总量的0.48%，居世界第27位；天然气产量55.75亿立方米，同比下降16.80%。

2004年，阿曼的探明剩余石油储量与上年相同，估算产量3835万吨，同比下降7.4%；探明天然气储量也与上年持平，估算产量57.82亿立方米，同比下降3.71%。

① 刘畅：《中石油和中石化投标阿尔及利亚油气项目》，世华财讯网，2004年7月16日。

二、油气企业

阿曼石油公司（OOC）是100%的阿曼国有公司，成立于1992年，其主要任务是代表政府对国内外油气行业进行投资并参与管理。

阿曼燃气公司为阿曼政府控股公司，阿曼油气部占股80%，阿曼石油公司占20%。

阿曼石油发展公司（PDO）是阿曼的主要产油公司，1967年成立，政府占股60%，其余40%股份为外国公司所有。该公司拥有90%的全国石油生产能力和100%的全国天然气生产能力。

阿曼液化天然气公司（OLNG）主要从事LNG的生产，政府占股51%，外国公司占股49%。该公司是阿曼唯一的天然气开采和加工单位，年产液化天然气660万吨。

三、发展思路

（一）积极寻找新油藏，鼓励外资参与石油勘探和开发

为了发掘新油藏，实现国家的油气战略目标，阿曼石油发展公司积极鼓励外资参与石油勘探和开发，并自2001年起启动了多个开发现有油田和勘探新油田的项目。阿曼油气部先与澳大利亚诺务斯能源公司和亨特石油公司签署了勘探开发协议，后又与泰国石油勘探和生产公司（PTTEP）签署区块开发协议。2003年阿曼石油发展公司共打了10口石油勘探井和4口天然气勘探井，其中6口井具备商业化开发的潜质，发现成本为52美分/桶。同年阿曼石油发展公司的日均产量达70.2万桶，基本实现年初制定的目标70.3万桶/日，凝析油产量为日均5.9万桶。[①]

---

① 庞晓华：《阿曼石油开发公司大力发展阿曼油气工业》，中油网，2004年9月1日。

2004年3月12日，阿曼油气部与印度Reliance集团签署了18区块勘探生产分成协议。该区块位于阿曼巴提纳区的阿曼湾海域，面积1.8万平方公里，水深1000米。阿曼18区块是印度Reliance公司在海湾地区的第一个石油勘探项目。

（二）以石油开发为支撑，走多元化发展道路，推动天然气的开发和利用。

多元化发展是阿曼的优先选择，为改变长期以来形成的单一原油生产局面，阿曼重点发展了比较具有优势的产业，如苏哈尔工业区内的天然气生产项目，以及通往撒拉拉和苏哈尔的天然气管线建设项目等。2000年4月，阿曼的LNG首次出口，开始向韩国燃气公司提供25年的长期供应。天然气生产现已成为阿曼的支柱产业，近年来每年出口LNG的价值均在11.7亿美元以上，主要出口伙伴为韩国、美国、日本、比利时、西班牙、法国和阿联酋。

四、油气发展现状与重要举措

由于受制于石油生产速度、新油藏的发现和技术开发等诸多因素，要精确评估阿曼油气的开采期限十分困难。若无新油藏发现，以目前的生产速度和探明储量计算，阿曼石油还有20年的开采期。但众多国际石油公司认为，阿曼尚有大量未探明的油藏等待开发。

相对沙特、科威特、阿联酋、伊朗、伊拉克等海湾油气大户，阿曼的油气资源相对较小，产量仅占世界总量的1%略余，近年油气工业的收入约占本国GDP的43%，常年原油出口保持在3.32亿桶（90万桶/日），年出口精炼石油产品约77亿—89亿美元。阿曼原油的主要进口伙伴是日本、韩国、泰国、中国及中国台湾，分别占阿曼石油出口总额的25.3%、18%、16.5%、15.2%和6.8%，合计约为82%。

2000年，阿曼建成了第一个LNG生产厂，年产液化气660万吨，主要出口到韩国、日本、印度等国家。2002年3月，阿曼液化天然气公司与英国壳牌公司签署达成液化天然气出口协议。根据协议，阿曼连续5年每年向英出口70万吨液化天然气。这是阿曼液化天然气公司与外国公司签署的第4个协议。前3个协议，分别与韩国、日本和印度的3家公司签订，总出口量达480万吨，出口期限为20—25年不等。

2003年，阿曼石油发展公司公布了两个新发现的重要气田，一个在阿曼中部的哈赞，另一个在库扎。新气田的发现不仅使阿曼政府有能力在苏哈尔和苏尔实施以天然气为基础的计划项目，也能向正在扩建中的阿曼液化天然气厂提供原料。根据计划，在今后的25年里，阿曼天然气出口收益将占到国家油气总收入的18%、GDP的10%。2004年10月阿曼石油发展公司决定，在以后的5年内投资100亿美元，将其生产能力从66万桶/日提高至80万桶/日，以适应油气产业的发展需要。

近年来，阿曼油气发展的重要举措主要有：

（一）大力开展境外投资

阿曼石油公司作为阿曼的国有企业，积极开展对境外油气产业的投资。

1. 2003年10月，阿曼石油公司同泰国烯烃公司和韩国LG工程公司合作，共同投资两亿美元，在泰国兴建一座石化厂；

2. 同韩国LG公司达成合作协议，在卡塔尔首都多哈新建两家石化厂：一家是聚丙烯厂，另一家是炼油厂，阿曼石油公司占股20%，生产能力为日炼油7.5万桶；

3. 同印度合资兴建一家化肥厂，阿曼石油公司占股30%；

4. 与巴基斯坦ENGRO化工有限公司合作，投资兴建氨水处理厂；

5. 与泰国国家石油公司协商，收购其下属的两家石油化纤公司股份。

（二）兴建苏哈尔炼厂

同日本天然气公司合作，投资10亿美元，在苏哈尔省兴建一家炼厂。阿曼兴建苏哈尔炼厂，一是为了进一步加强苏哈尔省的工业实力，在已有炼厂的基础上，继续扩大阿曼石油产品的炼制和出口；二是为了进一步繁荣苏哈尔港，使经济产业多样化，为阿曼重工业和石化工业的发展提供支持。苏哈尔炼厂90%的产品供出口，由一家英国公司专门负责代理10年的国际市场销售工作。

苏哈尔炼厂是阿曼的第二大国营炼厂，完全由国家投资，它由两个分厂组成：一是日产11.64万桶的原油蒸馏厂；二是日产7.526万桶的燃料油炼厂。苏哈尔炼厂作为苏哈尔港最大的建设项目，为解决当地的就业问题发挥了重要作用。

（三）同韩国LG集团公司合作，引进技术服务

2003年9月9日，阿曼油气部、苏哈尔炼油公司（SRC）与韩国LG集团公司签署了价值约4576万美元的合同，LG公司为苏哈尔炼厂提供同经营和管理相关的技术支持服务，合同期限至2010年。根据合同，LG公司承担三项任务：一是在油气处理方面为苏哈尔炼厂提供世界级的先进技术；二是通过职业培训，促进技术人员的阿曼化；三是建立一支专职队伍，进行长期的企业管理，保证炼厂正常运营。

（四）兴建阿曼—阿联酋输气管道

2003年2月6日阿曼与阿联酋签署两国天然气输送协议。根据协议，连接阿曼马赫达和阿联酋艾因的跨国天然气管道建成后，阿曼石油公司便开始向阿联酋海豚能源公司输送天然气，最多可达3800万立方米/日。该管线由印度建筑公司（DODSAL）承建，长45公里，耗资2200万美元。同年11月，该管线如期竣工。该管道的建成对阿曼和阿联酋两国都具有重大意义，这是海湾地区第一条跨国界的输气管道。12月中旬，马赫达—艾因管线正式开始供气，阿曼向海豚能源公司每日供给天然气480万立方米，首先满足阿联酋富查依拉电力海水淡化项目的需要①。

2005年3月上旬，阿曼正式宣布，连接阿联酋的天然气管道工程全面竣工，该工程实际耗资1.2亿美元，共长182公里，管道直径24英寸（60.96厘米）。该管线的全面建成，使阿曼能够在海豚能源计划实现以前，向阿联酋的富查依拉和艾因地区保证供应天然气。

---

① 资料来源：中国驻阿曼苏丹国大使馆经商参处，2003年9月1日。

五、与中国的油气合作

2004年，中国与阿曼的油气合作全面开花：一是中国从阿曼进口原油1635万吨，占阿曼出口原油总量的38%，成为阿曼最大的石油输出对象国，而阿曼则成为中国的第二大原油供应商；二是阿曼与中石化签订了石油合作生产协议，授权中石化对阿曼地质、地球物理进行评估，并开展地震勘测，在开发期的前三年钻探油井；三是两国的贸易额高达45亿美元，在阿拉伯世界占第三位；四是相互投资成倍增长，充分体现优势互补；五是在阿曼开展业务的中国公司增至30家。[①] 鉴于两国之间已经拥有的合作基础，阿曼代表在2005年9月北京举行的“中阿贸易洽谈会”上表示：不仅欢迎中国企业进入其油气勘探和石化生产领域，也希望能够借鉴中国在矿山开采、造船及中小企业发展等方面的成功经验。2003年，阿曼的国民经济总产值为217亿美元，经济增长率为6.9%，人均收入为9260美元，石油天然气收入占政府总收入的72.7%。[②] 2005年阿曼的国民经济总产值增至307.3亿美元，其中油气产业的产值达188.8亿美元，同比增长38%。[③]

第十节　也门——悄然崛起

一、油气储量和产量

2003年，也门探明剩余石油储量为5.4794亿吨，约占世界总量

① 王艳华：“阿曼石油巨头豪华阵容中国之旅期待双赢局面”，《21世纪经济报道》，2005年9月28日。

② 李江涛：“阿曼希望中国企业在油气勘探等领域加强合作”，中油网，2005年9月30日。

③ 《阿曼经济》，中国驻阿曼苏丹国大使馆经商参处网站，2006年7月10日。

0.32％，居世界第28位；估算石油产量1750万吨，约占世界总量的0.51％，居世界第33位；探明剩余天然气储量为4785亿立方米，约占世界总量的3.79％，居世界第33位。

2004年，也门探明剩余石油储量和估算产量，以及探明剩余天然气储量均与上年相同，没有增加。也门生产的油田伴生气大都用于重新注入油田，以增加原油产量。

二、回眸发展

在中东产油中，也门发现油气储藏较晚，至20世纪80年代中后期才刚刚开始起步，虽然迄今还说不上有什么影响，但原先作为被联合国认定的世界上最贫穷的25个国家之一，随着国内油气资源的不断开发和利用，其经济已大大改善。也门政府公布的有关数字显示：2002年，也门的油气收入为18.7亿美元，比上年约下降6.9％；石油日产量比上年增加10万桶，达55万桶/日，全年产量约2亿桶；其中，石油出口达到6319万桶，按当年欧佩克一揽子原油年均价每桶24.36美元计，出口总额约为15.4亿美元；国内年石油消费为13352万桶，比上年约增长8.18％。

2004年也门的国民经济总产值约达116.12亿美元，同比增长3.57％。财政收入约43.3亿美元，比上年增收约7.06亿美元，增长19.3％。其中，石油收入约31.22亿美元，比上年增收9.12亿美元，增长41％，天然气约2803万美元，比上年约增收96万美元。

也门的石油储量估计在50亿桶左右，但可开发的仅为10多亿桶。赞纳地区是也门的一个重要产油区，位于也门中部马里卜省和舍卜沃省之间，探明石油储量达4亿桶。该产油区自1996年10月开始投产，最初生产能力为日均1.5万桶，经过逐步扩建、勘探和开发，现约为7万桶。

也门天然气的勘探区域还在不断扩大，其资源和开发利用有一定潜力。

三、油气管理机构

（一）也门石油矿产部

20 世纪 60 年代初，也门燃油公司（YFC）成立，主要负责销售石油产品和从事少量的石油资源调查活动。1973 年更名为也门石油公司（YOC）。

1975 年，也门矿产资源和石油事务局成立，该局与也门石油公司平行，在技术和资金有限的情况下，做了一些现场研究工作，并参与和监督外国公司在也门的石油作业，它的最大成功在于作为政策制定者，使也门的资源调查活动得以相对集中。

1978 年，也门国家石油矿产事务公司（YOMINCO）成立，该公司由也门石油公司、地质航空测绘局、萨利夫公司（主要生产、销售盐和石膏）三家公司组成，负责陆上石油开发工作。

1985 年，也门石油矿产最高委员会建立。同年 9 月，国家石油矿产事务公司被石油矿产资源部取代，2001 年改称石油矿产部。该部现由地质调查与矿产资源委员会、石油勘探生产总局、部长理事会、部长指导石油销售委员会和也门油气总公司等五个部分组成，其中也门油气总公司负责管理亚丁炼厂、也门炼油公司（马里卜炼厂）、石油培训中心、石油产品销售公司、也门天然气公司和也门石油矿产投资公司等。

为促进国内油气产业的发展，也门石油矿产部专门成立了油气新动向观察中心，其主要任务是密切关注世界油气形势的变化及其对也门经济的影响，研究分析世界范围与阿拉伯地区的油气工业发展和投资动向，探析国际油价走势，以便政府灵活采取应变措施。

（二）主要管理机构及其职责

1. 石油勘探与生产总局

也门石油勘探与生产总局成立于 1997 年，其主要职责是：根据也门有关法令和该局发展计划对石油勘探与生产进行管理与促进，如监督、管理在也门进行开采和开发的公司，帮助制订和执行有关吸引资金投资开放区块的计划，对石油开发和生产的有关品质和数量进行数据的收集、整理、分类、储存、保管和分析，向有关公司和当局就石油开发提供数据资料并在相邻公司之间交换技术信息，对石油公司引进的原料、工具和设备等进行管理，对油气资源进行技术和经济研究，对油气储量进行评价和介绍，协助有关部门进行油田环境保护和对员工专业技术技能的培训等。

2. 也门油气总公司

也门油气总公司负责管理石油产品营销公司、亚丁炼厂、也门炼油公司、也门天然气公司、也门石油矿产投资公司和石油培训中心，其主要职责是：执行油气发展政策，管理、监督下属公司的技术和财政，满足本地市场对石油产品和初、中级原料的需求，了解、帮助油气生产，促进油气出口，推销原油与油产品，加工处理油气，制订、监督、执行油气工业标准，发展石化工业，促进公司间的协作，保障、完善技术和经济活动，为技术研究和设计提供帮助等。

四、液化天然气（LNG）项目的国际合作

也门的天然气资源主要分布在马里卜和焦夫地区。早期天然气的开采仅限马里卜18区块和马西拉14区块两气田，前者由亨特石油公司开发，日产天然气7.64万立方米；气田由奈克森石油公司开发，日产天然气约1万立方米。另外，马里卜油田通过分离装置分离出的液化石油气产量约为2240吨/日，其中一半用于当地消费，另一半和天然气一起回注油田，以便采油。亚丁炼厂炼油时，每天也有近200吨的液化石油气产出。也门每天的天然气消费约1300吨，其余大量回注油田，少量出口东南亚国家，天然气收入有限。

为开发天然气资源，1995年9月也门政府与道达尔公司签署了合作开发天然气的意向书，1997年2月也门与一些国际石油公司正式签订协议，成立也门LNG公司。按协议，也门天然气公司占股26%，道达尔公司占股36%，亨特公司占股15.1%，奈克森公司占股14.5%，

韩国 YUKONG 公司（现 SK 集团子公司）占 8.4%。同年 10 月，韩国现代公司加入该项目，从也门天然气公司获得 5%的股份。该项目原计划于 2001 年起动开工，但因受亚洲金融危机的影响，项目实施受到延误。

2005 年，萎缩、蛰伏多年的也门液化天然气生产和出口迎来了新的机遇，与多家外国公司签署了供气协议。先是在 2 月，与韩国天然气公司达成协议，从 2008 年开始每年向韩国出口 130 万—200 万吨 LNG；然后分别同道达尔公司和比利时动力集团公司（Tractebel）签订了从 2009 年起供应 LNG 的购销合同，前者每年进口 200 万吨，后者每年进口 250 万吨。

2005 年 8 月 30 日，也门天然气公司与道达尔公司、亨特石油公司、韩国 SK 集团、现代公司共同签署了入股也门 LNG 项目的协议，各公司的股权比例分别为：也门天然气公司拥有 23.1%股权、道达尔 42.9%、亨特公司 18%、韩国 SK 集团 10%、现代公司 6%。协议签署后，也门政府决定重新起动拜勒哈夫 LNG 建设项目。该项目主要包括马里卜—拜勒哈夫直径 38 英寸（96.52 厘米）、长 320 公里的输气管道，LNG 生产厂和出口码头、机场、员工办公和住宿用房的建设等。拜勒哈夫港可停靠大型的天然气运输船舶，其 LNG 生产厂为也门同行业之最，年产量 670 万吨，2005 年 9 月正式上马，整个项目投资约 40 亿美元，预计 2008 年完工，也门天然气公司代表也门政府负责项目的管理和技术工作。

上述项目为当地经济的发展带来了机遇。首先，该项目创造了数以万计的就业机会，雇佣了 15000 名工人和技术人员。其次，使当地一座 40 万千瓦的燃气发电站建设项目提前上马。从 2008 年起的未来 20 年，也门政府仅从 LNG 出口这一项中，就能获得不少于 170 亿美元的外汇收入。①

① 资料来源：中国驻亚丁总领事馆经商室网站。

五、新世纪新举措

在21世纪里，也门政府针对新的能源形势，结合本国实情，为发展油气生产，采取了以下2条重要措施。

1. 同美、俄加强石油勘探合作

2001年末，也门矿产部同两家美国公司（其中一家为泛美石油公司）签署了合作勘探开发也门油气资源的备忘录。根据协议，这两家美国石油公司初期投资3550万美元，用于开发玛赫拉省南月湾和西月湾的两处海上油田。此前，也门矿产部同俄罗斯的一家石油公司就合作勘探开发玛赫拉省的另外两块海上油田，达成了协议。

2. 利用传统友好关系，积极开拓天然气海外市场

在天然气出口方面，也门面临的困难和竞争较多。液化天然气的销售与石油不同，需要先找到买主，签订25年（具体年限由双方商定）的约束协议，然后开始建设出口设施。国际上天然气的供应很充足，但需求有限。也门涉足天然气市场较迟，就亚洲天然气市场而言，也是竞争对手如云，都想占取印度和中国这两大市场。但也门有自己的有利条件：

（1）与印度有着悠久的历史关系，距离较近；

（2）与中国的关系发展良好，拥有传统友谊，多年来从中国的进口持续增长，有利于促使中国同意购买也门的LNG。

也门石油矿产部部长表示，也门不仅希望赢得印度和中国市场，也想寻得其他买方，积极开展国际合作，全方位发展油气产业。

六、与中国的油气合作

近年来，中石化中原石油勘探局为实现海外事业的大发展，确立了以油气勘探开发带动石油工程技术服务的战略方针，加快了实施海外资源战略的步伐，加大了寻求海外石油区块的工作力度。2004年1月，中原石油勘探局对也舍卜瓦省的第69区块和哈达拉毛省的71区块进行

了深入的地质研究和经济评价，提出了参与勘探开发的可行性方案，最终使中石化国际勘探开发公司在激烈的竞争中一举胜出。也门的第69区块和71区块，面积分别为1300平方公里和1800平方公里，具有较好的资源前景和较高的开采价值。根据双方签署的协议，中石化集团公司向这两个区块分别投资3600万美元，两项协议的总投资为7200万美元。

第十一节　埃及——油气资源出现重大转折

地区政治大国埃及，地处亚欧非结合部，占有重要的战略地位，境内的苏伊士运河和苏伊士—地中海（SUMED）输油管道是海湾原油输往欧美国家最便捷的线路。埃及的油气开采史可追溯至1884年英国人在苏伊士湾打出埃及第一井，不过该油井至1908年才出油。现在埃及依然是中东地区油气生产和出口的重要国家。

一、油气储量

2003年，埃及的探明剩余石油储量为5.0684亿吨，约占世界总量的0.3%，居世界第29位；估算石油产量3750万吨，约占世界石油总产量的1.1%，居世界第23位。探明剩余天然气储量为1.6565万亿立方米，约占世界总储量的0.99%，居世界第20位；估算天然气产量141.67亿立方米，同比下降4.93%。

2004年，埃及的探明剩余石油储量与上年相同，估算石油产量3560万吨，同比下降5.1%。探明剩余天然气储量也与上年相同，估算天然气产量140.82亿立方米，同比下降0.60%。

2005年9月，埃及在北部地中海沿岸和南部曼苏拉地区新发现两处大型油气田，天然气储量初步估计达5万亿立方米。曼苏拉地区的油气田是埃及和法国合作的一个项目，这一发现使该地区有望成为埃及向法国出口LNG的生产基地。根据埃、法协议，埃及在未来20年将向法国出口价值5亿美元的液化天然气。①

大型油气田的发现使埃及的天然气储量达到了6.7万亿立方米，超过了沙特阿拉伯的天然气储量6.6万亿立方米，埃及因此得以迅速跻身全球五大天然气蕴藏国行列，而成为全球重要天然气出口国之一也只是时间问题。值得指出的是：埃及这一新发现的天然气储量尚未得到美国《油气杂志》的确认，在该杂志公布的2005年和2006年世界天然气探明剩余储量排名中，尚未见到有关埃及这一新增天然气储量的统计。

二、资源分布和石油企业

油气生产在埃及的国民经济中占有重要地位，是埃及最重要的外汇来源之一，国民生产总值的10%和出口收入的40%来都来自于油气产品。

埃及的油气储量大都集中在苏伊士湾—尼罗河三角洲的地中海沿岸一线，以及西奈半岛等地区。苏伊士湾地区的蕴藏量占埃及油气资源的70%。这一地区的油气开采主要由英国石油公司和埃及国家石油公司合资成立的苏伊士湾石油公司控制，该地区的苏伊士摩根（Morgan）油田为埃及油田之最，油井大都于20世纪60—70年代投产，近年产量不断下降。为延缓下降趋势，苏伊士湾石油公司采取了提高老油井产量和勘探开发新高产油井等一系列措施，英国石油公司公司则决定自2001年起6年内投资4.5亿美元，提高油气采收率，以延长苏伊士湾油田的生产寿命。

除上述油田外，其他较大的油气田还有：比拉印海上油田、十月油田、巴德里油田、布德兰角油田，以及阿布马迪、阿布基尔、苏克黑尔、巴利德丁等气田，参与开发与利用的主要是美国、意大利、西班牙、荷兰、德国、英国、韩国等49个国家的跨国油气公司。

埃及于1962年成立了埃及国家石油公司，垄断从上游的勘探、开

① 杨文静：《埃及发现两处新的大型油气田》，中国石化新闻网，2005年9月27日。

采，到下游的提炼、石化和石油进出口等一切与石油生产相关的生产经营活动。该公司最初采取与各跨国石油企业组成合资企业的方式共同承担开发风险。但从1973年起，埃及国家石油公司以生产分成协议代替了从前的合资形式。

三、埃及石油气田的地质特征

埃及的石油产区按地理位置可分为4块，即苏伊士湾产区、西奈半岛产区、西部沙漠和东部沙漠产区。其中以苏伊士产区的原油产量最大，占埃及石油总产量的78%；西奈半岛占5%；沙漠地区共占17%。按地质构造可划分为：地中海断裂区、西部沙漠隆起和半地嵌区、北西奈褶皱区、苏伊士红海地嵌区和南部地台区5个构造单元。主要产油盆地有3个：北埃及盆地、苏伊士盆地、尼罗河三角洲盆地。

1. 北埃及盆地由几个次盆构成：

(1) 北次盆：面积5万平方公里，1966年获得石油发现，共钻177口探井，发现54个油田。

(2) 喀塔拉隆起：位于中部，面积9250平方公里，发现3个小油田。

(3) 阿布古拉迪格次盆：面积1.6万平方公里，共钻井141口，发现2个油田。

2. 苏伊士盆地是埃及最主要的含油气盆地，位于苏伊士湾西部的红海山和东部的西奈山之间，面积2.3万平方公里，发现油田46个。

3. 尼罗河三角洲盆地位于尼罗河三角洲，面积6万平方公里，为一含气和凝析油盆地。

四、油气开采权出让协议

埃及国家石油公司代表埃及政府和外国石油公司（或称承包商）一旦达成生产分成协议，某一指定区块的油气开采权就可以出让。每次的出让协议都通过法令来公布。根据这些协议，承包商将承担所有勘探风险。

1. 勘探

承包商可以取得初始勘探期，该期限为3—4年。根据需要可延长，通常为每次2年，共2次延期。如果未能在协议规定期限发现石油，协议在延期结束时自动中止。但承包商有权要求在协议中止后再延期6个月，以便完成后续工作，如该阶段已经开始的钻探或油井实验等。

2. 最小工作量和资金要求

每阶段至少钻探一口勘探井。某阶段超过最小工作量的多钻之井可充抵下一阶段的最小工作量。出让协议通常都对每阶段的钻井数量作具体规定。

承包商在勘探阶段所使用的资金必须是自由外汇，并以官方汇率兑换成埃磅。承包商须在勘探的每个阶段花费一定的金额，如果承包商未能花费规定的金额，则须将所差金额在出让协议结束时支付给埃及国家石油公司。

通常为了确保所差金额的支付，承包商应开具以国有石油组织为受惠人的银行保函。承包商所支出的金额将从保函中减去。在获得商业发现后，承包商所支出的金额以成本回收原油的形式得到补偿。如果没有商业发现，承包商不得向埃及国家石油公司索回所支付的金额。每阶段的最少投资额视情况而定。

3. 出让地区交回

在勘探初始阶段结束时，承包商须交回一部分没有转为开发租赁的地区，具体数量视承包商标书中的建议而定。如果勘探期被延长，则应在第二阶段结束时交回，剩余地区在第三阶段结束时交回。承包商完成协议规定的所有支出后，可在任何时候交出全部或部分地区。

4. 商业经营

勘探如有商业发现，则自商业发现之日起，承包商被授予20—30年（通常为20年加上5年的延期）的租赁开发权。只要取得石油部的批准即可，不需要其他法律文件。埃及国家石油公司和承包商必须成立共同拥有的经营公司。出让协议中止或到期时，经营公司必须清账。无论什么情况，上述期限自油井或气井的商业发现之日起，都不得超过

35年。

经营公司的执照包括在出让协议的附件中。出让协议规定经营公司在商业发现30天后自动以执照规定的形式存在，而无需办理其他任何法律手续。

经营公司完全不受公司法的制约，但必须遵守出让协议和执照的规定以及股东达成的条款。尽管埃及国家石油公司拥有股份，但经营公司仍属私营企业，承包商负责为经营公司的业务投资。经营公司每月一次向承包商提出美元现金的预计需求量。

5. 成本回收和生产分成

承包商通过获取一定比例的石油（称作成本回收油）回收成本，具体比例由承包商在标书中提出。承包商有权提取并处置全部成本回收油。如果这部分原油的价值超出实际需要回收的支出，就被视为购买超出的石油并向埃及国家石油公司付款。该原油的价格视当时的原油市场价格而定。

每季度的市场价格用于衡量一定数量石油在一定时期内的平均价格，该价格用自由外汇、按销往距埃及国家石油公司或承包商较近的第三方出口港离岸价格计算，并以上限价格为准。所产原油中最多40%可用作成本回收油。

这一原则用于天然气开发时有所放宽，成本回收天然气产品的比例达50%。如果经营成本有保证，这一比例在一年或多年内可以超过60%，只要在前12年内全部成本回收天然气的数量不超过这一时期总产量的50%即可。天然气的价格在出让协议中做出规定。

剩余原油由埃及国家石油公司和承包商根据出让协议中的规定进行分配，分配比例通常为埃及国家石油公司占80%—88%，承包商占12%—20%。天然气的分配比例为埃及国家石油公司占70%—75%，承包商占25%—30%。

6. 使用费

约为10%的所产原油，由埃及国家石油公司以实物或现金的形式，从分得的石油中支付给埃及政府（承包商不付）。

7. 税收

承包商须交纳生产经营所得税，对于石油生产公司的税率为40.55％。承包商应保存有关账目并汇总所得税申报书。不过，出让协议一般规定，埃及国家石油公司的石油分成包含相当于承包商应纳税款的原油，埃及国家石油公司用销售这些原油的收入，交纳承包商的税款。埃及国家石油公司以承包商名义交纳的所有税款均被视为承包商的收入。承包商的职员须交纳工资所得税。

8. 关税

出让协议各方以及为承包商或经营公司工作的外国雇员免交多种关税。承包商及其分包商为经营所需进口的设备（不包括载人轿车）免交关税，但出让协议中止或到期后，这些设备必须运出埃及国境，否则须交纳关税。

9. 财产所有权

依据出让协议由承包商或经营公司获得并由承包商拥有的全部财产，归埃及国家石油公司所有，因为所有成本已由承包商根据成本回收条款先期收回。

10. 环境保护

埃及国家石油公司根据需要，在出让协议中增加环保条款。

五、天然气逐渐取代石油在埃及能源产业中的地位

埃及于20世纪90年代初进行了大密集量的勘探工作，在地中海深水海域、尼罗河三角洲地区和西部沙漠地区先后发现了储量巨大的天然气资源，尤其是90年代末，尼罗河三角洲地区发现了世界级的天然气储藏带。2002年初，埃及石油部长公布了天然气的探明储量为1.5576万亿立方米，远景储量预计达3.3984万亿立方米。埃及因此成为世界上天然气资源最丰富的国家之一。①

为适应油气资源结构出现的这一重大转折，埃及政府从2001年底

---

① 2005年埃及在地中海海域又有重大天然气发现，探明储量达5万亿立方米，从而使它的天然气总储量一举超过沙特阿拉伯，跻身世界天然气储量前五位。

开始着手筹建埃及天然气控股公司，该公司是一个独立的国有实体企业，专门负责天然气开发和出口。该公司建成后，立即调整了以天然气生产开发和出口为重点的油气工业发展战略。

埃及政府从政策上鼓励跨国石油公司投资天然气的开采和生产。英国BG、英美BP—阿莫科、埃尼—阿吉普、壳牌、雷普索尔和阿帕契等跨国石油公司，都集中在西部沙漠地区的油气区块和地中海—尼罗河三角洲一线的油气区块从事开发活动，现已形成天然气的规模开采和生产。

埃及政府在国内能源消费市场上积极推进天然气替代石油的工作。除扩大为居民提供管道天然气的规模外，还努力推广交通燃料的“气化”工作。埃及火力发电厂燃料使用的油气转换工作已取得令人满意的结果，新建的火力发电站基本上都已采用天然气为燃料，使用量超过埃及天然气年消耗总量的65%。埃及政府期望在21世纪的最初10年内，通过扩大天然气的出口来取代日趋衰微的石油出口，使之成为埃及新的五大外汇来源之一。

规划中的埃及天然气出口：一是通过输气管道；二是经液化后输出。

埃及与周边的约旦、叙利亚、以色列和土耳其等国，就管道天然气出口计划谈判了多年，但因中东地区的政治局势复杂多变，仅通向约旦的天然气管道工程进展较快。

2003年7月27日，连接埃及西奈半岛阿里什和约旦红海港口亚喀巴的阿拉伯天然气输气管道1期工程正式开通，埃及总统穆巴拉克和约旦国王阿卜杜拉出席了这一工程的竣工仪式。这是埃及历史上首次出口天然气，意味着埃及的能源出口重心真正从石油转向了天然气。

根据两国合同，埃及通过这条输气管道，每年向约旦提供天然气27亿立方米，合同期为20年。该工程北起西奈半岛的北端城市阿里什，经塔巴穿越红海亚喀巴湾，抵达约旦亚喀巴市，全长248公里，耗资2.2亿美元；红海段管道长16公里，深750米。这一工程开通后的第一年就为埃及带来7000万美元收益，2年后每年获利近2亿美元。

这条管道是埃及→约旦→叙利亚→黎巴嫩整个输气管道网的1期工

程。1期工程开通后，埃及和约旦立即着手商讨二期工程的实施计划。2期工程从约旦亚喀巴市开始延伸，抵达约、叙边境的利哈卜市，该工程管道长400公里，耗资3亿美元。对于该段工程，2002年当1期工程还在实施时，塞浦路斯就表现出了浓厚的兴趣，多次与埃方接触，探讨延伸这一管线至塞浦路斯的可能性，希望能成为埃及天然气出口欧洲的中转站。埃及因此改变了原计划，决定把这条输气管道延伸到土耳其和塞浦路斯，甚至欧洲，使天然气出口从2010年起达每年100亿立方米。为此，欧洲国家的一些能源公司，如英国天然气公司、法国煤气公司和西班牙公司都看好并涉猎埃及天然气市场，对投资埃及的天然气建设项目显示出了浓厚的兴趣和热情。特别是地中海沿岸的油气田，因离南欧市场近而备受投资者青睐。

相比输气管道的出口方式，LNG的出口在技术和市场等方面难度更大，但由于埃及政府的不懈努力和积极推动，近年已取得非常显著的成效。2004年6—7月，埃及国家石油公司与西班牙联合飞诺沙集团合作，在埃及的杜米亚特港建成一座年产400万立方米的LNG工厂，产品主要出口西班牙，用于火力发电。英国BG公司和意大利爱迪生集团与埃及国家石油公司也达成了协议，再建一座同等规模的LNG企业，厂址选定在亚历山大市东部。

埃及在解决天然气液化技术问题的同时，在寻找出口市场方面也取得了重大进展。2002年1月埃及与法国正式签署了天然气出口协议，按协议自2002年起20年内，埃及每年向法国出口370万吨LNG，从而正式揭开了埃及大规模出口LNG的序幕，使埃及成为世界上主要的LNG出口国之一。

六、下游产业

下游产业的原料需求占埃及油气年消费量的10%。埃及炼油能力居非洲首位，共有9座炼厂，日处理原油726250桶，其中纳赛尔公司的苏伊士炼厂最大，日处理原油能力达146300桶。

此外，化工、化肥、石化和聚合物生产企业的发展也很快。埃及是重要的润滑剂生产和消费市场，润滑剂（油）消费量占全非洲的1/6。

埃及的主要炼油公司和炼厂及其炼能如下：

1. 开罗炼油公司穆斯塔卢德炼厂	145000桶/日
2. 坦塔炼厂	35000桶/日
3. 纳赛尔石油公司苏伊士炼厂	146300桶/日
4. 瓦迪法朗炼厂	8550桶/日
5. 亚历山大石油公司埃勒麦克斯炼厂	100000桶/日
6. 阿玛瑞亚炼油公司	78000桶/日
7. 苏伊士炼油公司	66400桶/日
8. 阿斯尤特炼油公司	47000桶/日
9. 中东炼油公司	100000桶/日

七、油气运输业

国际输油管道仅苏伊士—地中海管道一条，从苏伊士到地中海沿海城市亚历山大，长320公里，年输油量8000万吨。

国内主要输油管线两条：一条从苏伊士到开罗，长350公里，年输油量800万吨；另一条从西部沙漠到亚历山大，年输油量700万吨。

液化石油气（LPG）输送管线：从苏伊士盆地南部到苏伊士，长412公里。

八、与中国的合作

2001年中石油开始在埃及承揽油井钻探及修井业务，每年业务量达到1000万美元以上。2002年1月，埃及总统穆巴拉克于访华期间，与中国签订了石油合作的框架协议，从而为中、埃两国的油气合作带来了新的契机。中、埃在石油领域的需求具有互补性，开展油气合作有着良好的基础和前景。2003年6月，中石化胜利油田有限公司与埃方接洽商谈参与埃及油气区块（C区块）的开发和勘探。该项目的投资额达

1亿美元以上，项目收益以份额油回运国内为主要回报形式。2004年2月中方公司参加投标未果，后埃方决定对该项目重新招标，中方公司则予以继续追踪。2004年1月29日，在国家主席胡锦涛访埃期间，中埃两国公司就埃及南部3区块的合作在开罗签署谅解备忘录，主要内容包括：埃及南部3区块的勘探开发合作；埃及老油田改造，提高采收率项目的合作；泥浆录井、测井、修井、物探、炼厂改造、维修、管道建设项目的合作；合资进行石油设备制造加工及市场开发。此外，双方还对埃及“H”、“G”区块及“重油”油田表达了合作开发的意向。2004年3月12日—3月26日中石油技术评价小组在开罗收集了有关3区块的技术资料，并全面展开技术评价工作。

2005年9月5日，埃及石油部长萨米哈·法赫米出席了中石化—萨瓦钻井合资公司成立大会。该公司是由中石化新星石油公司同埃及萨瓦石油公司联合投资承建的，总投资1800万美元，总部设在埃及，这是中埃双方展开切实有效合作的有力开端。①

九、同其他外资公司的油气合作

2004年中期，埃及先后同两家外资公司签订了油气合作协议：一份协议是埃及天然气控股公司和科威特油气公司（KUOFP）签订的，由科方负责在埃及梯那地区进行油气勘探，该地区位于地中海沿岸，面积1347平方公里。根据协议，埃及授权科威特油气公司在该地区进行油气勘探和开发，投资金额为2150万美元，有效期至2012年。另一份协议是同意大利石油公司签署的，意方获权在巴尔廷海岸1667平方公里的区域内进行油气勘探。意方投资1500万美元，协议有效期到2013年。近年来，埃及人民议会批准了多项油气投资合作协议，仅在油田勘探、油井维修、油气田开发和油气出口领域的项目就达28亿美元。2005年3月，埃及石油部长法赫米对媒体表示：未来5年，埃及石油领域将新增外资约200亿美元，主要分布在石油及天然气勘探开发、老

① 资料来源：《金字塔报》，2005年9月6日。

油井的再开发利用、天然气液化以及石油化工的各个行业，其中160亿美元为外国投资、40亿美元为本国投资。本国投资中，约为5亿美元为银行系统投资，15亿美元为石油部直接投资。①

第十二节　叙利亚——向石油进口国转化

一、油气储产量

2003年，叙利亚探明剩余石油储量为3.4247亿吨，约占世界总量的0.19%，居世界第33位；石油产量2640万吨，居世界第30位。探明剩余天然气储量为0.2407万亿立方米，居世界第43位；估算天然气产量约52.98亿立方米，同比下降6.45%。

2004年，叙利亚探明剩余石油储量与上年相同，估算石油产量2516.5万吨，同比下降4.5%。探明剩余天然气储量也与上年相同，居世界第43位；估算天然气产量约53.37亿立方米，同比增长0.74%。

2005年叙利亚石油产量继续下滑，跌至2375万吨，同比下降5.6%。

二、油气收入在叙利亚经济中的地位

在油气储量和产量上，叙利亚无法与沙特、伊拉克、科威特等海湾国家相提并论，它的探明剩余石油储量仅占阿拉伯国家石油总储量的3.47%，但石油工业仍然是它的第一产业，出口收入也是它的主要外汇来源。多年来，叙利亚的油气收入相当于叙出口总额及国库收入的60%—70%，占叙GDP的20%以上。

2003年，叙利亚政府继续大力支持和发展石油工业，重点放在提

① 资料来源：《金字塔报》，2005年9月12日。

高产量上，油气产量总体好于2002年，石油收入增长8.9%。[①] 但该年3—5月的伊拉克战争中断了叙从伊获得廉价原油的步伐，继而影响了叙的整体出口收入和财政收入。2004年叙的石油产量虽继续下降，但由于国际油价大幅上涨，使叙的石油收入仍比2003年增加了13%。

2005年叙利亚国内生产总值达257亿美元，进入世界GDP总量排名前70名，由于国际油价持续保持高位，故叙利亚的石油收入仍是其GDP的重要支撑。同年中、叙贸易额超过9亿美元。[②]

三、油气管理机构和企业

叙利亚石油部负责执行政府有关法规，其下建5家公司：叙利亚（国家）石油公司（SPC）、叙利亚石油运输公司（SCOT）、叙利亚原油运输公司（SCOTRACO）、叙利亚油品储存与销售公司（SYROL）和叙利亚炼油公司。

1. 叙利亚石油公司

叙石油公司的前身是于1958年成立的“石油事务总委员会”，后改名为“国有石油公司”，此后又易名数次，到1974年才定名为“叙利亚石油公司”。该公司直属于石油部，全权负责国家的油气勘探和开采业务，鼓励外国石油公司对叙石油勘探开采进行投资。此外，还负责管理油气项目的招标工作和全国各大油田的运作，代表叙政府与国际石油公司组成合资公司勘探开采油气项目。

叙利亚石油公司下属油田的石油产量总计1000万吨/年，占叙总产量的1/3。这些油田有：卡拉丘克油田、朱贝萨油田、鲁迈兰油田、玛利赫油田、希占油田、卡纳尔油田、阿斯拉克油田、塔纳克油田等。

2. 叙利亚石油运输公司（SCOT）

总部设在巴尼亚斯省，主要业务是将叙东部幼发拉底河盆地油田所

---

① 《阿拉伯国家石油收入大增增长达200亿美元》，中国商业情报网，2004年7月12日。

② 《计划引资400亿美元叙利亚公布十五计划》，新浪网，2006年4月17日。

产轻油经中部霍姆斯省运往地中海港口巴尼亚斯出口，这是叙进出口轻油的主要运输渠道。

3. 叙利亚原油运输公司（SCOTRACO）

总部设在霍姆斯，负责将叙东北部苏维迪亚地区所产重油经霍姆斯运往地中海港塔尔图斯，这是叙出口重油的主要运输线。

叙共有3个石油出口口岸，分别建于地中海沿岸的巴尼亚斯、塔尔图斯和拉塔基亚。巴尼亚斯可接驳21万吨油轮，储油能力合计为43.7万吨；塔尔图斯可接驳10万吨油轮，拉塔基亚港可接驳5万吨油轮。这3个出口港均由叙石油运输公司管理操作，彼此之间都有输油管道连接。叙石油运输公司除负责石油和石化产品的内外运输外，还管理叙的5条主要输油管线：

（1）从叙石油公司的东北油田至塔尔图斯终端的输油管道，输送能力25万桶/日；

（2）从霍姆斯炼厂至大马士革、阿勒颇和拉塔基亚的输送管道，输送能力50万吨/年；

（3）从泰姆油田至原伊拉克输油管道上的T-2泵送站的分管道，输送能力10万桶/日；

（4）从阿沙拉油田和沃德油田至T-2泵送站的分管道；

（5）基尔库克—巴尼亚斯输油管线中的叙利亚境内部分。

4. 叙利亚油气储销公司（MAHRUKAT）

公司设有管理部、计划部、项目部和销售部等，负责储存和销售两家炼厂生产的油产品，以及油罐建设和石油机械设备等产品的招标工作。

5. 叙利亚炼油公司

下建2家炼厂：（1）巴尼亚斯炼厂，由罗马尼亚援建，1979年建成，设计炼能为12万桶/日，相当于600万吨/年；（2）霍姆斯炼厂，由捷克援建，与巴尼亚斯炼厂同年建成，设计炼能11万桶/日，相当于550万吨/年。叙利亚现在每年消费成品油1200万吨，这两家炼厂显然不能满足需要，况且历经20余年运营，设备已陈旧，不能满负荷生产，所以为了满足需要，叙每年进口约100万吨LNG和柴油。炼厂的更新和改造项目由于资金紧，提不上议事日程。

四、同外国公司合作的相关政策和计划

叙利亚国家石油公司全面掌握叙利亚油气的勘探、开采、对外合作和项目招标，其经营战略实际上体现了叙利亚石油工业的现行政策。

1. 鼓励外国石油公司对叙利亚油气的勘探和开采进行投资，但外国石油公司从勘探到钻井的全过程、地质分析和评估以及资料均必须与叙方共享；拥有租让地的外国公司不得将其区块产出的原油擅自出售和炼制，须以协议价格销售给叙利亚石油公司；但与叙利亚达成产品分成的开发商在原油销售上享有一定的自由。

2. 同外国石油公司合作采用产品分成法，即外国石油公司对叙利亚油气的勘探和开采必须负责全部投资，然后分阶段用回收油补偿投资。生产分成比例是：日产量不足 20 万桶，叙利亚获 75%，外国石油公司获 25%；日产量超过 20 万桶，则按 85%：15%分成。

3. 参与叙利亚油气开发的外国石油公司，在设备进口、重要材料的采购以及车辆的购置方面享有减、免税优惠。

五、油气发展

1. 油气出口

近年来叙的石油产量持续下滑，2003 年的日均产量约 55 万桶，同比增长 4 万桶，其中重油 40 万桶/日，轻油 15 万桶/日；日均出口石油约 33 万桶。天然气的日均产量约 1460 万立方米，能基本满足国内需求。2003 年，叙利亚没有出口天然气，但有出口能力。

2. 伊战对叙利亚石油出口的影响

自 2000 年底起，叙利亚开始悄悄地向伊拉克进口低价石油，每天 15 万—20 万桶，用于国内消费，同时出口自产石油，以此牟利。2003 年 3 月伊战爆发前，叙利亚石油的日出口量为 39 万—42 万桶。开战后，4 月降到 33 万桶，5 月续降至 26 万桶，跌幅达 40%。2003 年叙的

石油出口平均下降了35%—40%，其中重油的出口总量减少了51%，从战前的14.8万桶/日减至7.2万桶/日；轻油减少了25%，从25.4万桶/日降到19万桶/日。由此可见，伊战对叙石油出口的影响很大。

3.2003年叙利亚新发现4个油气田，打出3口新油井，主要分布在帕米拉北部山区和幼发拉底河地区。新发现的石油储量为700万立方米，天然气储量为30亿立方米。其中，在德尔祖尔西北部和霍姆斯北部发现的气田储量较大。

4.2004年6月，叙石油矿产部长易卜拉欣·哈马德以观察员身份出席了在贝鲁特召开的欧佩克会议，他在会议期间公开表示，希望扩大国内石油勘探力度，增加石油产量，以使叙利亚尽快具备加入欧佩克的条件。以叙2005年不足41万桶/日（还在不断下降）的水平，离欧佩克中最小成员国卡塔尔的石油产量（80万桶/日）都存在距离。为此，叙计划在2—3年，一方面通过使用现代勘探技术，使油气储量不断有新的发现；另一方面，努力增产，使石油产量达到80万—90万桶/日，正式加入欧佩克组织，改变目前在欧佩克的观察员地位。叙的油气增产计划既包括叙石油公司控制的油田每日增产7万桶，也包括由壳牌和加拿大石油公司（其30%的权益已被中石油和印度国家石油公司共同收购）开发的油田。另外，叙还计划增产50%的天然气，用以出口。在油气勘探方面，叙主要采用如三维地震勘探新技术，开采时则采用油藏注水法、定向和水平钻探法等。这些方法在提高油井产量上取得了较好效果。

六、在叙的外国石油公司

叙利亚的油气投资环境不宽松，外国公司不易获利，目前仅存数家跨国石油公司还在运营和开发。

1.壳牌石油公司

20世纪80年代，壳牌石油公司同叙利亚石油公司、美国Pecten公司、德国石油供应公司合资成立幼发拉底石油公司，日产石油35万桶，占叙利亚石油总产量的75%，是叙利亚第一大石油开采公司。1995年该公司出口叙轻油量高达29万桶/日。

叙利亚与外资公司合作开发油气项目期限一般为20—25年，期满后全部交叙石油公司管理。根据协议，到2003年幼发拉底石油公司的股权全部归叙利亚石油公司。

2. 法国埃尔夫石油公司（ELF）

20世纪90年代初同叙石油公司合资成立德尔松石油公司，从事石油开采和生产，是叙利亚第二大石油公司。共钻井52口，其中23口为产油井，3口注水井；德尔祖尔东南部的9个油田生产原油，生产轻油6万桶/日。1998年底，埃尔夫石油公司与美国康诺克公司组成的合资公司获得一个4.3亿美元项目，共同开发利用幼发拉底河油田的伴生气项目。1999年埃尔夫石油公司与叙签订为期25年的合同，承建哈萨克地区十月油田区的油田改造项目。

3. 加拿大 Tanganyika 石油公司

该公司是瑞典伦丁石油公司的分公司，主要开发叙东北部油气田，该油田发现于20世纪70年代末，共有41口油井，其中17口产油，日产石油2000桶。加拿大石油公司估计这一地区尚有可采石油储量20亿桶，开发前景较好。加拿大石油公司是在2002年与叙石油公司签约的，这是第一次由外国公司接管叙石油公司独立经营的油田，从而为其他外国石油公司开发叙市场开辟了新的合作方式。①

七、油气发展新举措

1. 向开发利用天然气转型

为保护环境以及节约石油能源，叙利亚政府号召尽量使用天然气作燃料，以节省石油消耗，为此还专门成立了天然气总公司。总部设在霍姆斯，直属石油和矿产部，拥有独立的财务和行政权力。2003年4月，叙利亚总统发布第162号令，决定成立国营叙利亚天然气销售公司，全面取代叙利亚石油制品储运销售公司，专门负责家用天然气的消费和分

① 资料来源：中国驻叙大使馆经商参处网站，2002年12月28日。

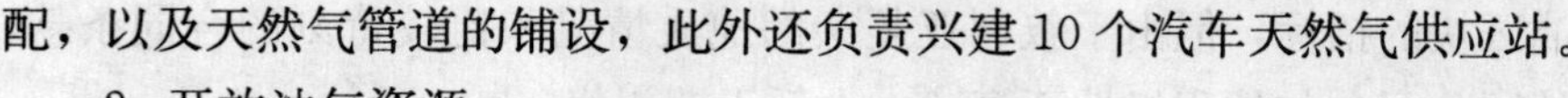

配，以及天然气管道的铺设，此外还负责兴建10个汽车天然气供应站。

2. 开放油气资源

在加强国际合作，开放油气资源几乎成为中东产油国发展潮流的情况下，叙利亚政府也做出了吸引外国石油公司参与本国油气的勘探与开采的决定，藉以提高本国油气的产量，加快发展步伐。2003 年 1 月，叙石油矿产资源部长易卜拉欣·哈达德对新闻传媒郑重宣布：叙利亚油气开发大门向所有外国公司敞开。叙利亚前总理米鲁指出，叙政府非常重视发展油气工业，希望能尽快增加储量和产量。叙利亚油气领域的投资机会很多，如勘探开采、地质研究、人员培训、炼油厂扩建等。

3. 开展东地中海的深水勘探工作

2003 年，叙利亚加强了对地中海领海区域的海上石油勘探，通过招标，与美、英等国的跨国公司签署了一系列叙利亚领海的油气勘探项目。

八、国际合作项目

进入 21 世纪后，通过对外国际招标，叙利亚同外国公司签订了一批油气合作项目，其中包括：

1. 与中国石油天然气勘探开发公司签署克比巴油田二次采收项目，中方投资约 1 亿美元；

2. 与瑞士/加拿大达布伦公司签署乌迪油田二次采收项目，外方投资 2.3 亿美元；

3. 与美德温能源公司和海湾沙漠石油公司签署 26 号区块勘探项目，外方最初 4 年的投资额为 1700 万美元；

4. 与壳牌和加拿大石油公司签署深层钻探项目；

5. 与加拿大石油公司签署 2 号区块勘探项目；

6. 与印度油气公司和美国 IPR 石油公司签署关于 24 号油气区的开发协议。

叙共有 12 个区块正在被开采利用。虽然叙政府积极鼓励国内外公司参与叙油气区块的开采，并从 2001 年起，先后发布了 4 轮共 23 个石油区块的招标，但由于叙利亚复杂的地质情况和比较苛刻的合同条款，外国公司参与的积极性不高，大大低于期望值。

九、与中国公司的石油合作

1. 油田开发合作项目

2003年3月2日，经过激烈的角逐和艰苦的谈判，中国石油天然气勘探开发公司与叙方签署了克比巴油田二次采收项目合同，中方投资约1亿美元，合同承建期为25年。这是中国公司同叙利亚开展的第一个合作项目，是中国石油实施“走出去”战略特别是“中东石油战略”，利用“国内外两种资源”，开拓“国内外两个市场”的重要举措。该项目不仅能带动近5000万美元设备的出口，还能带动中国石油技术服务、钻井等相关公司进入叙利亚石油市场。

克比比油田位于叙利亚北部的德尔祖尔地区，距哈萨克省省会哈萨克市约40公里，东边离伊拉克边界只有25公里。该油田是个老油田，已开采近30年，日产原油4000桶。中石油所属项目公司根据该油田的地质结构，利用我国的注水、酸化压裂等二次产油技术，以低成本提升油田产量1倍多，达1万多桶/日。①

2. 提供石油设备和油田服务

2003年中国公司通过当地代理，参加叙利亚石油工程建设和供应石油机械设备的投标项目计有7个，分别是：油罐项目、输油管道项目，以及提供油泵、电潜泵、管件、阀门等机械设备项目，最终中标850万美元。参标叙利亚油气产业的中国公司有中石油技术开发公司、中石化第四建设公司、中石油第七建设公司等。

3. 购买叙利亚原油

2003年中石化伦敦公司向叙利亚购买原油64.5万吨，金额为1.38亿美元，其中直接销往中国的原油为7.9万吨，金额为1362万美元，这是叙利亚原油首次出口到中国。

---

① 人民网：《收获季节油田行》，2004年1月8日。

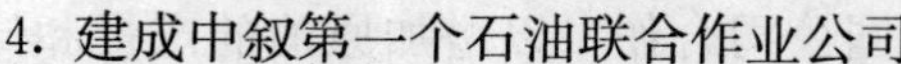

4. 建成中叙第一个石油联合作业公司

2004 年 7 月 26 日，中叙两国的第一个石油联合作业公司——中叙“考卡布”石油公司在大马士革正式宣布成立。中石油下属的中石油勘探开发公司在 2001 年的国际招标中，击败了美国、加拿大、俄罗斯等竞争对手，取得了叙利亚格贝贝油田的改造项目。“考卡布”公司是中叙两国为执行这一项目而联合组建的，双方各占股份 50%，采取产品分成的分配方式，新公司董事长由叙方担任，总经理由中方出任。

石油在叙利亚的国民经济中占有重要地位，近期叙利亚政府的石油战略是广泛开展国际合作，组建更多的合资公司，通过勘探出更多的新油田和对老油田加以改造，进一步提高石油产量。借助中石油的先进技术和成功经验，大幅提高油田产量，就是叙利亚石油战略中的一个具体实例。叙利亚是中石油进入中东地区石油领域的第二站，这一合作项目的规模虽然不很大，但对于中石油而言，既可加深、拓宽同叙利亚的合作，也可以此为桥，进军周边国家的石油市场。[①]“考卡布”石油公司建成后，叙利亚希望在油气领域能够吸引更多的中国企业前来投资。

5. 2005 年 12 月 22 日，中石油与印度国家石油公司联手收购了加拿大石油公司旗下的叙利亚艾尔—福瑞特公司约 30% 的权益，中石油出资 3.38 亿加元。该叙利亚石油资产由荷兰皇家壳牌公司控股。中国加大对海外石油资产的收购，是适应国民经济快速增长的需要，这既有利于国民经济发展，也有利于增强我国石油供应的安全性。[②]

十、前景

近年来，为了实现油气增产目标，叙利亚政府采取了两条腿走路的方针：一是努力在沿海地区进行勘探和开发，因为资料表明沿海地区的

① 顾康、贾小华：《中国和叙利亚第一个石油联合作业公司成立》，国际在线，2004 年 7 月 26 日。

② 钟声：《中石油与印度联手收购叙利亚油气资产》，中金在线，2005 年 12 月 24 日。

石油储量丰富；二是积极与外国公司合作，以增加原油的产量和储备。但实际情况不容乐观，叙利亚政府预计到2011年，将本国由石油出口国变为石油净进口国。

第十三节　苏丹——迎来曙光

一、油气储产量

2003年，苏丹探明剩余石油储量为7712万吨，居世界第47位；估算石油产量为1000万吨，居世界第41位。探明剩余天然气储量为849亿立方米，居世界第58位。

2004年，苏丹探明剩余石油储量与上年相同，实际产量为1433万吨，2005年增至1450万吨，同比增长1.2%。

二、油气工业发展

苏丹自1999年7月建成主要出口石油管线以来，其石油产量一直稳步增长，其中2004年增长较快，2005年有所减缓。苏丹能源部长艾瓦德·加兹预计，如果现有油田和新开发油田的产量计划均能如期实现，那么到2006年底，苏丹的原油产量有望达到75万桶/日，即4250万吨/年。2001年8月，由于苏丹在石油出口方面有显著提高，欧佩克组织授予苏丹观察国地位。

苏丹的油气勘探始于20世纪60年代。1976年，美国谢夫隆公司先在苏丹海域发现了天然气，后在苏丹南部地区发现了石油。1985年，由于苏丹政府军队和反对派武装在油气田附近时常发生冲突，美国谢夫隆公司放弃了这些油田的特许权，而道达尔公司虽保留了自己的特许权，但暂停了陆上油气勘探活动。苏丹政府后来把美国谢夫隆公司的特许勘探区分割转让给了其他外国石油公司。1993年加拿大阿拉基斯能源公司（Arakis）获取了原属美国谢夫隆公司的本提尤（Bentiu）特许区。

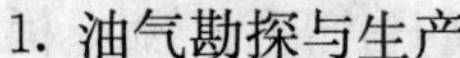

1. 油气勘探与生产

1996 年阿拉基斯能源公司开始在自己的特许权内开发黑格里格油田和团结油田，日产石油约 2000 桶。由于这两块油田地处偏远，距红海约 1500 公里，运输石油至海港需要大量投资，因此为了分散风险、增强实力，1997 年 3 月阿拉基斯能源公司与中石油集团、马来西亚国家石油公司、苏丹国有石油公司联合组建大尼罗河石油作业公司（GN-POC），投资 17 亿美元共同开发上述油田，其中中石油集团占股 40%，成为公司最大股东，阿拉基斯能源公司占股 25%、马来西亚石油公司占股 30%、苏丹石油公司占股 5%。1998 年 5 月，从上述油田至苏丹港出口终端的输油管线破土动工，设计的最大输油能力为 45 万桶/日。2004 年底，大尼罗河石油作业公司的生产能力达 35 万桶/日，生产的尼罗河混和原油（大多为轻质甜原油）主要出口中国和印度。黑格里格油田和团结油田的探明剩余储量大约为 6.6 亿—12 亿桶。1999 年 8 月，由中方承建的穆格莱德盆地 3 个主要产区正式出口原油。

大尼罗河石油作业公司建成后，阿拉基斯能源公司在苏丹的投资增至 7 亿美元，但由于在苏丹投资风险较大，它的石油开发项目一时无法取得预期进展，无奈之下以 2.77 亿美元的价格，将其股权转让给加拿大塔利斯曼能源公司。1999 年，塔利斯曼能源公司接手的石油开发项目如期完成，同年 7 月输油管线开始充装石油，8 月 31 日第一艘满载尼罗河混和原油的油轮驶离苏丹港。

2003 年 3 月，塔利斯曼能源公司在世界人权组织的压力下，将其 25%的大尼罗河石油作业公司股权以 7.7 亿美元的价格转让给印度国家油气公司。由于西方石油公司的撤离，中国、马来西亚和印度逐渐成为大尼罗河石油项目中的主角。同年 8 月，印度国家油气公司收购了奥地利能源公司的 5A 和 5B 两个石油区块。

2004 年 6 月，苏丹政府批准由中石油集团（41%）、马来西亚石油公司（40%）、苏丹石油公司（8%））、海湾石油公司（6%）、卡塔尔阿勒萨尼公司（5%）组成的联合石油作业公司（Petrodar）在麦卢特盆地开采石油。该盆地 3/7 区的开发工作由马来西亚联熹公司（Ranhill）和苏丹石油服务公司（Petroneeds）承包，合同价值 2.39 亿美元。这一产区的面积达 11.5773 万平方公里，其中包括日产原油 5000 桶的阿达耶尔油田（Adar Yeil）。2005 年，大尼罗河石油作业公司的石油产量出现大幅增长，3/7 区达 17 万桶/日，中石油集团是该区的作业者。另外，6 区的石油产量也从 2003 年的 6 万桶/日，增至 17 万桶/日。

2. 炼油厂和下游工业

苏丹共有 4 家炼油厂：喀土穆炼油厂、苏丹港炼油厂、基来炼油厂、奥比德炼油厂。

喀土穆炼油厂位于苏丹首都喀土穆以北 48 公里处。2000 年 5 月，苏丹喀土穆炼油厂正式建成开工，每日炼油 5 万桶，从此苏丹的石油产品除喷气燃料外，基本实现自给自足。喀土穆炼油厂由中石油集团负责建设，主要生产苯、丁烷、汽油等产品，供当地消费和出口。该厂开工后，苏丹的汽油和天然气价格明显降低。2004 年，喀土穆炼油厂的炼油能力增至 7 万桶/日，但中石油集团仍投资 3.4 亿美元对该厂升级，同时兴建从西科尔多凡省的富拉油田到该炼油厂的原油管线。

苏丹港炼油厂位于红海附近，是苏丹最小的炼油厂，炼油能力仅 2.17 万桶/日。

基来炼油厂的炼油能力 5 万桶/日，奥比德炼油厂的炼油能力 10 万桶/日。

2003 年 3 月，马来西亚石油公司收购了莫比尔公司的苏丹石油销售网络，以及位于苏丹港、喀土穆和盖里的 3 个石油储存库。莫比尔公司在苏丹的石油销售网络，拥有苏丹国内 20％的市场份额。

2004 年 6 月，印度政府同意印度国家油气公司的计划，投资 1.94 亿美元兴建从喀土穆炼油厂到苏丹港的石油产品出口管线，该项目长 725 公里。

三、同中国的油气合作

（一）穆格莱德盆地 1/2/4 区的勘探与开发

苏丹是中石油集团在海外最大的生产基地。1999 年中石油集团开发苏丹 1/2/4 区，2002 年产油为 1268 万吨，2003 年产量约 1400 万吨。

1/2/4 区为苏丹主产油田，位于苏丹中南部穆格莱德盆地，合同勘探开发区由 3 个勘探区（1A，2A，4）及两个开发区（1B，2B）组成，面积为 4.8388 万平方公里。该区西北部与 6 区连接，南部与 5A 区连接。1996 年 8 月 9 日，1/2/4 区石油项目启动，先后发现了 8 个油田和 38 个油藏，新增石油地质储量 16.67 亿桶，可采储量 4.49 亿桶，使该区累计可采储量达到 8.51 亿桶。储量发现超过了美国谢夫隆公司、加拿大公司在该区近 20 年的勘探成果。新增储量单位成本仅为 0.94 美元/吨，远远低于国际上同期 3.5 美元/吨的平均水平。一期产能建设仅用了一年时间，建成了 1000 万吨大型油田及配套设施。2001 年产油达 1130 万吨，相当于我国第三大油田辽河油田的年产量。

1999 年 4 月，黑格里格油田—苏丹港管道工程建成，该线贯穿苏丹南北，长 1506 公里、管径 711 毫米，年输油能力 1250 万吨原油，被认为是苏丹原油输送的生命线。1999 年 6 月 22 日，1/2/4 区的油田投产，7 月原油充入输油管道，8 月 31 日第一船原油进入国际市场销售，从而结束了苏丹进口原油的历史。[①] 这一天被定为苏丹的“石油节”。

（二）苏丹麦卢特盆地 3/7 区的勘探与开发

3/7 区位于苏丹东部的上尼罗河省，面积为 7.14 万平方公里，东距 1/2/4 区 370 公里，北距喀土穆约 730 公里。2000 年 11 月 11 日，中石油集团、马来西亚石油公司、海湾石油公司、阿勒萨尼公司、苏丹石油公司 5 家合作伙伴与苏丹政府签订了 3/7 区石油分成协议备忘录。2001 年 9 月，这 5 家公司分别签订了联合作业协议和股东协议，组建了石油作业公司，登记注册为 PetroDar Operating Company（简称 PDOC），负责项目的建设作业和运行管理，中方代表出任公司总裁。中国外经贸部提供 4 亿元人民币优惠贷款，使 3/7 区石油项目得以顺利启动。2003 年 7 月 25 日，中石油集团取得重大突破，在 3/7 区发现了一个世界级大油田，探明地质储量约 20 亿桶，可采储量约 6 亿桶。

① 《中原油田非洲市场发展势头强劲》，《中国石化报》，2006 年 11 月 9 日。

3/7 区的石油勘探始于 1975 年，美国谢夫隆公司经过 10 年努力仅发现了一个地质储量为 1.68 亿桶的小油田，1985 年因缺乏商业价值而放弃。后来海湾国家的公司也来勘探过，但同样无结果。中石油集团接手后，“Palogue-1”井作为麦卢特盆地北次凹的第一口预探井于 2002 年 10 月 18 日正式开钻；2003 年 1 月试油，发现油层 80.12 米，对其中两个油层进行分层测试，分别获得日产 5100 桶和 2250 桶的高产油流。随后，由中石油集团掌握运营主导权的大尼罗河石油作业公司集中力量，加快了对这一地区的勘探工作。至 2003 年 7 月，共完成三维地震 309 平方公里，在完钻的 9 口探井和评价井中均发现厚油层，最大油层厚度达到 160 米。测试证明：该油田油层埋藏浅，储层物性好，单井产量和储量丰度高，油田构造和油藏比较简单，开发成本和作业成本一般较低。

3/7 区块的勘探成本大大低于国际水平，平均每桶可采储量的发现成本不足 0.22 美元，约为国际大公司发现成本的 1/5，创造了中石油集团海外勘探快速、高效、低成本的新纪录。

（三）其他油区的开发

4 区基康油田（KIKANG）于 2002 年初获得重大油气发现，预探井在主要目的层班提乌和阿拉德巴以及巴拉卡地层中获得重大油气信息，电测解释初步确定油层最大厚度 91.5 米，净厚度 33.5 米（经 FMT 取样证实为油层），经初步估算该井控制的石油地质储量达 8000 万—1.5 亿桶。

1/2 区（团结油田和黑格里格油田）于 2002 年 3 月 21 日创下产量新高，达到 27.5075 万桶/日。

6 区位于穆格莱德盆地西北部，是中石油集团在苏丹的独资项目。勘探期为 1996 年 1 月—2002 年 12 月，目标是至 2005 年建成 300 万—500 万吨的年生产能力和一条从油田通往奥拜伊德炼油厂、长 300 公里、直径 508 毫米的输油管线。

（四）兴建喀土穆炼油厂和富拉—喀土穆石油管道

为了满足苏丹国内市场的需要，中石油集团与苏丹能矿部合作，各出资50%，合资建设年加工原油250万吨的喀土穆炼油厂，项目投资6.4亿美元。该炼油厂使用中国常压渣油催化裂化技术，全部装置在中国制造，并由中方总承包建设，投产后以中方为主运营8年，而后转移至苏方。

2003年8月28日，苏丹能矿部部长同中石油代表团代表在喀土穆友谊厅，就喀土穆炼油厂扩建和富拉—喀土穆石油管道等项目，达成以下协议：

1. 投资3.4亿美元，扩建喀土穆炼油厂，把炼油能力提高到10万桶/日，即500万吨/年；

2. 修建一条从原油产地富拉至喀土穆炼油厂的输油管道，长720公里，日输油能力20万桶；

3. 双方联合组建一家石油地质物理勘测公司，进一步推动苏丹油气的勘探与开发；

4. 中方与苏丹能矿部、马来西亚石油公司、苏丹石油公司联合勘探作业的8区分成协议；

5. 中方与苏丹能矿部、巴基斯坦萨菲尔公司、苏丹石油公司联合勘探作业的9区分成协议。

（五）兴建喀土穆石化厂

该厂于2001年2月28日开工建设，2002年1月一次投产试车成功。该项目是由苏丹巴希尔总统和中国吴邦国副总理共同商定的，是苏丹第一个石化项目。该厂投资2370万美元，年产1.5万吨4种规格的聚丙烯原料，不仅满足了苏丹本国的需求，还能向邻国出口。苏丹进口聚丙烯的历史从此结束。喀土穆石油化工厂采用喀土穆炼油厂的石油液化气作原料，加工生产聚丙烯树脂。聚丙烯树脂可用于生产编织袋、包装薄膜、塑料绳、化纤地毯和塑料家用制品等。喀土穆石油化工厂的投产，不仅使苏丹石油工业体系趋于完整，而且将带动了苏丹塑料工业的发展。

五、影响油气生产的政治因素

2003年岁末，苏丹政府和反政府武装的谈判代表终于就财富分配问题（即石油资源以及非石油资源的分配与管理）达成协议。这一长期阻碍和谈、最具争议的问题得到解决，表明双方向着结束内战的最终目标迈出了极为重要的一步，为最终签署和平协议铺平了道路。

2004年1月7日，苏丹政府与反政府武装“苏丹人民解放运动”在肯尼亚首都内罗毕西北约90公里处的奈瓦沙镇，就石油收入分配问题正式签署协议。苏丹第一副总统塔哈与反政府武装“苏丹人民解放运动”领导人加朗以及肯尼亚外长穆西约卡，出席了签字仪式并签署协议。结束苏丹内战，对于苏丹油气的开发和利用，无疑具有非常积极的意义。

苏丹内战持续了20年，共使200多万人丧生。在东非政府间发展组织的调停下，交战双方自2003年起在肯尼亚开始举行和谈。谈判的核心问题是：3处有争议地区的地位、权力分配以及国家财富分配的问题。2004年1月5日，双方就财富分配的最终细节达成一致，同意平分石油收入。石油收入是苏丹政府财政收入的主要来源之一，约占苏丹全年财政收入的43%。

虽然苏丹在中国石油战略图上已占重要地位，但中石油集团在苏丹的发展颇为艰辛。2004年7月，随着美国介入苏丹人道主义危机，局势变得越来越复杂，中国外交因此受到考验。“走出去”是中国能源安全战略中的一条行之有效的措施，但是中国石油企业走出国门后很快发现多极化的世界格局处处困扰着中国的石油战略。对此，中国必须面对挑战，同其他能源需求大国认真博弈。

第十四节　突尼斯——重心转向天然气生产

一、油气储产量

2000年，突尼斯因国内石油需求不断增长，国产原油无法满足需求，遂成为石油净进口国。

2003年，探明剩余石油储量为4213万吨，居世界第54位；估算石油产量为 330 万吨，居世界第 53 位，同比下降 8.2%，比 1982 年和 1984 年间的产量峰值（12 万桶/日，合 600 万吨/年）下降了 45%。探明剩余天然气储量为 778.72 亿立方米，居世界第 59 位；天然气估算产量约 21.62 亿立方米，同比下降 4.64%。

2004 年，探明剩余石油储量与上年相同，估算石油产量 350 万吨，同比增长 6.4%。探明剩余天然气储量也与上年相同；天然气估算产量约 25.09 亿立方米，同比增长 16.05%。

2005 年，突尼斯的石油产量略有增长，达 360 万吨。

突尼斯的炼油能力非常低，国内唯一的炼油厂——比塞大炼油厂的炼油能力仅为 3.4 万桶/日。由于相对缺乏炼油能力，突尼斯只能出口原油，进口油产品。因此，突尼斯政府决定向外招标，在萨基拉（Sakkira）新建一家炼油厂，专门加工原油。

二、石油企业

1. 突尼斯石油公司（ETAP）是突尼斯的大型国有企业，建于 1972 年，主管国家油气工业并代表能源部门开展对外合作，吸引外资促进突尼斯的油气工业发展。该公司于 1989 年开始实施私有化改造，计划改为控投公司，以提高效率，但是进展缓慢。目前，公司的主要战略是扩大油气勘探、开发，保持石油储量，阻止石油减产的趋势。

公司经营范围：油气勘探、开发；石油加工。

对外合作：突尼斯政府在发展油气工业中，实行对外开放、利用外资的政策。早在 1970 年就制订了对外国公司的优惠政策，1990 年 6 月 12 日颁布了《投资法》，鼓励外资公司积极参与突尼斯的油气勘探和开发。根据政府制订的油气政策，突尼斯石油公司先后与法国、意大利、美国等国家的几十家石油公司达成了几十项勘探合同，并向这些外国公司颁发了许可证，在这些合同中突尼斯国家石油公司占有 50%以上的股份。

2. 突尼斯石油销售公司（SNDP）为大型国有企业，掌控突尼斯的全部油气销售。2004 年 3 月突尼斯政府宣布，允许该公司吸收 35%的私人资本入股，但是这一开放程度远未达到投资者的预期。

三、油气发展

突尼斯的最大油田是波玛油田（Borma），位于靠近阿尔及利亚的边境地区，发现于1964年，现主要由意大利埃尼—阿吉普公司运营。突尼斯的第二大油田是阿西塔特油田（Ashtart），由突尼斯国家石油公司开发运营。突尼斯75%的石油产量来自于这两大油田，其余石油产量主要来自于基拉尼油田（Kilani）和蒙扎哈油田（Manzah）。蒙扎哈油田于2000年10月开始投产，产量保持在4000桶/日，该油田由加拿大能源公司开发运营。

突尼斯自1990年颁布新油气法之后，油气生产发展迅速。但由于社会需求不断增长，供求不平衡状况始终比较突出。

20世纪70年代以来，突尼斯的石油年产量长期保持在500万吨左右，但从进入21世纪起，出现了下降趋势，截至2003年底，石油累计开采量约为1.5亿吨。对此，突尼斯政府和突尼斯国家石油公司采取了不少补救措施，如吸引外资公司投资油气勘探，开放哈马马特湾、突尼斯北部海洋和西北部陆地油气勘探区域等，此外也吸引外资公司参与一些较小油田的开发。2000年8月，突尼斯政府修改了石油法，改善了在石油上游领域吸引外资的条件，其中最诱人的是对于任何外资公司，只要突尼斯国家石油公司拥有其40%的股权，那么该外资公司的税率就可从75%降至50%。

突尼斯于20世纪90年代中期开始大规模开采天然气。到2002年底，天然气产值已占油气总产值的42%。以现有油气储量算，如果继续按以往的产量开采，那就开采不了多少年。但是，如果能不断得到新增的油气储量，那到2020年维持500万吨石油年产量和天然气产值占油气总产值42%的比例，还是有希望的。突尼斯政府认为：本国已有40多年的采油史，已积累丰富的开采经验，采油基础设施也达到了一定水平，在2020年以前能够继续保持预计产量，甚至有可能突破。

近年来，由于原油产量下降，突尼斯政府加强了天然气的开采。目前突尼斯的天然气消费已接近能源消费总量的一半。米斯卡尔气田是突规模最大的气田。8年来，该气田每天向突尼斯国有电力天然气公司供应550万立方米天然气。突尼斯的天然气储量虽然仅能满足本国市场11年的消费需求，但突尼斯依然从2003年开始，每年向欧洲出口9亿立方米的液化天然气。

四、新举措

（一）修改《油气法》

2004年，由于国际市场石油价格持续走高，影响了突尼斯政府财政预算的正常实施。7月20日，突尼斯议会通过了一项法律草案，修改和补充了1999年8月17日颁布的《油气法》，对石油行业服务型公司的经营活动进行立法。新法规定：凡服务型公司在突尼斯开展经营活动，须向突尼斯能源部有关主管部门递交申请，在别国开展经营活动只要通过其子公司即可。服务型公司享受两种汇兑体制：既可按常住公司待遇，也可按非常住公司待遇进行外汇兑换业务。在关税方面，服务型公司在完成注册手续后可享受免税待遇；在税收方面，关于个人所得税和公司税的原有规定不变，继续适用。①

（二）加强油气勘探和开发

突尼斯虽位于利比亚和阿尔及利亚两个富油国中间，但油气资源大为逊色。2001年，突尼斯生产了相当于670万吨油当量的能源，其中原油约335万吨，其余大都是天然气。这一年，突尼斯消费原油近700万吨，缺口部分只能靠进口填补。于是积极寻找新的油气田便成为突尼斯能源政策的重点。在此政策下，共有40多家外资或合资公司在突尼斯进行油气勘探，投资总额达1亿美元。

2002年，一家意大利石油公司在突尼斯首都东南约90公里处发

---

① 驻突尼斯经商参处网站：《突尼斯修改〈油气法〉以降低国际油价飙升对本国经济造成的影响》，2004年7月22日。

现了新油田，成功地在该地区钻探了一口90米深的油气井。这口井日产原油4600桶、伴生天然气19万立方米。在突尼斯的石油进出口码头中，最大的是加贝斯湾的拉斯赫拉码头。2001年3月，连接基拉尼油田和拉斯赫拉的石油输送管线建成，长78英里，日输送能力为2.2万桶。拉斯赫拉码头同时还兼营大约22%的阿尔及利亚石油出口。其他出口口岸还有阿西塔特（Ashtart)、加贝斯、杰尔吉斯和比塞大等。

（三）加强国际合作

经多年努力，突尼斯吸引到一批外国公司的投资。

1. 与奥地利和意大利的油气合作

2003年12月，突尼斯给奥地利能源公司发放了在突尼斯南部面积达770平方英里（约等于1994.3平方公里）的区块进行油气勘探的许可证。以意大利埃尼公司（占35%）为首的国际财团在突尼斯南部的哈德拉勘探区成功地钻取了第一口勘探井，该油田于2004年投产。

2. 与英国天然气公司的合作

英国天然气公司是突尼斯的最大油气合作伙伴之一，已连续多次增加了它对突尼斯的投资。2002年8月，英国投入7000万美元，用以延长由它经营的米斯卡尔近海气田的开采年限。根据新协议安装工程从2003年3月开始，到2004年结束。通过这一计划，该气田的开采年限可增加5年，开采过程中天然气损耗被大大减少。至此，英国天然气公司在米斯卡尔和斯法克斯的天然气勘探和开发项目上累计投资了10多亿美元。2005年9月，英国天然气公司再次追加投资10亿美元。

3. 与利比亚的天然气合作

2002年，突尼斯和利比亚两国政府就合作建设一条天然气管道达成协议。这条管道长275公里，东起利比亚西北部的迈利塔气田，西接突尼斯南部港口城市加贝斯，工程造价为2.75亿美元。建成后，利比亚每年可向突尼斯供应20亿立方米的天然气。

4. 与瑞典的油气合作

瑞典的PA资源公司主要参与道勒布陆上油田（Douleb）的油气开

发和勘探，该油田的原油产量约 600 桶/日。瑞典的伦丁石油公司主要参与海洋油田的油气开发。

5. 与叙利亚的油气合作

突尼斯 ATSH. B. S 国际公司主要在叙利亚从事油气的勘探和开发，合同金额为 140 万美元，有效期 25 年。合同规定，ATSH. B. S 国际公司在叙利亚拉卡省钻三口井，合同前 8 年为地质勘测期。[①]

6. 同其他外资公司的油气合作

突尼斯国家石油公司和科威特石油公司、安纳达科公司、沙米丹石油子公司（Samedan）、加拿大石油公司和道达尔公司等，在突尼斯东部海洋联手钻井勘探，该区块的油气储量估计约 600 万桶。此外，突尼斯国家石油公司还进行了一系列重大的对外合作活动，如同德国的普罗伊萨格公司合作开发叙利亚小油田，与伊拉克签署石油合作协议，与阿尔及利亚国有化工公司成立合资公司，共同开发两国边界区域的油气资源，与利比亚国家石油公司合作勘探海洋区块等。

第十五节　土耳其——向库尔德人要油气

一、油气储量

2003 年，土耳其的探明剩余石油储量为 4109.59 万吨，居世界第 55 位；估算石油产量为 225 万吨，居世界第 57 位。探明剩余天然气储量为 84.95 亿立方米，居世界第 85 位；估算天然气产量为 3.25 亿立方米，同比增长 0.14%。

2004 年，土耳其的探明剩余石油储量与上年相同，石油产量为 210 万吨，同比下降 5.4%。探明剩余天然气储量与上年相同，估算天然气产量为 4.12 亿立方米，同比增长 26.77%。

① 驻叙利亚经商参处网站：《突尼斯公司同叙签署石油勘探合同》，2005 年 1 月 4 日。

二、油气企业

1. 土耳其石油公司是土耳其最大的国有企业之一，成立于1941年，拥有6100名工作人员和遍布全国各地的5700个加油站，在全国市场的占有率高达45%。2000年6月，该公司51%的股份被由民营的实业银行和多安集团公司组成的财团以12.6亿美元收购。土耳其政府称：土耳其石油公司私有化是土耳其国有企业私有化进程的一个良好开端。

2. 土耳其石油炼制公司（TUEPRAS）主要业务：一是炼油；二是销售原油和油品。公司拥有4家炼油厂，炼油能力达2760万吨/年；出售的油品包括液化石油气、石脑油、汽油、喷气燃料、煤油、瓦斯油、燃料油、沥青和润滑油。2005年6月，印度国家石油公司（IOC）竞标收购土耳其石油炼制公司50%的股权，9月初递交收购51%股权的最终竞价。

三、开发合作

（一）土耳其两公司在伊拉克北部开采石油

2003年5月，土耳其的两家石油公司根据同伊拉克库尔德组织达成的协议，开始在伊拉克北部开采石油。为加强同土耳其的合作，伊拉克库尔德斯坦爱国联盟主席塔拉巴尼曾于2001年邀请土耳其公司开发该组织控制下的伊拉克北部地区油田。2003年1月，塔拉巴尼同土耳其通用能源公司和佩特石油公司签署了“石油产量分成合同”。按照合同，生产的石油49%归土耳其公司，51%归库尔德人。伊拉克战争前美国就已获悉库尔德人同伊拉克公司达成的协议，对此不持异议。库尔德斯坦爱国联盟的解释是：该组织同土耳其公司达成的交易，仅仅是产量分成性质，并没有提供特许权，也无排他性，美国公司或其他国际公司都可以在伊拉克北部开发石油。

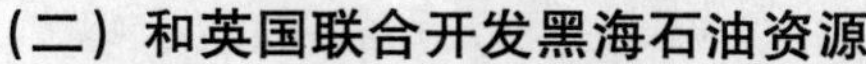

（二）和英国联合开发黑海石油资源

2003 年 7 月，英国 BP 公司和土耳其国营石油公司的专家，根据卫星拍摄的图片判断，靠近土耳其北部锡诺普省的黑海海底蕴藏着非常丰富的石油资源，为此双方迅速达成了联合勘探协议，共同开发这一海洋石油资源，石油收入平分。不久，英国一艘名为“挑战者”号的石油勘探船抵达土耳其港口城市伊斯坦布尔，稍作准备后立刻开往锡诺普省附近海面投入了勘探作业。

（三）俄罗斯、土耳其天然气合作

2002 年底，俄罗斯—土耳其天然气管道开始通气，首批俄罗斯天然气于 12 月 30 日晨抵达土耳其港口城市萨姆松。这是近 10 年俄罗斯天然气工业公司最大的一个投资项目，又称“蓝流”项目，全长 1213 公里，总造价 32 亿美元，输气能力为 160 亿立方米天然气/年。这条输气管道从俄罗斯西部的图阿普谢穿越黑海海底，在萨姆松登陆，然后通往土耳其首都安卡拉，管道在海底的总长度达 375 公里，是世界上最深的天然气海底运输管道。

“蓝流”项目是根据两国 1997 年 12 月 15 日签署的协议实施的。俄罗斯是土耳其的第一大天然气供应国，从 1987 年至 2003 年，俄罗斯共向土耳其出口天然气达 1058 亿立方米。2004 年俄罗斯向土耳其出口天然气总量为 145 亿立方米。按计划，至 2008 年俄罗斯向土耳其出口天然气将增至 160 亿立方米，达到设计能力。通过这条管道，俄罗斯出口的天然气可满足土耳其 80％的需求量。

2005 年 7 月 18 日，俄罗斯总统普京同土耳其总理埃尔多安就双方的能源合作，举行了会谈。俄罗斯不仅提出要修建新的石油和天然气管道，以便向土耳其和欧洲南部提供更多的石油和天然气，还计划在土耳其建造大型地下天然气储存仓库，增加对欧洲国家的能源出口。

第十六节　巴林——加强与邻国合作

一、油气储量和产量

2003年，巴林境内探明剩余石油储量约1843.29万吨，居世界第66位；估算石油产量870万吨，居世界第43位。探明天然气储量920.30亿立方米，居世界第56位；估算天然气产量75.85亿立方米，同比增长8.45%。

2004年，巴林境内探明剩余石油储量约1706.30万吨，同比下降7.43%；实际石油产量871万吨，与上年基本持平。探明天然气储量与上年相同，估算天然气产量66.94亿立方米，同比下降11.75%。

2005年石油产量为875万吨，天然气产量达81.94亿立方米，同比增长22.41%。

二、油气管理机构与企业

巴林最高石油委员会由首相兼任主席。

巴林最高天然气委员会由王储兼任主席。

巴林国家石油公司（Banoc），成立于1976年，是一家从事油气勘探、开发和销售一体化的国有企业，受石油与工业部直接领导。公司董事长由石油与工业部部长兼任。

公司经营范围：

1. 油气勘探与开发。近年来在石油勘探方面没有进展，所属的巴林油田正在大幅减产。为使今后25—30年内维持一定产量，2004年石油产量已控制在870万吨水平。

2. 油品销售。巴林国家石油公司负责巴林炼油厂的油品销售，发展国内销售网点和建设加油站。该公司自1983年起就进入了国际市场，建有国外销售机构，现在的油品销售量约959万吨。

巴林炼油厂的加工能力为25万桶/日。

三、油气收入

2004年巴林的石油出口收入与2003年的46亿美元相比，增加了近20％，达55.3亿美元。巴林的石油出口主要由3部分组成：一是阿布萨法海上油田生产的15万桶/日原油，该油田为巴林与沙特阿拉伯所共同拥有；二是陆上油田生产的4万桶/日石油；三是从沙特阿拉伯进口，专供锡特拉炼油厂加工的20万桶石油，这部分石油加工成油品后再出口国外。

巴林2004年进口了27亿美元的原油，比2003年的20.6亿美元增长31.07％。

四、发展动态

（一）开放本国油气资源

2001年4月，巴林政府对外宣布：鉴于海牙国际法庭3月16日宣布巴林对海瓦尔岛拥有主权，巴林决定开放位于本国南部和东部地区的油气资源，诚请世界大型石油公司前来考察、勘探并对巴林政府提出的相关油气项目进行投标。

海瓦尔岛富含石油和天然气自然资源，具有良好的投资开发前景。巴林政府呼吁世界各国有实力的石油公司，积极参与巴林政府提出的开发项目。

（二）发布天然气供求新政策

2005年6月，巴林最高天然气委员会发布了新的天然气政策，要求各有关部门广开来源，以最合理最优惠的价格，进口国内所需的天然气，以确保库存、稳定基本供应。天然气委员会希望这项新政策能够激发外企投资巴林。

巴林拥有920.3亿立方米的天然气储量，大多数的伴生气来自于海瓦尔油田。2004年，巴林生产天然气66.94亿立方米，全部用于国内消费。

（三）油气勘探与开发

2001年，巴林同美国谢夫隆德士古公司和马来西亚国家石油公司达成项目协议，由前者勘探开发5区，后者勘探开发4、6区。2003年上半年，巴林向全世界石油公司发出邀请，就巴林西北海域的1、2、3区的油气勘探进行竞价。为此，共有11家外国石油公司先后来到巴林，参与竞争。

（四）与沙特阿拉伯的联合海上作业

与沙特阿拉伯共同开发阿布萨法海上油田，日产原油约15万桶。

（五）技术改造

3年前，最高石油委员会批准了10个全面升级油气技术的项目，已完成4项，其余6项将分别于2007年或2008年完工，其中最重要的3项是：

（1）2004年初起动，耗资5.9亿美元的低含硫量的柴油生产线工程；

（2）阿布萨法海上油田的原油产量翻番工程，为巴林优先级项目，计划耗资12亿美元，目标是把产量从现在的14.4万桶/日提升至30万桶/日。

（3）巴林—沙特油气管道改线项目，投资3700万—7600万美元。

五、国际合作

（一）与卡塔尔的合作

2002年1月，巴林和卡塔尔达成了天然气购买协议，该协议同卡塔尔—科威特管线工程捆绑在一起。该管道工程从卡塔尔北方气田起步，经巴林、沙特阿拉伯，最后抵达科威特。这条管线如果建不成，巴林向卡塔尔购买天然气后在运输上就很困难。结果这条管线因沙特阿拉伯和卡塔尔之间存在分歧而没有取得理想进展。

2003 年，巴林与卡塔尔再次商洽，希望能从 2006 年初起（最好更早）进口卡塔尔的天然气，数量为 1416 万立方米/日，以后逐渐增加到 2266 万立方米/日。巴、卡两国自 2001 年和平解决边界争端以来，都一直致力于改善和发展两国关系，成立了以两国王储为首的高级混合委员会，研究兴建连接两国的跨海大桥，还规定两国主管能源的大臣定期会见，商讨双边合作。

（二）与芬兰的合作

2005 年 9 月，芬兰耐思特石油公司和巴林石油公司达成协议，耐思特公司为巴林炼油厂设计建造一套生产高质量润滑油的装置，并提供技术服务。按协议，耐思特公司用 6 个月的时间完成该项目的设计工作，然后由巴林方面作出是否采用的最终决定。如果项目上马，该装置计划于 2008 年上半年建成投产，其生产能力为 40 万吨/年的无硫优质润滑油，产品由耐思特公司负责销售，原料由巴林炼油厂的低硫柴油加氢裂化装置提供。该装置耗资 5.9 亿美元，计划于 2007 年中期建成投产。

（三）与泰国的合作

2005 年 5 月，泰国国有 PTT 勘探和生产公司与巴林石油公司达成协议，两国公司对巴林西北的海上 1/2 区进行联合勘探和技术研究。1/2 区的总面积为 5117 平方公里，研究工作预定持续一年，主要包括石油系统评定和地震重复处理试验等。如果研究结果显示 1/2 区拥有油气潜力和商业开发价值，那么两国公司就可以进一步讨论彼此的分成协议。

第十七节　以色列、摩洛哥、约旦、索马里

一、以色列——有美国、埃及相助

（一）油气储产量

2003 年，以色列的探明石油储量为 52 万吨，居世界第 93 位；估算石油产量 5000 吨，居世界第 92 位。探明剩余天然气储量为 389 亿立方米，居世界第 68 位。

2004 年，探明石油储量为 27.40 万吨，同比下降 47.09%；估算石油产量 5000 吨，与上年持平。探明剩余天然气储量与上年相同。

以色列的油气资源不丰富，必须依靠进口才能满足国内的基本需求。

（二）发展动态

1. 选择埃及为以色列第二大天然气供应国

2003 年 8 月 18 日，以色列总理沙龙经与以色列电力公司、国家基础设施和财政部门官员商议，选定埃以合资的东地中海天然气公司为以色列电力公司的第二大天然气供应商。不久，以色列电力公司就与东地中海天然气公司签订了一份购买 180 亿立方米天然气、期限 11 年、价值约 20 亿美元的供气合同。该合同纯属商业行为，不带政治条件。此前，以色列电力公司与美、以合资企业亚姆特蒂斯公司先签订了一份约为 16.5 亿美元、长达 11 年的供气合同。

埃及方面称：穆巴拉克总统决定向以色列提供天然气，是一项重要的“战略决策”。根据 2001 年埃及、以色列签订的天然气合作备忘录，埃及保证向以色列供气 20 年，每年 70 亿立方米，供气总量约达 1200 亿立方米，这是以色列近海探明天然气储量的 3 倍。备忘录还规定：每 1000 立方英尺（合 28.32 立方米）的天然气价格为 2—2.4 美元，不到

美国同类天然气价格的一半。

埃、以签署天然气协定有利于巩固两国关系。尽管最近几年埃以关系因巴以矛盾激化几经起伏，但双方的油气合作基本正常。根据协议，埃及从 2006 年起向以色列正式供气。

2. 拟购俄罗斯—土耳其管道天然气

2003 年 10 月中旬，以色列基础设施部部长巴里斯基访问土耳其，与土方探讨了从土耳其进口俄罗斯天然气的可能性，因为俄罗斯天然气公司曾表示愿将原计划供应土耳其的天然气转售以色列。虽然以色列已经同埃及签署了大量的购气合同，但从能源供应安全考虑，从土耳其获取俄罗斯天然气，增加能源供应源头，显然有利于以色列的经济安全发展。

3. 美国计划向以色列输送伊拉克原油

为犒劳以色列无条件支持伊拉克战争，美国要求以色列政府修建一条从基尔库克—摩苏尔—约旦—以色列北部港口城市海法的输油管，把伊拉克原油直接输送到以色列加工炼油。美国要求以色列政府先估算一下维修海法—摩苏尔老输油管工程的成本。这段老输油管建成使用较早，直径仅 203 毫米。后因 1948 年的中东战争，以色列军中断了该管线的输油，该输油管从此荒废。以色列政府经研究测算，认为原输油管的运能不够，不敷使用，须从基尔库克到海法修筑一条直径 1067 毫米的新输油管，但每公里需要耗资 40 万美元。

以色列政府认为：海法港是炼制伊拉克原油的理想城市。关键是此计划需要获得约旦的同意，如果约旦允许输油管通过其领土，以色列愿出过境费。但要约旦同意这项计划有些难度，因为它需要顾及阿拉伯国家的反应。

二、摩洛哥制定能源安全战略

（一）油气储产量

摩洛哥的油气储量和产量在美国《油气杂志》公布的“2003 年世界主要国家石油估算探明储量和产量排名”中，石油储量居世界第 95

位，2003年已探明石油储量仅为21.92万吨，年产1万吨，居世界第91位；天然气储量居世界第98位，2003年已探明天然气储量仅为12.18亿立方米。2004年油气情况相仿，没有太大变化。

摩洛哥同以色列差不多，油气资源不丰富，必须依靠进口才能满足国内的基本需求。

（二）油气消费

2002年，摩洛哥的石油消费达1002万吨，其中97%依赖进口，费用支出接近18亿美元，其中84%用于石油进口。到2007年，摩洛哥的石油消费将达1230万吨，能源问题非常突出。为此，摩洛哥政府制订了一项能源安全战略，计划在此后5年内加大能源建设投入，以确保国民经济发展和人民生活对能源不断增长的需求。

摩洛哥政府制订的能源安全战略，主要内容包括：

1. 提高石油储存和冶炼能力；
2. 把天然气引入能源消费；
3. 能源进口渠道多样化；
4. 逐步开放能源市场；
5. 加快开发本国油气资源的步伐等。

摩洛哥的炼油能力约为770万吨/年，但储备能力只有120万吨左右，相当于全国一个月的消费量。在这种状况下，如果遇到战争或世界石油价格波动等因素，摩洛哥的能源供应就会面临困难。因此，摩洛哥急于投资兴建新的炼油厂和储油库，并同时逐步开放石油供应市场。

为解决油气供应问题，摩洛哥政府制订了一项行动计划，试图把天然气引入能源消费市场，利用天然气发电以减少对石油的依赖。与此配套，摩洛哥政府出台了一系列优惠政策，鼓励国内外企业投资油气勘探。迄今为止，摩洛哥政府已同国内外企业签署了53个勘探合同，希望能够早日在沿海和西撒哈拉地区找到具有开采价值的油气矿藏。

（三）油气勘探政策

为改善能源结构，从1998年起，摩洛哥政府实行了新的油气政策，主要内容包括：

1. 在勘探或钻探许可合作中，政府的最高参与份额从以往的 50% 降至 25%，对最低参与份额未特别说明，但规定必须有摩洛哥政府的参与；

2. 自正式生产石油之日起，10 年内石油公司可以享受免缴公司税的政策优惠；

3. 用于石油勘探、钻探或开产的进口设备可享受临时进口免税的优惠；

4. 凡石油生产所需的物资和服务免征增值税；

5. 公司在勘探阶段负责所有费用，发现石油后，在开采过程中负责 75%成本，享受 75%的成果。

（四）摩洛哥政府与外国石油公司的权利与义务

摩洛哥政府的权利与义务：

1. 政府参与 25%，即政府对油气开采与所需的基础设施建设分担 25%的支出，同时获取 25%的油气产品；

2. 国家另外的收益是油气开采的土地使用费，可以是实物或等值的货币，按石油业界的惯例为实物；

3. 陆上或海上石油开采地使用费率为 10%，但最先产出的 30 万吨石油免除使用费（对海上开采深度超过 200 米的，使用费改为 7%，并且最先产出的 50 万吨免除使用费）；

4. 陆上或海上天然气开采地使用费率为 5%，但最先产出的 3 亿立方米免除使用费（对海上开采深度超过 200 米的，使用费改为 3%，并且最先产出的 5 亿立方米免除使用费）；

5. 无论发现石油与否，国家对石油公司收取每年每平方公里 1000 迪拉姆（5.06049 迪拉姆＝1 美元）的土地租赁费；

6. 10 年优惠期满，国家对石油公司征收公司所得税。

石油公司的权利与义务：

1. 发现油气以前，所有费用由石油公司承担；

2. 对石油天然气开采与所需的基础设施建设分担 75%的支出；

3. 支付开采地使用费及土地租赁费；

4. 获取75%开采所得的石油或天然气，其中须扣除与开采地使用费等值的实物量；

5. 前10年公司免缴公司所得税；

6. 用于油气勘探、开采以及相关工程的设备、物资和消耗材料的进口免征关税；

7. 无论在当地市场还是国际市场，用于石油开采的商品和劳务免征增值税。

三、约旦——广开油气之路

（一）油气资源

2003年，探明剩余石油储量约14万吨，居世界第96位；探明剩余天然气储量约62亿立方米，居世界第87位；油气产量不详。

约旦的油气资源不丰富，必须依靠进口才能满足国内的基本需求。

（二）发展动态

1. 从埃及获取天然气

2003年7月27日，连接埃及西奈半岛阿里什和约旦红海港口亚喀巴的天然气输气管道正式开通，根据两国协议，约旦通过这条输气管道，每年可从埃及获得27亿立方米的天然气，合同期为20年。

2. 从伊拉克获取天然气

2003年5月下旬，约旦自伊拉克战争开始以来首次向伊拉克进口原油，数百辆大型油罐车满载原油，从伊拉克南部的法奥港驰向约旦，每天的原油进口量为200万—300万升。

3. 从沙特阿拉伯进口原油

2003年6月，约旦首次从沙特阿拉伯进口10万吨原油，从而结束了十几年来约旦一直由伊拉克单一供油的历史。

约旦与伊拉克之间的关系比较特殊，在过去的十几年中，约旦每天从伊拉克进口 9 万桶原油和燃料油，其中一半以优惠价格购得，另一半为伊拉克馈赠。这一优厚待遇至 2003 年 3 月伊拉克战争爆发才告结束。不过，沙特阿拉伯等海湾国家随之表示愿意为约旦提供原油和燃料油。

4. 同以色列合作

作为对以色列支持美英联军对伊拉克动武的报答，美国示意以色列重修海法输油管线。该石油管线由英国人于 20 世纪 20 年代所建，东起伊拉克北部石油重镇摩苏尔，途经约旦，然后向西直通以色列的海法港。该管线在 1948 年的第一次中东战争中遭破坏，被废弃。伊拉克后来重修了一条经叙利亚抵达地中海的替代管线。以色列希望兴建的这条管线若能启动，对约旦显然有益。

四、索马里

（一）油气资源

索马里为世界上最贫困的国家之一，且动乱不断。2003 年，探明剩余天然气储量为 56 亿立方米，居世界第 91 位。

（二）国际合作

早在萨拉德·哈桑就任总统以前，一些世界石油公司就纷纷涉猎索马里，将索马里有限的可供勘探的土地瓜分一空。例如：壳牌公司获得了索马里最大的陆地区块——皮克坦及 4 个海上区块；其他海上区块则被美国大陆石油公司和菲利普斯公司获得；大陆公司和意大利阿吉普公司获得了北方区块；原阿莫科公司和谢夫隆公司获得了达班远景区块。

2003 年 2 月，法国道达尔菲纳埃尔夫公司在索马里获得海、陆各 1 个区块，勘探有效期为 1 年。

第二章

全球化与中东产油国的油气发展战略

在全球化进程中，信息网络化和经济活动的一体化使时间更快、空间缩短、世界变“小”。纵观世界，西方发达国家在此进程中比较主动，中东产油国则无论贫富大小、制度异同，皆因历史、传统等因素而处于守势。虽说全球化为中东产油国保持地区稳定带来更多的挑战，但经济要素的自由流动，异域文明的交融汇合，在给中东产油国的政治稳定形成冲击的同时，也为中东产油国带来了一些机遇，如：有利于改善地区环境，创造良好的内部环境；有利于获取外部力量的支持，发挥本民族的传统文化优势，加快发展速度等。

政治稳定对于中东产油国发展经济来说至关重要。

第一节 全球化对中东产油国的影响

一、中东产油国面临的挑战

全球化从政治上、经济上、文化上对中东产油国产生了重要影响。

（一）政治方面

中东产油国传统社会的显著特征是它们的伊斯兰属性。伊斯兰教具有很强的凝聚力，其传统社会在长期的发展过程中，早就形成了适合自己的完整的社会政治秩序。然而，科技革命的蓬勃兴起，西方国家生产方式的介入，市场经济、工业化信息网络化的发展，都对中东产油国的社会造成冲击，迫使其社会转型，使社会处于一种高分化、低整合的形态之中。在此背景下，新旧矛盾相互交织，不稳定因素层出不穷。旧秩序因新的利益要求和力量冲击难以为继，新秩序因社会整合力不强而一时难以确立。过去的传统社会政治秩序与转型中呼之欲出的新秩序不相适应，矛盾重重，难以适应社会转型的要求。面对急剧增加的社会压力，上层建筑领域只得被动地改变传统的政治秩序，谋求国家政治的现代化。

（二）经济方面

西方发达国家积极推动全球化，目的是利用自身的经济、科技优势获取更多的国际市场份额，实现本国利益的最大化。中东产油国要在全球化进程中走自己的发展道路，与发达国家发生利益冲突难以避免。当今世界出现了一种新动向：用全球化作幌子或假借反恐名义，随意干涉、欺侮中东产油国，这已成为某些世界大国的思维定势，如将国际恐怖主义和中东穆斯林等同看待，动辄国际制裁，或者干脆狂轰滥炸。全球化的内涵十分宽泛，不同的国家都在根据自己的价值观确立自己的全球化思想，很难统一。问题在于：当今世界上的很多国际组织、跨国公司都受美国等西方国家控制，发达国家通过这些组织或公司将利爪伸向国外。在政治上，或通过外交途径施压，或协助、煽动、组织反对派从事内部颠覆活动；经济上，或制裁，或限制，或封锁联系；军事上，以“国际警察”自居，到处炫耀武力。纵观 20 世纪 80 年代以来的国际形势，军事干涉问题非常突出。此外，文化方面也是如此，在西方文化的侵袭下，中东产油国的民族问题、种族问题等更显复杂，社会矛盾极易激化。

（三）文化方面

中东产油国的传统文化受到挑战同生活方式与文化生活的全球化有关。在现代社会，信息网络化为思想文化的交流提供了必要条件，在空间上缩小了各国距离，使思想文化的交流速度加快，力度增强。通过信息网络和国与国之间的贸易往来，思想文化、价值观念等可以毫无阻拦地穿越国界，政府难以控制，而且这些东西的反作用力和影响力却是难以抵挡的。考察中东产油国的社会文化不难发现，西方文化在向中东产油国侵袭、扩张的过程中，具有明显的霸权主义的倾向。一个国家的政治稳定，首先要求广大民众在政治上认同本国的政治制度及其法规原则，接受国家的政治体系结构及其运行机制，承认国家领导人和政府政策的权威性，自觉遵从国家的基本法律法规。因此，民众的政治认同是国家政治得以维系的重要基础。在中东产油国，广大民众的这种政治认同首先服从于宗教上的认同，如果离开了伊斯兰教，离开了对于伊斯兰思想及其传统文化的认同，任何中东伊斯兰教国家都难以取得政治上的稳定。但是，西方文化的侵蚀常在不经意间改变中东产油国政治社会化赖以发展、进步的前提条件和人们的政治思想观念，从而弱化人们对国家和政府的政治认同。

在全球化条件下，西方发达国家的科技优势和物质文明对中东产油国产生的消极影响，使中东产油国的政治发展缺乏自主性，对国际环境和发达国家的依附性增大，同时也使政治体系的结构和功能趋于脆弱、不稳定。

二、中东产油国面临的机遇

全球化在为中东产油国的政治稳定带来挑战的同时，也带来了 4 个方面的机遇：一是有利于改善周边国际环境；二是有利于创造良好的国内环境；三是有利于获取外部力量的支持；四是有利于发挥本民族的传统文化优势，加快发展速度。

（一）全球化条件下，国际合作成为主流，有利于促进、深化国与国之间的相互依存关系，使可能影响中东产油国政治稳定的国际环境不断得到改善

全球化不分种族、贫富和信仰，不断强化各国之间相互依存关系。在全球化条件下，国际政治关系的加强往往通过经济方式或手段得以实现，现在殖民主义式的掠夺与剥削早已过去，取而代之的是追求双赢结果的现代经济合作。这种国际合作的关键是要求合作双方在追求本国利益的同时，必须顾及到合作伙伴的利益，必要时甚至需要作些牺牲，为双方赢得更大利益。在现实中，盛产石油的中东产油国同西方发达国家之间彼此互有需求，发达国家不仅需要中东产油国的能源、原材料，乃至劳动力，而且还需要中东产油国这一极具诱惑力且有相当容量的消费市场。

在全球化进程中，各国之间面临的共同利益越来越多，随之也带来了一系列的全球性问题，要解决这些问题，仅靠一两个国家不行，必须有众多相关国家的集体参与和通力合作，才能有效保障各国的共同利益。从当前情况看，处于发展中的中东产油国更应千方百计地积极寻求国际合作，加强对话，减少对抗。从这个意义上来说，全球化意味着世界的和平与发展，而一个相对稳定的国际环境对于中东产油国保持国内的政治稳定至关重要。

（二）全球化有利于现代思想文化的形成，为中东产油国的政治稳定创造良好的国内环境

中东产油国拥有深厚的文化底蕴，在中世纪创造了灿烂的伊斯兰文明。这一优秀的历史传统至今仍深深地影响着阿拉伯人民的生活，凡是阿拉伯穆斯林都无不引以为豪。但是必须承认：阿拉伯传统文化中确实也存在着一些因素，有悖于全球化所要求的平等、创新、开放、自由、民主等与现代政治文化相关的思想观念。从现实看，在全球化背景下，阿拉伯各国采取的改革开放政策，产生了一种不以人们意志为转移的客观效应，使人们的思维方式逐渐发生变化，从单一性、保守性、封闭性、静态性和依附性转向多样性、创造性、开放性、动态性和独立性。

思想观念是思想文化的重要构成，思想观念的现代化则有利于现代思想文化的形成。现代思想文化的基本精神和价值取向是民主、自由和平等，随着这种现代思想文化的形成，人们可以自由地在民主的政治氛围中参与政治，促进国家政治的现代化。

（三）全球化增强了中东产油国对国际事务的参与度，有利于它们为保持地区安全和国内的政治稳定借助外部力量

冷战时期，全球化对国际组织而言意味着权力的加强和组织的壮大。进入21世纪后，世界各国确实需要一些国际性组织（包括区域性组织），专门处理和协调国际间的政治、经济及文化关系，需要国际法体系规范国与国之间的活动。事实证明：一些国际组织或区域性组织正常、善意的介入，如出面调解，斡旋和平解决地区政治危机，或通过国际援助为某些经济困难国家发展经济、振兴民族提供必要基础，帮助它们加快发展步伐，有助于直接促成和强化阿拉伯地区或国家的政治稳定。从中东产油国层面看，像阿拉伯联盟和海湾阿拉伯国家合作委员会（简称“海合会”）等组织都在这方面发挥过积极作用。

值得注意的是：现在有一些国际组织还在受发达国家控制，其规章制度大多向发达国家倾斜。但是，随着全球化进程的不断深化，广大不发达国家参与国际事务的意识和作用已不断增强，在它们的积极努力下，国际机构的规则日趋公正，像美国这样经常借所谓人权问题对他国特别是发展中国家说三道四的国家，最终被逐出联合国人权组织就是最好的证明，这无疑是正义和公正的胜利。再一个例子就是联合国，过去也曾被一些大国操纵，但是近10多年来，由于世界各国的积极参与和介入，它在解决国际争端、解决国内政治冲突、维护世界和平与稳定、促进世界经济繁荣与发展等方面发挥了重要作用。

（四）全球化有利于中东产油国发挥民族文化优势，充分合理地利用得天独厚的油气资源，加快发展速度，为保持国家的政治稳定提供重要保障

中东产油国的基本国情是：无论贫富均属发展中国家，虽拥有共同的优秀文化传统，但总体上看生产力水平仍较低。即使是拥有丰富油气资源的产油国，也因历史局限，至今尚未走出单一石油经济的阴影。中东产油国的经济现状决定了它们在国际经济和政治关系中对发达国家具有一定的依附性，而这种依附关系的存在反过来又成为影响中东产油国政治稳定的重要因素。因此，克服这种依附性非常重要，唯此才能跟上当今世界飞速的发展形势，经济上真正实现独立，不受制于发达国家。在适应全球化方面，发达国家虽占有捷足先登之利，拥有明显的先发展优势，但全球化为中东产油国克服自身的依附性带来了机遇。中东产油国拥有两方面的优势：一是民族传统文化方面的优势；一是石油天然气资源方面的优势。前者有助于中东产油国保持民族特性，抵御西方文化的冲击和侵袭；后者可为中东产油国提供充足的发展资金，加快发展速度。在此条件下，中东产油国既可通过国际交流与合作，充分合理地利用得天独厚的油气资源，获取发展所需的资金、技术和管理经验，也可以利用生产要素全球流动的机会，分享全球化的成果。中东产油国在此进程中，完全可以借鉴别国政治建设的有益经验与教训，根据本国国情，积极吸收人类一切先进的政治文明成果，促使本国的政治发展走上民主、健康的道路。

第二节　全球化趋势下的油气发展

一、全球化趋势下世界油气的发展特点

（一）石油的第一能源地位受到挑战，天然气地位逐步上升，传统能源经济向新能源经济的过渡已在世界范围展开

美国战略和国家研究中心的《21世纪能源地缘政治》研究报告指出：虽然全球能源仍以石油为主，煤仍在发电方面起主要作用，但天然气利用已显著增加。石油和煤在世界能源消费中所占的份额已相对减少（石油约占40%），天然气利用的绝对数量和相对份额都在增长。核能的绝对数量和相对份额都在减小，包括水电在内的可再生能源和其他替

代能源的绝对数量在增加，但市场相对份额增长有限。

近10年来，为保护环境，人们日益强调使用清洁和绿色燃料。与石油和煤相比，天然气燃烧所排出的二氧化碳量要少得多，有利于减缓地球的温室化。同时，许多能源消费大国为了逐步减少对石油进口的过度依赖，一边增加能源进口渠道，一边积极寻求能源利用的多样化，发展除石油外的其他能源利用。这里以日本为例。日本自20世纪90年代起逐年增加了天然气的利用，到2000年需求量达5000万吨左右，比1992年增加1000余万吨。此外，日本公司还努力通过项目投资获得参与天然气开采、加工和运输权，以加强自己在天然气供应方面的作用，甚至不惜将220亿美元投资于从土库曼斯坦到日本的长达8000公里的天然气输送管道工程，目的就是为了拓展天然气的进口来源。

全球天然气资源非常丰富，2004年全球探明剩余可采储量约171.0405万亿立方米，中东地区为79.7693万亿立方米，约占世界总量的46.76%。由于天然气运输、利用技术的进步及其消费市场的逐步扩大，全球天然气勘探越来越受重视。进入21世纪后，世界天然气市场的交易量皆以年均10%的速度增长。英国BP公司认为，天然气市场全球化的时代已经来临，21世纪是天然气为主要能源的时代，可称之为天然气经济。个别专家甚至预言：到2015年，天然气可能取代石油成为第一能源。

由于世界油价波动和环境污染越来越引起人们的关注，传统能源经济向新能源经济过渡已在世界范围内展开。20世纪90年代，世界风力发电每年增长24%，太阳能利用率增长17%，地热能利用率增长4%。一些大型汽车公司纷纷研制以氢为燃料的发动机，日本甚至已研制出能让屋顶为建筑物供电的光电屋顶材料。[①] 1998年的英国BP公司统计报告称：得益于现代科技日新月异的发展，太阳能发电的成本已大幅度下降，比1990年下降了近40%，其他再生能源载体（水力除外）也已为

① [美] 莱斯特·布朗：《新能源经济崭露头角》，美国《先驱论坛报》，2000年9月22日。

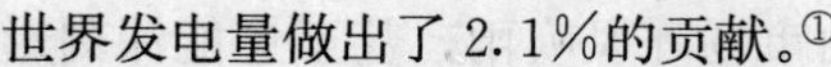

世界发电量做出了2.1%的贡献。[①]

（二）在做大做强的理念推动下，国际石油公司出现合并浪潮，超大型石油公司的力量及在世界石油市场上的发言权进一步得到加强

随着经济全球化进程的深入发展，跨国油气公司在国际能源领域的作用大大加强。事实证明：石油公司实现规模化、上下游一体化能够增强其在世界形势强烈波动中的抗风险能力。20世纪90年代后期，一些大石油公司的合并取得了巨大成功，如：世界著名的七大石油公司——埃克森、壳牌、BP、海湾、德士古、莫比尔和加州标准石油公司，合并后演变为埃克森莫比尔、壳牌、BP、谢夫隆德士古、道达尔菲纳埃尔夫五巨头石油公司；另外大陆石油公司和菲利普斯石油公司合并后一举成为继埃克森莫比尔和谢夫隆德士古之后的美国第三大石油公司。2005年实力不断增强的中石油集团频频出击海外，收购包括美国、加拿大、哈萨克斯坦等国石油公司的重大举措，同样体现了这一做大做强、增强抗风险能力的现代经营理念。

强强联合也为这些超级石油公司带来了巨大的合作效益，每年超过100亿美元，如将节省的成本转为资本则又能为公司创造近1000亿美元的利益。例如：BP通过合并收购，每年节省成本58亿美元；埃克森莫比尔合并后，仅2000年便节省开支46亿美元；谢夫隆与德士古合并后，年削减成本20亿美元。这些国际顶级石油公司不仅是地区石油工业的领导者，在世界石油工业中也占主导地位。它们对石油资源、勘探开采、加工炼制、终端销售等的全方位控制，以及对国际油价的影响力日益加强。现在，越大越强的理念已被石油公司普遍接受，中型石油公司因而纷纷加入到合并浪潮中，以此面对来自大型石油公司的竞争压力。这一现象随着经济全球化进程的发展，已得到进一步强化。

（三）欧佩克对世界石油市场的控制力逐渐下降

20世纪70年代，欧佩克处于顶峰期，其石油供应份额占国际石油

① 德国《商报》，1998年7月15日。

市场的80%。欧佩克不仅在国际石油市场呼风唤雨，甚至还能深刻影响世界的政治和经济形势。进入新世纪后，欧佩克虽然仍有很强的竞争力，但它在国际石油市场的作用明显下降，对世界石油市场的控制力正在不断地被削弱。导致出现这一局面的主要原因有以下3个：

1. 20世纪70年代两次石油危机后，西方主要石油公司投资转向非欧佩克产油国，后者经过持续努力，产量不断增加，生产成本从21美元/桶下降到9.4美元/桶。由于投资不足和油田老化，欧佩克每桶石油的生产成本上升到4美元左右。进入21世纪后，由于俄罗斯的崛起，非欧佩克产油国对欧佩克的霸主地位形成了严重威胁。2003年欧佩克在国际石油市场上占有的份额仅为38.11%，2004年虽增至40.61%，但杯水车薪已难以左右国际石油市场。

2. 随着全球自由贸易体系的发展，若干国家或若干公司联合起来垄断国际石油市场的现象趋于弱化，欧佩克成员国越来越多地融入了世界经济。在经济全球化趋势下，这些国家较以前更多地重视本国利益，因此每当欧佩克做出限产保价决定时，其成员均不能做到令行禁止，瞒产、超产常常发生，几乎是公开的秘密。但是，那些经济状况良好，具有丰富石油储量的国家如沙特阿拉伯、阿联酋等与此相反，它们并不急于增产，其石油策略更倾向于“囤积居奇”，以求利益最大化。这些国家与美国关系密切，美国有时也利用双边关系影响它们在欧佩克的立场。“9·11”事件后，沙特等国政府面临着美国和西方国家很大压力，不愿在油价问题上与美国和西方国家对立。有些成员国则不然，它们为了增加财富，改善本国经济状况，极力主张增产。至于伊朗、利比亚等成员国，它们虽也拥有丰富的石油储量，但因受西方国家的制裁，经济上仍较困难。进入21世纪以来，欧佩克曾多次提出减产目标，可是不少成员国表面上表示遵守约定，但实际还是我行我素，产量往往超过配额。成员国之间的内部矛盾客观上起到了削弱欧佩克在世界油价调控中的作用。

3. 国际石泊资本和发达国家政府对油价控制力的加强以及作为世界上第二大石油出口国的俄罗斯在国际能源市场的作用日益突出，使欧佩克的作用逐渐下降。这里以2000年出现的油价持续暴涨为例。当时美国政府通过动用战略储备干预市场，成功地使每桶原油价格下降了近5美元。另外，俄罗斯因急需出口大量油气换取足够资金，也常对欧佩克限产保价的联合行动不屑一顾，只有当两败俱伤时才会有所收敛。再以2005年8月底油价突破70美元/桶为例，在美国等西方国家紧急动用战略储备干预后，油市上涨势头马上被遏制，9月油价得以回落至60多美元/桶的价位上。不过从中也应看到，美国等西方国家动用战略储备在高油价时抛售救市，本身获利匪浅。

（四）能源与外交紧密结合，能源进出口国之间相互依赖程度增加

21世纪，至少前半世纪，石油仍是各国经济发展的重要支撑和军事装备现代化的动力基础，是影响国际政治和经济的战略资源，确保能源供应安全仍是各国政治与外交政策的主要目标。石油市场是全球的市场，美国和西方政治家已开始从这一角度来思考和行动，这意味着把能源与对外政策目标联系了起来，并以这种政策为勘探和开发石油创造安全和有利可图的环境。

在全球化趋势下，能源进出口国都将增强能源在其对外政策和外交手段中的分量；对主要出口国而言，能源因素已经成为它们对外政策和外交的决定因素，除了通过国有化或由国家控股等途径维护自身利益外，还要与非欧佩克产油国在策略上加强协调，甚至建立正式同盟。发达国家主要通过资金和技术的投入，获取资源国的资源，其间还时常用一些经济、政治乃至军事手段，确保能源供给。当前国际石油市场的主要矛盾是：欧佩克国家控制石油供应和油价的努力，同主要石油消费国要求保障石油供应和国际油价理性化之间的矛盾。

在经济全球化趋势中，国际油气生产领域的竞争进一步激烈。一方面，全球化将各国经济捆绑在一起，产油国和消费国的利益更加密切。如果油价过高，可能影响到世界经济的恢复和增长。而另一方面世界经济的停滞，会带来全球石油需求的减少。产油国销油不畅，就有可能导致低价倾销，损害产油国自身利益。当前能源供应国和消费国间相互依赖程度正在不断得到增加。

二、全球化趋势下的中东油气

（一）中东地区在世界油气储、产领域仍占有突出地位

中东地区蕴藏着极其丰富的石油资源，2004年探明储量达1074.95亿吨，约占全球总量1750.28亿吨的61.41%，同比略有下降，与2005年情况相仿。其中沙特探明储量约355.34亿吨，约占世界总量的20.30%，居世界第1位。2004年，中东产油国的估算产量约13.011亿吨，约占全球总量35.4966亿吨的36.65%，同比增长7.5%。在世界各产油区中，中东地区的石油储产比最高，平均可开采年限最长，约达87年。近年在伊朗又发现一个大油田——阿扎德甘油田，估计其储量为260亿桶。此外，中东地区还拥有丰富的天然气资源，分布更广泛。2004年，全球已探明天然气储量171.1081万亿立方米，其中中东地区为79.2557万亿立方米，约占世界探明总量的46.32%。按目前开采速度推算，储采比达100年以上。

在2004年天然气储量世界排名的前10位中，中东国家占了6席，它们是：伊朗第2、卡塔尔第3、沙特第4、阿联酋第5、阿尔及利亚第7、伊拉克第10。[①] 其中伊朗和卡塔尔的已探明天然气储量分别为26.61798万亿立方米和25.76847万亿立方米，分别占世界总量的15.56%和15.07%，分别占中东地区天然气总储量的33.37%和32.30%。进入21世纪以来，中东地区天然气在能源格局中的地位正在加强。预计中东地区对天然气的消费将由1997年的1700亿立方米增加到2020年的3400亿立方米。天然气已经并将继续越来越多地用于发电和国内工业生产。现在，西欧、中欧和亚洲[②]都已成为中东地区天然气出口的主要市场，卡塔

① 2005年埃及天然气有了新发现，使其探明剩余天然气储量增至6.7万亿立方米，一举超过了沙特。

② 中东国家大都集中在西亚，这里的亚洲泛指除西亚以外的东亚、东南亚和南亚，特此说明。

尔的液化天然气出口能力已达3000万吨/年，主要出口日本、韩国和印度，现在每年的供应量分别达600万吨、480万吨和750万吨。

未来20年，全世界对中东地区油气的需求不仅不会减少，反而还会因经济的迅猛发展而不断增长，因此需要中东产油国不断提高产量，以满足世界经济日益发展的需要。据分析：到2020年，世界石油需求为1.13亿桶/日，按现有产量约需增产4000万桶/日，其中增长部分将主要来自中东产油国。中东地区特别是海湾产油国必须提高约80%的石油产量，方能满足未来的全球油气需求。

当前，在经济全球化趋势下，中东产油国正在利用其得天独厚的油气资源优势，努力发展石化产业，力求摆脱单纯依赖石油生产和石油出口的经济格局。中东产油国拥有丰富的天然气资源，这为乙烯生产提供了廉价的乙烷原料。中东地区以乙烷为原料生产乙烯，是世界上原料费用最低廉的地区，其乙烯生产成本只有100美元/吨，而亚太地区采用乙烷为原料生产乙烯的成本为200—240美元/吨，美国生产乙烯的成本为250美元/吨。

（二）亚洲对中东能源的需求有增无减，双方关系越加紧密

20世纪90年代中期，北美取代欧洲成为世界最大的石油消费区，现在世界石油消费中心已悄悄由北美向亚洲新兴市场转移。亚洲的石油消费自20世纪80年代中期起迅速增长，近年来增长势头更是不可阻挡，消费量已能与北美、欧洲匹敌。亚洲取代北美成为世界油气的消费市场中心已为期不远。

目前，亚州能源需求的70%来自中东地区，日本原先占78%—81%，现已接近90%。日本官方认为：如果亚洲要推动21世纪世界经济的增长，那么它就必须增加能源的供应。由于亚洲的能源生产已无法满足日益增长的需求，亚洲国家因此会更加依赖亚洲地区以外的能源供应，从而改变本地区的能源供求关系。[①] 未来的亚洲特别是东

① 安东尼·罗利：《亚洲石油需求激增》，载新加坡《商业时报》，2001年3月12日。

亚地区，作为石油净输入地区，对中东油气依赖将日益加强。鉴于历史经验，任何可能导致能源供应中断的情况出现都会给亚洲经济带来严重不利的影响。

在油气市场全球化背景下，亚洲不断增长的油气需求使它可以在国际舞台上发挥独特作用。到2010年，亚洲从中东进口的石油可能达1900万桶/日，而中国对进口石油的依赖程度将超过60%。[①] 伊朗石油部长比詹·纳姆达尔认为：以亚洲为中心的未来能源需求将大幅增加，石油和天然气将发挥巨大作用。预计今后20年石油需求的增加量将是过去的2倍，其中海湾产油国将继续担当主要供应源的角色。欧佩克秘书处预测：今后20年亚太经合组织国家石油需求的增长将占全球增长总量的34%，其中58%主要依靠海湾产油国供应。为此，以石油为中心，海湾产油国和亚洲地区的关系将会更加密切。此外，海湾产油国还将为维护能源安全发挥决定性作用。[②]

（三）中东石油对国际政治的影响力下降

20世纪70年代爆发的震撼整个世界的两次石油危机，对西方经济造成严重影响，导致爆发世界经济危机，迫使西方国家重新检讨并修正自己的经济发展政策，以确保经济发展走上安全之路。然而到了21世纪，在全球化趋势日益加强的条件下，中东国家已不能再次借助石油武器来改变现有的国际经济和政治秩序，提高自己在国际政治和经济舞台上的地位。全球化对中东国家的政治、经济、社会和传统文化造成巨大冲击是毋庸置疑的。仅从油气资源层面看，伴随新经济和高新技术向全球迅速扩展及全球性环保活动的不断深入，经济全球化首先削弱了中东国家在传统资源和国际能源市场份额等领域的优势地位。

---

① 中俄油气管道资源组编译：《世界能源政策和外交》，中国石油勘探开发研究院出版，2000年9月。

② ［日］藤目和哉：《2001年度太平洋能源合作会议纪要》，新华社，2001年6月6日。

1998年的低油价曾直接影响中东产油国的收入、预算，给他们带来严重的政治问题。[①] 20世纪70年代两次石油危机后，西方工业国都已建立起“节省能源、开发利用替代能源和征收税款”等有效机制，以对付油价过高；美国甚至可以在关键时刻动用战略储备来压低油价；其他能源消费国纷纷采取措施，或开发自己的油田和替代能源，或增加煤、天然气、核能和再生能源的比重，以此减少对石油的依赖。另外，全球化带动科技迅速发展，使节能产品得以不断推出，能源利用率进一步提高，这也使石油在能源消耗结构中的比重逐步下降。

“9·11”事件引发了国际社会对恐怖主义的担心。恐怖分子一旦对中东地区石油进行破坏，就有可能引发全球性的能源危机，由此造成的经济和政治恐慌要比“9·11”事件严重得多。“9·11”事件后，国际能源形势和世界大国的观念都发生了深刻变化，全世界虽然仍在利用中东地区油气，但中东地区石油已不能继续成为中东产油国对付国际市场的武器，因为各个石油进口大国从安全考虑都采用了石油进口多元化的策略，实施的步伐明显加快，过去单靠欧佩克供油，现在则可以从俄罗斯、里海和西非几内亚湾等非欧佩克产油国进口石油。中东产油国在西方市场的份额下降已是不争的事实。

中东产油国对于世界变化的速度以及全球化所能带来的挑战和机遇是有一定认识的。1999年9月召开的欧佩克首脑会议发表了由11个成员国首脑共同签署的《加拉加斯声明》。该声明强调：要关注全球环境问题，寻求与消费国之间的新对话，努力使各成员国的经济多样化，尤其是要重视技术革新，以适应全球化和世界范围内的科技进步。虽然中东产油国面对全球化的冲击采取了一系列的应对措施，并收到了一定的成效，但中东地区石油对国际政治的影响力下降确是不争的事实。

---

① 杰弗里·肯普：《波斯湾仍然是战略争夺目标》，载英国《生存》季刊，1998—1999年冬季号。

第三节　全球化与中东产油国油气发展战略之调整

一、全球化趋势对中东产油国油气发展战略的影响

经济全球化是世界经济发展的必然趋势，同时也是一个过程。无论发展中国家如何认识和对待它，都会自觉或不自觉地受到经济全球化大潮的“裹挟”。

经济全球化的根本涵义是指资金、资源、技术以及劳动力等生产要素在全球范围内的迅速流动，以寻求最佳配置，实现各国、各个地区，乃至世界性的经济持续发展。这种投资、生产、销售、服务等经济活动的国际分工，是在二战后形成的世界经济体系框架下，时空领域的重新整合、排序和优化。

经济全球化的发展进程经历了几个阶段：

1. 起始于 20 世纪 80 年代初①。当时按照世界银行和国际货币基金组织开具的“药方”，一些发展中国家开始进行以私有化、对外开放市场和引进外资为主要内容的经济改革和结构调整。

2. 经济全球化进程的加速发展出现于冷战结束后的 20 世纪 90 年代。科学技术革命推动新兴产业的发展，以及苏联解体、两个“平行市场”的消失，促进世界贸易、国际金融体系和高新技术、信息在全球范

---

① 1985 年，T. 莱维（Theodre Levitt）在其《市场的全球化（The Globalization of Markets)》一文中，提出了“全球化”一词，文中描述了 20 世纪 60 年代中期以后国际经济发生的巨大变化，即“商品、服务、资本和技术在世界性生产、消费和投资领域中的扩散”。参见“21 世纪：经济全球化与第三世界”国际学术研讨会上江时学的论文《全球化对发展中国家的影响》，2000 年 8 月由中国社会科学院第三世界研究中心举办。《21 世纪：经济全球化与第三世界》，中国社会科学文献出版社，2001 年 11 月版。

围的重组和传播。

3. 进入21世纪后，经济全球化向深度和广度发展，涉及文化、经济、政治、社会、技术和环境等各个领域，影响几乎遍及全世界。经济全球化的运行过程，无疑是一种经济实力的较量。那些在资源、资金、技术、信息、劳动力等生产要素的占有、管理和使用方面具有相对优势和经济实力强大的国家，在经济全球化中拥有享有获取更多经济利益的先手之利，而那些在上述方面都处于劣势的国家则会受到更大的冲击，经济被进一步削弱。

经济全球化对各国的影响，尤其对发展中国家的影响具有两重性。一方面，促进资金、技术、信息、资源和劳动力的流动，实行生产跨越国界运作，扩大市场的规模，向发展中国家提供经济发展需要的技术和资金，有利于经济发展和提高生产力水平，改善人民生活水准及条件，实现社会的进步。另一方面，对发展中国家的民族经济形成冲击，削弱这些国家在传统自然资源、低廉的劳动力成本、国际初级商品市场份额等领域的优势地位，拉大与西方发达国家间的经济差距。

中东产油国同样也不例外，受到了经济全球化的双重影响。这些国家以石油经济为主体，石油工业的发展对其国民经济举足轻重。自收回本国石油资源开发、使用和标价等根本权益以来的几十年中，中东产油国经济曾获得了较大的发展，有些国家经济发展取得的成绩更为明显（参见表2—1）。但也出现了经济停滞或衰退、外债重负、高通货膨胀率和高失业率等各种经济问题。究其原因，有政治、经济、社会、历史、文化、宗教等各个领域和国际、国内两大因素的不同影响。①

① 中东国家大都拥有油气资源，但储产量大，并且石油经济在国民经济中占据重要地位的国家，集中在海湾地区和北非地区。本书论述的主要对象国就是这些国家。

表 2—1　　部分中东产油国国内生产总值增长一览表

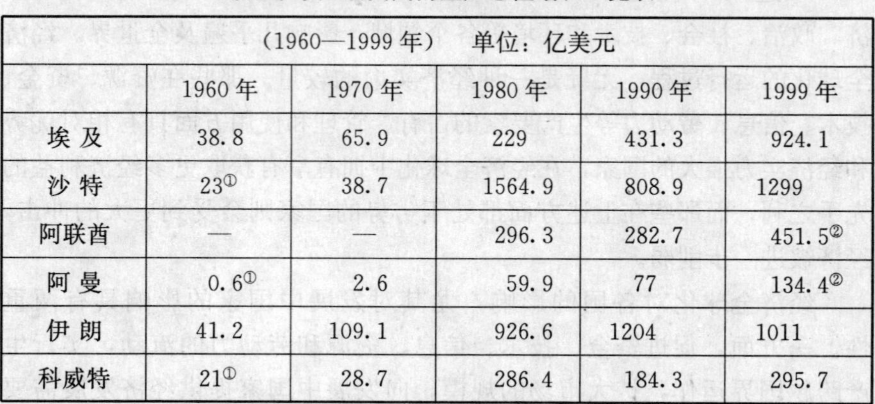

（1960—1999 年）　单位：亿美元					
	1960 年	1970 年	1980 年	1990 年	1999 年
埃及	38.8	65.9	229	431.3	924.1
沙特	23①	38.7	1564.9	808.9	1299
阿联酋	—	—	296.3	282.7	451.5②
阿曼	0.6①	2.6	59.9	77	134.4②
伊朗	41.2	109.1	926.6	1204	1011
科威特	21①	28.7	286.4	184.3	295.7

注：①为 1965 年数据；②为 1997 年数据。

资料来源：世界银行《世界发展报告》1983 年、1990 年、1991 年、1992 年、1994 年、1995 年、1998/1999 年、1999/2000 年、2000/2001 年。

在经济全球化的大环境下，中东产油国在发展本国经济，建立和加强石油工业的努力中，受到的影响主要体现在以下几方面：

1. 外向性经济更为突出，加剧了本国经济发展的不稳定性

这些国家石油部门产值占 GDP 的比率很高，国家财政收入的多寡取决于国际市场石油价格的高低，受世界石油消费需求增长快慢的影响。国内以石油工业和石油收入为主体的石油经济的确立，使中东产油国特别是海湾国家在市场、资金、技术等方面对外部的依赖性更强了，在世界经济中的地位相对弱化。①

2. 石油领域的国际竞争日益激烈

国际石油竞争的方式和手段趋向多样化，如世界主要消费国石油进口来源多元化，对世界几个重要地区（中东、非洲西部、里海等）石油资源的争夺加剧，国际石油公司组成集团公司联合开发、在合作中争得

① 安维华、钱雪梅主编：《海湾石油新论》，中国社会科学文献出版社，2000 年 10 月版，第 112 页。

各自的最大利益成为当今石油生产经营活动的主要方式，大量的国际石油公司实行兼并收购以增强争夺石油资源的实力（表 2—2）。这种激烈的竞争趋势，对中东产油国的石油工业发展，对其石油出口以及政府财政收入的压力增大了。

表 2—2　　1998 年并购后的世界四大石油公司实力状况

	埃克森/莫比尔	BP/阿莫科/阿科	壳牌	道达尔/菲纳/埃尔夫
石油储量（亿桶）	116	101	100	63
天然气储量（万亿立方米）	58	40.8	60.5	19.1
原油产量①（万桶/日）	250	270	240	150
天然气产量（亿立方米/日）	106	79	79	32
石油炼制能力（万桶/日）	650	330	400	240
油制品销售量（万桶/日）	890	540	680	320
总收入（亿美元）②	2030	1100	1280	940
资产总额（亿美元）②	1400	1120	1140	580
净收入（亿美元）②	120	80	80	40

注：①原油产量包括天然气液体产品（NGLs）。②为 1997 年数据。资料来源：PIW（1999a，1999b）。

该表根据［沙特］马基德·阿卜杜拉·姆尼夫博士：《石油与经济全球化》表 4 提供的数据编制，见［埃及］《国际政治》（阿拉伯文）2000 年 10 月号。

3. 全球范围内环保行动强化对发展石油工业的规范

石油生产和消费的增长使地球资源受到巨大破坏，并造成环境的严重污染，是影响世界经济持续发展的重要因素，已引起全球的关注。联合国、经合组织等国际性机构以及许多国家，都积极采取行动、制订各种有效措施，限制全球温室气体排放，如减少对能源和交通等领域补贴、征收燃油税、开发清洁能源等。随着世界能源消费结构变化和国际石油需求增长，全球性环保行动的不断深入，加大了对中东产油国石油开发和生产的规范、制约程度。

4. 新经济和高新技术产业的建立和迅速向全球扩展

世界新经济和高新技术在社会、经济、军事等各个领域的应用和发展，以及信息网络系统在全球范围的逐步建立，从资金、技术、贸易、法规、人力资源开发等方面，对中东产油国加强石油工业及推动经济和社会的持续发展形成了巨大的挑战。

5. 国际石油领域的供需结构、价格形成机制、市场交易方式发生很大变化，建立新的国际石油体系成为必然趋势。

欧佩克同世界石油消费国之间的对话、磋商、协调等趋向加强；非欧佩克石油生产国在石油生产和出口等方面与欧佩克的矛盾及合作更加明显。世界各个国家或经济集团都需要面对国际石油领域的重大变化进行战略调整。中东产油国的调整尤为重要。

经济全球化这种外部环境的变革，促使中东产油国多次反省，不断对它们石油天然气发展战略做出调整。

对中东产油国在经济全球化背景下油气战略调整的分析，不仅涉及当前和今后，更要关注前 20 多年来的发展变化，特别是要看到各国实施油气战略调整的连续性和对其的不断完善。

二、全球化趋势下中东产油国调整油气发展战略的紧迫性

20 世纪 80 年代以来，特别是进入 21 世纪后，世界经济全球化的趋势日益加强，不仅使中东产油国感受到了巨大压力，也使它们越来越深刻地认识到：只有增强经济实力，提高在国际市场中的竞争力，才是国家生存、实现经济与社会的稳定和持续发展的根本保障。为此，中东产油国一直在对自己国家的经济结构进行调整和改革，以适应世界经济的发展要求。由于石油经济和石油产业的发展是多数中东产油国经济和社会发展进程中的重要组成部分，因此中东产油国家经济调整和结构改革的一个重要方面，就是对其油气战略进行不断的调整。从目前看，这种调整行动仍在进行，以求不断完善。

中东产油国的社会经济既有共性，又有个性，因此它们根据本国的

具体情况，对油气战略的制定、实施和调整，具有这种双重性。它们的共同之处在于：

1. 均夺回了本国石油资源的所有权和使用权，并在此基础上奠定了国家建立和强化石油工业，推动经济和社会迅速发展的基本经济体系；

2. 油气战略目标的确定同国家经济的可持续发展计划的实施相一致，并互为依赖和支持；

3. 确定法律保障，制定《石油法》、《投资法》、《外资法》、《经济自由区法》等相关法令法规，完善法制管理体系；

4. 进行经济改革和产业结构调整，实现经济多样化，逐步摆脱对单一油气经济的依赖；

5. 创造良好的投资环境，对外开放石油上下游部门，吸引外国资金和先进科学技术，推动石油产业发展；

6. 重视天然气的开发与利用；

7. 加强国际合作，包括欧佩克成员国间、中东地区各国间、与非欧佩克产油国，以及同消费国的对话和协调。

中东产油国油气战略制定和具体实施的区别则在于：每个国家都有其不同的战略重点，为加强石油工业及实现经济发展的长远目标而遵循的具体、阶段性目标和任务有差异。

三、全球化趋势下中东产油国油气战略的制定及其目标

中东产油国的油气战略是世界石油经济发展过程中，由各中东产油国采取的指导石油经济全局的、具有谋略性、阶段性和对阵性的规划和计划，旨在争夺和支配石油天然气这一重要战略性资源，以获取最大的经济利益，增强自身在国际经济竞争中的实力。自石油开始成为工业社会生产的主要动力后，各西方石油公司就有了自己的油气战略。随着世界石油工业的发展和石油市场的结构性变化，各产油国和石油消费国，

以及国际性的石油机构或集团，均制定了不同的油气战略[①]。

中东产油国凭借其自然资源的优势，将石油产业作为重要的国民经济部门。各国通过国有化或参股方式，实现了由国家控制石油资源及其生产和销售，并一直致力于发展石油工业，提高产量和出口量，增加国家收入。为发展本国石油工业，获得更多的经济利益，中东产油国自从西方石油公司手中夺回石油资源起，就制定了石油开发计划，并出台了一系列有关石油生产、出口和价格的政策。这些石油计划和政策在有些产油国形成了较为系统的油气战略，拥有明确的石油工业发展目标和适当的战略行动计划。

中东产油国的油气战略总目标是：以经济的长期发展为目标，开发和利用丰富的石油资源，提高石油生产能力，扩大石油出口和增加石油收入，建立强大的油气工业，以带动整个国民经济的发展，实现工业化和现代化，改善和提高人民生活水平，推动全社会进步。在稳定、繁荣民族经济的基础上，努力把巨大的石油资源变为国家长久的财富。

中东产油国在实施油气战略的过程中，积极融入世界经济体系，为适应时代潮流，获得持久的发展，不断增强自身的经济竞争力。中东产油国的油气战略，在不同的经济发展时期有其相应的阶段性目标、中心任务、实施方式和手段。

中东产油国的油气战略主要包括：

1. 石油经营战略，包括石油资源开发、投资运作、贮运经销、先进技术引进和运用；

2. 价格战略，包括标价体系的建立、石油生产和出口数量的确定和调整；

3. 资源保护和防止环境污染战略，包括石油资源的合理利用、石油经济可持续发展、能源结构调整与优化；

4. 国际磋商与合作战略，包括各国石油政策的协调、国际石油竞争中寻求“双赢”的经济利益、实施石油开发合作项目等；

---

① 葛家理、刘立力：《现代石油战略学》，石油工业出版社，1998 年 5 月版，第 5—15 页。

5. 石油管理战略，包括优化管理体制、培训石油从业人才等；

6. 石油安全战略，包括建立油气战略储备等。

在上述6种战略构成中，价格战略是中东产油国油气战略中一个极其重要的组成部分。价格战略的确定和实施，是油气产量、生产能力的关键，对本国油气出口增长和国际油气供应的丰缺状况影响极大。

中东产油国为建立、巩固本国石油工业，获取最大的经济利益，制定自己的价格战略，目的就是要控制石油标价权和阻止国际石油垄断财团及西方石油消费国的能源战略可能对它们造成的损害和影响。欧佩克成员中多数是中东产油国。它们在确定采取什么样的价格战略上存在利益分歧[①]，但在执行时基本上按照欧佩克制定的油气生产和价格战略，采取统一行动，并根据国际油价的变化，不断调整石油产量，以求石油利益最大化。

中东产油国的价格战略核心就是“追求产量与价格的最佳配置，即收入最大化与市场配额的最大化”[②]。中东产油国在收回石油资源主权和油价决定权后，就一直在追求这一战略目标的实现。自20世纪70年代以来，欧佩克采取了“减产提价”、“限产保价”、“低价扩额”、“增产压价”等多种油价政策和手段，对国际市场石油供需平衡和国际油价的变动产生了很大影响，但同时也影响和制约了中东产油国的经济增长，如1973年和1979年两次大幅减产，虽然实现了油价大幅提升，中东产油国石油收入大增的目标，同时也两度引发了世界性的能源危机和世界经济的大衰退。20世纪80年代中期，中东产油国实施大幅增产以期实现“低价扩额”的价格战略目标，但事与愿违，却导致了国际油价的暴跌，油价从1986年1月的每桶20.43美元降到7月的每桶10.32美元，降幅达49.5%。一年后，油价又从1987年8月的每桶18.11美元降到

---

① 在油价战略的确定上存在以伊朗、利比亚为首的“鹰派”和以沙特为首的“鸽派”两种意见分歧。

② 安维华、钱雪梅：《海湾石油新论》，中国社会科学文献出版社，2000年10月版，第75页。

每桶 12.22 美元，降幅为 32.5%[1]，致使中东产油国的油气收入锐减，许多经济发展项目不得不下马或缓建，商品进口量下降，政府财政支出紧缩，经济增长速度放慢。20 世纪 90 年代，中东产油国调整并交替实行“限产保价”或“增产抑价”价格政策。在油价长期走低情况下，通过减少产量，缩小市场供应量，推动油价转跌回升。油价一旦高攀，便通过适当增产、扩大市场投放量，达到抑制油价暴涨、稳定市场、增加石油收入、保持市场份额的目的。这些价格政策的实施，在一定程度上影响了国际市场石油供需结构在失衡和平衡间的变换，也影响了国际油价的涨跌和波动，进而促使世界各国纷纷调整各自的油气战略及政策。

中东产油国有关国际油价的形成机制和确定基准油价的价格政策，根据全球经济形势不时进行调整，它们的原油标价原则和参照值，随着时间的推移，已发生很大变化。最初，中东产油国反对国际石油财团依据美国油区的基准标价确定的“单一标价”和一再蓄意压低原油标价的做法，提出应考虑通货膨胀的因素，参照通货膨胀率确定油价标价的主张[2]。后来确定了将外汇兑换率、通货膨胀率和工业品价格指数这 3 项指数作为制定国际原油价格体系的长期基准目标。沙特阿拉伯甚至还提出了以替代能源价格作为原油标价基本参数的意见，力求采取稳步、适中的方式来提高油价水平，以获取最大的油气收益。

20 世纪 90 年代末，鉴于国际石油市场供大于求、库存增多的石油形势对油价形成压力，欧佩克先是实施了“以库存量而不是以价格来决定产量”的价格战略，使油价保持在预定的目标水平上。然后，为保证国际油价的相对稳定，在 2000 年提出了一个新的价格调节机制，即所谓的“油价自动平衡机制”，即规定：国际油价连续 10 天或 20 天低于或超出每桶 22—28 美元的范围，欧佩克相应削减或增加其原油产量 50 万桶/日。

---

① 陈悠久：《石油输出国组织与世界经济》，石油工业出版社，1998 年 6 月版。

② 齐高岱、马运堂：《中东局势与能源危机》，经济管理出版社，1991 年 6 月版，第 102、103 页。

中东产油国实施欧佩克的价格战略，旨在保证原油持续供应，使油价稳定在产油国和消费国均能接受的价格水平，维护产油国的长远利益。

中东产油国在实施其价格战略的过程中，通过加快油气勘探和开发的进度，增加了油气的探明可采储量，促进了石油工业的发展，并在逐步扩大石油出口和增加石油收入的前提下，推动了经济和社会的发展。

四、中东产油国的油气战略调整

20 世纪 90 年代，在全球化趋势下，随着世界经济的飞速发展和能源需求的不断增长，中东地区油气的地位和作用日益增强。但 90 年代初接连爆发的海湾危机和海湾战争，给许多重要产油国造成了一定的经济困难，这些国家在逐步解决财政问题同时，根据本地区的资源特点及政治局势，对油气发展的立足点做出了战略性选择。为了适应国际市场的变化，迎接 21 世纪的挑战，中东产油国根据自己的国情，制订并实施了这一时期油气发展的基本策略。

中东产油国都拥有丰富的石油资源，其中尤以海湾产油国为储量之最。在海湾八国中，除阿曼、卡塔尔、巴林的石油储量相对少一些外，沙特、阿联酋、科威特、伊拉克、伊朗均为世界石油储量大国。长期以来，海湾地区一直是世界原油的主要供应地。为进入 21 世纪做准备，中东产油国在石油生产与发展方面采取了一系列措施，旨在建立一个经得起油价冲击、集“采、炼、运、销”于一体、完整而强大的石油产业体系。

（一）立足资源优势，努力提高产能力

1996—2000 年，世界各国对石油的需求不断增加，因此中东地区石油的重要性和地位凸现。当时世界能源机构预测：到 2000 年世界石油需求为 7570 万—7710 万桶/日（后被事实证明基本正确），2010 年需求将再增加 2210 万桶/日，达到 9200 万—9520 万桶/日，从 1996—2010 年将增长 25.78%。另据欧佩克报告，到 2010 年欧佩克成员国的

生产能力约为3440万桶/日，年增长能力约3.3%。未来的形势和任务清楚地说明，在这一阶段中东产油国将继续保持在世界石油供应中的重要性，鉴于中东产油国在资源方面具备提高原油产量的条件，所以应该有所准备，为之发挥应有的作用。

为了适应21世纪的世界石油供求关系，不少中东产油国都提出了自己的石油发展目标。沙特阿拉伯的石油资源和生产为世界之最，为了确保世界最大供应国的地位，它把进入21世纪的石油发展目标定位在产量占全世界的12.5%以上，欧佩克的1/3。阿联酋的目标是日产原油360万—380万桶，科威特300万桶/日，卡塔尔85万桶，阿曼90万桶。① 1993年，沙特阿拉伯曾投资200亿美元，实施了一项石油发展计划，到2000年把产油能力提高到1230万桶/日（后因欧佩克采取限产保价措施，未能实现)。一些国际能源机构的有关资料显示，中东产油国在1996年、1997年、1998年连续3年的平均原油日产量分别是：沙特781.6万桶、科威特190.7万桶、阿联酋259.4万桶、巴林10.4万桶、卡塔尔57万桶、阿曼89万桶。②

为了提高和扩大石油生产能力，从1997年起中东产油国投入了大量资金，上马了一批石油项目。与此同时，对外国石油公司实行开放政策，积极引进外资和国外的先进技术。20世纪90年代中后期，中东产油国在这方面作了许多努力，吸收到了大量的外资和先进的石油生产加工技术，例如：科威特石油公司于1997年6月先后同法国和韩国的石油公司签订协议，同意并接受对方在石油的生产、加工、营销与出口等方面的技术援助；同年9月，阿曼和美国大陆石油公司签订了一项7年租让合同，对31号油田进行勘探；此外，卡塔尔也先后同美国、丹麦、法国的公司签订了合作协议。③ 随着这些合作协议的实施，中东产油国的石油生产能力得到了进一步提高，为实现新世纪的石油发展目标，在

① 英国：《中东经济文摘》1997年10月31日。

② 因中东产油国众多，故仅以上述数国举例，以下同。

③ 《欧佩克公报》1997年10月号和英国《中东经济文摘》1997年10月31日。

硬件上作好了充分准备。

从20世纪90年代后期中东产油国的实际生产情况看，中东产油国并没有按实际能力生产，而是采取了适应国际石油市场需要的生产策略，不盲目生产，因为世界石油市场上一旦供过于求，油价就会下跌，其结果自然是多产不多得，于产油国不利。中东产油国能够采取适应国际石油市场需要的策略从事生产，完全得益于区域经济集团化的发展。对于石油产量和世界油价，中东产油国不仅在海合会内部进行了充分的协调，而且还与其他石油输出国加强了横向联系。由于措施得当，经多年磨合，中东产油国已基本克服油价不稳带来的负效应，石油生产形势较好。

历史的经验证明，中东产油国在拥有足够生产能力的条件下，有能力根据世界石油市场供求关系的变化，对石油产量进行有效的控制。

（二）提高产业附加值，扩大出口能力

从20世纪70年代起，中东产油国的国民经济一直以石油生产为主，各国的经济发展规划完全依赖石油收入，但由于油价受世界市场供求关系的制约难以把握，因此对中东产油国的经济发展影响很大。例如：70年代的油价暴涨，为中东产油国积累起了数以千亿计的外汇储备；而80年代的持续疲软，又造成了中东产油国连续10多年的财政赤字。由此可见，中东产油国发展经济仅依赖原油出口非常被动。为了改变这一局面，中东产油国在发展二级石油产品，增加石油产业附加值方面下了功夫，给予了更多的关注。1997年，6个海湾国家（除伊朗、伊拉克外）共投资380亿美元，对二级石油工业的一批老企业进行了扩建和升级，并新建了一批炼油厂，以此提高二级石油产品的生产能力。

1996年，上述海湾6国共有32座炼油厂，年加工能力约2.3369亿吨。其中，沙特阿拉伯的炼油能力居中东产油国之首，共有8座炼油厂，年加工原油8279万吨。① 为了继续提高炼油能力，沙特实施了一项投资160亿美元，长达10—12年的宏伟发展计划，对国内的一批重要石化企

① 美国《油气杂志》，1998年12月28日。

业进行扩建和升级。这批企业中，除朱贝勒、延布、利雅得和吉达的4家主要国营炼油厂外，还包括一批合资企业。这项计划能使沙特阿拉伯的年炼油能力提升至1.4亿吨，跻入了世界炼油工业大国行列。

科威特的炼油能力继沙特之后，在中东产油国中居第二位，有3家大型炼油厂，年加工原油4120万吨（合70万桶/日）。2000年，科威特的炼油能力达100万桶/日。

阿联酋的炼油厂分属各酋长国，在阿布扎比酋长国有乌姆纳尔和鲁怀斯两座炼油厂。阿布扎比为扩建这两家炼油厂，共投资14亿美元，2000年每天炼油22.8万桶。迪拜酋长国于1997年6月在阿里山自由经济贸易区投资4亿美元，兴建了一家炼油厂，日炼油能力6万桶。2000年，阿联酋的总炼油能力达62万桶/日。

卡塔尔从1993年起对乌姆赛义德炼油厂进行扩建，2000年该厂的日炼油能力达13.7万桶。

巴林的锡特拉岛炼油厂名闻遐迩，日炼油能力25万桶，炼油厂的原料大都通过海底管道从沙特阿拉伯输入，95%以上的产品出口海湾邻国。2000年，该厂日加工原油85万桶。

阿曼原先只有一家炼油厂，坐落在佐法尔地区，日炼油能力8万桶。后又兴建了一家炼油厂，投资12亿美元，建在南方的塞拉莱城，日炼油能力12万桶。阿曼的炼油厂主要加工处理本国开采的石油。

（三）加强跨国经营，拓展海外市场

中东产油国在海外进行石油产业方面的投资与经营始于20世纪80年代，到90年代得到较大发展，在全球五大洲全方位展开。从欧美扩展到了亚、非、拉广大地区，既拥有炼油厂、储油库、加油站等硬件设施，也从事勘探、开发等技术活动。中东产油国的跨国经营活动无论对全球石油产业的发展，还是世界石油市场的繁荣与稳定都具有积极意义。

在中东产油国中，沙特阿拉伯开展石油跨国投资经营较早，规模也较大。1995年3月，沙特向希腊购买了柯灵斯炼油厂50.5%的股权，首次进入了欧洲的二级石油产品市场。1997年7月，沙特阿美石油公

司同壳牌石油公司、德士古石油公司签订协议，建立了联合石油工业集团。在该联合集团中，壳牌石油公司占股35%，沙特阿美石油公司和德士古石油公司各占股32.5%。这3家公司除了共同经营美国东部地区的炼油厂及其销售业务外，还共同经营美国西部地区一家日加工能力为94.8万桶的炼油厂及数以万计的加油站。

除欧美国家外，沙特阿拉伯还先后在韩国、菲律宾、印度和中国合建炼油厂。1997年10月，沙特阿美石油公司伙同埃克森莫比尔石油公司与中国福建省石油工业公司签订了一项经济合作协议。准备在中国福建省三方合资扩建一炼油厂，兴建一生产装置和两家石化厂。根据协议，扩建后的炼油厂日炼油能力达24万桶，蒸汽裂化装置年产60万吨乙烯，聚乙烯厂年产45万吨，聚丙烯厂年产30万吨。在这些项目中，沙特阿美石油公司和埃克森公司各占股25%，中方占股50%。

据统计，沙特的民营企业也参与了对外投资，主要项目有：

1. 兴建连接土库曼斯坦—阿富汗—巴基斯坦的输油管道；

2. 投资5500万美元和阿曼合作，在阿曼东北部勘探原油；

3. 投资3000万美元，与马来西亚国家石油联合会共同开发30平方公里的马来西亚第7号油田；

4. 投资开发利比亚突尼西亚外海油田；

5. 投资10350万美元，开发哈萨克斯坦北方的布萨齐（Buzachi）油田；

6. 投资4600万美元，参股美国潘诺意（Pennoil）石油开采公司（20%），参与委内瑞拉马拉凯博（Maracaibo）油田的开发；

7. 参股美国阿摩可（Amoco）公司，共同开发里海地区的地下油藏。

除沙特阿拉伯外，科威特、阿联酋、阿曼等也都在世界各地开展了石油跨国投资经营。例如：

1. 科威特在亚洲、非洲和澳洲的12个国家参与油气勘探，在欧洲建立了一个分布很广的石油炼制和销售网络。

2. 阿联酋分别购买了欧洲最大的聚烯烃生产企业波雷利斯（Borealis）厂的25%的股权和巴基斯坦木尔坦炼油厂40%的股权，对后者的投资达8.9亿美元。

3. 阿曼在印度中央邦兴建了炼油厂，同英国石油公司合作兴建石化厂，在哈萨克斯坦参与了石油勘探，在里海修建了输油管道。

（四）发展海运，建成完整石油产业体系

要建立海湾石油“采、炼、运、销”的完整产业体系，必须积极发展一支强大的海外石油运输船队。20世纪90年代，中东产油国在此方面作了巨大努力。

沙特阿拉伯的经济实力最强，产油量最多，因而对于建立一支强大的运输船队积极性最高，投入最大，起步也最先。早在1990—1992年，沙特就花20亿美元购买了26艘大海轮，其中有新船也有旧船，有油轮也有专运石化产品的大货轮，总载重量365.2万吨。这批大型油轮的购入，既大大提高了沙特的海运能力，也使沙特的海上运输业在世界上的排名一下子跃居前列。

沙特阿美石油公司在利比里亚注册的维拉国际海运公司是世界上最大的海运公司之一，拥有超级规模的运输船队，其中至少包括27艘25万吨级大油轮和15艘30万吨级巨型油轮，总运输能力达1000万吨以上。

除沙特外，科威特也拥有一支相当规模的运输船队。按政府规定，科威特65％的原油和石油产品必须通过本国船队运输出口。科威特油轮公司拥有6艘油轮，总运载能力181.98万吨；24艘二级石油产品运输船，总载重量169.67万吨；6艘液化气运输船，总运载能力28.96万吨。科威特船队的总运载能力为380万吨。

卡塔尔的海运公司建立于1992年，注册资金约2.75亿美元，1994年的运载能力为36.7万吨，根据发展计划到1999年底总运载能力将达到790万吨。进入21世纪后，为了满足天然气出口的需要，制订了购买90艘运输天然气海轮的庞大计划，组建了规模巨大的运气船队。（详情请参阅本篇第一章第七节“卡塔尔——天然气产业独树一帜”的内容）

中东产油国在世纪之交，积极推进和实施新时期下的石油发展战略，使中东地区石油的正常、安全供应成为稳定与繁荣世界石油市场的

重要因素，不仅有利于国际石油市场的供需平衡，使油价保持相对稳定，对中国能源安全也十分有利。

五、中东产油国油气战略调整之个案分析

以上是中东产油国在20世纪90年代，根据当时形势进行的油气战略调整，然而中东产油国为数众多，各国的油气资源与国情各不相同，因而不可能做出相同的战略调整。从20世纪70—80年代走油气资产国有化道路，到90年代重新开放油气市场，逐步推行国有企业的私有化，再到21世纪继续加大改革力度，纷纷出台优惠政策，大力吸引外资参与本国的油气开发，在中东产油国这一油气发展的主线下，各国的战略调整都有自己的侧重点。以下仅以沙特阿拉伯、伊朗和埃及3个具有一定代表性的产油国为例，分析一下它们的油气战略调整情况。沙特是海湾产油国和欧佩克成员国；伊朗曾处于长期战争动乱，并受到美国经济制裁；埃及是非欧佩克国家，又是北非国家。

（一）沙特

沙特阿拉伯是世界上最大的产油国，2005年探明剩余石油储量为362亿吨，拥有77个油气田；原油出口占出口总收入的80%—85%，占GDP（国民生产总值）的35%—40%，占国家财政预算收入总额的70%。

沙特石油资源曾经被美国阿美石油公司（Aramco）控制。1950年沙特同该公司签署了中东地区第一个“利润对半分成”协定。1972年沙特政府与阿美石油公司签订了参股协定，开始逐步推行石油工业国有化政策。1980年沙特政府掌握了该公司100%的股权。1988年阿美石油公司改名为沙特阿美石油公司（Saudi Aramco），成为沙特的国家石油公司，几乎控制了沙特的石油经济（沙特阿美石油公司的石油产量约占全国石油产量的95%以上）。

沙特的石油产量自20世纪70年代起出现飞速增长，为世界之最。1960年沙特石油产量是132万桶/日，1973年增至765万桶/日，1980

年日产量达997万桶/日（约合4.95亿吨年），2000年日产量为800万桶[①]，而此时沙特的生产能力已超过1000万桶/日。沙特的石油产量和石油出口量对国际石油供应和国际油价的影响举足轻重。它多次充当“机动石油生产者”，扩大或压缩石油产量，控制出口量，发挥了调节国际油价的作用。20世纪80—90年代国际油价几度低迷，使沙特的石油收入下降，为此沙特政府确立了以油气工业为基础，向多样化经济结构转型的经济发展战略。在此期间，沙特还进行了一系列战略性调整。

1. 扩大石油加工能力

以石油为基础原料，发展炼油和石化工业，使石油资源及油品出口增值，对于经济的多样化发展具有重要意义。随着国内经济的发展，沙特国内石油制品消费需求迅速增长。

从20世纪70年代起，沙特政府把炼油业作为优先发展的部门。国内炼油厂从当初的2家增加到8家。1992年底沙特开始实行“炼油网扩建和升级10年规划”，总投资达160亿美元。另外，沙特还制定了工业发展规划，到1989年第一阶段计划项目完成，沙特建成了一批石化企业。2000年沙特炼油厂的日炼油能力为171万桶，其中与莫比尔公司合资的延布炼油厂的日加工能力达36.6万桶[②]。2001年沙特政府做出决定，向其东部沿海地区在建的石化合资项目追加投资约61.3亿美元，目的是提高油气的利用水平，用新产品开拓国际市场，增加国内的就业机会。结果，这一举措带动了一批外资投向沙特的石化工业项目[③]。

2. 开发利用天然气资源

沙特天然气探明剩余储量约6.35万亿立方米，居世界第5位。沙

---

① 胡征钦：《世界主要产油国系列资料》（中东地区），第24页，中国石油天然气总公司，1995年10月出版；国际能源机构（IEA）《石油市场月报》2001年10月号，表4。

② 胡征钦：《世界主要产油国系列资料》（中东地区），第28—31页，中国石油天然气总公司1995年10月版；美国能源研究所（EIA）1999年12月提供的数据。

③ 《经济日报》2001年9月17日。

特的大规模开发利用天然气工程上马于 1975 年，当时兴建了一个称为“国营天然气系统”的天然气集团公司和一家天然气处理厂。20 世纪 90 年代，沙特的天然气生产能力有了较快提高，1993 年天然气产量为 321 亿立方米，1998 年增至 477 亿立方米，5 年增长 48.6%①。为此，沙特政府进一步加快了天然气资源的开发和利用。1999 年，沙特阿美石油公司对天然气开发的投资额超过该公司预算总额的半数以上，并决定继续投资 450 亿美元，用于天然气的上游开发和加工工业发展。在沙特阿美石油公司的努力下，沙特国内的天然气生产可望从 2007 年起，以 8%的年增长速度递增发展。

3. 实施国际石油跨国经营发展战略

沙特自 20 世纪 80 年代末开始实行大规模的国际石油跨国经营发展战略。它是沙特改变石油经济单一模式，建立石油工业国际一体化，拓展国内石油市场向境外延伸的重要举措。沙特进行石油跨国经营，采取购买股份、建立新合资企业、合营或租用等多种方式，重点集中在石油的下游工业部门（如炼油厂、销售网、贮油设施等）。1988 年沙特阿美石油公司购买美国德士古石油公司的 3 座炼油厂和该公司遍布美国 23 个州的 1 万多个加油站的一半股份，成立了新的合资企业，拉开了沙特国际石油跨国经营战略的序幕②。同时，沙特政府鼓励本国民营资本参与石油跨国经营项目，加强了沙特在世界石油天然气领域的竞争能力。几经努力，沙特已经在海外油气勘探、开发、加工、销售、贮运等各个领域，与美国、日本、法国、西班牙、意大利、比利时、韩国、泰国、中国等国的石油公司建立了石油经营关系。沙特石油海外经营业务不断扩大，强化了沙特的石油工业经济体系。

4. 加快开放石油市场的步伐

沙特在实现石油工业国有化后，继续保持与一些外国石油公司在石油勘探和生产上的业务联系。如沙特政府将阿美石油公司收归国有后，

---

① 美国能源研究所（EIA）1999 年 12 月提供的数据。

② 胡征钦：《世界主要产油国系列资料》（中东地区），中国石油天然气总公司，1995 年 10 月版，第 44 页。

拥有了该公司全部资产，并将公司更名为沙特阿美石油公司。原公司的4大股东埃克森、德士古、谢夫隆和莫比尔石油公司，代表沙特政府进行勘探和生产作业，并以市场价格购买沙特的原油。长期以来，沙特基本上就采取这种“产量分成”模式，利用外国公司的技术、市场和资金，同外国公司合作勘探、开发石油天然气[①]。在石油下游工业，沙特对外资开放市场，同壳牌、莫比尔、埃克森、道化学公司、道达尔、埃尼、日本国际财团等外国公司，以及韩国、中国台湾建立了10多个合资炼油或石化企业，加强了沙特石油加工和石化工业的发展。1998年底，沙特开始对外资开放国内油田开发。2001年7月，沙特政府同8家外国公司签署了3个大型天然气田投资项目，投资交易额达25亿美元。该外资投资项目的经营方式是：由外国公司提供专家、技术和资金，沙特提供天然气资源、稳定的投资环境和日臻熟练的行业技术。这是自能源部门实行国有化28年以来，沙特首次向外国公司开放能源上游项目。它不但促进了天然气开发，也有利于发电、石化和海水淡化工业的发展，可谓意义重大。这是沙特实施石油发展战略在21世纪里的一个重要调整，沙特对外开放市场的步伐较以往任何时期都显得更快更大。

（二）伊朗

伊朗是欧佩克第二大石油生产国，2005年估算石油产量1.94亿吨，约占世界总量的5.4%，拥有占世界10.25%的石油储量和15.89%的天然气储量[②]。

伊朗是中东地区最早发现石油的国家，石油工业起步最早，早期靠实行“租让制”获取矿区使用费，是最早实行“石油国有化”的国家之一。1951年建立了伊朗国家石油公司。1979年伊斯兰革命废除了以前同“国际财团”签署的石油协议，石油生产经营权力开始真正由伊朗国家石油公司掌握。但持续8年的两伊战争严重损害了它的石油工业生

① 马秀卿：《石油发展挑战——走向21世纪的中东经济》，石油工业出版社，1995年版，第21页。

② 请参阅能源形势篇第一章附表。

产，石油勘探几乎停滞。1988 年伊朗开始进行大规模的战后重建工作，并着手经济调整，实行工业多样化计划，其中最重要的就是恢复和扩大油气勘探、生产、加工和石油化工。这一时期，伊朗的油气战略目标是：迅速恢复和发展石油天然气工业，实现经济多样化。自此，伊朗为实现其石油发展战略目标，在石油工业领域进行了一系列改革，采取了以下一些具体措施：

1. 增加储量，扩大产能

20 世纪 80 年代末伊朗恢复并扩大了新的油气勘探，几经努力陆续发现了一些大油气田。例如，1993 年在多克霍因（Dokhovin）地区发现了储量约 70.5 亿桶的大油田；1995 年发现了位于阿巴丹附近的达库汶（Darkhovin）海上油田，储量为 25 亿桶；1999 年 10 月发现了阿扎德甘陆上大油田，储量为 260 亿桶；1988 年发现了南帕斯天然气田，储量为 6.93 万亿立方米；2001 年初在南部海湾水域发现了一个储量大约为 260 亿桶的水下油田和储量约为 400 亿立方米的天然气田。

2005 年伊朗的探明石油储量达 181.452055 亿吨，探明天然气储量达 275000.55 亿立方米。油气生产能力的提高也较快，石油生产能力达 370 万—400 万桶/日（约合 1.85 亿—2 亿吨/年），天然气生产能力达 549.1 亿立方米/年①。

2. 利用国外贷款建设石油工业

伊朗政府改变了不向国外借贷的传统做法，向外资开放石油领域，建立合资项目。1991 年初，伊朗国家石油公司从日本借贷 40 多亿美元，购买石油工业生产设备。伊朗国家石油公司还分别与俄罗斯、日本、意大利、英国、德国、法国、奥地利、西班牙、乌克兰、捷克等国签订合作协议，在油气勘探、开发、炼化、输油气管线建设等领域进行合资与合作经营，积极抵制来自美国方面的经济制裁，吸引外资参与油气开发和石化生产。1999 年 10 月，伊朗政府宣布对外商开放采矿业，其中包括过去禁止外商涉足的陆上油气田勘探和开发，进一步加快和扩

① 参阅能源形势篇第一章附表。

大了对外合作①。

3. 改革单纯依赖石油的单一经济，争取经济多样化

1997年伊朗政府宣布经济改革计划，调整单一的石油型经济。2000年伊朗政府批准实施新的经济改革5年计划（2000/2001—2004/2005）提出了继续执行转变单一经济的战略，计划每年吸引外资10亿—20亿美元，重点投向石油、天然气和石化部门，同时整治价格体系，改革税收机制，取消高消费补贴，加快银行、保险、电力、航空、铁路、电信部门等国企的私有化进程，强化经济改革，并尝试将部分石油收入投向其他领域。

4. 发展天然气工业，提高天然气消费

伊朗的天然气主要用于国内工业和居民生活消费、出口以及油田回注。伊朗的天然气消费增长较快，政府致力于改变能源消费结构，把天然气作为主要动力燃料。1979年全国天然气消费量25亿立方米，1992年达250亿立方米，1999年增至520亿立方米，20年增长了20倍。伊朗国内最大的一项天然气扩网工程，预计工期20年，建成后可为450个居民点的300万户居民输送天然气。伊朗的天然气开发和利用不仅面向国内，还向海外拓展，寻求同国外合作，计划铺设至土耳其、亚美尼亚、巴基斯坦、印度和欧洲等国的天然气管道。壳牌石油公司抓住机会，投资25亿美元，承接了铺设从土库曼斯坦穿越伊朗到土耳其的输气管道建设项目。

（三）埃及

埃及是阿拉伯石油输出国组织（OAPEC）成员国，其油气储量居非洲第4位。石油是埃及最主要的能源资源，是其经济全面发展的重要基础。20世纪90年代末，埃及石油消费占初级能源需求的93%；石油出口占日用品出口总额的36%；石油部门产值占埃及GDP的

---

① 胡征钦：《世界主要产油国系列资料》（中东地区），中国石油天然气总公司，1995年10月版。

近6.7%[①]。

埃及的石油工业发展起步较早，第一口油井出油是在1908年。但直到1952年，进行勘探活动的地区还仅占全国面积的0.5%，而且产量也很低。二战时期，埃及的石油年产量仅100万吨。

在埃及从事石油勘探、开采活动的主要是壳牌和BP组成的英国—埃及石油公司，它在1964年国有化前基本掌握了埃及的石油工业。埃及推行国有化政策后，政府继续鼓励外国公司在埃及进行石油勘探，当时埃及国家石油公司同数十家外国石油公司签订了上百个勘探协定。1973年以后，埃及实施对外开放政策，制定了新的石油政策，以推动石油工业迅速发展。1980年，埃及的石油年产量超过3000万吨，1994年跃增至4500万吨以上[②]。

埃及石油工业发展战略遵循的基本原则是：增加油气勘探、扩大石油储备以满足消费需求；在实现能源自给的基础上，增加石油资源储备，加强国家石油安全；保护石油资源，使其成为国家收入的主要来源和创造就业的主战场；同时加强环境保护和防止污染。

根据上述指导原则，埃及政府于世纪之交再度调整了油气产业可持续发展战略的具体政策和措施，以实现工农业和城市的快速发展，为埃及进入21世纪奠定基础。

1. 鼓励阿拉伯石油公司和国际石油公司开发和利用埃及陆地和海洋的石油资源。20世纪90年代，由于埃及消费需求增加和主要产油区苏伊士湾的各大油田先后进入后成熟期，埃及石油的产量和出口量逐年下降。1996年埃及日产原油92.2万桶，达历史巅峰，2000年下降至71万桶/日，2001年续降为63.9万桶/日。然而在产量下降的同时，由于1991—1999年埃及经济发展迅速，石油需求得到大幅增长。1996年埃及国内石油消费需求为每天50.1万桶，到2001年增至58.5万桶，按此增幅发展下去，埃及极有可能从一个石油出口国，变成一个石油净

① 埃及新闻总署：《埃及年鉴2000年》，www.sis.gov.eg。

② 《埃及1999年年鉴》，埃及新闻总署2000年出版；胡征钦：《世界主要产油国系列资料》（非洲地区），中国石油天然气总公司，1995年10月版，第100页。

进口国。

埃及政府对此是有清醒认识的，从20世纪90年代起一直在努力采取解救措施：如增加天然气在能源消费结构中的比重；投资现有油井的技术更新和改造，增加原油产出量，鼓励和推动油气勘探等，希望通过以上举措特别是勘探活动，增加新的石油储量，并使原油日产量保持在80万桶以上。

为此，埃及政府频繁推出勘探区块，对外实施招标，一些协议已到期的老油田也被重新划分为大小不等的区块接受外商的风险投资。此外，为鼓励对旧油井的技术改造和吸引更多的外商投资于石油勘探领域，埃及政府对国际石油企业参与区块招标和开发的部分条款也做了相应修改，如扩大区块面积、延长协议执行年限、对旧油井再开发提供补贴等，使之更具吸引力。在这些措施的鼓励之下，各跨国石油公司纷纷加强了在埃及的石油勘探活动，并且取得了较好的效果。在西部沙漠地区、上游埃及地区的油田都发现了新的石油储量，从而使埃及的探明石油储量到2002年初又增加了4.82亿桶。

埃及的招标区块虽然都集中在传统的含油带上，但来自新的海洋深水区块的勘探工作给埃及带来了更大的希望。1999年壳牌公司在靠近地中海沿岸的深水海域进行勘探，前期的两口实验井显示该地区油气储量前景看好，令人意外的是：在尼罗河三角洲附近的海域内勘探的结果却是天然气储量更丰富。

埃及在红海和苏伊士湾地区也有较大的发现。2001年10月，根据加拿大Cabre钻探公司在苏伊士湾贾巴勒油田东宰特区块的海面上打出的测试井，专家们做出了周围70平方公里范围内有可能为埃及增加6000万桶石油储量的判断。2002年2月，意大利和科威特联合投资3600万美元，在埃及红海的深水区域开钻纳杰尔一号井，以此重新启动了已停止17年之久的红海深水海域石油勘探活动。所有这些勘探活动最戏剧性的结果是天然气探明储量的意外猛增，并导致埃及石油工业的重心逐步转向天然气领域。2005年埃及在地中海海域找到了储量高达5万亿立方米的天然气气田，在埃及石油资源日趋减少的情况，这一发现大意外大加强了埃及政府向天然气转型，发展油气工业的决心。

埃及重视与拥有高新技术的各国石油公司合作，投资政策稳定、条件优惠，合作方式灵活，目的就是要吸引更多的外资投向油气部门。长期以来，外国公司和合资公司一直承担了埃及的绝大多数勘探活动。现在埃及石油勘探开发的重点主要在地中海深水地区、西部沙漠地区、西奈半岛以及尼罗河三角洲地区。为改善投资环境，埃及加强了基础设施（如公共服务设施和通讯网络等）的建设，同时努力提高国内安全稳定的系数，以吸引更多的外商到上游埃及、阿斯尤特、阿斯旺等边远地区进行勘探活动。

2. 建立可持续发展的石油发展战略，实施石油资源保护。考虑到石油资源的不可再生性和埃及石油资源的有限性，埃及政府重新确定了建立可持续发展的油气战略思想，应用高新技术进行石油生产，不断提高生产技术，改进生产方式，以取得石油储量和开发利用之间的有效平衡。1998 年埃及政府做出规定，为了保护石油资源，防止过度开采，满足未来石油需求，埃及石油年产量的上限从此定为 4000 万吨①，即 80 万桶/日。

3. 加快发展石化工业。埃及政府为加快发展石化工业，制定了国内石化工业发展的政策目标，通过提高石油炼化技术标准，提高炼油生产效率和炼油质量，在现有产能条件下，从质量和数量上满足国内的需求。2001 年 5 月埃及总统穆巴拉克批准了“埃及石化工业长期发展规划”，准备在未来 20 年内斥巨资建立 9 家石化企业，采用新技术、新设备，增强石化生产能力，这样既能满足国内需求，又可出口创汇，同时还能创造 10 万个就业机会，减缓社会压力。

4. 发展天然气工业，促进消费和推动出口。1980 年后，埃及的天然气生产和消费逐渐增长，至 21 世纪初，在埃及能源总消费中已占到 35%，埃及经济的发展由此可见一斑。埃及政府为加快天然气开发，采取了一系列有效措施，如实施天然气开采项目，提高天然气输送管道能力，用天然气替代石油作为清洁燃料供国内消费，节省原油用于出口，并以此为基础促进纺织、人造橡胶、塑料制品、建筑材料等工业的

① 《埃及 1999 年年鉴》，埃及新闻总署 2000 年版。

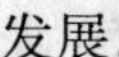

发展。

5. 鼓励和支持国企和私企在石油、天然气工业生产中发挥作用，并推动地方经济的发展。埃及政府根据国情，采取了一系列政策措施，以调动各方面的积极性，促进油气工业的全面发展。具体措施有包括：加强国营石油部门在石油勘探领域的作用，授权国营石油部门在具有勘探潜力的地区进行勘探作业；鼓励私营企业参与石油勘探与开发，向其提供一切便利条件，如实物入股（土地折价）作为私营公司资本、允许在国家项目内建立私营公司的项目，并采用私营企业的管理方式；向地方提供投资机会和依靠地方银行提供贷款，促进地方石油产业化，达到国家级石油公司的水准，加强地方在石油生产中和国家经济中的重要作用。

六、战略调整中存在的问题和阻力

中东产油国在实施油气战略过程中，首先认识到的是：多样化经济的建立必须依赖于一个成熟的石油经济体系——它应该在国际市场竞争中具有较强大的实力，包括本国的石油经济实力和国家集团的整体力量。当遇到市场动荡、油价冲击时，依靠正确的战略举措，减缓冲击，把损失降到最小程度。这样的石油经济体系，是“经济多样化”的基础和保证。中东产油国的油气战略正是以此目标建立的。但实现这一目标，不言而喻，是一个长期、艰难的过程。中东产油国的油气战略调整，就是为了加快这一目标的实现。战略调整的选择和确定，既要求抓住时机，又必须符合既定的发展目标；在战略调整过程中，随时可能遇到这样或那样的问题或阻力，必须随时采取相应的应对措施，予以解决。

1. 实现“多样化”经济结构对中东产油国来说是任重而道远。这是一个需要用正确理论指导经济实践的问题。发展中国家实现“经济多样化”的观点，早在20世纪70年代，就被一些政治上虽已独立但经济上仍处于单一经济模式（即依赖初级原料出口）的发展中国家提出过。但是，对于“多样化”的定义，衡量“多样化”经济结构成立的标准，以及达到既定目标的途径和方式等等，都缺乏明确合理的理论论述。因此，对发展中国家从事这一经济活动的实践过程，进行科学的总结是非常重要的。

根据中东产油国石油工业经济体系的实际发展情况，发展中国家对世界经济的依赖度增强了，更易受到经济全球化不利影响的冲击。中东产油国在进一步开放的同时，它们在经济建设中所需要的资金、技术、市场、人员、生产设备等对国际市场的依赖进一步加强。其中，一个最普遍和明显的例子就是：石油收入减少就需要限制进口，以减少国家财政支出。另外，中东产油国在发展非石油工业的过程中，虽然建立了农业、钢铁、铝材、机械制造、建材、纺织、食品等非油气产业，发展了金融、保险、旅游、服务业和新技术信息产业，但是这些经济部门在国家经济中的影响和地位还较弱，从而使以石油工业为基础的中东产油国经济，在世界经济的竞争中不能不处于弱势地位。

2. 建立完善的石油工业还存在缺陷。中东产油国在发展石油工业时，有效利用石油资源和保护石油资源之间的协调关系很重要。它要求从经济可持续发展的视角，防止对石油资源的掠夺性开采，保护资源的有效利用。有些国家对这一问题重视不够，造成资源浪费，像海湾国家大力发展耗能型企业，对能源的使用就是一种不经济的做法。

3. 天然气开发面临的困境。中东产油国在油气战略调整中，大都把加快天然气工业的发展放在首要位置①。天然气的开发和利用，是今后世界能源消费变化的重点和趋势。天然气作为用途广泛的清洁能源，前景广阔。可以肯定，对天然气开发利用的竞争将越来越激烈。对于中东产油国来说，以下3点值得关注：

(1) 要扩大国内市场，改变消费方式，增加内需。天然气应用于油井“回注”、发电燃料、家庭民用、运输、化工原料等各个领域，可带动相关产业的发展。这需要大量资金和技术的投入。

---

① 拥有天然气资源的国家除了文中提到的3国外，还有卡塔尔、伊拉克、阿联酋、阿尔及利亚、利比亚、阿曼、科威特等国，其中有的国家天然气资源主要用于出口，国内消费量很少。

（2）面对天然气出口日益激烈的国际竞争，中东产油国需要加强国际协调，重视运用国际法规，保护本国利益。

（3）自身也要加强立法，进行规范操作。

4. 油价政策的合理性和有效性受到检验。中东产油国在实行油价政策调整时，无论选择“减产保价或限产促价”政策，还是“增产压价”政策，都要受到国际市场供需变化趋势特别是潜在趋势的制约，正确判断形势不易，容易造成失误。另外，欧佩克制定的油价政策，在实施过程中，有来自两个方面的“抵押担保”：一是各成员国执行“产量配额”的自觉程度，即它们“履约率”的高低；二是非欧佩克产油国的协作与配合，即它们的“利益权衡”结果。客观地说，中东产油国制定和实行合理有效的油价政策难度很大。

5. 石油工业开放度的把握影响油气战略调整和实施。中东产油国逐步放开石油工业，允许更多的国际石油公司进入石油领域，尤其是石油上游部门，虽然可以利用外资公司的先进技术和管理经验，但这一重大改革本身，尚存有争议，甚至抵触。让国外石油资本进入国家经济命脉，却不能损害本国根本经济利益和国家主权安全，这是中东产油国在实施石油工业对外开放战略时不得不面对，却又必须做出回答的难题。

6. 经济全球化形势下的国际石油市场变化太快。中东产油国在实施油气战略调整时，必须正视国际石油市场的变化对它们的挑战。这些变化主要有：

（1）国际能源供求关系变化，石油在消费结构中的比重下降，需求相对减少，卖方市场转向买方市场；

（2）市场销售方式呈现多元化，现货、期货、易货、电子交易等多种方式，使市场的投机性增加了，影响市场价格的因素增多了；

（3）技术进步带来了诸多变化：新油田开发、老油田采收率提高，使石油可采储量增加；石油勘探和开采的成本普遍降低，替代能源成本的降低造成原油定价“参照系数”的基点降低，使中东地区产油国参与国际竞争的成本优势相应减弱；

（4）油气消费国对世界油气市场人为调节机制的作用加强，库存、紧急应对机制、期货市场的形成、政治性经济制裁和禁运等，所有这些变化，使中东产油国在国际石油市场的地位相对减弱，从而影响它们的石油价格政策乃至石油发展战略的制定和实施。

除上述变化外，还有一些在油气战略调整中出现而必须予以认真解决的问题：

（1）各国经济发展战略和油气发展战略之间的协调问题；

（2）发展油气工业，实现经济多样化，需要大量的知识和技术人才，由此产生的劳动力“本国化”问题；

（3）油气经济发展与建立社会福利和社会保险制度，缩小贫富鸿沟的关系问题；

（4）增强本国经济实力和加强国际经济合作关系之间的问题；

（5）中东和平、地区安全、军费开支庞大等对石油经济战略的影响问题；

（6）国际金融体系、世界贸易体系的新变化对建立新的国际石油体系的影响问题和这三者对中东产油国油气战略的综合影响问题；

（7）石油领域的国际协商、合作、竞争，与中东产油国实施石油发展战略之间互为影响和作用的问题。

一系列涉及政治、经济、社会、军事、国际关系的问题，都需要进行认真的分析和研究，逐一进行探讨。中东产油国调整油气发展战略，谋求经济多样化，借以提高本国在经济全球化过程中参与国际竞争的能力，也是势在必然。其实，不断调整和完善自身的油气发展战略，本身就是增强自身竞争力的实践过程。

七、油气战略调整的三点启示

通过以上对经济全球化条件下中东产油国调整油气战略的分析，可得到以下三点启示：

1. 世界上任何国家都必须置身于经济全球化的大潮中，无论是石油出口国还是石油进口国，都必须制定能够面对经济全球化挑战的油气战略，或者对已有的能源油气战略进行适应形势需要的调整。实施国家油气战略是为了保证国家经济安全，保证实现经济的可持续发展，增强国家的国际竞争力。油气战略的实施应同国家经济发展的总战略相协调，真正促进社会经济的发展与进步。

2. 石油、天然气的开发利用，应有利于经济的稳定和可持续发展，须建立一个合理的能源结构。石油、天然气在能源总体结构中的优化组合，对国家产业部门的合理设置、各部门经济的迅速发展，都非常重要。对石油、天然气的过度开发和消费，就是对合理的能源结构的破坏。

3. 国际油气形势的发展，要求各国本着互利互惠的原则，进行坦诚的协调与合作。产油国和石油消费国之间加强对话和磋商，及时开展市场信息交流，共同进行市场预测，减少石油价格的波动，保证稳定充足的石油供应，以此建立一个合理的、公平的、安全的国际能源体制，是国际石油市场未来发展的趋势。

里海能源篇

在围绕里海能源开发的国际竞争中，各种力量与利益汇聚，矛盾交织。世界大国的能源争夺战，不仅对中亚里海地区会产生经济和政治影响，同时对欧亚大陆的地缘政治格局及其经济发展也会形成一定的冲击，中亚里海能源的重要性因此将日趋突出。

第一章

里海地区的油气资源及其地缘政治和经济意义

里海沿岸国家及其周边国家如下图所示：

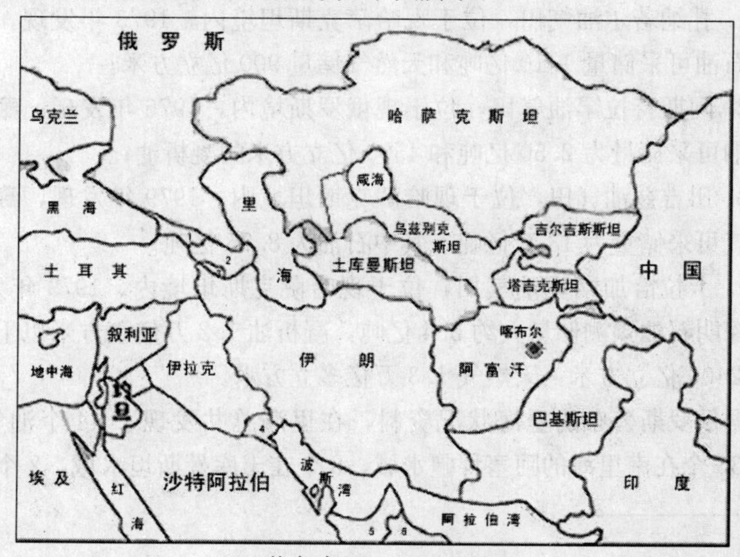

1. 格鲁吉亚　2. 阿塞拜疆

3. 亚美尼亚　4. 科威特　5. 阿联酋　6. 阿曼

第一节 里海地区的含油气构造和油气田

里海沿岸含油气区的面积，达50多万平方公里，与法国面积接近，其中包括俄罗斯的阿斯特拉罕州、奥伦堡州部分地区、伏尔加格勒和萨拉托夫州、卡尔梅克自治共和国，以及哈萨克斯坦共和国的古里耶夫、阿克丘宾、乌拉尔州和曼格什拉克州部分地区。在里海西岸，毗邻里海沿岸含油气区的阿塞拜疆和俄罗斯达吉斯坦自治共和国部分地区，都含有丰富的油气资源；在里海东岸的哈萨克斯坦，有曼格什拉克和土库曼州油气田。按油气储量，里海地区处于像中东、西西伯利亚、伏尔加—乌拉尔等世界一级的含油气区水平上。业内人士认为：里海含油气区按储量，可以排在世界第5位①。

里海沿岸盆地，无论按油气储量，还是按含油气前景，在前苏联的含油气盆地中都排第2位。20世纪70年代，这里发现了4个特大型油气田：

1. 扎纳若尔油气田，位于现哈萨克斯坦境内，1973年发现，藏有探明石油可采储量1.10亿吨和天然气储量900亿立方米；

2. 阿斯特拉罕油气田，位于现俄罗斯境内，1976年发现，藏有探明石油可采储量为2.50亿吨和4500亿立方米的凝析油；

3. 田吉兹油气田，位于现哈萨克斯坦境内，1979年发现，藏有探明油气可采储量为13.0亿吨，其中石油为8.75亿吨；

4. 卡拉恰加纳克油气田，位于现哈萨克斯坦境内，1979年发现，藏有探明石油预测储量大约3.4亿吨，凝析油1.2万亿立方米以上，伴生气2400亿立方米，天然气1.3万亿多立方米。

据俄罗斯公布的里海状况资料，在里海总共发现了44个油气田。其中33个在南里海的阿塞拜疆水域，8个在土库曼斯坦水域，2个在北

---

① 资料来源："Люсьен Фикс Голос Америки"，《俄罗斯石油》，2003年1月20日。

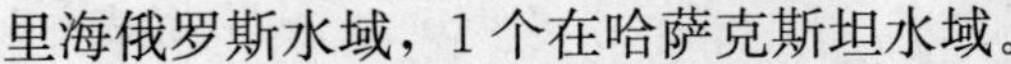

里海俄罗斯水域，1个在哈萨克斯坦水域。

20世纪末，俄罗斯在设计深度为4200米的赫瓦林—1号井开始进行了普查钻探。根据钻井地质测量和地热研究资料，在钻井建设过程中曾在侏罗—白垩系地层组合中查明了10个含油气目标，从中还得到过工业油气流。在试采过程中，从上侏罗统碳酸盐岩地层中得到的最大产量达300立方米/日。已完成的赫瓦林油气田储量和资源评价为2.5亿—3.0亿吨油当量。第2口和第3口普查井，西洛特—1号和西洛特—2号井钻探深度达2500米。这两口井日产250亿—300吨石油和80万立方米天然气。Ю. 科尔恰根油田探明的油气储量为1.779亿油当量吨，其中可采油气储量约合9000万吨油当量。由于这些油气田的前景普遍被看好，因此里海沿岸各国都按油气田已建立起来的地质—流体模式选择合适的开发方案。

俄罗斯鲁克石油公司曾在扩大有关里海矿物原料资源研究后续工作的同时，在中里海的中部和亚拉马—萨姆尔构造上进行了二维地震勘探研究。此外，还与俄罗斯天然气工业股份公司和尤科斯石油公司一起，在里海俄罗斯大陆架北部浅水地带（水深3—8米）进行了地质勘探工作。

2000年，在西方石油公司的参与下，经俄罗斯和哈萨克斯坦等里海沿岸国家的共同努力，在里海又发现了几个油气田，其中包括俄罗斯里海沿岸水域的赫瓦林和以Ю. 科尔恰根命名的西洛特油气田，以及哈萨克斯坦北里海水域东、西卡萨甘的两个油气田。

目前里海的含油气构造和油气田状况由表1—1所示。

表1—1　　里海已发现的构造和油气田数量　　（单位：个）

含油气区	尚未勘探的构造	油气田（包括陆上油气田向海延伸的）	得到好结果的构造	构造总数
里海沿岸（北里海）	87	2	—	89
北高加索—曼格什拉克（中里海）	100	5	6	111

续表

含油气区	尚未勘探的构造	油气田（包括陆上油气田向海延伸的）	得到好结果的构造	构造总数
南里海（包括伊朗水域）	173	41	22	236
整个里海	360	48	28	436

第二节　里海地区油气资源评估

苏联解体后，里海地区的油气资源潜力已成为大国关系中特别受人关注的因素。由于里海地区的油气开发前景被普遍看好，因此受到各国专家学者重视，被认为是有能力保证西方大国石油多元化供应、减少世界市场对中东油气依赖的又一油气资源地。

里海沿岸盆地含油气最多的层段，埋藏都很深，并含有大量硫化氢（如阿斯特拉罕凝析油气田）。该盆地的石油储量主要集中在里海大陆架的“哈萨克斯坦水域”，约占预测资源量的一半，其中约80%集中在里海北部水深5—10米的浅水区。

西方大国和世界市场对里海地区的兴趣很明显，特别是里海地区的含油气潜力。国际油价长期居高不下，刺激了欧佩克成员国，并对它们的石油生产策略产生了一定影响。

长期以来，人们对里海大陆架及其周边地区石油储量的估计差异较大，比较保守的估计是270亿—320亿桶（37亿—44亿吨），[1] 业内人士普遍认为：里海开发到位后，每日可向国际石油市场提供300万—500万桶原油，这大致相当于世界需求量的3%—6%。

① 据美国《油气杂志》公布的2006年世界石油探明储产量，哈萨克斯坦的探明石油储量已增至41.1亿吨，比上年增长233.33%，前景看好。

表 1—2　　俄罗斯官方和专家对里海盆地油气资源的评价（亿吨油当量）

储量级别	地区、里海沿岸国家所属水域					
	西南（阿塞拜疆）	东南（土库曼斯坦）	东北和中部（哈萨克斯坦）	东北和中部（俄罗斯）	南部（伊朗）	整个里海水域
1988—1991 年证实的可采储量（A＋B＋C1＋C2）	8.8	1.07	—	2.47	—	10.12
1988—1991 年官方评价的原始总资源量（A＋B＋C1＋C2）	27.6	15.0	29.5	11.5	—	83.60
俄联邦能源部和自然资源部专家评价的原始总资源量	74.0（38）	26.0（22）	75.0（81）	29.5（17）	15.0	219.5（158）

注：括号中系鲁克石油公司的评价。

美国战略研究所的评估是，里海盆地的探明石油储量有 175 亿—340 亿桶（24 亿—46 亿吨），天然气 177 万亿—182 万亿立方英尺（5 万亿—5.2 万亿立方米）。①

美国地质调查局对里海地区待发现油气资源的预测为（见表1—3）：

① 资料来源：Андрей Корнеев《Глобализация по-американски》，《俄罗斯石油》，2002 年 11 月。

表 1—3　美国地质调查局对里海地区待发现油气资源的预测

位　置	石油（亿吨）	天然气（万亿立方米）
哈萨克斯坦	33.8	2.04
陆上	13.4	1.09
海上	20.4	0.95
土库曼斯坦	13.8	1.97
陆上	0.9	0.12
海上	13.0	1.85
阿塞拜疆	12.7	1.91
陆上	0.3	0.04
海上	12.4	1.86
俄罗斯	15.6	2.54
陆上	9.7	1.50
海上	5.9	1.04
伊朗	6.6	1.10
陆上	0.6	0.09
海上	6.0	1.01
合计	**82.5**	**9.56**
陆上	**25.0**	**2.84**
海上	**57.6**	**6.72**

美国能源部代表什塔特·列奥纳尔德·科布尔恩曾在参议院听政会上指出：美国应更加积极地在里海能源领域内扩大与俄罗斯和中亚国家的合作。

俄罗斯的专家认为：里海探明油气总量在 170 亿—330 亿桶

(23亿—45亿吨) 左右[①]。

中国专家认为：里海海底及沿岸的石油资源量，海底约有80亿吨，(其中包括已探明的石油储量为32亿吨。按里海中心线划分，俄罗斯拥有其中的1.5亿吨、阿塞拜疆占16亿吨、哈萨克斯坦占12亿吨、土库曼斯坦占2.5亿吨)[②]。

与海底石油相比，里海沿岸国家的陆上石油资源量更为可观。据估计，阿塞拜疆陆上为8亿—10亿吨（实际探明9.5890亿吨），哈萨克斯坦为130亿吨（实际探明12.3287亿吨），土库曼斯坦为120亿吨（实际探明0.7479亿吨，详见本篇第一、第二章附表）。

有关各方按不同资源评价方法，对里海石油资源量和天然气储量作出的评价分别为：

1. 石油资源量

阿塞拜疆国家石油公司估计为300亿吨左右；俄罗斯估计为223亿吨；美国地质调查局估计为142亿吨（由于美国地质调查局未把中亚西部油气资源列入其中，其数据明显低于其他各方的预测）。

2. 天然气储量

美国能源信息署估计里海地区的天然气储量为16.2万亿立方米；美国地质调查局估计其中4个盆地的天然气储量为14.6万亿立方米，不包括土库曼斯坦西部富含天然气的卡拉库姆盆地。（有关里海沿岸国家实际探明的剩余天然气储量，请参阅本篇第一、第二章附表）

第三节　北里海和中里海

北里海含油气盆地在地质方面属于东欧地台（克拉通）的里海沿岸凹陷区。该区油气，主要聚集在古生界中石炭统地层中。里海沿岸

① 资料来源：РИА ТЭК：《俄罗斯燃料能源综合体信息社》，2003年5月5日。

② 资料来源："里海石油的开采及运输"，2003年03月12日，中国石油网。

东北部阿斯特拉罕中石炭统灰岩中的凝析气田具有工业凝析油储量4.12亿吨，天然气储量2.588万亿立方米。在里海东岸，直接靠海的哈萨克斯坦田吉兹油田已查明了最大的油气藏。在北里海东部、卡萨甘等构造上的地球物理勘探，已查明和田吉兹油田类似的含油气碳酸盐层。

北里海的含油气潜力多与两套（盐下的和盐上的）沉积岩层组合有关。盐下沉积岩层组合为二叠纪、石炭纪、泥盆纪和时代较古老的碎屑岩和碳酸盐岩地层。地层埋藏深度3200—5500米，产层部分的厚度为1500—3000米。盐上沉积岩层组合的含油气潜力，与三叠纪—新生代（主要是三叠系和侏罗系）各种成因的岩层有关，地层平均厚度为2000—2500米，埋藏深度从200米到1500—2500米。盐上沉积岩层组合比较容易开采，而且油质较好，但该区盐上沉积岩层组合的油气资源比盐下沉积岩层组合中的少。

北里海含油气盆地油气潜在的总资源量约49亿当量吨，其中40亿—45亿吨在哈萨克斯坦水域，3.5亿—7.0亿吨埋藏在哈萨克斯坦和俄罗斯所属水域的交界地带（北里海隆起区）还有1.0亿吨位于俄罗斯阿斯特拉罕里海大陆架区的乌卡特累凹陷区。北高加索—曼格什拉克含油气省斯基夫—土兰地台（克拉通）内的中里海含油气盆地，有6个含油气区。其中包括俄罗斯达吉斯坦里海岸边的因齐赫海油田和哈萨克斯坦里海岸边的斯卡里斯特油田。

中里海盆地的含油气潜力分布不均匀。卡尔宾和布扎齐—曼格什拉克垅岗区，含油气前景最为看好，每个含油气区的油藏都在14.5亿吨油当量以上。卡尔宾和布扎齐—曼格什拉克垅岗区的含油气潜力与埋藏在深400—2500米的侏罗系和下白垩统碎屑岩地层有关。在里海捷列克地区，含油气潜力与分布在7000米深的白垩系和新生界地层有关，其厚度在凹陷底轴部达3500—4500米①。

① 资料来源：Юрий Шафраник，“Нефтяные сценарии для России”，《Время новостей》，2003年3月25日。

第四节 南 里 海

南里海盆地从西土库曼斯坦横穿里海南部延伸到阿塞拜疆，是一个典型的弧后前陆沉积盆地。中始新世阿拉伯板块与欧亚板块碰撞造成小高加索褶皱和隆起，大高加索也关闭并逐渐隆起成山从而使其两侧分别形成南里海和北高加索前陆盆地，形成海相及河流三角洲碎屑岩地层（始新统—上新世中期），这是该盆地最主要的生储盖层发育期。上新世末期到第四纪为盆地变形期，也是圈闭的形成时期。

1. 勘探开发现状

南里海盆地是较早进行勘探开发的油气区。目前已发现102个油气田，其中油田67个，气田31个，剩余4个无太大工业价值。油气田主要分布在北部隆起区、西土库曼斯坦沿岸和阿塞拜疆库拉凹陷区。目前已发现油储量26.82亿吨，气储量1.19万亿立方米。陆上油气田多已投入开发，并多处于开发后期。海上油气田多处于勘探阶段或开发初期①。

2. 资源潜力分析

目前，南里海盆地探明剩余的石油储量约10亿吨，待发现油资源21.54亿吨。该盆地的阿塞拜疆水域，有较好的勘探开发前景。

对南里海盆地阿塞拜疆部分含油气资源评价的差别原来也很大。据俄罗斯鲁克石油公司估计，阿塞拜疆大陆架的油气资源量比俄联邦能源部和自然资源部分析家们的评估少一半。近年来，在阿塞拜疆里海水域进行的勘探钻探，并未取得明显效果，但南里海至今仍是里海盆地主要的油气开采区。南里海盆地现已划分出若干油气聚集带，即阿普歇伦—滨巴尔干、阿塞拜疆、马赞达兰、深水区等。

俄联邦能源部和自然资源部分析家们评价：南里海的含油气潜力总计为115亿吨油当量；其中，74亿吨在阿塞拜疆所管辖的里海水域，

① 资料来源：2002年《世界石油年鉴》。

26 亿吨在土库曼斯坦沿岸，15 亿吨在伊朗大陆架地区。在阿普歇伦—滨巴尔干这一油气聚集带中，集中油气最多，包括尚未发现的油气资源达 48 亿吨，而且主要位于其西部。

第五节 里海沿岸国家的投资吸引力

一般而言，产油国的投资吸引力主要取决于两个指标：一是油气资源的储量，二是投资环境。对投资者来说，哈萨克斯坦、阿塞拜疆和土库曼斯坦的油气工业，有着不同程度的吸引力。其中土库曼斯坦的天然气储量虽多，但因风险大，至今未能在吸引外资方面取得突破性进展。据统计，哈萨克斯坦仅在 1995—2001 年间，就吸引外资 100 多亿美元。

由美国控制的西方跨国石油公司把资金主要投在了里海地区油气田的勘探和开发。这些公司的专家对该地区的油气储量和远景资源量进行了评估。从储量评估情况看，里海大陆架前景很好，但资本投入也存在风险。据美国专家的评价：这里的石油可采储量为 24 亿—46 亿吨，潜在的资源量还要多几倍。这一评价与俄罗斯总统的里海专门代表维克托·卡柳发表的意见相符。专家们普遍认为哈萨克斯坦的石油储量丰富，土库曼斯坦的优势在于它的天然气储量。由于里海大陆架的油气储量是公开的，因此近 10 年来投资者向里海油气田的开发加强了投资，给哈萨克斯坦和阿塞拜疆出口石油提供了越来越多的机会。

从投资环境看，尽管哈萨克斯坦、阿塞拜疆两国的投资环境还没有得到很好的改善，但投资者还是向它们的石油工业投入了比向俄罗斯石油投入业更多的工资金。这 3 个国家的人均石油储量相近，而人均所得投资，哈萨克斯坦、阿塞拜疆两国比俄罗斯要多几倍。

哈萨克斯坦、阿塞拜疆两国的国家领导人在创造条件为油气部门更多更快地吸引外资方面做得较好，这也是他们拥有较高投资吸引力的一个重要原因。不少跨国石油公司都在利用这些条件。

俄罗斯很少参与这两个邻国的油气工业建设。为了使俄罗斯石油公司与其他外国投资者占有平等地位，哈萨克斯坦、俄罗斯两国每年需要向在俄本国境内的新项目投资10亿—15亿美元。

外国公司参加哈萨克斯坦、阿塞拜疆两国的油田开发，刺激了这两个国家的石油生产。其中哈萨克斯坦的石油产量从1995年开始稳步增长，年增长率约10%。俄罗斯的石油产量从2000年才开始稳步增长，增长原因是靠本国投资，而不是外国投资。在过去的10余年间，土库曼斯坦像俄罗斯一样，增产石油靠的是本国资金。

在中长期远景中，里海国家的油气开发需要大笔投资，这就不能仅靠内部资金来解决，必须吸引到足够的外资才行。

俄罗斯国际石油公司联盟董事会曾编制了一份俄罗斯石油公司参加油气田勘探开发项目的清单。从该表单可知，在所有会谈都很顺利的条件下，俄罗斯公司还只能控制里海地区不足10%的油气储量。如在开发田吉兹和卡拉恰加纳克油田的大项目中，俄罗斯公司所占的份额都很少。俄罗斯在里海地区起作用的公司，像鲁克石油公司、俄罗斯天然气工业股份公司、斯拉夫石油公司、西伯利亚石油公司等，对里海地区还没有表现出强烈兴趣，只是固执地守在俄罗斯北部，开发永久冻土带。秋明石油公司就像年轻的中国伙伴一样，只在哈萨克斯坦参加了一个小项目。俄罗斯石油公司和尤科斯石油公司则被动地进行着尽管有前景，却仅是小规模区块的勘探项目会谈①。

阿塞拜疆的增产希望，主要靠阿泽利—齐拉格—哥尤涅什利油田（深水部分）区块的开发，同时还需要有外国公司（如阿莫科石油公司等）的参与。

20世纪80年代，在阿泽利—齐拉格—哥尤涅什利油田（深水部分）发现了6.20亿吨石油可采储量，1000亿立方米天然气，1000亿—1500亿立方米伴生气。进入21世纪后，有关阿泽利—齐拉格—格尤涅什利油田采油项目仅在齐拉格油田进行。2001年，这里的石

① 资料来源：Юрий Шафраник，“Нефтяные сценарии для России”，《Время новостей》，2003年3月25日。

油产量为560万吨。从2003年起，阿塞拜疆开始全方位地实施开发阿泽利—齐拉格—格尤涅什利油田的“相—1号”项目。按阿莫科石油公司的计划：自2004年底起，在“相—1号”项目框架内，每年采油2000万吨；到2006年中期，开始实施“相—2号”项目，这样阿塞拜疆的石油年产量可望达到4000万吨。2004—2005年，是沙赫—杰尼斯油气田开发的第一阶段，天然气产量约为20亿立方米，计划在2008年前增至160亿立方米。该油气田每年的凝析油产量约为150万吨。

阿塞拜疆的“相—3号”项目计划于2008年底实施，到2010年阿塞拜疆的石油年产量有可能增加到5000万吨。但阿塞拜疆缺少向外的运输能力，这可能会是一个重要的制约因素。阿塞拜疆国家石油公司估计：至2020年其石油产量可增至5500万—6000万吨的水平。

哈萨克斯坦的增产计划也给人以深刻印象。前苏联时期发现的两个特大型油田——田吉兹和卡拉恰加纳克，已由外资公司超前开发，加上2000年新发现的卡萨甘油田，到2010年哈萨克斯坦国的石油产量可望增加1—1.5倍。

田吉兹油田的产量在21世纪的最初几年里，一直以年均12%的速度稳步增长。2001年主要用于出口田吉兹油田石油的里海管道干线系统启动，从而大大改善了石油运输状况，加快了石油开采速度。实施该项目的田吉兹谢夫隆合资公司表示：2005年前，在田吉兹和临近科罗列夫斯基的油田产量将达到1900万吨，2010年前达3400万吨/年，

卡拉恰加纳克油田已被证实拥有丰富的石油和凝析油储量。由于缺乏基础设施，该油田所有的凝析油都输向俄罗斯奥伦堡炼油厂，但该厂的炼油能力有限，因而反过来限制了凝析油的开采。

阿吉普哈萨克斯坦里海石油财团（Agip Kazakhstan North Caspian Operation Company）是按产品分成协议在卡萨甘油田进行开发的。按协议：自2005年起，油田开始工业性开发；计划产量约500万吨，到2008年哈萨克斯坦里海大陆架的油田石油开采量计划增至1500万吨。

哈萨克斯坦能源和矿产资源部预测：随着运输能力的加大，到

2015年哈萨克斯坦的石油开采水平将达到1亿吨，比现有水平提高1倍多。

在哈萨克斯坦、阿塞拜疆两国，石油产量的增长必然导致相应出口的增加，而本国炼油厂为向国内市场供应油品，加工数量的增长和油品出口有可能减少。原因有两个：一是到2010年哈萨克斯坦、阿塞拜疆两国的国内石油需求将比当前水平增加70%—80%，但比石油开采的增长速度相对来说要低得多；二是为出口油品既要向炼油厂增加原油供应，又要为炼油厂的设备改造投入大量资金，这对外国投资者来说，有可能失去吸引力。根据以上分析，可以预计2010—2015年，从哈萨克斯坦、阿塞拜疆两国每年出口的原油总计会增加到1000万—1200万吨，比指标多1.5—2倍。

土库曼斯坦也有增加石油开采和出口的宏伟计划。根据本国2010年前社会经济发展计划，石油产量应达4800万吨，石油出口3300万吨，几乎超过现今水平的3倍。为了吸引外资，土库曼斯坦虽然特别重视开发其里海大陆架油气，并积极创造有利的投资环境，但相对其他里海沿岸产油国而言，它的投资环境还不尽如人意，从而导致一些外资公司从土库曼斯坦撤出，如美国埃克森—莫比尔石油公司已决定停止在土库曼斯坦最有前景的油田的开发活动。目前，在土库曼斯坦从事采油作业的只有两家外国公司，有些外资公司对长期在土库曼斯坦开发虽表现出有兴趣，但缺乏进一步签署框架文件的意向。

第六节　油气开采在里海沿岸国家经济中的地位

20世纪上半叶，在前苏联时期，俄罗斯和阿塞拜疆是国家发展油气工业的中心。当时在里海地区发现了许多特大型和大型油气田，如哈萨克斯坦的田吉兹和卡拉恰加纳克油田，土库曼斯坦的达乌列塔巴德—顿麦兹凝析油气田等。这些油气田现都已成为这些前加盟共和国油气工业发展的基础。在前苏联经济中，仅土库曼斯坦燃料能源部门在整个工业生产所占比重就超过 1/3，而现在阿塞拜疆和哈萨克斯坦的油气开采在各自的工业生产总值中所占的比重，也都超过了 40%。

苏联解体后，能源部门在阿塞拜疆、哈萨克斯坦和土库曼斯坦三国的工业生产中所占的比重都有所增长，原因是它们的油气产品在国内外市场缺乏竞争力。在俄罗斯、哈萨克斯坦、阿塞拜疆、土库曼斯坦四国，能源部门都是在国民经济居支配地位的工业部门，油气工业是国家经济的命脉。例如，阿塞拜疆 70%的出口收入是向世界市场出售石油和油品所得，哈萨克斯坦 40%的出口为石油产品。此外，在这四国中，能源部门吸引的投资最多，分别占各国投资总额的最大部分，如在阿塞拜疆，总投资的 70%—80%都在采油部门。

俄罗斯、哈萨克斯坦、阿塞拜疆、土库曼斯坦四国都已确定了发展原料工业的方针。10 多年来，这四国都把能源部门作为在经济体制改革道路上，发展经济的主要推动力。他们的战略目标是：保证国家政治与经济的独立性和尽快融入世界发达国家之列。为了实现这一战略目标，里海沿岸国家将不得不参与世界油气市场的争夺。在今后 10 年间，由于里海地区存在着可数倍增加的油气产量和相应增加能源出口的先决条件，并且它的大部分油气都将进入欧洲市场，因此俄罗斯很可能会失掉其在欧洲能源消费市场的主导地位。

如果俄罗斯在本国境内简单地增加油气开采，那么由此可能造成的世界油价下跌和开采成本的提高，将使俄罗斯石油公司在国际市场上陷于困境。所以，俄罗斯石油公司只有扩大参与在哈萨克斯坦、阿塞拜疆、土库曼斯坦三国的油气开采，方能使俄罗斯在欧洲市场上保全自己的份额。另外，俄罗斯向哈萨克斯坦、阿塞拜疆、土库曼斯坦三国的经济基础部门投资，也可强化俄联邦在里海地区和整个中亚地区的地位。

数年前，里海沿岸国家及其有关企业在报道里海石油储量时，为了吸引更多的外资，确有夸大的倾向。但是对于投资者来说，必须认真分析、慎重对待。里海的油气资源，尽管不如某些报道说的那么多，但是其出口量对中亚市场来说，还是有相当潜力的。哈萨克斯坦、土库曼斯坦、阿塞拜疆三国人口，总计才 2900 万人，国民生产总值约 300 亿美元，自身的能源消耗有限，为了自身发展而出口油气应是他们的长期战略。21

世纪初，里海北部水下发现的卡沙干储油构造，等于为扩大里海石油储量增添了一个新基地。

从地缘经济条件看，没有毗邻大海的出口是里海油气产区的最大缺陷，可是陆上输油气管线运输也有其优点，如可抵御气候的干扰、运输量稳定、易于控制等①。

第七节　开发里海油气的地缘政治和经济意义

苏联解体后，里海及其周边地区以其丰富的油气资源和独特的地缘战略地位一直为世界各能源消费大国所关注。苏联解体前，里海基本上仅为苏联一家掌控，只有南边阿斯塔拉—加山库里一小部分归伊朗所有。当时，所有里海相关问题皆参照 1921 年和 1940 年苏联和伊朗签署的条约原则，也从未发生过什么大的问题。苏联解体后，里海沿岸地区出现了俄罗斯、阿塞拜疆、哈萨克斯坦、土库曼斯坦四个主权国家，这些里海沿岸国家哪个都不能独享里海资源，但哪个（包括伊朗）都想在新的资源划分中多拿一份。开发里海油气资源对振兴沿岸国家的经济，无疑具有重要意义。在此情况下，要想真正搞清里海问题，就必须了解里海沿岸国家的利益所在。对于美、英、德、法等西方国家在里海地区的利益，也应从全球战略高度加以分析，以便进一步认识开发里海油气资源的地缘政治和经济意义。

里海地区的油气资源对西方国家来说极具吸引力。1997 年美国就宣布，里海地区是与美国国家利益相关的地区。美国前国务卿布热津斯基曾提出：分化当地国家，支持那里已经出现的“地缘政治多元化”趋势，“反恐”和防俄变成欧亚强国，是美国对里海地区长期政策的主旋律。2001 年 1 月，在达沃斯世界经济峰会上，美国代表指出：“里海与

① 资料来源：Юрий Шафраник，“Нефтяные сценарии для России”，《Время новостей》，2003 年 3 月 25 日。

波斯湾地区一样，是美国的另一个石油来源地”。布什代表也多次表示，里海及其临近地区关系美国战略利益，美不能置身于该地区之外，要不惜动用大量财力和武力，坚决捍卫美国在这一地区的利益。由此不难看出：在西方人眼里，谁掌握了里海油气资源的控制权，谁就可以主宰21世纪的国际能源市场。

美国消费的石油和天然气，主要来自北美和中东海湾国家，控制里海目的是为美国提供新的后备能源供应基地，以减少对中东地区石油的依赖，确保国家能源安全。可是，里海地区是俄罗斯的传统势力范围，美国要开发这里的油气资源，就必须首先削弱俄罗斯的影响，积极介入里海油气的勘探、开发、分配和输出。

长期以来，出口里海油气主要通过俄罗斯境内的管道系统。随着里海沿岸国家油气产量大幅增加，这些管道已不能满足向世界市场出口的需要，修建新的输油和输气管道迫在眉睫。这对以美国为首的西方国家来说，无疑是天赐良机。1999年11月，阿塞拜疆、土耳其、格鲁吉亚和美国签署了巴库—第比利斯—杰伊汉石油管道协议。尽管当时在经济效益和供油量方面还存在许多不确定因素，但美国仍报有极大兴趣和信心修建这条输油管道。

美国在促成巴—杰输油管道的同时，还积极策划修建从土库曼斯坦→阿富汗→巴基斯坦→印度的输气管道。“9·11”事件和阿富汗战争，以及萨达姆政权的倒台，为美国进入里海，打通中亚能源通道提供了良好机会。美国利用反恐名义，不断扩大在中亚和里海地区的军事介入，使俄罗斯在原苏联势力范围的安全战略空间受到挤压。俄罗斯军事专家认为：美国寻求在中亚地区长期驻军，想方设法在阿富汗扶持亲美政权，其目的之一就是想修建通往阿富汗的输气管线。

俄罗斯十分清楚美国在里海和中亚地区的长期战略。面对美国蚕食自己传统势力范围的企图，俄罗斯也积极应对。2002年8月1—15日，俄罗斯在里海组织了一次联合军事演习。有分析家认为，这次演习表明：俄罗斯一边在加强里海地区海军武装力量的战备能力，一边在为应对国内外恐怖主义做积极准备。俄罗斯在战略上把中亚、里海和外高加索地区视为一个整体，因而把加强这一地区的军事战备能力，维护国家安全和战略利益当作自己的一项长期任务。也有分析家认为，俄罗斯增强它在里海的军事力量，一是为了对解决里海的划分问题进一步施加影响，二是为了抵御西方国家对前苏联地区的经济和军事渗透。这次演习充分显示了普京总统捍卫本国经济、安全和战略利益的决心。

其他里海沿岸国家因恢复经济缺乏资金，迫切希望尽快得到西方国家的投资或贷款，而西方国家为解决石油的安全供应问题，正需要多元化的进口来源，在此情况下两者的利益和需求正好吻合，所以在短时间内世界顶尖石油公司几乎全部蜂拥而入。西方国家为了自身的长期利益，在获取市场的同时，自然重视未来在中亚和里海地区的战略。有中亚学者评论说：实现这一目标的最好办法，就是不让这些前苏联的加盟共和国真正地独立起来。或许就是这个原因，西方国家才积极参与里海沿岸各国油气勘探与开发，不仅投资建设巴—杰石油管线，还计划修建土库曼斯坦—阿富汗—巴基斯坦输气管线。美国在推翻阿富汗塔利班政权和萨达姆政权后，又将矛头转向伊朗，从而使里海地区国的地缘政治和经济意义更加引人注目。

附　表

2004年里海沿岸国家石油储、产量世界排名　　（单位：万吨）

世界排名	国家名称	石油储量	世界排名	国家名称	石油实际产量
3	伊朗	1723287.67	1	俄罗斯	44433.5
8	俄罗斯	821917.81	4	伊朗	19700.0
17	哈萨克斯坦	123287.67	18	哈萨克斯坦	4850.0
19	阿塞拜疆	95890.41	36	阿塞拜疆	1500.0
48	土库曼斯坦	7479.45	40	土库曼斯坦	1000.0

资料来源：美国《油气杂志》2005年12月19日。

2004年里海沿岸国家天然气储量世界排名 （单位：亿立方米）

储量世界排名	国家名称	天然气储量	天然气产量
1	俄罗斯	475725.60	6074.31
2	伊朗	266179.80	735.52
15	土库曼斯坦	20105.07	——
17	哈萨克斯坦	18406.05	140.65
26	阿塞拜疆	8495.10	102.45

资料来源：美国《油气杂志》2005年3月24日。

第 二 章

中亚里海地区的输油管线

第一节　输油管线初具规模

前苏联时期建造的运输管道，都经过俄罗斯境内。里海沿岸的哈萨克斯坦、土库曼斯坦、阿塞拜疆三国以及临近的乌兹别克斯坦要向国际市场出口油气，除了借道俄罗斯管道外，别无其他油气输出通道。因此，在前苏联解体后的相当一段时期内，在从哈萨克斯坦、阿塞拜疆、土库曼斯坦、乌兹别克斯坦等中亚里海沿岸国家的出口石油中，大约70%须借道俄罗斯管线。由于俄罗斯在原料出口方面，缺乏明确的游戏规则和运输政策，因此一些国际石油公司为了获得更多的自主权，常常把投资目标限定在一些不须经过俄罗斯领土的油气输出项目上。经过10余年的努力，里海地区的输油管道已初具规模，现已建成或正在建设的主要有：里海管道财团的田吉兹—诺沃拉西斯克输油管道、巴库—苏普萨输油管道、科尔别杰（土库曼斯坦）—库尔特—库伊（伊朗）输气管道、巴库—第比利斯—杰伊汉输油管道和里海管道财团输油管道等。建设这些输油管道，对解决里海地区石油的长期开采和向市场销售运输等实际问题，具有非常重要的意义。

下图是中亚里海地区部分油气运输管道的示意图。

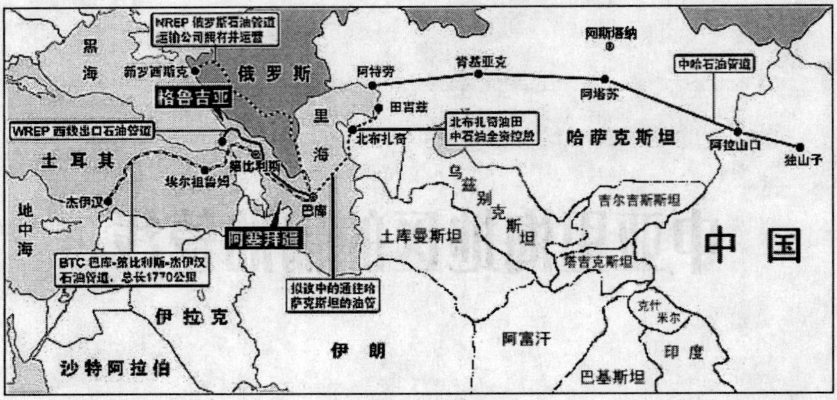

图 1

1. 巴库—第比利斯—杰伊汉输油管道（简称巴—杰输油管道，或 BTC）

巴—杰石油管道，东起里海沿岸城市巴库，向西横穿阿塞拜疆、格鲁吉亚和土耳其三国，中间须跨越海拔 2835 米的山脉，最后抵达地中海沿岸的杰伊汉港。管道在阿塞拜疆的开始阶段，直径为 1067 毫米；进入高加索山区并跨入格鲁吉亚国境时，管道直径增至 1168 毫米；到土耳其境内，管径恢复为 1067 毫米；接近末站杰伊汉时，直径减小到 864 毫米。整个管道均埋地铺设，埋深 1.2—9.75 米不等。管道共穿越各种道路、铁路和各种共用事业管道总计约 3000 条，穿越大小河流共计大约 1500 条。最宽的河流穿越段为土耳其的杰伊汉河，河深 4.6 米、河宽超过 488 米。线路在阿塞拜疆境内共穿过 3 条活动断层带，格鲁吉亚穿过 4 条活动断层带，土耳其穿过 7 条活动断层带。由于管道沿线存在恐怖主义活动和对该管道从事破坏与袭击的可能，因此管道施工是在电子监视设备和公司保卫的监控之下进行的。此外，阿塞拜疆、格鲁吉亚和土耳其的武装力量也联手进行管道保护，以防恐怖主义分子在管道沿线进行袭击、阴谋破坏活动并造成环境灾难。该管道的年输油能力约为5000万—5500万吨，成本约30亿美元，全长1770公里。其中阿塞拜疆境内443公里，格鲁吉亚境内249公里，土耳其境内1076公里，管径为1020毫米。2005年5月25日，该石油管道的开通注油仪式在阿塞拜疆首都巴库举行。①

2. 阿特劳—萨马拉（俄）输油管道

哈萨克斯坦的早期出口石油管道，主要是阿特劳—萨马拉（俄）输油管道。按哈萨克斯坦、俄罗斯两国政府协议，该管道每年出口1700万吨石油，其中约80%都供应东欧。因不敷使用，已于2000年前完成扩建。

3. 巴库—苏普萨输油管道，由巴库向西输油，直抵达格鲁吉亚的苏普萨（位于黑海东岸）。该管道1999年建成并运行。总长830公里，年输油能力为500万吨。

4. 巴库—诺沃拉西斯克（俄）出口输油管道，长1147公里，管径720毫米，输油能力为700万吨/年，其输油潜能可扩大到1800万吨/年。

5. 西哈萨克斯坦—库姆科尔输油管道，全长1200公里，年输油能力1900万—2300万吨。该管道计划分两期建设：1期从阿特劳到肯基亚克，管径700毫米，年输油量700万吨；2期从肯基亚克到库姆科尔，管径900毫米，年输油量1000万—2300万吨。与此呼应的是阿塔苏—独山子输油管道，哈萨克斯坦已通过该线于2005年5月向中国输出了石油。

6. 科尔别杰（土库曼斯坦）—库尔特—库伊（伊朗）输气管道，1997年12月建成开通。该管道是土库曼斯坦天然气输往非独联体国家的第一条出口管线。年设计能力80亿—100亿立方米，仅能满足伊朗的需求。

7. 田吉兹—诺沃拉西斯克输油管道，东起哈萨克斯坦的田吉兹油气田，西到黑海东岸的诺沃拉西伊斯克港。该项目1999年5月开工，管线长1580公里，1期工程年输油量为2800万吨，按设计能力最终将

---

① 联合国电台网：《巴—杰输油管道——将里海石油输往世界》，2006年7月21日。

增至6700万吨，预计至2015年将全部完工。届时，管道系统的主要供油者——里海管道财团与“田吉兹谢夫隆”合资企业成为各持50%股份的持股人，将开采出大量石油。该管道的1期工程由里海管道财团建成，现已与阿特劳—萨马拉（俄）输油管道一起，成为哈萨克斯坦石油出口的主要干线之一。里海管道财团公司项目初期投资26亿美元，到2015年投资将达42亿美元。2001年，经里海管道财团输油管道1期工程管道，输出了哈萨克斯坦石油93.3万吨。该管道与距罗斯诺沃拉西斯克港不远的南奥杰列伊克输油终端相连，通过这里主要向欧洲市场出口石油。里海管道财团成立于2001年11月底，由多家公司组成，俄罗斯、哈萨克斯坦、阿曼三国公司合占50%股份，另50%股份由谢夫隆里海管道财团、鲁克与阿莫科组建的合资公司、俄罗斯石油公司与壳牌组建的合资公司、莫比尔里海管道公司、阿吉普公司、BG海外控股公司、哈萨克斯坦管道公司、奥瑞克斯里海管道公司等8家公司分包。里海管道财团的运营期限有可能延长到2040年。现在里海管道财团的大部分石油都属美国的谢夫隆公司和埃克森—莫比尔公司。在里海管道财团中，俄罗斯掌握24%的直接股，并参与该财团两个公司的股份管理；鲁克石油公司掌握鲁克—阿塞拜疆合资公司12.5%的股份；俄罗斯石油公司掌握俄罗斯石油—壳牌—里海合资石油公司7.5%的股份；哈萨克斯坦占19%；谢夫隆石油公司占15%；阿曼占7%；莫比尔石油公司占7.5%；阿吉普公司占2%；BG公司占2%；奥瑞克斯里海管道公司占1.75%；哈萨克斯坦管道公司占1.75%。为保证俄罗斯公司参与哈萨克斯坦石油的运输和开采，里海管道财团分配给俄罗斯的股份达44%。俄罗斯对于里海油气资源的开发，态度始终比较积极。

8. 肯基亚克—独山子中哈输油管道。2006年5月25日，该管道的阿塔苏—独山子段建成输油。这是我国首次以管道方式从境外进口原油。2003年3月，中国与哈萨克斯坦双方合作建成肯基亚克—阿特劳段输油管道，为哈中输油管道的实施奠定进一步合作基础。3个月后，中石油集团与哈萨克斯坦国家油气股份公司签署肯基亚克—独山子输油管道建设协议，确定分两期工程进行。该管道起点为哈萨克斯坦境内的肯基亚克，途经阿塔苏、中哈边界的阿拉山口，终点为我国新疆的独山子。管道全长2584公里，其中哈萨克斯坦境内长2332公里，中国境内长252公里。管道全线设计输油能力2000万吨/年。1期工程建设阿塔苏—独山子段，长度1240公里，输油能力为1000万吨/年；2期工程建设肯基亚克—阿塔苏段，长度1344公里，计划于2010年底全部建成，管道全线输油能力2000万吨/年。中哈原油管道1期工程的建成，是我国开展国际合作，利用境外油气资源的一座具有战略意义的里程碑。①

第二节　里海油气的早期输出方案

鉴于里海油气的重要性，20世纪末，国际上围绕着里海油气的输出问题，曾出现激烈的争夺。在多种多样的方案中，依其走向和目的地的不同，大致可归纳出下列五个方案，其中有的已建成。

1. 俄罗斯南部方案，也常称“北线方案”。依此方案，输油管道从哈萨克斯坦的田吉兹油田经俄罗斯南部到黑海东岸的诺沃拉西斯克港，石油由此转海运进入世界市场。除田吉兹油田以外，哈萨克斯坦西部的其他油田，如卡拉恰加纳克、阿克秋宾斯克、乌津等，也可沿此线输出石油，而以前主要是沿阿特劳（原古里耶夫）至萨马拉（原古比雪夫）的输油管道输往俄罗斯的。

2. 里海海底方案。这一方案也常称为“中线”方案。该方案计划从里海东岸著名的港口城市土库曼巴什（原克拉斯诺沃茨克）沿里海油底铺设输油管道至西岸的巴库，然后进入格鲁吉亚，之后再分为南北两支：北线通往苏普萨（此段以前就存在），原来的终端港口是巴统，后拟在巴统以北不远的苏普萨新建港口；南线进入土耳其，终点是著名的杰伊汉油港。这一管线可输出哈萨克斯坦、土库曼斯坦两国的油气。

3. 北伊朗方案。按照这一方案，管线从土库曼斯坦西部进入伊朗，

---

① 驻哈萨克经商参处：《哈萨克斯坦油气领域概况调研》，商务部网站2006年12月15日。

再穿过伊朗北部进入土耳其，阿塞拜疆的油气也可利用这一管道输出。

4. 阿富汗方案。该计划拟把里海东岸的油气（主要是土库曼斯坦的天然气）经过阿富汗，再送往巴基斯坦及印度。这一方案已获得当事国同意，并签署了一些文件，但何时能够实施还有待发展。

5. 中国方案。该计划拟把里海地区油气输往中国和亚太地区，管线走向从西哈萨克斯坦田吉兹油田→阿特劳→肯基亚克→阿塔苏→中国新疆的阿拉山口→独山子。该线较长，田吉兹油田、阿克秋宾斯克油田、乌津油田等都可能是其的供油者。这一方案不仅对中国有重要战略意义，而且对哈萨克斯坦的经济发展也会起到重要作用。预计到2010年中哈原油管道2期工程肯基亚克—阿塔苏段建成后，就能全线输油。

哈萨克斯坦的油气资源主要分布在西部，大部分人口和产业却分布在东部。前苏联时期，哈萨克斯坦西部的原油主要通过输油管线输往俄罗斯的古比雪夫（现萨马拉），而东部则从俄罗斯输入成品油，这种情况至今仍没有明显改变。中国管线建成后，哈萨克斯坦就可在东部建炼油厂，改变以前那种地缘经济不利的局面。换言之，哈萨克斯坦也需要“西油（气）东输”。这一方案的问题是：管线总长度超过2000公里，所经地区大多是荒漠、半荒漠，并且没有平行的交通线，这会给施工和维护带来许多困难。

以上输出里海油气的不同方案，代表着不同国家和集团的利益，因此也成为有关里海争议问题中的难题之一。

第三节　里海输油管线与油气出口

里海地区生产的石油，比挪威或巴西生产的石油多。目前这里每天开采380万桶（50万吨）石油，约占英国北海油田产量的60%。到2010年，里海地区探明的石油储量有可能比墨西哥的石油储量多一半。

2003年，阿塞拜疆、哈萨克斯坦、俄罗斯、土库曼斯坦在里海大陆架的石油估计储量和投资活动情况，如表2—1所示：

表 2—1　　里海沿岸大陆架的石油储量和投资活动

国家	预测储量（亿吨）	合同（个）
阿塞拜疆	100	11
哈萨克斯坦	120	1
俄罗斯	30	4
土库曼斯坦	165	2

1. 阿塞拜疆

阿塞拜疆从 1994 年起开始开发里海油气资源，当时与一些外国公司签署了“阿泽利”、“齐拉格”油田合同，合作勘探开发可采石油储量超过 6 亿吨的里海“格尤涅什利”深水部分。

阿塞拜疆主要有三条输油管道出口（表 2—2）：

（1）巴库—诺沃拉西斯克出口输油管道，年输油能力为 700 万吨/年，其输油潜能可扩大到 1800 万吨/年，输油管理费为 15.67 美元/吨。管道经营者：在俄罗斯境内是俄罗斯石油运输公司，在阿塞拜疆境内是阿国家石油公司和美国阿莫克石油公司。

（2）西部巴库—苏普萨出口输油管道，年输油能力 500 万吨，其输油潜能可扩大到 1000 万—1200 万吨/年，输油管理费为 2.7 美元/吨，管道经营者是美国阿莫克石油公司。

（3）巴—杰输油管道，年输油能力约 5000 万—5500 万吨。

表 2—2　　阿塞拜疆石油出口管道通过能力

管道	最大通过能力万吨
巴库—诺沃拉西斯克	700（1800）
巴库—苏普萨	500（1200）
巴库—第比利斯—杰伊汉 (2005 年 2 季度开始运营)	5500.0
总计	6700

参与巴—杰输油管道项目的公司及其所占份额分别为：BP公司30.1%、阿塞拜疆国家石油公司25%、挪威斯塔托伊尔8.71%、土耳其国家石油公司6.53%、日本伊藤公司3.4%、意大利埃尼5%、美国科诺克费利普2.5%、法国道达尔菲纳埃尔夫5%、日本Inpex石油开发公司2.5%、阿美拉达赫斯公司2.36%、尤尼卡尔公司8.9%。

日本住友公司负责铺设巴库—第比利斯—杰伊汉主要出口管线，并为阿塞拜疆和格鲁吉亚部分80%管道供货，此外为管道跨过1500多大小条河流并在海拔2.7万米施工的技术经济论证。该管道工程于2005年建成输油。

2. 哈萨克斯坦

至2005年，里海国际管道财团已从哈萨克斯坦田吉兹、卡拉恰加纳克、库姆克尔油田输出原油。哈萨克斯坦石油目前的开采总量仅为4800万吨，但按哈萨克斯坦的国家发展计划，至2010年欲达8800万吨，离发展目标尚有相当距离。为此，哈萨克斯坦需要补充管道运输能力，以便增加西部油田的采油量，并从西部出口原油（表2—3）。哈萨克斯坦西部拥有12多亿吨的石油和凝析油探明可采储量以及含油前景的地质构造。里海油气在哈萨克斯坦水域大陆架上特大型的卡萨甘油田，按不同来源的评估有12亿—68亿吨油当量的储量。

管道建成后，输油管理费问题将凸显出来。表2—4是哈萨克斯坦石油输向外部市场的输油管理费一览表。

表2—3　　哈萨克斯坦出口石油管线通过能力　　（万吨）

里海国际管道财团	2800
阿克套—巴库（拟建中）	3000
阿特劳—萨马拉	1500
马哈齐卡拉—诺沃拉西斯克	350
肯基亚克—奥尔斯克	700
总计	5370

表 2—4　　哈萨克斯坦石油输向外部市场的输油管理费

运输线路	输油管理费 美元/吨
哈萨克斯坦—萨马拉—诺沃拉西斯克	13.29
哈萨克斯坦—马哈齐卡拉—诺沃拉西斯克	25.49
里海国际管道财团	26.25
阿克套—巴库—第比利斯—杰伊汉（其中巴库—第比利斯—杰伊汉 18.06 美元/吨，从阿克套装船 5 美元/吨）	23.06
哈萨克斯坦—伊朗—波斯湾	24.6
哈萨克斯坦—奥德萨	45.0（铁路）
哈萨克斯坦—中国	60.0（铁路）

2003 年 9 月 5 日，哈萨克斯坦、阿塞拜疆两国在巴库举行了有关哈萨克斯坦参加巴—杰输油管道注油项目开发的会谈并签署了意向书。这一问题已进行了多次讨论，但是许多组织和法律问题一时难以解决。

3. 俄罗斯、哈萨克斯坦、土库曼斯坦、阿塞拜疆四国与伊朗的换油出口

2003 年，俄罗斯鲁克石油公司开始向伊朗涅卡港（里海岸边）出口 100 万吨石油，其目的是在不远的将来，向伊朗每年出口 500 万吨石油。这一供油协议是按互换方式进行的：俄罗斯石油输送至伊朗北部的德黑兰炼油厂，伊朗在其南部波斯湾的哈尔格岛终端，向俄罗斯还以等量石油，专供直接出口。2002 年 11 月，俄罗斯鲁克石油公司曾用这种换油方式出口了 20 多万吨石油。因实效较好，俄罗斯鲁克石油公司和伊朗国家石油公司便希望在涅卡—德黑兰之间修建一条输油管道，加大换油贸易的力度。此管道项目的年输油能力，1 期工程为 600 万吨/年，以后增至 2500 万吨/年。利用该管道可使里海石油出口商向德黑兰运送石油的费用，从 21.9 美元/吨减少到 14.5 美元/吨，这一实利对增加哈

萨克斯坦的石油供应无疑具有刺激作用。另外，石油出口商对向伊朗长期供油的保证须得到伊朗方面运输技术的支持，而年输油能力600万吨的新管道，刚好可以承担这样的担保。

从涅卡港到伊朗首都德黑兰的老输油管道是一条反向输油线。以前，沿此管线向涅卡港输送的是德黑兰炼油厂生产的油品。从2001年起，该油品管道开始反向工作，向德黑兰炼油厂供应从土库曼斯坦、哈萨克斯坦两国输来的原油。

早在20世纪90年代中期，土库曼斯坦就已向伊朗出口石油，而且出口量逐年增加。到21世纪初，又增加了哈萨克斯坦石油的供应。2002年，哈萨克斯坦从阿克套港向涅卡港输送了几十万吨石油，这些石油由哈萨克斯坦国家油气公司所属的分公司和中石油集团与美国公司控制的阿克丘宾油气开采合资公司负责出口。

随后，越来越多的公司对伊朗的输油管道产生了兴趣。里海北部卡萨甘油田项目的作业者——意大利的埃尼公司与哈萨克斯坦总统纳扎尔巴叶夫专门讨论了铺设南部输油管道，经伊朗出口哈萨克斯坦海上石油的可行性。该项目从卡萨甘油田的石油接收站开始，通往伊朗的里海海岸，年输油能力至少2500万吨。涅卡—德黑兰管道将成为该管道的一部分（表2—5）。

表2—5　　计划向伊朗出口石油的管道

管　道	能力（万吨）
鄂姆斯克—土库曼纳巴什—伊朗（俄罗斯的）	500
涅比特达格—德黑兰（土库曼斯坦的）	700
哈萨克斯坦—土库曼斯坦—德黑兰	2500
哈萨克斯坦—土库曼斯坦—哈尔格	5000

上述计划使向伊朗出口石油的情况变得复杂化，原因是涅卡—德黑兰输油管道的条件与其他输油方案的条件不同。技术上，从涅卡港到伊

朗首都的输油管道要经过埃尔布鲁斯山脉，管道建设和运营较为复杂。德黑兰炼油厂每年都直接进口700万吨来自俄罗斯和里海的石油，而不是从南部地区油田调运石油，这说明伊朗从俄罗斯等里海沿岸国家进口石油可以获得经济实惠，否则就不会这么做。但是，进口数量不能超过德黑兰炼油厂的生产能力，一旦超过，伊朗就必须向北部地区的其他炼油厂分散油量，这样势必增大运输费用，降低输油管道的商业利益。需要指出的是：伊朗本身也是石油出口大国，替换700万吨石油仅是蝇头小利。

4. 哈中管线

2003年3月28日，西哈萨克斯坦—库姆科尔输油管道的1期工程——肯基亚克—阿特劳输油管道建成交付使用。该管道全长450公里，管径700毫米，年输油能力为700万吨，价值1.6亿美元，它把阿克丘滨和阿特劳地区的油田与阿特劳—萨马拉（俄罗斯）和里海国际管道财团的出口输油管道连接起来。该管道的年输油能力计划到2006年增至1200万吨。哈萨克斯坦政府的目标是使这条输油管道最终成为从哈萨克斯坦、中国输油干线的一部分。

2002年，隶属于哈萨克斯坦国家石油集团和中石油公司的哈、中西北管道公司着手建造肯基亚克—阿特劳输油管道，协议规定建设经费分摊，哈方占51%、中方占49%；俄罗斯的“天然气工程运输公司”负责铺设输油管道。中哈西北管道公司有关负责人表示：在以后的运营中，管道可能是反向输油的。哈萨克斯坦石油公司的运输方针是利用管道向中国供油，这条管道的开通为哈萨克斯坦西部至中国西部长达3000多公里的输油管道建设奠定了基础。

在里海大陆架的油气勘探开发活动，以及西方石油公司的战略目标是要选择油气出口的最终决定，这样有关销售市场的问题也越来越来越明显摆在石油生产者的面前。①

① 资料来源：M. 库图佐娃：“第二届独联体国家油气峰会资料”，《俄罗斯石油》，2003年5月5日。

附表

2005年中亚里海沿岸国家石油储、产量一览表 （单位：万吨）

国家	石油储量	石油产量	同比增长
伊朗	1814520.55	19400	-1.3%
俄罗斯	821917.81	46075	3.7%
哈萨克斯坦	123287.67	4850	0%
阿塞拜疆	95890.41	2000	33.3%
土库曼斯坦	7479.45	1100	10.0%
乌兹别克斯坦	8136.99	800.0	6.7%

资料来源：美国《油气杂志》2005年12月19日。

2005年中亚里海国家天然气储量一览表 （单位：亿立方米）

国家	天然气储量	天然气产量	同比增长
俄罗斯	475725.60	6311.86	3.91%
伊朗	275000.00	906.14	23.2%
土库曼斯坦	20105.07	—	—
哈萨克斯坦	18406.05	200.20	42.34%
阿塞拜疆	8495.10	103.92	1.43%
乌兹别克斯坦	18745.85	—	—

资料来源：美国《油气杂志》2006年3月13日。

第三章

里海沿岸国家的油气工业现状

第一节　阿塞拜疆

一、油气工业概况

阿塞拜疆自古就是世界上较早研究石油并为其经济服务的国家之一。从公元 7—8 世纪以来，阿塞拜疆就向其他国家出口石油。

公元 10 世纪，阿塞拜疆人为采油在阿普歇伦半岛开始挖掘平均深为 10—12 米的井。到 17 世纪，阿塞拜疆人在巴拉汉、萨奔齐、拉曼等村庄附近挖了大约 500 口井。

1926 年，阿塞拜疆人在阿普歇伦半岛的比比埃伊巴特海湾古平台上钻探了 71 号井并得到了石油，同时开始了世界上最早的海洋石油开采。

1934 年，阿塞拜疆人开始推广使用钻井电法测量井筒弯曲度，并进行海洋地球物理勘探和从陆地向海的钻探（在彼拉尔拉赫岛），此外还开始安装海上钻探用的金属钻塔基座。

同年，前苏联为编制地质图，曾最早大规模地在里海从古浮桥上钻探。1937 年，在纳尔根岛上钻探了深 220 米的“地质”井。1941—

1945 年，由专门的船只在“油城”附近进行了地质绘图钻探并按其工作成果编制了海底地质图。1949 年，根据该图，由 1 号普查井发现了“油城”大油田。1949 年 11 月 7 日，该井从“油城”油田拉林组获日产无阻流量 100 吨的石油。该油田的投产和开发使阿塞拜疆海上石油开发得到迅速发展。在开发“油城”等油田时，人们曾推广使用了金属栈桥工程，较好地完成了海水深 15—20 米的钻探并可钻到水下 25 米。前苏联时期，还在“油城”油田最先使用了广泛流行在里海其他油气田和阿塞拜疆境外，包括西西伯利亚的丛式斜井法钻探。

1950 年，在广泛使用地球物理方法的条件下，查明并钻探了几个有含油气前景的深部构造，很快发现了许多油气田，其中包括可以保证阿塞拜疆长期天然气需求的大型桑加恰尔—杜万—哈拉岛—兹拉（1968 年）、巴哈尔（1968 年）和布尔拉—杰尼斯（1973 年）凝析油气田。

从 20 世纪中叶起，阿塞拜疆在里海水域开始地球物理普查工作，查明了 145 个有希望的背斜构造，其中 59 个构造在水深约 60 米处发现，16 个在 60—200 米的深水处，70 个构造在水深超过 200 米处。在阿塞拜疆里海水域浅水部分，除有背斜构造外，还有一些对油气聚集非常有利的非背斜圈闭。这些非背斜圈闭至今研究得还不够，但潜力很大。1968 年，阿塞拜疆利用自动升降钻探装置在里海进行了普查勘探工作。

20 世纪 70 年代末和 80 年代，阿塞拜疆在里海水域水深 80—350 米以下进行了油气普查勘探工作，发现了许多大型油气田。这些油气田的石油可采储量达 8 亿吨，天然气可采储量约 2000 亿立方米。1988 年，阿塞拜疆发现了克亚帕兹油田，1994 年发现了诺夫汉—杰尼兹油田。

二、阿塞拜疆在里海水域油气普查勘探工作

近 20—30 年来，阿塞拜疆把发展国家燃料能源部门的希望寄托于开发位于里海的这些油气田上。现在阿塞拜疆的石油，主要产自其中的格尤涅什利油田。第二个齐拉格深水油田是 1985 年（1 号井）发现的。两年后，又在东南阿普歇伦—普里巴尔汉水下隆起的延伸带上，发现了

一个大型阿泽利油气田（1987年）。1998年，和外国石油公司合作，阿塞拜疆发现了卡拉巴赫和阿什拉费油田。1999年，在里海水域发现了特大型的沙赫—杰尼斯凝析气田。

阿塞拜疆在里海水域普查工作的结果，总计发现了28个油气田，其中18个油气田已投入开发，4个油气田已结束开发论证，还有6个油气田尚未开始开发。

到2002年7月1日，阿塞拜疆对里海水域的开发，总计获得8.06亿吨油气。然而，里海的含油气潜力远未耗尽，考虑到还有56%水域尚未钻探的预测资源量，以及深埋地层和非背斜圈闭的资源量，阿塞拜疆的未来油气资源是有保证的。

阿塞拜疆油气工业的发展及其已探明的油气储量（石油9.589亿吨和天然气8495.1亿立方米，请参阅第一章附表）对外资有一定吸引力。苏联解体使阿塞拜疆经济趋于活跃。1994年，阿塞拜疆提出了在本国里海水域边界及其在国家范围内地下资源的划分办法，而且不等其他里海沿岸国家提出相应的看法，就决定了自己在里海水域的“国家”地带，并准许按产品分成协议开发它们。

第一个称作“世纪合同”的产品分成协议是1994年9月20日由11家石油公司在巴库签署的开发阿泽利—格尤涅什利—齐拉格—1油田协议。其中包括：阿塞拜疆国家石油公司、BP公司、挪威国家石油公司、鲁克石油公司、土耳其石油公司以及美国的6家公司（阿莫科、埃克森、宾州石油、尤尼科、RAMCO和Delta）。这些公司组成了阿塞拜疆的第一个国际财团。按协议，油田开发的开支由阿塞拜疆国际财团补偿，油气开采20%的利润留给1992年组建起来的阿塞拜疆国家石油公司，财团其他公司支取总利润的80%。

资本投入总量80亿—100亿美元，用于开发5.8亿吨石油和9600亿立方米天然气储量的设计、准备和开采。自签署协议起的10—15年间，石油年开采水平在3400万—3500万吨。据报道，其中的阿泽利、齐拉格—1项目吸引到的外资约6亿美元。

阿塞拜疆国家石油公司在阿泽利—格尤涅什利—齐拉格—1油田部署了大约1万口钻井。这些钻井，海上平均日产石油15吨，陆上平均日产1吨。位于巴库以东120公里的格尤涅什利油田（深水部分），大约50%的石油储量转给了阿塞拜疆国际财团。格尤涅什利油田从1976年起开始运营，探明储量8000万—1亿吨。

1996年，阿塞拜疆国际财团扩大了自己在沙赫—德尼斯油气田的特权。该油气田从19世纪中叶起就开始钻探。参与财团的股份公司有：挪威国家石油公司（25.5%）、BP公司（25.5%）、阿塞拜疆国家石油公司（20.0%）、土耳其石油公司（9.0%）、鲁克石油公司（10.0%）以及法国埃尔夫公司（10.0%）。如果在控制区内，经地质勘探发现了石油商业储量，那么按协议规定该财团即得到30年开发权（享有5年延长期）。1995年11月4日，阿塞拜疆宣布要在卡拉巴赫油田组建第二个国际石油财团，资本投入估计为10亿美元，登记参加交易的公司有：阿塞拜疆国家石油公司（7.5%）、阿吉普（5.0%）、鲁克—阿吉普合资公司（50.0%）、鲁克石油公司（7.5%）和宾州石油（30.0%）。卡拉巴赫油田位于阿普歇伦半岛以东125公里的阿泽利水域，石油储量估计有8500万—1.8亿吨。1997年8月6日开始钻探。但是在最初的几口井都不成功后（3口探井发现了少量天然气和石油储量），该财团宣布解体。

1994—2000年间，阿塞拜疆国家石油公司共签署了21个国际性的产品分成协议。15个国家的35家大石油公司参加了阿塞拜疆的油气开发。那些协议注册公司定期刊登出的储量评估普遍过高，为的是提高阿塞拜疆油气市场的吸引力。上述协议的外资总额约600亿美元，但真正落实到位的仅32亿美元。在“世纪合同”框架内，齐拉格—1油田一年仅开采了500万吨石油。1998年，有关卡拉巴赫和丹—乌尔杜斯—阿什拉费油气田的产品分成协议被宣布无效。1999年，阿塞拜疆共采油1350万吨，开采天然气53亿立方米，沿俄罗斯境内向国外输出石油190万吨。

三、阿塞拜疆的主要油气运输项目

1. 巴库—第比利斯—杰伊汉输油管道项目（已建成）

铺设从阿塞拜疆首都巴库，经格鲁吉亚首都第比利斯到土耳其地中海杰伊汉港的输油管道，其目的是把由阿莫科国际财团在里海采出的石油运往世界石油市场。原来外国公司在阿塞拜疆采出的石油，沿两条输油管道输往黑海东岸的石油转运港：一是巴库—俄罗斯的诺沃拉西斯克港（定额为600万吨/年），另一是巴库—苏普萨港（定额为500万吨/年，管道长830公里，1999年建成使用）。外国公司建设巴—杰输油管道，除政治原因外，还有一个十分重要的经济原因，即经该管道向杰伊汉港输送的石油价廉质优，其竞争力不亚于中东石油。据计算，油价下跌到每桶12美元时，该输油管道仍有效益，依然可以赢利。

巴—杰石油管道，绕过土耳其的博斯普鲁斯和达达尼尔海峡，直达可停泊大吨位油轮的杰伊汉港。杰伊汉港是石油转运港，20世纪70年代开始运行，是伊拉克—土耳其双向石油管道的出口终端。

在巴—杰管道财团中，有4家外国公司同时也在哈萨克斯坦开采石油。它们是意大利的埃尼公司（5%）、法国的道达尔菲纳埃尔夫（5%）、美国的科诺克菲利普（2.5%）和日本的Inpex公司（2.5%）。

2. 沙赫—杰尼斯—土耳其的输气项目

阿塞拜疆的能源输出项目中包括天然气出口。2001年3月9日，阿塞拜疆在土耳其首都安卡拉签署了一项有关铺设沙赫—杰尼斯气田—土耳其输气管道的天然气出口协议。按协议，2004年阿塞拜疆向土耳其供气20亿立方米；2005年增至30亿立方米；2006年为50亿立方米；2007—2018年每年供气66亿立方米。

四、阿塞拜疆在里海地区的利益

在阿塞拜疆的石油发展战略中，国家和地区安全始终放在首位。阿塞拜疆在独立之初，在安全方面最不放心的不是伊朗和亚美尼亚，而是俄罗斯。因此，阿塞拜疆一直将俄罗斯看成是本国未来发展的主要威胁。正是基于这一战略和安全考量，阿塞拜疆一直积极发展同土耳其的关系并积极靠拢北约。这一方针一直延续到20世纪90年代末。进入21世纪后，阿塞拜疆、俄罗斯关系有所改善。双方在未来石油战略、实现里海开发等方面取得了一些共识。俄罗斯在调节里海政策和在确定其南方（包括车臣、南奥塞梯）边界方面采取的一系列政策，也都得到了阿塞拜疆的认同和理解。阿塞拜疆的目的就是要在开发本国里海油气资源，促进国家经济复苏时，能从西方和俄罗斯方面都得到好处。

第二节 哈萨克斯坦

一、油气工业概况

1. 油田、管道、炼油厂

哈萨克斯坦石油天然气开采业已有100多年历史，其油气工业大都集中在西部，那里有成套的石油天然气化学工业联合体。

哈萨克斯坦的主要油田：

(1) 恩巴油田，半沙漠且人烟稀少，主产低含硫石油，该地生产的润滑油，具有很好的工艺性质。

(2) 曼格什拉克半岛，为特大型油田。

(3) 热德拜、卡拉恰加纳克、乌津、东加油田正在开发。卡拉恰加纳克特大型凝析油气田，处在哈萨克斯坦西北部的盐下地层中。

(4) 田吉兹油田，属下部构造层（也即盐下层），油气储量十分丰富，具有世界意义。

哈萨克斯坦的输油管道：

在哈萨克斯坦（实际都通向俄罗斯的）输油管道主干线总长度为4500多公里，其中最重要的是恩巴油田—古里叶夫—乌拉尔和奥尔斯克管线、乌津—舍伏琴科（曼格什拉克）和乌津—萨马拉（俄）管线。

哈萨克斯坦的主要炼油厂是古里叶夫炼油厂、帕伏罗达尔炼油厂和齐姆肯特炼油厂。

2. 油气资源丰富，探明储量逐年增加

哈萨克斯坦境内拥有大量已探明的工业级油气储量和可以预测的资源量，现已发现200多个油气田。哈萨克斯坦的探明石油储量达12.3287亿吨，天然气储量为1.8406万亿立方米。油气储量大多集中在西部的14个油气田，其中田吉兹油气田的卡拉恰加纳克凝析油气田为特大型油气田，石油可采储量近10亿吨，天然气可采储量1.3万亿立方米。

苏联解体后，转轨中的哈萨克斯坦经济呈现稳定增长态势，宏观经济指标逐步好转，被联合国列为经济改革较顺利的国家之一。1998年，哈萨克斯坦石油产量达2450万吨（占独联体国家的第2位），天然气产量为63亿立方米（占独联体国家的第6位）。进入21世纪后，其社会经济发展指标大都达到历史最好水平，原因是哈萨克斯坦优先发展了以石油天然气为主的能源工业。

3. 油气产量迅速增加，出口潜力上升

多年来，由于田吉兹、卡拉恰加纳克、库姆科尔等大型油气田的开发，哈萨克斯坦油气产量迅速上升，2001年采油3900万吨，而人口才1703万，需求量约1000万吨；天然气产量128亿立方米，需求量约100亿立方米。2002年，石油产量达4091万吨，天然气产量增至136.69亿立方米。2003年，哈萨克斯坦石油产量达4435万吨，天然气产量略有下降，为135.27亿立方米。2004年，哈萨克斯坦石油产量达4930万吨，天然气产量略有下降，为140.65亿立方米。2005年，哈萨克斯坦石油产量达4850万吨，加凝析油年产量达6000万吨，天然气产量达200.2亿立方米。据预测，至2010年，石油加凝析油年产量可达1亿吨，天然气产量可达350亿立方米。因此，有相当的油气出口潜力。

在哈萨克斯坦的石油产量中，900万—1000万吨产自田吉兹油田。田吉兹谢夫隆合资企业出口石油主要沿两个方向：一是向北，沿阿特劳（古里叶夫）—萨马拉管道，通向奥德萨和诺沃拉西斯克终端；二是向西，用油轮输往巴库，或靠铁路输往格鲁吉亚的巴统港（黑海东岸）。沿北部输油主干线出口的石油，要比经外高加索输出的石油多3倍。在新输油主干线的大量项目中，里海管道财团田吉兹—诺沃拉西斯克的1500公里输油管道显示出了强大的生命力。该管道的1期工程于2001年秋建成运营，年通过能力为2800万吨/年，其最大通过能力为6700万吨/年。

目前，哈萨克斯坦的油气工业正处于历史上发展最快的时期，已引起各国关注。

4. 哈萨克斯坦在里海水域的油气勘探与开发

经多方努力，哈萨克斯坦在里海水域油气资源的普查勘探和开发工作取得了预期的进展，开展国际合作的环境日渐好转，具体表现在以下方面：

(1) 勘探开发工作有成效。哈萨克斯坦的里海水域面积在10万平方公里以上。2000—2001年，哈萨克斯坦国家油气公司与日本国家石油公司投资5000万美元对里海岸边面积为21250平方公里的曼基斯塔乌区和咸海盆地进行了地震勘探，发现6个有前景的油气田，其中4个油气田在陆上。

2002年6月28日，有意大利等西方国家石油公司参与的“阿吉普—里海财团”作业公司和哈萨克斯坦国家“哈萨克斯坦油气”公司，在阿斯塔纳签署了确认卡萨甘油气田商业开发的文件。卡萨甘油气田的石油地质资源量估计有380亿桶，可采储量为70亿—90亿桶（合10多亿吨）。这是近30年来世界上发现的最大油田。

在卡萨甘油田工作的7家外国公司组成了阿吉普—里海财团，其中包括意大利的埃尼—阿吉普、埃克森—莫比尔、壳牌公司、BG集团和道达尔菲纳埃尔夫公司，这5家公司分别在项目中占有16.67%的份额，日本Inpex公司和美国康菲公司各占8.33%的股份。里海财团为项目投入70多亿美元，用于勘探开发和发展里海岸边基础设施，建设工程目标。哈萨克斯坦总统对此项目提出了许多要求，如广泛吸收哈萨克斯坦地方承包商、利用伴生气、保护环境、与哈萨克斯坦石油公司合作以及在2005年采出石油等等。

哈萨克斯坦国家油气公司在项目中代表哈国利益，哈方打算通过此项目的实施，培养自己的专家。哈萨克斯坦国家油气公司领导人曾公开表示，在里海北部还有100多个有希望的油气田，哈萨克斯坦需要业务精干的石油工作者。

意大利阿吉普财团公司已承包了水域北部卡萨甘油气田开发项目，并已制定出开发该油气田的前期方案。2002年，哈萨克斯坦政府批准了里海水域开发计划，而后对卡萨甘油气田周边的含油气区块进行了普查勘探竞标。2005年哈萨克斯坦对通往巴库的水下输油管道项目进行了可行性研究，计划通过外高加索出口2500万吨以上的石油。

(2) 积极扩大运输通道，增加油气出口。哈萨克斯坦地处欧亚大陆中部，远离世界主要油气市场。尽管哈萨克斯坦的油气资源丰富，但只能通过前苏联时期遗留的管道输出油气，经俄罗斯转口到其他国家。由于俄罗斯的输油气管线转口能力有限，加之单一出口管道对国家能源安全不利，因此哈萨克斯坦的油气出口运输能力不能满足生产发展的需要，出口管道问题也就成为制约哈萨克斯坦油气工业发展的瓶颈。

2001年，哈萨克斯坦出口石油2830万吨，天然气50亿立方米。2002年6月7日，哈俄签署了为期15年的政府间协议，按此协议哈萨克斯坦可以经俄罗斯境内每年输出石油1750多万吨。此外，哈萨克斯坦还可经阿克套港向国外出口一些石油，年装卸量为300万—350万吨。2001年，美国、英国、日本、俄罗斯、阿塞拜疆等组成的里海管道财团投资兴建田吉兹油田—诺沃拉西斯克港输油管道项目，1期工程已建成并投入运营，管道设计的年输油能力为2800万吨。该管道全部完工后，哈萨克斯坦每年经此管道出口的石油可增至3500万—4500万吨。

哈萨克斯坦已发现和正在开发的油气田石油产量正在不断增长，目前实际需要的管道年输油能力约5000万—6000万吨，再加上里海大陆架开发的新项目，预计到2010年，哈萨克斯坦所需要的管道年输油能力约1亿吨。

里海沿岸国家对里海划分问题虽然存在分歧，但哈俄、哈阿已达成共识。2002年5月13日，哈俄签署了关于划分里海海底和利用地下资源的意向书。该意向书确定改变原来的中线划分坐标，决定哈俄共同开发沿中线分布的油气田。哈萨克斯坦国家油气公司和俄罗斯公司受命共同开发哈萨克斯坦管辖的里海库尔曼加兹油气田和俄罗斯管辖的里海赫瓦林油气田，以及盆地中央地区的油气资源。

(3) 积极建设开发里海资源的基础设施，实施多元化油气出口的方针。哈萨克斯坦政府为开发里海水域有前景的油气田，曾提出要为油气开采、运输、炼制和发展服务业建设必要的基础设施。在此方针下，搞好海上作业设施，加快建设原材料基地，建设海上油轮转运站和船舶基地等实事，并迅速地开展了起来。为了有效利用油气资源，满足国内市场需求，扩大并保证油气出口的畅通和安全，哈萨克斯坦采取了以下措施：

第一，扩大油气运输基础设施建设，形成国内油气输送管道网，为增加新出口管道创造条件。

在管道运输方面，为增加运输能力，除巴库—第比利斯—杰伊汉管道外，哈萨克斯坦研究了若干新管道的项目方案，如哈萨克斯坦—波罗的海管道系统、西哈萨克斯坦—中国、哈萨克斯坦—土库曼斯坦—伊朗输油管道，以及肯基亚克—阿特劳和库姆科尔—咸海城的国内输油管道。在天然气运输方面，哈萨克斯坦也考虑建设新管线，以形成天然气管道运输网，扩大管道输气量。在对国内外潜在市场进行调研基础上，哈萨克斯坦制定了天然气出口发展战略。按计划，2005 年前哈萨克斯坦的天然气产量以满足国内需求为主；到 2010 年增至 240 亿立方米；2015 年达到 340 多亿立方米，除满足国内需要外，部分可供出口。哈萨克斯坦政府认为，俄罗斯、东欧、西欧和亚太地区是哈萨克斯坦未来天然气出口的主要市场。为此，哈萨克斯坦首先建立了有哈萨克斯坦国家油气公司和有外国公司参加的合资企业，同时大力建设或扩大油气运输基础设施，以实现油气运输现代化。其次，全方位扩大油气管道建设，以形成国内油气管道网。2002 年 5 月，哈萨克斯坦国家油气公司与中石油集团公司开始共建肯基亚克—阿特劳输油管道，并把它视为通往中国输油管线的一部分。

第二，努力扩大海上油气运输走廊。

积极扩大海上油气运输是哈萨克斯坦实现油气出口运输多元化的措施之一。哈萨克斯坦现已建立的海上运输走廊主要有：阿特劳—马哈齐卡拉（俄罗斯）、阿特劳—巴库（阿塞拜疆）—帕图米（格鲁吉亚）、阿特劳—涅卡（伊朗）等，为扩大海上运输能力，哈萨克斯坦目前正在打算扩大其他海上通道。

（4）加快油气加工工业的现代化。哈萨克斯坦目前有 3 个炼油厂，每个炼油厂年加工能力为 1850 万吨；3 个天然气加工厂，年加工能力均为

62.5亿立方米；3个地下储气库，总容积为41亿立方米。需要加工的天然气是：田吉兹油田每年80亿—120亿立方米，卡拉恰纳克凝析油气田每年100亿—140亿立方米，卡萨甘油气田约100多亿立方米，其他大型油气田的开发也有大量天然气产出。从现状看，哈萨克斯坦的油气加工工业显然不能满足油气工业的发展要求，因此扩大和发展油气加工工业已成为哈萨克斯坦发展油气工业的重要举措之一。当然，哈萨克斯坦油气产量的大幅度增长为其石油化学工业的发展奠定了基础。

(5) 实现石油天然气化工现代化的目标。为了发展石油天然气加工工业，促进实现石化工业现代化的目标。哈萨克斯坦政府提出了一系列重要措施：

第一，扩大田吉兹油田天然气综合加工能力，建设聚乙烯管道生产企业；建设卡拉恰纳克凝析油气田天然气加工和天然气管道电站联合企业，铺设阿克萨伊—阿特劳天然气管道。

第二，研究建设新炼油厂问题。在这方面，哈萨克斯坦愿意与俄罗斯和中国加强合作。

第三，完善法制，按照国际标准治理油气生产部门，使之尽快实现现代化。

2002年6月7日，哈萨克斯坦政府通过决议，按总统令进一步研究现行《石油法》和《地下资源使用法》，制定实施油气工程使用的装备和服务规则，决定油气生产管理机构的职权范畴，进行项目招标的条件和程序。哈萨克斯坦把优先发展工业机械制造部门、优化冶金工业和油气装备生产、建立和发展服务市场、利用科学技术发展油气工业，作为经济发展战略方针的重要内容之一。为此，哈萨克斯坦政府支持建立有外国公司参加的合资企业，接受并采用世界最新技术，按照国际标准开展工作。

二、积极改善投资环境，推进与周边国家的能源合作

1. 采取有利措施，大力吸引外资

在积极创造条件，建立有利投资环境方面，哈萨克斯坦政府采取了

以下做法：

(1) 坚持稳定税收和保护投资者权益的原则，保持法律的稳定性和透明度，恪守合同义务，保护国内外投资者的权益，国内资金市场的信息（包括刺激投资的信息）清晰。

(2) 避免国际经济合作的政治化，在国家和投资者之间保持利益平衡，保证所有纳税人都享有平等的经营条件，努力加强哈萨克斯坦与外国公司的经济联系和合作。

(3) 与国际法规接轨，完善有关法律，使外国投资者能得到符合世界标准的投资条件，充分利用有关国际法和协议来促进和调节国际油气合作争端。

为了改善投资环境，保证各方经济利益和国家的财政预算收入，哈萨克斯坦完善了《地下资源使用法》和《石油法》，明确了这些法律的任务和原则，对使用地下资源的活动进行规范，调整了补偿范围、明确了使用地下资源的权利和义务。此外，哈萨克斯坦还完善了《外国投资法》和《国家支持直接投资法》。此法律规定：保证对外国投资者的投资不实行国有化，保证税收稳定，保证国家机构和正式法人遵纪守法，对投资的损失给以补偿和赔偿，投资招标活动保证公开、透明。借助合同对地下资源的使用进行调节。

哈萨克斯坦现已同外国公司签署了 33 项相互支持和保护投资的国际协议，其中 31 项已得到批准。从 2000 年 10 月 21 日起，哈萨克斯坦已成为 1995 年《关于调节国家和外国投资者纠纷的国际协议》的成员。外国专家认为：对哈萨克斯坦投资的 31 项协议是独联体国家最自由的法律调节文本。石油预测资源量在平均开采成本（除田吉兹外）为 5—7 美元/桶的条件下达 100 亿—120 亿吨，采出系数水平在 20%—30%，而波斯湾在平均采油成本约为 1 美元/桶时，证实石油储量有 950 亿—1000 亿吨。从经济观点看，开发哈萨克斯坦石油资源的前景不是最好，面临与波斯湾廉价石油的竞争，同时还需要大笔资金以保证通过输油主干线输向世界市场。

2. 积极推进与邻国和其他国家的油气合作

哈萨克斯坦处于天然气储量丰富的俄罗斯和土库曼斯坦之间，并通过前苏联时期的输气管道系统向周边4个国家出口天然气。为发展管道运输系统，实现现代化，哈萨克斯坦加强了与俄罗斯、土库曼斯坦和乌兹别克斯坦的油气合作。2002年6月，“哈俄天然气”公司建立，参股公司是哈萨克斯坦国家油气公司（占股50%）、俄罗斯天然气工业股份公司（占股30%）和俄罗斯石油公司（占股20%）。公司经营范围是：研究天然气及其加工制品的市场销售、天然气加工、建立新的输气干线和必要的基础设施等。

现约有30家石油公司在哈萨克斯坦进行油田开发和运作，有外资参加的大项目是：

（1）卡拉恰加纳克凝析油气田的开发和研究。参与此项目的投资者包括：阿吉普石油公司32.5%，英国BG公司32.5%，谢夫隆德克萨斯石油公司20%，鲁克石油公司15%。

（2）开发里海北部水域。1997年11月18日，哈萨克斯坦和北里海油气勘探承包公司（阿吉普、BG、BP、埃克森莫比尔、壳牌、挪威国家石油公司、道达尔菲纳埃尔夫、日本Inpex、大陆菲利普斯）组成了国际财团。

（3）在北里海其他含油气区块进行勘探钻井工作的项目有：卡拉姆卡斯（2002年）、南一卡萨甘（2003年）、阿克托迪（2003年）和卡伊兰构造（2003年）。

（4）开发田吉兹油田。田吉兹谢夫隆合资集团是1993年为开发田吉兹油田组建起来的，其中谢夫隆德克萨斯石油公司（占股50%）、埃克森莫比尔石油公司（占股25%）、鲁克石油公司和哈萨克斯坦国家石油公司组成的合资公司（占5%）。

三、哈萨克斯坦开发里海油气资源的11年计划

哈萨克斯坦政府公布的11年开发计划规定：从2004年起，在未来11年内分3个阶段对里海油气资源实施全面的开发和利用。

2004—2005年为第一阶段。这一阶段的主要任务是为里海开发创造必要的条件，如对已探明的油气田开采前景和资金需求进行评估，组

织对里海地区23个含油区块的对外招标工作。

2006—2010年为第二阶段。哈萨克斯坦政府把这一阶段确定为加速里海石油开发的阶段，即通过加速开采，使哈萨克斯坦进入石油开采和出口世界大国的行列。

2011—2015年为第三阶段。这一阶段的主要任务是稳定石油产量，建立新的石油运输管道，扩大石油对外出口。

该计划的目标比较宏伟，到2015年哈萨克斯坦的石油产量欲达1.5亿—1.7亿吨，天然气产量欲达700亿—750亿立方米。哈萨克斯坦政府为此制定了庞大的吸引外资计划，到2010年投资达100亿美元，到2015年投资为110亿美元。

哈萨克斯坦能源部长什科尼利克表示：哈最高层领导曾多次保证，对已经进入哈萨克斯坦石油开采领域的外国企业，不存在改变“游戏规则”的问题；如果出台了新的政策和规定，那也只对新开发的油田和新进入的外国公司起作用。

第三节　土库曼斯坦

一、土库曼斯坦油气工业概况

1. 油气资源

2005年土库曼斯坦拥有的探明剩余天然气储量2.0105万亿立方米和探明剩余石油储量7479万吨（参阅第一章附表）。其里海大陆架水域预测的石油资源量有6亿吨，天然气有1.5万亿—4.8万亿立方米。土库曼斯坦至今共探明了127个气田，其中39个气田正在开采。道乌列达巴特—顿麦兹、马莱和萨曼捷佩等3个巨型和特大型气田是可供外输的主力气田。石油储量相对较少，目前已发现28个油田，其中18个油田在开采。剩余可采储量不丰，但远景储量大，主要分布在南里海沿岸及其大陆架。土库曼斯坦的里海大陆架面积达7.8万平方公里，美国“西方地质公司”评价这里的石油远景储量为110亿吨，天然气远景储量为 5.5 万亿立方米。土库曼斯坦在此地区已划分出了 32 个区块，并采用国际公开招标方式吸引外国公司进行风险勘探开发①。

2. 油气工业生产基本情况

1987 年，土库曼斯坦开采石油 580 万吨（在前苏联加盟共和国中占第 4 位），天然气 881 亿立方米（在前苏联加盟共和国中占第 2 位）。苏联解体前，土库曼斯坦出口的 90%为石油、天然气和皮棉。所有输油、输气管道都通向前苏联内部地区。

苏联解体后，土库曼斯坦成为中亚地区最大的天然气生产国和出口大国之一，石油也有一定的出口能力。土库曼斯坦的天然气产量，1999 年为 230 亿立方米；2001 年为 513 亿立方米，出口 372 亿立方米；2002 年为 535 亿立方米，出口 393 亿立方米；2003 年为 591 亿立方米，出口 434 亿立方米；2004 年为 586 亿立方米，出口 420 亿立方米；2005 年土库曼斯坦生产天然气 630 亿立方米，其中 452 亿立方米出口，出口天然气的价格从 44 美元/1000 立方米增长到 65 美元/1000 立方米。② 出口伙伴主要是乌克兰、俄罗斯和伊朗。土库曼斯坦的石油年产量：1999 年为 680 万吨（经俄罗斯向独联体之外国家出口 73.1 万吨），2000 年为 700 万吨，2001 年约 800 万吨，2002 年约 900 万吨，2003 年约 1000 万吨，2004 年约 1000 万吨，2005 年约 1100 万吨。（参阅本篇第一章和第二章附表）

二、与外国的油气合作

1. 与俄罗斯的合作

土库曼斯坦为了增加向俄罗斯供气，首先在本国东、西部进行了总价值约 7.3 亿美元的国内输气系统改造，然后研究并扩大了北部输气管

① 童晓光、窦立荣：《21 世纪初中国跨国油气勘探开发战略》，石油工业出版社，2003 年 6 月版。

② 资料来源：中国矿业网（国土资源部开发司、中国矿业联合会主办），2006 年 6 月 30 日。

道（经乌兹别克斯坦和哈萨克斯坦部分）的通过能力，达到1000亿立方米/年。在此之前，这段输气管道的通过能力仅400亿—500亿立方米。对土库曼斯坦来说，通向俄罗斯和乌克兰的输气管道始终是出口天然气的关键。此外，只有一条小型输气管道直通伊朗。

2003年，土库曼斯坦向北部输气管道注入了370亿立方米天然气，2004年达460亿立方米。2003年4月，俄罗斯天然气工业股份公司成为第一家与土库曼斯坦签署25年长期供气协议的公司。该公司第一步从2005年起，每年向土库曼斯坦增购天然气100亿立方米，至2009年使购买量增加到700亿—800亿立方米/年。除俄罗斯外，土库曼斯坦还与乌克兰达成了长期供气协议，该协议原则上已得到莫斯科和基辅的支持。土库曼斯坦的里海大陆架资源，已成为通向俄罗斯萨拉托夫州输气管道的主要源头。

2. 与伊朗的合作

1997年12月29日，土库曼斯坦借助于伊朗尼尼斯克公司铺设的、从土库曼斯坦的科尔别杰气田到伊朗北部库尔德—库伊电站、长200公里的输气管道，每年向伊朗供气43亿立方米，气价为40美元/1000立方米。从2005年起，供气增至80亿立方米，协议期限20年。这是土库曼斯坦独立后兴建的第一条出口输气管线。伊朗为此向土库曼斯坦支付了2亿美元。该条输气管道现已成为土库曼斯坦→伊朗→土耳其→欧洲、总长3219公里输气管道的一部分，该项目由法国Sofregas公司研究。沿此管道，土库曼斯坦将在30年内从亚什拉尔和达伏列达巴德气田向伊朗供气250亿—300亿立方米/年。

3. 与其他国家的合作

为了摆脱俄罗斯对本国天然气出口的控制，土库曼斯坦与其他外国政府或石油公司研究了多条通向土耳其、东欧、巴基斯坦以及中国等方向的新输气管道，但受美国、俄罗斯地缘政治和能源政策等因素，以及经济可行性的影响，新输气管线项目至今都无实质性进展。

4. 换油交易

土库曼斯坦计划用2—3年时间铺设从里海岸边到德黑兰的输油管道，该管道长约300公里，价值约4亿美元。通过该管道，加上现有管道系统，可保证把里海石油送到波斯湾港口。这一交易的前景，一方面与运输费便宜有关，另一方面也与可行性有关。

三、土库曼斯坦的天然气开发前景

土库曼斯坦的天然气资源在里海地区占有特殊地位。由于土库曼斯坦奉行“中立”政策，其天然气和石油与外界联系不多。现在除了前苏联时期建设的通过乌兹别克斯坦和哈萨克斯坦的输送线路外，只有一条通向伊朗的小管道。土库曼斯坦要想不通过阿塞拜疆和俄罗斯的油气输送管道系统，就必须新建一条穿越里海海底或沿岸的环形管线，或者通过伊朗和巴基斯坦把天然气输往阿拉伯海湾，但伊朗线路明显受制于美国的“制裁”因素。再说，伊朗也需要出口自己的天然气。对于土库曼斯坦的天然气资源，美国也相当看重，早在20世纪末，前由美国“尤诺卡尔”公司设计、后有白宫背后支持的、从土库曼斯坦→阿富汗→巴基斯坦的输气管道就被提了出来。该线全长1460公里，从土库曼斯坦的达夫列塔巴德气田，经阿富汗的坎大哈到巴基斯坦的穆里坦，再输往印度洋的戈瓦塔港，其设计的年输送能力为300亿立方米，计划造价20亿美元。该方案原计划于2003—2005年建成，主要投资者为亚洲发展银行。达夫列塔巴德气田天然气储量约为1.7万亿立方米。可是，由于阿富汗局势的变化，这一方案一直没有最后敲定，直到2003年6月底土库曼斯坦、阿富汗、巴基斯坦三国主管油气部门的领导和亚洲发展银行首席专家，才最终确认要进一步研究这条输气管线方案。

第四节　俄　罗　斯

一、俄罗斯石油天然气工业近况

俄罗斯石油天然气工业历史悠久，已建成完整的油气工业体系。截至2001年底，俄罗斯共有产油井10.4150万口，累计发现油气田2565

个，其中气田和凝析气田769个，均相继投入开发。苏联解体后，油气产量大幅下滑。进入21世纪后，油气产量逐步回升。2001年俄罗斯石油产量为3.3907亿吨，2002年为3.7023亿吨，2003年为4.1080亿吨，2004年为4.4433亿吨，2005年为4.6075亿吨，2006年为4.7375亿吨。2001年俄罗斯天然气产量为5817亿立方米，2002年为5957.15亿立方米，2003年为6375.99亿立方米，2004年为6074.31亿立方米，2005年为6311.86亿立方米。（参阅能源形势篇第一章附表）

以上产量足以反映俄罗斯油气产业的发展速度。俄罗斯油气产业快速增长的主要原因有三个：一是从20世纪90年代初起，政府推行了部门改革，并建立了纵向一体化的大型石油公司；二是逐步在俄罗斯形成有利的投资环境；三是世界石油市场有利的行情和高油价。这三种原因使俄罗斯石油部门得到了大量的投资，从而促进了钻井数量的增加，加快了新油井投入开发和闲置井的大修，进而保证了油气产量的大幅增长。

经过改革，俄罗斯的石油工业发生了质变，许多大型石油公司的运营效率大大提高。据俄罗斯资料：2001年以来，许多大型石油公司的采油费用缩减了30%—60%，而所需的投入并不多。

俄罗斯还是世界上最大规模的石油产品出口商之一。随着石油产量的增加，油品出口的增长也很快。据统计，2002年俄罗斯的石油出口达1.83亿吨，比2001年多了2600万吨，其中3300万吨出口乌克兰、白俄罗斯和哈萨克斯坦，其余的都出口到独联体以外国家。2002年，俄罗斯油品出口达到创纪录的水平，约9000万吨。2005年，俄罗斯的原油出口量达2.522亿吨，占其石油总产量的53.8%，比2004年下降了2%；石油出口占俄罗斯出口总量的份额由2004年的32.1%增至34.6%，而石油出口占燃料和能源出口总量的份额，则由2004年的56.2%降至54.1%。另外，2005年俄罗斯石油产量，包括天然气冷凝物，总计为4.696亿吨，比2004年增长2.2%；国内精炼的石油油品达2.074亿吨，比2004年增长6.2%。①

---

① 李峻：《俄罗斯去年石油出口同比下降2%》，中国石油网，2006年2月21日。

在2010年或2020年的较长远景中，俄罗斯石油不仅向欧洲，而且也向美国和亚太地区国家供应。当前俄罗斯石油界正在实施的是全球发展模式，采用这一模式的不仅有俄罗斯石油公司，也有其他外国石油公司。在此情况下，俄罗斯就需要进一步加强勘探，并把勘探范围扩展至新含油气区和大区（东西伯利亚和远东、极地海洋大陆架等油气区）。按审慎的估计，这项工作的运作成本需要数千亿美元。如果缺乏相应的资金，那么对蒂曼—伯朝拉、北里海、克拉斯诺亚尔斯克边区和远东等新区和大区的投资量就会减少。

俄罗斯油气产业受以下三个条件的制约：

1. 石油出口国要为需求者建立起称作可以接受的“公平”油价定位功能。这种“公平”油价会进一步刺激提高能源效益和保证石油部门稳定发展。

2. 俄罗斯的投资环境须得到外国投资者的认可，这样才能使他们在俄罗斯很复杂的国家税收制度条件下，向俄罗斯石油部门投入大笔资金。

3. 俄罗斯公司从出口石油向在国外开发最终产品的销售市场转变。现在的问题是：俄罗斯要发展石油产业，不能不面对美国及其盟国的挑战。战争经常带来的是不稳定因素，而波斯湾的战争使不稳定因素加倍，这绝对不利于俄罗斯吸引长期投资。在此情况下，不仅俄罗斯向美国和其他新市场大规模供应石油的基础设施项目难以实施，而且还有可能使向欧洲国家出口石油的水平大大降低。

二、俄罗斯在里海的油气勘探开发

俄罗斯在里海大陆架盐上地层中的含油气前景较有限，属于俄罗斯的油气储量不多，无法与毗邻的阿塞拜疆或哈萨克斯坦里海沿岸的含油气潜力相比。俄罗斯里海水域的面积为6.4万平方公里，在其范围内现已发现20个潜在的含油气区块。其中，石油勘探程度不超过15%，天然气勘探程度不超过5%。据俄罗斯科学院达吉斯坦石油地质中心研究所评价：里海达吉斯坦大陆架潜在的石油资源为3.41亿吨，天然气资源5400亿立方米。唯一准备开发的是在达吉斯坦沿岸因齐赫海石油储量约1000万吨的小油田。由英国公司（30.5%）、俄罗斯里海石油公司（39.5%）和达吉斯坦石油公司（30%）组建的里海石油财团负责开发这个小油田。俄罗斯鲁克石油公司承担了开展俄里海水域的油气勘探项目，现已在里海北部发现很多大油气田，其中包括赫瓦连斯克和南克尔恰林油气田。里海北部俄罗斯水域和里海沿岸盆地的主要前景，与盐下地层有关，那里可能会发现大型油气田。

三、俄罗斯向里海沿岸国家的石油扩张

俄罗斯国际石油公司联盟董事会主席尤里·萨夫拉尼克曾说：俄罗斯只要用石油，而不需用竞争，就能与哈萨克斯坦、阿塞拜疆和土库曼斯坦建立起伙伴关系。近年来，俄罗斯的油气开发正在逐步北移，如在冰天雪地的巴伦支海大陆架上开发什托克曼凝析气田，在雅库特永冻土带开发塔拉坎油气田项目，这样成本很高；而哈萨克斯坦、阿塞拜疆和土库曼斯坦的石油开发成本，比在俄罗斯北部的采油成本低得多，而且他们还靠近销售市场。因此，这些国家现已成为俄罗斯在世界油气市场上的重要竞争者。对此，俄罗斯用向哈萨克斯坦、阿塞拜疆和土库曼斯坦油气工业投资的方式，来代替向俄罗斯北部油气田的投资。俄罗斯的目标是：这样不仅可以使俄罗斯与这些国家的关系从竞争向伙伴关系过渡，也可以解决摆在俄罗斯面前的地缘政治任务。

四、俄罗斯开发里海油气的重要举措

俄罗斯对北冰洋大陆架和永冻土带油田的开发，需要投资30亿—50亿美元才能见效。如果把其中的部分资金投向哈萨克斯坦、阿塞拜疆和土库曼斯坦的油气田开发，那么俄罗斯就能实现在这些国家的油气开采中占取30%份额的目标。在国际市场上，竞争是不可避免的，因此俄罗斯大力强化与独联体国家的联系和在里海地位的立场是不难理解的。

在里海地区开发油气田和油气输出项目的投资吸引力，比在俄罗斯北部类似项目的投资吸引力高得多。扩大俄罗斯公司在里海地区的油气开发，可使俄罗斯公司按能接受的价格得到稳定油气来源，并有效规避俄罗斯税收可能波动的风险。

值得关注的是：俄罗斯把加强与里海沿岸产油国的联系，一直当作是与美国明争暗斗的重点。2002 年 4 月 25 日，普京总统在俄罗斯南部城市阿斯特拉罕说俄愿意通过与有关国家的双边谈判来解决里海问题；并说如果里海沿岸 5 国不能通过集体磋商，就里海问题达成协议，俄罗斯愿意先通过双边谈判来解决这一问题；如果在双边谈判中不能解决涉及里海的所有问题，可以先就生物资源的保护以及航运等部分问题达成协议。按照普京总统的指示，俄联邦能源部和外交部分别与哈萨克斯坦、阿塞拜疆签订了有关里海法律地位划分的双边协议。2002 年 10 月 27 日，俄罗斯伊杰拉公司、国外石油公司和俄罗斯石油公司与土库曼斯坦组建了开发里海水域油气资源的财团。该财团在土库曼斯坦首都阿什哈巴德注册的名称是“扎利特”。土库曼斯坦总统尼亚佐夫向俄罗斯公司代表建议，加快里海大陆架的勘探开发工作，扩大油气资源基地。

2002 年 11 月 4 日，第二届“俄罗斯和独联体国家油气出口国际会议”开幕。与会议国家代表一致同意建立独联体燃料能源委员会。该委员会建立的目的是：(1) 统一国家间的燃料能源市场；(2) 提高独联体国家的能源安全；(3) 建立开发油气田的合资公司；(4) 能源供应多元化，支付结算正常化，改善能源部门的投资环境，扩大伙伴间的业务联系；(5) 协调独联体国家的能源政策，共同研究决定燃料能源结构；(6) 为能源开发和基础设施建设投资，确保独联体国家的能源运输；(7) 鼓励研究开发新技术，提高能源效益和生态净化功能；(8) 对独联体各国燃料能源部门的状态进行监控；(9) 协调石油运输的输油管理费；(10) 完善独联体各国在燃料能源范围内的法律。

独联体国家的石油天然气储量分别占世界石油远景储量的 18%(俄罗斯占 12%) 和世界天然气储量的 40%(俄罗斯占 27%左右)。

五、里海油气争夺中的政治因素

对俄罗斯来说，里海地区既是其传统的势力范围，也是保护其欧洲腹地部分的战略屏障。俄罗斯在里海地区的战略目标是：力争控制里海的油气出口通道，介入并掌握西方国家从里海输送油气的管道，以削弱以美国为首的西方势力向里海地区的渗透。

俄罗斯通过新建和改造油气运输管道，大大增强了里海石油经俄罗斯出口国际市场的能力。2001 年 10 月，田吉兹—诺沃拉西斯克输油管道正式投入使用，俄总统的里海问题特别代表卡留日内说这一管道的建成，解决了今后 10 年哈萨克斯坦石油输往国际市场的问题。2002 年，俄罗斯先后与土库曼斯坦和乌兹别克斯坦签署了为期 25 年的天然气供销合同。根据合同，这两个国家开采出的天然气俄罗斯可以支配 45%，这意味着俄罗斯在这两个国家的天然气出口问题上，拥有了更多的发言权。

2003 年 1 月，普京总统和土库曼斯坦总统尼亚佐夫在莫斯科签署了联合声明，呼吁中亚国家和里海沿岸国家建立一个“欧亚能源联盟”。此举表明，俄既想牢牢掌握对里海天然气资源的控制权，又不轻易放弃土库曼斯坦的天然气资源。为此，俄在莫斯科成立了开发土库曼斯坦里海能源的“扎利特”集团公司。在此之前的 2002 年 12 月，土库曼斯坦总统尼亚佐夫在首都阿什哈巴德与乌克兰“天然气”公司、俄罗斯“俄罗斯天然气工业股份”公司共同签署了供气协议，土库曼斯坦以 44 美元/1000 立方米的价格，每年为乌克兰提供 360 亿立方米、为俄罗斯提供 100 亿立方米的天然气。

俄罗斯在里海的利益显而易见，在里海沿岸国家中的地位举足轻重。2002 年夏秋两季，俄军按照普京总统的指示，在里海举行了苏联解体后的首次军事演习。俄方认为：里海舰队是维护俄经济和政治利益的重要手段。由于车臣战争尚未结束，紧靠里海的阿富汗仍在进行反恐战争，因此里海很有可能成为被恐怖分子利用的通道，举行演习的目的就是要检阅里海区舰队各兵种在反恐怖行动中的协调能力。

俄罗斯在里海的军演，引起一些非里海国家的连锁反应，如土耳其帮助阿塞拜疆，美国帮助哈萨克斯坦在阿克套建立摩托化机动队等，这表明各国都想在里海地区加强自己的军事存在。随后，俄与阿塞拜疆就里海的划分原则达成了共识，即“分底不分水”。这实际上为里海沿岸国家签署有关划分里海的协议定下了基调。此后的俄哈、阿哈都采用了这一原则。里海问题不仅是油气问题，实质上是各国关系的综合反映，其中包括里海沿岸国家同俄罗斯、同西方各主要国家、同南亚、中亚以及伊朗、中国、土耳其、伊拉克等国的关系。当前在里海掌控局势的军事力量基本上只有俄罗斯一家，至于以后的发展，要看各国的利益划分情况和总体国际局势的变化，且其中的“俄罗斯因素”必须引起重视。

第五节　伊　朗

伊朗作为中东地区的大国和里海沿岸国家之一，油气资源丰富，战略地位十分重要，为世界大国角逐的主要场所之一。近年来，伊朗采取一系列改革措施，积极开展国际油气合作，发展本国油气工业，取得了明显进展。值得关注的是，伊实行石油领域的体制改革、扩大投资、加快实现天然气化和进一步开展国际油气合作，也为中伊之间的油气合作创造了机会。然而，多年来美国一直没有放松对伊朗的遏制，各世界大国对伊朗油气资源的争夺也持续不断。“倒萨”战争后，世界上开始了新一轮油气资源争夺战。这就要求我们必须知己知彼，积极而巧妙地开展与伊朗的油气合作。在当前国际能源的复杂形势下，探索中伊能源合作的可能途径，必须了解伊朗的油气资源、工业发展现状及相应政策，必须弄清美、俄、西欧等国在伊朗角逐的现状及趋势。

伊朗是欧配克成员国，国际地位与面临的形势颇为复杂，由于美国对其进行了长期的经济制裁，它的国家经济受到了严重影响。

一、石油天然气工业现状

（一）石油天然气储量丰富

1. 石油

2005年伊朗的探明剩余石油储量为181.4521亿吨，日产石油约400万桶，其中250万桶（约34万吨）供出口。[①] 在已探明的石油可采储量中，80%埋藏在胡捷斯坦省和波斯湾的大陆架。伊朗的陆上油田占87%，共有65个油田，其中最为重要的有：格亚齐萨兰、比比—哈基姆、阿赫万兹、马斯杰德—索列伊曼、哈伏特格尔、纳伏捷—谢费德、阿加—扎里（由卡兰支和马龙油田组成）和巴林油田。海上油田共有70个，另外还有2000多口钻井在钻探中。伊朗油田的开采成本低，但产量高。原油开发和生产成本一般为3—4美元/桶，有的甚至更低。

2. 天然气

2005年伊朗的探明剩余天然气储量约27.5万亿立方米，占世界天然气总储量173.08万亿立方米的15.89%（参阅本篇第二章附表），仅次于俄罗斯，居世界第二位。伊朗天然气储量的一半在波斯湾大陆架，这些气田含有丰富的凝析气。

南帕斯大气田位于波斯湾中部，距伊朗海岸100公里，是在20世纪70年代发现的卡塔尔气田的延续。其天然气储量达12万亿立方米。已签署部分气田的设备安装合同。预计其天然气田日产天然气2亿立方米、凝析油32万升。

其他大气田还有：胡基斯坦省的阿加—贾里、阿赫瓦兹、马龙、马斯杰捷—苏列伊曼气田，其天然气储量5.9万亿立方米；布舍尔和法尔斯省的纳尔、纳马克—坎甘、基列、阿萨卢叶、阿加尔、达兰、加尔丹气田，其天然气储量4.3万亿立方米；布舍赫尔省波斯湾大陆架上的北

---

① 中国航贸网：《国际能源机构称：原油储备能应付伊朗石油出口中断》，2006年2月17日。

帕斯气田，其天然气储量评价为1.6万亿立方米（已证实储量1.3万亿立方米）；霍拉三省的汉基兰气田，其天然气储量0.5万亿立方米；波斯湾克什姆岛的萨达赫、加瓦尔津、胡卢尔气田，其天然气储量0.23万亿立方米；班达尔—阿巴斯港口区的索卢、萨尔红、东纳马克、北加舒气田，其天然气储量0.28万亿立方米。此外，萨尔曼、西里赫等油田含有大量天然气储量；伊拉姆、法尔斯省和卡山市区有一些尚待勘探的气田。2001年，在伊朗南部霍尔姆兹甘省的班达尔—阿巴斯市附近发现了一处新气田，2004年开始开发，天然气产量达100万—120万立方米/日。

（二）油气生产

石油是伊朗国民经济的命脉。2005年，伊朗石油产量1.94亿吨，占欧佩克石油总产量14.67亿吨 的14.22%，居第二位；在世界原油总产量中，占5.4%，居世界第四位，位居沙特、美国和俄罗斯之后。2001年，伊朗石油产量超过了欧配克的限额，日均产量49.3万吨（360万桶），目前日产量已达54.8万吨（约400万桶/日）。伊朗主要石油产区在西南部。

伊朗政府高度重视发展本国石油工业，从1997年起，开始在国家的南部和西南部地区，以及在里海大陆架进行油气地质勘探工作，并取得显著进展。1979年，获得石油探明储量13.7亿吨（100亿桶）；1999—2001年，石油探明储量增加了68.5亿吨（500亿桶）。新增的石油储量都在伊朗南部地区。其中，阿扎德甘油田的石油探明储量为34.2亿吨（250亿桶），库什克油田为15亿吨（110亿桶），曼苏拉巴德油田有6.2亿吨（45亿桶），南帕斯油气田有8.2亿吨（60亿桶），恰什列油气田有1.4亿吨（10亿桶）。行家估计，伊朗整个里海水域的石油储量约有41.1亿吨（300亿桶），天然气储量约12万亿立方米。2001年，里海南部的伊朗大陆架发现了丰富的油气田。在一年半期间，伊朗国家石油公司与英国拉斯莫公司和英荷壳牌公司在1万平方公里的范围内进行了油气地质勘探工作。据伊朗国家石油公司估计：这次地质勘探工作发现的油气田石油储量约13.7亿吨（100亿桶），天然气储量为5600亿立方米，该区每桶石油的开采成本约为5—7美元。

后来，伊朗在波斯湾北部浅水地带水域（属伊朗范围）也发现了新油田。伊朗国家石油公司估计，该油田的石油储量约35.6亿吨（260亿桶）。此外，伊朗在胡捷斯坦省发现了储量达400亿立方米的天然气田。

伊朗1997年起实行对外开放，国家经济出现一系列重大变化。目前，伊朗推出了一项新措施，对那些石油产量超过原计划规定的外国投资者实施鼓励政策，给予投资者更多的石油份额。以此优惠条件，伊朗获得了190亿美元的投资协议。

石油和石油制品是伊朗最主要的出口产品，是其增加外汇收入和国家预算的主要来源。伊85%的外汇收入和75%的本国货币（里亚尔）收入都直接或间接来自石油生产。

2001年，伊朗出口石油1.12亿吨，占石油产量的61.5%。世界油价的升高使其外汇收入增加140亿美元。主要石油购买者为日本、韩国、中国、意大利、德国和印度。2005年，伊朗出口石油1.25亿吨，占石油产量的64.43%，较之2001年略有增长。

伊朗的天然气产量现在还不多，但潜力巨大。2005年，伊朗天然气开采量为906.14亿立方米，仅为天然气总储量的0.33%，开采潜力很大。但国内需求不大，使用天然气者仅370万人，占总人口的5.6%；使用天然气的工业企业约1800个。伊朗的天然气主要用于石油开采部门，用以提高油井采收率，增加液化成燃气。近3—4年来，伊朗天然气需求量呈上升趋势，年平均增长1%。

（三）炼油工业

伊朗现有9个炼油厂，生产能力为140万桶/日。每天生产4000万升汽油，能满足国内需求，其他油品如柴油、润滑油、沥青等出口到国际市场。

伊朗的油品需求增加较快，年均增长6%。国内油品需求增快的原因之一是国家对油品使用者和电力部门的大量补贴（每年要100亿美元）。政府对这一问题已采取相应措施。

为扩大现有炼油生产能力，减少使用油品的浪费，政府采取了两项积极措施：一是吸引私营部门参与新炼油厂的建设，二是大力发展炼油工业。2001 年，伊朗高级经济委员会批准了油气工业和石油化工的发展项目清单。其中，石油和油品炼制、分配和运输行业，油库和输油管道项目有 19 个。

二、发展油气工业的政策措施和国际合作

（一）油气工业的主要任务

目前伊朗油气工业的主要任务是：

1. 与其他国家合作开发油气田，保留伊朗在欧配克中的份额；

2. 吸引外资和国外先进科学技术；

3. 保持伊朗对油气田的主权；

4. 发展里海地区油气的过境运输，鼓励里海地区油气经伊朗输往其他国家；

5. 增加天然气生产，把天然气用作其他油品的代用燃料，扩大使用范围。

（二）具体措施

1. 进行国家石油领域的体制改革

实行部门的分散管理，改造管理系统，提高部门工作效率，对石油部门系统的许多机构和公司实行私有化。近年来，伊朗石油部开始对 23 个所属部门和公司（包括液化气配给中心、从事炼制、油品运输等的公司）实现私有化或非国有化，以提高机构和公司的经营效益和收入，吸引外国投资，为实施油气部门五年计划创造有利条件。

在天然气政策方面，伊朗考虑建立国家天然气出口调节机制已经多年。2001 年，在德黑兰召开的第一届天然气出口国部长峰会上，与会代表讨论了与天然气勘探、开发、加工、运输和销售有关的问题，并达成协议，要为天然气开采国直接交换意见和信息创造条件。以后每年举

行两次专家级会晤、一次部长级会议。伊朗想以这次峰会为基础，创建类似欧配克那样的组织机构，由会议参加国规定天然气的生产和销售，但从事天然气购销和分配的机构不纳入天然气生产领域。

2. 增加投资，提高石油天然气产量

伊朗石油部提出：近 20 年内要把伊朗的石油日产量提高到 109.6 万吨（800 万桶），即增加 1 倍。为此，至少要追加投资 210 亿美元。近年来，伊朗与外国公司签署了价值 150 亿美元的 12 个油气项目协议。这些项目完成后，每天可增加石油产量 4.7 亿吨（34 万桶）、天然气产量 2.14 亿立方米。

3. 调整能源消费结构，加快实现天然气化，增加油气消费比重

为在更多地区实现天然气化，利用生态洁净能源，增加外汇收入，伊政府十分重视国家天然气工业的发展和能源消费结构调整的任务。

根据伊的经济发展计划，在国家能源消费结构中，天然气应占 40%，石油应占 50%，要把原来使用油品的工业企业和运输部门改为使用天然气。2002 年，伊朗石油部拨款 40 亿美元，用于天然气和液化气替代油品的改造项目，目前许多热电站已从柴油燃料改为天然气，但运输部门的步子稍缓，轻、重载汽车，城市公交和出租汽车的燃料改用天然气还有待时日。

4. 发展国际油气合作

伊朗天然气的主要出口伙伴首先是邻国土耳其、巴基斯坦、印度、亚美尼亚、阿塞拜疆，然后是欧洲和东南亚国家。伊朗石油部长指出：世界各国对天然气的需求稳步增长，伊朗能够并应当利用自身丰富的天然气资源，获取更多的外汇收入。但是，要推动油气工业的发展，伊朗每年需要投入 100 多亿美元的资金。因此近年来，伊朗不顾美国制裁，积极实施吸引外资开发天然气田和安装气田设备的计划，积极发展与国际油气合作，特别是重视与欧盟和俄罗斯的合作关系。目前，伊朗的国际油气合作项目主要有：

（1）波斯湾中部的南帕斯大气田开发项目

南帕斯气田是伊朗油气公司首先开发的项目之一。伊朗政府高度重

视南帕斯大气田的开发和设备安装，并把勘探开发与邻国交界地区的气田作为重要的战略任务来抓。南帕斯气田的天然气一部分注入伊朗南部的油田地层，以提高石油采收率，其余天然气注入伊朗主要输气管线（ТИМГ-3），部分用以满足国内需求，部分供应土耳其。

尽管已签署的产品分成协议仍有许多不足之处，但是加拿大、法国、意大利、德国、英国、荷兰、挪威、韩国和中国公司都对与伊朗的天然气合作项目表现出了极大兴趣，甚至美国公司的代表也表示要参加伊朗项目的招标。

1997 年，法国道达尔公司、马来西亚国家石油公司和俄罗斯天然气工业股份公司组成的国际财团签署了南帕斯气田第 2 期和第 3 期工程的开发合同。2002 年 3 月，前两期工程先后运作，开采出的天然气注入了伊朗国家输气管道网。继法、马、俄三国组成的国际财团之后，英国公司与伊朗帕斯石油公司签署了入股（占 20%）参与南帕斯气田第 7—8 期工程的开发合同；挪威斯塔特石油公司递交了参与南帕斯气田第 9—10 期工程的投标定单；德国鲁尔天然气公司进入了伊朗的天然气生产领域，伊朗石油部副部长认为该公司可以对天然气出口价格的制定起一定作用。

（2）拟铺设伊土天然气输气管道

解决向土耳其长期供气的问题是伊朗的一项重要任务，因为土耳其的天然气市场很大，又是伊朗天然气进入欧洲的最佳通道。根据伊朗国家石油天然气公司与土耳其布塔什公司签署的协议，伊朗在 25 年期限内保证向土耳其供应 2280 亿立方米天然气。2001 年 12 月，伊—土天然气输气管道一期工程竣工并开始供气。第一阶段，日供气 910 万立方米（约合 33 亿立方米/年）。输气管道全部竣工后，伊朗不仅可向土耳其供应本国天然气，也可作为运输通道向土耳其供应土库曼斯坦的天然气。

（3）土库曼斯坦和伊朗加强在共同开发里海油气资源方面的合作

2003 年 3 月 29 日，经磋商，伊朗和土库曼斯坦就合作开发里海南部海域的油气资源达成一致。此外，双方还认真探讨了有关划分里海法律地位的问题。里海是世界第三大油气储藏区，但里海沿岸五国伊、阿、俄、哈、土未能就如何划分里海主权达成一致。伊朗希望将里海平均分成五等分，这样伊朗就能得到里海海上油田20%的份额。伊朗的主张得到土库曼斯坦的支持，但阿塞拜疆不予认同，认为伊朗将会占有本属于阿的份额。俄、哈、阿主张按各国的海岸线划分里海主权，照此计算，伊朗只能占得其中的13%。

（4）伊朗、亚美尼亚和阿塞拜疆天然气管道协议

2000年，伊朗与亚美尼亚和阿塞拜疆分别签署了出口本国天然气的协议。伊朗按照这两个协议的规定，已开始供气。从捷布利兹到杜捷尔建有100公里的输气管道，伊朗利用该管道每年可向亚美尼亚出口10亿立方米天然气；利用霍伊—朱尔法输气管道，每年可向阿塞拜疆（纳西切万州）供气4亿立方米。

（5）研究中的伊朗—巴基斯坦—印度输气管道项目

建设伊朗—巴基斯坦—印度输气管道项目的研究已进行多年，澳大利亚和意大利公司分别参加了输气管道陆上部分和海洋部分的研究。2001年9月中旬，俄罗斯天然气工业股份公司对该输气管道项目向伊朗方面提出了自己的设计方案，并与伊方达成了参与该项目的协议，但是该项目并没有马上得到实质性的进展。2005年12月17日，巴基斯坦和印度不顾美国从中阻挠，终于同意从2007年开始修建伊朗—巴基斯坦—印度天然气管道。该管道总长约2800公里，预计耗资70亿美元。该工程计划在确定动工之日起的55个月内完成，即在2010年完成整个工程。管道开通后，伊朗天然气就能经巴基斯坦直接输送到印度，巴将得到数百万美元的过路费，同时分享部分天然气资源。

管道建成初期，日输送天然气量约9000万立方米，其中1/3供给巴基斯坦，另外2/3输送到印度。3—4年后，日输送量增到1.5亿立方米。① 预计到2010年，巴需要500亿立方米天然气；到2020年，印度需要2000亿立方米的天然气。

---

① 中国石油商务网：《印度和伊朗讨论铺设途经巴基斯坦输气管道》，2005年2月24日。

对于这条天然气管线的建设，美国因伊朗秘密发展核计划而持反对立场；欧盟立场有所不同，它不接受伊朗秘密发展核计划，但对三边天然气管线项目不持反对态度。印度—欧盟双边关系从 2004 年起提升为“战略伙伴”关系，能源对话已成为双方合作的重要内容之一。

(6) 在西部波斯湾海岸建立天然气工业中心，以吸引外资和先进技术，将天然气输往欧洲

为得到天然气生产、储存、运输、液化气保存和运输的先进技术和今后向欧洲出口天然气，在波斯湾中部的南帕斯气田项目实施后，伊朗在波斯湾海岸距气田 100 公里的阿萨卢伊镇建立了“阿萨卢伊”能源经济特区（有的称为“帕斯”），并按计划建设一天然气工业中心。为了吸引外资，已制定优惠的关税政策和税收制度。韩国公司捷足先登，已开始在这里建设天然气加工厂。

(7) 核能合作

在核能方面，至今只有俄罗斯在与伊朗合作。5 年前，俄罗斯与伊朗签署了核能合同。该合同期限为 84 个月，总造价 27 亿美元。

(8) 对里海油气的勘探与开发

伊朗国家石油公司和瑞典一家公司组成的财团，于 2004 年为勘探有前景的含油构造，在里海深水部分部署安装了新的钻井平台。据英荷壳牌石油公司的资料显示：该含油构造的石油储量至少有 100 亿桶，预计投资需要 2.15 亿美元。

三、美、俄等国在伊朗的角逐

大国在伊朗的角逐既是伊朗吸引外资、发展本国油气工业的契机，又是制约其迅速发展的一个消极因素。美国一直对伊朗采取敌视制裁政策，参加伊朗油气项目的外国公司，像法国的埃尔夫公司、英荷壳牌公司、意大利埃尼公司、马来西亚国家石油公司、俄罗斯天然气工业股份公司以及俄罗斯其他几个公司都遭到美国的遏制。

近 10 年来，俄罗斯天然气股份公司参与了伊朗波斯湾地区大气田的开发。根据 2000 年 12 月双方协议，2001 年 2 月底，俄远东海洋公司

开始在伊朗钻探石油。2001 年 2 月以来，俄罗斯无视美国对其可能进行经济制裁的危险，与伊朗恢复了全方位合作。根据伊朗的要求，俄为伊建设首座核电站。虽然俄伊未能就里海法律地位问题达成一致，但双方的能源和军事合作不断发展。2001 年底，两国签署了由俄向伊提供军事技术装备的新合同。由于伊、俄之间武器和军事设备的交易额高达 70 亿美元，因此不断受到来自美国方面的警告。

除俄之外，一些欧洲国家也纷纷派出高级代表团访伊，他们看好伊朗的市场和油气资源，并随着其采取一些改革政策，纷纷加快与它的接触和合作。意大利总理马托、英内阁事务大臣莫勒姆、古巴、乌克兰、德国议长，奥地利、波兰、土耳其和塞普路斯等国外长和巴林贸易大臣等外国政要，都先后访问了伊朗。2001 年 3 月 10 日，在欧盟和英国政府的支持下，由国际贸易和投资委员会组织，英伊商会主席韩莱率领的欧盟大型石油代表团访问伊朗。由此不难看出，伊朗在利用外资开发自身资源的国际合作进程中，一直伴随着美国、西欧和俄罗斯等国激烈的政治和经济较量。现在伊朗已基本成为继美国“倒萨”战争后的又一目标。如何巧妙应对当前复杂的国际政治和经济问题，是伊朗能否顺利发展油气工业、开展国际能源合作的关键。但是无论局势如何发展，摆脱困境、振兴本国经济、维护国家安全应是伊朗的首要目标，推进能源合作的多元化则是实现这一目标的重要战略抉择。①

四、伊朗在里海的利益

伊朗地处里海南部一角，近年来在开采、生产、出口本国的油气方面取得了很大成绩。但它目前面临的地缘政治问题远比经济问题棘手得多。首先，伊朗在里海法律地位问题上主张“均分”，已引起德黑兰与巴库、阿什哈巴德的纷争。阿塞拜疆还曾提出恢复“大阿塞拜

---

① 孙永祥、张晶：《值得关注的哈萨克斯坦石油天然气工业》，国务院发展研究中心：《欧亚社会发展研究》第 31 期，2002 年 12 月 20 日。

疆”的思想，按此思想，伊朗有两个省在阿的管辖范畴之内。其次，伊朗被美国定性为“邪恶轴心”，其结果究竟如何，一时很难预测。第三，美国和阿塞拜疆的军事合作越来越密切。鉴于上述三点，有学者断言，伊朗的安全前景乃至地区安全，都是不以里海沿岸国的意志为转移的。

五、伊朗在划分里海法律地位及其资源问题上的态度

里海地区的许多经济和地缘政治问题，如持续增长的国家和宗教间紧张局势、分离主义、恐怖主义、毒品和武器贸易等，以及北高加索、费尔甘谷地（包括阿布哈兹、南奥塞蒂和纳格尔诺·卡拉巴赫等地）的区域政治和武装冲突，均处在当地能源资源输往国际市场的通道上，从而使里海地区的国际争斗变得分外复杂。造成这一局面的一个重要因素，就是里海的法律地位问题至今未能得到很好的解决。2003 年 5 月 13 日，俄、哈两国签署了有关平均划分里海北半部资源的协议。俄总统普京认为，这是 10 年来在里海资源分配和有关国家消除分歧、开展合作方面取得的一个“真正的突破”。但是伊朗立即表示拒绝，因为按此协议，伊朗只能得到 13％的里海水域，而它坚持诉求的是 1/5，即 20％的里海水域。里海石油和天然气资源十分丰富，水域面积的多寡与海底的油气资源和水中的水生资源直接有关，且关系重大。所以 10 多年来，里海沿岸 5 国伊、俄、阿、哈、土虽然一直在探讨里海划分的法律地位问题，但就是不能取得一致。

第四章

里海的地缘政治

第一节　里海法律地位问题

一、里海法律地位问题的历史回顾

有关里海的法律地位问题，起源于 1569 年。当时，俄罗斯与土耳其进行了第一次战争，结果里海北岸被纳入俄罗斯。用现代观点看，里海法律地位问题，实际上与 1722—1723 年沙皇一世“波斯湾远征”和俄罗斯—波斯战争（1804—1813 年，1826—1828 年）关系更密切。这些战争之后，先后签订了彼得堡（1723 年）、拉什特（1729 年，伊朗）、格尤里斯坦和土库曼恰伊（1813 年）条约，俄罗斯从此享有在里海驻扎海军舰队的特权，而伊朗只保留了在里海使用商船的权利。这意味着里海完全由俄罗斯管辖，几乎成为俄罗斯国内的一个盆地。

前苏联时期，苏、伊并没有因里海问题产生严重分歧。那时里海较安定，前苏联几乎忽视了对里海的特权，甚至在 1921 年、1925 年和 1940 年，苏、伊还达成协议，确定里海为两国“共同拥有”，并规定双方享有在里海捕鱼、贸易和航行的平等权利，但对里海的归属问题并未从法律方面予以划定。该协议一直延用到前苏联解体，它的法律意义是：

1. 俄、哈、土、阿和伊5个里海沿岸国家，都具有10海里捕鱼带的自主权和平等使用里海其他资源的权力；

2. 对于不能直接进入里海并利用其空间和资源的国家来说，里海属封闭的盆地。

3. 明确解决了里海的航运和捕鱼业问题，但未提出解决海洋矿物资源的划分问题。

苏联解体后，原先分属苏联和伊朗两国的里海变为俄、哈、土、阿、伊五国共有的水域，而里海水域及沿岸地区大量石油天然气的发现，又使里海沿岸各国对里海的法律地位、里海水域的具体归属及其油气资源的划分产生了分歧。但俄罗斯认为：苏联解体并不意味着新独立的里海沿岸国家可以完全不执行原来达成的苏伊协议，该协议在新的里海法律地位协议通过之前，仍是起作用的文件。

起先，里海沿岸国家想以自己的方式，着手划分属于本国的里海边界。在里海沿岸五国中，阿塞拜疆最先提出了对里海进行划分的意见。阿主张，按一定方法把里海水域和水底划分给沿岸各国，并提出了划分方案。俄罗斯主张先不划分，保持现状并实行资源共享、共同开发的原则。其他沿岸国家的主张介于两者之间，但都有各自的倾向。经过多年的争吵、谈判和协商，争论的核心从里海是分还是不分转到了如何划分的问题上。这一争执主要是以“里海是湖还是海”为焦点而展开的。五国之中，俄罗斯、伊朗、土库曼斯坦主张里海是内陆湖而不是海，不能用海洋法来划分。同时，认为里海是沿岸各国的共同财产，开采其任何能源都应征得五国一致同意或经共同协商才能进行。阿塞拜疆和哈萨克斯坦拥有里海沿岸水域60％—70％的探明石油资源，因而作为里海是海的“海洋派”坚持认为里海是内陆海，对里海水体和海底应以国际海洋法公约进行划界，以此明确各国的主权和专属经济区范围。阿、哈两国的立场与俄、伊、土三国针锋相对，但阿、哈两国的观点本身也有细微差异。阿要求以里海中心线为准，从水上到海底全面分割里海；哈主张里海水上部分五国共有，只分割水下和海底资源。

其实，里海法律地位的核心问题在于其中油气资源的归属。多年来，里海沿岸五国就里海最终法律地位问题举行了多次双边或多边会谈，但均未取得实质性进展。在里海沿岸国家的争议中，原来以阿塞拜疆和俄罗斯之间的争议最为激烈。可是随着形势变化，它们之间的这一争议逐步有所缓和。事实证明：这五国之间的争议决不会严重影响到他们对里海油气资源的开发，更不会引发大规模的军事冲突。现实主义的态度使里海沿岸国家逐渐走到了一起，搁置争议、求同存异、共同开发才是对各方都有利的方针。

二、里海沿岸各国对划分里海法律地位问题的态度

俄联邦政府原先认为：里海是封闭的盆地，其法律地位应由苏伊协议来调节。土库曼斯坦和伊朗对此也表示支持。但是，随着俄罗斯步步开始否认自己最初的看法，其他里海沿岸国家也开始考虑自己的问题，几乎不再理会俄罗斯的建议。

1992 年，俄罗斯外交部把里海解释为每个里海沿岸国家都有 12 海里水域的“封闭海”。后来，俄罗斯提出了同意第三方（西方石油公司）“在所有里海沿岸国家都同意的条件下，可以开发里海自然资源”的建议，但得不到其他里海沿岸国家认可和支持。1995 年，俄罗斯提出了确认 20 海里水域归属带和里海沿岸国家开发里海权利对等的原则。1996 年 10 月，俄罗斯与伊朗、土库曼斯坦签署了有关成立三方合资石油公司、开发里海海底的意向协议书，这实际上表明俄罗斯已承认“阿塞拜疆里海水域”的存在。

此后，俄罗斯开始支持伊朗划分里海的主张，即每个里海沿岸国家都享有自主利用 20 海里水域带和加上 20 海里的特殊经济带。1996 年 11 月，俄罗斯建议，在从岸边宽 40 海里的水域内确定有关矿物资源的特殊管辖地带。1997 年初，俄表示准备承认对位于国家 45 海里水域以外油气田的“虚管辖权”。1997 年 7 月 4 日，俄、阿签署了合作开发阿塞拜疆大陆架油田的协议，其中包括与土库曼斯坦存有争议的部分油田。

有关里海法律地位的协议对某些里海沿岸国家来说，可能是“公平

的”，而对另一些国家来说，可能就是“不公平的”。

1998年7月6日，叶利钦总统与纳扎尔巴叶夫总统签署了有关协议，他们甚至没有告诉其他里海沿岸国家的领导人，就想独立自主地使用里海北部海底地下资源的权利。因此，该协议很快就得到了各种批评意见，如俄哈协议没有划分出里海沿岸国家的沿岸水域，而是经济带；中线没有分出领土，只是划分了油气田；缺少海水边界的划分会促使里海军事化；未经其他方面同意，俄、哈直接达成了不确定界限的协议；俄哈协议违反了苏伊协议等等。

直到2001年1月，阿塞拜疆一点也没从自己原来的立场后退，坚持不仅要划分海底，而且还要划分水层和里海之上的大气空间。可是，在普京出访巴库之后，阿却接受了“划分海底，水层共享”的建议。2001年12月1日，阿塞拜疆总统和哈萨克斯坦总统签署了划分里海海底的协议。10年来的俄罗斯政策导致里海沿岸国家的立场观点出现了重新排列：原来俄、土、伊为一方，阿、哈为另一方，现在变成了俄、阿、哈为一方，土、伊为另一方。

一些专家发现，土库曼斯坦始终持中立立场。2001年12月，土总统尼亚佐夫声明说：“土库曼斯坦既愿意同哈萨克斯坦和俄罗斯一样，按中线划分海底，也坚持要确定里海沿岸国家的40海里经济利益带。另外，里海整个水面的利用也要有利于五个里海沿岸国家。”

在此10年里，特别看重共同治理法律规范（即苏伊协议）的伊朗，在俄、阿立场接近后，也表示了同意划分水域。伊朗的意见是，在公平划分条件下，每个里海沿岸国家都应得到20%的海域。

当俄罗斯看到里海沿岸国家的长期争论注定不会有结果时，它又提出了通过签署双边协议的方式来确定中线坐标并把这条线称作为“变形”的中线。为此，各国随即开始丈量自己的水域。按哈萨克斯坦的意见，在里海北部实行“变形”的中线，俄能得到6.8万平方公里水域，哈能得到11.1万平方公里水域。而按俄罗斯的意见，哈只能得到8.6万平方公里水域，而俄能得到7.2万平方公里。由此可见，无论哪国，都想使变形中线仅对自己有利。

俄、哈为克服边界分歧已签署了10多个文件，但其中最主要的中

线协议，原来没有，现在也没有达成。

阿、土之间还曾就两国交界处的哈扎尔和卡比亚兹油气田的归属问题进行过争论。在土库曼斯坦，这两个油气田称为哈扎尔和谢尔达尔油气田。

阿塞拜疆和伊朗的关系出现了问题，他们为阿洛夫—沙尔格—阿拉兹油田区块发生了严重争执。据估计：在俄、哈、阿利益交汇点的中部构造周围，可能会得到很高的石油产量，亚拉莫—萨姆尔构造的归属至今尚未确定，而那些在里海延伸几百公里、很可能是两国共有的特大型构造又怎样来划分，现在还都不清楚，俄罗斯曾提出把这些油气田按50比50的比例来划分的建议，但哪国都不予支持。

由此不难得出结论，在里海沿岸国家之间，有关里海法律地位问题的意见分歧还将继续下去。①

三、解决里海法律地位问题的有关协议

里海法律地位问题的解决实际上与里海地区蕴藏的资源相关。大量的研究结果表明，里海大约有2000亿桶（近300亿吨）的石油资源量，这是人们对里海感兴趣的一个重要因素。在俄罗斯和哈萨克斯坦签署协议前，里海沿岸五国曾采用扇形原则划分里海，这在法律上是合理的。按此原则划分，哈萨克斯坦可得11.3万平方公里水域，阿塞拜疆得8万平方公里水域，俄罗斯得6.4万平方公里，伊朗得4.4万平方公里。但是长期以来，里海沿岸五国都没有按这一方案划分，而是在此期间签署了三个文件：

1. 1998年7月6日，在俄、哈为能独立使用里海资源的权利，按划分海底和海洋地下资源的原则，签署了沿变形中线标定里海北部海底

---

① 阿赫迈德·布塔叶夫（俄罗斯科学院达吉斯坦科学中心教授）：Ахмед Бутаев “Проблема политико-правового статуса Каспийского моря”，“Справедливый” для одной страны раздел автоматически становится “несправедливым” для другой-06 Aug 2003。

边界的协议；

2. 2001年1月，俄、阿发表了“关于在里海合作原则的共同声明”，不久后签署协议；

3. 2001年11月至2003年2月27日，哈、阿两国经多次磋商，最终签署了有关按变形中线划分里海海底协议及其议定书。

根据上述协议，可以认为哈、俄、阿三方已对海底和海洋地下资源的划分达成了共识。但伊、土仍被关在有关协议的框架之外。

2002年俄、哈签署的划分北里海海底的双边协议，引起了里海沿岸国家乃至国际社会的强烈反响。国际社会按不同方式理解有关里海责任地带的划分进程，以及石油开采地带的划分结果。与此同时，哈、土进行了相应的会谈，而伊朗则被继续排斥在有关里海协议的框架之外。

改善投资环境有利于吸引特大型国际油气公司来里海开发，这对于里海沿岸国家的经济发展是一积极因素，但对于里海沿岸国家中以伊朗为一方，俄、哈为另一方的对外经济联系则是消极因素，它使里海沿岸国家之间的经济关系趋于紧张。

伊朗从一开始就反对俄、哈划分里海北部的双边协议。伊朗认为：该协议既没有考虑所有沿岸国家的意见，也不能促进里海法律地位的解决，而只能使今后的处理更难。伊外交部代表阿谢夫声明，“这一协议的签署，推迟了里海沿岸国家旨在顺利解决里海法律地位的五方会谈”。

对里海沿岸国家来说，有关里海划分的任何问题，所有沿岸国家都应根据统一的决定加以研究，这才是可以接受的条件。针对哈俄协议和哈阿协议，伊朗提出了愿意“共同管理（或共同利用）”里海及其资源的看法，并坚持在里海沿岸国家间按20%划分里海水域。伊朗的这一态度不难理解，因为哈俄协议和哈阿协议本来就是针对伊朗的。伊朗是欧佩石油克输出国组织的重要成员国之一，里海的法律地位关系到它在里海地域的油气利益。

近年来国际市场上石油价格的不断攀升，进一步推动了里海沿岸国家油气开发的步伐。伊朗想要保护自身在里海的利益，便希望以“公平原则”获取里海的油气资源。而其他里海沿岸国家则竭力催促伊朗既要在对外政策上，也要在对外经济联系上，接受有关解决里海问题的一些措施。为此，伊外长哈尔拉基多次出访了里海沿岸国家。他在与哈总统会见时，提出了伊朗对解决里海问题的不同看法，并认为是解决里海问题的“唯一方法”。伊朗感到，其他里海沿岸国家逐步拉近距离，其结果就是使伊朗边缘化。此外，伊朗对凡有俄罗斯和其他独联体国家参加的里海军事演习表示不安。它认为，在里海使用这种手段对付不了美国在里海地区的军事和政治影响。伊朗最担心的是，美国与俄罗斯在里海通过合作形成反伊联盟。长期以来，在华盛顿官方眼里，伊朗是一个恐怖主义堡垒。

土库曼斯坦的观点与伊朗观点基本相符。它的目标是组织好与伊朗间较紧密的合作，为本国获取里海油气利益。

伊朗和阿塞拜疆间的关系具有渐进性质。2003 年 7 月 19 日，阿、伊的里海划分问题专家在德黑兰举行了会谈。阿里海法律地位代表团团长、副外长哈拉弗夫会后指出：“双方确认现在彼此观点已到了非常接近的时候，并决定继续就此对话。”双方同意有关协议应建立在国际法和国际经验的原则和规则基础上。

当前，石油生产国和需求国的地缘政治利益都需要紧密地联系在一起。在里海沿岸国家中，任何一次双边会谈都直接或间接地涉及到其他国家的利益。譬如，俄哈协议和哈阿协议都使其他里海沿岸国家不得不下意识地根据环境变化决定自己的立场。

上述协议为伊、土摆明了两条路：一是声明抗议俄哈协议和哈阿协议；二是提出修正案，与上述协议接轨。问题是，无论走哪条路，都需要占用大量时间，并可能为里海划分带来不确定因素，以致对里海沿岸国家乃至所有有意解决里海问题的方面都带来不利影响。

总之，由于里海地区情况较复杂，沿岸国家之间产生矛盾在所难免。当然，这会降低地区的投资吸引力，但对所有里海沿岸国家来说，只有在合作、对话基础上达成协议才是最佳途径。①

---

① 资料来源：Олег Сидоров，“Геополитические интересы стран ЦА”，Gazeta. kz。

四、里海法律地位问题日趋复杂，彻底解决尚需时日

2003 年 5 月 12 日，里海沿岸五国在阿塞拜疆召开了最终确定里海法律地位问题及油气资源开发会议，就里海划分问题达成了初步意向。但从 9 月 9 日在阿什哈巴德开幕的第 11 届制定里海法律地位原则工作组会议的初步结果看，各方的观点离接近还有较大距离。

9 月 13 日，哈、俄、阿、土、伊五国政府代表在阿斯塔纳召开有关里海法律地位问题会议，哈政府代表在会上提出，希望根据里海海底面积大小，平分里海石油资源的提议。这一提议得到了阿政府的认可，但俄总统里海问题特别代表卡柳日内在会后举行的记者招待会上表示，俄反对哈政府提出的这一主张，并指出哈政府的这一主张只会加剧最终确定里海法律地位问题的复杂性。事实证明：哈方提出的新方案使里海法律地位问题的最终解决进一步复杂化。[①] 真正的解决还有待时日。

第二节　里海沿岸国家的地缘政治利益

一、里海地区的地缘政治意义

1. 里海油气对沿岸国家振兴经济的重要作用和西方国家的介入

里海石油对沿岸国家振兴经济极为重要，而开发里海石油则对美、英、德、法等西方国家极具吸引力。里海沿岸国家发展经济缺的是资金，而西方国家需要的是油气，两者利益和需求正好互补。所以，在苏联解体后的短时间内，许多大型跨国石油公司立即蜂拥而至。在这场里海石油的争夺战中，各国都有各自的策略是毋庸置疑的。美国和欧洲国家介入里海的目的非常明显：一是要在里海地区获取更多的油气资源和

---

① 资料来源：Алексей ГРИВАЧ. “ТРАНЗИТ НА ДВОИХ” Turkmenistan. Ru. 2003 年 9 月 17 日。

铀矿；二是要像波斯湾一样，把里海变成他们长期、稳定的石油供应基地。对哈萨克斯坦、阿塞拜疆和土库曼斯坦来说，最大的经济利益就是振兴国家经济，并使之持续发展。但是，围绕里海油气争夺的主体及其主要矛盾，显然不是里海沿岸各国，而是美、日、德、英、法、意、俄等世界大国的利益划分。

2. 里海沿岸各国对油气资源的诉求

丰富的里海油气是大自然赐予里海沿岸各国的礼物。对俄罗斯来说，石油、天然气似乎已成为它融入世界经济和国际政治的唯一通行证。对阿、土、哈三国来说，里海油气是保证它们经济增长和发展的重要因素。总的看，里海油气除了给予里海沿岸国家利益外，还在它们之间制造了矛盾，并产生种种困难和诸多问题。譬如，为争夺油气，彼此之间时而会发生冲突。2001 年 7 月 23 日，伊朗出动飞机、舰队，想把在南里海开发油气的阿塞拜疆工人从自认为是伊朗领土的地方赶出去。又如：俄哈签署分割里海北部海底资源的协议后，伊朗立刻在与哈交界的边境地区集结大量军队，以示示威。伊朗地处里海南端，它的地缘政治问题要比其经济问题棘手得多，它在里海问题上的“均分”主张，已引起它与阿、土的纷争。就经济影响而言，哈、土、阿三国中，哈的影响稍大，因为至少哈的石油资源更丰富。在里海问题上哈、阿各有各的想法。不少专家认为：巴库—第比利斯—杰伊汉输油管线如果没有哈石油的流入，经济意义就不大。哈的部分石油通过俄罗斯外运，两国在这方面的合作还在不断加强。土库曼斯坦的天然气资源非常丰富，在里海地区享有特殊地位，美、俄等世界大国都很看重。

3. 俄罗斯在里海沿岸国家中的地位

俄罗斯在里海沿岸国家中的地位是举足轻重的。从积极方面看，该地区的经济发展和地域政治态势，客观上对俄的国家利益和经济安全是有利的；从消极方面看，这一态势可能阻碍并拖延俄的重新发展，拉大与其他世界大国的距离。

造成这一局面的原因很明显：一是俄的中部地区和库班、斯塔夫罗伯尔、罗斯托夫州等南部地区近年来都得到了较快发展，而阿、哈、土三国的情况稍逊，它们和伊朗一样都面临着现代化发展的问题。但是这些问题是复杂的，不是轻易就能解决的。1960—1990年包括伊朗在内的大多数发展中国家以及前苏联加盟共和国的经验，都有力地证明了这一点。

俄罗斯在里海的利益显而易见。2002年夏秋两季俄军在里海举行了苏联解体后的首次军事演习，随后与阿塞拜疆就里海的划分原则达成共识，即“分底不分水”，从而为里海法律地位的解决定下了基调。此后的俄哈、阿哈协议都是按此原则达成的。但是伊朗的立场使俄十分恼火，俄官员曾多次公开指责伊朗企图阻绕里海问题的解决。人们普遍认为，真正能够在里海掌控局势并发挥重要作用的，恐怕还得数俄罗斯。

4. 俄罗斯试图依靠海军掌控里海

数年前俄罗斯改变了对一些国家采用武装力量介入里海的看法，从而使分析家们开始重新思考该地区的未来。2003年8月下旬，当俄罗斯舰队刚好完成一次里海任务时，阿塞拜疆和美国在里海举行了苏联解体后的首次海上军事演习，其目标是发展和完善单兵作战能力，以对付恐怖组织对阿海上油气开采设施、转运码头等的袭击。演习内容包括对被侵目标上的假设敌采取特别行动、在演习区进行射击训练等。

俄海军的训练性质与里海地区乃至整个独联体南部的地缘政治情况变化有关。俄总参谋部副主任尤里·巴鲁叶夫斯基曾表露过他对美国在阿塞拜疆阿普歇伦半岛上部署军事基地的担心。他认为：针对美阿在里海举行的军事演习，俄罗斯里海舰队的中心任务必须从对地区安全的简单保护转向实施地区军事战略。

对于俄罗斯关于其他国家不在里海地区部署军事力量的观点，伊朗始终持支持立场。伊朗认为：美阿军事演习实际上破坏了里海沿岸国家共同达成的一些协议。这些协议提出，除里海沿岸国家外，其他国家不得参与里海地区问题的解决。

美国的对伊政策似乎是导致美阿军事演习的主因。华盛顿不止一次暗示，要使用军事力量来对付“邪恶轴心国”，而阿可以成为美的合作伙伴。伊朗在里海的海军舰队仅次于俄罗斯。2001年夏天，伊、阿两国在阿斯塔拉—加桑库里一线（以前该线是苏、伊的海上边界）以北50—80公里，靠近阿拉兹、阿洛夫、沙尔格油田的地方，发生了军事冲突。伊、阿两国对这些油田有争议，伊反对阿单方面开采这些油田。阿得到来自美国方面的保护后，似已不再惧怕伊朗。阿总理伊尔哈姆·阿利叶夫称，阿美关系是“高优先”级的。他强调，没有美国的支持，阿就不能在里海地区和本国实施大规模的能源项目。

世界大国一般都通过实施项目来决定它在一个地区的作为，但俄罗斯在里海地区似乎不仅要用经济手段，而且还要用军事手段来控制。按俄罗斯人的逻辑，只有军队才能保证俄联邦实现在里海地区的利益。俄联邦总统普京曾声明，“今天，里海舰队是保证国家在该地区政治、经济和军事利益的唯一工具”。①

二、俄罗斯在里海地区的安全利益

当前，全世界的发展中国家都在努力争取实现现代化，但是各国的发展是不平衡的，有些国家甚至对什么时候能够实现和怎样实现现代化还不清楚，对实现怎样的现代化，取得怎样的社会发展也不清楚。这些国家实现现代化的实际政策，常被自身的传统关系所束缚。此外，现代化还经常受到这些国家社会内部的不稳定和动荡的影响。俄专家认为：这是自然的，因为任何现代化都会与传统势力发生最尖锐的对立。

苏联解体后，俄罗斯需要最大限度地集中所有资源、收入、资金，并选择走出政治与经济困境的时机。对此，里海地区实际上并没有起多少作用，因为最关键的里海法律地位问题一直被拖着悬而不决。但是在21世纪世界全球化的条件下，里海法律地位问题（实际上是关于如何划分里海的问题）若是仍不能通过政治法律手段得到顺利解决，就有可能导致出现地区不稳定。这种不稳定不仅会波及俄罗斯，还会把临近国家（首先是土耳其）卷进局部争端和冲突之中。

当前，俄罗斯在里海地区的首要目标是：在原来是伙伴的邻国中，按实际可能性建立起数国乃至整个地区的安全体系，逐步走向地区一体

---

① 资料来源：Алексей Матвеев “Россия собирается воевать на Каспии”，（GazetaSNG 09 Sep 2003）。

化。这一相互联系的复杂系统，客观上已成为全球化进程的一部分。

俄罗斯保障里海地区的安全，在历史上采用的是让武装力量适当介入的方法，但这种方式在以和平、合作与发展为主旋律的当代世界显然已经落伍，不合潮流。俄在里海地区的安全策略包含着两个方面的内容：一是俄联邦的整体安全和俄在里海地区的利益安全，其中既包含里海地区安全对整个俄联邦安全的影响，也包括俄罗斯整体安全对里海地区安全的反作用。二是俄罗斯的安全保障程度及其变化趋势，其内涵丰富，组织构成上包括经济、生态、军事政治、军力等，时间上分短期、中期、长期等。俄在里海的安全合作具有一体化平衡的特点。在此方面，俄罗斯的安全状况由俄对里海地区最重要范围内的保护程度来确定。

俄罗斯在里海地区的安全策略，不应参照那些理想化的绝对标准，因为百分之百的安全难以做到。凡事皆有相互转化之可能，有些被证明有利于国家安全的因素，由于过分保护，其结果很可能会走向反面，反之亦然。

三、俄罗斯保障里海地区安全的战略原则

俄与其他里海沿岸国家建立安全合作关系，政治上包括反对恐怖主义和扩张主义，经济上与贪污和国际犯罪行为的斗争，在非传统安全领域包括里海地区的生态保护合作等等，所有这些都直接或间接地与国家的经济实力相关。从俄罗斯对里海及其周围地区的兴趣看，自然包括着最有分量的经济成分。这一经济成分首先就是里海地区的石油，然而又不仅限于石油。俄在里海维护其石油利益，俨然就是当地经济建设的主导者。客观上，里海地区的长期经济发展目标，是要与俄罗斯一起建造安全且有影响力的“神殿”。由于建设“神殿”没有“砖石”是不可能的，而没有“神殿”的“设计师”、“建筑师”是更不可能的，所以俄罗斯提出：

1. 俄在里海地区的关键任务是保证经济安全

作为国家安全的最重要因素和次一级安全体系的经济安全，必须确

定相互衔接的安全目标、现象和主体以及目的、内容和作用等综合标准（当然，经济安全也可作为单独的现象加以研究）。

经济安全的对象和主体彼此对等。因为只有在这种情况下，经济安全方才属于保证国家安全的任务。换言之，经济安全的对象和主体是由国家安全需要和利益提出的。

2. 俄罗斯要捍卫里海与欧洲社会文化基因的一致性

提出这一目标并不是要力压其他文化。在俄国内和整个里海地区，俄罗斯文化的发展进程，在近百年中充满了被侵蚀的危险。几个世纪以来，里海地区的基督教文化和穆斯林文化始终是相互作用并交织在一起的。20 世纪前 30 年，俄罗斯曾抛弃了昔日的宗教信仰，积极推行国际主义。后来，国家在社会实践中屡遭挫折，便渴望重新走向“文明国家集团”。这意味着俄罗斯必须花很长时间保护其社会文化传统，而国家的安全目标却因此可能经历一个特殊的危险周期。正是在这样的条件下，俄出现了各类国家安全目标有被其他替代物扭曲的风险，使已有的传统社会文化遭到侵蚀。这种情况表明，需要为此提出正确的判断。

苏联解体后，确立俄罗斯未来社会模式的清晰概念，解决实际面临的社会危机，成了保证俄罗斯国家统一和国家安全（包括整个里海地区安全）最重要的任务之一。没有这两条，俄罗斯的里海安全和整体安全政策就会成为变幻无常的集团利己主义，甚至在国际形势较有利的条件下，都难保俄罗斯国家安全不出问题。

3. 俄罗斯在里海地区的国家安全既包括保护，也包括促进发展

俄在里海地区及其今后的发展变化中，使用安全保护的观点有时也可能导致出现相反的结果，成为国家发展的障碍。经验证明，过多使用保护性措施有时会弱化或从内部破坏富有生命力的国家总体安全。

针对里海地区的情况，俄罗斯需要从实践和理论上，对当前与可预见的未来所有可能受到的威胁采取保护措施。俄在里海地区促进发展的安全观点，实际上是要从保护俄联邦主体或某一部分转向增强能力并积极应对已经面临或可能面临的威胁。随着国家发展任务的提出和执行，积极并大范围、大规模地融入世界经济，无论对本国的发展还是对地区发展，都具有明显的促进意义。

目前俄罗斯对整个里海地区安全的传统保护，已在可能的范围内全面实施，进行得十分充分，但在促进发展方面做得不够，这一情况有可能使俄罗斯的里海政策遭到其他国家的反对并使反对派占上风。因此，抓紧抓好里海沿岸国家的促进发展工作，将成为俄罗斯未来阶段的重点。

本质上，安全保护的观点也存在不确定性，这与实践被动安全保证的手段类似；而促进地区发展的观点，则可与积极实践安全保证的办法等量齐观。因此，无论是安全保护的观点，还是促进发展的安全观点和实践，都可能并应该既包括被动的，也包括积极的性质。但是实际上，在长时间内通常不是某些重要措施具有决定意义，而是这些措施存在于该级别安全战略思维的总范围内。

四、俄罗斯在里海地区的国家利益、一般特点和发展原则

俄罗斯在里海地区实施国家安全战略，是由国家政策和国家利益共同决定的。保障国家安全必须符合国家利益，因此俄在里海的一些具体安全措施，不能与国家安全的目的和战略相对立。如果出现对立并保持很长时间，那就说明采取的措施有问题，保证安全的机制和手段不成熟。

20世纪90年代，俄罗斯里海地区政策的特点是，有关保障国家安全的观念和作用较少。与俄的对外经济的军事政策相比，俄里海地区的政策缺乏明确的指导方针。造成这一结果的原因是，部分让位于其他任务的重要性和紧迫性，部分为惯性思维所致，因里海及其周边地区是前苏联的大后方，所以俄在解决和确定里海法律地位的问题上，总是不慌不忙。但是到了21世纪，里海地区一下子成了世界经济和政治的焦点地区之一。这就要求俄在确定该地区的国家利益时，必须在政策上做出重要调整，同时在地区利益和国家安全等观念上迅速跟上时代的步伐。

俄在里海地区的国家利益包括俄罗斯对全球性、区域性和地方性政治、经济事务的参与，以及在里海地区与当代世界的联系。

在参与全球和里海地区的事务中，俄获取国家利益的基本原则是：

1. 在国际政治中，首先发展与美国的关系。俄曾不切实际地提出，要防止以美国为首的西方国家从经济和政治上介入里海地区。但是，西方国家的介入，却使俄长期受益于一些卷入大型的经济或政治性质的国际项目中。这就是说，美国介入里海地区对俄罗斯有利。这种介入，客观上把俄罗斯定位成里海地区的“国际执法者”之一。

2. 美国等西方国家对里海地区的军事介入，对于俄罗斯的国家安全目标和任务显然是一不利因素。可是，考察阿塞拜疆和格鲁吉亚领导人对美国和北大西洋条约国介入他们国家所持的特殊立场，便不难得出结论，这种介入不是不可能的。2001 年初，阿塞拜疆允许美国军用飞机飞过外高加索走廊，证明这种介入已成为客观事实。然而，就是在此情况下，俄罗斯仍有权和理由反对外国军事力量介入里海水域。为了保障自己的里海利益，俄必须保持那些决定里海未来地位的国际法律条件，并以此来排除任何区外军事力量向里海水域的介入。俄要求所有沿岸国家必须遵守联合国决议，在有国际力量调节的情况下达成协议。俄认为任何其他国际组织（如北大西洋条约组织、独联体等）无权向里海派驻自己的军事机构，只有沿岸国家的军事—政治力量有权组织（包括岸边保护和为与违法猎捕斗争的力量）里海的非军事化进程。

3. 确定里海未来的法律地位关系到俄罗斯近期和未来的重要国家利益，俄与其他里海沿岸国家共同遵守这一法律地位将是今后长期的任务。

对俄罗斯来说，里海既是其传统势力范围，也是保护其欧洲腹地的战略屏障。因此俄罗斯的战略性应策是努力控制里海油气资源的出口通道，掌握西方国家的能源供应线，以削弱以美国为首的西方势力渗透。

为此，俄罗斯通过新建和改造输油管道，大大增强了里海石油通过俄国境内向国际市场出口的能力。2001 年 10 月，连接哈、苏两国的田吉兹—新罗西斯克输油管道正式启用。这条管道的修建实际上是针对美国的，因为美国主张修建巴库—杰伊汉输油管道。为抢得先机，俄在 2002 年先后与土库曼斯坦和乌兹别克斯坦签署了为期 25 年的天然气开发协议，从而在土、乌两国的天然气出口方面拥有了更多的发言权。2003 年 1 月，俄总统普京和土总统尼亚佐夫在莫斯科签署联合声明，呼吁中亚和里海国家建立一个“天然气欧佩克”。此举表明，俄罗斯非常希望获得里海天然气资源的控制权。

俄罗斯曾计划组建里海多国部队。它除了在经济上注意加强在里海地区的影响外，还不断强化它在那里的军事存在。苏联解体后，俄的里海舰队实力大大削弱。但是近年来，俄给该舰队增添了不少新装备，使其战斗力大大增强。目前，该舰队的实力已超过其他里海沿岸国家海军力量的总和，总兵力约 2 万人左右，各类舰艇 100 余艘，包括有气垫船、扫雷艇、巡逻艇、登陆艇、导弹艇等。另外，里海舰队的旗舰“鞑靼”号护卫舰已开始服役，一批反潜直升机、卡-25 和卡-27 军用直升机被相继投入使用。有了强大的海军做后盾，俄更加雄心勃勃，它的近期目标是在里海建立一支由它领导的多国部队。俄国防部长伊万诺夫曾表示，俄要在里海建立一支有所有里海沿岸国家参加的防御部队是可能的。

第三节　里海沿岸国家一些值得关注的情况

一、俄罗斯大规模的军事演习

丰富的里海油气资源，早就引起了西方国家的垂涎。“9·11”事件后，美国借反恐之名，打开了通向获取中亚里海能源的通道。但是，俄罗斯并不甘心自己的“势力范围”不断遭受美国的蚕食，2002 年 9 月在里海北部举行了有史以来规模最大的一次军事演习。此次军演，俄除了有向里海沿岸各国示威的意图之外，实际也是向美国发出警告。

俄在这次军事演习中，出动了海军里海舰队、铁道部队、边防部队、联邦安全部队和内务部队，总计有 1 万多人、67 艘军舰、30 多架战机参加，不少最新式的武器装备也在演习中亮相。此次演习规模之大，时间之长，实属历史罕见，因此备受国际社会关注。俄官方多次声明，举行演习的目的只是为了检验其部队应付恐怖主义威胁的能力，以及里海国家联合打击海上犯罪活动时的协调能力，绝无针对其他国家的意思。为此，俄还邀请了所有里海沿岸国家参加此次演习。针对这次军事演习，世界各国的评论家见仁见智、各抒己见。

俄方评论家认为，俄在此时进行军事演习：一是要加强自身在里海地区武装力量的战备能力；二是为了适应中亚、阿富汗和高加索地区形势发展的需要；三是为了应对国内外恐怖主义的严峻挑战。因为在俄的国家安全战略中，高加索、里海和中亚地区已被视为一个整体。加强这一地区的军事战备能力，维护国家安全利益，是俄政府一项长期的重要任务。

西方评论家认为，俄此次在里海演习的真正目的是向其他里海沿岸国家和美国发出一个信号：俄仍是一个军事强国，仍要在里海地区发挥主导作用；俄将不惜以武力捍卫自身在里海的利益。鉴此，国际舆论再次聚焦到里海的资源争夺战。

随着西方势力向里海地区的大举渗透，俄终于明白拖延战术并不能阻挡外国石油公司开发里海资源的步伐，反而会使资源加快流向西方国家。因此必须调整战略，尽快通过双边谈判推动里海问题的解决。对于在解决里海问题上坚持各国平分里海资源和水域的伊朗，此次军演表明，俄决不容忍里海问题长期悬而不决。

俄海军总司令库罗耶多夫在军演期间明确表示："俄拥有强大的海军，它将通过武力解决那些用和平手段解决不了的问题。"俄试图通过增强本国在里海的军事力量，对里海法律地位问题的解决施加影响的目的昭然若揭。

此外，俄举行军事演习也是为了抵御西方势力向前苏联地区进行经济和军事渗透。美国打着反恐旗号，积极扩大在中亚、里海和高加索的军事存在，使俄在原属自己的后花园受到了很大挤压。俄举行此次演习显示了它要保卫本国和里海地区经济、安全和战略利益的决心。但有一点值得注意，俄的此次军演在军事策略上有一些微妙变化，即它把军事力量主要用于解决国家面临的现实问题，而不是像往常那样着眼于同西方国家的大规模对抗。①

---

① 谢荣：《演习折射俄战略变化》，新华社记者（2002年9月23日）。

二、哈萨克斯坦同意推迟开发卡萨甘油田

2003年9月5日，哈萨克斯坦国家油气公司总裁卡贝尔金声明，开发里海北部卡萨甘油田的时间至少要再推迟2年。他说，哈政府在与该项目的作业公司谈判数月后同意，把卡萨甘油田最初工业性开发的期限延迟到2007年。哈方原定在2006年初开始开发，但以意大利埃尼公司为首的项目作业财团因技术原因只同意在2007年底开始开发。卡贝尔金认为，如果财团补偿损失，哈可以同意并继续支持完成项目。①

三、里海沿岸国家面临的现实问题

1. 管线建设

对美国和西方国家来说，巴库—第比利斯—杰伊汉输油管道的政治利益很明显。为此，美国政府代表经常光临哈首都阿拉木图，目的就是要把这条输油主干线搞到手，以便绕开俄罗斯，把里海石油输向世界市场。

其实，美国等西方国家早就清楚，阿塞拜疆的石油储量并不像他们以前所说的那样多。他们还知道，只有靠哈萨克斯坦的石油才能填满这条输油管道。尽管当时还有其他输油管线的建设方案，但巴库—第比利斯—杰伊汉输油主干线项目始终是最有希望的。

对俄罗斯来说，继续让里海石油经本国领土输出当然是它最希望的，但其输油管道系统已经超负荷运转，经它的输油管道只能运出哈萨克斯坦40%的石油，若用铁路运输，又苦于没有新的出口通道。美国谢夫隆等西方国家公司和俄、哈石油公司为此作为修建田吉兹—诺沃拉西斯克输油管道项目的主要投资者，组建了里海管道财团，以便解决一些实际问题。

---

① 资料来源：Қазахстан согласился отсрочить освоение Қашагана/RusEnergy/МОСҚВА，05.09.2003。

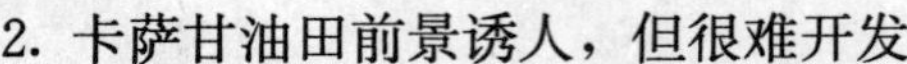

2. 卡萨甘油田前景诱人，但很难开发

哈萨克斯坦的卡萨甘油田，是世界上近30年来所发现最大的油田之一，位于里海北部水域，冬季结冰。北风吹来时，海平面要么明显退缩，要么明显升高（地质学家们把这种现象与构造活动联系起来）。据报道，冬季开动通向卡萨甘油田通道的破冰船被搁浅的概率很大。有专家认为，大规模开发富饶的卡萨甘油田需要几十亿美元的投资。可是，当钻探装置开始全面运转起来时，却不一定能带来哈萨克斯坦的繁荣。

3. 田吉兹油田的资金流向不明

谢夫隆公司向田吉兹油田累计投资20多亿美元，油田的石油产量也增加了近10倍，可如今仍需要继续投入大量资金。但是田吉兹—谢夫隆合资公司的资金流向比较成问题，据称有一半是在瑞士银行的结算中蒸发的。美国司法机构曾对此开展过刑事侦查，哈总统纳扎尔巴耶夫居然也是被调查对象之一；在华盛顿官方压力下，纳扎尔巴耶夫的孩子和亲属在瑞士银行的账户都被冻结。

4. 地缘经济和地缘政治问题

里海地区的许多地缘经济和地缘政治问题，如持续增长的地区间紧张局势、分离主义、恐怖主义、毒品和武器贸易等，均处在通往世界市场的油气输送线上。在北高加索、费尔甘谷地，以及包括阿布哈兹、南奥塞蒂和纳格尔诺·卡拉巴赫的外高加索地区，一些地区性的政治斗争和武装冲突尚未平息，仍在继续。

上述问题与里海沿岸国家至今未能最终解决里海法律地位问题直接有关。在阿、土、伊三国之间和在土、哈两国之间的里海油气田归属之争，已引起美国的关心。此外，现有运输管道的通过能力不足和地区政策不稳也已成为里海油气资源进一步推向世界市场的主要障碍。

四、伊朗拒绝俄、哈关于划分里海资源的双边协议

2003年5月13日，俄罗斯总统普京在克里姆林宫与哈萨克斯坦总统纳扎尔巴耶夫签署了一份有关平均划分里海北半部资源的协议。普京说，这是10年来在里海资源分配和有关国家消除分歧、开展合作方面

取得的一个“真正的突破”。哈总统纳扎尔巴耶夫也说，该协议将为里海地区其他国家提供一个范例。

两天后，伊朗外交部发言人阿瑟费在德黑兰发表声明称，伊拒绝俄、哈日前签署的一份有关平均划分里海北半部资源的协议。阿瑟费说：类似这种双边协议将会阻碍里海五国就里海法律地位问题达成一致，将使里海问题变得更加复杂。又说：伊朗一直强调为了永久性解决有关里海问题，任何有关里海问题的协议需要征得里海五国的一致同意。

里海石油和天然气资源十分丰富。里海沿岸五国为此进行了马拉松式的协商和谈判，虽说还未能就里海法律地位的最终解决形成决议，但个别国家之间已在某些问题上达成了部分协议。

五、伊朗非常关注里海能源的开发

为提高油气出口竞争力，伊朗表示愿意通过一定的竞争规则，开发并出口里海盆地的油气产品。2003 年 6 月，伊朗官方宣布：尽管沿海五国尚未达成领土边界条约，但伊朗仍决定加强里海油气的开发。另外，修建从伊朗涅卡港到德黑兰的输油管线，有助于提高本国石油的出口能力。伊朗里海石油公司总裁穆罕默德·侯赛因说：伊朗过去不开发里海油气的政策已经作废，海上油田的开采计划现已正式推出。他还说，伊朗的油气开发新政策应能减少伊在吸引投资商和客户方面遭受的损失。他指出：是里海沿岸五国的竞争引起了伊朗政策的改变。伊朗里海石油公司将与其他里海沿岸国家一起，采取同步措施，开发里海油气。伊朗开发里海资源仅限于无可争议的海域，但伊朗油田具体的确切范围像其他里海沿岸国家一样尚未决定，然而多年的勘探经验已经使官方预感到，伊朗的里海石油储量超过 100 多亿桶。

里海沿岸五国虽然都试图努力达成领土边界协议，但谈判结果往往达不到预期的目的，常常处于僵局。到目前为止，在里海谈判问题上土库曼斯坦表示随大流，最棘手的问题是伊朗同阿塞拜疆的关系较为复杂，在阿泽利、齐拉格和古尤涅什利三个海上油田的归属问题上，伊、土两国都与阿塞拜疆存在争议。另外，德黑兰与巴库之间也对一些油田的归属问题存在矛盾。2001 年，伊、阿两国曾为阿尔伯兹和阿娄乌两地发生过武装冲突事件，现在前者在伊朗的名下，后者在阿塞拜疆的名下。在里海石油开采权的问题上，随时都有诱发战争的可能。伊朗既在继续开采它在里海拥有的石油资源，又在寻求同其邻国扩大串油交易。在串油交易下，伊朗用其在波斯湾原油的交易，返还来自俄罗斯和中亚国家里海的石油。涅卡至德黑兰的输油管线约长 300 公里，一旦运营起来，可使伊朗的串油交易量提高 3 倍，达 15 万桶/日。业内专家预测：涅卡至德黑兰输油管线的泵站建成后，该管线的输油量每天可提高到 35 万桶。2003 年底，伊朗同其里海周边国家的串油交易量达到每天 10 万桶的高点，其中主要是同俄罗斯和哈萨克斯坦的交易。由于大大地减少原油运输成本，所以串油交易非常吸引该地区官员。

建成后的巴—杰伊汉输油管线，对于加大输送里海盆地石油的出口量显然轻而易举。然而，伊朗仍努力将涅卡—德黑兰管线作为另一条具有吸引力的代用管线。该条管线输送的原油主要来自哈萨克斯坦的卡萨甘油田，2007 年开始输送原油。

六、土库曼斯坦和伊朗就共同开发里海油气资源达成一致

2003 年 3 月 29 日，经协商，伊、土双方已就合作开发里海南部海域的油气资源达成一致。2003 年 5 月 13 日，俄、哈两国签署了有关平均划分里海北半部资源的协议，但是立即遭到伊朗的反对。伊朗希望将里海平均分成五等分，这样伊朗就可能得到 20%的里海水域及其资源份额。伊朗的主张得到土库曼斯坦的支持，而遭到阿塞拜疆的反对，认为伊朗这样就会占有本属于阿的份额。2002 年，俄、哈、阿三国曾提出按各国的海岸线划分里海主权的主张，这样伊朗只能占有 13%的里海水域及其资源份额。这一主张明显不符合伊朗利益，遭伊朗反对在所难免。

第五章

俄罗斯和中亚国家的能源发展目标与前景①

21世纪，建立世界政治经济新秩序与区域的经济发展密切相关。里海沿岸五国在地域上与周边的乌兹别克斯坦、吉尔吉斯斯坦、塔吉克斯坦三国相邻，在政治、经济、文化上又有着千丝万缕的联系。当我们在对里海沿岸5国进行能源研究时，很快发现这三个中亚国家（其中的乌兹别克斯坦同样拥有丰富的油气资源）与俄、哈、土三国之间，存在着一种特殊的渊源关系。

苏联解体后，在世界地缘政治和地缘经济的新版图上，里海地区有油气资源引起了人们的关注。一些世界大国、大型跨国公司、金融集团和国际组织纷至沓来，都想在中亚里海地区扩大自己的政治影响并参与里海油气资源的争夺。客观上说，加快里海地区的能源开发，提高那里的油气运输能力，不仅有利于里海地区经济的整体发展，也有利于促进里海沿岸国家的油气产业按世界水平稳步发展。但是，要达到这一目

① 本章主要以俄罗斯和中亚国家为主要研究对象，伊朗和阿塞拜疆未列入其中。

标，按里海沿岸国家的现有政治、经济和军事实力，都存在问题。为了加快本国经济的发展，里海国家先后提出了有关发展本国能源和经济的政策。

第一节　俄罗斯和中亚国家的油气发展政策与目标

一、俄罗斯和中亚国家的油气发展

俄罗斯的部分油气储量和中亚国家的主要油气储量均位于里海盆地。俄罗斯虽在里海发现了油气田，并且不像它的西伯利亚油气田那么大，但是随着勘探工作的不断深入，里海油气田的重要性越来越强。现在，整个里海含油气区已成为俄罗斯和中亚里海国家的重要能源资源基地，具有深远的战略意义，究其原因：一是地理上里海含油气区位于世界石油和油品销售的主要市场（欧洲和亚洲）之间；二是经济上里海油气区处在世界能源的重要供应区（中东、北非、俄罗斯）和东半球需求市场的中间。

现存的问题是：里海已探明的石油储量大多集中在阿塞拜疆和哈萨克斯坦沿岸，俄罗斯沿岸不是很多，而且部分资源还处在生态学禁忌的地带。中亚里海地区已探明的石油可采储量（A＋B 或 A＋B＋C_1 级）约有 40 亿当量吨，占世界探明石油总储量的 2.6%。在世界范围内，这一数量与北海的石油储量相当，约占中东油气资源的 1/50—2/50。尽管里海地区仅拥有全球 2.6%的探明剩余石油储量，[①] 可它在全球能源供应中的作用较大。

从 2003 年起，东北亚、东南亚和南亚的能源需求增长已高出西欧 2.3 倍。据预测，2015 年前亚洲石油需求会增加 8 亿吨，西欧 2.4 亿

---

① 2006 年里海地区的探明石油储量虽出现较大增长，但在世界总量中的比例仍较小。

吨。亚太地区的石油需求趋势将稳定增长。亚洲将会为投资者最终确定投资政策，以及选择最有利的石油运输主干线起到非常重要的作用。按国际能源署预测，2010年前里海油气田可望进入开采高峰期，欧洲能源的年需求增长可达8000万吨，亚洲能源的增长可达5亿吨以上。

虽然里海地区的探明剩余石油储量与人们的期望值尚有距离，但据美国能源信息管理局估计，里海的预测储量有可能达1760—1900亿桶。里海水域现已查明250多个局部构造，其中47个局部构造已进行钻探，27个局部构造采用了深水钻探，发现了20个油气田。但迄今为止尚未证实美国能源信息管理局估计的里海地区理想的石油储量预测。因此，今后还需要继续借助于最新的石油勘探开发技术进行普查勘探工作。不仅是里海个别油气田，整个中亚里海地区的油气储量都需要重新进行评估。

里海沿岸国家在确定里海法律地位问题上的分歧，是今后普查勘探工作的最大障碍。里海法律地位的划分方案对各国的油气资源量有一定的影响。

1. 俄罗斯

俄罗斯国内的欧洲部分和亚洲部分都有油气资源储量，这些储量大大超过其里海油气田的预测储量。俄罗斯石油预测资源量估计有600亿吨，天然气127万亿立方米。从俄的探明剩余石油储量82.1917亿吨（2005年）和探明剩余天然气储量27.5万亿立方米来看，继续勘探的潜力很大。煤的地质资源量估计有4450亿吨，占世界总量的30%。

目前，俄燃料能源部门的产值占国内GDP的28%、工业生产总值的30%、联邦预算的54%和外汇收入的约45%。俄现在拥有全球1/3的天然气储量、1/10的石油储量、20%的煤炭储量和14%在铀矿储量，由此不难得出结论，俄的能源部门发展潜力很大。俄目前主要在传统采油区（西西伯利亚、伏尔加河流域、北高加索）开采石油。按俄2020年前的能源发展规划，现阶段应加快开发蒂蔓—伯朝拉、东西伯利亚、远东、北里海地区等新含油气区，但也有俄专家认为应放缓石油产量的增速。比较理想的发展速度是，到2010年在现有年产量的基础上增产3000万吨，达4.85亿—4.90亿吨，并保持至2020年，到2030年再增加9000万吨。

俄罗斯的远景石油资源量虽然丰富，但是西西伯利亚、伏尔加河流域等主力油气田的资源采出程度已经很高了。俄因此需要大力开发北冰洋、远东和南部里海大陆架的油气田。俄方预测：这些含油气区的石油估计储量约160亿吨，天然气估计储量约82万亿立方米。预计俄今后的石油开采将在西西伯利亚、伏尔加河流域、北高加索等传统的石油开采区和蒂蔓—伯朝拉、东西伯利亚、远东和北里海地区等新含油气区双管齐下。

俄的天然气资源得天独厚，年产量居世界第一。2005年天然气产量同比增长3.91%，达6311.86亿立方米，基本符合俄的天然气发展理想方案。在俄罗斯2020年前的能源战略中，最理想、最有利的天然气开采方案是：到2010年达6450亿—6650亿立方米，到2020年增至7100亿—7300亿立方米。中间方案是：2010年的天然气产量为6350亿立方米，到2020年达6800亿立方米。

俄的天然气产量取决于国际市场的需求。现在，俄向欧洲市场出口的天然气大约占其出口总量的26%。今后，俄有可能按中间方案开采天然气，即到2020年达到6800亿立方米。俄的天然气开采既在传统的西西伯利亚产气区，也在东西伯利亚、远东、欧洲北部（包括北冰洋大陆架）、亚马尔半岛和里海新含油气区中展开。

近年来，俄罗斯经济在很大程度上都依靠石油和天然气的出口，其数量常常取决于管道运输的发展程度。2004年底，俄能源部官员在莫斯科国民经济展览馆举办的“2004年俄罗斯输油管道系统”展览会上宣布，2020年前俄的石油出口要达到4.33亿吨，这就需要铺设新的出口输油管道和扩充现有终端码头的转运能力。为此，俄计划提高以下输油管线或港口的出口能力：

（1）波罗的海输油管道系统和普里莫尔斯克港的出口能力增至6000万吨；

（2）俄西北部其他港口的出口能力增至1500万吨；

（3）向欧洲出口的友谊输油管道增至6600万吨；

（4）黑海输油管道增至6300万吨；

(5) 田吉兹—诺沃拉西斯克的里海管道财团输油管道系统增至6700万吨;

(6) 东西伯利亚的泰舍特—远东纳霍德卡管道系统增至8000万吨;

(7) 西西伯利亚—喀拉半岛的输油管道增至8000万吨。

可是,对于俄的出口战略来说,客观上存在着两个大问题:

(1) 2004年末,俄政府决定扩充波罗的海输油管道系统和铺设年输油量为8000万吨的泰舍特—纳霍德卡输油主干线。但是,由于当地的探明剩余石油储量有限,因此许多俄专家认为,2011年前要完成上述任务有困难,泰舍特—纳霍德卡输油管道每年只能输送3700万吨石油,达不到它的设计能力。此外,其他输油管道也可能存在类似问题。

(2) 国内外对俄政府严格控制国家自然资源的做法存在各种不同意见,尤其是以美国为首的西方国家,在竭力推行西式民主的幌子下,力图控制俄罗斯和中亚里海国家的能源资源。这是当前俄和中亚里海国家面临的最大挑战。

2. 哈萨克斯坦

据俄罗斯信息和战略统一评估局的资料,哈萨克斯坦的石油探明剩余储量占世界第12位(不包括里海大陆架上的石油储量),天然气占世界第15位,石油产量占世界第23位。哈拥有200多个油气田,约12亿吨石油可采储量和7亿吨凝析油储量。国家预测石油资源量约为130亿吨。

2005年,哈的实际石油产量达4850万吨,其中80%用于出口。按石油产量,可与阿尔及利亚、安哥拉、阿根廷、马来西亚、巴西、哥伦比亚等产油国相比。按哈的石油发展计划,其石油产量的近期目标是7000万吨,到2015年达1.2亿—1.5亿吨,天然气年产量为300亿立方米。

2005年哈已探明的天然气剩余储量约为1.8万亿立方米,潜在的天然气资源量估计有10万亿立方米,主要油气田大多位于国家西部。现已探明,哈70.4%的游离态天然气储量集中在卡拉恰加纳克凝析油气田。

此外,哈还拥有发展煤炭工业、铀开采业、黑色和有色金属、采金业的雄厚矿物原料基地。哈年产煤炭7900多万吨、铁矿石750万吨、铝土矿300万吨、铜30多万吨、锌22.5万吨、锰10万吨、银500吨、磷1700万吨，各种产量均列世界前12位。按目前估计：哈拥有全球大约1/4铀的储量，是世界铀储量最多的国家之一。

哈萨克斯坦的主要油气储量位于阿特劳州，那里的石油探明储量约10亿吨，油田75个，其中39个正在开发（合8.46亿吨石油储量），7个油田正在准备开发，24个油田（预计储量5000万吨）处于详探阶段。阿特劳州的油气田按储量依次为：田吉兹（总储量有8亿多吨，初始可采储量有7亿吨）、肯拜伊斯克（3080万吨）、克洛列夫斯克（初始可采储量有3050万吨）。

在曼基斯套州发现的油气田约70个，其中27个正在积极开发。乌津、热德拜、卡拉姆卡斯、卡拉让巴斯都是大型油气田。西哈萨克斯坦（拥有国内最大的油气田——卡拉恰加纳克凝析油气田）和阿克丘滨州（扎纳绕尔油田）被认为是哈陆上很有前景的含油气区块。

按石油开采量，哈在独联体国家中仅次于俄罗斯，占第二位。哈领导人已把发展油气产业作为发展国家经济的头等大事，把石油天然气产业视为国家经济最有希望的部门。

哈2030年前的经济发展战略明显倾向能源部门，提出了“促进经济稳定增长，改善人民生活，加快增长油气的开采和出口”的奋斗目标和三个油气发展方向：

1. 努力加快并有效利用本国油气资源，把跨国石油公司、外国实业界、大型投资、世界先进技术都吸引到本国的油气发展项目中来，使哈尽快走进世界能源市场。

2. 修建和发展出口石油的运输管道系统，扩大石油生产，使哈国石油年产量像专家们计算的那样，在2015年前达到1.2亿—1.7亿吨。

3. 国家制订的能源发展战略目标，要使世界大国对哈作为具有世界意义的能源供应国产生兴趣。

哈总统纳扎尔巴耶夫曾说：“我们准备与美国、俄罗斯、中国、日本、西欧国家开展更广泛的合作。同这些国家的政府及这些国家的公司协调，并稳定地出口我们的资源，有利于促进哈的独立和繁荣”。由此不难看出，哈领导为保证本国的政治和经济利益，已把本国的资源潜力与自身高水平的地缘政治联系了起来。

哈发展本国油气产业的主要措施是，要把有能力的外国石油公司吸引到本国最有前景的油气田开发中来。这些外国公司不仅要为哈油气产业的发展投入必要的资金，还要组织油气的开采、炼制和运输等的全部过程。

哈的这一能源发展战略思想，还是在 1994 年初纳扎尔巴耶夫总统访问伦敦时确定下来的。当时他就声明，“我国的安全，将包括保证西方资本大规模进入我国”。

3. 土库曼斯坦

土库曼斯坦的油气资源是国家发展经济的主要来源，开发并有效利用它们是保证国家经济安全的战略基础。土的油气资源丰富，是全球石油和天然气储量的重要组成部分。土拥有 20 个油田（包括凝析气田和凝析油气田）的石油和凝析油，可采储量估计有 2.13 亿吨，2005 年探明剩余储量为 7479 万吨。最重要的油气田是科土尔杰普和巴尔萨格尔麦斯两个油气田，拥有 60％以上的全国石油储量和 70％以上的石油产量。这两个油气田目前的开发程度分别为 65％和 55％。土 80％以上的天然气储量位于国家东部的特大型气田之中。土的预测天然气资源量在 21 万—23 万亿立方米之内，2005 年的探明剩余天然气储量为 2.0105 万亿立方米。

目前，土库曼斯坦已把开发本国里海大陆架油气资源及其阿穆达尔因含油气盆地有希望的新区块列为发展油气部门的优先方向。用地球物理方法查明的 1000 多个有前景的构造已准备进行普查钻探。在里海大陆架已查明 70 多个有意义的目标（在海上已钻了 110 多口井，发现了 8 个油气田）。在国家有用矿产储量平衡中，共计有 127 个气田（已开发 39 个）、27 个油田（已开发 18 个）。

根据土库曼斯坦的《2010 年前社会经济改革战略》，2005 年土的石油产量要达到 2800 万吨，其中 1600 万吨用于出口；2010 年石油产量将增加到 4800 万吨，其中 3300 万吨用于出口。但是，2005 年土的实际石油产量仅 1100 万吨，离计划规定的目标距离甚远。天然气生产方面，按国家计划，2005 年要达到 850 亿立方米，出口 700 亿立方米；2010 年要达到 1200 亿立方米，出口 1000 亿立方米，但从 2005 年的天然气实际产量 600 亿立方米看，也存在距离。在 2005 年土的天然气产量中，450亿立方米用于出口，主要出口方向是俄罗斯和乌克兰。由于缺乏除了俄罗斯境内管道之外的其他替代性运输路线，土库曼斯坦无法坚持自己的能源价格政策。近些年，土库曼斯坦对俄罗斯的天然气供应价为每千立方米65美元，而在欧洲价格已高达200—250美元/千立方米。为此，土政府坚决贯彻能源供应多元化战略，多年来一直谋求建设新的跨里海、跨阿富汗或中国的天然气管道工程。根据与中方签署的协议，土库曼斯坦将建设通往中国的天然气管道，保障从2009年开始，在30年内每年向中国出口300亿立方米天然气。①

表5—1　　2010年前土库曼斯坦能源部门的主要发展指标

	单　位	时　期			增长速度%		
		2002	2005	2010	2005/2000	2010/2005	2010/2000
工　业							
燃料能源部门							
电力	亿千瓦/小时	109	150	255	1.7倍	1.7倍	2.9倍
石油（含凝析油）	百万吨	9.9	28	48	2.8倍	1.7倍	4.8倍
天然气	亿立方米	530	850	1200	2.2倍	1.4倍	3.2倍
石油初加工	百万吨	7.7	12	15	1.7倍	125	2.1倍
对外贸易							
出　口							
天然气	百万美元	1866	2800	3922	3倍	1.4倍	4.3倍
石油	百万美元	17.1	24.9	187.5	1.6倍	7.5倍	11.9倍
电力	百万美元	17.5	22.8	52.5	1.7倍	2.3倍	4倍
油品	百万美元	306.4	615.3	732.4	3.1倍	119倍	3.7倍

① 资料来源：华侨融海投资网，2006年9月9日。

迄今为止，土出口天然气仍主要依靠前苏联范围内的管道系统。为保证上述油气产量和提高向世界销售市场供应的可靠性，根据土的油气发展战略，土正在大力扩建运输基础设施，铺设跨国输气管道。土西部地区的天然气运输设施主要包括：

（1）新气田与土—伊（朗）输气管道之间的连接管道；

（2）东西向输气主干系统。

按土库曼斯坦的油气发展战略，土为了向土耳其供应天然气，将修建经里海海底至阿塞拜疆和格鲁吉亚的跨里海输气管道项目。根据双边协议，年供气 160 亿立方米。一些欧美国家的石油公司和国际金融集团都积极参与了该项目的投资。该工程被认为是土经济进入快速发展的关键项目。

土库曼斯坦根据天然气输出渠道多元化原则，对下列输气管道已做了可行性研究。

（1）土库曼斯坦—伊朗—土耳其——欧洲（保加利亚）输气管道，建成初期计划供气 230 亿立方米/年，至 2010 年供气 300 亿立方米/年。土库曼斯坦、伊朗和土耳其三国早在 1997 年 4 月就对此项目签署了有关协议。

（2）土库曼斯坦—阿塞拜疆—亚美尼亚—土耳其—欧洲输气管道。

（3）格鲁吉亚—土库曼斯坦—乌兹别克斯坦—哈萨克斯坦的老输气管道，计划延伸到土耳其，直至欧洲。

（4）扩建部分经过俄罗斯境内的老输气管道。

（5）土库曼斯坦—阿富汗—巴基斯坦输气管道，可能还要加上通向印度长 650 公里的支线输气管道。该管道的一期工程一旦建成，年供气量为 150 亿立方米。

（6）土库曼斯坦—中国输气管道，总投资 90 亿美元，计划直达中国黄海沿岸港口，如有可能还将通向日本天然气市场，供气量为 300 亿立方米/年。

（7）经伊朗通向波斯湾的输油管道。

4. 乌兹别克斯坦

据亚洲监测中心的资料，乌兹别克斯坦 60％以上的地区都拥有充满前景的油气资源。乌兹别克斯坦的预测石油和天然气资源相当丰富，有 60 个油田正在开采石油，17 个油田正准备开发或处在保存状态，13 个油田正在勘探。另外，有 134 个气田的天然气储量已探明，其中 53 个已开发，48 个正准备工业性开发。在已开发的油气田中，有 11 个是凝析油田。

乌兹别克斯坦已详细研究并制订了“2010 年前油气工业发展总纲要”，对国内的地质条件、现有生产能力、必要的技术设备、国内的实际需求、天然气运输能力等问题认真、细致地做了规划。

按上述纲要，穆巴列克天然气加工厂和“舒尔坦油气”联合企业子公司仍然是乌天然气加工的主要力量。穆巴列克天然气加工厂的主要作业是脱硫和低温分馏，生产硫和稳定凝析油，年加工能力为 240 亿立方米天然气。

舒尔坦天然气联合企业的技术部门，打算投入低硫气田（南坦德尔恰、阿达姆什、古姆布拉克）的工程建设。这些气田的天然气含有高浓度的轻烃、乙烷、丙烷和丁烷。

乌的输气主干线很发达，能满足国内的油气运输的需要。总长 12660 公里，有 25 个加气站。乌西北部建有中亚—中心（前苏联的中部）和布哈拉—乌拉尔输气管线等输气支线。

乌天然气运输系统的特点是具有跨国性，同邻国哈萨克斯坦（南部）、吉尔吉斯斯坦和塔吉克斯坦基本连成一片。此外，土库曼斯坦也常利用乌的输气管道出口自己的天然气。据估计，2010 年前沿乌输气管道的整个天然气贸易供应量将达 700 亿立方米/年。

按计划，乌油气公司已对国内 16 个含油气区块进行了可行性投资研究。在互惠条件下，寻找有潜力的投资者进行合作开发。这些含油气区块的界限是有条件的，是可变的。乌油气公司还准备向投资者提供未列入项目清单的其他含油气区块。

目前，已有多家合资公司在乌的 4 个含油气区块进行勘探。乌克兰、荷兰、哈萨克斯坦和俄罗斯的 8 家石油公司正准备投资其他含油气区块的开发。

值得一提的是建于 1999 年的“乌石油加工股份公司”，该公司由国家天然气公司、布哈拉炼油厂和舒尔坦天然气化学综合体联合控股。

联邦炼油厂专门生产碳水化合物、燃料和油料。该厂的年生产能力是加工870万吨石油和气态凝析油。1997年，“乌石油加工股份公司”与欧洲银行及日本进出口银行签署了1.8亿美元借款协议。该资金主要用于工厂的改造，如减少油品中硫的含量，添置滴注渗水装置等。1998年，该厂曾与外国公司一起组建了生产高质量润滑油的合资企业。

布哈拉炼油厂专门加工气态凝析油并生产符合国际标准的高质量汽油、柴油、航空用油和燃料油，年炼油能力250万吨。美、法、日三国银行为该厂建设已投入3.33亿美元资金。

对乌来说，能源交易是其对外经济活动重要的领域之一。尽管乌的能源进出口额不超过其贸易总额的10%，可是政府仍打算在国内外继续扩大其能源产品的销售市场。

2002年12月，乌议会通过了包括地下资源法在内的一系列新法律。2003年，为了改善投资环境，乌完善了矿产开发领域内的法律，容许外资进入石油开采部门，从法律上对外资投入存在的经济和地质风险予以保障和补偿。

由于乌的探明剩余油气储量日趋枯竭，因此首先需要向高风险的新油气田普查勘探项目投资。目前乌的剩余石油探明储量大约为8136.99万吨，天然气约1.8746万亿立方米。虽然预测石油储量还有近60亿吨（含凝析油），天然气5万多亿立方米，但是乌的石油储量大都属于高含硫石油。总资源潜力：石油53亿多吨、凝析油4.8亿吨，天然气5.096万亿立方米。目前尚有51个油田、27个气田、17个凝析油气田未进行过开采作业。

乌现有五个含油气区被确定为新投资区块：即乌斯丘尔特区块（有前景的面积10.51万平方公里）、布哈拉—西文区块（4.4万平方公里）、基斯萨尔西南区块（4100平方公里）、苏汉达里因区块（1.4万平方里）。

2000年春，卡里莫夫总统签署了有关吸引外资投向油气勘探开发的命令文件，乌从此开始积极吸引外资。该文件规定：新发现的油田和气田可以供在那里进行地质勘探工作的外国公司享用，租让期限25年，期满可续签延期合同。该文件还提出：为开展油气勘探工作，要把最有利的区块让给外国公司。

5. 吉尔吉斯斯坦

吉尔吉斯斯坦正式公布的天然气储量估计有60亿立方米。主要气田由于地质条件复杂和基础设施不足很难开采。该国天然气年产量约为3000万立方米，到2010年年产量有望增至4000万立方米。

天然气在吉的国家能源结构中占30%，其中42%用于居民公共事业，58%用于工业和电力生产。吉的天然气需求量大约为7.0亿立方米/年，国内生产不能满足需要，基本上依赖进口。

吉尔吉斯斯坦的输气管道网总长度大约为600公里。

6. 塔吉克斯坦

塔吉尔斯坦的水电资源在能源结构中的比例大约在90%以上（总资源潜力为5270亿千瓦小时）。技术上电力生产水平只占天然气发电潜力的6.5%。现已探明的石油、天然气和凝析油储量非常有限。

塔的油气地质条件较复杂，油气藏大都深埋于5000—7000米的地层中，为了开采出更多的油气，必须采用新技术，投入大量资金。塔的预测煤炭储量估计有40亿—50亿吨（已开采的不多，2003年总计开采了5万吨），但是大都位于很难进入的高山地区。目前塔所消费的燃料能源几乎全部都要进口。

二、与里海地区的独联体国家开展油气合作必须关注的因素

俄罗斯等独联体国家为大规模发展能源生产，希望能得到大量外资的投入。中国和印度洋沿岸国家可以利用互惠条件，积极介入俄罗斯和中亚国家油气资源的勘探、开发、开采和运输。

在与中亚国家进行能源资源贸易时，下列因素须特别关注：

（1）哈萨克斯坦要向俄罗斯大量供应煤炭；

（2）哈萨克斯坦要从俄罗斯进口电力，以满足其北部和西部地区的

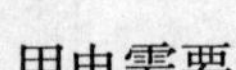

用电需要；

（3）哈萨克斯坦向波兰、芬兰和中国出口石油；

（4）哈萨克斯坦需要向俄罗斯购买液体燃料，为供东部地区使用；

（5）哈萨克斯坦大量出口铀矿；

（6）土库曼斯坦向国际市场供应天然气；

（7）乌兹别克斯坦炼油厂须从俄罗斯得到加工用的原油；

（8）哈萨克斯坦 80%以上的石油都要沿阿特劳—萨兰斯克—萨马拉输油管道经俄罗斯出口，哈现在正计划使这条输油管道的运油量增加 70%；

（9）从土库曼斯坦向国际市场输出天然气都要经过哈萨克斯坦、乌兹别克斯坦和俄罗斯。土与伊朗建有长约 250 公里的输气管道（1997 年建成）。

上述情况表明：中亚地区国家的能源出口潜力、油气输送管道的通过能力、出口渠道的多元化，以及运输和过境运输的主干线都已不能满足经济发展的需要，而且中亚地区国家向外部市场供应能源的基础设施大多要经过俄罗斯。因此，继续扩大能源运输和过境运输能力及范围，已成为中亚地区国家能源政策的优先发展方向。

由此不难看出，从计划经济逐步向市场经济转变的中亚里海国家，随着油气产业的发展，国民经济出现了复苏趋势。能源部门在地区经济的稳步发展中，已起到并将继续发挥非常重要的促进作用。

中亚里海国家在能源方面存在的不足和问题是：各国的能源资源潜力分布不均匀；能源部门的投资不足和需求购买力低；能耗高，闲置设备多；能源科学技术基地状况不良；燃料和电力运输以及过境运输主干线，无论在地区内还是在地区外，都存在局限性。

为此，中亚里海各国的政府已开始积极解决上述问题，一些国际能源公司、金融机构和国际组织也纷纷前来投资，并按资金实力参与优先实施的能源项目，其中包括能源主干线的分析研究和建设。

第二节 2020年前俄、哈、土、乌等国的油气发展前景

2000—2003年，联合国组织国际咨询财团和有关中亚问题专家，为发展中亚地区独联体国家经济专门编写了《20世纪末中亚国家执行能源政策和战略情况》调查报告，其中详细描述了有关“合理和有效利用中亚地区能源资源”的4种预测。其中，每一种预测都具有一定的代表性，提出了4种不同的背景方案。按这4种背景方案，对2020年前中亚各国的经济及其能源部门的发展前景，可得出一系列有定性和定量标志的全面评价和预测。

一、预测背景方案

1.“常规”背景方案

该方案预计，世界和中亚地区经济的发展会保留现在国际能源价格不稳和伴随有很大投资风险的趋势。从经济学观点来看，今后中亚地区国家和所有独联体国家一样，若实施“常规”背景方案，就会继续留在“松散的”联盟经济结构之中，他们之间的经济利益矛盾将会依然存在。他们的目标仍然会定位在世界不稳定的“力量中心”，国家和经济安全仍有可能受到外来威胁。按“常规”背景方案计算，中亚地区国家所形成的经济发展速度，仍将保持近3年来出现的那种趋势。同时，在中亚国家经济及一些燃料能源部门发展计划中，也会保留所反映出来的那种趋势。由于在中亚国家的经济发展计划中，缺乏对世界油价水平的预测，所以“常规”背景方案采用的是每桶约18—20美元的中低油价。另外，由于中亚地区各国能源部门的改革，发展程度也不均衡，所以专家们认为要实现地区内的能源价格与世界价格接轨不会早于2010年。

2.“天然气”背景方案

该方案预计对中亚地区能源资源丰富国家的发展将是有利的。同

时，包括中亚地区的整个世界经济都会继续稳定发展，世界石油天然气需求将快速增长，能源价格也会稳定在高价位上。

按这一方案，地区经济增长速度会很快。向该地区长期投资的风险却会明显降低。该方案预计，随着现有和新建运输主干线的积极利用，油气出口会得到很快发展。中亚有关国家的政府在执行这一背景方案时，既要考虑生态环境的保护，又要积极完成提高能源和水资源使用效益的能源保护计划。这样就可以使中亚地区能源资源过剩的国家，减少对国内燃料能源的需求，扩大能源出口的潜力。而对于中亚地区能源短缺的国家，也可以通过降低能源进口的财政支出，保证国家能源安全。专家们在编制该背景方案时，采用的世界油价大约为25—28美元/桶。

3. “水、煤”背景方案

预计在使用该背景方案时，外部市场对从中亚地区供应的油气需求量不大，外资为地区油气部门发展的投入，也比使用“天然气”背景方案时少。因此，大型工业化国家以及俄罗斯对积极参与中亚地区事物的兴趣不大。同时，他们还会积极推进建立跨地区的经济空间，并关注中亚地区能源市场化的进程。实施这一方案，中亚地区将力求和以中等速度发展经济的国家开展能源合作，并且不设立能源出口的附加项目，以形成地区内部较合理的能源资源市场结构。

把中亚里海地区当地能源（煤和部分水电）资源引入循环的经济发展模式和能源保护，要比选择其他方案见效慢。在编制该方案时，专家们采用的世界油价约为15—18美元/桶。

实施此背景方案时，还必须考虑该地区其他国家利用水库水资源，对其电力生产和其他有前景能源生产的影响。同时，在研究地区电力需求准许水平阶段，对该方案使用次一级的措施依然保持不变。该方案制订了在灌溉时最大限度利用水库水资源的两种办法，同时还采用了在水电站电力短缺时通过增加热电站生产电力加以补充的设想。

4. “有效使用能源”的背景方案

使用该方案在实施中亚地区国家经济和能源政策时，主要关注了提高燃料能源使用效益的所有观点。在规定时期前，中亚地区国家能否达到降低GDP能耗并使其接近工业发达国家的现代标准（即1000美元国民生产总值耗能约0.45—0.55标准燃料吨），是判别该方案的主要标准。人们已从这一方案目标的合理性，对其发展产生了很大兴趣。选择该方案的前提条件是，中亚地区国家经济要在改变GDP结构时快速增长，其中包括增加低能耗工业产品的生产和服务以及工业、农业、运输和公用事业的直接改造（2020年前，技术和装备全部更新为最先进和现代化的）。增强所有经济部门和能源生产需求部门中的竞争，提高他们的经济效益，而需求者要力图降低能源消耗和提高管理效益，以增加对有效能源技术的需求。该方案设定的世界油价水平为30—34美元/桶。

由此不难看出，在实施上述4个方案时，最关键的预测指标是国内生产总值的增长速度。该指标与人口增长预测相结合，可评估人均收入。如果该预测指标与有关能源资源产品需求数量和服务相结合，还可决定需要能源载体的方式。同时，能源需求变化动态要考虑到能源保护措施如何实施，以及在整个经济部门或个别能耗最多的商品生产和服务部门，实施提高能源使用效益措施的前提条件。

在编制中亚地区能源发展一些预测方案时，利用原背景方案的前提条件如表5—2所示。

表5—2　原背景方案的定性、定量特征

因　素	背景、前提、条件			
	常规的	天然气的	水、煤的	有效使用能源的
（2000—2020年）GDP年均增长速度（%）	3.45	4.9	4.15	5.9
2020年国民生产总值（亿美元）	2699	3558	3075	4320
（2000—2020年）人均GDP年增长速度（%）	1.8	3.2	2.45	4.7

续表

因素	背景、前提、条件			
	常规的	天然气的	水、煤的	有效使用能源的
2020—2020 年人均国民生产总值（美元/人）	3502	4617	3990	5679
（2000—2020 年）初级能源生产的年均增速（%）	2.05	3.3	3.1	2.9
2020 年国际油价水平，美元/桶	18—20	25—28	15—18	30—32
（2000—2020 年）降低 GDP 能耗的速度（%）	1.95	2.45	1.0	4.35
向燃料能源部门的投资数量	低	低	高于中等	中等

中亚里海地区国家的燃料能源需求预测：在本地能源生产能力或直接进口能源基础上，会采用本地区能源补偿内部需求的估计，目的是预测中亚国家能源部门的发展，以建立起相互协调一致、经济发展不相矛盾的主要燃料能源生产，以及这些能源部门所需要的财政预算。在预测系统中，曾多次出现了中亚地区所有国家和个别国家之间，能源部门的协商一致和地区间能源流动的平衡。

使用该预测系统时，将出现上下两个预测层次：上层次形成整个地区经济的发展方案。一般而言，这些预测方案只反映同理想（有利）的、积极的宏观经济（GDP、收入和家庭经济需求等）增长速度相一致的期望值。

然而，每一种经济发展的预测背景方案，都使用了经济和能源相互作用的专门模式，并建立起了能源需求预测和个别国家自由使用能源的平衡。其中，能源需求是与其生产能力有关的。个别国家能源平衡的主要参数当作（合理）控制的指标，指导下层次提出任务。在下层次中，能源需求方案被细化，并在此基础上形成个别能源部门发展原料基地生产的预测，其中包括每个国家都要确定合理生产和利用各种燃料资源的数量，查明发电能力和与其相应的电站燃料供应结构是否合理，按部门投资对一些集团投资手段进行限制。

二、预测背景方案的主要成果

按上述所研究的 4 个预测背景方案，从 2000 年到 2020 年，整个中亚地区国家的经济发展会出现 3 个好趋势：首先，依靠提出的背景前提条件，中亚地区国家平均国民生产总值会增加 1—2.2 倍。居民生活水平预计将稳定增长并会在 2005—2010 年间达到苏联解体前时的指标。与现代水平相比，中亚地区不同国家居民的人均国民生产总值，依靠国内外市场顺利的经济活动会增加 0.4—1.3 倍。在哈萨克斯坦、乌兹别克斯坦和土库曼斯坦成功完成燃料能源出口合同，应对提高居民福利水平起到特殊作用。由这些合同所得到的收入将能满足国内需要。

2020 年前，中亚地区初级燃料能源资源的产量将为 3.85 亿—4.9 亿标准燃料吨，比 2000 年提高 0.6—1 倍（表 5—3），电力生产的增长不会太明显，与 2000 年相比将不会超过 0.5 倍。

根据所研究的背景方案，中亚地区的天然气产量将会从 2000 年的 1000 亿立方米增加到 2020 年的 1550—2350 亿立方米。区内石油产量到 2020 年，可能会从原来的 5100 万吨增加到 6500 万吨以上。哈萨克斯坦作为区内最大的初级能源生产国，到 2020 年其能源产量将占整个地区能源产量的一半。

依据中亚地区国家经济发展背景方案预测的能源需求表明：到 2020 年，地区初级燃料能源的总需求与 2000 年相比，会增加 30%—80%，而依据背景方案所提出的电力需求，会相应增加 45%—55%(表 5—2)。

近 20 年，哈、乌两国一直是中亚地区最大的能源需求国。正如人们指出的那样，中亚地区已把很不合理的能源资源利用提到了能源保护问题的首位。在强化能源资源保护、开发和实施国家及地区计划的同时，为提高能源使用效益，建立必要的财政经济条件和刺激因素，可保证在2010年前实现地区25%—30%的能源保护潜力（“天然气”和“有效利用能源”背景方案）。

若应用所有研究背景方案，预计在2020年前，中亚地区国家可接受的GDP能耗会比2000年的1.08标准燃料吨/1000美元会有明显下降。

应该指出的是，中亚地区国家在“有效利用能源”背景方案时，今后20年的GDP能耗会降低到0.45标准燃料吨/1000美元。这一指标虽仍比发达工业国家的指标要高一些，但完全可与俄罗斯2020年前能源战略规定的指标相比。

表5—3　　中亚地区能源产量动态预测

国家	2000年	2010年				2020年			
		常规的	天然气	水—煤的	有效使用能源的	常规的	天然气	水—煤的	有效使用能源的
初级燃料能源总产量（百万标准燃料吨）									
哈萨克斯坦	111	163.0	192.8	221	184	186	241.6	252	215.2
吉尔吉斯斯坦	2.2	2.7	3	3.4	3.2	3.8	4.1	5	4.4
塔吉克斯坦	1.8	3.3	4.7	5.1	5	4.3	5.5	6.7	6.1
土库曼斯坦	52.22	94.8	107.7	103.4	107.7	107.7	149.4	109.1	137.9
乌兹别克斯坦	75.76	82	85.7	84.3	85.7	83	88.1	86.4	88.1
中亚地区	242.98	345.8	393.9	417.2	385.6	384.8	488.7	459.2	451.7
煤炭产量（百万吨）									
哈萨克斯坦	74.8	50	60	97	55	40	60	100	45
吉尔吉斯斯坦	0.4	1.2	1.4	1.8	1.4	2.2	2.9	3.7	2.9
塔吉克斯坦	0.021	1.3	1.8	1.8	1.82	1.7	2.1	2.2	2.1
土库曼斯坦	0	0	0	0	0	0	0	0	
乌兹别克斯坦	3	7	3	4	3	7	3	4	3
中亚地区	78.221	59.5	66.2	104.6	61.22	50.9	68	109.9	53

续表

国家	2000年	2010年				2020年			
		常规的	天然气	水—煤的	有效使用能源的	常规的	天然气	水—煤的	有效使用能源的
石油产量（百万吨）									
哈萨克斯坦	35.3	70	80	64.1	80	80	90	77.7	90
吉尔吉斯斯坦	0.1	0.2	0.3	0.3	0.3	0.3	0.3	0.3	0.3
塔吉克斯坦	0.02	0.1	0.5	0.6	0.55	0.2	0.8	1.0	0.85
土库曼斯坦	7	10	11	12	11	15	16	16	16
乌兹别克斯坦	10	8	11	12	11	8	11	15	11
中亚地区	52.42	88.3	102.8	89	102.85	103.5	118.1	110	118.1
天然气产量（亿立方米）									
哈萨克斯坦	115	270	350	270	300	400	650	270	500
吉尔吉斯斯坦	0.3	0.3	0.4	0.5	0.4	0.3	0.5	0.7	0.5
塔吉克斯坦	0.4	1.2	2.8	3	2.8	3	3.8	4	3.8
土库曼斯坦	367	700	800	750	800	750	1100	750	1000
乌兹别克斯坦	513	565	580	550	580	570	600	530	600
中亚地区	995.7	1536.5	1733.2	1573.5	1683.2	1723	2354	1555	2104
电力生产（亿千瓦·小时）									
哈萨克斯坦	514	550	620	600	600	640	740	720	720
吉尔吉斯斯坦	149	165	163	155	155	182	202	192	192
塔吉克斯坦	143	185	213	240	240	220	250	290	290
土库曼斯坦	113	130	150	170	170	150	160	190	190
乌兹别克斯坦	468	600	610	600	600	650	650	650	640
中亚地区	1387	1630	1756	1765	1765	1842	2002	2042	2032

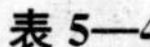

表 5—4　　中亚地区燃料能源内部需求预测

国家	2000年	2010年				2020年			
		常规的	天然气	水—煤的	有效使用能源的	常规的	天然气	水—煤的	有效使用能源的
初级燃料能源需求总量（百万标准燃料吨）									
哈萨克斯坦	54.9	65	75.8	91.1	59.8	83.4	92.5	121.9	71.8
吉尔吉斯斯坦	3.8	4	4.4	6	4	5.6	7	9.4	4.9
塔吉克斯坦	5.2	6.2	7.4	9.6	7.6	8.1	9.5	12.8	8.3
土库曼斯坦	16，4	22.1	26.3	26.4	21.7	29.8	37.3	38.7	29.3
乌兹别克斯坦	66.9	78.7	82.1	80.8	77.5	85.8	88.8	86	79.6
中亚地区	147.2	176	196	213.9	170.6	212.7	235.1	268.8	193.9
煤炭需求量（百万吨）									
哈萨克斯坦	49	45	53	65.4	47	35	47	78.4	40
吉尔吉斯斯坦	1.1	1.3	1.6	2.4	1.3	2	3	5	1.3
塔吉克斯坦	0.02	0.06	0.4	1.82	0.2	0.1	1	2.1	0.4
土库曼斯坦	0	0	0	0	0	0	0	0	0
乌兹别克斯坦	2.5	7	2.1	3	2.1	12	2.5	4	2.5
中亚地区	52.62	53.36	57.1	72.62	50.6	49.1	53.5	89.5	44.2
石油需求量（百万吨）									
哈萨克斯坦	6.4	10	11	12.5	8	18	20	21	15
吉尔吉斯斯坦	0.2	0.22	0.22	0.6	0.22	0.3	0.6	0.8	0.6
塔吉克斯坦	0.565	0.9	1.14	1.3	1.14	1.3	1.14	1.7	2
土库曼斯坦	5	5	5.5	8	5.5	8	10	15	10
乌兹别克斯坦	7.5	8	11	12	11	8	13	15	13
中亚地区	19.665	24.12	28.86	34.4	25.86	36	45.6	54.3	39.8
天然气需求量（亿立方米）									

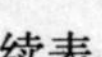

续表

国家	2000年	2010年				2020年			
		常规的	天然气	水—煤的	有效使用能源的	常规的	天然气	水—煤的	有效使用能源的
哈萨克斯坦	49	120	145	172	85	250	220	240	150
吉尔吉斯斯坦	7.1	9	10	12.4	7	14	16	17.5	8
塔吉克斯坦	22.8	24	26	30	26	26	28	36.5	27
土库曼斯坦	80	130	160	130	120	160	200	150	130
乌兹别克斯坦	466	524	550	520	510	550	580	520	500
中亚地区	624.9	807	891	864.4	748	1000	1944	963.5	815
电力需求（亿千瓦·小时）									
哈萨克斯坦	543	600	580	605	580	720	660	680	720
吉尔吉斯斯坦	92	120	127	140	127	180	198	220	190
塔吉克斯坦	172	240	270	290	230	290	380	650	280
土库曼斯坦	130	130	160	170	150	150	210	190	190
乌兹别克斯坦	480	600	560	610	600	650	680	700	640
中亚地区	1417	1690	1697	1815	1697	1990	2128	2140	2020

在一定时期内，不仅是某些中亚国家，整个中亚地区的人均初级能源需求指标都会从2.4标准燃料吨/人（《有效利用能源方案》）到3—3.5标准燃料吨/人（《天然气》和《水、煤》方案）之内变化。地区的电力需求也会稳步增长。尽管如此，实际上在2000年以后，中亚地区国家的GDP单位能耗还是出现了系统性下降。

中亚地区的部门能源需求结构，在1990—2000年间曾发生很大变化。这些变化主要表现为工业、运输和农业部分出现下降，而公用日常生活和服务业部分出现增长。以后又出现相反的变化，即工业部分增加不多，运输部分恢复到 1990 年水平，公用日常生活和服务业部分有所降低。

近年来，地区内初级燃料能源资源需求构成也出现了变化，天然气在燃料能源结构中的作用越来越重要。天然气部分按发展背景方案虽然各不相同，但该种燃料的使用数量问题正好是今后发展的关键。在使用天然气的任何背景方案中，寻找其理想替代品的问题是很现实的。

如果天然气在地区燃料能源结构中的部分能占 47%，那么到 2020 年，由于哈萨克斯坦减少了煤的使用，扩大了天然气使用量，天然气的总需求在燃料能源结构中所占的比例可望会达到 55%。

该地区内部的燃料能源资源需求增长不及生产增长快，因此该地区的能源出口潜力有望进一步增加，这对地区石油和天然气出口能力的评价具有特殊意义。

图 5—1　中亚国家按不同背景方案的 GDP 能耗与其他国家相比图

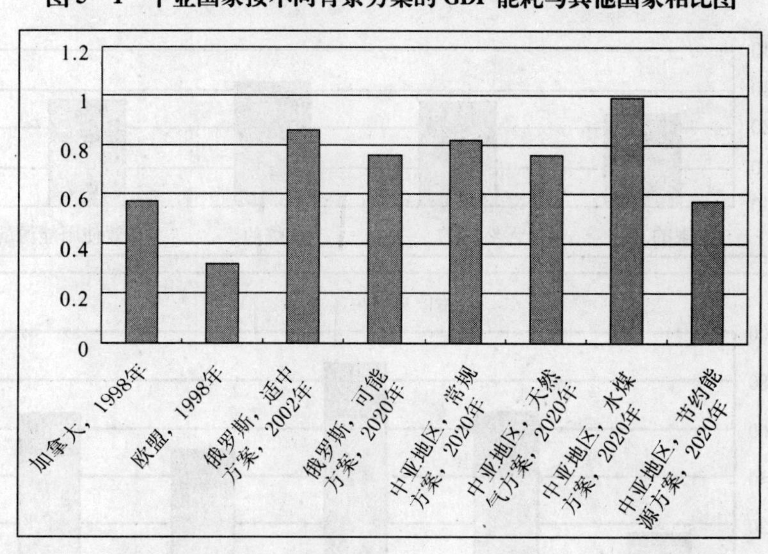

图 5—2　哈、土两国石油出口的预测评价

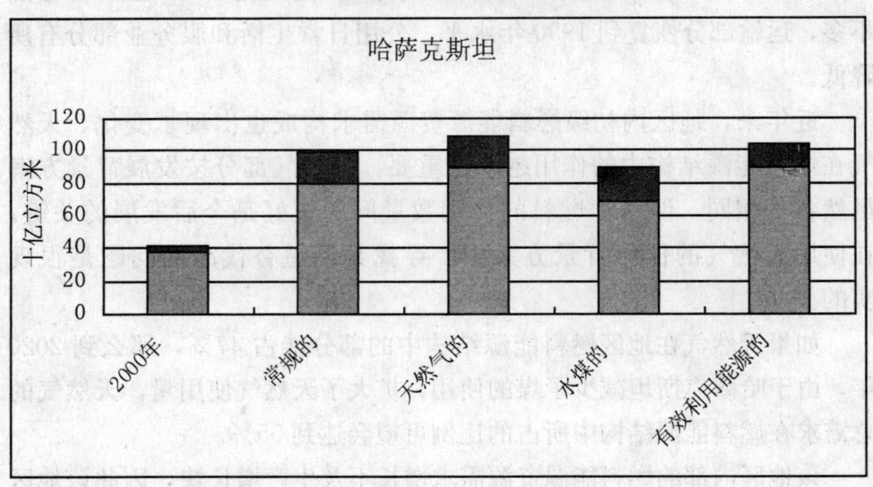

图 5—3　哈、土两国天然气出口的预测评价

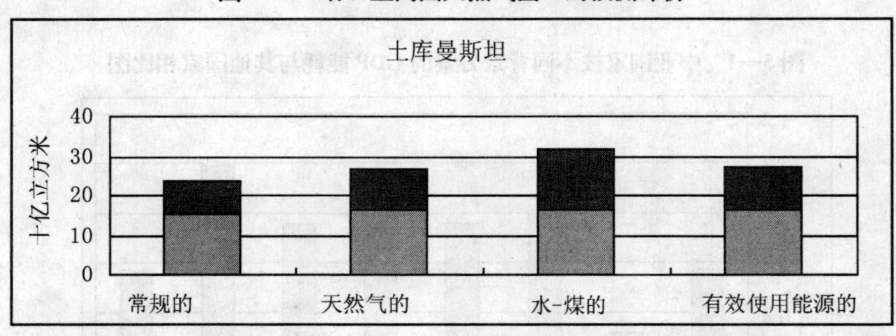

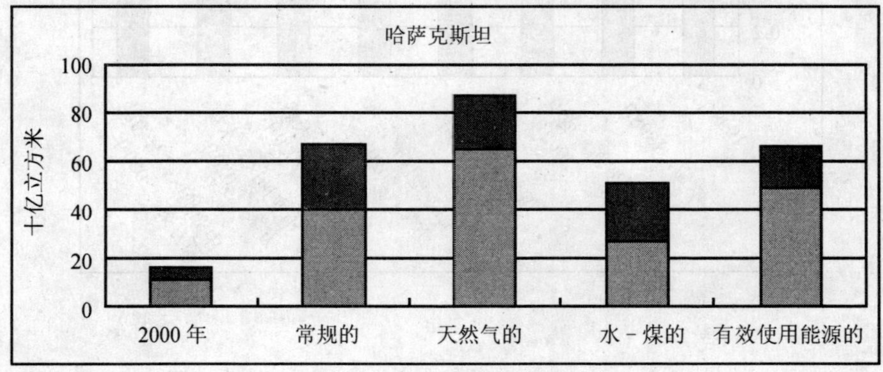

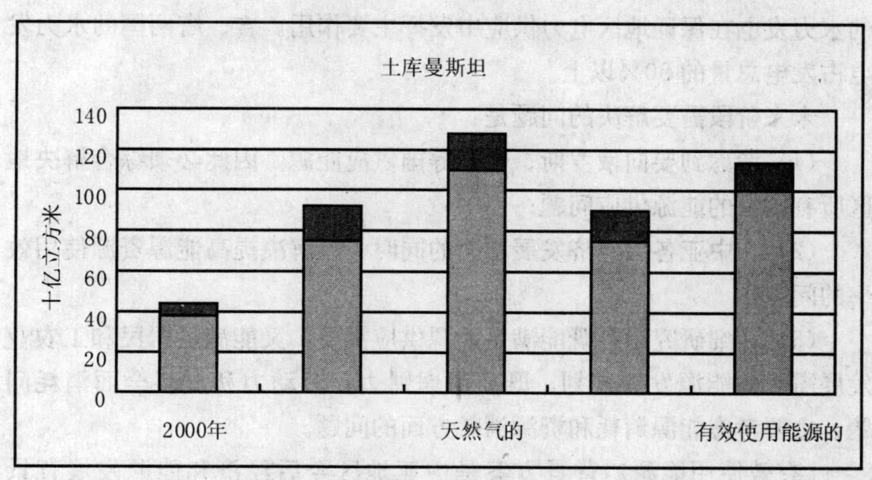

在《有效使用能源》的背景前提下，中亚里海地区的石油出口潜力将从2000年的2900万吨，增加到2020年的5700万吨。根据天然气背景方案，土库曼斯坦可能成为国际天然气市场上的弄潮儿。到2020年，其天然气出口潜力预计可达600亿—900亿立方米，条件是相应的油气运输基础设施须基本建成，中亚各国都能认真推行能源外交政策并吸收大量的能源投资。在一定的期限内，中亚地区内部能源需求构成的基本趋势是：

（1）能源资源充足，能保证地区内部市场稳定供应和向外部市场供应大量石油、天然气和煤炭；

（2）地区天然气市场的发展速度取决于中亚国家能否更多利用天然气发电，以及工业和日常生活的气化程度；

（3）随着中亚国家油气工业的发展，以及国民使用汽车数量的增长和农业情况的改善，人们对石油和油品的需求将高速增长；

（4）中亚地区的整个煤炭需求趋势，取决于各国所选择的政策；

（5）地区电力需求的增长，会给地区扩大能源生产能力和能源运输结构的调节带来一些问题，但也为中亚各国能源载体的并行工作创造了条件；

(6) 水力在地区电力生产结构中仍起很大作用，特别是吉、塔两国的水力发电在保证地区电力供应中发挥主要作用。吉、塔两国的水力发电占发电总量的90%以上。

未来阶段需要解决的问题是：

(1) 考虑到要向俄罗斯、中国等国供应能源，因此必须综合解决地区所有国家的能源供应问题；

(2) 在中亚各国经济发展增速的同时，需解决提高能源资源使用效率的问题；

(3) 详细研究制订既能满足能源供应需要，又能满足居民和工农业发展需要的能源发展规划；既要考虑财力、劳动力和材料全面消耗问题，也要考虑能源消耗和资源消耗方面的问题。

《有效使用能源》背景方案是中亚地区今后经济和能源发展背景方案中最理想的。在从初级能源资源开始开采，到已证实能源载体最终需求的整个环节中，积极的能源保护政策会促进地区经济快速发展，提高居民生活水平，扩大能源出口，并为能源短缺的吉、塔两国降低能源进口。当然，这也会减少与发展能源有关的生态环境被恶化问题。

结　论

1. 根据研究提出的设想背景方案，增强中亚里海地区国家的经济活动，将会导致扩大燃料能源资源的生产规模，与燃料能源资源需求相比，其增长速度往往是超前的。

2. 到2020年，哈、土两国油气部门的出口潜力与目前水平相比，将大幅增长。中亚里海地区境内能源运输和输出问题若能顺利解决，这两个国家将有能力在国际能源原料市场占据应有的位置。

3. 近10年内，中亚里海各国能源政策的最重要任务，是提高能源资源在从生产到最终能源需求整个环节的使用效率。

4. 中亚里海各国降低非生产性的燃料能源资源消耗，减少在产品生产和服务过程中的单位能耗，加快经济增长速度，使地区能源短缺的国家能够减少对外部市场的依赖，使能源生产国能够扩大能源的出口。

第六章

美国在里海地区的能源战略

里海地区是美国等西方国家与俄罗斯多方角逐和争夺的场所。美国尤为关注它在这一地区的政治、经济和军事利益。2001 年底，美国政府与外交、能源、商务、军事和情报等部门共同制定了里海地区的长期能源战略，并不断地在实践中予以补充和修订。美国的里海地区能源战略是其全球能源战略的重要组成部分。了解美国在里海地区的长期能源战略指导思想和内容，分析其调整趋势，对制定和调整我国的能源战略，特别是确定我国对里海及中亚地区的政策和策略，保证我国安全和良好的国际经济环境，是十分必要的。

第一节　美国制定里海能源战略的出发点

一、里海地区的战略地位

里海地区具有重要的地缘政治和战略意义。它地处欧亚大陆腹地，油气储量丰富，是欧亚国家从东到西、从南到北交通运输的交叉点，又是世界基督教、伊斯兰教和佛教三股宗教势力范围的结合处。美国认为，控制里海可以使美在黑海、里海、地中海、阿拉伯海、波斯湾“五

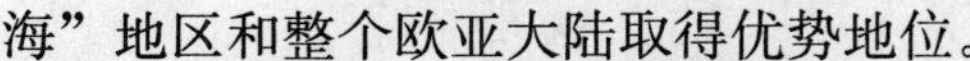

海”地区和整个欧亚大陆取得优势地位。

苏联解体后，里海地区国家经济和地缘政治状况日趋复杂，国家和宗教之间关系紧张，分离主义和恐怖主义猖獗，毒品和武器贸易横行；北高加索、费尔干谷地和外高加索，包括阿布哈兹、南奥塞蒂和纳格尔诺卡拉巴赫的地区冲突持续不断。阿塞拜疆、土库曼斯坦和伊朗之间，以及土库曼斯坦与哈萨克斯坦之间海上油田的归属问题矛盾重重。里海的法律地位及其划分至今尚未解决。地区政治不稳，能源运输管道通过能力不足，阻碍了里海地区的能源进一步走向世界市场。

据美国《新能源战略》预测：近20年内，美国的石油总需求将增长33%，天然气需求要增加一半以上。《新能源战略》提出“要监控全球能源的平衡”，即监控世界主要石油开采区，把里海开发计划列入了议事日程，把里海地区和伊拉克、伊朗、利比亚、赤道几内亚、苏丹、印度尼西亚等其他11个国家列为属于美国监控世界能源的重点地区。

二、控制里海地区是美国长期能源战略的出发点

美国把里海地区作为继中东之后，需要监控的世界主要能源供应地之一。从1997年起，美国就宣布里海地区是与美国国家利益相关的地区。2001年1月，美国代表在达沃斯世界经济峰会上指出：“里海与波斯湾地区一样，是美国另一个石油来源地。”布什的代表多次表示：里海及其临近地区关系到美国的战略利益，美国不能置身于该地区之外，要不惜动用大量财力和武力，坚决捍卫美国在这一地区的利益。

另外对美国来说，控制里海地区对遏制俄罗斯东山再起，分化当地国家、反恐、打击伊拉克、防止波斯湾阿拉伯国家反美，都具有特殊的战略意义。美国前国务卿布热津斯基提出，分化当地国家，支持那里现已出现的“地缘政治多元化”趋势，“反恐”和防止俄罗斯变成欧亚强国是美国在里海地区长期政策的主旋律。

三、美国在里海地区长期能源战略的主要目标和任务

美国把里海地区作为美全球战略规划的组成部分。布热津斯基在概括美国里海地区战略的核心时指出："在变幻无常的欧亚地区，首要任务是创造条件使任何国家都不能替代美国，不能降低美国所起的决定性作用。"按布热津斯基的意见，美国要对地区其他强国可能使用的手段进行控制，其目的是要使华盛顿在全世界的主导作用不受到威胁。为此，美国确定了里海地区的五个主要战略目标：

1. 保证外高加索—里海地区国家脱离俄罗斯，并依靠美国实现独立；

2. 扩大世界能源资源的来源，实现其能源来源多元化，并最大限度地管理和控制这些能源来源；

3. 保证里海地区国家在脱离俄罗斯的前提下实现一体化；

4. 支持美国石油公司在该地区进行资源开发；

5. 对伊朗施压，以改变其现行政策。

美国在该地区的主要战略任务有三个：

1. 遏制俄罗斯和伊朗在里海地区的优势，阻止中国的扩张，削弱该地区国家对俄罗斯的依赖，促使该地区国家摆脱俄罗斯的控制。美国把俄罗斯和伊朗当作美国在该地区利益的主要威胁，把中国视为21世纪美国在该地区的可能竞争对手。为此，美国积极研究对付主要威胁者和可能对手的战略和策略。同时发展市场经济，增强该地区国家的国力和独立性，在新独立的国家之间，建立政治、经济和军事联系。

2. 扩大美国在该地区的军事力量，强化其在该地区的地缘政治优势。

3. 控制里海油气资源，控制该地区油气管道输送系统，把该地区作为油气战略储备基地，在对伊拉克的军事行动取得成果后大规模地开发里海油气田。

美国的石油需求大都依靠国外进口，到2010年这一比例预计在70％以上。目前美国的能源主要来自周边国家和海湾国家。考虑到海湾

局势的复杂性和多变性，为了确保能源的供应安全，美国亟需找到更多的、可替代的海外能源新基地。在此条件下，里海地区自然而然地成为美国未来可替代海湾能源供应的新基地之一。为了实现这一目标，美国一方面通过向该地区输出资本，支持新独立国家对俄的独立倾向，限制伊朗扩展影响，保护本国石油财团利益；另一方面凭借其强大的经济实力和科技优势，运用经济政治手段积极介入里海能源的勘探、分配、开采、输出等一切有关事务，力争在里海资源开发的国际竞争发挥主导作用。美国在这场能源开发大竞争中，政治战略意图显然要超过经济利益的考虑。

第二节　美国实施里海能源战略的主要政策措施

美国为了实现在里海地区的既定目标，在政治、经济、外交和军事方面强硬推行扩张主义政策，以迫使该地区国家无条件接受美国的战略要求。美主要政策措施包括：

一、与该地区国家加强在军事政治和军事技术方面的合作

“9·11”事件后，美国和西欧国家调整了能源来源多元化战略，对进口俄罗斯和中亚国家油气越来越重视。后来，美国等西方国家又加紧研究了关于开发俄罗斯、中亚的油气资源，以及与其合作的有关问题。2002年4月15日，“俄罗斯中亚石油问题”国际会议在伦敦召开。会议主要讨论俄油气综合体发展的外部环境、前景、法律基础和财务状况，以及中亚等国油气工业的发展和从俄罗斯向有关国家铺设输油气管道项目的实施等问题。同年6月3—4日，“在能源宪章内的里海石油”国际会议在美国休斯敦召开。会议讨论了里海油气资源和向西方市场的出口、外国投资保护等亟需解决的问题。美国国防部、能源部、美国战略研究所和美洲、谢夫隆、埃克森—莫比尔等公司和银行的代表都参加了会议。

美国谢夫隆—得克萨斯财团总裁在与哈萨克斯坦总理会见时提出，该财团打算近3年内增加15亿美元投资，以开发哈萨克斯坦的田吉兹油田。

西方国家还准备和俄罗斯一起控制包括欧佩克在内的全球能源市场，以稳定能源供应。2002年5月上旬，在美国底特律市召开了“7＋1”大国能源部长会议，主要议题是“世界能源供应危机和克服能源短缺的方法”。在会上，西方国家建议建立以美、加、英、俄为主的“四方能源委员会”，要求俄罗斯进一步扩大合作，提供投资等方面的优惠政策，并希望俄罗斯在任何条件下都能保证对西方的能源供应。会议期间，美国副总统切尼与俄能源部长举行了会谈。同年5月，在布什访俄期间，美俄双方还把能源与政治、军事一道都列为主要议题，并签署了俄将向美长期供油和建立长期能源合作咨询机构的备忘录。

美国在中亚里海采取的具体措施是：

1. 在欧亚腹地积极构筑巴尔干—高加索—中亚防线，并在从中东到高加索山区和伏尔加河河口地带逐步扩大影响；

2. 在外高加索驻扎军队，在中亚一些国家建立稳固的基地，密切关注卡拉巴赫、阿布哈兹、阿富汗和车臣等里海周边地区的冲突；

3. 为阿塞拜疆和格鲁吉亚等外高加索国家配备军事基础设施，用北约标准改编这些国家的军队；

4. 在阿富汗反恐行动框架内，增加西方国家在中亚基地的军事人员；

5. 继续向伊朗施压；

6. 积极促进亚美尼亚—土耳其关系的正常化，努力推动阿布哈兹的和平进程，不断加强自身在亚美尼亚、哈萨克斯坦等俄罗斯“战略同盟者国家”中的地位；

7. 利用反恐之机，积极创造条件，扩大对该地区的军事介入。

二、继续扩大介入并强化在里海地区的优势

在里海地区弱化俄罗斯的优势、获取新的能源来源、侵消中国及伊朗的影响，是冷战结束以后，美国扩大介入里海地区的主要目的。2003

年初，里海问题专家、加拿大皇家学院政治经济中心主任胡沙格·哈萨尼阿里说："冷战时期，美国政要都把目光集中在前苏联的领地。"他们在研究了乌克兰和波罗的海国家即将在欧洲的定位和俄罗斯军队扩张主义趋势之后，认为前苏联解体后留下的地缘空间具有特殊意义。为此，美国为自己在里海地区的行动制定了4个目标：

1. 充分利用俄罗斯经济衰退、对里海地区控制力减弱的机会，扩大美国在里海地区的介入。对俄的内部政治矛盾、军队中的干部问题和车臣问题都要充分加以利用。

2. 充分利用独联体国家经济发展缓慢，希望得到强国支持，以减少对俄罗斯依赖的机会，为美国获取新的能源来源。在这一战略框架内，美石油公司开进了哈萨克斯坦，并向其他里海沿岸国家逐步扩展。

3. 遏制中亚里海的独联体国家与中国建立联系，竭力封锁、阻扰中国石油公司进入中亚里海地区。

4. 在伊朗周围的环行地带形成一道锁链，按"土耳其模式"发展新独联体国家，竭力遏制"伊朗模式"。

客观上，把里海石油和天然气输向世界市场，伊朗通道最短、最安全和最经济。但是，由于美、伊两国在伊核问题上存在着尖锐的政治矛盾，任何通过伊朗外输里海油气的方案都不会得到美国的支持。从政治、经济和安全的观点看，开发里海油气田，伊朗拥有足够的条件成为输出油气的纽带。但是，在中东里海的地缘政治中，美国因素无时无处不在，因而伊朗不可能成为输出里海油气的主通道。对此，美国更倾向于阿富汗、格鲁吉亚，甚至是俄罗斯和中国，但无论如何也不能是伊朗。

从铺设巴—杰管道和土库曼斯坦—阿富汗—巴基斯坦油气运输管道项目不难看出，美国已把伊朗排除在外。为此，伊朗非常希望能得到莫斯科和北京的支持，但是俄罗斯和中国都把处理好与美国的关系放在一切对外关系的首位，俄、中与美国的合作明显高于俄、中与伊朗的关系。

为了确定里海法律地位，个别里海沿岸国家之间签署了双边协议，这些协议引起了伊朗的不满。从地区关系看，由于缺少伊朗的支持，这些协议很难保证今后不变。目前，伊朗和俄罗斯保持着似乎不错的关系，但有学者认为这是俄罗斯采取“非正常”政策的结果。俄为了恢复已失去的强国地位，在这一原先属于自己的地盘实施了某些优抚政策。从这一点上说，伊不需要急急忙忙地与土联合起来反对俄哈和哈阿两个双边协议。从某种意义上说，俄罗斯甚至不用得到其他里海沿岸国家认可，就可以随心所欲地废弃伊朗和前苏联之间签署的、规定伊朗享有20％里海海域的协议。对于伊朗来说，要么同意其他里海沿岸国家给它的份额，要么求助国际社会解决问题，[①] 除此之外，别无他途。

三、分化该地区新独立国家，遏制俄罗斯

从1996起，美国把土耳其当作向中亚里海国家施加影响的根据地和未来的战略基地，试图通过各种手段，把阿塞拜疆、格鲁吉亚、乌兹别克斯坦、吉尔吉斯斯坦、土库曼斯坦、哈萨克斯坦、塔吉克斯坦和亚美尼亚纳入自己的势力范围。1999年，美在土耳其首都安卡拉建立了负责地区项目开发的美国里海金融中心。

为分化里海地区国家，美国加强了与阿塞拜疆合作，并积极支持格鲁吉亚的亲西方立场。因为，阿、格两国的地理位置很重要，是俄罗斯南部、车臣、北高加索地区的桥头堡，也是向高加索和里海方向扩张的基地。阿的里海大陆架埋藏着丰富的石油，因此可当作美登陆里海地区并向伊朗施压的基地。伊朗国内有1500万阿塞拜疆人想要建立分裂主义大本营，这对美国的里海地区分化战略十分重要。

四、以巨大财力和最先进的采油气技术工艺，积极支持本国和西方石油资本进入里海地区

美国作为当代世界综合实力最强的超级大国，在推行它的里海战略

① 资料来源：Расширяя свое присутствие в зоне Каспия，Америка стремится к господству в регионе03：48 22.01.2003 Иран. Ру -Источн）。

时，联合西方发达国家，把雄厚资金和先进的技术工艺带到了他们所能进入的中亚里海国家。对于里海地区，美国当仁不让地把它纳入了自己的势力范围。

五、把建立通向西方的油气运输走廊作为实施美国里海地区战略的重心

美国为控制里海地区的油气资源，保证里海油气顺利流向西方国家市场，一直试图在该地区建立专门主管能源运输管道的部门和保护力量，建设数条不经俄罗斯而经过土耳其或阿富汗通向西方的油气运输走廊。

为控制里海地区油气资源，美国首先把土耳其当作把里海油气输往西方市场的转运站，同时积极参与和支持西方跨国石油公司在里海地区参与开发项目。美在里海地区参与、支持和计划建设的油气输送管线项目主要有：

1. 巴—杰输油管道；

2. 阿克套—巴库海底输油管道，即巴—杰管道的延伸段，修建该管道的目的是横跨里海，把哈石油输往阿塞拜疆和土耳其；

3. 从巴库经格鲁吉亚至土耳其埃尔祖鲁姆的输气管道项目，修建这条输气管道目的是挑战俄—土（耳其）“蓝流”输气管道项目；

4. 土（库曼斯坦）—土（耳其）输气干线，该线由西方石油公司、俄国家石油公司、哈国家石油公司和阿国家石油公司联合组建的跨里海输气管道集团承包；

5. 达夫列塔巴德（土库曼斯坦）—坎大哈（阿富汗）—格瓦达尔港（巴基斯坦）天然气管道项目。全长1460公里，年通过能力为150亿立方米，工程造价20亿美元。

上述绕过俄罗斯和伊朗的油气管线项目，在政治和经济上最符合美国的战略利益。建设这些输油气管道对美国来说，可以一举五得：

1. 在政治上可以削弱俄罗斯、伊朗在该地区的影响，截断中国西部的能源通道；

2. 可以重新分配西方国家在南高加索和中亚地区的经济利益和能源资源，并通过控制该地区的能源资源，确保美国对该地区国家的政治控制；

3. 可以把土耳其和欧盟联系起来，切断伊朗、中亚与俄罗斯的联系，阻止伊朗和中亚国家突破美国的政治包围圈；

4. 可以保证土耳其和以色列使用非阿拉伯和伊朗的石油；

5. 可以使美国既能与欧佩克产油国抗衡，也能与其他非欧佩克产油国抗衡。

美国等西方国家通过上述管道项目的实施，在经济上获得了可观利润。西方投资公司根据里海大陆架油气的最新储量资料得出结论，巴—杰伊汗输油管道项目的赢利率约为 24.5%。预计至 2010 年，管道运输能力可达 5000 万吨。

六、确立相应的组织机制，保证里海地区战略的实施。

对于里海问题，美国政府是把它当作对外政策的特殊领域进行组织安排的。为此，特地成立了地区专管部门和美国务院国家安全委员会项目组，设置了总统里海地区能源问题特别代表和国务秘书，在里海沿岸国家还建立了美国中央情报局专门进行政治进程跟踪的行动分部，在美行政当局、议会和科研中心，组织安排了几百名专家专门从事美国里海长期战略问题的研究。

七、巴—杰输油管道和美国的“里海卫队”新战略

美国认为：未来 20 年石油供应来源将逐步转向世界上最不稳定的地区，这些地区往往都存在政治腐败等问题。因此，世界石油供应将受到许多因素的挑战：恐怖主义活动持续不断、世界油气供应不足、美国自身加工能力有限、石油需求特别是中国和印度等亚洲国家石油需求大幅上升等。

早在 1999 年，美就曾在《里海地区的能源战略》中宣布“中亚和

里海是与自己利益相关的地区”。为控制这一地区的油气资源，美国动用了政治、经济和军事等各种手段。其目的：一方面是要竭尽全力保证巴—杰输油管道项目的实施，力保这条输油管道能在2005年下半年把里海石油送往土耳其的杰伊汉；另一方面是在阿塞拜疆、哈萨克斯坦等地加紧军事部署。

2005年3月15日，美国驻哈奥尔德维在阿拉木图举行的新闻发布会上宣布，美将继续积极创造条件，把哈萨克斯坦的石油与巴—杰输油管道项目连接起来。他表示要尽一切可能使会谈取得成功，并强调说：“对哈来说，选择这一方案比把自己的石油都运给俄罗斯更为重要。”美心里清楚，里海地区产出的石油大都运往欧洲，而不是美国市场。现在整个国际市场上并没有多少剩余的石油产能，如果里海输油管道受到威胁，最终受到影响的还是美国。

2005年4月17日，哈萨克斯坦国家石油天然气公司代表团抵达阿塞拜疆首都巴库，准备与BTC公司商讨把哈石油与巴—杰输油管道连接起来的问题，并签署有关国家的政府间协议。

双方较早曾交换了协议文本并决定在巴库进行协商，以准备共同向巴—杰输油管道注油。此后，再将协议提交哈萨克斯坦和阿塞拜疆总统签署。经过两天的会议，4月19日，双方签署了哈向巴—杰输油管道注油的协议。第一阶段，哈国每年向巴—杰输油管道供应750万吨，以后每年将注入2000万吨。

BTC股份公司和开发里海哈水域卡萨甘油田项目的参与者包括：意大利埃尼公司（在BTC占5%的股份和卡萨甘油田开发项目16.6%的股份），日本NPEX公司（在BTC占2.5%的股份和卡萨甘油田开发项目8.3%的股份），科诺克—菲力普公司（在BTC占2.5%的股份和卡萨甘油田开发项目8.3%的股份）。预计，卡萨甘油田将在2008—2009年开始开发。

2003年，美国从“里海能源发展战略”转向实施“里海卫队”新战略。美国要在短期间内确立其在里海地区的军事存在，以牢牢控制这一地区。美驻北大西洋司令部指挥官詹姆斯·姜斯将军在2005年4月曾说过，“里海卫队”新战略的实质是要在阿塞拜疆与哈萨克斯坦

之间建立一体化的空中、水上监督方式。后有报道称，美政府在实施“里海卫队”新战略方面，已取得了“巨大进展”。具体分为四个步骤：

1. 美于2003年秋开始建设“里海卫队”，在巴库建立了一个雷达系统指挥中心，用以监视阿、哈两国水域的石油钻探和运输情况。然后在未来10年，斥资1亿美元在里海地区建立起由防暴部队和特别行动部队组成的防卫体系，以应对该地区可能发生的各种突发事件（如袭击石油设施等事件），以便作出快速反应。美国国防部设在德国斯图加特的欧洲防务司令部负责协调多家机构的工作，并为巴—杰输油管道项目培训保卫人员。

2. 美为在阿塞拜疆建立军事基地积极斡旋。2004年，曾派国防部长拉姆斯菲尔德访问阿塞拜疆，与阿达成了美军驻阿的原则协议。2005年4月12日，美国国防部长再次访阿，向阿政府提出了要在阿部署美国军事基地的要求。

3. 全力推进“橙色革命”。美驻阿大使公开且频繁地与阿塞拜疆全国各地的反对派接触。美认为，在这一地区俄罗斯没有办法可与之抗衡。

4. 为了推进民主化进程，美还通过各种渠道加大了对俄和中亚国家的经援，以削弱来自这些国家政权的阻力。有关资料表明：在美国2004年财政年度，仅其所有政府机关为俄罗斯实施民主发展纲要、经济和社会改革等方面的援助资金总额（不包括非官方援助）就达8.8038亿美元，其中87.7％用于安全和发展民主，12％用于经济和社会改革。对哈的经援达7420万美元，其中43.3％用于民主化进程、经济和社会改革。对吉尔吉斯斯坦的经援为5080万美元，其中67％用于民主化和经济社会改革，以及对所谓公民自由的支持。美国还以同样目的，援助乌兹别克斯坦5060万美元、土库曼斯坦1040万美元、塔吉克斯坦5070亿美元。

第三节　美国里海能源战略之展望

一、制约美国实施里海战略的因素

1. 里海法律地位的不确定性

里海法律地位问题的不确定性，对美国实施里海战略具有重要的制约因素。因为里海水域的划分一旦明确，美国就可以与各个里海沿岸国家分别协商油气项目，制定相应投资政策，勘测里海油气，而不必顾及俄罗斯及其他里海沿岸国家的态度。

2. 里海地区油气运输基础设施状况和投资环境影响大规模的油气开发

所有参加里海油气开发大项目的国际石油公司大多是美国公司。对于这些公司来说，美国及其盟国能否控制伊拉克和阿富汗局势，能否影响印巴对立关系，同他们能否继续推行里海能源战略不具有必然的因果关系。里海地区多元化的管道输送系统建设缓慢、现代化的勘探和钻探设备迟迟不到位、里海沿岸各国缺乏灵活的许可证制度等，都是里海含油气盆地潜在资源得不到迅速勘探和开采的障碍。

3. 美国石油公司与国家在该地区的政治利益存在矛盾，行动常常相左

美国实施里海长期能源战略，常与在该地区从事油气勘探开发的本国石油公司在经营活动上发生矛盾。在美国石油公司中，BP-阿莫科公司经常不按美国政府的政治意图行事，谢夫隆公司和莫比尔公司则自作主张地参与哈、俄的里海石油开发项目，有些美国公司甚至对美国制裁伊拉克行为公开表示不满，呼吁纠正这一政策。

4. 以俄罗斯、白俄罗斯、哈萨克斯坦、吉尔吉斯斯坦和塔吉克斯坦为代表的欧亚经济共同体和“上海合作组织”也是美国在里海地区实施其能源战略的重要制约因素。

俄罗斯、白俄罗斯、哈萨克斯坦、吉尔吉斯斯坦和塔吉克斯坦五国

经多次协商，决定组建欧亚经济共同体，统一经济空间和共同能源市场。有关创建共同能源市场（与相应构思一起）的协议已在 2003 年 9 月 19 日由上述五国总统签署。上述五国建立共同能源市场的主要目的是：加强成员国之间的合作，扩大独联体国家之间的贸易，巩固并增强能源领域里的投资。欧亚经济共同体的重要任务是：各成员国要共同执行共同体机构的调节政策，实现各能源生产国、运输国和需求国之间的最紧密互动。

5．“上海合作组织”也是制约美国实施里海地区战略的重要因素。通过上海合作组，中国与中亚里海各国的关系（包括能源合作关系）不断得到加强，从而使美国阻断中国西部能源输入通道的企图彻底落空。

二、美国实施里海长期战略的展望

美英发动伊拉克战争，彻底推翻了萨达姆政权。这场战争的一个重要结果是美国基本取得了对中东局势的主导权。美通过对中东能源的控制，进一步推动了它的全球能源战略，并按自己的价值观随心所欲地打造世界。从战略上看，控制中东既能保证美国的能源安全，又能卡住中国等亚洲国家未来的经济生命线。美国在完成对伊拉克的打击，在中东取得战略优势后便积极向中亚里海地区渗透，力图控制中东和里海两个世界石油输出管道的主阀门，以便对我国进一步形成战略压力。

里海地区的油气资源对于解决美国出现的能源问题能起到一定的补充作用，填补越来越大的石油供求缺口。据统计：2002—2006 年，美国可以从那些国家每日进口 200 万桶以上的石油。巴—杰输油管道于 2005 年投入使用，到 2010 年管道的年通过能力将扩大到 5000 万吨。届时，即使中东环境对美不利，里海国家也可以出口相当于目前沙特出口的油气数量。由此推断，将来里海产油国与欧佩克国家之间出现激烈竞争是很有可能的。这也是美国力图控制里海地区能源的主要原因。

从现实看，2002—2010 年，美国的首要任务是控制里海地区油气资源，而不是马上大规模地开发里海石油。它的第一步是强化其在该地区地缘政治上的优势和影响，仅有限地参加一部分能源大项目，但不会投入大笔资金。总之，这一阶段的里海油气资源还只是美国的资源储备库，同时也不能大量地输向亚太地区。

2010年，里海油气的发展规模才能达到美国的期望值，日出口石油能力可达300万—400万桶。有专家认为：美国里海地区的战略实质是不投入大笔资金就能获得潜在的油气资源。因此在2005年里海转入发展期前，里海沿岸国家难以得到西方石油公司更多的投资。只有等大批的里海石油进入世界石油市场后，西方石油公司才会投入大量投资。当然到了那时候，石油供应商在里海地区的竞争会更加激烈。预计，伊拉克改变政治体制后，美国会加大在里海地区的活动和投资力度。美国可能通过贷款、财政援助和其他手段使里海地区资源置于其控制之下。但是，里海地区存在多种可变因素和影响，美国内对其单边主义做法也有不同主张，因此不排除美国重新研究和修订里海地区战略框架的可能性。将来，如果伊核问题能得到妥善解决，美也可能重新审视经伊朗向南输出油气的方案。因为出口油气管道的多元化需要经济利益的支持，出口管道必须有利可图，才会受到关注，得到实施。目前，虽有一些美国石油公司主张缓解与伊朗的关系，但被采纳接受的可能性不大。从当前形势来看，美国不太可能缓解对伊朗的制裁，调整两国关系。

俄罗斯国家战略发展中心的专家认为：美国的里海战略有可能导致世界大国在欧洲南部空间重新划分势力范围。其中，南高加索和中亚国家具有全球性的战略意义。美国在这里确立主导作用，决不只是要在经济和军事上削弱俄罗斯的地位，而是要有效控制整个欧亚大陆。倘若这一地缘政治进程照此发展下去，其最终结果将是欧亚力量的平衡向有利于美国的方向出现重大变化。俄美在这一地区抗衡的结果，可能成为美国在地球上确立单极世界秩序进程的转折点。这种影响将是长期的、全球性的。

第七章

围绕里海油气资源的大国争斗与活动

冷战结束后，油气资源丰富、号称“第二个海湾”的中亚里海地区一直是国际政治和经济的焦点之一，特别是以美国为首的西方国家和俄罗斯之间争夺中亚里海资源控制权的斗争持续不断，斗争焦点便是开拓这一地区油气出口的新通道。进入新世纪后，美、俄在中亚里海地区的能源之争出现了变化，从争夺出口油气管道逐步转向能源开发合作与资源争夺并存的态势。

21世纪，全球政治经济新秩序的构建，与世界各区域的发展紧密相关。中亚里海地区位于欧亚大陆之间，因大国争夺而成为国际政治与经济的热点地区之一。随着时间的推移，已探明的里海剩余油气资源并不像专家们在20世纪90年代估计的那样可观，但是以美国为首的西方国家与俄罗斯争夺里海油气资源的斗争依然激烈，斗争焦点亦未变，依然是紧紧地围绕在里海油气资源的勘探开发、输出控制权、开采出的油气输出方向三个方面。

近年来，世界能源需求增势不减，能源价格居高不下。在此形势下，进一步加强与中亚里海国家的能源合作，无论从地缘政治，还是从地缘经济角度看，对于我国的经济腾飞和和平崛起，都具有重要意义。

第一节 俄、美争夺里海油气的两个点

美伊战争结束后，里海东西两侧的中亚和外高加索地区便成为俄美争夺里海油气的两个点。里海盆地的探明油气剩余储量若除去南北两侧的俄罗斯和伊朗，并不十分可观，但其储量前景被各国专家普遍看好。现在美国的里海石油战略已初见成效，其石油公司已基本打入当地的油气工业部门，与英国等西方跨国石油公司一起控制了里海27%的油田和40%的天然气田。因此，美国等西方国家一改以往与俄罗斯争夺里海和中亚油气资源的逼人态势，开始积极加强与俄罗斯的能源合作，目的就是要增加进口石油的新渠道，推行能源来源多元化战略，以缓解恐怖主义对美国能源供应的威胁。与此同时，俄罗斯也抓住机会积极开展与美等西方国家的能源外交，试图利用西方资金开发俄罗斯和中亚里海的油气资源，扩大能源出口，以增加外汇收入，度过还债高峰，保持经济的持续增长和政局稳定。

伊战结束后，美国迅速抢滩里海地区有4点原因：

（1）里海地区拥有丰富的油气资源。估计的石油蕴藏量是美国探明石油储量的3倍多，占世界总储量的8%。天然气储量多达14万亿立方米。预计到2015年，里海地区潜在的石油产量将达600万桶/日。不少国家都把里海地区视为继中东和西伯利亚之后的世界第三大能源供应基地、21世纪世界经济发展的最大能源宝库之一。

（2）战略地位十分重要。里海位于中东的北面，处于欧亚两洲的交界处，是欧亚两个大陆、两个世界文明之间的“桥梁”，控制了里海地区就等于控制了中亚和北高加索。

（3）有利于美国推行能源进口渠道多元化政策。美国是世界上最大的石油消费国，人口2.8亿，占世界总人口的5%，近3年的石油年消耗量都超过10亿吨，2005年约占全球石油年消耗量的27.7%。目前，美国的石油战略储备已达5.63亿桶，是世界上石油战略储备最多的国

家。美国石油储备最大的动用量为每天400多万桶。为保护本国的自然资源，美长期以来一直奉行保存本国石油、廉价使用外国石油的政策，进口来源以中东和拉美地区为主。为了防止中东石油供应国一旦发生政权变更，影响石油供给，美国非常重视增加石油的进口渠道，力图摆脱对受阿拉伯国家控制的欧佩克石油组织的依赖。

(4) 美国与发展中国家在石油资源问题上的矛盾日益突出。近年来，亚洲国家的经济崛起，使全球石油消费格局发生了重大变化。20世纪80年代，亚洲石油需求量仅占世界石油消费总量的10%，现已上升到25%。据预测：随着亚洲经济的发展，亚洲的石油消费和进口量还将进一步增加。因此，美国已把控制世界石油资源作为保护其国家安全的可靠措施及争霸世界的重要手段。①

美国在控制里海油气资源方面采取的做法主要有：

(1) 官商联手，政经结合，军事手段密切配合

在美国政府支持下，美国石油公司积极插手里海地区的石油开发，像埃克森—莫比尔、谢夫隆—德士古等石油公司已在里海地区的石油生产设施方面投资了300多亿美元。

为控制该里海地区的石油输出，美国负责国家安全的高级专家小组早在1997年12月就起草了一份有关21世纪国家安全问题的报告，建议组建专门负责保护里海石油的中央军事指挥部。1998年7月，美以保护巴—杰管道为借口，计划在阿塞拜疆部署1.5万人的兵力。2003年12月3日，美国国防部长拉姆斯菲尔德访问巴库，同阿领导人讨论了地区安全和加强两国军事合作的问题。同日，美国务卿欧洲与欧亚地区副帮办率代表团抵达格鲁吉亚，讨论向格提供援助问题。所有这些活动都以控制里海石油为目的。1998年美国帮助土耳其就修建巴库至杰伊汉石油管道问题，同阿塞拜疆和格鲁吉亚谈判并达成有关协议。

(2) 借“反恐”之名，在里海地区行扩大能源利益之实

2002年6月11日，在土库曼斯坦、阿富汗和巴基斯坦三国领导人在伊斯兰堡签署土—阿—巴输气管道项目协议之后，美驻土大使罗拉立

---

① 邢研：《美国瞄上里海地区》，《羊城晚报》2004年1月2日。

即向土总统尼亚佐夫转交了布什总统的感谢信，信中感谢土库曼斯坦等国对阿富汗提供的人道主义援助，并以美国政府名义积极支持这一协议，布什认为该项目的实施将大大增强阿富汗的和平和稳定。

为进一步拉拢里海地区国家，美竭力接近乌兹别克斯坦，除向乌提供5亿美元作为援助和美国空军基地的租金外，美国务院还从每年列出的宗教自由受威胁的国家名单中悄悄删除了乌兹别克斯坦。此外，美国空军在吉尔吉斯斯坦首都比什凯克附近建立了一个基地，驻军约3000人。基地指挥官称，他们将无限期地呆在那里。

同年，塔吉克斯坦从美国得到了1.09亿美元的经援，条件是同意对杜尚别机场飞机跑道进行现代化改造。在北约的“为了和平的伙伴关系”计划中，北约与哈萨克斯坦、乌兹别克斯坦和吉尔吉斯斯坦三个中亚参与国扩大了军事合作，先是由北约秘书长罗伯特在哈萨克斯坦为向西方开放两个军事基地进行会谈，美国则按计划向中亚项目投入9亿多美元，而后由美五角大楼与塔吉克斯坦进行有关租赁第三个军事基地的会谈，以补充“9·11”事件后在乌兹别克斯坦和吉尔吉斯斯坦转交给美国的另两个基地。

另外，美国对南高加索和里海地区也非常重视，不断施加更大影响。为使“古阿姆”组织（由格鲁吉亚、乌克兰、乌兹别克斯坦、阿塞拜疆和摩尔多瓦组建的经济、安全合作组织）更有生气，美作出了巨大努力。这一组织是为抵制俄罗斯影响专门建立起来的。2003年7月3—4日，在美国的外交压力下，虽然只有两国首脑与会，可拖延已久的“古阿姆”高层会见毕竟还是举行了。格鲁吉亚前总统谢瓦尔德纳德公开表示：“没有美国的支持，要解决摆在该组织面前的问题是很难的。美政府有义务帮助该组织培育反恐力量、交换信息、提供援助。”

（3）控制格鲁吉亚和阿塞拜疆，以掌握里海油气出口通道

格鲁吉亚现已成为美在里海地区的主要同盟者。2003年，格议会批准了“美在格鲁吉亚境内部署军队、武器和军事装备不受数量限制、军人不需要签证即可入境”的防务协议。美国因而能够进入北高加索、黑海和里海等地勘探油气资源，并推动巴—杰输油管道项目顺利建成。依靠美国，格鲁吉亚还指控俄罗斯试图把阿布哈兹和南奥蒂梯两地夺回归

已。2003年末，在美国操纵下，谢瓦尔德纳泽总统被推翻，格鲁吉亚被完全纳入了美国里海战略的轨道。

美国酝酿过在阿塞拜疆建立军事基地的计划，并与该国多次协商建立军事基地的问题。另外，美还试图通过提供军事援助，以及与北约组织联合训练的方式，把俄在该地区最可靠的同盟国——亚美尼亚拉过来。

“9·11”事件后，美国和西欧国家为调整能源来源的多元化战略，极其重视从俄罗斯和中亚里海国家进口油气资源。

第二节　中亚里海油气的新一轮争夺

以美国为首的西方国家视里海为伊战结束后的又一后备油气供应基地。但是，它们除了要争夺该地区的油气资源外，更重要的是要占领前苏联原有的地缘政治和经济空间，推进这一地区的民主化进程。俄罗斯当然不甘心在中亚里海地区丢掉本来属于自己的“传统势力范围”和经济利益。于是，在争夺中亚里海油气和选择输油管道走向方案的问题上，双方展开了新一轮的争夺。

1. 俄罗斯在里海大石油游戏中占得先机

俄罗斯在中亚里海油气的角逐中，赢下了自己的竞争对手里海管道财团。该财团承建的田吉兹油田—诺沃拉西斯克港输油管道的扩容项目已投入运营，而美希望修建经土耳其输出土库曼斯坦和阿塞拜疆天然气的跨国输气管道构想，则成了俄罗斯“蓝流”输气管道的牺牲品。

随着越来越多的跨国石油公司来到阿塞拜疆和哈萨克斯坦开采油气，阿、哈两国的油气输出问题日渐突出，过去采出的油气通过管道输出都必须经过俄罗斯，这样就免不了要受制于人。俄罗斯本身就是油气生产大国，对于西方石油公司来到自己的后院争夺油气资源，心里肯定不乐意。因此，俄与西方跨国石油公司的明争暗斗、制约与反制约是必然的。

长期以来，美国为了削弱并终止俄在里海地区的垄断地位，费尽了心机，用尽了手段。1999 年美积极推动巴—杰输油管道的建设就是出于这一目的，美要使阿塞拜疆乃至哈萨克斯坦的石油源源不断地流向西方。这条输油管道对俄政府来说是苦涩的，它对巴库—诺沃拉西斯克输油主干线的作用就是分流与遏制。

阿塞拜疆原有一条长 830 公里、年输油能力仅 510 万吨的巴库—苏普萨（格鲁吉亚）输油管道。但是，随着里海石油的大量采出，这条管道已不能满足需要。因此，一些国际石油公司便考虑在里海地区建造一条年输油能力为 5000 万吨的输油管道。这条输油管线若从伊朗走，则距离最短，但由于美、伊关系持续紧张，因此这一方案从一开始就几乎没有机会。

美国石油公司坚持主张铺设从巴库—第比利斯—杰伊汗的输油管道。从商业观点看，修建这条造价约 30 亿美元的输油管道项目存在一定风险。因此，项目的投资公司从达成协议到进行工程设计，经历了多年的论证和准备。

就在西方跨国石油公司积极筹建巴—杰石油管道的时候，由里海管道财团主持的从田吉兹油田到诺沃拉西斯克港，造价 26 亿美元、输油能力为 2800 万吨的输油管道扩容项目起动了，目标是把它的通过能力逐渐增到 6700 万吨。俄罗斯把这条输油管道的扩容项目看作是自己在里海油气争夺战中的一大胜利。因为这一项目证明哈萨克斯坦仍然要依靠自己的北方邻居俄罗斯，而俄罗斯在近 40 年内可得到 200 多亿美元的石油过境费。

里海管道财团的这一老输油管道扩容项目，似乎给了巴—杰输油管道项目狠狠一击。阿塞拜疆原指望通过修建巴库—阿克套海底管道将哈石油将源源不断地注入巴—杰输油管道，以此获取一笔可观的过境费。这一计划的实现无形中平添了几分难度。俄罗斯已学会打自己的王牌，几乎每年要都把 1700 万吨的哈石油沿自己的输油管道运往本国的萨马拉炼油厂。2004 年，哈向萨马拉炼油厂供应的石油增加到了 1852 万吨。

俄在里海油气输出管道的建设中占得了先机，但并不意味着美国在该地区的努力两手空空，一无所得，像美国谢夫隆石油公司在哈的活动就颇有成效。2004 年该公司作为项目执行者，在里海东岸的田吉兹油田获得了 1050 万吨石油。这几乎是里海年采出石油总量的 1/5。美方认为，在里海地区建立通向西方的有效石油运输走廊是一项极其重要的任务，落下风是可能的。实际上，类似的落下风——在天然气领域也有过。美曾提出要扩大土库曼斯坦输气管道的输气能力，但土政府认为依靠俄罗斯出口天然气就够了。后来，美又表示支持土政府选择其他输气主干线，结果又是不了了之。美所以为土积极谋划输气管道，是因为美既想得到土库曼斯坦—阿富汗—巴基斯坦输气管道项目，又想得到经阿塞拜疆向土耳其输出土库曼斯坦天然气的跨里海输气管道项目。同巴—杰输油管道一样，随着跨里海输气管道的铺设，里海地区必定会出现代表新地缘政治的又一条西部能源走廊。

但是，与此针锋相对的是俄罗斯通向土耳其的“蓝流”输气管道项目。这条输气管道沿里海海底向土出口俄的天然气，该项目的建成等于为俄增添了一张王牌。利用这条新的输气管线，俄可以确保自己赢利并通过土耳其向世界市场供气。目前，土耳其 70％—80％的天然气供应都来自俄罗斯。随着“蓝流”输气管道的运作，土耳其对俄的依赖与日俱增。

2. 美劝说哈萨克斯坦从巴—杰输油管道输出石油

据俄罗斯“石油和资本”网站 2005 年 3 月 15 日报道，美提出要把哈石油和巴—杰输油管道项目连接起来。美驻哈大使焦·奥尔德维在一次新闻发布会上表示，美政府将继续为哈石油经巴—杰输油管道输出创造条件。他说：“会谈仍在继续，我们要尽一切可能使哈石油能够注入巴—杰输油管道。”“……对哈来说，为原有的哈—俄输油管道选择一条新的替代管道是重要的。……哈现在还不具有足够的能力输出自己的石油，而这些石油今后还要开采几十年。”“美支持哈—中输油管道的修建项目，这是跻身中国大市场的重要方式。”

3. 里海管道财团管道系统扩容，旨在保持自身优势

(1) 哈向里海管道财团系统的可能注油量

里海管道财团项目在里海范围内是最成功的，按其能力衡量已达到极限。该管道的原通过能力为 2800 万吨/年（56 万桶/日）。管道系统

中75%的石油由哈注入，其余25%来自俄罗斯。2004年5月始，该管道的运力达到极限，后使用了抗涡流添加剂，从而使该管道的注油量得到一定程度的提升（5万桶/日）。

（2）俄罗斯向里海管道财团系统的可能注油量

在俄罗斯克拉斯诺达尔斯克边区的克罗伯特金区，铁路运油栈桥建成后，俄罗斯石油便顺利地进入了里海管道财团的管道系统。2005年初，俄石油公司利用栈桥开始每年向该管道系统注入石油，注油量达200万吨/年。一年内，完成与其他注油单位相连接，使克罗伯特金区每年的注油量达650万吨石油。如果再加上其他油田的注入量，俄每年向该管道系统注入的石油可达3000万吨（64万桶/日）。

（3）石油增产迫使里海管道财团系统扩容

里海管道财团管道系统是里海地区出口石油的主干线之一。里海管道财团的客户主要有：鲁克—库姆克尔公司、中石油—阿克丘宾油气公司、哈萨克斯坦阿克套石油公司、恩巴油气公司、奥利克斯—阿曼石油公司等。

财团的股东组成有：哈油气公司、谢夫隆—德克萨斯石油公司、鲁克石油公司、阿吉普石油公司、埃克森—莫比尔石油公司、壳牌公司、俄石油公司、BG公司、BP公司，另外还有俄政府。这些股东都是开发里海大型油田的参与者。里海管道财团系统的输油能力决定了未来可能达到的石油开采量。因此，系统扩容项目既与油田增产有关，也与卡萨甘大油田的开发有关。2006年，里海管道财团为满足股东和注油单位的要求，扩大了管道运输系统的能力。经论证：仅开发俄、哈水域的里海资源，就需要管道系统的运输能力大于5000万吨/年（大于100万桶/日）。基于这一现实，所有的财团股东都表示要参与这一项目，并提出由哈、俄、美、英组成承包商。系统全部扩容项目现已委托给承包商承办，承包商也已向财团提交了相关的扩容计划。

（4）里海管道财团系统的扩容项目

管道系统扩容是大型项目。近5年内，财团计划要启动下列工程：

第一，兴建10个新的加油站，使现有加油站增加2倍；

第二，兴建64万立方米或500万桶石油容积的储油罐，使现有容

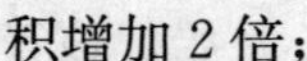

积增加2倍；

第三，在哈境内替换88公里的输油管道；

第四，安装一个码头的停靠设施；

第五，为现有加油站安装加压泵。

上述各项工程价格昂贵，需要大量投资，里海管道财团计划在2008年底全部完工，使管道系统的年通过能力达6700万吨石油以上。财团准备分三个阶段提高原有运输能力：一阶段是在2006年上半年，为现有加油站安装加压泵，增加年通过能力1000万吨（20万桶/日）；二阶段是在2007年底以前，先完成10个新加油站中的5个，再增加年通过能力1000万吨，使日通过能力达到100万桶（合5000万吨/年）；三阶段是至2008年底，完成全部系统扩容工作。对于上述各项工程，俄、哈两国及所有参加国政府都予以全面支持。根据俄能源和工业部和哈能源部提出的原则，2004年7月财团建立了工作组，专门负责编制扩容基础原则协议、扩容项目经济效益论证等工作。财团领导负责审核股东代表提出的问题并详细研究设计和工程建设的方案。

（5）里海管道财团的领导机构及其管道经济效益

里海管道财团的特点是财团领导和股东的构成较复杂。首先，那些就任领导都是从财团股东临时借调来的，他们来自九个财团参与国。这样的领导结构虽然不理想，但为了增强股东信任，只好如此。破坏财团这一领导结构，有可能导致股东间出现信任危机，造成扩容项目破产。财团现任主席认为，在完成项目过程中只能采用这种模式，方可保证股东间的信任关系。

项目开工后，实际进度一直比计划进度慢，其原因是：哈的卡拉恰加纳克油田开发有所耽搁；里海管道财团管道系统的扩容工程也有所耽搁；里海管道财团管道系统与俄石油运输公司管道系统的部分管道尚未连接；一些股东未能完成向财团管道系统注入规定数量的石油。对里海管道财团来说，虽存在上述问题，但从经济方面看还是稳定的。

（6）里海管道财团欲保持自身优势

里海管道财团的管道系统虽已是里海石油出口的主干线，但不是唯一的。2005年5月25日，巴—杰输油管道阿塞拜疆段注油仪式在巴库举行。这意味着里海地区的石油生产者从此可以选择自己需要的输油管道出口石油，这对于里海石油的开发和地区经济的发展是一极为有利的因素。有学者认为：该管道将给阿塞拜疆、格鲁吉亚和土耳其三国带来巨大的经济收益，而最大的受益者则是美国。巴—杰石油管道对于土耳其来说，具有重要意义。巴—杰石油管道投入运营后，土耳其便成为东西石油运输的大通道，在里海石油的外运上成为至关重要的一个环节。土可以借此扩大它在中亚地区的影响力，在世界石油市场获取一席之地。该管道给土耳其带来每年25亿美元的巨大经济效益。至于里海管道财团，则有属于他们自己的优势，里海管道财团的输油管道对哈石油而言，是一条最短的出口主干线，对管道系统及时扩容有利于里海管道财团保持这一优势。用发展的眼光看，里海地区未来油气资源的开发可能需要多条出口石油的主干线。即便如此，对于里海管道财团股东们来说，保持已有的优势，努力使该地区的石油生产者不再谋求其他出口石油主干线才是上上策。

4. 里海沿岸五国对划分里海界线及其海底资源的标准和依据，分歧依旧

2005年1月，俄、伊、土、哈、阿五国在土首都举行了第16届里海法律地位工作组例行会议，与会的各国代表团由副外长或里海问题特别代表带队，会议主要讨论了划分里海界线和海底资源的标准和依据。会议一开始，代表们首先就里海法律地位条约的设计展开了热烈的讨论，取得了一定程度的一致。但在确定土、阿两国的里海分界线时，出现了尖锐的意见分歧。土方认为：该中线应以平均远离原始基础海岸线为依据，这与1982年的联合国海洋法公约相符。在此基础上，再考虑海岸线的延伸、方向，以及大陆架的地理、地质、地形和结构等因素。对此，阿不予认可，提出了其他一些确定海岸线的参数。会议前夕，土、阿两国还曾经就谢尔达尔—克亚帕兹油气田的归属问题发生过争论。由于土、阿两国各执己见，互不让步，因此这两个国家的里海海底划分问题在这次会议上未能取得实质性的进展。

5. 俄将里海地区法律地位问题长期不能解决的责任归咎于美国军事力量的存在

2005年2月中旬，俄外交部里海工作组特别代表阿列克桑德尔·格罗文在莫斯科举办的“实施里海集体安全”国际圆桌会议上强调：“俄对解决里海法律地位问题的立场是，只有里海沿岸国家才能对该海及其资源拥有主权。”这话似乎是针对美国的，因为早在1999年美国就曾宣布“里海是与自己利益相关的地带”。俄特别代表还说：“俄为了协调解决里海地区的法律地位问题，成立了专门工作组。现在经过不懈努力，我们终于在里海地区国家利益冲突的重要问题上找到了解决办法，其中包括里海水域边界的划分。”在这次圆桌会议上，俄方代表对美国在里海地区的快速介入和扩张表示不安，认为非里海地区国家武装力量非法介入里海，是影响里海问题顺利解决的最重要因素，指出美国的里海能源战略目标是破坏俄在里海地区石油运输领域的垄断地位，帮助阿、格、土三国按时建成巴—杰输油管道。该管道的终点杰伊汉距离美国设在土耳其的军事基地——因吉尔利克非常近，因此非常容易使人联想到美国在此管道兴建中的作用和目的。过去，中亚里海的油气资源主要通过俄的油气管道输往欧洲市场，这是美国所不希望看到的。2005年5月25日巴杰石油管道的首次注油仪式在巴库输油终端举行，从而使美国在中亚获得了一条能够避开俄的能源输出管道。这条管线既能使美最大限度地削弱俄在中亚能源领域的老大地位，挤压俄在中亚各个领域的战略空间，也能助美控制阿富汗、伊拉克乃至整个中东地区的局势，增强美的能源安全。英《金融时报》曾评论说，这条管道是迄今为止修建的“最具有政治意义的石油管道”。

6. 里海各国正竭力扩充军事力量

近年来，俄里海舰队的一系列动作格外引人关注。2004年夏，俄舰队的新导弹舰在里海进行了首次军事演练，这些导弹舰的排水量为5000吨，导弹射程130公里。入秋后，俄军舰访问了伊朗的恩泽利军港。年末，俄里海舰队司令发表声明，表示里海要进入军事化的新阶段，俄不仅要使本国的海军现代化，而且还要重新装备里海沿岸国家的海军舰队。后来，俄舰队旗舰提前装备了导弹发射装置。

俄里海舰队配备新式导弹武器说明，俄的里海安全战略思想出现了变化，已从单纯的战术防御转变为使用进攻型武器来维护地区利益和安全。俄里海工作组代表指出：俄政府反对任何借助军事手段向里海沿岸国家的扩张，这是俄的原则立场。在当前存在国际恐怖主义威胁的条件下，里海地区的军事化是非常必要的。因此，俄不能简单地装备自己的里海舰队，也要装备自己的邻国。据媒体报道：俄向自己的里海伙伴——阿、伊、哈、土四国提出了出口新型导弹装置的计划，但对为哈组建海军提供武器一事予以否认。

对于里海安全与军事化问题，俄里海舰队司令尤里·斯塔尔切夫认为，里海沿岸国家之间的不稳定是客观存在的。里海地区的军事化动向说明，里海沿岸国家领导人有关希望里海非军事化的言论缺乏足够的公信力。俄曾不止一次地提出：里海要变为非军事区，可实际上俄正在向它的里海邻国兜售导弹武器。2005 年巴杰输油管道注油后，美国不仅向阿塞拜疆提供了军援，还为阿培养海军军官，以抵御俄海军的潜在威胁。

7. 伊朗开始开发里海油田，但美国公司不参与

伊朗的油气资源非常丰富，是世界上屈指可数的油气生产与出口大国，但长期以来主要开发的是波斯湾地区的资源。随着里海油气开发的不断深入与扩大，伊朗再也不甘心眼睁睁地看着邻国大量采走属于同一油气构造中的资源。2005 年 1 月，伊朗外交部发言人阿谢叶夫向媒体发表声明，在里海水域法律地位确定之前，伊朗反对任何在属于伊朗水域范围内的活动。2 月，伊朗国家石油公司代表正式向外界宣布，伊朗准备开发里海地区的伊朗领海油气，但美国公司不予许可。数月后，根据国内外石油公司的论证和建议，伊朗里海油气区的开发工作正式起动，一些得到订单的国际跨国石油公司纷纷进入位于伊朗里海水域的麦赫尔和阿纳兰油田。为开发、勘探里海油气，伊朗每年拨款 2 亿美元预算。

伊朗专家认为：由于它也开始像其他里海沿岸国家那样开始开发自己的里海含油气区块，解决里海水域法律地位的前景已越来越具有不确定性。

8. 中亚里海地区能源角逐尖锐化

由于美国对俄罗斯和中亚里海地区国家不断进行的政治、经济和军

事渗透，特别是美的“里海卫队新战略”和“颜色革命”引发了该地区新一轮的震荡，使俄罗斯深感不安。为此，俄对这一地区也加大了政治、经济和军事的外交力度，从而使美俄双方围绕控制该地区油气输出权问题的较量趋于尖锐化。

苏联时期，里海地区是世界上最宁静、最安全的地方之一。苏联解体后，随着美国单边主义的迅速膨胀，里海地区对俄罗斯的战略地位和作用凸显，对保障俄的国家安全与稳定的作用愈益重大。

但是，美国在里海地区的战略紧逼，特别是在该地区全力加强其军事存在的各种举措，如推行“里海卫队”新战略等，对俄罗斯的安全、政治和经济利益构成了严峻威胁。有观察家预言，今后“颜色革命”有可能出现在阿、乌两国。倘若真的如此，俄在阿塞拜疆的嘎巴林和在塔吉克斯坦的努列克无线电中继通讯站作为俄罗斯国防和防空系统不可分割的部分，将会中断工作。此后俄罗斯若再想建立类似的系统，至少需要10年时间，况且俄还缺乏资金。这样的话，外来势力从空中袭击俄的乌拉尔和西伯利亚地区基本上可以畅行无阻。然而众所周知，这些地区正是俄最重要的军事工业基地。因此，俄已把保证21世纪国家的安全和稳定作为解决里海问题的重要出发点。

此外，俄还担心不久的将来在世界油气市场上，中亚里海国家有可能成为其主要竞争者。从资源角度考虑，俄罗斯的油气开发已向北移，但那里环境条件恶劣，开采成本越来越高。中亚里海地区的哈、阿、土三国不仅油气开采成本大大低于俄北部地区，而且靠近销售市场。从未来局势的可能变化考虑，该地区任何国家的震荡都会对俄构成威胁。因此，俄要积极发展欧亚经济共同体（首先是独联体国家的统一能源市场），并利用前苏联原有的输油气管线等基础设施，控制哈、阿、土三国的油气输出通道。

面对美国对里海地区的军事介入和扩张，俄罗斯的立场也越来越明朗和强硬。俄提出了要实施里海地区军事化战略，以保护俄里海地区的国家利益。

俄在里海的军事化内容主要包括两方面：

1. 俄政府的原则立场是“反对以军事手段向里海沿岸国家扩张”，

里海地区的军事化是非常必要的。2004 年底，俄联邦里海舰队司令尤里·斯塔尔切夫声明，里海已进入军事化的新阶段。后来，俄联邦安全局发言人维亚切斯拉夫直言不讳地指出：非里海地区国家武装力量非法介入里海，是影响当前里海问题顺利解决的最重要因素。2005 年 2 月中旬，俄外交部里海工作组领导人格罗文在“实现里海集体安全”国际圆桌会议上指出，“俄解决里海法律地位问题的立场是，只有里海沿岸国家才拥有对里海及其资源的主权”。几经努力，俄和里海地区国家解决了60%—70%的里海水域边界划分问题。

2. 里海地区军事化，不仅包括俄罗斯，也包括里海沿岸国家。俄里海工作组负责人安德列·乌尔诺夫曾指出：俄不仅要使本国海军现代化，而且也要支持和重新装备里海沿岸国家的海军舰队。据报道：俄里海舰队的新导弹舰已完成军事演练，俄舰队旗舰已提前装备导弹综合装置，俄舰艇支队装备了中小型快艇。此外，俄还向阿、伊、哈、土四国提出了出口俄新型导弹装置的计划。

3. 军事化手段不仅包括防御措施，而且包括使用进攻型武器。

第三节　欧盟、日本等国在里海地区的活动

一、欧盟国家

欧盟国家在这场里海能源竞争中的态度不像美国和日本那样积极，基本上采取了“参与”、“跟进”的策略。它们参与竞争的一个重要目的就是支持里海国家摆脱俄罗斯的控制，加快向西方靠拢，推进市场经济改革和私有化进程。1994 年法国总统作为西方大国首脑出访中亚时，就清楚地表明了这一意向。法、英、德、荷等国的一些著名跨国石油公司紧跟着前往中亚和里海，积极捕捉商机，开发当地的油气资源，如法国的道达尔石油公司不顾美国达马托法的限制，与伊朗的石油公司签订了石油开采协议；还有一家法国公司出资 7 亿美元，在土库曼斯坦建设大型天然气加工厂。

在美国军事介入里海地区后，北约组织的领导人纷纷出访中亚里海，目的就是要获取里海上空的飞行权。

二、日本在里海地区的活动

日本既是能源消费大国，又是石油纯进口国，保障源源不断的能源进口是其维持国家生存和经济发展的重要条件。尽管它的能源政策重点在中东，但从确保能源供给安全出发，也在尽力争取油气供应渠道的多元化，中亚因而成为日本的又一个能源供应地。1995 年 4 月哈萨克斯坦总统纳扎尔巴耶夫访日时，日方承诺提供 10 亿美元的投资，助哈解决石油加工和运输问题。1997 年 7 月 24 日，桥本首相提出了“欧亚大陆外交”战略，强调中亚和高加索的战略地位，指出中亚里海地区是日本实现能源供应来源分散化战略的一个极其重要的地区，为了实现这一地区的繁荣，日本要与该地区加强对话与合作。此后，包括日本外务省在内的各政府部门密切关注中亚的战略态势和里海的能源竞争，组织了专门班子认真研究有关对策。首相、外相等高层人士也纷纷出访中亚推动“能源外交”。特别值得关注的是，在“里海石油战略”框架下，日本通产省和国内各大财团紧紧盯住这个“能源金盆”，不仅和俄罗斯一起参与多项油气开发工程，还动用政府的开发援助基金，与里海沿岸国家合作修建铁路、公路、航线、通信网、油气管道等项目。

日本在里海能源竞争中的目标是，力求占有“与日本相称的一席之地”，同时配合美国牵制俄罗斯、中国、伊朗三国，以求在 21 世纪的国际舞台上扮演重要角色。

三、其他国家在里海地区的角逐

印度、韩国和罗马尼亚等国也纷纷在里海地区寻求石油开发的合作伙伴，并不同程度地介入了当地石油和天然气的开发。其中比较突出的是印度。随着国内经济的增长，印度的能源供应问题已越来越突出。从在塔什干召开的印度中亚地区会议，以及印度总理瓦杰帕依、国防部长费尔南德斯和外长辛格频频出访中亚里海国家可以看出，印度对该地区的外交已超越了传统上的邻国——中国和巴基斯坦。因为它的能源供应问题要求它必须把获取可靠的能源来源与中亚里海地区联系起来。

由于印度拥有10亿多人口和高速发展的经济，该国已被认为是世界第六大能源需求国。印度计划委员会主席潘特曾指出：国家经济年均增长7%—8%，能源需求就会每年增加5%以上。印度与中亚里海地区的关系源远流长，印度希望利用这一地区的能源潜力来解决国内的能源供应问题。

第四节　俄罗斯积极开展里海能源合作

俄罗斯凭借濒临里海这一地缘优势，一直把里海视作自己的势力范围，并将开发里海能源的国际竞争视为是与自身利益悠关的头等大事。俄最担心的是随着这场能源争夺战的全面展开，里海沿岸各国的政治、经济、外交会进一步摆脱俄的影响，特别是里海地区的新建输油管道都有意避开俄境，摆脱俄的控制，无疑都是对俄政治经济利益的挑战。因此俄必须最大程度地恢复它在这一地区的政治、经济影响力，以实现“重返中亚”的目标。俄的最新战略目标是：通过联合开发，保证俄的参与和控制，利用俄在地区安全方面的主导地位和地缘政治的优势，向哈萨克斯坦、土库曼斯坦和阿塞拜疆施压，确保三国油气经俄外运，以期达到控制油气管线，扩大俄在开采里海能源中的份额和权益这一目的。为此，俄不惜运用外交和强硬手段阻止中亚纳入美国等西方势力范围，为了报复土库曼斯坦接受美国希望的绕过俄境的油气管线方案，俄曾关闭经过俄境的土—乌（克兰）天然气管道，使土蒙受了不小的经济损失。

一、俄罗斯确保自身在该地区战略地位和经济利益的具体作法

俄在里海沿岸各国中的地位举足轻重，其利益也是显而易见的。普

京上台后，加强了对中亚国家的能源外交并取得了一定的进展。俄为了捍卫自己在该地区的政治经济利益，就里海的法律地位及其划分问题同哈、阿、土三国积极谈判，先后与哈达成了划分里海北部海底的协议，与阿签署了里海海底相邻地段的划界协议。在这两个协议的基础上，又达成了俄、哈、阿三方划分里海海底的协议。在此基础上，土和哈也想按中间线划分里海大陆架。此后，俄、哈、阿、土、伊五方还就里海法律地位公约草案进行了协调。至于水域问题，里海沿岸国家都认为应由五国共享。这些协议的签署为成功解决里海地位复杂的法律问题，创造了法律基础。

2001年5月前，土与俄达成了今后五年内，每年向俄增加出口天然气100亿—500亿立方米的协议；与乌兹别克斯坦达成了每年向俄出口50亿立方米天然气的协议；与哈、阿进行了相应的能源合作谈判。

2003年，俄总统普京向土、哈、乌、阿四个天然气输出国的领导人提出建立世界“天然气欧佩克”的意向。2003年4月15日，普京和哈总统纳扎尔巴叶夫通过电话，讨论了俄、哈经贸合作问题，特别提出要发展相互在能源领域的合作。

俄非常重视里海周边国家的油气资源。2003年12月，土总统尼亚佐夫在阿什哈巴德与“乌克兰天然气”、俄罗斯煤气公司共同签署协议，以每立方米44美元的价格为乌克兰提供360亿立方米、为俄煤气公司提供100亿立方米的天然气。此后，由俄国际石油公司、俄煤气公司和俄罗斯石油公司按26%、37%和37%的比例合股参加的“扎利特”集团公司与土库曼斯坦制订了开发里海土库曼斯坦水域能源的计划。2004年，俄公司参与了土的油气开发。据专家估计：在俄公司参与开发的油气区块中，探明的石油储量约2亿吨，天然气储量约700亿立方米，年产石油约可达1500万吨，天然气约100亿立方米。此外，俄与伊朗签署了长期能源合作协议，计划实施60多个合作项目，总价值约400亿美元。

2002年5月20日，俄能源部部长尤苏福夫会见了里海国际管道财团股东和董事会代表，详细探讨了尽快完成从田吉兹—诺沃拉西斯克一期输油管道的设备安装问题。该项目的一期输油管道现已正式投入运营。田吉兹—诺沃拉西斯克管道的年通油能力达2800万吨。

俄罗斯在该地区不仅强化经济介入，也强化军事介入。2003年4月，俄罗斯、哈萨克斯坦、吉尔吉斯斯坦、塔吉克斯坦、亚美尼亚和白俄罗斯把已运作10年的集体安全协议转变为货真价实的地区防御联盟。这一集体安全协议组织是按前华沙条约的形式构筑的，有统一的总部和武装力量。在中亚地区事关安全的反恐问题上，俄通过与中国合作，反对美国的介入。2003年5月底，俄罗斯、中国、哈萨克斯坦、乌兹别克斯坦、吉尔吉斯斯坦和塔吉克斯坦完成了“上海合作组织”的建制，之后又建立了常设机构，如北京秘书处和比什凯克反恐机构（后者建在吉尔吉斯斯坦，与独联体国家的“反恐中心”合作较紧密）。

2003年8月，“上海合作组织”在哈萨克斯坦和中国新疆举行了第一次反恐演习。此外，俄希望印度也能成为它在中亚的合作伙伴，为此克里姆林宫积极支持印度进入“上海合作组织”。当然，这势必牵涉到莫斯科—新德里——北京三边战略框架内的地区安全问题。新德里在俄的全力支持下，为修复与塔吉克斯坦在防御方面的关系，曾邀请塔军人参加在印度的训练，收到了较好的效果。

对于美在某些中亚里海国家部署军事基地的问题，俄同中亚各国签署了新的安全条约，并获准在吉尔吉斯斯坦建立新的军事基地。该基地离美国空军基地只有56公里。俄国防部长伊万诺夫曾公开要求美国人在两年内撤出该地区。针对美国利用北约在该地区进行军事活动，俄也定期举行军事演习，其规模不亚于前苏联时期。

俄与美一起在吉尔吉斯斯坦建立空军基地证明，两国已就双方在该地区应负的责任达成了协议：美要保留自身的对外威慑力量，而俄更关心独联体内部的稳定。

二、俄罗斯抓住时机，积极推进在里海地区与西方国家的能源合作

2002年5月31日，俄联邦副总理赫里斯坚科在普京和布什总统签署两国能源合作备忘录时表示：北部输油主干线是俄向美出口石油

的又一通道，从萨哈林油田向美供油很有前景，美国公司参加在里海、萨哈林和哈萨克斯坦油田的开发，有助于扩大向美出口俄罗斯石油的项目。

2003 年 4 月俄与塔吉克斯坦签署了一个期限近 25 年的有关天然气出口的大规模合同。4 月 16 日，俄天然气工业股份公司和壳牌—阿莫科石油公司在莫斯科举行会谈，重点讨论了中国的西气东输项目、放宽欧洲天然气市场限制、俄天然气工业股份公司和西方伙伴签署的长期供气合同继续生效、合作开发扎巴利亚尔（在西西伯利亚）凝析气田的条件等问题。在讨论中，壳牌石油公司向俄天然气工业股份公司提出了参加开发“萨哈林—2 号”油气田项目的要求。

第五节　里海地区国家与外国势力的利益之争

伴随着里海石油资源的开发及国际政治局势的变化，在里海地区国家之间逐渐形成了两个不同的利益集团。因此，里海地位之争实际上已成为利益集团之争。

其一是以俄罗斯、伊朗、哈萨克斯坦、土库曼斯坦为一方的集团。里海及其周边的外高加索地区历来是俄的石油资源供应地及重要的战略屏障。近年来，俄政府一直在积极采取措施，抵御美国在该地区不断升级的影响力。2003 年初以来，俄已在里海地区举行了多次联合军事演习，以此向世人表明俄政府坚决捍卫其在里海及外高加索地区的战略地位。伊朗是俄在西亚地区的传统友好国家，前苏联时期，伊、苏两国政府曾就里海石油资源开发问题达成一致。苏联解体后，伊、俄两国政府在重新划分里海地位问题及修建石油管线上的立场出现分歧。伊战结束后，美把战争矛头指向了伊朗，并指责俄向伊提供援助等等，这才使俄、伊两国在里海问题上的立场趋向一致，以便共同对付美国的步步紧逼。土独立以后，奉行中立的外交政策，但一直被美视为独裁专制国家，因此两国关系得不到大的改善。自俄提出经土境修建一条石油管线后，土政府明确表示赞同俄伊提出的划分里海地位问题的新主张。

在里海能源的国际竞争中，伊朗也很积极扩展自己的政治影响和经济利益。伊朗的战略主要出自政治因素，即打破美国对它的国际“围堵”。1996 年 8 月，为了制裁伊朗，美国国会通过了达马托法，不仅禁止美国公司与伊朗进行经贸往来，也禁止第三国公司投资伊朗的石油工业。后来美国还变本加厉地反对任何途经伊朗的里海油气输出路线项目。面对美国的压力，伊朗利用其资源和地理优势主动出击，积极拓展外交和经济活动空间。它首先与俄罗斯联手，共同与美国抗争。在这场国际竞争中，伊朗与俄罗斯存在颇多共同利益，双方虽在里海法律地位及其油气主权划分问题上略有分歧，但阻止美国等西方势力控制里海能源开发的意愿强烈。1996 年 6 月伊朗与俄罗斯发表一项联合公报，决心同其他里海地区国家合作，阻止美国势力的侵入。在加强与里海国家的能源合作中，伊朗除与哈建立石油出口的“交换机制”外，还充分发挥地理位置的长处，同土库曼斯坦和土耳其达成了合作修建土—伊—土（耳其）天然气管道协定。此外，伊朗还以各种优惠条件吸引西方公司（如法国的道达尔公司）投资国内的能源开发。伊朗的上述举措成功地迫使美国检讨并调整有关政策，最后美不得不放弃对道达尔公司的制裁，同时申明“对伊朗的制裁法案不适用于经由伊朗的输油管道建设”。

其二是以美国、阿塞拜疆、格鲁吉亚为一方的利益集团。苏联解体后，以美国为首的西方国家趁俄罗斯国力衰微之际，向该地区大举渗透。美石油公司纷纷进入里海地区，参与各种能源开发项目。在修建石油管道方面，美竭力提议修建绕开俄罗斯的石油管线。此外，美还以保护其在里海地区石油公司的安全为由，通过与阿、格两国开展军事合作，不断加强它在该地区的军事影响力。

在经济利益的驱使下，阿塞拜疆政府不仅与美公司签订了巨额石油开采合同，还在美方授意下直接反对俄方提出的任何解决里海最终法律地位的方案。另外，哈萨克斯坦原支持俄提出的一揽子方案，但 2003 年 3 月哈政府在里海地区组建海军部队问题上与俄发生争吵后，立即表示要重新审定俄、哈之间签署的里海法律地位协议。8 月，美一高级代表团访哈，哈能源部长表示：哈愿与美共同开发里海地区的石油资源，并赞同美方提出的管道铺设建议。

土耳其在这场国际能源竞争中的态度也令人关注。土长期怀有向中亚里海地区扩展势力影响的意向。苏联解体后，土以美国和北约为后台，吸引同属突厥语系的中亚国家向它靠拢，以确立它在中亚里海这一“战略真空”的重要地位。为此，它充分运用其与该地区国家的传统文化联系，积极投资里海油气资源的开发项目。在哈萨克斯坦能源领域的外国投资中，土占10%以上的份额；在阿塞拜疆三个最大油田的外商投资中，土也占6.8%；土耳其与土库曼斯坦也签署了有关油气勘探和开发协议。土耳其目前的石油自给率仅为18%，它需要输进里海的油气资源支持本国的经济发展。因此，土耳其极其希望利用其地处欧亚交界和控制黑海海峡的条件，使阿、哈、土三国油气经其领土输往欧洲和世界市场，从中赚取一笔数额不小的过境费。据统计：如果每年有价值140亿美元的里海油气经土境外运，土不仅可以净赚5亿美元，还能减少石油进口的30亿美元开支。现在巴—杰石油管道已建成，阿克套—巴库海底石油管道以及另一条从土库曼斯坦经伊朗到土耳其的、全长800多公里的、投资19亿美元的天然气管道还在修建或拟建中。

中亚里海国家对世界各国的能源角逐的基本政策是平衡外交。阿塞拜疆、哈萨克斯坦、土库曼斯坦和伊朗都是里海沿岸国家。在与大国的关系中，伊朗的立场比较鲜明，并决定着手开发在本国里海水域的油田。2005年初，伊朗外交部正式声明：在里海法律地位确定之前，反对任何外部势力在伊里海水域范围内活动。

阿、哈、土三国为了维护本国利益，在俄美之间谨慎地开展平衡外交，为的是积极寻找资金来源和输出油气的新通道，尽快开发里海周边的油气资源。为了获得西方支持，它们一方面急于在里海划定属于自己的疆界，以便把更多的油气资源划归自己名下；另一方面，又急急忙忙地与西方大石油公司的投资者签订了大量勘探开发里海油气田的合作协定。

阿塞拜疆既想与西方国家建立更紧密的联系，希望北约在阿建立军事基地，又不希望刺激俄罗斯。哈萨克斯坦是俄的战略伙伴，双方在里海法律地位问题上的立场接近并率先签署了里海北部海底划分和共同开发其油气田的协定。哈虽不愿意屈从于美国的压力，但从本国利益的实际出发，同意把自己的石油注入巴—杰输油管线，同时希望利用西方资金和技术，解决油气勘探开发和出口运输等问题。土库曼斯坦声明自己是个“永远中立的国家”，它一边积极接受美国的援助，一边不断地向俄罗斯靠拢并作出某些让步。

第八章

中国参与里海能源合作的问题及其对策思考

中亚里海国家位于我国新疆边境西北面，对于我国的油气供应安全，无论从国家安全还是从经济发展来看，都具有极其重要的战略意义。考察分析这些国家的能源出口潜力和世界大国在这一地区角逐的新态势，对于深入了解我国与中亚里海国家的能源合作中存在的复杂因素和问题，采取相应对策是十分必要的。

第一节　俄罗斯和中亚里海国家近期的能源出口潜力

历史经验证明：一个国家的能源出口潜力，取决于它的能源生产和资源状况、对外合作的政策措施、国家宏观政治经济环境和投资气候等因素。

一、从油气储产情况看俄罗斯和中亚里海国家的能源出口潜力

1. 石油方面

近年来，俄罗斯和哈萨克斯坦的石油开采量和出口量一直保持在历史最高水平，俄的石油开采量多年已保持在4.5亿吨以上，其中约62%供出口。哈的石油产量基本保持在4800万吨—4971万吨的水平线上，据美国《油气杂志》公布的数字，2006年哈的石油探明剩余储量出现大幅增长，达41.09590亿吨，涨幅达233.33%。[①] 据此有专家预计：2015年前哈国石油产量可达到1.2亿—1.5亿吨，但是哈每年石油需求总量仅1000万吨左右，其石油产量的绝大部分都可供出口。2006年土库曼斯坦和乌兹别克斯坦的石油探明剩余储量分别为8219.18万吨和8136.99万吨，同比分别下降15.4%和7.1%，这两国的石油产量都不高，分别为825万吨和525万吨，但可供勘探的资源量较有余地，对于搞油气开发来说也有一定潜力。2006年，世界第二大石油出口国俄罗斯的石油出口收入为966.75亿美元，石油产量达到4.8亿吨，比前一年增长2.1%。俄对独联体以外国家出口石油2.13亿吨，比前一年减少0.7%；对独联体国家出口石油3692万吨，比前一年减少2.9%。俄罗斯石油和天然气蕴藏量分别占世界油气总储量的13%和35%。从出口收入看，2006年俄罗斯的油气出口收入达到1395亿美元，比2005年的1096亿美元增长了27.3%。另据中国驻哈萨克斯坦经商参处披露的数字，2006年哈萨克斯坦共开采石油及天然气凝析油6500.5万吨，其中原油5434.16万吨，同比增长6.8%；天然气凝析油1066.38万吨，同比增长0.4%；天然气出口收入为428.16亿美元。

2. 天然气方面

2006年哈萨克斯坦的天然气年产量达256.5亿立方米，同比增长2.7%。相比而言，土库曼斯坦在生产天然气方面更有优势，2004年共

① 梁刚："2006年世界石油探明储产量及在产油井数"，《国际石油经济》2007年第1期，第54页。

生产600亿立方米天然气，其中82%供出口。土的发展目标是：至2010年产量达1200亿立方米，其中出口1000亿立方米。俄的天然气储量和出口均居世界第一位，其产量的30%左右用于出口，其中80%以上输向欧洲市场，所占份额约为26%。目前，俄也在考虑将天然气出口战略向东转移。从资源角度看，俄罗斯的油气潜力很大，但它的出口能力在很大程度上受其管道运输能力的制约。因此，迄今为止欧洲依然是俄油气出口的重点地区。2006年，俄罗斯的天然气开采量达到6562亿立方米，比前一年增长2.4%。俄对独联体以外国家出口天然气1603亿立方米，对独联体国家出口天然气408亿立方米。哈天然气资源量约10万亿立方米，已探明天然气储量约1.8406万亿立方米，[①] 其中哈萨克斯坦70.4%天然气储量集中在卡拉恰加纳克凝析气田。土库曼斯坦2006年的天然气可采储量为2万亿立方米以上，出口潜力较大。乌兹别克斯坦的天然气资源也很丰富。为了继续扩大其国内外能源市场，乌在数年前完善了矿产开发法，容许外资进入石油开采部门。现在国外投资者已纷纷涌向乌兹别克斯坦，参与16个含油气区块油气地质勘探开发的投资项目。预计2010年前，乌的天然气出口贸易量可望增加到700亿立方米。据悉，俄、哈、土三国目前正致力于建设一条从土库曼斯坦输出，经哈、俄，向欧洲出口的输气管道。俄试图通过该管道的建设，掌握中亚能源控制权的先机。[②]

3. 煤炭方面

俄罗斯和中亚里海国家煤炭年产总量近10多年来呈下降趋势，其中俄罗斯约减少了23%，哈萨克斯坦约减少了35%，乌兹别克斯坦约减少了45%。

从总体上看，苏联解体后，俄罗斯和中亚里海国家的能源总产量变化不大，只是煤炭总产量和各国的年产量有所下降。但是，各国的油气

---

① 梁刚："2004和2005年世界天然气探明储产量"，《国际石油经济》2006年第6期，第53页。

② 卢铮："俄哈土将共建中亚最大天然气管道"，《中国证券报》2007年5月15日第A15版海外财经专栏。

产量和出口量都出现大幅度增长。哈、乌两国的油气生产增长幅度和俄、哈两国的油气出口增长速度引人关注。以2004年为例，俄、哈两国的石油出口分别占年产量的62%和80%以上。

二、从人均能源占有量看俄罗斯和中亚里海国家的能源出口潜力

人均占有能源产量也是判断一个国家能源出口潜力的重要指标之一。按人均占有石油开采量排序，近3年哈、俄、土三个能源供应国依次为：哈约3449公斤/人、俄约2927公斤/人、土约2005公斤/人。与之对比，我国约0.123公斤/人。按人均占有天然气开采量排序，土、俄、乌、哈四国依次为：土约10629立方米/人、俄约4307立方米/人、乌约2215立方米/人、哈约1089立方米/人。与其相比，我国约25立方米/人。

通过对俄罗斯和中亚里海国家能源出口的潜力分析不难看出，俄、哈两国具有相当的油气出口潜力，乌、土两国的油气出口潜力也不容忽视。为促进本国经济复兴，这些国家都在不同程度地积极采取措施，引进外资和先进技术。他们希望印度洋盆地国家和中国能够在协商一致的基础上，积极参与他们的油气资源及其他能源的勘探、开发和运输。这为我国发展与这些国家的能源合作提供了前提条件。

第二节　中国与俄罗斯、中亚里海国家能源合作的复杂因素

在中亚里海地区的大国能源角逐不断深化的背景下，我国在推进与这些国家的能源合作中，遇到了除双边合作以外的、越来越复杂的制约因素。

1. 美国视我国与这一地区的能源合作是对美能源战略，尤其是对其全球战略的威胁。在美国能源决策的诸多因素中，越来越关注我国石油需求的迅速上升，并夸大其影响。此外还经常有意夸大估计和宣传我

国的经济和军事实力，竭力阻挠我国与该地区能源供应国家的能源合作。美国认为：中国石油供应存在巨大缺口，又有大量美元，因而有可能为了自身利益在这些地区建立自己的势力范围，这将使世界其他能源市场的石油供应相应减少，特别是中国石油企业同时参与伊朗和苏丹等所谓“问题国家”的能源开发，有助于这些国家的经济发展，这与美国对这些国家的经济制裁政策相抵触。

2. 俄罗斯虽在能源决策中表示要加强与我国的能源合作，但是在实际项目的谈判和操作中，还存在不少疑虑和变数。俄罗斯与中亚里海国家存在较深的历史渊源关系，在政治、经济上具有相互依赖性，因而有可能构成我国与它们在能源合作上的制约因素。从目前的态势看，俄罗斯在与西方的竞争中取得了主动权。①

3. 哈萨克斯坦等中亚里海国家虽都有与我国进行能源合作的愿望，但要使其能源出口潜力变成现实还须解决诸多问题。例如：中、哈石油管线项目虽已签署协议并开始实施，但某些细节问题尚未落实。试以2004年为例，哈萨克斯坦向俄罗斯供油1800万吨，经里海管道财团输油管道系统向欧洲出口2800多万吨，从哈萨克斯坦的阿克套向格鲁吉亚的帕图米港供油200多万吨，再加上本国需求1000万吨，要真正实现2006年向我国出口1000万吨石油的计划，就必须先扩大里海油气的开发，增产石油或从俄罗斯转口石油。但是到目前为止，尚无一家俄罗斯石油公司表示愿意参与解决从俄经中哈输油管道向我国供油的问题。而里海大国角逐的尖锐化，对我国开展与俄罗斯和中亚里海地区国家的油气合作，必然会增加更多的制约因素。

由此可见，一个跨国油气进口项目，远非我国一家油气公司所能单独承担的，这需要在统一对外的能源战略部署下，从中央到公司，从外交、经济、到军事等有关部门的通力合作，并需要从官方到民间做长期的、大量的、艰苦细致的工作。

---

① 孙壮志：“中亚能源的流向之争”，《人民日报》2007年5月16日第3版国际要闻专栏。

第三节 美国、俄罗斯和中亚里海国家对中国介入里海能源的态度

在里海油气的争夺与合作中，美国等西方国家，以及俄罗斯与中亚国家都在不断调整自己在里海地区的能源战略和策略。它们的能源发展战略和政策调整，对中国介入里海地区与俄罗斯和中亚国家的能源合作必然产生影响。

一、美国对中国介入里海地区始终采取遏制态度

美国对中国的能源战略对策研究比较超前，美国对中俄、中国与中亚国家的油气合作和中国介入里海地区一直采取遏制态度。美国在里海地区的主要战略任务就是遏制俄罗斯和伊朗在里海地区的地域优势，阻止中国的扩张，削弱该地区国家对俄的依赖，达到最终摆脱对俄依赖的目的。美国把俄、伊看作是美在该地区利益的主要威胁，把中国视为21世纪美国在该地区的可能竞争对手。2003年6月20日《远东经济评论》曾刊文指出：中国要想实现能源供应多元化，除中东外，别无选择。凡中国想与俄罗斯和中亚（包括里海地区）国家开展能源合作的项目，美国和西方的跨国公司都会先行一步，极力控制资源源头。这种情势多年来一直有增无减。

二、俄罗斯和中亚国家对中国介入里海地区的态度

中国与俄罗斯、中亚一些国家的油气合作已进行多年，但由于多方面原因，项目的实际进展十分艰难。除在哈萨克斯坦个别油田项目开始运作外，其他大型输油、输气管道项目尚处于技术经济论证阶段。在中俄合作中，存在两个方面的问题：一是双方缺乏明确的“游戏规则”和“市场法则”；二是俄出于自身在中亚里海地区的地缘政治利益和经济利

益考虑，对中国与中亚国家的双边能源合作顾虑重重，它既担心中方缺乏明确的长期战略和必要资金，又摸不透中国的天然气市场前景，因此多次建议俄、哈、中三方以“以油换油方式”合作，即俄从哈进口石油，再从其东部向中国出口石油。

哈萨克斯坦与中国石油公司于 1995 年达成的石油管道修建协议搁浅后，哈曾考虑参与中俄的安大线输油管道项目，但后因该线被安纳线取代而不了了之。2003 年 5 月 9 日，哈外长托卡叶夫访华，与中方专门探讨了向中国出口哈石油的可能性。

阿、哈、土、乌四国都希望通过吸引外资开发自身油气资源以振兴经济。但是，前苏联时期遗留下来的通往俄罗斯的唯一油气出口通道，制约了这些国家的油气出口。转轨初期，这四国一方面千方百计地吸引美国等西方跨国公司投资，以开拓新油气出口通道，摆脱俄罗斯控制；另一方面积极推进能源开发和输出的多元化战略，希望开通对中国或经过中国的出口渠道，以免受制于美国。但是，由于这些国家迫切需要发展本国经济的资金，因此与它们进行油气合作成功与否，在很大程度上取决于项目的具体实施速度和资金状况。合作条件一旦不能兑现，它们立即就会寻找其他有资金实力的合作伙伴。2007 年 5 月 12 日，俄、哈、土、乌四国发表联合声明，拟对自中亚通向俄罗斯的“中亚—中央”天然气管道进行改造，从而使俄罗斯在复杂多变的中亚里海能源战中再次抢得了先机。①

总之，俄罗斯要加强与美国等西方国家的能源合作，就必须不断改善投资环境，完善税收等有关法律。这不仅有利于俄美油气合作的扩大，也有利于改善中俄油气合作的投资环境。但西方石油公司丰富的国际合作经验、雄厚的资金、先进的技术，也会使中国在开发里海油气资源的过程中遭遇更残酷的市场竞争。然而，无论从中国经济可持续发展和西部大开发战略的需要考虑，还是从国家经济和能源安全的角度分析，与俄罗斯和中亚里海国家的能源合作都具有不容忽视的重要战略

① 关键斌：“俄罗斯在中亚—里海能源战中再次抢得先机”，《中国青年报》2007 年 5 月 14 日第 5 版国际专栏。

意义。

上海合作组织会议为中国与中亚里海国家的能源合作创造了良好的条件，也引起了世界的关注，从而使该地区的能源争夺日益激烈。[①] 在复杂多变的国际政治和经济形势之下，中方应密切跟踪事态的不断变化，抓住有利时机，认真分析研究这些国家能源战略和政策的动态与变化，及时调整相应的战略、策略，同时深化改革，建立责、权、利一致，反应快捷、敏锐的相应管理机制。此外，还应认真研究美国长期的总体战略和地区战略，及时了解其策略的变化和实质，建立自己的综合应对机制，以在政治、安全、外交和经济方面及时采取相应的战略和策略，利用矛盾，运用智慧，做好自我防范，尽量避免陷入被美国等西方国家围困的窘境。

第四节　中国与中亚里海国家开展能源合作的现实问题和对策建议

2003年5月，胡锦涛主席成功地访问了俄罗斯、哈萨克斯坦、蒙古等邻国。9月22—23日，“上海合作组织”第二次总理会晤，使该组织顺利进入了全面发展阶段；9月24—25日，中俄总理的第八次定期会晤，对两国关系做了全面的评估，并提出了下一步互利合作的规划。其中加强与俄、哈、乌三国的能源合作是此次国家领导人之间会谈的重点议题。客观地看，我国同上海合作组织其他成员国家间的经贸与能源合作，存在着非常广泛的合作空间，但问题也是存在的。

一、能源合作的现状和存在的问题

近10年来，我国经济高速发展，能源消费逐年增长，能源缺口不

---

① 昭文：“各方竞夺中亚石油”，《中华工商时报》2006年6月14日第4版环球经贸专栏。

断拉大，一次性燃料能源消费结构不尽合理，已是人所共知的事实。中东的动荡局势和美对伊拉克的战争，使中国从中央到地方更加密切关注本国的能源安全和多元化进口国外油气资源的发展战略。加强中国与西北陆路交界“上海合作组织”成员国间的能源合作因而成为人们的普遍共识。

近年来，中国同俄罗斯及中亚国家在能源合作方面的确做了大量的工作。每年往返于这些国家去谈能源项目的各级各类代表团比比皆是，但许多项目进展缓慢，不能令人满意。特别需要指出的是，俄中安大线石油输送管道的流产，为中、俄之间的能源合作做出了最明确的注解。前车之覆，乃后车之鉴，同俄合作特别要重视以史为镜。

中哈的能源合作虽存在问题，但还算顺利。据中国驻哈萨克斯坦经商参处披露的资料，2006 年 5 月 25 日，中哈输油管道中阿塔苏—独山子段建成输油，从而使我国能够首次以管道方式从境外进口原油。2003 年 3 月，中哈双方合作建成肯基亚克—阿特劳段输油管道，为哈中输油管道的实施奠定了进一步合作的基础。3 个月后，中石油与哈国家油气股份公司签署肯基亚克—独山子输油管道建设协议，确定分两期工程进行。该管道起点为哈境内的肯基亚克，途经阿塔苏、中哈边界的阿拉山口，终点为我国新疆的独山子。线路全长 2584 公里，其中哈境内长度 2332 公里，中国境内 252 公里。管道全线设计输油能力 2000 万吨/年。一期工程建设阿塔苏—独山子段，长度 1240 公里，输油能力为 1000 万吨/年；二期工程建设肯基亚克—阿塔苏段，长度 1344 公里，计划于 2010 年底全部建成，全线输油能力 2000 万吨/年。目前二期工程尚在建设中，一期工程已建成竣工。①

同哈合作的主要问题是，哈作为资源供应国，按产品分成协议对中国石油公司的限制较多，如中哈合资公司在哈开采的大部分石油要归哈方自行处理，中方每年只能向国内运回份额油 100 万吨，其余 300 万吨份额油由哈自行向欧洲出口。业内人士认为：石油向西出口的利润高，

---

① 李晓玲、韩洁、金学耕：“中亚区域经济合作加速能源联合开发”，《中国煤炭报》2006 年 10 月 30 日第 3 版世界能源专栏。

对于中国来说，要接受哈向西方出口的油价有一定难度。

另外，以美国为首的西方石油公司出于战略目的，极力阻止哈石油向北运往俄罗斯，或向东输往中国。2003 年，中石化和中海油在哈的里海水域投标被“涮”，完全反映了西方石油公司遏制中国的企图，“没钱不让你进，有钱也不让你参加”。而哈同意修建阿克套—巴库海洋输油管道，准备将本国石油与巴—杰伊汉输油管道相连，似乎意味着里海石油只能向西供应欧美国家。此外，俄也以建立“欧亚经济共同体”、能源一体化为由，对哈的石油出口采取了种种拉拢和限制措施。

其三，中国同其他“上海合作组织”国家（乌、吉、塔三国）的能源合作，进展不明显。突出表现在：这些国家的能源资源相对不足，投资环境也不好，并与俄罗斯保持着传统的经济联系和风俗习惯，看重西方国家的金钱和技术，愿与俄、美合作，却对中国索价过高，中国公司要想进入很难。

总之，中国同中亚地区的“上海合作组织”成员国开展能源合作的问题客观存在，因此长期以来进展不快、收效不大。

二、产生上述问题的原因分析

从中方存在的问题看，原因有三：

1. 中国政府面向全球的长期能源发展战略至今尚未出台，对中国公司参与国际能源合作项目的地位和影响力估计不足，外交政策指导不力。因此，中国公司在国际市场竞争激烈和行情变化迅速的条件下，常显现出经验不多、互相拆台，或反应迟缓等低级失误，导致合作项目很难迅速见到综合经济效益；

2. 缺乏对资源供应国认真的调查研究和充分的物质与心理准备，从国外获取真实信息的办法和途径不多，一些中国公司常轻信西方代理商提供的信息，结果导致上当受骗或者被“涮”；

3. 中方部分参与谈判人员素质不高，缺乏随机应变的能力和外事经验，“只说好的，不谈问题或故意绕开问题，有时甚至不能针对对方不合理的要求，针锋相对地予以反击”，从而使谈判效果大打折扣。

从对方存在的问题看，原因也有三：

1. 这些国家的投资环境不理想，矿产开发和税收等方面的立法尚不完善，政府、公司之间的内部矛盾错综复杂，腐败行为盛行，在这些地区投资较难且充满风险；

2. 西方的雄厚经济实力和先进技术对他们的吸引力较强，而中国经济的高速发展和体制变化则使他们感到担心、迷惘和不理解，一些亲西方的俄罗斯右翼政治家和企业家，对与中国的合作更是持否定态度；

3. 包括日本在内的西方国家石油公司，纷纷按自己国家制定的全球性能源战略为谋取本国和本公司的利益最大化，从中作梗，阻挠中国参与国际能源合作。

三、对策建议

国际能源合作问题涉及到经济、安全、地缘政治、外交、法律、资源、生态和军事等一系列领域。因此，中国进行未来的国际能源合作需要：

1. 加强政府对中国石油企业参与国际能源合作的宏观战略指导。首先是中国需要尽快制定从中央到地方协调一致的、面向世界市场的长期能源发展战略。政府对中国石油企业参与国际能源合作，应给予外交上的支持和经常性的检查指导。同时，作为资源需求国的中国政府，要保证为本国企业把参与项目的风险降至最低，创造尽可能多的条件以减少国家利益的损失。

2. 设立确保国家能源安全、实现中国参与大规模国际能源合作的专职协调机构。该机构要代表我国政府加强与欧佩克、独立的石油出口国组织、欧洲能源宪章国家、东盟、东北亚相关国家、欧亚经济共同体、上海合作组织等，开展积极的能源外交，与油气资源输出国加强能源合作方面的联系，为中国石油公司“走出去”铺路搭桥，积极创造良好的投资环境和进入国际能源上游市场的条件。此外，还要努力培养和造就专门从事现代能源外交活动的人才。

3. 中国企业在准备向俄罗斯等上海合作组织成员国的能源项目投

资时，必须对参与项目的不同目标和所使用的不同方案进行“周期、责任、风险和回报”的精确分析，这样才能把风险降至最低，当然这需要对大量有价值的信息进行详细的分类鉴定。另外在决定投资前，还应充分考虑到对方的市场风险、地质风险、政治风险、合作风险和税收风险等因素。

4. 能源项目在“上海合作组织”中具有举足轻重的地位，以此可带动其他经贸合作项目的发展。由于能源合作项目的周期长、投资大、有风险，不确定因素和突发紧急情况多，且涉及到国家间的关系，因此宜采取区域性或国家间的多边合作机制，以俄、哈两国为重点资源供应国，联合利益可以共享的资源需求国，共同组织项目实施，同时加强准确信息的沟通和交流，最大限度地降低风险，减少损失。①

5. 努力构建中亚能源陆上通道。新疆处于俄、印、中三大国交汇处，与周边八国为邻，能源战略地位十分突出。借助上海合作组织的作用，在进一步扩大经济合作、促进民间合作和交流、加快大西北建设和发展的同时，开辟新的能源基地，把新疆建成我国陆上能源资源安全通道，这对于我国突破“马六甲困局”，缓解海上能源安全威胁，无疑具有十分深远的意义。②

在当今世界，除煤炭在发展中国家继续保持较高比重外，石油和天然气显然是世界各国赖以生存和发展的两种最重要的能源。预计到2010年，作为“能源宝库”的海湾地区在世界能源领域的中心地位不会改变，仍将是全球能源的主要供应地。然而，出于对海湾安全形势的担忧，许多国家都已推行石油进口多元化政策，以减少对海湾石油的依赖程度。在此情况下，介入、参与里海油气资源的勘探和开发，引起了西方国家的极大关注。目前世界上对里海及其周边区域油气资源储量的评估不一，但据比较可靠的估测，该地区油气的可开采储量与英国的北

---

① 孙永祥：“我国与上海合作组织国家发展能源合作的问题和对策建议”，《世界经济调研》2003年10月第37期。

② 王林：“新疆应大力构建中来能源通道”，《亚洲中心时报（汉）》2007年1月18日第1版。

海油田相仿，接近世界储量的3%。除石油外，里海地区待发现的天然气储量居世界前列。由于当地的能源消费有限，因此可供出口的油气潜力相当可观。虽然这里也存在着由民族、领土、宗教等错综复杂的因素引发的矛盾纷争，如纳戈尔诺—卡拉巴赫问题、阿布哈兹冲突、达吉斯坦战乱和车臣危机等，但与波斯湾地区相比，该地区局势相对而言还是比较稳定的。里海地区靠近全球能源消费增长最快的亚洲，因此通过与海湾产油的协调配合，就能很好地满足亚洲国家的油气需求（尤其是东亚的中国、日本和韩国），并使美国等西方国家有可能逐步改变过去过于依赖海湾石油的状况，从而在21世纪的世界油气供需平衡中发挥举足轻重的作用。中亚里海与俄罗斯的油气资源极为丰富，地域上与我国是近邻，经济上与我国具有较强的互补性，如政策得当，该地区可望成为我国能源供应安全的基石之一。①

在围绕中亚里海能源开发的国际竞争中，各种力量利益汇聚，矛盾交织，整体形势呈现出美强俄弱、美攻俄守的态势。然而，俄罗斯的影响不容低估，伊朗的反美情绪不容忽视，在以后的岁月里，美国若遭到俄罗斯和伊朗的有力抗争，也不足为怪。当前世界各种力量之间既有志在必得的争夺较量，又存在谋求利益平衡的妥协合作，相互竞争与相互依存共同发展。毋庸置疑，这场跨世纪的世界级能源争夺战，不仅对中亚里海地区会产生深远的经济和政治影响，同时还将影响里海周边国家同邻近国家、世界大国间的关系，对欧亚大陆的地缘政治格局和世界经济发展也会形成一定的冲击，21世纪的中亚里海地区在地缘政治、经济和战略上的重要性将日趋突出。

① 吴明："中亚和俄罗斯有望成为我国能源安全供应的基石"，《中国国门时报》2006年3月27日第8版。

借鉴篇

以中东、里海油气为轴心，了解、研究、借鉴世界大国的能源策略，为我国的经济发展服务。

第一章

美国的能源战略

从20世纪40年代末起，美国的每一次经济衰退几乎都以世界油价暴涨为前奏。对于过去出现的能源危机，政策上并未有过特别有效的解决办法，只有各种利益之间的艰难互动与应急措施。但到了21世纪，美国的能源部门有了危机感。由于种种因素，日趋复杂的国际形势预示着一场能源危机随时可能爆发，每个国家都将受到影响。虽然很难准确地预见这场危机的确切起因，但有一点很明确，能源供应的短缺问题会严重影响美国和世界经济，并以种种显著的方式作用于美国的国家安全和对外政策。

20世纪80年代，石油价格时降时涨，拥有世界石油主要储量的生产国缺乏激励因素，促使它们在新的基础设施之中投资。与此同时，在一些发展中国家，尤其是在经济和人口增长速度很快的亚洲国家中，能源基础设施受到了严峻的考验。20世纪90年代，一些石油输出国政府适度放松了对国营能源部门的管制，使市场力量获得了解放，投资和资源的配置获得了改善。这一战略获得了一定程度的成功，取消管制之初，能源价格确实像预料之中的那样，在大多数情况下走低。但是，市场自由化也带来了一些比较令人厌恶的后果。能源供应短缺问题又一次悄然而至，进入21世纪后，世界经济的快速增长撞上了因能源基础设施几十年来投资不足而造成的供应方面的实际障碍。

能源价格自1999年起逐步攀升对世界各国的影响是不同的，首先对消费者不利。1998年，世界油价跌破10美元/桶惠及所有的消费国家。但不到一年，少数石油出口国的国民收入就下跌了50%，并由此引起连锁反应。阿尔及利亚、文莱、印度尼西亚、尼日利亚和委内瑞拉出现政府更迭，俄罗斯和印度尼西亚出现社会动荡。1999年，非欧佩克石油生产国墨西哥、挪威和阿曼与欧佩克联手，通过减产摆脱困境，把危机转嫁给其他国家。当时，无论发达国家还是发展中国家，无论石油进口国还是输出国，都为油价剧烈波动及其对国际或国内经济的影响共同担忧，它们最需要做的是尽快把这种共识转变成有效的联合行动。

20世纪70年代爆发石油危机导致世界经济衰退时，解决经济衰退的主要办法是急剧缩减全球的能源需求。此后，能源利用的技术改进使得成本下降，创造了供求两方面的新效率，从而助长了决策层的自满情绪。随着价格下跌，美国政府对能源问题的注意力逐渐消失了。美国赖斯大学贝克研究所的研究报告认为：在能源资源和产能并不乐观的时候，自满情绪有可能使美国经济一蹶不振。如果美国不对新世纪的能源困境采取战略性的对策，那就是冒险。

第一节　20世纪八九十年代的美国能源形势和政策

这一阶段，美国能源政策的核心是一直致力于在国内外取消市场限制，利用市场机制高效率地配置资本，通过竞争促成低价格，为消费者提供最大限度的选择余地。此外，美国的能源政策还坚持能源供应来源的多元化。在国内，能源生产的基础设施建设一直都由市场决定。这一政策虽导致能源价格下降，但也带来了能源供应、能源效率、需求管理和节约等方面的良好感觉和自满情绪。

在节能方面，美国没有像欧洲和日本那样采用税收政策，以降低石油天然气的消耗，或者提倡采用有利于环保的洁净燃料。在美国的石油消费中，运输部门所占的份额从1970年的52%上升到1995年的66%。

美国国际石油政策的基本原则是：自由获取中东特别是波斯湾石油，保证波斯湾地区的出口石油自由进入世界市场。美国同一些重要的中东石油出口国建立有特殊关系。这些国家也明确表示希望维持稳定的石油价格，愿意随时调整石油产量，以便把价格保持在既不阻碍全球经济增长，也不助长通货膨胀的水平上。为了巩固这种关系，美国采取了为这些国家的国有石油公司进行必要投资的措施，以保持足够的产能，预防其他来源供应中断。但是实际情况是：美国的海湾地区盟国很快发现，它们的国内和对外政策方面的利益同美国的全球战略考虑越来越相矛盾，尤其是随着阿以紧张局势的出现，这些国家显现出了并不愿意降低石油价格以换取市场保障的倾向。其次，美国方面的投资也不充分及时，很难保证这些国家的石油生产能力能够符合和满足不断增长的全球需要。一旦出现反美趋势，必然影响该地区领导者在能源领域中同美国合作的决策能力。这种情况造成并增强了美国乃至全球在市场供应中断面前的脆弱性，使油气输出国家获得了在油价方面的潜在影响力，特别是在美伊战争爆发前，伊拉克已被美国能源智囊专家看成是一个在主要“起决定作用的”石油生产国，使美国政府必欲除之而后快。此外，还有一个因素也加深了这一脆弱性，即取消管制促使美国等世界大国的能源公司一味地追求最大限度地增强各自的竞争力。对美国而言，最常用的手段就是削减库存，虽然这仅是一种缓冲手段，而且费用昂贵，但在国际石油市场因突发事件出现暂时混乱时，为了恢复并确保市场的正常运转仍是必要的。

20世纪70年代末，西方国家在能源供应方面形成一项共识，认为世界经济进入了一个能源供应的紧张时期，但同时也看到70年代两次石油危机造成的高油价也吸引了在能源资源和能效利用方面的更多投资。首先，石油消费的绝对数额减少了，这在电力部门中尤其如此，核电的强劲增长和煤炭利用率的增加，起到了取代石油的作用。其次，石油危机等因素造成西方工业国家经济减速，进一步促使石油消费大幅度下降。其三，高油价促进了传统和非传统燃料方面的投资，以提高能源利用效率。这些因素的综合结果是，在80—90年代，石油和天然气的实际价格基本保持在历史的“正常”水平上。

这一时期，来自非欧佩克成员国的石油供应，以及伊朗和伊拉克石油产量的增长起到了促使油价下滑的作用，而民族主义情绪的减弱，市场自由化和取消限制，则为油气消费者提供了几乎无限的廉价资源。在整个能源供应链上，炼油厂、油轮和管道、海上和陆地上的钻井架、油田设施等的产能充足，意味着能源消费可以在不严重影响基本油价的情况下适度扩展。

但是，产能充足使决策者能够较多地关注非能源方面的目标，特别是出于种种对外政策上的理由，对伊拉克、利比亚等中东产油国实行经济制裁。美国政府甚至180度地转弯，背弃了其20世纪70年代的政策，竭力打击、遏制某些与恐怖主义活动有牵连的中东产油国。1990年伊拉克入侵科威特引发的海湾危机是对全球能源供应的一次重大考验。这场考验得到了积极的应对。由于冷战结束，美国政府顺利地组建了一个国际联盟，并轻松击退了伊拉克对科威特的入侵。使这个国际联盟凝聚在一起的一个重要因素，就是保障世界石油供应，而实现这一保障则需要以下三个条件做支撑：

1. 石油产能：联合国能够对伊拉克和科威特石油实施禁运令，是因为在其他产油国存在大量的剩余产能。从1990年8月起通过这一禁令，国际石油市场上每天约有500万桶伊、科产量被取消，而由沙特、委内瑞拉、阿联酋等欧佩克成员国通过增产予以弥补。这些石油输出国拥有大量的剩余产能，并愿意为反伊联盟提供帮助。

2. 战略储备：国际能源机构成员国拥有10亿桶以上的战略石油储备，不仅有效遏制了欧佩克或非欧佩克产油国对国际市场的控制力，也使投机商们受到掣肘，他们会因这些储备投放市场而遭受经济损失。在海湾战争的情况中，国际能源机构成员国充分发挥了市场威慑作用。在当时的市场条件下，它的存在本身就能对油价起到平抑作用。

3. 市场机制：20世纪80年代石油及其成品市场的管制被取消，期货和预约市场充分发育、成长，从而形成了迅速、有效的调整机制。这一发展为全球的成品油生产商从依靠科威特和伊拉克的供应，有条不紊地过渡到采用沙特、委内瑞拉和阿联酋等国的替代石油提供了便利。

进入21世纪后，同10年前相比，最大差别是能源供应链上的剩余产能已被侵蚀得所剩无几。1985年，欧佩克的产能约为每天1500万桶左右，相当于其理论产能的50%和全球需求量的25%。到1990年，全球后备产能仍为日产500万到550万桶左右，相当于联合国的石油禁运量，这约占欧佩克当时生产能力的20%和全球需求量的8%。2001年冬季，在欧佩克的季节性减产之前，后备产能仅占全球需求量的2%左右。而同时全球范围的能源需求增长迅猛，石油供应短缺惊人。在美国，石油需求从20世纪80年代末起年均增长1%到2%。这既反映了很高的经济绩效，也说明了与节能相关的政策存在问题。美国在许多经济部门中的技术都取得了长足的进展，唯有石油部门的能效利用技术进步不大。能源价格从80年代中期开始下跌，美国能源效率的提高速度同时显著放慢。

1973年，在美国的能源结构中，石油所占比例约为49.5%，到1999年下降至41%。这一趋势后因天然气不断增加利用率而有所放慢。根据美国能源部的统计数字，因重新采用石油作为燃料，2001年初美国的石油消费日增50万到60万桶。1973年，天然气在美国能源结构中所占的比例约为18.2%，到1999年增至24%。

美国赖斯大学贝克研究所的能源专家认为：要确保能源供应，必须实施能源来源多元化战略。这一战略是应对改善环境和能源保障双重挑战所必需的。过度依赖石油并忽略能效利用率，凡是石油进口国家，都更容易受到石油供应中断的打击。由于世界后备产能不足，全球供应极易遭受突发事件的影响，有时后果会非常严重。正是在世界后备产能力不足的背景下，美国才真正感到了对中东资源的担忧。众所周知，中东海湾地区的原油在世界石油供应中一直占有重要地位，而这一重要性今后无疑还将继续增加。如果出现政治因素阻碍中东新油田的开发，则有可能对世界石油市场产生十分严重的影响，所以应立即采取措施，实现能源来源的多样化。

从现实看，美国的单方制裁措施以及对一些产油国实行的多边制裁措施，阻碍了美在一些重要的石油产区如伊拉克、伊朗和利比亚等国的投资。美国的制裁政策尽管因其单边性而使其影响显得比较有限，但还是严重制约了伊朗和利比亚产油能力的发展。至于伊拉克的生产潜力，则因联合国的制裁而严重受损。

美国的制裁措施使全球石油后备产能不足这一老问题雪上加霜。在后备产能方面，一些大产油国的现实条件今不如昔，而国际市场缺乏竞争则促使油价自 1999 年起步步攀高。目前的后备产能主要在沙特。但是沙特已经很高且还在不断增加的产量，以及除它之外缺少世界后备产能的现实，使得沙特在决定石油的现货和期货市场行情方面拥有不可忽视的控制力，并由此形成独特的政治影响力。伊拉克和伊朗曾指责沙特以牺牲本地区国家和人民的需要为代价，提高产量，顺从美国、日本和西方国家的经济利益，在油价问题上对沙特频频施压。而美国在巴以和谈中所持的不公正立场，以及阿拉伯世界由此滋生的怨恨情绪，也都使沙特等海合会成员国所承受的压力不断加重。好在中东特别是海湾产油国在经历了"石油产业国有化"运动之后，又都逐步打开了或正在计划重新开放本国石油资源的大门。这是历史性的机遇，鼓励在这些国家实行开放性的投资政策有利于公平竞争机制的形成，并促使世界石油供应在未来岁月里取得积极进展，得到安全保障。这一地区向外国投资重新开放，有望在今后 10 年的世界能源供给方面产生至关重要的影响。

俄罗斯在能源部门的改革，有可能在增加世界石油供应方面发挥重大作用。俄罗斯和中亚里海产油国都拥有丰富的石油资源，作为全球未来的重要油气供应者，前程远大。这些国家约拥有世界未发现的石油资源的 27%。

拉丁美洲的石油资源为美国提供了巨大的战略便利，但发展速度一度放慢。这两个国家的政局捉摸不定，不利于外国投资，阻碍了国有石油公司在石油和天然气方面的勘探和开发。

20 世纪 70 年代的经验表明：保障能源供应和能源价格的竞争由于供应者和燃料选择的多样性而得到改善和增强。在节能方面，日本和德国做得较好，它们的经济因此受到了较好的保护，不像美国经济那样易受油价波动的影响。从这一层意义上说，美国未来的能源政策必将是加强国内对能源效率和节能的重视。

第二节 美国的新世纪能源战略

一、21世纪的能源形势与任务

美国赖斯大学贝克研究所的专家曾就新世纪初美国的能源形势展开调研，他们的调研结果是：

1. 美国政府长期以来一直没有把安全、能源、科技、金融、环境政策同能源政策有机地结合起来，而一直依靠各大石油公司与主要产油国的直接业务联系，来满足、适应本国经济和国际经济的需要。近20年能源供应充足的现状，使保障能源供给在美国的对外战略中一直占不上最优先的地位。但是，这样的日子已经结束。国际能源市场已显现出紧缺态势，不注意或不重视保障能源供给有可能会为此付出极高的代价。因此，必须认真应对，做出战略性决策。

2. 全世界面临的能源供应和基础设施瓶颈问题，不是轻易就能解决的，必须进行长期的投资才有可能获得成功。在制定长期投资政策时，必须注意到限制能源投资的经济制裁措施以及增加能源供应的环境和条件，避免相互矛盾、顾此失彼。

3. 在保障能源供给和其他战略目标不可兼顾的情况下，政府的取舍或选择应慎之又慎。要想制定一项前后一致的能源政策，就必须把对外政策、国家安全政策和贸易政策同诸多的国内环境、税收和投资计划相结合。能源政策应当在外交对话，特别是涉及与其他大国的双边对话中占重要地位。

4. 解决环境污染问题，应有新思路，采取新对策。明智的能源政策必须把这一问题考虑在内。要使民众明白，提高环境标准是要有代价的，无节制的能源消费会对环境和公众健康造成不良后果。

5. 政府应为私营部门的决策和投资积极提供便利，铺平前进道路，这样能源基础设施才能迅速得以重建和扩建。

6. 能源自给对于美国是无法实现的。因此，政策的重点一是增加能源供应者的数量，二是消费能源的种类，三是提高能源利用的效率。以保障石油供应为核心的石油政策应当考虑到，完全依靠中东产油国的石油供给是不安全的，应增加战略储备，并重新审核动用这些储备的规章制度。

7. 世界油气资源主要集中在中东，其中尤其以海湾地区为世界之最，国际原油市场供应持续紧张凸显了全球经济面对世界主要产油国的脆弱性。海湾各国的主要财富是它们的油气储藏，它们像俄罗斯、墨西哥、印度尼西亚、尼日利亚、委内瑞拉等产油国一样，国民经济严重依赖油气。如果海湾各国的现政权无法为迅速增加的人口提供更高的生活水平，那就有可能造成社会动乱，反西方分子就有可能乘机上台。此类情况在海湾地区以外的世界主要产油国中同样存在。

8. 在美国20世纪80年代以来的能源政策中，能源利用效率和需求的管理措施不够有力，其重视程度也不够充分。强有力的需求管理必然能够大大降低经济增长所必需的能源消耗。抑制需求方面的措施主要可以落实在住宅、商业和工业等方面，但运输部门显然会收效最大也最快。

9. 到目前为止，美国应付石油供应突然中断的核心手段一直是“战略石油储备”，国际能源机构及其制定的相关政策，如积聚原油和石油产品用作战略储备等，以及通过共享现有供应，应付中断的机制，这些也起到重要作用，但其中明显存在问题：一方面国际能源机构各成员国的石油消费长期居高不下；另一方面其他地区和国家的石油需求也在迅速增加，从而使该机构难以应付一场未来的突发能源供应短缺。此外，对于该机构所设置的90天缓冲机制的规模和有效性，也必须重新审视，就像对待战略石油储备计划的管理工作一样，尤其是需要采用现代金融手段，帮助政府做好战略石油储备的预算工作。最后，什么才构成一场能源供应短缺，对于这个问题需要从全球石油市场结构的变化角度予以考虑，并重新界定。

10. 要解决好国际间在能源方面相互依存的问题，美国需要确立能源战略新思路，以促进国际能源市场的透明性和公平性，增进贸易和投资收益。由于有关市场趋势的基本信息往往无法获得，因此能源的生产者和消费者需要找到建立共同机构与制度的途径。除非美国政府在实现市场和投资结构现代化方面承担领导角色，否则就会有危险，其他国家就会实施接管，建立与美国利益背道而驰的机构与制度。

二、制定21世纪能源战略的基本思路

美国赖斯大学贝克研究所的专家提出：面对能源方面的种种制约因素，要想确保美国的利益和经济繁荣，美国必须高瞻远瞩，制定出保障能源供给的战略性政策，其基点应能反映政府对于国内经济和环境方面的考虑，阐明地域政治趋势和国家安全重点。对美国来说，确保国际能源市场的价格稳定和透明性至关重要。为此，美国需要建立一个防止石油供应中断的全球安全网络，并设立分摊负担的公平机制。从现实看，建立必要的国家和国际机制，尽可能高效、公平地防止能源供应中断，同时注意环保，把大气层中温室气体的浓度稳定在不会导致灾难性气候的水平上，符合美国的战略利益。在此基础上，美国国内各不同利益集团须精诚合作，以形成一个具有明确目标的、统一的能源政策框架，解决当前的能源瓶颈问题，用一种在环境方面可以接受的方式，构造长期经济增长的基础，促进美国及其盟国的安全。美国赖斯大学贝克研究所的能源专家认为：美国的能源政策必须在保障石油供给和环境保护方面寻求平衡点，因为加强环保力度会影响能源供应的成本，而注重市场供应则会降低消费者和整个经济受保护的水平，削弱国内应付油价波动不利影响的能力。另外，确保洁净、可靠的能源供应，对美国的外交和战略政策也有制约作用。为此，能源专家提出了近期应急和远期规划两种建议：近期应急建议提出了在遭遇能源紧急短缺时可采取的应急措施，旨在为政府提供喘息余地，保护美国经济免受或少受价格波动的不利影响。远期规划提出了一个应付能源挑战的框架，通过全球能源供应链增大国际能源供应能力，保护和改善人类的栖息地。

三、保障能源供应的重要举措

进入21世纪后，随着国际需求的不断增长，国际能源供应短缺问题日渐显露。对美国而言，其首要任务是尽快予以阻止，并获得驾驭国际能源供应短缺的能力。

21世纪初的石油市场价格波动是由多种复杂因素推动的。其中，欧佩克油价政策及其后备产能的不足、伊拉克政策以及伊拉克在联合国监督下出口石油的不稳定性、人们对于可能爆发的阿以冲突的恐惧，是刺激油价上涨的三个主要动因。这些因素使市场充满变数，令人捉摸不定。这一不确定性大大刺激了市场的投机因素，使油价迅速攀升，至2002年9月一举突破每桶30美元大关。正确应对由中东问题和局势引起国际油价波动问题是一项长期任务，非一朝一夕所能解决，但美国通过采取以下措施，确实为减轻国际油市波动带来的消极影响起到了一定的作用。

1. 开展能源外交，促使海合会中的盟国常备不懈，随时在国际油市出现波动时，填补不论何种原因造成的供应短缺，为维持油价稳定作贡献，促进全球经济增长。在海合会国家中，沙特拥有日产100万桶以上的可持续后备产能力以及更多的短期激增产能，阿联酋和科威特略少一些，各自拥有日产几十万桶的后备产能。这三国对美国来说十分重要，它们同美国开展能源合作的态度异常积极，它们所拥有的后备产能对于美国乃至全球都具有重要意义，因而成为美国能源政策中的重中之重。

美伊战争爆发前的伊拉克，石油生产很不正常，其政权常常依据自己的国家利益决定生产或停产，从而给国际油市带来了严重的波动问题。对此，沙特为油价的稳定发挥了积极的作用，常在伊拉克减少石油出口时向市场提供替代供应。美国能源专家认为：这一作用在避免较大的市场波动和抵制伊拉克趁机利用石油市场结构的企图方面一直十分重要，沙特的这一角色需要得到保护，但不应当作是理所当然的。出于同根、同民族、同宗教、同文化等诸方面的原因，这些海合会国家的领导

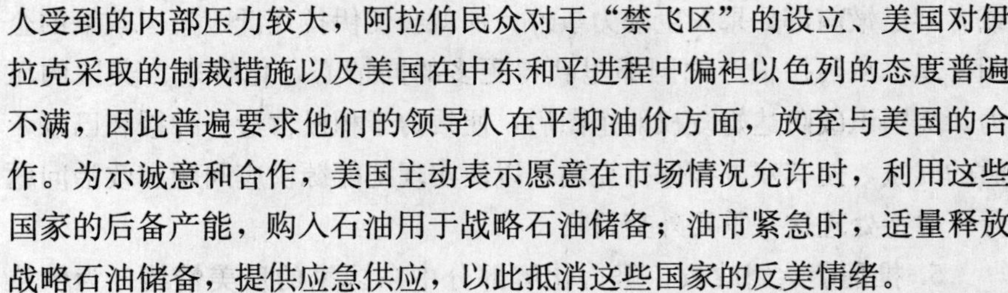

人受到的内部压力较大，阿拉伯民众对于“禁飞区”的设立、美国对伊拉克采取的制裁措施以及美国在中东和平进程中偏袒以色列的态度普遍不满，因此普遍要求他们的领导人在平抑油价方面，放弃与美国的合作。为示诚意和合作，美国主动表示愿意在市场情况允许时，利用这些国家的后备产能，购入石油用于战略石油储备；油市紧急时，适量释放战略石油储备，提供应急供应，以此抵消这些国家的反美情绪。

2. 加强国际能源机构的内部协调，以应付敌对势力破坏国际市场石油供应的任何企图。在对伊拉克的经济制裁问题上，国际能源机构内部原先存在分歧，如法国、日本等国的立场与美国立场不同。但是，这不能影响国际能源机构在国际油市发生供应中断的紧急状况下，高效率地作出共同决策的能力。该机构过去为稳定国际油价所做的努力一直很成功，美国的能源政策必须确保以往的这种成果能够持之以恒。

3. 把同所有石油出口国家（无论是否欧佩克成员国）的公开冲突减少到最低限度。克林顿政府时期，美国曾同阿拉伯产油国就油价涨价问题进行了公开的交流，从而助长了阿拉伯民众中的反美情绪，对该地区一些与美国友好的国家政权形成了较大的压力。因此，美国极力避免公开讨论价格的确定问题，不再具体规定一个“对美国有利的”价格水平，以免在石油定价政策上造成一种“我们对你们”的思维方式；而是强调原则立场，强调促进和保护全球经济增长的共同利益，由市场自行确定油价。全球经济增长需要欧佩克石油的支持。对欧佩克采取强硬立场，短期内美国国内可能会获得政治上的好处，但在较长时期里，很可能会刺激欧佩克内部采取联合行动，从而导致油价上涨，最终侵害美国国内的公共利益。

4. 通过政治和谈，消除阿以冲突紧张局势，把美国与中东关系中的能源和政治问题分别保持在不同的轨道上。这既是美国对外政策的重要信条之一，也是美国外交极力追求的一个重要目标。伊拉克前政权曾一直试图把这两个问题混合起来，在中东极力煽动反美情绪。2001 年 2 月，以美国为首的联盟对伊拉克的轰炸，导致在埃及等阿拉伯盟国发生了反美示威活动，萨达姆政权也乘机把自己塑造成巴勒斯坦事业的捍卫者，取得了部分巴勒斯坦人民的支持。这时候，约旦河西岸、加沙地带或者黎巴嫩南部如果发生暴力事件，那就会使伊拉克诋毁美国政策的企图得逞，从阿拉伯产油国那里获得更多的同情心，化解来自美国的压力。美国识破萨达姆政权的企图后，便致力于积极营造一种缓和巴以矛盾的气氛，使其双方都保持克制，以便实现把能源供应问题和政治问题分开对待处理这一重要外交目标。

5. 推翻萨达姆政权，努力化解部分中东国家的反美情绪，为伊拉克战后重建及资源分配奠定基础。伊拉克战争前，萨达姆政权一直被美国看作是对中东的美国盟国、对地区和全球秩序、对中东石油流向国际市场的一种破坏性因素。萨达姆曾多次扬言，要利用自己的出口计划，甚至动用石油武器来影响国际石油市场，企图以此强化他支持巴勒斯坦反对以色列的“泛阿拉伯”领导人“正义形象”，向他的对立面施威，寻求取消对其政权的经济制裁。对此，美国对伊拉克的政策从军事、能源、经济、政治、外交诸多方面重新进行了审视和评估，制定了一项联合其欧亚重要盟国以及中东主要国家的一体化战略。该战略以民主改造伊拉克和为伊拉克人民谋利益为口号，逐步取消没有效果的联合国制裁措施，代之以有重点的武力打击直至摧毁伊拉克现政权。为此，美国制订了一系列新的行动计划，其中包括利用外交手段促使联合国安理会做出符合美国利益的决议，建立武器控制机制阻止武器和被控制物资流入伊拉克，在对伊拉克出售武器问题方面，加强同中国和俄罗斯的对话等等。

四、消除能源供应瓶颈

进入21世纪后，美国可采取的在短期内扩大供应的选择捉襟见肘，可采取的减少短期需求的选择则更少，因此美国的一些能源专家建议政府利用一切可能的手段，消除供应瓶颈和阻碍供应的障碍，不论国内国际、单边双边，不论地区性、国际性、多国性，都应得到充分考虑。此外，还建议政府建立永久机制，以便持续不断地把能源政策同经济、环境和对外政策结合起来，消解能源市场的巴尔干化。归纳起来，为消除能源供应瓶颈，美国能源专家主要提出了以下一些建议：

1. 确立琼斯法案豁免权。美国制造的石油产品主要通过国内管道或轮船运输，但美国法律规定，只有悬挂美国国旗的船只才能从事这种运输。现在这样的船队正在迅速衰退，为了满足能源的供应需要，应取消《琼斯法案》中有关只有美国油轮才从事这种运输的规定，以使不挂美国国旗的船只也能在美国港口之间运送油气。确立有关授予这种豁免权的程序有利于保障美国的能源供应。

2. 制定有关使联邦政府优先于州政府管制的立法，尤其是在产品规格和管道通行权方面。需要采取措施来简化国家石油产品总配额，以便减轻市场的巴尔干化，从而缓和局部化的产品供应短缺和相关的价格波动。确立联邦管制规定的优先地位，有利于消除未来地区供应短缺的一个严重瓶颈，既可使联邦政府压倒个别州的反对意见，勘探和开发近海油田，还能为有关新的和得到扩展的能源基础设施以及新的管道、炼油厂或发电厂的选址程序提供方便。

3. 为解决能源问题，制定法律，加强地区性合作。联邦政府通过激励措施鼓励各州合作。地区性合作策略比以州为单位的策略显然要可取得多。虽然地区性解决办法同全国性解决办法相比，在消除供应瓶颈方面效率可能要低，但容易被人们接受。

4. 为里海沿岸地区增加石油出口，迅速提供便利。无论欧佩克还是非欧佩克产油国，都在努力生产，以满足世界石油供应。但在少数石油生产国中，政治因素冲击了正常的石油生产，如哥伦比亚、尼日利亚、挪威等国。美国政府应当协助这些国家解决问题，但要迅速见效可能性不大。然而，里海沿岸地区的石油发现可能会增加，出口会加快。为此，美国政府应重新审视对该地区的能源政策，其中包括通过伊朗的出口。这一政策可望解决今后10年输油管道线路的选择问题。当然，美国政府需要把这一政策调整所涉及的各种取舍都考虑在内，一些欧洲石油公司有可能选择通过与伊朗合作，获取或输送更多的石油，美国为此必须考虑调整对伊朗的政策。总而言之，出于同美俄关系有关的战略缘故，美国最希望的也许是想要使里海地区成为一个与俄罗斯合作的地区，而不是一个竞争或者对抗的地区。

5. 采取新的做法来建立和保持国家战略性的与商业性的原油和石

油产品库存。应付供应短缺的一个重要机制是政府和商业企业都持有原油和石油产品库存。库存，特别是战略储备，提供了国家应付一场石油供应短缺的第一道防线，美国能源专家对此提出了一系列应策建议，其中主要包括：

(1) 重新考虑战略石油储备计划的规模和资金筹措；

(2) 为战略石油储备计划的管理建立专业性标准；

(3) 为战略石油储备的动用确定明确的政策；

(4) 重新研究制定保持石油产品和天然气库存的激励措施和税收政策；

(5) 鼓励各州重新研究确定油气燃料的最低限度库存，以及财政上的激励措施。

6. 在联邦政府的行政当局内部、在行政当局和国会之间、在联邦政府和州政府之间，以及在联邦政府和广大的公众之间，建立新的能源政策调整机制。

五、把建立战略石油储备当作一项长期的能源政策

(一) 继续在国际间建立、保持和使用战略石油储备

在新世纪里，美国需要同其他石油消费或进口国家一起合作，以确保在全球范围都可以获得充足的战略石油储备，应付未来可能发生的供应中断。应付中断的机制目前基本建立在国际能源机构体制及其成员国范围内。国际能源机构或经合组织各成员国在 1974 年该机构创建时是全球石油贸易的主宰，但它们的份额却一年一年地下降。1985—2000 年，东亚国家在全球石油消费中所占的份额从不到 20％增加到 27％以上，该地区增加的石油需求量占了世界需求总增加量的 80％。由于发展中国家的石油消费量在全球消费总量中的份额增长很快，因此美国考虑建立一些激励机制，以鼓励那些需求增长过快的发展中国家建立自己的战略石油储备。

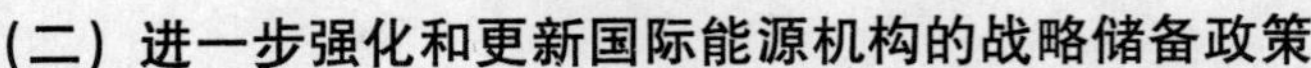

（二）进一步强化和更新国际能源机构的战略储备政策

国际能源机构内部在战略储备的管理方面存在差异，一时难以取得和谐。欧盟规定石油提炼商应当保持同75天消费量相关的储备，国际能源机构则规定各成员国所保持的储备应当相当于90天的净进口量。在国际能源机构中，美国和德国的战略石油储备由主要由政府建立和保持，日本则由政府和民营株式会社共同建立和保持，其他成员国则主要由公司和企业承担责任。

（三）鼓励中国、印度、巴西等非国际能源机构的重要国家建立战略库存

国际能源机构是在经合组织成员国主宰全球能源消费的20世纪70年代建立的，但它现在仍未把中国、印度和巴西等世界上能源消费增加最快的国家包括在内，可这些国家的能源消费增长对世界能源供应，无论从哪一方面看，都是一个不可忽视的变数。一旦遭遇能源供应问题，无论哪一成员国，只要它采取行动释放库存，以减轻国际油价的上涨压力，就得承受这一行动的代价，但由此产生的好处却惠及所有消费国家，其中包括中国、印度、巴基斯坦和巴西等不属于该机构的消费大国。因此，美国试图要求那些石油需求和进口迅速增加的国家采取切实措施，一来维护自己的经济利益，二来避免因自己的经济问题贻害发达国家。目前，该机构成员国日本正在为此目的同邻国进行双边合作。

（四）鼓励发展中国家建立战略石油储备

为实现这一目的，首先应重新确定国际能源机构的成员国资格标准，建立一个新的成员国类别。对于这些由发展中国家构成的新成员，应鼓励它们建立最低限度的战略石油储备，使这些国家从参与该机构的一些活动中直接受益。目前日本在这方面已先行一步，选择的方式是资助亚洲国家建立战略石油储备。

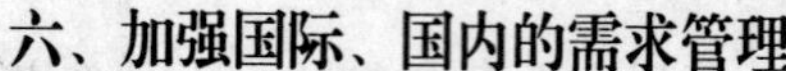

六、加强国际、国内的需求管理

在石油需求管理问题上，美国一直跟在其他工业发达国家后面。这些国家大都采用了财政管理政策，通过对石油产品大量征税来抑制石油需求的增长。这些努力虽然由于种种原因受到过批评，但其在促进能源效率与节约方面是有效的。对此，美国能源专家提出了如下一些建议：

1. 政府应大力加强需求管理。要求总统、副总统和能源部长积极参与，制订需求管理计划，以此充实国家能源战略。

2. 合理使用联邦政府的采购权，增进替代性燃料的使用，大力提高能效利用技术，实现各项需求的管理目标。

3. 加强石油外交，促进非欧佩克国家产量的增加。国际能源市场上的供应越多、来源越多样化，其应变能力就越强，有利于避免市场失控或者价格方面的极端反应。

4. 扩大石油和天然气论坛计划。由能源部、商务部和国务院共同发起成立包括中国、俄罗斯、印度尼西亚以及拉美、西非、里海等重要产油国或消费国在内的石油和天然气论坛，通过这些论坛召开由美国能源公司和非欧佩克国家领导人参加的贸易会谈，消除彼此间能源合作的障碍。

5. 墨西哥是美国的 4 个最大的石油供应国之一，因此应促进增加在墨西哥石油部门中的投资。

6. 鼓励俄罗斯能源部门的改革。在普京总统领导下，俄罗斯的能源部门进行了重大改革。美国能源专家注意并发现：俄罗斯的能源工业如果衰败，虽然会遏制俄罗斯的军事预算，从而削弱莫斯科挑战美国利益的能力，但对于美国的能源供应多样性政策同样不利。由此不难看出，俄罗斯是当今世界的一个重要能源供应国，促进俄罗斯能源部门的改革，既有利于美国的能源来源多元化，也有利于美国减轻对中东石油的依赖。

7. 促进中东产油国重新对外开放油气上游产业。中东特别是海湾产油国在世界石油供应方面一直占有重要地位，如果政治因素阻碍这一地区的新油田开发，将会对世界石油市场产生很严重的影响。在海湾产油国中，沙特和科威特已向外资企业重新开放了上游油气部门，估计投资金额在 60—400 亿美元之间。这一举措对于美国而言，其重要性不言而喻，因此美国的能源专家建议政府积极鼓励中东产油国的这项重要政策。

七、为新的全球能源机构奠定基础

美国能源专家提出：在新世纪新形势下，调整国际能源投资与贸易的国际机制，有利于最大限度地实现美国能源政策的国内和国际目标，而建立新的国际能源机构可采取以下 4 种模式。

（一）欧洲能源宪章模式

1990 年该宪章提出了拟建立一个从大西洋一直延伸到西伯利亚的统一的欧洲能源市场的最初构想。该市场能量一旦由于西方的投资而释放出来，仅前苏联的油气资源就几乎能使欧洲自给自足，从而结束对中东的依赖。虽然该计划的实现需要很长时间，且存在诸多问题，如前苏联的生产萎缩、俄罗斯的法治尚未得到实施、独联体国家都没有合理的行政管理程序等。但是，该宪章在投资、贸易、第三方过境等方面采取的规则以及成员国之间的基本环境标准等，恰恰是美国所希望的。

（二）沙美合作模式

沙特是世界最大的石油出口国，美国是最大的能源消费国。海湾战争结束后，沙美两国曾经达成一项协议，形成了重叠的利益关系。通过该协议，沙美两国不仅能够增进各自的能源安全系数，而且还有助于世界上其他国家或地区的能源保障，确保市场力量的平稳运行。这一合作的最大优点是能够确保这两个国家分别在欧佩克和国际能源机构中发挥作用。

（三）北美洲或西半球能源协议合作模式

北美自由贸易协定在许多方面为新的国际能源合作奠定了基础。石油、天然气和电力等方面的贸易是该协定的核心，其框架有可能使它的适用范围向南扩展到中美洲和拉丁美洲。

（四）多边协议模式

通过建立在不断改善的市场基础上的双边或地区安排，能源供应以及在相互对等和非歧视基础上的投资和贸易可得到保障。美国能源专家认为：在新世纪里建立新的国际能源机构不仅可能，而且十分必要，并不一定非要解散欧佩克或者国际能源机构不可。它有可能像关贸总协定那样，提供一种石油和石油产品、天然气及电力总协定的基础。

第三节　美国的战略石油储备

一、战略石油储备的建立

1973年第四次中东战争及阿拉伯产油国对西方国家的石油禁运，使以美国为首的西方国家经济首次遭到了能源危机的猛烈冲击。美国国内石油供应紧缺、价格飞涨，导致国内经济出现严重衰退。1975年12月，美国国会通过了《能源政策和储备法》。依据该法，美国加入了国际能源署（IEA），然后根据国际能源署成员国必须拥有不少于90天石油进口量的战略储备要求，着手建立战略石油储备，以应付今后可能发生的石油供应严重中断，保护本国的能源市场。1977年7月21日，美政府正式开始储备石油，初定的储备目标为10亿桶，最终实现7亿桶。

《能源政策与储备法》赋予美国总统在紧急情况下动用或释放（销售）战略石油储备的权利。国际油市一旦出现异常状态，导致能源供应大量减少或油价飙升，或油价飙升对国民经济造成重大冲击，总统就可下令动用战略石油储备，条件是剩余战略石油储备总量必须保留在5亿桶以上，一次释放的储备总量不超过3000万桶，且必须在2个月内全部释放完毕。该法也赋予美国能源部长试验性释放和分配上限为500万桶战略石油储备的权利。战略石油储备的购买和释放全部采用公开招标的方式。

二、战略石油储备的发展变化

从1977年到20世纪90年代中期，美国的战略石油储备持续增加，至1994年达到5.92亿桶的历史纪录。此后，克林顿政府战略石油储备政策发生了一些改变，几次动用这一储备以调控石油市场和平抑油价。到2000年底，美国的战略石油储备降至5.41亿桶。布什总统上台后(特别是“9·11”事件发生后)，美国的战略石油储备政策又有明显调整。布什总统认为：作为美国经济命脉的石油供应，一旦由于突发事件发生中断，可能会对美国带来灾难性的影响。因此，他在2001年11月中旬下令能源部迅速增加战略石油储备，为防止石油供应中断采取最大限度的长期保护措施，到2005年把战略石油储备增加到7亿桶，达到美国战略石油储备能力的极限。2001年年底，美国的战略石油储备迅速增至5.5亿桶，一年后（2002年底）猛升到5.99亿桶，到2004年3月又增至6.59亿桶。2005年7月，美国能源部的报告说：美国的战略石油储备已达6.933亿桶，布什政府提出的7亿桶目标已近在咫尺。这也是美国的战略石油储备启动30年来首次接近达标。

从美国战略石油储备与商业储备的变动关系看，两者之间存在着一种反比关系。20世纪80年代以来，美国战略石油储备水平呈上升趋势，从1983年的3亿桶升至目前的6.7亿桶，而同期的商业储备反之呈下降趋势，从3.6亿桶左右降至3亿桶以下。战略石油储备提高，商业储备下降，从某种意义上讲，降低了石油行业的商业储备的成本和风险，增加了石油行业从事投资的实力和市场投机的空间。所以政府增加石油储备，对国家来说可防止能源危机，而对石油行业来说也是有利的。当然，战略石油储备动用的数量和时机，也是影响油价和石油行业利益、制约油市商业投机的一个重要因素。

美国战略石油储备的变化，可大致划分为三个时期：1983—1990年为上升期、1991—2000年为波动持平期、2001—2004年再为上升期。克林顿执政期间的战略石油储备基本保持在5.6亿—5.9亿桶的水平上，大致可满足2—3次紧急动用的法律要求；布什政府上台后提出的战略石油储备目标是7亿桶，目前是6.7亿桶。

20世纪80年代中期以来，美国战略石油储备水平在1991、1996、2000年分别有过3次下降，都是政府动用的结果。1991年1月的储备紧急动用与海湾战争前高油价和预防开战后油价飙升有关。后两次动用原因有所不同，1996年克林顿政府出售227亿美元的战略石油储备是为了渡过政府危机，同时平抑油价，2000年以原油置换方式动用储备是为了平抑大选前的油价上涨。

三、储藏方式

美国的战略石油储备深藏在墨西哥湾海岸的地下洞穴里。墨西哥湾沿岸共计有500多个盐质洞穴，美采用简单的“水溶技术”，即用清水将盐溶解，便将盐洞加工成圆柱形的“地下储油罐”。美政府从1977年起向这些盐洞注原油，由于盐洞很深，因此在地层压力下封闭性很好。这些盐洞的容积非常大，最大的洞穴直径为60米，深600米，储油量约1000万桶。盐洞内因上下落差大而保持着一定温差，使原油能在洞内不停地慢速流动，因此不容易沉淀变质。这些战略储备石油由美国能源部负责管理，储备的也是质量最好的低硫轻质原油。

美国战略石油储备主要集中在得克萨斯州和路易斯安那州的沿海地区，在那里储存石油具有安全性高、运输方便、加工方便、成本低4个优点。

1. 安全性方面。美国的战略石油均储藏在地下600多米深的巨型盐洞中，这些盐洞足够容下原来的纽约世贸双塔。如此深度可以防御任何人为和战争的破坏。有效防止战争破坏是最重要的考虑之一。如果不能防止军事打击，战略石油储备就可能形同虚设。

2. 运输方面。该地区有利于石油通过海上运输线迅速运抵美国本土并进入储备。一旦需要，也可以通过发达的地下输油管道、高速公路网及海上通道运往美国各地以满足国内市场所需。

3. 加工方面。墨西哥湾一带是美国最重要的石油生产和加工基地，生产设施完备，需要时战略储备石油可以迅速加工成产品。

4. 储藏成本方面。据计算：美国在地面建设油库储备石油每桶成本大约为 15—18 美元，开凿山体岩洞储油每桶成本更高达 30 多美元，而在墨西哥湾沿海地区的地下盐层利用先打深井、再注水溶化盐层形成地下洞穴的方式储油，每桶成本只有 1.5 美元。

四、动用石油储备的条件与方式

1990 年美国会在重新修订《能源政策与储备法》时，因战略石油储备对维护国家经济安全的战略重要性有所降低，放宽了动用战略石油储备的条件。当时规定：除了进口石油出现严重供应中断的情况外，在国内石油产品供应出现中断或严重短缺的情况下，总统可决定动用战略石油储备。此外，在企业突遭石油供应中断的情况下，能源部也可有偿向这些企业借贷战略石油，但借贷期不能超过 6 个月，借贷总量不能超过 500 万桶。

对于深藏地底的战略石油储备，仅美国总统拥有决定动用的权力。一旦总统作出决定，能源部就采取招标方式向市场公布投放数量，通过竞标最终决定中标购买石油的公司，进而开始动用储备石油。从开始决策到投放市场，仅需 13 天。

目前，美国的战略石油储备大约相当于国内两个月的消费需求。由于美国国内原油生产能力强大，即使国外进口原油完全中断，国内自产原油加上战略石油储备和商业石油库存仍可使美国维持 175 天左右的基本石油产品供应。依据现有产能和储能，美国的战略石油储备最多每天可动用 430 万桶，现有储备量以动用量上限提取约可持续 155 天。

近年来美国在动用战略石油储备方面时，常常同西方国家协调立场后再作决定，而不像过去那样单方面采取措施。2005 年 8 月，为了应对“卡特里娜”飓风带来的国际油价飙升局面，美国等 26 个国际能源机构（IEA）成员国采取“集体行动”，共向国际市场提供 6000 万桶成品油，以缓解供需矛盾。在此集体行动下，石油供应很快得以改善。

20 世纪 80 年代中期以来，美国的战略石油储备水平共下降过 3 次，都是政府动用石油储备所致，其中 2 次发生在总统大选年。大选年动用石油储备既与西得克萨斯油价（WTI）变动有关，也与美国石油行业的助选倾向密切相关。

历史上美国动用战略石油储备的方式共有 4 种：

1. 紧急动用。1991 年海湾战争期间曾采用。

2. 试验性销售。1985 年的《能源政策与储备法》修正案规定，主要用于检验战略石油储备的有效性。试验性销售在历史上出现过 2 次，均发生在共和党总统任期上。第一次发生在 1985 年，试验性销售额 110 万桶。第二次发生在美国政府为海湾战争作准备时，从 1990 年 9 月开始进行了 500 万桶的试验性销售。

3. 原油置换，即战略石油储备与私人石油公司之间的石油交换。1976 年《能源政策与储备法》修正案授权政府可进行原油置换。其方法是，先通过协议由战略石油储备向私人公司释出原油，再由私人公司日后返还，政府通过这一办法可以获得更多的原油储备。由于大规模的原油置换存在释出和返还的时间差较长，故在短期内可视为一种战略石油储备的动用行为。美国战略石油储备建立后共进行过 6 次原油置换，其中仅一次出现在布什总统任期，其余 5 次都发生在克林顿总统任期。置换量最大的一次达 3000 万桶，而且恰好发生在 2000 年大选前 1 个多月。

4. 和非紧急销售原油置换。非紧急销售有过 3 次，分别发生在 1996 大选年的 1 月、4 月和 9 月。由于这 3 次销售是《能源政策与储备法》规定以外的储备动用，必须获得国会批准。3 次非紧急销售的主要目的是弥补政府开支不足。3 次共售出战略石油储备 2810 万桶，储备动用规模相当可观。

五、美国战略石油储备变动与油价走势分析

（一）1990—1992年战略石油储备变动与油价走势

1991年1月海湾战争开战前，国际能源署为抑制开战后可能出现的油价暴涨，制订了石油应急计划，即全球每日增加250万桶石油供应，其中包括每日动用石油储备1.7万桶，以补充国际油市的供求缺口。

1990年8月伊拉克入侵科威特后，美国立即开始了战略石油储备的试验性销售，到开战前释放了15万桶。开战后到1991年4月初，按石油应急计划要求，又释放了1721万桶。1991年4月至1992年6月，战略石油储备一直维持在5.69亿桶上下，7月份开始补充储备。

战略石油储备的大规模动用，对平抑油价起到了一定的作用。1991年1月中旬海湾战争一开战，油价就从每桶32.2美元迅速掉到21.5美元，降了近10美元，最低曾降至18美元以下。1992年的油价基本呈先小幅波动上扬，再持续平稳的走势。

（二）1996—1997年战略石油储备变动与油价走势

1996年4月底，克林顿总统提出一项非紧急出售227亿美元战略石油储备的计划，获得国会批准。按当时招标油价计算，约合原油1200万桶。美国战略石油储备在4月底5.86亿桶的水平上开始逐渐下降。直到1997年2月中旬，储备水平持续降至5.63亿桶。实际释放2300万桶，出售总量2810万桶，以后在这一水平上微幅波动。

1996年2月底油价降至每桶19.3美元的全年低谷，此后油价波动上升，4月中上旬达每桶23美元以上，最高达25.15美元。克林顿政府4月下旬决定动用战略石油储备的信息一发出，油价在一个月内从24美元大幅降至5月底的19.77美元。但以后又持续波动上升，10月下旬每桶升至近26美元。1997年1月中上旬最高达每桶26.55美元。克林顿政府大规模出售战略石油储备，理应导致油价下降，但结果不

然。从 1996 年 8 月直到大选前，油价一直呈上升趋势，这也许是美国石油行业抵制克林顿政府石油储备政策的结果。

(三) 2000 年战略石油储备变动与油价走势

2000 年，美国又一次进入选前油价上升局面，所不同的是油价升势比 1996 年来得更猛。克林顿政府为了平抑油价，不得不在 2000 年 9 月 22 日下令通过原油置换方式在一个月内释放 3000 万桶战略石油储备。由于招标过程和手续复杂，动用战略石油储备的信息发出一个月后，仅释放了 350 万桶，直到 2001 年 2 月初才达到 3000 万桶。

2000 年选前油价基本呈大幅波动性上升态势。年初油价为每桶 25 美元左右，8 月初油价开始持续波动性上升，到 9 月 20 日升至每桶 37.2 美元的高点。1—3 月油价上涨 7 美元左右，4—7 月上涨 9 美元左右。油价上涨对民主党的选情不利，相当一部分中间选民不可能用一只手为高油价多掏腰包，用另一只手投票拥护戈尔的升迁。石油行业在大选中明显偏向布什，迫使克林顿政府只能通过动用战略石油储备来平抑油价。

从动用战略石油储备的后果看，该措施在短期内起到了平抑油价的作用。油价在一周内从 37 美元降至 30 美元，但之后又呈上升走势。到 10 月中旬，油价又冲高至每桶 36.1 美元。大选后，油价逐步回落至年底的每桶 26 美元左右。

(四) 布什执政期间战略石油储备变动与油价走势

2001 年布什总统上任后，除伊战前后美国战略石油储备水平持平外，其他阶段均呈上升趋势。2003 年 4 月底，西得克萨斯油价在 25 美元左右探底后就开始呈上升趋势。到 2004 年 6 月初，油价升高至每桶 42.3 美元，以后又降至 6 月底的 35.6 美元。进入 7 月后，油价开始持续冲高，在 6 月 29 日到 8 月 19 日的 50 天里，从 35.6 美元/桶飙升至 48.7 美元/桶的历史高点，至 10 月油价一举冲破 50 美元/桶大关。以后，油价一路走强，至 2005 年 8 月底，一举突破 70 美元/桶大关。然后，就一直保持在被沙特石油大臣称为乐意接受的 50—60 美元/桶的高位。但由于造成油价猛涨的因素未除，世界油价在2006年两度冲破70美元大关，2006年8月5日甚至达到78.85美元/桶的历史高位。

2004年7月中旬，美国商业储备持续下降，从3.05亿桶降至9月初的2.86亿桶，释放原油2000万桶。石油行业在高于40美元/桶的油价水平上，持续大量进账，以至于某些研究报告都把商业储备水平下降当作炒高油价的依据。在美国战略石油储备持续上升，逼近7亿桶的情况下，商业储备水平下降几千万桶其实不足为怪。

对于油价持续飙升，布什总统的做法与克林顿大相径庭，非但不轻易动用战略石油储备，反而按上台时提出的7亿桶目标继续增加战略石油储备。美国最近动用战略石油储备是在2005年9月国际油价攀上70美元/桶以后，2006年世界油价两度冲破70美元大关，美国也采取过相应的措施。

六、美国原油生产和储备变化

（一）油价走势与美国原油生产

近年来最值得关注的是，在油价走高的同时，美国的原油产量却在持续下降。2003年，美国日产原油570万桶。进入2004年后，原油产量开始持续下降，不断创下50年来的最低点。2004年上半年原油产量呈小幅下降趋势，到5月中下旬原油日产量约下降了约20万桶，以后出现较大幅度下降，到6月初原油日产量又下降了约15万桶。原油产量大幅下降的同时，油价冲高至每桶42.3美元。8月7—19日，美国原油产量又下降了约30万桶/日，降至510万桶/日的历史低点，同时油价冲高至48.7美元/桶。由于飓风“伊万”的影响，9月下旬原油日产量继续下降至500万桶以下，又创历史新低，油价则冲高至49.8美元/桶。

美国的原油产量占全球产量的7.7%左右，位居全球第三，对油价走势有相当的影响力。美国原油产量短期内减少几十万桶都会影响油价，更不用说产量持续下降会给投机商带来油价的升势预期。值得指出的是，通常石油公司都会抓住高油价的机会增产，但美国的原油生产商对油价飙升似乎并无兴趣。2004 年 5 月下旬油价冲高后，美国的原油产量非但不增，反而继续下降，这清楚地说明美国的关注点在于更多地获取国外的共享油气资源上。

（二）美国原油商业库存持续降低

2004 年美国的原油商业库存水平呈先升后降的变动趋势。1 月下旬原油商业库存处于 2.64 亿桶的低位上，到 6 月中旬升至 3.05 亿桶的年度高点，到 7 月初库存水平开始持续下降，至 9 月 10 日已降至 2.79 亿桶。飓风“伊万”袭击后，原油商业库存水平下降了 910 万桶，达 2.69 亿桶的低点，9 月底回升至 2.73 亿桶。

美国原油商业库存水平的高点恰与 7 月份油价冲高的起始点相吻合。这就是说，在油价相对较低的上半年，美国石油公司基本上在补充库存，原油商业库存水平从 2.65 亿桶升至 7 月初的 3.05 亿桶。2004 年下半年油价相对较高，美国石油公司减少了原油购进，部分靠原油库存维持供应。由此可见，美国石油公司对 8 月的油价冲高有所准备，故通过低价进存、高价出货的方式赢得了商业利益。但对 9 月底的油价冲高似乎准备不足。假若两次油价冲高均在美国石油公司意料之中，原油商业库存可能至少会升到 20 世纪 90 年代初海湾战争时期的高点，而不是实际的 3.05 亿桶。

（三）美国战略石油储备水平持续升高

原油产量由美国石油公司决定，战略石油储备变动则由美国政府决定。从表面看，布什政府似乎一直在为油价升势预期做工作。2004 年尽管油价不断攀升，但布什政府 7 亿桶战略石油储备的目标不变。

飓风“伊万”袭后，美国宣布动用战略石油储备，油价相应下降，但当投机商注意到原油商业库存下降了 910 万桶，而战略石油储备只动用了不到 200 万桶后，油价又开始回升，11 月份的原油期货价升至 50 美元/桶的高位。由于增加储备主要是通过“矿产资源特许费换石油”（即承租美大陆架油田开采权的石油公司，向战略石油储备提供原油以替代政府的矿产资源特许费）的方式进行，受油市高油价的影响较小。因此，布什政府得以继续增加战略石油储备，最终达到 6.7 亿桶的历史最高水平。

布什政府持续补充战略石油储备的做法，在一定程度上占去了部分美国市场上的原油供给，助长了油市投机商的供给紧缩预期，对油价飙升明显起到了推波助澜的作用。

七、布什政府的油价策略

2004 年下半年以来，影响油价走势的因素比较复杂，有来自美国国内的，也有国际性的。美国原油生产和库存属市场行为，而战略石油储备变动属政府行为。从以上分析看，美国原油生产商推动油价上涨的动机不言而喻，布什政府对高油价则采取了放任策略。放任策略就是政府不干预油市。从整体过程看，放任只是一种被市场拖着跑的被动策略，而且需要大规模储备或库存的支撑。

从现实来看，布什政府放任高油价的策略有利于促成能源法案和配合美联储连续提息。从商业运营角度看，高油价状态一般会迫使石油公司，特别是炼油公司减少原油购入。如果高油价状态持续时间过长，很可能导致美国原油商业库存大量下降，从而增加人们对石油供应可能中断的担忧。

布什总统对前任动用战略石油储备平抑选前油价的做法一直持批评态度，因此他不会为平抑油价轻易动用战略石油储备，这无疑是引火烧身。按他的思路，战略石油储备的动用不应为抑制油价，而是为防备美国石油供应的中断。根据目前情况来看，除飓风等自然灾害外，有可能导致供油中断的最大因素是美国原油商业库存的减少。换言之，美国原油商业库存的多寡，在某种条件下，简直就是国际油市的晴雨表。

第二章

日本的中东能源政策

日本是一个资源小国，缺乏最起码的石油资源。但战后日本审时度势，依据国情，追随世界经济发展潮流，做出了能源转型的战略决策，开始把石油作为国家经济发展的主要能源。纵观日本的能源政策可以发现，20 世纪 50 年代的能源转型促进了日本的经济飞速增长；70 年代的两次石油危机，使日本经济备受冲击，险遭“滑铁卢”；80 代起至今，日本逐步建立起强大的战略石油储备，石油供应一直处于比较安全的境地。日本的中东能源政策具有明显的合作性，而美国的中东能源政策则明显具有“强势介入性”，时常伴有军事举措与手段。从构建和谐世界意义上考虑，两者相比，日本在获取石油、保障能源供应安全方面的某些举措比较具有借鉴意义。

第一节　战后初期日本的经济与能源政策

一、战后初期的日本及其基本国策

1945 年，日本无条件投降后被置于盟国军总司令部、盟国最高统帅麦克阿瑟的统治之下，这实际上是美国军队的单独占领。8 月 29 日，经美国总统杜鲁门批准，“美国战后初期的对日政策”出台。据此，美国在日本国内采取了修改宪法、解散财阀等一系列民主化措施。

第二次世界大战后，世界发生了巨大变化，出现了新的组合。随着冷战的加剧，美国的国际战略逐渐发生了变化，开始重新考虑它的亚洲政策，初步有了在适当的时候与日本媾和的设想。1948 年 1 月 2 日，美国陆军部长发表旧金山演说，认为对日政策必须改变，当初制定的占领政策是为了消除日本侵略的可能性，现在则应把日本扶植成强大的、稳定的、有独立经济的民主国家，使它能作为一种抑制力量在远东地区发挥作用。

1948 年 3 月，美国国务院政策委员会成员凯南视察远东后，向国务院提出了对日新方针，认为美国在日本推行民主化措施（整肃和赔偿）应逐渐放宽并尽快结束。由于日本已经非军事化，国内又处于共产主义革命的威胁之下，所以应尽可能使日本拥有独立承担保卫自身安全的能力，使其成为“防共的坚强壁垒”。这样，一旦美国与日本媾和，即使美军撤离，日本也能挡住亚洲共产主义浪潮的冲击。

美国的对日政策在短短的两年时间里，形成了由严到宽再转为援助的三部曲，如果把日本的战争赔偿和美国对日本的援助划两条曲线，那么前者越降越低，后者越升越高，这一图解清楚地说明了美国战后对日政策的演变过程。

在美苏对立的格局中，美国试图对日单独媾和，把日本置于自己的核保护伞下，显然是想把日本纳入自己的全球战略体系中，把日本当作自己的远东经济军事战略基地。媾和就是为了谋求这个战略基地的合法化。

1951 年初，日美双方在媾和后的美军驻留问题上不谋而合，取得一致，但在日本的军备问题上产生了分歧。美国要求日本建立 10 个师团 35 万人的陆军，日本政府（吉田内阁）则以经济重建尚未完成和宪法第 9 条为由，坚持只能按照日本经济复兴的程度，并在宪法范围内逐渐增强防卫力量。吉田内阁媾和的意图很明确，要在美国的军事保护伞下摆脱沉重的军费负担，埋头发展经济。

1951 年 9 月 4 日，美国不顾中国、苏联等国的反对，在旧金山召开对日和会，共计有51个国家和地区参加了该会，结果除苏、波、捷外，其余48个国家签署了旧金山媾和条约。与此同时，美日之间缔结了安全保障条约，决定在结束占领以后让美军继续驻留日本。旧金山媾和条约签订后，日本获得了形式上的独立，军事上则成为美国的战略基地。1952年4月28日，旧金山媾和条约签字国将条约批准书送交联合国，从而为日本实现媾和独立并重新进入国际社会开辟了道路。

从二战结束至旧金山和约的缔结，日本实际上是在美国的占领之下。和约签订后，方从法律上结束被占领状态，开始发展对外关系，但是它的外交政策基本上是亲美政策，在政治、经济等方面同美国的联系极为密切。

在旧金山和约上签字的是日本首相吉田茂，他的基本立国思想对日本对外关系的发展产生了重大影响。吉田茂的立国思想可以从政治、军事、经济三方面加以探析。

（一）政治方面

吉田茂认为：战后美国在世界上的影响力是空前的，美国的强权地位在一定的时期内不会衰退；日本由于战败，其国际地位一落千丈，在一定的时期内不得不依附于某个强国。在意识形态方面，吉田茂和美国的杜鲁门、艾森豪威尔完全一致，都把国际共产主义看成是一种威胁。战后日本国内的民主进步力量较强、活动频繁、影响颇大，而周边的社会主义国家对日本的民主进步力量又十分支持。对此吉田茂感到，单靠本国政府的力量难以抵御共产主义的影响，在政治上必须积极靠拢美国，只有依靠美国才能维持统治。

（二）军事方面

战后美国拥有强大的军事力量，手上握有原子弹。吉田茂认为：战后日本无论从政治还是从经济角度考虑，都不可能建立起如此规模的军队，即使建立一支仅用于保卫本土的军队都需要花费相当大的财力和物力，据估算至少需要20亿美元，这个数字相当于美国战后初期对日援助的总额。战后日本粮食匮乏、人民生活困难，这时候若不首先解决人民的吃穿问题而去重整军备，势必遭到国民的强烈反对。其次，这笔军费开支也是日本财政所难以承担的。在这种情况下，吉田茂只有一种选择，即由美国军队来保卫日本。所以，吉田茂搞的日美安全保障体制名义上是共同防卫，实际上是把防卫责任全部交给美国，自己集中力量发展经济。

（三）经济方面

日本是一个多山的岛国，资源贫乏、土地狭小、人口稠密，战前的主要工业设施几乎全遭摧毁。吉田茂认为：若要使战后日本经济得以恢复、自立并发展，必须走贸易立国的道路。日本缺乏原料与能源，没有初级产品可供出口，因此必须迅速发展以加工为主的产业，充分利用进口能源与原料，加工制成产品后返销海外。战后日本要恢复工业建设，必须吸收先进国家的资金和技术，在这一点上，只有美国才能满足日本的要求。出于政治、军事、经济三方面的考虑，吉田茂决心与美国建立最密切的联系，作为日本对外关系的基轴。

战后日本有一种倾向，认为既然日本在宪法上宣布了放弃战争，不再走军国主义的老路，那就应该使日本成为“东方的瑞士”，保持中立，国家安全可交给联合国。但是，吉田茂坚决拒绝走中立主义道路，他认为把国家安全交给联合国不可靠，必须通过“与第三国（指的是美国）的合作”来保障日本的国家安全。

吉田茂把日美关系视作对外关系的基轴、决策的基础，其目的并非想永远作美国的附庸，而仅仅是借用美国的力量恢复日本的国力，使日本重新发展成为一个大国。为此，吉田茂非常重视经济建设，深信经济实力的决定性作用。他认为：日本的当务之急是恢复和发展经济，如果日本不首先发展经济就会失去立国之本，只有经济上去了并超过别的国家成为经济大国，方能获得政治上的发言权，进而成为政治大国。吉田茂为日本设计的发展蓝图受到以后历届内阁的认可，无论是自民党的保守本流还是非本流，都忠实地继承了吉田茂制定的这一基本国策。

20世纪50—60年代，日本政府在美国的军事保护下，推行的就是这样一条以日美同盟为基础的亲美外交路线。

二、战后初期的日本经济

二战期间，日本帝国主义发动野蛮的侵略战争，其罪恶罄竹难书，不仅给周边国家和地区的人民带来了巨大灾难，也将本国人民推进了苦难的深渊。战后日本经济衰竭，一片惨淡景象，工厂、道路、桥梁、海港乃至住房建筑全遭破坏，到处是战争留下的创伤。据统计：1946 年日本的工业生产总值仅为战前（1934—1936 年之平均值）的 30.7%；钢的年产量为 55 万吨，仅为战前的 8%；日本的国有资产因战争而遭受的损失，按停战时的价格计算，总额为 992 亿日元（按 1970 年的价格计算约为 12 万亿日元），其中用于和平建设事业的部分为 653 亿日元（按 1970 年的价格计算约为 8 万亿日元），占损失总额的 2/3，其余为战争武器，如飞机、舰艇之类。

由于战争，日本的经济损失总额相当于其 1946 年的国民经济总产值，根据当时的估计，即使日本经济得到顺利发展，要追回因战争造成的损失至少需要 10 年的时间。但是，1950 年朝鲜半岛燃起浓浓战火，为困境中的日本经济带来了转机。这场战争对战后日本的发展影响巨大，大大促进了日本经济的发展速度，使日本出现了意想不到的繁荣景象，朝鲜战争因而被认为是促进日本经济一举实现复兴的强心剂。

朝鲜战争期间，日本政府为适应战争需要，迅速调整经济政策。日本以往的经济政策重点是控制内需，努力使日本经济独立。朝鲜战争爆发后，日本政府将自己视为西方阵营中的一员，将增加供应放在第一位，最大限度地提高生产能力，以满足美国的战争特需，确保“日美经济合作”。

三、中东石油与战后日本的经济发展战略

战后日本能源短缺。据统计：煤炭贮藏量约 90 亿吨；水能蕴藏量约 5000 万千瓦（大部分已开发利用）；核能有一定的潜力，但原料需要进口；地热、海洋能、生物能较丰富，但处于试验阶段，尚不能推广普

及使用。能源短缺是制约日本经济发展的一个重要因素，因此解决能源问题对日本的经济发展至关重要。

（一）根据国情及时转换能源结构

二战后，西方国际石油垄断公司在中东地区发现了储量丰富的优质油田，他们凭借先进的采油技术，利用当地的廉价劳动力，对中东石油进行了掠夺性开采，使生产成本大大低于国内生产。此外，国际石油垄断公司还掌握了石油价格垄断权，使石油价格一直上不去，20 世纪 60 年代每桶石油的价格仅 1.80 美元。由于，国际石油垄断公司基本控制了石油的开采、提炼、运输和销售，所以对西方的石油供应比较稳定，廉价的石油和稳定的供给为战后日本迅速增加能源消费提供了必备的条件。

战后初期，日本的能源利用主要为国产煤炭和水力发电。1953 年，中东的廉价石油首次进入日本的能源市场，使日本发生了一场急剧的“能源流体革命”。由于石油的优越性大大高于煤炭，不但便宜而且易于运输，所以特别适合日本国情。据统计：1960 年日本九大电力公司用煤炭发电平均 1000 千卡热量需要 7.8 日元，而用重油发电，同样的热量只需 6 日元，便宜近 30%。因此，日本政府马上做出转换能源结构的经济战略决策。到 1963 年，日本的能源结构发生了根本的变化，石油所占的比重超过了煤炭，达到了 51.8%。此后日本的能源结构进一步向这一方向发展，到 1973 年日本能源结构中的石油比例达到了 77.6%，其中 99.8%从中东进口，[①] 成为西方国家中对进口石油依赖最严重的国家。能源结构的适时转变给日本带来巨大收益，既节省了本国的能源资源，又获得了源源不断的能源供应，使日本政府能够克服本国能源资源贫乏的局限，迅速扩大能源消费，充分满足国民经济高速发展的需要。

能源成本的降低使日本产品的生产成本随之降低，因而在国际市场上具有较强的竞争力，同时也使产业部门的利润大大提高。1955 年日本产业部门的企业利润为 5.33 亿美元，1973 年为 114.82 亿美元，增

---

① 日本通产省：《1974 年综合能源统计》。

长了约23倍。

20世纪50—60年代，日本的能源消费增长十分迅速。据统计：日本能源消费年均增长率高达12.2%，超过了同期的经济增长速度(10.5%)，其增长速度约为其他先进工业国家的两倍。1965年，日本的能源消费量为1.66亿吨，1973年为3.82亿吨，8年间约扩大了2.3倍。

(二) 战后日本的经济发展战略

战后日本经济经历了从实现“贸易立国”向“科技立国”的重大经济战略转变，从战后到20世纪70年代基本上是“贸易立国”时期。这一阶段，日本以出口商品换取原料和能源，成为世界上以进口原料和能源制造成产品出口的最大的“加工工厂”，由此形成自己的技术优势和经济优势，加速了资本积累和工业现代化的进程。

这一时期，日本进口额平均增长17.4%，进口能源平均增长18.9%，国民生产总值平均增长11%。日本利用当时国际市场的廉价石油和对化工产品的大量需求，大大加快了机械、汽车、船舶、重工、化工等行业的发展。这期间，日本的出口额平均增长16%，能源进口平均增长20.1%，国内生产总值平均增长11.8%，被日本经济学家称作“石油时代的黎明”，迎来了日本经济的高速增长。

三、战后初期日本经济飞速发展的原因

战后，作为战败国的日本，经济一度处于瘫痪状态。1946年，工业生产总值仅为战前（1934—1936年之平均值）的30.7%；钢的年产量为55万吨，仅为战前的8%。[①] 但是，在战后的25年间，日本经济以年均10%的增长率发展，在西方世界首屈一指。至20世纪70年代，日本迅速发展成为举世瞩目的经济大国，这一现象被称作日本出现的“经济奇迹”。(见表2—1)

① 日本通产省：《通产统计》，1971年版。

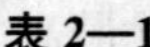

表 2—1　　日本国民生产总值表①　　（单位：亿美元）

年　份	国民生产总值	在西方世界的位次
1950	109	7
1960	431	5
1968	1421	2
1969	1664	2
1970	1962	2

表 2—2　　国民人均收入情况表②　　（单位：美元）

年　份	人均收入	在西方世界的排名
1950	94	37
1960	386	23
1968	1170	19
1969	1381	16

战后日本经济快速发展的主要原因是：

（一）美国的扶植

1945 年 9 月至 1952 年 4 月，美国为了达到政治上控制日本的目的，向日本提供了约 21 亿美元的经济援助，这对当时处于瘫痪状态的日本经济起了输血作用，恢复了日本的电力、钢铁、煤炭等基础工业的生产。到 1951 年，日本国民生产总值达 152 亿美元，工矿业指数均已超过战前水平。从 1950 年到 1970 年，美国给予日本的“经援”和军事“无偿援助”达 37 亿美元，贷款达 30.6 亿美元，此外直接投资 14 亿美元。

① 日本通产省：《通产统计》，1971 年版。

② 日本通产省：《通产统计》，1971 年版。

在美国的扶植下，1950—1953 年，日本的工矿业生产增长了 85.5%。1954 年，日本国民生产总值达 217 亿美元，超过战时最高水平。1956 年，鸠山内阁执行“经济自立五年计划”，进一步发展日本经济。1959 年，日本国民生产总值达 378 亿美元，比战前增加 1.1 倍，工矿业增加 2 倍，重工业和化学工业的产值在工业总产值的比例由战前的 47.1%提高到 61.2%。1960 年修订日美“安全条约”后，池田内阁执行 1961—1970 年度的“国民收入倍增计划”，继续发展重工业和化学工业，加强国际竞争能力。1968 年日本的国民生产总值达 1482.44 亿美元，超过西德列西方世界第二位。1969 年，日本的国民生产总值比战前增加 4.8 倍。1970 年，佐藤政府执行“新经济社会发展计划”，旨在 1970—1976 年期间把国民生产总值和工矿业生产再翻一番，使“国力达到英国和西德的总和”，并将军工生产引向“高级化”、“大型化”的方向。1970 年，日本国民生产总值达到 2034.67 亿美元，比战前增加 5.5 倍，比二战期间的最高水平增加 3.9 倍。①

（二）靠战争渔利

20 世纪 50 年代的朝鲜战争和 60 年代的越南战争使日本受益匪浅。朝鲜战争爆发后，美国出于战争需要，决定准许日本“有条件地制造武器”，并先后把充作战争赔偿的 850 家军火工厂全部归还日本，正式恢复日本的军工生产。因此，日本得以接受美国约 11.3 亿美元的战争“特需”，成为美国在亚洲的兵工厂。当时日本电力生产的 70%，煤炭生产的 80%，船舶生产和陆地交通的 90%都是为美军服务的。据统计：日本在 3 年多的时间里，共获得 23.7 亿美元的战争“特需”，这对于当时处于艰难恢复中的日本经济起了不可忽视的刺激作用。1965 年，美国扩大越战，结果又使日本渔利。这一年，美国在日本采购的军用物资总额达 3 亿多美元，次年达 8 亿美元，第 3 年增至 17 亿美元，最终达 20 亿美元。虽然日本在越战期间获得的美国“特需”比朝鲜战争时期要少，但为扭转外贸赤字、增加外汇储备和出口等创造了有利条件。

① 资料来源：日本银行统计局《经济统计年报》1972 年。

这两场战争大大刺激了日本经济的发展，被日本视作“神风”、“天佑神助”。

（三）美国的军事保护

战后日本处于美国的半占领状态下，军事上依靠美国的核保护伞，接受美国的军事援助，国内建有美国的军事基地，驻有大量美军。在美国的军事保护下，日本的军费支出维持在一个低水平上。20 世纪 50 年代，日本军费在国民生产总值中的比重平均不到 2%，60 年代平均不到 1%。这样日本就有可能把更多的财力用于扩大再生产，全力发展经济。但由此造成的后果是，加深了日本在军事、政治上对美国的依赖，处于美国的附属国地位。

（四）大量引进新技术

战后日本为了提高劳动生产率，每年以大量外汇引进外国（特别是美国和西欧）的新技术，并不断更新生产设备。20 世纪 50 年代日本平均每年进口甲种技术（合同期限一年以上）约 100 件，60 年代平均每年进口 500—600 件，70 年代初增至 1300 件，价值 3.5 亿美元。其中美国技术约占 60%，其次是西德、英国、瑞士、法国等。进口的技术主要为机械、电机、化学、钢铁、稀土金属、化纤等方面。新技术和先进设备的引进，大大促进了日本工业的发展，同时也为日本建立自己的科学技术体系，进一步发展尖端技术创造了良好的条件。

（五）能源结构的调整

日本政府从资源贫乏这一特殊国情出发，及时调整能源政策，改变能源结构，采用廉价质优的中东石油，这对日本经济的腾飞至关重要。1972 年 2 月 26 日，日本《朝日新闻》刊载文章说：“日本的崩溃不需要原子弹，只要停止供应石油一个月就行了。”

（六）抓住机遇，发展经济

战后的国际环境给日本的经济发展提供了有利条件，日本适时地利用这些条件来发展自己。

20世纪50—60年代，世界能源市场供应充足、价格低廉、进口容易，对日本来说极为有利。50年代初，日本发现用石油作为能源和化工原料有许多优点，如运输方便、成本低、效率高等，于是立刻果断地调整能源结构。1953年在日本的能源结构中，煤炭占75.2%，石油占16.5%；到了1973年，这种比例被完全颠倒，石油占76.7%，煤炭占18.9%。

为了解决进口能源和出口商品的运输问题，日本根据本国的自然条件大力发展造船工业。20世纪50年代中期，日本的船舶生产居世界首位，为了降低成本，日本努力增大油轮的排水量，使船舶运输实现大型化。有了强大的海上运输力量，日本就能可靠、稳定地得到中东地区的廉价石油，从而大大刺激本国的经济发展。因此，海上运输被认为是日本经济的生命线。

四、20世纪50—60年代日本和中东国家的经济与能源合作

战后的日本经济实现了飞速发展。由于日本的工业发展需要大量石油能源，而其中的81%靠中东输入，因此日本在中东的活动日益加强，经常派使节和调查团到中东，以经济和技术“援助”为条件换取中东地区的廉价石油。1959年3月，日本同埃及达成协议，每年进行1400万美元的贸易；1960年，日本主要的贸易商行同埃及签订进口原棉合同；11月签订了改善苏伊士运河设备的协定。同年，日本分别同约旦、突尼斯、伊朗签订了经济和贸易协定。

20世纪50—60年代，日本从中东地区进口石油能源，最初是以单纯的商品进口方式进行的，后来改为贷款方式，即和石油生产国订约，贷给开采资金或生产资料，然后以比较优惠的价格购买原油。但日本财团并不满足于这种方式，它们要求控制掌握石油产地，这一想法在20世纪70年代被付诸实施，口号是“自主开发”。表面上的理由是要求能源供应的稳定和价格的低廉，希望日本资本能直接投资到石油产地进行勘探和开采，实际上是要求和国际资源垄断集团平起平坐，参与世界能

源的争夺战，使日本资本能直接对中东的石油资源产生控制力。

这一阶段，日本在美国的经济援助和军事保护下，一方面进行了大规模的设备投资，另一方面不断更新生产设备，积极引进世界新技术，从而使日本经济得以飞速发展，其速度为西方世界之最。至 1970 年，日本的年钢产量达 9332 万吨、石油制品为 15400 万吨、煤为 3939 万吨、发电量为 3163 亿度、造船为 1022 万总吨、汽车为 519 万辆、电视机为 1364 万台。在此基础上，为了解决国内生产和市场的尖锐矛盾，取得工业生产所需的原料，日本政府加紧了对外经济扩张，其主要方针是：输出资本；开发海外资源；积极开拓国际市场，促进对外贸易。

（一）资本输出

在资本输出方面，日本主要通过私人直接投资和政府向海外提供“经援”两种方式输出资本。

日本私人资本从 1951 年开始向海外直接投资，至 20 世纪 60 年代末，合计为 26.83 亿美元。

日本政府从 1955 年开始向海外提供“经援”，“经援”累计额为 41.1 亿美元。至 1970 年 6 月，两种方式共输出资本 67.93 亿美元。[①]

在日本私人投资的 26.83 亿美元中，有 3.06 亿美元投向了中东地区，占投资总额的 11.4％。[②]

（二）开发海外资源

在开发海外资源方面，日本因国内资源贫乏，一向有赖于国外资源。自从国内经济得到飞速发展以后，生产与资源之间的矛盾日益突出。20 世纪 60 年代，日本主要工业原料需要量的年均增长率为 10％—20％，其中主要物资的 70％—100％依靠进口，是世界上最大的原材料进口国家。1969 年，日本总进口量为 3.7085 亿吨，其中原油、铁矿石等 10 种主要物资约 2.85 亿吨，占总进口量的 76.8％。显然，这是日本经济的致命弱

---

① 日本通产省：《经济合作的现状和问题》，1970 年版。

② 日本通产省：《经济合作的现状和问题》，1970 年版。

点。一旦海外资源断绝，它的经济就会发生混乱，陷于困境。

由于日本的工业发展需要大量的石油能源，而其中的81%靠中东地区输入。很明显，加强与中东地区的经济合作对日本来说非常重要，为此日本经常派使节和调查团出访中东，以经济和技术“援助”为条件换取中东地区的廉价石油。1959年3月，日本同埃及达成协议，每年进行1400万美元的贸易；1960年，日本主要的贸易商行同埃及签订进口原棉合同；11月签订了改善苏伊士运河设备的协定。同年，日本分别同约旦、突尼斯、伊朗签订了经济和贸易协定。

日本从中东地区进口石油能源，起初以单纯的商品进口方式进行，后来改为贷款方式，即和石油生产国订约，贷给开采资金或生产资料，然后以优惠价格购买原油。但日本财团并不满足于这种方式，它们要求控制掌握石油供求的主动权。进入20世纪70年代，日本提出了“自主开发”的设想，提倡将日本资本直接投资到石油产地进行勘探和开采，以使能源供应和价格保持稳定。

日本的这一设想，体现了日本在能源问题上的进取精神，它试图通过直接投资提高对中东石油资源的控制力，参与世界能源的争夺，和国际石油垄断集团平起平坐。1970年，日本进口原油16992万吨，进口比率为99.5%，进口地区主要为中东石油输出国。①

（三）积极开拓国际市场，促进对外贸易

日本于1947年恢复对外贸易，1951年对外贸易的规模即超过战前，但日本的对外贸易在1965年以前一直是逆差，平均每年8亿—9亿美元。1955年以后，随着生产力的大幅度提高，对外竞争能力显著加强，出口贸易急剧上升。1955—1956年，出口贸易的年均增长率达15%，为西方国家之首。从1965年开始，日本对外贸易出现顺差。1970年，日本出口贸易总额为193.6亿美元，出超4.37亿美元。②

在日本的对外贸易中，对中东地区的贸易至1970年一直是逆差。

---

① 日本通产省：《经济合作的现状和问题》，1970年版。

② 日本通产省：《通商白皮书》、《东洋经济统计月报》，1971年6月。

（详见表 2—3）

表 2—3　　日本对中东地区的出口贸易情况一览表①　（单位：万美元）

年　度	出口额	占出口总额的比例	进口额	占进口总额的比例	入超额
1955	8600	4.3％	15800	6.4％	7200
1960	14200	3.5％	42100	9.4％	27900
1965	28600	3.4％	107400	13.1％	78800
1970	54900	2.3％	227300	7.3％	172400

虽然日本对中东地区的贸易出现缺口，但并不影响日本对外贸易的整体平衡，从总体看，日本这一时期的对外贸易经济基本都保持了顺差。

第二节　第一次石油危机与日本能源对策

一、第一次石油危机

1973 年 10 月第四次中东战争爆发后，阿拉伯石油输出国组织为了配合斗争需要，在 10 月 17 日的部长会议上决定对那些支持以色列的国家采取紧急制裁措施，削减 5％的石油供应。11 月 14 月阿拉伯石油输出国再次决定：

1. 立即削减原油产量 25％（与同年 9 月相比），其中包括向美国和荷兰的出口部分；

2. 将石油产量、价格等方面的决定权收归国有；

3. 石油价格（10 月 15 日以前每桶 3.01 美元）逐步提价，首先立即提高到每桶 5.11 美元，然后从 1974 年 1 月 1 日起，提高到每桶 11.651 美元，涨幅约 4 倍。

---

① 日本通产省：《通产统计月报》，1971 年 6 月。

受此影响，1973 年 10 月 25 日国际石油财团对日本削减 10%的石油供应。这样，日本进口石油中的 97%成了削减对象，这对日本经济来说无疑是当头棒喝。12 月，阿拉伯石油输出国根据斗争形势，决定再次削减 5%的原油产量。12 月 23 日，阿拉伯石油输出国组织发表声明，单方面决定从 1974 年 1 月开始大幅度提高油价，在原先已经提价的基础上再提高 1.12 倍。第一次石油危机随即爆发。

二、石油危机对日本经济的冲击

由于战争，阿拉伯石油输出国家出于共同的民族利益，充分运用石油武器，坚决打击那些被认为是敌对的、发达的西方国家。由于日本在外交上紧跟美国，支持美国的中东政策，故被列入敌对国家。在这种情况下，日本面临了严峻的抉择：若继续倾向美国，那么阿拉伯产油国将继续给予它严厉的惩罚——减量供应石油；若转向支持阿拉伯国家，又怕得罪美国。阿拉伯石油输出国家抓住这一要害，于 1974 年 1 月发表了针对日本的“特别声明”，逼迫日本尽快作出抉择：要么支持阿拉伯国家；要么站在美国一边，支持以色列。由于日本所需能源的 78%为石油，而其中的 80%来自中东，因此日本经济无法经受减量供应甚至断油的打击。从“经济优先”考虑，在中东问题上日本被迫放弃了“等距离”外交的方针，转而采取支持阿拉伯国家的立场，发表了要求以色列撤出所占阿拉伯领土的声明。鉴于日本的特殊情况，美国对日本的第一次“离心倾向”表示了谅解。

阿拉伯石油输出国不顾石油消费国和国际石油垄断资本的意愿，运用石油武器在原油价格上展开攻势，不仅使油价暴涨，还引发了第一次世界性的石油危机，使整个西方世界都受到猛烈的冲击。

在这次石油危机中，受冲击最大、最惊慌失措的是日本。面对突如其来的变化，日本束手无策、毫无准备，缺乏应付紧急事变的能力和办法。

据统计：在 1972 年日本的能源消耗中，煤炭占 17%、石油占 75%、水力占 6%，其中所需石油的 99.7%依靠进口，而所有的进口石油中，中东地区的石油占了 81%（详见表 1、2）。当时，它在世界石油消费中排位第二，石油涨价和削减供应量使其经济顿陷困境，首先是物价暴涨。石油危机爆发的1973年，日本的批发物价和消费物价指数分别上升了15.8%和11.7%，1974年比1973年分别上升了31.4%和24.5%，这个上升率为当时世界之最。在物价猛涨的同时，产业资金锐减，开工率下降。1973年的开工率为99.8%，1975年为83.4%，与此同时失业率大增，1975年突破100万人，达103万人，比1973年净增36万人。1974年6月的工矿业生产首次出现负增长。

石油价格高涨，使日本的国际收支失衡，1972年日本的国际收支为黑字66.24亿美元，经过石油危机，到了1974年转为赤字45.49亿美元，这对以“贸易立国”的日本来说形势非常严峻。

据日本通产省调查，日本1973年的原油进口来源如下：

表2—4① 日本1973年原油进口来源

总进口量	28670万千升②	
进口地区	进口量（万千升）	构成比例
伊　朗	9570	33.4%
沙特阿拉伯	5370	18.7%
阿布扎比	2600	9.1%
科威特	2330	8.1%
中立地区③	1660	5.8%
阿　曼	620	2.2%
中东其他地区	240	0.8%
总　计	22390	78.1%

① 据日本通商产业省的《石油统计年报》、《能源统计年报》、《能源生产、供需统计年报》及科威特的《阿拉伯半岛与海湾研究》编制，表2—5同。

② 1桶=0.159千升，1吨=1.11千升或7.3桶，1千升=0.9吨，以下同。

③ 指的是位于沙特阿拉伯和科威特之间的共有地带——作者。

表 2—5　　日本的石油生产和进口情况　　（单位：万千升）

年　份	自产原油	进口原油	进口原油依赖率①
1946	21.3	—	
1950	32.8	154.1	82.4%
1955	35.4	855.3	96.8%
1960	59.3	3111.6	98.1%
1965	75.1	8328.0	99.1%
1970	89.9	19582.5	99.5%
1975	70.5	26280.6	99.7%
1976	67.4	26858.8	99.8%
1977	68.9	27789.3	99.8%
1978	63.0	27018.4	99.8%
1979	56.1	28048.6	99.8%
1980	50.3	25683.3	99.8%

第一次石油危机爆发时，西欧和美国由于第二、三次中东战争爆发时受到过阿拉伯国家的石油制裁，有了经验，所以都拥有 70—100 天的石油储备。而日本只有 50 天的石油储备，因此削减石油供应对日本来说简直是“晴天霹雳”，日本国民很快陷于“通货膨胀与物质恐慌”的一片混乱中。不法奸商趁机哄抬物价，使全国形势更趋严重。

福田纠夫生逢其时，在这次石油危机期间出任大藏大臣。为解决日本经济问题，他立刻表明决心：政府方面压缩财政，企业方面减少投资，家庭方面压缩消费，通过严厉抑制总需求的政策来对付因油价大幅度上涨而产生的通货膨胀和国际贸易赤字（这年 11 月的国际贸易赤字为 11 亿美元）。12 月 22 日，日本一下子提高银行利率 2%，在此之前，银行利率已经达到战后最高水平 9%。其次，日本派遣副总理三木武夫

① 原油进口依赖率＝进口÷（自产＋进口）

为政府特使紧急出访中东 8 国。内阁在一片喧嚣声和焦虑声中编制了 1974 年的紧缩型财政预算。

经政府及社会各界努力，日本 1974 年和 1975 年的消费物价指数上升率被控制在政府许诺的范围内，涨价风潮逐渐平息下来；批发物价的综合水平经历了 36 个月的动荡之后，于 1975 年 1 月降了下来，一直暴涨的地价因此下降。但是，与日本政府主观意志相反的是，日本经济出现了战后空前的长期萧条。

早在石油输出国组织开始解除石油供应限制之初，就有日本学者就经济萧条问题提出了“零增长论”的观点，但未引起足够的重视。当时很少有人能认识到萧条的严重性，人们普遍认为“萧条是临时的”，日本政府对经济形势的估计也是如此。但是，现实是严峻的，萧条的时间比人们预料的要长得多，增长率下降的幅度也大得多，1974 年的日本经济率首次出现负增长。1958 年和 1965 年日本分别出现过两次大萧条，但那时的经济增长率仍保持了正数，为 5%—6%，现实情况说明“萧条之年经济增长率仍为正数的日本经济神话”受到了挑战。实际证明：石油输出国组织对原油大幅度涨价产生了通货紧缩效应，对各国经济产生了极大影响，西方工业国因设备过剩大大降低了对企业设备的投资热情。因此，若无有效的经济政策，经济形势难以迅速恢复。

为了使日本经济尽快走出低谷，稳定物价，1977 年 5 月，福田内阁时期的第 18 次国会例会通过了“强化禁止垄断法”。该法主要内容包括：

1. “企业分割”的各项规定；
2. 对违反政府计划的企业征税；
3. 限制大企业和金融机关拥有股票；
4. 对哄抬物价者采取严厉的制裁措施。

战后日本经济历经多次萧条，这次石油危机使日本的生产力严重下降，为战后历史之最。其次，从萧条的谷底回升起来的速度非常缓慢。工矿业生产的综合指数历经 5 年到 1978 年 2 月才恢复到 1973 年 10 月的水平，1977 年制造业的就业指数和 1973 年相比，减少了 10%；从 1977 年的实际有效需求水平看，民间企业的设备投资和库存投资同

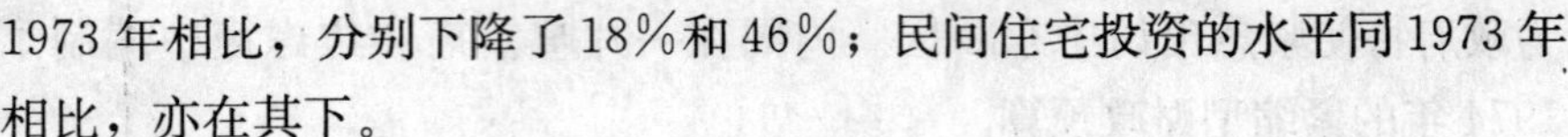

1973年相比，分别下降了18%和46%；民间住宅投资的水平同1973年相比，亦在其下。

试看表2—6，石油危机后的萧条程度一目了然。

表2—6　　战后经济萧条的程度对比表①

工矿业生产	库存率	开工率	就业指数	
1954年的萧条	-5.1%	+31.5%	……%	-1.3%
1958年的萧条	-9.4%	+58.2%	-19.9%	-0.2%
1962年的萧条	-3.3%	+33.7%	-10.7%	-1.4%
1965年的萧条	-2.9%	+13.3%	-8.2%	-1.2%
1971年的萧条	-2.7%	+27.8%	-8.8%	-1.4%
石油危机后的萧条	-20.2%	+78.1%	-24.0%	-4.0%

石油危机后日本经济萧条的原因主要有两个：

1. 从经济发展的实际情况看，大量的设备过剩和企业投资需求的停滞使经济发展的运行机制受到严重影响。这次经济萧条属增长减速型性质。石油危机发生后，日本企业根据以往经验继续进行设备投资，生产能力平均实际增加约10%，但是客观需求急剧下降，使企业出现大量的设备过剩，严重影响企业经营机制的正常运行。因此，以制造业为中心，在紧缩经营的政策下，就业人数迅速减少，工资的增长率也迅速下降，消费需求的增长不足高速增长时期的50%。

2. 从经济对策方面考察，日本政府难辞其咎。在日本，有学者认为，对于经济萧条问题，日本政府的经济对策存有不妥之处。如日本政府虽然在口头上强调经济发展的高速增长时期已经结束，但对“日本经济高速增长的素质和企业的投资热情”深信不疑，因此一心只想把疯涨的物价上升指数尽早压缩到一位数，而没有及时采取放宽金融借贷，刺

---

① ［日］内野达郎，赵毅、李守贞、李春勤译：《战后日本经济史》，新华出版社，1982年版，第293页。

激经济发展的政策。1975 年，因经济不振、税收锐减，日本财政出现大量赤字，日本政府这才认真采取对策。由于缺少经验，初出台的萧条对策不完善、不彻底。1976 年 1 月，日本提出了《昭和五二年代前期经济计划》，制定了经济增长率为 6%的中期目标，期望通过三年的奋斗使经济重新达到一个高增长的水平，从而使日本经济在稳定增长的轨道上顺利地软着陆。但是，1976 年 2 月出现了洛克希德贪污案事件。由于国会将注意力集中在对此案的讨论上，把有关预算法案的审议抛到了一边，执政党内部也因权力之争而陷于混乱，因此这一经济计划的执行实际上落空了。

1976 年，美国经济有所恢复，日本的出口贸易因此显著增长，但由于日本政府优先考虑政治问题，所以不仅没有藉出口增长的机会完善财政政策，使日本经济圆满恢复，反而妨碍了财政政策的执行，迫使因需求不足而处于困境中的企业拼命扩大出口，因此出现了对外盈余增多、不平衡反而扩大的局面。

四、第一次石油危机与日本的“石油外交”

石油危机，归根结底就是通货膨胀危机。1973 年的冬天对日本来说是寒冷的，遭到石油危机冲击的日本经济十分困难，通货急剧膨胀，日常生活物质因临时短缺而成了投机商的宠物。1974 年的 2—3 月份，物价涨至顶点，批发物价指数比上一年同期上升 37%，消费物价指数上升 26%。在西方国家中，日本的通货膨胀最为突出。

日本资源贫乏、国土狭小，其加工贸易型的经济需要进口大量能源，因此确保能源的稳定进口对日本来说至关重要（见表 2—7）。

战后至 20 世纪 70 年代，国际市场上能源供过于求、价格低廉，日本随时可以买到所需的石油。1973 年石油危机以后，世界能源价格上涨，逐渐成为国际政治密切相关的“战略商品”，这一变化迫使日本把寻求能源的问题提高到国家生存战略的高度。中曾根首相曾指出：日本“民族的存亡取决于石油外交的成功与否”。1978 年以后，日本政府把确保能源进口与增强防卫力量相提并论，视作“国家综合安全保障体制”的重要一环。由此可见，石油外交是日本政府在特定的历史条件下，为寻求新的能源来源，确保能源稳定供应所作的外交努力。石油危机后日本政府在中东地区所从事的能源外交具有乞讨性质，故有时被称作“乞讨”外交。

表 2—7　　日本能源需求表①　　（换算单位：万亿千卡）

年　度	进口能源	进口依赖率
1961	517.4	47.9%
1965	1095.9	66.2%
1970	2606.2	83.9%
1972	2996.6	87.0%
1973	3462.3	90.6%
1974	3437.1	89.8%
1975	3280.6	89.7%
1976	3462.5	90.1%
1977	3493.0	90.9%
1978	3509.1	91.1%
1979	3726.7	91.2%

（一）日本开展石油外交的原因

1. 从历史上看，是日本政府试图克服资源小国的局限性和发展经济的需要。20 世纪 60—70 年代，日本以年均 10%以上的增长率实现了

① 日本通产省：《1980 年综合能源统计》。

经济高速增长，形成了大量消耗进口能源的以重、化工业为主的经济结构，至1968年发展成为西方第二经济大国。在1970年的日本产业结构中，钢铁、电力、造船、石化、电机、运输等消耗型产业的产值占国民生产总值的51.8%，其出口额占日本出口总额的72.4%；在同年的能源供应结构中，日本全部能源的83%依赖进口，石油在一次能源结构中的比例为70.8%，石油进口率为99.7%（见表2—8）。

表2—8　日本的一次能源供应情况表①（换算单位：万亿千卡）

年　度	水　力	煤、褐煤	石油液化气	原子能	天然气	合　计
1950	92.6	234.9	43.3	—	0.7	401.9
1955	118.8	281.4	113.0	—	2.4	560.2
1960	143.3	395.0	353.7	—	9.3	937.5
1965	187.2	*454.7	967.0	0.1	20.1	1656.1
1970	196.2	*643.8	2197.6	11.2	39.7	3104.7
1972	215.4	572.2	2579.4	23.2	40.4	3443.4
1973	175.5	*591.3	2967.6	23.8	59.7	3823.5
1974	207.7	*637.8	2846.6	48.3	77.8	3828.3
1975	210.5	*602.5	2678.9	61.6	93.9	3657.2
1976	216.5	*592.3	2837.8	83.5	107.6	3840.9
1977	186.9	*573.8	2862.8	77.6	140.9	3844.6
1978	182.9	530.3	2808.1	145.3	183.5	3852.4
1979	208.4	574.4	2907.1	172.5	222.9	4087.4

①日本通商产业省《综合能源统计》、电气事业联合会《电气事业便览》。表中*包括进口焦炭，自1970年度起天然气中包括液化天然气，合计数字中包括木炭。

由于日本的能源结构十分脆弱，所以日本经济在这次石油危机与战后第七次经济危机并发时受到的打击特别严重。1973 年，日本国民生产总值和工业生产总值还分别增长 10.2%和 17.7%，但 1974 年立即分别下降了 1.8%和 2.5%，而批发物价和消费物价却分别比前一年上涨了 31.3%和 24.4%。为此，日本财经界迫切要求政府运用外交手段谋求日本能源的多样化、多源化和自主化，即建立包括石油、煤炭、天然气和原子能等多样化的能源结构，把能源进口来源从中东发展到其他地区，发展与产油国的直接贸易和日本“自主开发”，为日本经济谋求稳定自主的石油来源。

2. 从现实来看，是日本经济适应第一次石油危机后新的世界能源供应形势的需要。第一次石油危机后，日本的能源形势出现了两个重要变化：

（1）日本与国际石油公司围绕能源问题的矛盾逐渐突出。旧金山媾和后，美国向日本提供“防卫、能源、粮食”三顶保护伞，把日本纳入了它的全球战略范围。从此在能源方面，美国的石油公司通过认股，为日本石油化工企业提供 50%的资金，获得了向日本石油化工企业提供原油的权利。到 1972 年为止，日本进口原油的 60%以上都是通过美、英为首的八大国际石油公司购买的。但是在第一次石油危机中，国际石油公司把阿拉伯国家的减产、提价转稼给日本，乘机大幅度地削减供应量，哄抬油价。在这种情况下，日本政府被迫改变策略，试图通过发展与产油国的直接贸易，扩大自主开发，减少对国际石油公司的依赖，在能源问题上争取主动，摆脱受人控制的局面。

（2）第三世界产油国的兴起，迫使日本政府加强与产油国的政治对话和经济技术合作。20 世纪 70 年代以后，石油输出国组织成员国通过参股、国有化等手段夺回了被国际石油公司长期霸占的资源主权，掌握了原油的开采与标价权。在第四次中东战争中，阿拉伯产油国以石油为武器，不仅成功地孤立和打击了美国与以色列，并制裁了包括日本在内的支持美国中东政策的西方国家。日本政府以此为起点，为了保证得到中东石油的可靠供应，接二连三地采取相应的能源措施与外交活动，在发展与产油国的政治对话和经济技术合作方面作出了持久不懈的努力。

(二)日本在中东的石油外交活动

日本开展石油外交的重心在中东。中东是国际政治斗争的热点，中东石油是日本能源的主要来源，因此开展中东外交是日本经济遭受石油危机冲击之后的首要任务。

日本的中东外交策略是利用中东产油国反对苏美两霸在中东的角逐，以独立的经济大国姿态发展与产油国的关系。

1974 年，日本首相三木、通产相中曾根和经济企画厅长官小坂善太郎等政府要员先后出访西亚、北非 16 国，反复强调日本的“亲中东政策”，并答应提供 33 亿美元的经济援助，力图在政治上以“亲善外交”来讨好中东产油国。1978—1979 年，日本首相福田、外相园田及通产相江崎又先后访问中东，重申支持巴勒斯坦人民自决权的立场，强调要与产油国结成“命运共同体”，发展“心心相印”的亲善关系。经过日本政府的不懈努力，日本不仅逐步与中东产油国化敌为友，还为扩大与中东国家的经济合作创造了有利的政治条件。1979 年，日本首相特使园田再次出访中东，这次访问突破了单纯“乞讨石油”的局限，通过与产油国的政治对话，沟通了西方与产油国共同抵御苏联向中东扩张的立场，进一步扩大了日本在中东的政治影响。

(三)日本谋取中东石油的途径

日本为获取中东石油，采取了 3 项措施：

1. 对中东扩大以重、化工业产品为主的出口，以此弥补迅速上涨的石油进口费用。1970—1979 年，日本的中东石油进口额扩大了 11.57 倍，但同期的出口额扩大了 15.9 倍，成为中东地区仅次于美国和西德的第三贸易伙伴。

2. 根据中东产油国谋求改变单一经济结构和进行大规模基本建设的需要，以伊朗、伊拉克、阿联酋、卡塔尔等产油国为重点，通过贷款、兴办合资企业、参加产油国大型工程投标、经营成套设备出口等途径扩大经济合作，求得长期、稳定、直接的石油贸易，这样既减少了日本对国际石油公司的依赖，又减少了原油进口过分集中在沙特等产油大国的风险。1975年，日本政府资助三井物产公司与伊朗合办总投资达20亿美元的石油化工工程就是这一措施的结果。据统计：日本对中东的投资，1970年为3800万美元，仅占其国外投资的3.1%，1978年增为49.2亿美元，占其国外投资的10.7%。

3. 千方百计地吸收产油国的石油美元。至1979年日本吸收石油美元100亿，约占产油国石油美元总额的5%。日本的这一举措进一步加强了它与中东产油国的经济联系，从而基本稳定了它在中东地区的石油供给。

20世纪70年代下半期，日本从中东进口了大量原油。据统计：1978年日本每天从中东进口400万桶原油，占中东出口额的20%以上（同期，西欧占44%，美国占11.6%）。在日本进口的中东石油中，向八大国际石油公司购买的比例从1972年的63%减少到了1978年的51.2%，而向中东产油国的国营石油公司直接贸易的比例则从1.5%提高到8.4%（见表2—9）。这些数字表明：日本在中东地区的“乞讨外交”是有效的，虽有“低三下四”之嫌，但从国民经济的视角考虑，仍不失为明智之举。

表2—9　　日本从中东进口原油表①　　（单位：百万吨）

中东产油国	1975年	1979年
沙特阿拉伯	71.5	74.6
伊　朗	58.5	36.1
阿联酋	27.0	28.2
科威特	21.9	21.5

① 据日本通产省《石油统计年报》、《能源统计年报》、《能源生产、供需统计年报》数据编制。

续表

伊拉克	6.1	17.0
中立地区[①]	13.0	16.2
阿　曼	7.5	9.8
卡塔尔	0.2	7.1
合　计	205.7	210.5

（四）日本开展“石油外交”面临的国内外矛盾和应策

1. 国内矛盾。日本的石油外交是通过“官民一体”的两轮体制进行的。究其原因：一是日本政府缺乏在中东施加政治影响的能力，需要把财团企业推向石油外交的第一线；二是日本的石油企业在资本与技术上难与美、欧匹敌，在竞争中需要政府的资助。但是，在“官民体制”的实际运转中，官方与民间的步调常常不能一致。例如：由于中东局势多变，而日本援建的工程规模和难度越来越大，因此企业界常常抱怨政府未能像美、欧政府那样为企业在中东竞争创造有利条件，认为“它们被用作外交政策的工具，承担了本应由政府承担的风险”。其次，政府着眼于长期战略，而企业追求眼前利益，两者难以统一。

20 世纪 70 年代上半期，日本通产省为缓解能源问题，制订了从中国长期进口原油的方针。为此，一些企业以中国石油含腊量高为由，要求政府补贴改装精炼设备，并对该方针表现出消极态度。苏联入侵阿富汗后，日本政府从捍卫它的海上运输线这一能源战略出发，决定对苏联采取经济制裁，但遭到钢铁、石油业的反对，这些部门要求政、经分家，继续搞日苏经济合作，捞取实惠。由此可见，调整好国家能源战略与企业利益之间的关系，运用外交手段为企业进一步发展与产油国之间的经济合作关系，是日本开展石油外交面临的重要课题。

① 指的是位于沙特阿拉伯和科威特之间的共有地带。

2. 与美国的矛盾。中东战争引发的石油危机，反映了美国与中东产油国之间的矛盾，因此如何在美国与中东产油国之间保持平衡是日本乞讨外交不可回避而又十分棘手的难题。日本夹在美国与中东产油国之间步履维艰。

石油危机期间，美国国务卿基辛格批评日本的“新中东政策”，说它忽视盟国利益，因此力阻日本单独与中东产油国打交道；中东阿拉伯产油国方面则对日本未按它们的要求同以色列断交，并对三木副总理在访问中东后马上去华盛顿磋商一事表示强烈不满，怀疑日本的外交背后有“美国的影子”，多次指责日本在中东和平进程中抱消极态度，对支持巴勒斯坦人民自决权问题讲得多，做得少。

1979 年美国人质事件发生后，美国停止进口伊朗原油。日本在反对伊朗扣留人质的同时，在现货市场上大量购入伊朗原油，遭到美国的严厉指责。日本的对外政策核心是日美同盟，由于日本无法摆脱对美国的依赖，所以它对中东产油国的石油外交只能在不损害日美同盟的前提下开展。这样日本在中东产油国中造成的那种“商业国”、“美国伙计”的形象就无法消除，它在中东地区的政治影响也不得不受到限制。

3. 与其他西方国家的分歧。日本作为一个能源消耗量大、自给率低的石油消费国，为对付产油国的提价、减产等压力，需要与美、欧等工业国结成联合阵线，但由于日本与其他西方工业国的能源政策和消费结构不同，因而在进口原油的数量、价格等问题上存在一定分歧。

首先，虽然日本的经济增长率一直比西欧高，但在节能与寻找研制替代能源方面却落后于西欧。若将 1979 年与 1973 年相比，西欧共同体的石油进口量减少了 28%，而日本仅减少了 3%，因而受到西欧的指责。在东京七国首脑会议上，由于其他西方国家的压力，日本不得不把日进口量从计划中的 700 万桶减少到 630 万至 690 万桶。

其次，日本与其他石油消费国相比，能源自给率低而对外贸易在国民经济中占的比例较高，因此日本只有在确保进口石油数量的前提下才考虑价格问题。对于因石油涨价造成的损失，日本完全可以转嫁到出口商品上去，这与西欧根据市场价格调节进口数量的能源政策不同，因此西欧对日本在现货市场大量抢购高价石油尤为不满。东京七国首脑会议关于对现货市场进口石油的油价实行最高限制的议案，终因日、美、欧意见分歧而未能达成协议。

日本在石油消费国集团中既要设法调和与美欧的矛盾，维持日、美、欧联合对付产油国的机制，又要利用美欧矛盾，时而借助美国的支持顶住西欧对它的压力，时而拉西欧一起摆脱美国的控制。总之，在石油供应问题上，日本与美欧之间争斗与合作并存。

第三节　第二次石油危机与日本能源对策

一、第二次石油危机发生前的日本国际收支

1973年，石油输出国组织大幅度提高原油价格，使日本的国际收支锐减，出现了134亿美元的巨额赤字。后经政府多方努力赤字逐年缩小，到1976年转逆差为顺差，盈余32.5亿美元。1977年上升为121亿美元，创下了国际综合收支新纪录，其主要原因是以汽车为主的日本商品具有强大的竞争力。

1976—1977年，日本的对外贸易分别出现了111亿美元和206亿美元的巨额盈余，特别是1977年，日本政府原来估计经常性的收支将出现7亿美元的赤字，但最后的实际盈余数为141亿美元，与政府的预测相距很大。对于这种不平衡的巨额贸易顺差国际上反响强烈，某些国家甚至联手抑制日本，使日本在国际贸易中的处境有些不妙。

为了适应国际形势，日元汇率采取浮动政策。1977年初，美元与日元的比价为1：290，年底上升为1：240；1978年春上升至1：222日元，到秋天一举猛涨至1：180日元。尽管日元迅速上涨损伤了许多出口产业，使以出口产业为主的日本经济在国际贸易的竞争中处于不利的地位，但给出口产业带来了通货紧缩的效果，具有一定的积极意义。

欧美西方国家对日本经济外贸盈余的严重不平衡十分不满，因此围绕着日本外贸政策而产生的国际摩擦也因此越来越大。石油危机发生后，西方世界的国际收支动向发生了变化，参加石油输出国组织的产油国盈余激增，但大多数发展中国家却受到了国际收支赤字累累的严重困扰，政策上自由选择的余地极小，不能随心所欲地采取积极对策。在这种国际背景下，日本没有通过促进农产品和其他消费品的进口，以及增加外援的方法使一部分盈余回流国外，引起了更多国家的不满和不安。

二、第二次石油危机与世界性经济危机

20世纪60年代，阿拉伯国家开展了轰轰烈烈的国有化运动，通过入股、参股的方式，收回了部分石油公司，建立了地区性的石油组织。1973年10月中东战争爆发后，阿拉伯海湾国家首先作出决定，把原油价格提高70%。此外，以海湾国家为主的中东产油国还采取减产、禁运等措施，反对美国支持以色列的中东政策。这场斗争在油价的决定权方面取得了重大的胜利，沉重地打击了美国在中东的石油霸权。

从1974年起，每桶原油的的标价从10月中东战争前的3.01美元猛增到11.65美元，从而结束了西方工业国利用廉价原油高速发展经济的历史。由于石油供应短缺和油价猛涨，出现了第一次石油危机，西方的经济和社会生产一度陷于混乱，加深了1974至1975年西方世界的经济危机。1978年底至1979年初，海湾第二大产油国伊朗政局发生动荡，石油生产大幅度下滑，日产量从580万桶迅速降至310万桶，使世界石油市场每天缺油68万吨，破坏了脆弱的供求平衡。西方国家纷纷在国际市场抢购石油，使石油供应骤然紧张。因此，阿拉伯石油输出国组织（OAPEC）的原油售价从1978年底的平均每桶12.85美元迅速涨至1979年底的平均每桶26.16美元。这次石油价格上涨率虽比第一次石油危机时低，但上涨幅度却比上次危机的平均8美元（见表2—10）高得多，为15美元，造成了20世纪70年代的第二次石油危机。这次危机加深了西方国家的内部矛盾，使西方国家再度陷入世界性的经济危机。

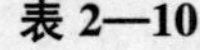

表 2—10　　阿拉伯标准原油价格变动情况①　（单位：美元/1 桶②）

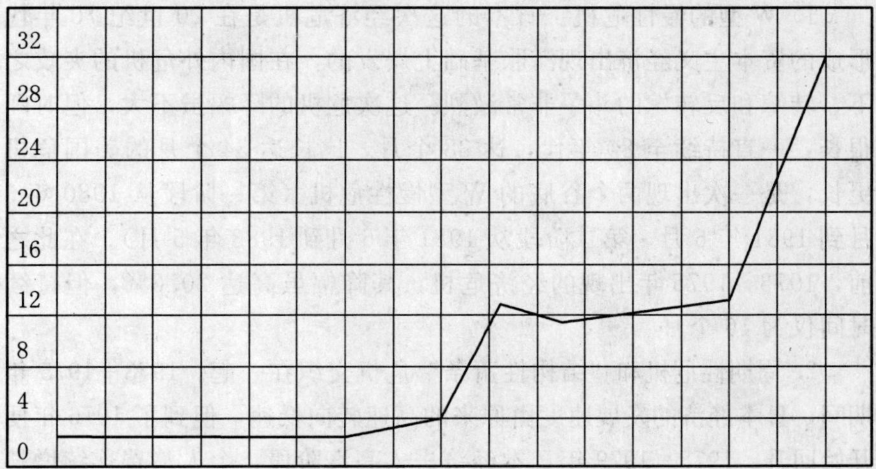

（说明：原油价格除 1949 年按 4 月价格统计以外，其余均按 1 月 1 日的价格统计。1949 年至 1965 年国际油价均为 1 美元/桶。1975 年以前为公布价格，自 1976 年起为正式销售价格。1949—1971 年的石油价格一直比较稳定，1971 年起始有涨幅。）

三、第二次石油危机对日本经济的影响

在第二次石油危机中，油价一涨再涨，到 1980 年 9 月，中东基准油价上涨到每桶 30 美元，几乎为 1973 年油价的 10 倍。在第二次石油危机的冲击下，包括日本在内的、尚未完全复苏的西方经济再次衰退，最终发展成为战后最严重的一次经济危机。由此可见，海湾地区触发的两次石油危机是西方经济发生重大转折的重要标志，特别是第二次石油危机爆发后，长期处于国际收支顺差的日本于 1979 年出现了 86 亿美元的赤字，其中石油进口费的剧增是重要原因。

---

① 据石油联盟《石油资料月报》数据编制。

② 1 桶＝0.159 千升，1 吨＝1.11 千升或 7.3 桶，1 千升＝0.9 吨。

（一）日本经济危机的特点

1. W型的慢性危机。日本的这次经济危机是在20世纪70年代形成的资本主义经济出现滞胀基础上爆发的，在国内外危机的夹攻之下，转嫁和反转嫁的斗争非常激烈。这次危机的降幅虽不大，但时间很长，一直持续至80年代，达38个月，比长达34个月的美国危机更长，是一次出现两个谷底的W型慢性危机（第一阶段从1980年3月到1981年6月，第二阶段从1981年6月到1983年5月）。在此之前，1973—1975年出现的经济危机，其降幅虽高达20.6%，但持续时间仅为16个月。

2. 周期性危机和“结构性萧条”危机交织在一起。1973—1975年期间，日本经济的发展速度由原来的高速转向低速，但到了1976年便开始回升。1978—1979年日本经济进入高涨阶段，个人消费连续增长了4年，原先已基本停滞的生产设备投资，在1978—1979年间又出现一次小高潮，其中1979年比1978年增长了12.5%。这一经济状况实际上为经济危机的到来埋下了隐患。

在日本的经济结构中，某些部门自20世纪70年代以来长期处于萧条状态，如造船业，闲置的造船设备其生产能力达1000万吨以上，钢铁过剩5000万吨，因此必须及时调整产业结构，充分发挥生产潜能，大力发展节省资源、节省能源的“知识集体化”产业。如数控机床、电子计算机、信息处理系统、自动工程、精密成套设备等，但在产业结构的调整过程中，日本经济的不稳定性和各部门、各地区之间产生了不平衡，加剧了中小企业之间的矛盾和竞争。

3. 周期性危机和财政金融危机交织在一起。1975至70年代末，日本政府每年都发行大量国债，扩大开支，刺激经济。在这些年的日本财政预算中，赤字国债平均占30%左右，为西德的1倍和美国的2倍。由于这次经济危机的影响特别长，财政收入持续锐减，所以进入80年代后仍不得不继续发行赤字国债，到1982年底累计国债达96万亿日元，相当于当时日本国民生产总值的35%，每年支付国债利息300亿美元以上。由于日本国内经济不振、出口下降，世界经济动荡和美国高利率政策等的影响，1982 年 10 月日元对美元的汇率暴跌，为 287.5 日元兑换一美元，创下战后历史新低点。日元贬值导致进口商品价格提高，国内批发物价和消费物价上涨，1983 年的零售物价上升 3.2%，依靠进口原料的产业收益减少，如电力、石油工业等也成为结构性萧条行业。在此情况下，即使日元贬值也难以使银行利率降低、银根松动，因此随着日美利率差距的扩大，大量资金流向国外，这对日本经济十分不利。

(二) 经济危机与日本对外关系

世界性的经济危机加深了日本的经济矛盾，改变了日本经济发展的国际环境，过去支撑日本经济高速发展的诸多因素发生了变化，使日本经济又一次出现萧条，因通货膨胀而生产率持续下降，日本经济进入了一个低速增长的时期，开始呈现持续性的滞胀状态。

在这一历史条件下，日本的对外关系出现如下 3 个特点：一是日美经济矛盾加剧，但政治上、军事上又互有需要；二是日苏关系在贸易、经济上有所增长，但未见突破；三是日、欧经济矛盾激化，日本被迫做出妥协。

四、日本的能源对策

1979 年伊朗石油减产后，国际石油公司都不同程度地单方面削减对日供应量，向别国高价出售，使日本深刻认识到自己作为“资源小国”的致命弱点。

对于通货膨胀引起的社会不稳定和紧张局势，日本政府从财政、金融两个方面坚决实行严厉抑制需求的措施，就是在普通家庭开支方面，也采取节约消费、抵制通货膨胀的措施。紧缩银根起到了抑制企业投资的效果，一度大量膨胀起来的虚假需求很快被缩小，混乱的物价也较快得到治理。但是，日本经济的生命线能源问题依然没有解决，石油危机的阴影依然存在。

为此，日本财团在经济上的危机感越来越深。为了改变这种局面，彻底摆脱困境，日本政府采取了一系列经济措施。对内，加强国家的经济职能和干预作用，扩大国家的财政支出，不断完善能源政策，刺激经济发展，大力改造产业结构，重点发展知识密集型产业，“充分运用人类智慧和知识的事业”，发行巨额国债，推行赤字财政政策，强化禁止垄断法等；对外，扩大资本输出，开辟国外市场，开辟、扩大并稳定资源来源。

（一）调整能源政策，出台相应措施

20世纪70年代中后期，国际上的政治斗争使石油供应很不稳定。首先，苏、美争夺石油的斗争愈演愈烈，他们通过颠覆、军援、经援等手段，拼命扩展自己的势力范围，制造紧张局势。由于苏美的插手，中东产油国内部的社会动乱及区域性冲突频频爆发。日本进口石油的来源集中在中东地区（参考表2—13、表2—14），中东成了日本能源供应的生命线，这一特点给日本经济的安全带来很大影响，中东地区动荡不安、战火连绵不断，随时都有可能中断对日本的石油供应。其次，从中东到日本12000海里的漫长石油运输线极为脆弱，也有随时被卡断的危险。世界能源供应形势因此发生了重大变化，第三世界产油国为了捍卫民族权益，进行了不屈不挠的斗争，打破了石油垄断公司对石油生产和石油价格的控制，从而形成了新的生产格局和油价体系。

在这种形势下，以前曾使日本经济受惠极大的能源结构则成了经济不稳定的因素。在西方世界中，日本依赖石油的程度最高。1977年石油在能源结构中的比重，美国为46%，西德为53%，英国为45%，法国为64%，而日本则高达75%。因此日本经济极易受世界能源形势变化的影响，第一次石油危机使日本经济受到沉重打击，并于1974年出现了战后未有的负增长现象，第二次石油危机则使日本的国际收支恶化、通货膨胀加剧、失业激增。

在连续两次石油危机的冲击下，为了保障日本经济的安全与发展，日本政府把解决能源问题放在首位，对原有的能源政策进行适当调整，从四个基本方面制定了新的综合性能源政策。

1. 坚定实行资源保护政策，增强能源的战略贮备；积极加强国际联系与合作，保证石油稳定供给。日本的能源资源主要是煤炭，总贮量不到100亿吨，因此日本为了保护本国资源，一直把年开采量控制在2000万吨以内，80%以上的煤炭和99.8%的石油则依靠进口。石油危机发生后，日本一方面更坚定地继续实行资源保护政策，一方面积极加强与中东石油生产国联系，保证石油供给。此外，日本通过广泛的石油外交，努力扩大从印尼、中国、苏联、墨西哥等非中东产油国的石油进口，力求摆脱对中东石油的过分依赖。在此基础上，日本积极加强石油储备，提出了到1985年达到110天石油储备的目标。

20世纪70年代初，日本政府曾看好与苏联合作开发西伯利亚的秋明油田石油、雅库茨克天然气和南雅库特原煤，试图通过建立“日苏能源联盟”，勘探库页岛大陆架的石油，寻找解决日本能源问题的新途径。但是20世纪70年代中期以后，日苏关系趋冷，双方的能源合作陷于僵局，在开发秋明油田的会谈中，苏联要求日本提供的贷款额从10亿美元增至32亿美元，而提供的原油却从每年4000万吨减少到2500万吨。此外，苏联还试图把建造第二条西伯利亚铁路纳入日苏能源合作的范围。日本担心这样发展下去会增强苏联在远东地区的工业与军事力量，打破美、苏在亚太地区的实力平衡，既给自己造成威胁，也可能受到其他亚洲国家的批评。此外，日本还怕日苏能源合作的规模过大，会产生一旦陷入，欲罢不能的负效应，被苏联的“亚洲集体安全体系”套牢。1978年，日、苏能源合作的主要项目—联合开发秋明油田的谈判破裂，以后又发生了苏联入侵阿富汗事件，日苏能源合作就此搁浅。

日本同中国的能源合作是从1972年两国恢复邦交正常化后才开始的。1973年，日本首次从中国进口原油100万吨，到1978年，进口量增至730万吨，占其进口总额的3.1%。这时，日本的外交政策从三木内阁的“中苏等距离外交”，经由福田内阁的“全方位外交”，发展到大平内阁的“积极选择外交”，日本在中、苏两国间的能源合作重心逐步从苏联移向中国，这与日本依靠美国、借重中国、抗衡苏联的整体国家战略是一致的。

2. 积极开发替代能源。为了克服石油危机造成的能源问题，日本积极开发利用煤炭、原子能、天然气、水力、地热、太阳能等替代能源，逐步摆脱对石油的依赖，计划在1990年以前把石油在能源结构中的比例降到50%以下。

3. 合理、科学地建立能源管理体制。战后日本的能源管理经历了从滥用到重视节能，从粗放到集约化经营的过程，逐步形成了一套“咨询、研究、决策”三结合的能源管理体制。其主要形式是：内阁下设“资源、能源总部”和“国家资源能源厅”，这是管理和决策机构，负责制定能源政策和能源发展规划；县通商产业局设资源能源课，公司、企业设能源委员会，负责能源的生产和管理，保证执行能源计划。总理府和县通商产业局分别设立能源资源对策推进会议和综合能源调查会，这是各级政府的咨询机构，为能源的开发利用、协调发展提供技术咨询。国家工业技术院、能源经济研究所和公司、企业的综合能源研究所，是各级能源管理部门的科学研究机构，为各级政府决策提供能源技术和能源政策的科学论证依据，如上述的“月光计划”和“日光计划”，就是能源科研单位的重要成果，从而形成了有一定社会基础的、有权威的、科学的全国能源管理体制和能源网络。此外，日本比较重视能源立法，先后建立了《能源法》、《能源使用合理化》等一系列能源法规。战后日本推行的这种能源管理体制和能源法规，对保证能源供给，促进经济的持续发展，起到了重要作用。

4. 大力提倡节能，从需求方面缓和石油的供需矛盾。对于日本来说，解决能源问题不外乎开源、节流两条途径。从开源方面来看，由于非中东地区产油国的石油出口量较少，加上国际关系的复杂性，通过能源外交所能增加进口的石油并非十分稳定。煤炭、原子能等替代能源则因资金、技术、环境污染等方面的限制，难以短期见效，开源在一定的时期内不可能改变日本依赖进口能源的局面。在日本能源供应仍受国际能源形势左右的情况下，通过节能缓和供需矛盾的作用就显得格外重要。因此，日本政府把节能政策置于能源战略的中心位置。

第一次石油危机时，石油涨价使日本经济受到严重影响，引起电力、石油制品和煤气等连续性涨价，导致产业部门的能源成本提高，因而各企业在节约使用不变资本方面尤其重视节能。1974年，能源成本在产业部门总产值中所占的比重由3.5%提高到5.8%，其中尤以耗能多的产业提高幅度为最大，如化学工业能源成本所占的比重由1973年的9.8%上升到1976年的14%，钢铁工业从7.7%上升到12.3%。能源成本的提高严重影响了日本的企业利润，使其在产业部门总产值中的比重从1973年的15.6%下降到1974年的12.7%。与此同时，产品成本与价格相应提高，削弱了出口商品的国际竞争力，为了保持商品的高额利润和竞争能力，日本的产业部门把降低能源成本作为一项迫在眉睫的任务。

能源成本是由价格和投入量两个方面所决定的。在投量不变的情况下，能源价格上涨无疑会引起能源成本上升，如能减少能源投入量就有可能抵消价格上涨对成本的影响，所以产业部门千方百计地节能，尽量减少生产过程中的能源消耗。例如：钢铁工业部门在节能中一马当先，不仅对节能大量投资，而且积极采用各种节能新技术，使日本平均每吨钢的能耗比美国少44%、比西德少15%、比法国少20%，这一结果使日本的钢铁产品在国际市场上具有很强的竞争力。由此可见，减少能源消耗，对于提高日本商品在国际市场上的竞争力意义重大。所以，作为能源对策，日本采取了一系列紧急节油措施，不仅加强对能源使用的“行政指导”，而且将节能运动推向经常化和长期化，并因势利导地在产业政策中作出向省能型产业结构转换的重大决策。1977年，日本政府设立了专门负责审定能源政策和法令的机构，制定了“稳定能源供给、开发替代能源和节能”三项能源政策。1978年底第二次石油危机爆发后，日本政府一方面制定了“节约石油对策”，另一方面加紧拟订关于节约能源的法律。这样，经过多年努力逐步形成一整套以“节能法”为核心，包括金融税收、宣传教育、技术研究等主要内容的节能政策和措施。

（1）以“节能法”为核心加强能源管理。加强能源管理是一项花钱少、见效快的措施，既可以堵塞能源使用中的漏洞，又能够提高能源利用效率。开展节能运动之初，由于过去使用能源比较浪费，所以通过节能管理取得的经济效益较为显著。日本的“节能法”是国家强化能源管理的重要经济法规，它把政府及各企业对能源管理的职责、范围、方法等用法律条文的形式固定下来，使大家有章可循、有法可依。

日本在能源管理中比较重视法规的作用，早在1951年就实施了“热管理”法，对企业使用的煤炭、燃油、燃气等热源实行监管，并建立了2万人左右的专职热管理队伍。1973年后，国际能源形势的剧变使日本的“热管理法”无从适应，亟需制定适合新形势与国情的经济法，于是日本政府在1979年6月颁布了《关于能源使用合理化的法律》(简称“节能法”)。该法将管理的对象由煤、油燃气等热源扩大到电，把管理的范围由工厂扩展到建筑物和耗能的机械器具，内容远比“热管理法”广泛、周密。可以说，从“热管理法”到“节能法”，说明日本的能源管理上了一个新台阶。“节能法”主要包括4个方面：一是规定了上至政府大臣下至基层负责人对能源管理的职责。政府方面，通产省和建设省负责对基层的能源使用进行指导、建议乃至劝告，并制订节能标准，供基层参考。基层方面，工厂的经营者在燃料燃烧合理化、余热回收等7个方面努力做到合理使用能源。二是把工厂作为能源管理的重点，特别加强对年消耗3000千升油当量以上或年耗电1200万度以上的工厂管理，设专职的能源管理人员，并把它作为“能源管理指定工厂”。三是建立“能源管理员考试制度”，考试分“执行管理士”和“电气管理士”两种，由通产大臣主持，每年定期举行，考试合格者被授予证书。日本通过各种考试，选拔了一批既有理论知识又有实践经验的技术人员负责工厂的能源管理，把他们培养成为推动产业部门节能的骨干力量。四是政府负责制订工厂、建筑物和耗能机械器具的各种节能标准。这些标准是根据日本当时的技术水平，在对各项节能措施的经济效果作出充分评估的基础上制订的，其性质不属于必须遵守的最低限度标准，而是政府希望基层为之努力的节能目标。

“节能法”的制定和实施不仅加强了能源管理，而且大大推动了日本节能运动的发展。

(2) 采取金融、税收措施刺激节能投资。日本政府在金融、税收方面主要采取了以下措施：

在金融方面，日本政府通过开发银行、中小企业金融公库、国民金融公库给予工业节能设备以优惠贷款。例如：日本开发银行于1978年设立了“省资源、省能源贷款”项目，贷款总额为135亿日元，贷款对象为节能型工业炉、余热炉等14种节能设备。贷款条件是：节能设备须提高效率10%、年节约燃料50千公升油当量以上，或提高效率5%，年节约燃料1000千升油当量。

在税收方面，日本政府从1978年对热交换器、余热炉等13种节能设备实行“特别折旧”政策（折旧率为1/4），1980年对特别折旧政策进行了修改，折旧对象设备扩大为19种，特别折旧率改为1/5。1978年日本政府还实行了“投资减税制度”。其内容之一是：对13种节能设备扣除相当于购置该设备金额10%的所得税或法人税。1979年又进一步修改了税收制度，对13种节能设备自购置设备起3年内减免1/3固定资产税。

以上措施既资助了资金力量薄弱的企业，又减轻了节能设备的税收，缩短了节能投资的回收期限，大大刺激了私人企业进行节能投资的积极性。从后来日本出现节能投资不断增加的情况看，日本政府的这一政策是有效的。

(3) 大力开展节能宣传教育。日本政府除了运用经济手段鼓励节能外，还十分重视宣传教育活动，努力改变20世纪60年代形成的浪费用油的不良思想与习惯。例如：日本政府于1978年10月和民间团体共同合办了“节能中心”，并通过这一机构在全国范围内大张旗鼓地开展节能宣传教育活动。

从1977年起，日本政府把每年2月定为“节能月”，在这期间掀起声势浩大的宣传高潮。“节能中心”通过电视、报刊、杂志等大力宣传政府的能源政策，推广节能经验，政府则通过表彰先进，推动产业部门节能运动的开展。在此期间，根据独创性、普遍性、有效程度、努力程度4个条件评选节能先进，并由通产大臣向节能成绩突出的工厂、班组、个人授奖。从20世纪80年代起，政府还把12月1日定为“节能总检查日”，要求上至总理大臣下至普通公民都来检查政府机关、工厂、学校、家庭的能源使用情况。

日本政府还特别注意教育培养从事节能工作的专门人才，“节能中心”经常举办能源管理人员广播讲座，并组织中小企业能源管理人员轮流进修学习。此外，文部省还在中小学教材和高校招生试题中加入有关内容，使青少年也懂得节能的道理。“节能中心”则通过调查和指导的方式帮助中小企业加强节能工作。这些企业资金一般在1亿日元，规模在300人以下，设备陈旧，能源利用效率低，缺乏专职能源管理人员，是节能的薄弱环节。针对这一情况，“节能中心”每年派遣由技术专家组成的小组对几百个中小企业的能源使用状况进行调查，并根据各厂具体情况提出指导性意见。经过多年的宣传教育，日本人基本确立了节能意识。

（4）加强节能技术研究，提高能源利用效率。要扩大节能成果，除了加强能源管理、尽量减少浪费外，研究和采用大幅度提高能源利用率的新技术，不失为一项重要节能良策。当时日本火力发电机组的热效率已高达38%，不进行技术革新，要提高热效率已非常困难，如果采用新技术，把内燃机和蒸汽轮机组成联合循环体则可提高热效率55%以上。由此可见，研究、采用节能新技术和扩大能源来源具有同等重要的意义。

出于这种考虑，日本通产省从1974年开始执行一项大型的新能源研究计划——“日光计划”，主要研究太阳能、地热、合成天然气、氢能四项技术，并计划到2000年使国内所需能源的20%都采用这些新能源。1978年，日本政府又制订了一项大型节能技术研究计划“月光计划”。为此投入了大量资金，1979年为29.76亿日元，1980年为80.77亿日元。“月光计划”主要包括3个方面：一是大型节能技术研究，包括磁流体发电、余热利用技术、高效率的内燃机、新型电池等项科研项目。由于日本约有50%的能源作为余热被排放到大气或江河湖海之中，因此回收余热的“月光计划”被列为重点科研项目。由于大型节能技术研究耗资多、时间长，有一定的冒险性，因此由国家承担全部研究经费。其中有些研究项目委托给大学和企业，拨给“委托研究费”，组成国家研究所、民间企业、大学协作研究的体制。二是基础性节能研究，包括超导技术、低温染色加工技术、玻璃溶化炉技术等科研项目。由于民间难于研究这些项目，所以一般由国家所属的研究所承担。三是规定政府对民间节能技术研究实行补贴，如对空调设备、电冰箱等由国家提出节能标准，让各企业展开竞争性研究，国家对研究经费给予补贴，并对研制出的优秀产品授予节能标志加以推广。

此外，日本还积极参加国际间有关能源的合作研究。

(5) 采取节油措施，缓和供求紧张状态。1979 年 3 月，国际能源机构召开会议，要求各成员国削减石油消费 5%。6 月，在东京发达国家首脑会议上，又限定了与会各国的石油进口量。为此日本政府采取了“节约石油 5%对策”，节油目标为 1500 万千升。1980 年进而提出了“节约石油 7%对策”，节油目标为 2000 万千升，日本政府采取的主要节油措施有：在生产部门，促进电厂和水泥厂转换燃料，由烧油改为烧煤；在政府、企业的办事机构及家庭中，规定冷、暖气温度、削减照明和电梯运行；在运输部门，限制汽车行驰速度，削减利用率低的车次或航班，实行多人共乘出租车的制度等等。

以上措施对于缓和第二次石油危机带来的能源供需紧张起到了一定的作用，但这些措施大部分属于临时性规定，不能长期持续下去。上述 5 项内容构成了日本节能政策的基本体系。此外，日本政府为了适应 20 世纪 70 年代世界能源的发展形势，在产业政策中提出向节能型产业结构转换的设想。

(6) 改变产业结构，从根本上减少能源需求。战后日本的产业结构经历了以轻纺工业为中心的“劳动密集型”到以重、化学工业为中心的“资本密集型”的演变。20 世纪 70 年代，由于国际形势的变化，日本的产业结构再次发生了变化。日本通产省在 1974 年“产业结构长期展望”的报告中，系统地提出改变产业结构的规划，把耗能多的产业结构转变为“节能型”的工业结构，所谓“节能型的产业结构”就是投入一定量的能源而能够产生出更高附加价值的结构。日本政府主要从两方面进行工业结构改造：一是钢铁、化学、冶炼、纸浆等高耗能产业适当地转移到国外，以此减少高耗能产业的比重；二是大力发展耗能低、附加值高的“知识密集型”产业，例如以电子计算机为中心的情报产业、住宅产业、交通系统、城市开发产业和海洋开发产业等。在改变产业结构的同时，逐步改变外贸结构，即在出口产品中减少原料产品的比重，增加附加值高的产品比重。为了促进产业结构的改革，日本政府对于进行结构性转换的部门提供优惠贷款，并在1979年新设了促进产业结构转换的税收制度。

日本提出改革产业结构的政策，一方面可以从根本上减少整个产业部门的能源需求，另一方面又能造成对生产设备的新需求，开辟出新的市场，为困境中的日本经济打开新的出路。但是，实现改革的设想并非举手之劳，把高耗能产业转移到国外遇到了诸如交通不便、劳动力技术差等问题。同时，钢铁、化学等高耗能工业均与人民的生活密切关联，过多地转移到国外不利于社会稳定。另一方面，由于“知识密集型”产业是以先进的科学技术为前提的，所以尽管改革产业结构是一项根本性措施，但短期内不会立即见效。

为此，日本在稳定石油供给的同时，根据国内外的市场变化，以节能为原则，及时调整产业结构，逐步使资本密集性产业向知识密集性产业过渡，传统产业向新兴产业转轨，大力发展节能型产品和高精尖产品，为日本的新技术革命提供必要的条件。20世纪80年代，日本的节能工作取得了显著成效，由于知识密集性产业耗能较少，因而减轻了对能源的压力。

综上所述，由于两次石油涨价的冲击，20世纪70年代中期以后，日本把节能作为摆脱过分依赖石油进口的重要政策，采取了各种节能措施，健全了能源管理体制和能源法规，建立了各级政府能源机构和科研、咨询单位，完善了科研、咨询和决策系统，逐步提高了对能源的开发利用和经营管理水平，对缓和日本的能源供应问题起到了重要作用。

（二）日本科技发展战略路线的提出

两次石油危机后，日本十分重视科技战略的调整和充实，这主要出于两种考虑：

1. 增强对付石油危机的应变能力。由于两次石油危机对日本经济造成巨大影响，因此日本经济界人士认为：作为“经济大国”和“资源小国”的日本，根本的出路在于开发头脑资源，发展科学技术，其战略意义在于，以此增强对付能源危机的应变能力，确立“经济安全保障”。

2. 走“科技立国”的道路。通过总结经济高速增长的原因，充分认识先进的科学技术对于生产力发展的重要意义。科技发展是人类社会进步的动力，因此日本经济界人士认为发展科技不应停留在引进和模仿的水平上，应开发、发展创造性的“自主技术”，走“科技立国”的道路，开发创新、不断突破、不断前进。

20世纪70年代后期，日本原有的科技战略得到了延续和发展，出现了两个特点：一是在过去的“引进、模仿、创新、开发自主技术”的科技发展战略基础上，强调利用人的头脑资源推进自主技术的开发；二是进一步强调科学技术发展在整个社会经济发展中所处的战略地位，提出“科技立国”的战略路线。

1977年5月25日，日本科学技术会议第六号报告《资源有限时代的科学技术政策》为日本应付能源问题提出了基本国策，其主要精神是：

(1) 科研工作仍以原子能开发、海洋开发、信息处理以及环境保护等为中心，其中包括节能技术和替代能源技术；

(2) 强调研究开发中加强官方与民间的有机联系和合作，有效地提高开发率；

(3) 推进地方上的科研活动；

(4) 推进科技人材的培养。

进入20世纪80年代后，面对日趋复杂的国际国内形势，日本加深了对能源问题的危机感，认为这将是一个更加困难的时期，也是一个持续危机的时期。在总结经验教训的基础上，提出了“科技立国”的战略方针。

从“科技立国”的战略方针出发，结合本国的能源问题，日本采取了三项措施：

1. 迅速转向知识密集型产业。所谓“知识密集型产业”，指的是那些需要“高、精、尖”科学技术的产业，如电子计算机、产业用机械手、新合成化学、海洋开发、数控机床、信息处理和信息服务、系统工程、咨询业务等等。

日本官方认为：这一领域里的部门所能创造的价值（即附加值）远高于其他部门。例如：1975—1979年属于资本密集型产业的日本钢铁业，其附加价值率（附加价值额/生产额）约为20%—30%，而属于知识密集型产业的精密机器与电气机器制造业的附加价值率则平均为40%—50%。从中可以看出，发展知识密集型产业对国民经济是有利的，既能提高劳动生产率，又能节约原材料，降低能源消耗。因此，在这一时期，日本减缓并抑制了资本密集型产业和耗能产业的发展。

1975—1979年，钢铁、石油制品、化学等部门的固定投资额分别下降了30%、32%、37%；而同期知识密集型产业的投资额则增长得很快，精密机器和电气机器分别增长了1.14倍和1.18倍，平均增长率在25%—30%之间。由于投资额不等，故生产的增长速度也不相等。1975—1981年6月，钢铁、石油制品、化学纤维等部门的生产几乎停滞不前，电子计算机、通讯电子设备、精密机器等则分别增长了162.7%、270.6%，增长速度十分惊人。

表2—11　日本1981年6月的工矿业生产指数（1975年=100%）①

钢铁业	纤维工业	石油与石油制品	电子计算机	事务用机器	通讯电子器件	精密机械
115.4	105.6	99.2	202.7	433.4	370.6	422.0

2. 重视机械技术与电子技术相结合的技术革新。产业结构向知识密集型转轨，主要有两条途径：一是大量发展高科技；一是在一般的生产部门中提高生产技术水平。对于日本来说，后者的突出典型是以IC（集成电路）革命为背景的"高度机械电子技术革新"。通常在传统的工业部门中广泛使用集成电路，使机械技术与电子技术紧密地结合起来，这样就能大大提高生产率，使生产操作自动化。

由于这一技术革命牵涉到国民经济各部门，所以对日本经济的发展具有不可忽视的作用。它既是石油危机后日本经济发展的战略性措施，也是日本经济得以保持高增长率的重要原因。

① 资料来源：《东洋经济统计月报》1981年10月号。

3. 以节能为目标的技术革新。第一次石油危机后，日本提出了一个战略性措施：节约石油、节约能源，使日本经济向着“节能化”的方向发展。至20世纪70年代末，日本的“节能化”措施收到了一定的成效。

表2—12　　日本节能情况表①

年　度	石油输入量（亿千升）	实际国民收入（1975年价格）（万亿日元）	每1万亿日元的国民收入所需的石油输入（100万千升）
1973	2.89	145	2.00
1974	2.76	145	1.90
1975	2.63	150	1.75
1976	2.76	157	1.76
1977	2.77	166	1.67
1978	2.70	174	1.55
1979	2.77	184	1.50
1980	2.49	191	1.30

日本以节能为原则进行技术革新的途径有4条：

（1）耗能产业向省能产业转轨，重点扩大知识密集型产业，如电子工业、精密机器等部门的生产，相对减少钢铁、水泥、石化等部门的生产，从产业结构上减少石油消费。

（2）开发替代能源，逐步摆脱以石油为主的能源消费方式。在日本寻找的替代能源中，发展最快的是原子能，其次是太阳能。1970年日本仅有3座原子能发电站，到1980年便增加到21座，总容量为1495万千瓦，成为世界上仅次于美国的第二位原子能发电国，10年间设备

① 据大藏省调查报告。

容量增了18.5倍。

(3) 在国民经济部门中，增加节能设备的投资，在民用、运输、电力、煤气、制造业等方面，大力节约石油。

(4) 充分发挥市场经济机制的作用，以此调节石油的供求关系。石油制品被允许提价，结果往往引起连锁反应，使其他产品跟着涨价，从而形成新的价格体系。

总之，日本经过第二次石油危机，工业生产不但没有下降，反而保持了较高的增长率。20世纪70年代下半年，日本在经济发展中采取了一系列措施，如经济结构上把发展的重点转向知识密集型产业，在生产技术上实现机械工业与电子工业相结合的革新，在能源消费上厉行“节能化”方针，这对日本经济在遭受第二次石油危机的冲击时依然能保持一定的增长率，是极为重要的因素。

(三) 财政赤字政策

战后初期，美国为了控制日本，对日本推行了强制性的经济政策——道奇路线，① 严格限制日本发行国债，并在日本《财政法》上作了规定。因此，日本在战后相当长的一个时期内实施“均衡财政”。国内经济发展以民间投资、工业技术革新、扩大出口为主。但是，因经济危机的冲击、输出困难、国内市场不景气等原因，国家税收越来越不能满足不断扩大的财政预算的需要，使均衡财政政策很难维持下去，日本政府不得不修改《财政法》，并从20世纪60年代中期开始发行“建设国债”，扩大港口、公路等的公共投资。

1974年，日本经济因石油危机陷入困境，长期的经济萧条使国家财政出现巨额赤字。为了解决这个问题，日本不得不在1975—1977年中发行“特例国债”即“赤字国债”21.34万亿日元，用于政府的经常性支出。在此后的经济低速增长阶段，日本国债如同雪球越滚越大，最终达96万亿日元的巨额国债。

赤字财政政策缓和了石油危机对日本的冲击和继之爆发的经济危

---

① 道奇是美国前底特律银行行长、美占领军顾问。

机，起到了强心剂的作用。1979 年，美元贬值，世界性通货膨胀，西方经济普遍陷入滞胀局面。这一时期，日本政府继续发行巨额国债，扩大政府支出，对经济发展加强干预，支持垄断企业维持较高的开工率，提高生产率，并向海外发动贸易攻势，试图以此改变局面。但是，如果日本的赤字财政政策真能行得通的话，那就不会发生财政危机。实际上，发行国债扩大财政支出、进行政府干预的做法，有其局限性。它虽能在经济危机期间支撑一个时期，但巨额债务最终还是不可避免地出现了诸多负效应：

1. 国债券大量涌入民间金融机构，吸走资金，造成民间企业筹措资金困难。

2. 新国债因旧国债价格暴跌而难以吸收，如 1978 年发行面额为 100 日元的国债券市价仅 72 日元。所以，为了促销新国债，政府不得不提高利率，结果使金融市场的利率全面上升，民间企业因不堪重利而降低了投资热情。

3. 国债利息支付额不断扩大，财政负担愈益加重，经济出现“借新债还旧债”的恶性循环局面，使整个财政机能僵化，丧失了对经济的宏观调节。

4. 当政府靠大量举债去克服经济萧条时，过分膨胀的预算带来了并发症——税收不足。由于国内需求难以立即扩大，企业利润不高，法人税停滞，国家税收因此达不到预期指标。

这对于日本经济来说是个大问题。一般来说，在经济高涨阶段，即使不提高税率，由于企业和个人的收入增加，国家税收也会随之“自然增加”。日本在经济高速增长时期，税收的自然增长额较高，常常超过政府预算；进入低速增长阶段后，税收往往达不到预定指标，为此政府常常被迫在修正预算或决算时再增发赤字国债，以求平衡。如 1981 年的税收额达不到政府预算的 2.8795 万亿日元，结果只能挖肉补疮，用原来准备在 1982—1983 年度偿还国债利息的“国债整理基金”来填补窟窿。

对于在实施赤字财政政策中暴露出来的问题，日本政府采取了一些应急措施。1979 年 26 名财界代表组成“产业计划恳谈会”，提出了一系列“行政财政改革”建议。1981年，日本经济团体联合会、日本商业联盟、经济同友会、日本商工会议所、关西经济团体联合会等五大经济团体首脑结成“推进行政改革5人委员会”。财界的意见十分明确，基本方针就是要向广大消费者征收“一般消费税”，要对财政结构动一次“紧急外科手术”——行政财政改革，具体措施有：压缩行政编制、裁并机构、紧缩与限制社会福利支出等等。

日本政府为解决财政问题，曾把制定政策的目标集中在“行政改革”上。日本政界和财界认为：在一定的时期内，日本只有从这里突破，才能作为经济大国继续存在并发展对外竞争优势。据日本经济审议会[①]发表的远景蓝图，到2000年日本国民生产总值占世界总产值的比例将上升到12%，人均国民生产总值将翻上一番，增加到2.12万美元，超过美国跃居世界首位。很显然，当时的财政危机已成为实现这一远期计划的绊脚石，政府迫切需要改变现状，以保证国家长远战略目标的实现。

大藏省提出的资料表明：从20世纪70年代初开始，日本财政中的福利支出逐年增加。在1973年到1983年的10年中，社会福利支出的总额增加了3倍，医疗费、老人福利年金等增加了4倍。日本财界人士把财政危机归因于社会福利事业的发展，主张改革社会保险制度，他们大声疾呼，称日本不能循着“高福利、高负担的西欧型国家”的道路滑下去，否则日本将患“先进国病”，失去经济活力。鉴此，日本进行行政财政改革，在指导思想上提出了“小政府”的概念，强调要建立一个精干高效的政府，阻止日本向“西欧福利型国家”发展，以便将更多资金用于发展经济，进一步加强工业技术优势。日本政府认为：建立福利社会要以国民的自立、互助和发挥民间活力为基本方针，不能走西欧型高福利、高负担的“大政府”的路子。

20世纪70年代，日本相对而言具有“小政府”的特点，政府支出占国民生产总值的比例，约为美、英、法、西德等发达工业国家的一半。但进入80年代后，这一比例逐渐接近美国，达到西欧国家3/4的

① 为日本政府制定经济发展计划的首相咨询机构——作者注。

程度。为此，日本政府致力于把这种由“小政府”向“大政府”发展的倾向“坚决”扭转过来，认为行政改革不是一般的改革，而是关系到日本前途命运的一场“国家机构的革命”。为此，日本提出了多项改革措施：

1. 1981—1985 年裁减国家公务员 5%、国家企业专职干部 20%，并减少退休金。

2. 限制社会福利保障费的增长速度，保证防卫费、能源对策费、对外经济合作费等有较高的增长率。

3. 减少对文教、科研、公共事业等提供补助金。

4. 逐步将长期亏损的国有铁路（平均每天亏损 50 亿日元）、经营不良的电报电话公司和专卖公司改为公私合营，甚至全部改为私营，实行公平竞争，促进企、事业的合理化经营等等。

表 2—13　日本 20 世纪 60—70 年代从中东进口石油天然气一览表

日本在中东地区进口原油统计①　（单位：百万千升）

中东地区	1960 年	1965 年	1970 年	1975 年	1979 年
沙特阿拉伯	6.1	16.9	28.7	71.5	74.6
伊　朗	1.2	18.9	87.5	58.5	36.1
阿联酋	—	0.5	11.7	27.5	28.2
科威特	12.1	20.7	18.2	21.9	21.5
伊拉克	4.2	5.6	—	6.1	17.0
中立地区	1.9	14.2	21.1	13.0	16.2
阿　曼	—	—	6.0	7.5	9.8
卡塔尔	0.1	0.7	0.2	0.2	7.1
合　计	26.1	77.4	173.3	205.6	210.4

① 据日本《能源统计年报》，石油联盟《石油资料》、《综合能源统计》数据编制。

表 2—14　日本向中东国家进口液化石油气情况①　（单位：万千升）

中东地区	1966 年	1970 年	1975 年	1978 年	1979 年	1980 年
沙特阿拉伯	25.3	93.2	249.0	434.2	529.7	525.2
科威特	53.2	102.5	77.1	96.0	184.0	174.3
阿联酋	—	—	—	31.2	48.9	78.3
伊　朗	—	22.2	67.8	52.8	12.6	6.8
合　计	78.5	217.9	393.9	614.2	775.2	784.6

第四节　日本与中东国家的能源合作

第二次大战后，西方发达工业国家与中东国家的经济关系发生了巨大的变化，由于殖民体系的崩溃，西方国家与中东国家之间的经济合作便成了双方最主要的经济联系。日本同样如此，它与中东国家的经济合作作为其对外经济的一部分，在本国经济的发展中发挥了重要作用，在国家安全战略中占有重要地位。

一、中东地区的经济发展

至 20 世纪 80 年代，战后中东地区的经济发展经历了三个阶段，即 1950—1959 年的第一阶段、1960—1973 年的第二阶段、1973—1983 年为第三阶段。

（一）第一阶段——部分中东国家从民族主义立场出发，深入开展民主革命，反对帝国主义控制

为了巩固已取得的政治独立，不断采取措施，变革生产关系，解放

① 据日本《能源统计年报》，石油联盟《石油资料》、《综合能源统计》数据编制。

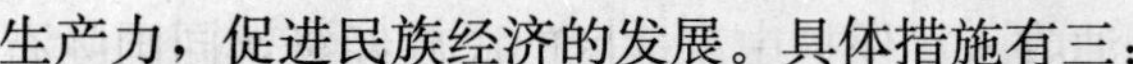

生产力，促进民族经济的发展。具体措施有三：

1. 实行国有化政策。1951年3月15日，伊朗议会通过石油工业收归国有的决议；3月底，伊拉克提出了将伊拉克石油公司收归国有的要求；6月，埃及人民为石油国有化进行英勇斗争；7月初，巴林人民起来斗争，反对美国掠夺巴林的石油资源，要求将美国的巴林石油公司收归国有；同月，黎巴嫩人民发出要将法国和美国及其他外国石油公司收归国有的强烈呼声。至1957年，埃及、叙利亚和伊拉克先后都落实了国有化措施，将生产、金融、外贸等部门基本上都置于国家的控制之下。

2. 保护和鼓励民族工业的发展。中东国家为了促进民族工业的发展，采取保护关税、实行进口许可证和限额制度，对本国工业适度减免税收，对某些工业部门实施优惠贷款和财政补贴等措施。

3. 改革土地制度，发展粮食生产。中东地区可耕地面积很少，原先都被少数封建领主所占有。部分中东国家为了促进农业生产的发展，解放劳动生产力，先后进行了土地改革，将部分土地分给无地或少地的农民。这一措施为农村的发展创造了有利的条件，使农民的生活得到了改善。

通过上述3项措施，中东国家的国民经济得到了初步发展，但发展速度比较缓慢，其主要原因是：

1. 部分国家的经济命脉仍然控制在外国垄断财团手中，至1960年，中东地区还有6个国家和地区尚未独立。即使政治上已经取得独立的国家，也由于历史原因而未能完全掌握本国的经济命脉，如伊朗和沙特，它们的石油工业仍旧掌握在英、美、法等国的石油公司手中。

2. 缺少一个比较安定的政治环境。阿以冲突和多变的政治局势严重阻碍中东地区的经济发展。

（二）第二阶段——中东经济得到较大发展

在这一时期，石油输出国组织和阿拉伯石油输出国组织先后成立，对中东经济的发展发挥了重要作用，意义十分重大。这两个组织建立后，为控制油价，稳定石油收入，保护中东地区的民族经济，同国际石油垄断组织进行了一系列针锋相对的斗争。

20 世纪 50 年代中东国家的国有化运动，实际上是中东国家与西方国家在经济领域里进行的一场控制与反控制的斗争，而 60 年代两个以中东产油国为主体的国际石油组织则是这一斗争的继续。随着这一斗争的深入，大多数的中东国家都根据实际情况制订了适合本国国情的经济发展计划，有计划地进行投资，使本国的民族经济得到顺利发展。值得指出的是，一些主要的中东产油国由于石油收入增加，经济状况大为好转，它们的经济发展速度较快。

（三）第三阶段——中东各国特别是石油生产国经济高速增长

1974 年 10 月，第四次中东战争爆发，阿拉伯石油输出国组织以石油为武器，采取禁运、减产、提价等措施，夺回了石油标价的决定权。1974 年 12 月，该组织决定自 1975 年 1 月起废除原油标价，同年 9 月起废除回购价格，实行单一价格制，进一步限制国际石油垄断公司任意提高利润，哄抬原油价格。由于石油输出组织大幅度提高石油价格，各成员国的石油收入 1974 年比 1973 年增加了 3 倍多，约达 905.1 亿美元，中东石油生产国的财政状况得到了根本改善。1979 年石油再次大幅度提价，石油收入进一步增加。

中东石油输出国随着石油收入的大幅度增长，增加了对工业、农业、基础设施、文教卫生等各方面的投资，使本国经济得以全面发展。非石油生产国虽然没有石油生产国那样得天独厚的有利条件，但它们拥有大量人力资源，通过向石油输出国输出劳力赚取巨额外汇，促进本国经济发展。

二、日本与中东地区的经济与能源合作

自 20 世纪 50 年代起，日本开始开展与发展中国家的经济合作。20 世纪 60 年代，日本经济得到迅猛发展，出口信贷和政府贷款逐渐取代战争赔偿，贸易和资本输出实现自由化。在这一历史条件下，要想振兴

对外贸易，确保能源与原材料的供应，加强发展与中东国家的经济合作势在必行。这一时期，日本和中东国家进行经济合作，除了注意确保自身的能源供应外，开始从协调整个西方世界经济的角度来考虑问题。经过日本财团的长期努力，至1981年，日本在中东地区的进出口贸易额取得了长足的进步，占其对外贸易总额的36.8%。

从20世纪60年代起，日本加快了它在中东地区的资本输出，主要以入股、参股的形式向国际石油公司投资，这实际上是日本为稳定中东石油的供给而采取的一项具有战略意义的措施。在进行资本输出的同时，日本还和中东国家进行技术交流与转让，如向中东国家派遣技术专家，接受中东国家的人员到日本进行技术训练和学习，帮助中东国家制订社会经济发展规划等。

20世纪70年代，出现了两次石油危机。为了转嫁危机、寻找市场，日本加强了对中东地区的外交攻势，积极扩大资本输出，努力开展与中东国家的经济合作。为此，外务省订出了外相出访中东各国的计划。中东国家贫富不均，经济发展速度参差不齐，有的国家负债累累，国际收支逆差日益扩大。对此，日本在投资、贷款、经济合作等方面提供优惠，积极扩大出口，攫取资源，以此缓和自身的经济矛盾。据日本通产省的调查统计，1981年日本企业在国外直接投资达历史最高水平，为89亿美元，累计总额达450亿美元。

20世纪70年代末至80年代初，西方国家经济萧条、世界市场萎缩、保护主义倾向抬头，国际贸易摩擦加剧。在此形势下，日本如果仍依靠资本密集性产品在国际市场上竞争，是没有把握取胜的，日本因此对自己的经济政策作出了调整，即从战略上逐步从“贸易立国”向“科技立国”转变；在产业政策上，逐步以技术密集化产品取代部分资本密集化产品，把注意力转向发展微电子技术、集成电路、传感技术、光导纤维、激光技术和精密机械等尖端技术产品。这些产品物美价廉，省油省电，为日本开拓了新的国际市场。因而在国际贸易不景气的情况下，日本的对外贸易仍有进展，较顺利地解决了产品出口和原料能源的进口问题。

（一）日本与中东国家经济合作的原则

日本与中东国家开展经济合作是为了稳定能源供给。日本是资源小国，因此它力图通过与中东国家的经济合作，确保能源的稳定供应。日本政府的开发援助主要用于对受援国的农业、矿业、石油等原材料的加工业，以及铁路、公路、港口、桥梁等公共设施的投资。1977—1980年，在日本的开发援助中，67.1%用于上述项目，在西方工业国家的开发援助中，日本投入的项目比例最大。

（二）日本与中东国家经济合作的特点

日本与中东国家的经济合作发展速度较快。在经济贸易方面，试以沙特阿拉伯为例。日本向沙特进口的贸易额，1960 年是 380 亿日元，1970 年是 1566 亿日元，1980 年是 44279 亿日元，而同年日本向美国进口的贸易额为 55581 亿日元，沙特和美国仅相差 20%。1960—1980 年，日本向沙特进口的贸易额增长了 116 倍。反之，日本向沙特的出口贸易额，1960 年是 56 亿日元，1970 年是 302 亿日元，1980 年是 10997 亿日元，从 1960—1980 年，日本向沙特出口的贸易额增长了 196 倍。其他中东石油输出国家与日本的经济合作从数量上说，和沙特有差距，但增长幅度基本相似。

日本的海上石油通道从波斯湾起，经印度洋、东南亚到日本本土，长达万余公里，其沿线国家与地区历来是日本进行经济合作的重点。日本政府认为：只有通过与这些国家和地区加强经济合作，使它们的经济有所发展，保持社会、政治的稳定，才能增加日本“海上生命线”的安全系数。中东产油国缺少的不是钱，而是技术，因此日本积极鼓励各大财团去中东搞合营投资，或进行技术转让方面的合作。

除政府外，日本私营企业也很重视对中东地区特别是能源和资源产业的直接投资。据统计：1981 年 3 月，日本对中东国家（包括其他发展中国家）的私人直接投资额在矿业部门占 24%，在农、林、渔业、木材纸浆等部门占到 4.4%，在重、化工业和纺织工业部门占 27.1%。与此相反，这一时期日本向欧美的私人直接投资，42.6%在商业、金融和保险部门，能源和资源部门只占14.2%。

（三）日本与中东国家经济合作的积极意义

日本与中东国家经济合作促进了与其他发展中国家的经济合作。从日本与中东国家经济合作的具体数字中可以看出，日本与中东地区存在着严重的地区性贸易逆差，这当然是日本大量进口中东石油所致，所以日本必须寻找更大的外贸市场来填补进口石油造成的贸易逆差。

对于日本来说，广泛开展与其他发展中国家的经济合作无疑是解决这一问题的最佳方案。1950—1955年，日本对其他发展中国家资本输出的累计额仅为0.79亿美元，而1960年一年就增至2.37亿美元，1970年为18.24亿美元，1980年为67.66亿美元。1963—1980年，日本向其他发展中国家的资本输出平均每年增长20.9%，在经济合作与发展组织“发展援助委员会”成员国中仅次于瑞典，位居第二。1978年，日本实施开发援助计划，进一步刺激了开发援助的增长速度。

1950—1980年，日本的对外贸易总额增长了149.7倍，而同期日本与其他发展中国家的贸易额增长了173.2倍。1962—1980年，日本与其他发展中国家的进出口贸易额平均每年增长20.7%，在西方工业国中居首位。

由于地理、历史、文化等方面的原因，日本对其他发展中国家的经济合作侧重于亚太地区。1968年，日本的对外开发援助共114.9亿美元，其中80%在亚太地区。1981年，日本与亚太地区的进出口贸易额占日本与其他发展中国家贸易总额的47.1%，达1640.4亿美元，第二位是中东地区，占36.8%。①

（四）日本与中东国家发展经济合作关系的政治意义

日本以保障能源供应为核心战略，与中东国家发展合作关系既是日

① 《周刊东洋经济统计年鉴》，1982年版。

本经济发展的需要，也是日本谋求国际政治地位的需要。战后，发展中国家纷纷独立，第三世界奋然崛起，日本政府若要靠过去的军事手段，走军国主义道路来扩展自己的影响是不行的，必须走新路。这样，通过经济手段来实现自己的目标，就成了战后日本的国策，经济合作也就成了日本对外扩张的主要手段。日本外务省负责经济合作的官员曾坦率表明：日本搞经济合作的出发点是“为了日本政治、经济上的安全保障，并实行人道主义”。

所谓谋求政治上的安全保障，就是通过经济手段使合作国家的社会得到稳定，使它们离不开日本，并保持一定的依附关系；其次，通过政府援助实行下述目的：配合美国的全球战略，协调与西方盟国之间的关系，增加日本对第三世界的影响力和在国际舞台上的发言权，为日本扩展政治影响铺路。

至于谋求经济上的安全保障，则是在使合作国家的经济取得发展的同时，稳定日本与这些国家的联系，使日本在世界经济的激烈竞争中拥有一个赖以生存与发展的和平国际环境。日本与中东国家的经济合作正是出于这种考虑。中东国家蕴藏了全世界2/3的石油能源，加强与它们的经济合作对于99.8%的石油依赖进口的日本，其重要意义不言而喻。日本如果不通过经济合作从中东国家取得石油能源、商品市场及投资场所，其经济飞速发展是不可想象的。

20世纪70年代后期，面对急剧动荡的世界形势，日本政府经过反复探索，制定了应付经济衰退的基本国策——综合安全保障战略。1979年，日本的“新经济社会七年计划”明确指出：“经济安全是日本综合安全保障的根本”。由此可见，经济安全保障实质上是日本综合安全保障战略的核心，而与发展中国家特别是中东国家的经济合作又是经济安全保障的关键。从长远来看，日本与中东国家的经济关系，甚至比欧美国家的关系还重要。因此，搞好与中东国家的经济合作，确保石油供应是日本考虑自身安全的首要问题。

当然，日本与中东国家进行经济合作，对中东国家的经济发展有一定的促进作用。中东国家可以利用日本的资金和技术为本国的经济发展服务。在不损害国家主权的前提下，打开国门，争取外资，积极引进先进技术，对科技水平相对落后的中东国家来说，是经济发展的可取之策。

三、日本的中东经济合作政策

中东石油输出国对日本经济至关重要，被视为日本的经济命脉。因此，日本在不断加强与中东国家的经济合作中，逐步形成了它的中东经济合作战略。

1. 通过向中东国家大量输出资本，并加强贸易往来，加深中东国家对日本经济的依赖。由于日本在找到足够的替代能源之前，摆脱不了它对中东石油的依赖，所以日本通产省在与中东国家“深化相互依赖关系”的主导思想下，制定了对中东国家的经济战略。所谓“深化相互依赖关系”的真正含义是：努力加深中东国家方面对日本的信赖，让中东国家更多地有求于日本，使日本取得更多的主动权和讨价还价的本钱。

2. 注意合作国家或地区的分散化、多元化。为了提高日本经济的“安全系数”，日本政府十分注意扩大石油能源的来源和商品市场，这样即使有一两个国家和地区出了问题，也不至于出现束手无策、无计可施的被动局面。

3. 技术转让以劳动密集型产业为主。结合国内产业结构的转变，将劳动密集型产业、加工装配产业，以及重、化工业、纺织、家用电器、钢铁、造船等不景气的部门转移到国外，国内则集中力量发展知识密集性产业，向高技术、高附加值的方向发展。这样既有利于合作国家的经济，又能使自己保持经济优势。

日本的中东经济合作政策有以下几点值得注意：

1. 大幅度增加开发援助，放宽援助条件。1980 年，日本对外开发援助（包括中东国家在内）的绝对额仅占国民生产总值的 0.32%，低于联合国规定的 0.7%水平，也大大落后于其他西方国家。因此，迫于自身需要和外界压力，铃木首相于 1981 年 10 月宣布了 1981—1985 年的“五年倍增计划”，以使开发援助指数达到 0.7%。实际上，日本对外开发援助中的赠款增长值明显快于政府计划，不附带条件的援助性贷款逐年增大，贷款偿还年限亦逐年延长，同时还注意加强技术援助。

2. 强调“综合性技术合作”。进入20世纪80年代，日本政府一再强调，不仅要增加政府方面的对外开发援助项目，而且还要支持其他形式的特别是私人的经济合作。为了鼓励私营企业投资，日本政府除了进行“行政指导”外，还在信贷等方面给予种种帮助。

3. 合作的重点放在合作国家迫切需要、容易收效而日本又能得利的领域。具体地说，在如下5个方面进行合作：

(1) 加强农业技术合作，大搞农田基本建设，推动农村和农业的发展；

(2) 解决能源问题，开发煤炭、石油等现有能源或再生能源，推动节能活动；

(3) 培养从事经济和社会发展工作的技术、经营管理和研究人员；

(4) 发展中小企业，以满足发展中国家的就业和消费需要；

(5) 帮助合作国家发展和扩大产品出口，适当减轻合作国家对初级产品的出口依赖程度。

4. 对不同的国家采取不同的合作形式。对贫困国家，以赠款形式帮助解决吃饭问题；对债务累累的非产油国，在真正弄清其发展需要和具体项目的情况下，增加政府开发援助；对中等国家，日本主要进行港湾、公路等社会公共设施的建设，以及私营企业的投资；对石油输出国，由于这些国家希望加强技术合作，所以日本主要是鼓励私人资本去开办合资企业，在适当的情况下，也进行有偿技术转让和合作，为了确保能源供应，必要时给予政府援助。

第五节　日本的战略石油储备

从20世纪60年代开始，日本开始建立战略石油储备，经过40多年的运作，现已形成规模，抗风险能力大大增强。

一、起源

日本的战略石油储备从20世纪60年代起逐年上升，是政府和民营企业共同努力的结果。1967年第三次中东战争后，日本政府规定石油公司应拥有60天的石油储备。1973年第四次中东战争引发第一次世界性的石油危机，油价暴涨，对日本经济造成严重冲击。1975年，日本政府制定并通过了《石油储备法》，正式建立了石油储备制度，并于同年开始实施。该法规定：日本所有从事进口石油及其成品油的株式会社和从事石油提炼、批发的公司、企业，都必须建立90天的战略石油储备；从事石油及其制品进口或经销的企业，必须定时向政府有关职能部门报告石油及其成品油的储备情况；通商产业省（现改为经济产业省）的有关部门负责不定期地抽查有关进口商或石油企业的石油储备情况。

1978年，政府系统的“石油公团”开始正式承担国家石油储备及基地的建设任务，负责实施国家的战略石油储备政策，决定在全国范围内兴建了10个国家石油储备基地，总容量为4000万立方米，储存设施有地面钢油罐、海上储油船、半地下混凝土钢板复合油罐和水封式地下岩穴等4种。为了搞好国家石油储备的基地建设和运作，日政府同具有建设储备设施技术和原油营销策略和经验的民营石油企业紧密合作，合资建立了国家石油储备公司，专门从事相关设施的建设和运营。2003年，日本的国家石油储备达92天消费量（4844万吨），石油公司储备为77天消费量（4005万吨），共计169天的储备量。日本的战略石油储备由通产省资源厅负责具体业务，动用石油储备需经通产省大臣批准。

二、储备方式与储备量

日本的石油储备方式多种多样，最初用油轮储油，到1978年日政府决定兴建石油储备基地。1983年，小川原国家石油储备基地建成并投入使用，从此开创了石油储备的新时期。1996 年，10 个国家石油储备基地相继建成，共储存石油和成品油 3000 万吨，用油轮储油的方式从此结束。日本的石油储备基地主要建在九州地区，容量占全国的 42%。石油储备的方式主要有海上油罐方式、半地上油罐方式和地下岩洞油库等。除了已建成的国家石油储备基地之外，日政府还从民间租借了 21 个石油储备库，共储备石油 1500 万吨。至此，日本的国家战略石油储备达到了 4500 万吨。此后，日政府决定进一步加大石油储备的力度，把国家的战略石油储备提高到全国 90 天的消费量。

随着战略石油储备的增加，日本政府修改了《石油储备法》，并从 1989 年开始逐步降低民间企业法定的石油储备量。修改后的《石油储备确保法》规定：民间企业以每年减少 4 天石油需求量的速度削减石油储备量，但不得低于 70 天的需求量。至 2003 年 3 月，日本民营石油企业的实际石油储备量为全国 79 天的消费量。

经过 30—40 年的不断完善，日本战略石油储备制度已经成为国内石油消费的安全保障。国家和民营石油企业两个方面拥有的石油储备量共达 169 天，再加上流通领域的库存，总储备量可供全国使用半年以上。

三、远景

日本的国家战略石油储备为原油储备，规定为 90 天，实际储备 91 天。民营石油企业的义务储备为 70 天，其中成品油 55%，原油 45%。由于近年来国际原油价格持续高涨，为规避国际市场压力和中东局势影响等风险，日本再次做出了大幅增加国家石油储备的决策，从 2007 年起在原先 90 天石油储备的基础上增加 40%，达 120—130 天，使国家的战略石油储备增至 7000 万吨，其中不仅包括原油储备，也包括成品油储备。日本在增加国家战略石油储备的同时，对民营石油企业的义务储备做了相应的调整，从以前的 70 天减至 60—65 天，但是国家与民间的石油储备总量仍将增至 195 天。

日本上次增加国家战略石油储备是在 1989 年，历经 9 年时间，日本的国家战略石油储备从3000万吨增至5000万吨。这次计划增加2000万吨，预计需要10年时间。按目前的石油价格换算，新石油储备计划将耗资1万亿日元，而日本政府将计划利用石油特别账户为购买融资。

日本作为世界第二位的经济大国，其能源消耗有一半靠石油支撑，而它的石油几乎全部要进口。日本有十大战略石油储存基地，拥有大约能满足169天需要的石油储备，储备水平为世界之最。但日本87%的石油来自中东国家，因此风险较大。

四、特点

日本战略石油储备的特点是官民并举。储备大量的石油资源需要大批资金，将石油储备的责任全部压给企业，会给企业增加巨额经营成本，影响企业发展，其次也不利于国家对整个石油资源的有效调控。所以，日本采用的策略是，国家和企业相结合，官民并举，两条腿走路的战略石油储备体制。

为了实施以国家为主的石油储备战略，日本政府于1978年修改了《石油开发会社法》和《石油会社法》，调整了石油企业的职能。石油企业除了原来承担的“促进石油和液化石油气的自主开发”和“促进石油和液化石油气开发技术的研究”两大职能之外，还承担起储备石油和液化石油气的责任。从此，日本石油企业正式承担战略石油储备及其基地的建设任务。

战略石油储备需要巨额资金，为了解决这一问题，日政府开征了石油税，设立了石油专用账户，编制了国家石油储备特别预算，作为战略石油储备和液化石油气储备的专项资金使用。这些资金的主要用途：一是购买战略储备石油，二是促进石油开发和石油开发技术的研究。为了全面落实国家的战略石油储备任务，支援民营企业的石油储备，日政府出资1.6368万亿日元，专门成立了日本石油会社。政府通过该会社，帮助那些承担储备石油任务的民营企业减轻经济负担，因为那些承担储备石油任务的民营企业需要为此增加巨额的储备设施建设费用和日常维持费用。另外，日本石油会社的部分资金还须用于支持和援助民间企业从事石油和液化石油气的储备。

五、首次储备动用

2005年9月6日，日本经济产业大臣中川昭一宣布，日本从当日起，每天向市场投入20万桶原油和精炼油产品。这些战略储备石油全部来自民营公司的炼油厂，而不是政府企业，[①] 以缓解由于“卡特里娜”飓风对石油市场造成的冲击。受飓风“卡特里娜”影响，美国墨西哥湾原油日产量减少约100万桶，墨西哥湾沿岸4家主要炼油厂也被迫停产。这是日本自建立战略石油储备以来，首次动用石油储备。

① 《每日新报》2005年9月7日。

第三章

德、法两国的战略石油储备

在世界能源消费大国中，除美国、日本外，为防备能源供应危机，德、法两国也根据自身条件，先后建立了各自的战略石油储备，且各有特点。

第一节 德国的能源政策和战略石油储备

德国是继美、中、俄、日之后的世界第五大能源市场，是世界石油主要消费和进口国，但油气资源紧缺，能源供应依赖进口。2000年德国的石油消费逾1.3亿吨，其中98%依靠进口。2003年，德进口原油有所下降，为1.05亿吨，进口天然气318.7328亿立方米。为了确保能源的安全供应，德政府从20世纪70年代爆发第一次石油危机起，就开始逐步调整能源战略和政策，建立了比较完善的石油储备和应急机制。德国储备制度的最大特点是经济、高效，这是德国长期以来高度重视石油储备的结果。据德国政府公布的数据：德国石油储备联盟目前拥有大约2520万吨的石油储备，其中原油1340万吨，成品油1180万吨。

一、德国的能源政策

为确保能源供应安全，德政府采取的策略与方法主要有：

(一) 改善能源结构

1. 德政府通过提高燃油税，鼓励居民和企业节约使用油气资源，加速研究开发石油替代能源，降低石油在能源结构中的比重，同时提供国家补贴和低息贷款，鼓励开发和使用风能、太阳能及生物能等可再生能源。

2. 降低对煤炭开采的补贴，控制无烟煤和褐煤的开采总量，不断提高煤炭发电效率。德政府现每年开采2000万吨—2200万吨煤炭。

3. 提供优惠税率，鼓励使用天然气，以此减少对石油的依赖，使天然气在德能源结构中的使用率逐年提高。德国的天然气自给率目前约为20%。

4. 逐步放弃核能。出于对环保、生态等方面的综合考虑，德政府已全面禁止核能。2002年4月德出台了《有序结束利用核能进行行业性生产的电能法》，从此不再兴建新的核电站，现有的19座核电站在2020年前陆续下马。

(二) 油气进口多元化

1. 逐步降低对中东地区和欧佩克成员国的进口石油依赖。现在，德主要从俄罗斯、挪威、利比亚、英国、哈萨克斯坦等26个国家进口石油。其中，独联体国家占德石油进口总量的42.2%，北海油田占34.9%，欧佩克成员国所占比重已降至18.2%。

2. 海上运输与管道输送双管齐下，确保供应安全。德现拥有7条总长度达3250公里的输油管道，其中从地中海—北海港口—德国莱茵—鲁尔区的输油管道，早在20世纪50年代就已开始修建。为了拓展石油运力，德与俄罗斯商谈，考虑合建一条从俄罗斯西北部的维堡港口经波罗的海直通德国的输油管道，全长约2976公里（1860英里）。

（三）积极开展能源外交

为确保能源供应安全，德政府积极参与国际能源署（IEA）框架内的多边合作，积极参与双边、多边、地区性或国际性油气合作机制的建立，同时鼓励本国的能源企业到国外去发展，通过贸易、投资和吸引资金等形式，同石油生产国建立相互合作关系。

（四）建立并完善石油战略储备和应急机制

巨大的石油消费和进口需求，以及20世纪70年代发生的世界性石油危机，使德高度重视石油战略储备。经过30—40年的运作，德建立了一套既经济又高效的石油战略储备和应急机制，而维护、保持战略石油储备则成为德最基本的能源政策之一。

二、战略石油储备

德国的石油消费量大，石油自给率低，对进口石油的依赖性高，因此德国政府十分重视建立战略石油储备。

（一）德石油储备制度的建立和完善

1965年，德颁布《成品油最低储量法》，规定所有从事石油及石油制品进口和生产的企业，必须拥有“应对石油供应短期中断”的储备。1966年，德政府着手建立多元化的石油储备体系。1970年，德政府决定建立1000万吨“政府石油储备”，委托德工业管理公司管理。1975年，根据国际能源署的规定，德开始按前一年90天的净进口量储备石油。

1978年，德颁布《石油及成品油储备法》，决定成立具有法人地位的“石油储备联盟”，并责成建立可满足全国65天成品油（汽油、中间馏分油及燃料油）消费的储备。该法同时规定德所有石油及成品油进口贸易公司和炼油厂，均须成为石油储备联盟的会员，并在完成联盟义务的同时，建立相当于25天进口或加工数量的企业储备。

1981年，德颁布《发电厂储备规定》，要求各燃油发电厂必须拥有能满足30天正常发电的燃油储备。1998年，德取消了各石油及成品油进口贸易公司和炼油厂的法定储备义务（15天）的规定。但炼油企业、石化公司根据自身需要和实力均建立了各自的生产性和商业性石油储备，这些储备不属于德石油战略储备范畴。

1987年，德修改《石油及成品油储备法》，将石油储备联盟的义务储备标准由65天提高到80天，即按照上一年的进口量分别按汽油（包括各个等级在内）、中间馏分油（柴油、轻型燃油、煤油和发动机油）和重油（只通过委托的方式）三个类别建立80天的储备。同时将石油及成品油进口贸易公司和炼油厂的义务储备标准由25天降至15天。根据该储备法，德石油储备联盟承担国家法定的石油储备义务，其储备量为前3年（或上一年）日平均进口和炼油量的90倍，即保证德90天的成品油供应需求。储备的品种为汽油、中间馏分油和重油（燃油），其中成品油和原油各占一半。

1998年，德再次修改《石油及成品油储备法》，决定由石油储备联盟承担国家法定石油储备，并将其义务储备标准由80天提高到90天，同时取消企业的法定储备义务。

2000年，德政府鉴于石油储备联盟已承担国家石油储备任务，决定不再保留政府石油储备，售出石油储备5000万桶。

（二）石油储备制度现状

1. 德石油储备联盟承担国家法定石油储备，占德石油储备总额的3/4，是德石油储备的主力。

2. 企业根据自身需要和能力，建立生产和商业性石油储备。未参加石油储备联盟的石化企业和燃油发电厂普遍拥有自己的原油和成品油库存。

3. 政府通过立法和制定政策对全国的石油储备进行调控。

（三）石油储备联盟运行机制

1. 相关法律。德国《石油及石油制品储备法》是德石油储备联盟开展石油储备的法律依据和指南。

2. 管理机构。德国石油储备联盟（EBV），1978 年成立，现有会员 115 个，由德国所有原油及成品油进口贸易公司和炼油厂组成。组织机构为会员大会、监事会、理事会和常设委员会。

会员大会的法定任务是制定和修改联盟章程，推举监事会中的企业界代表，确定理事会成员，制定和修改会费，选举审计人员。鉴于会员的企业规模大小不一，利益诉求不尽相同，大会对表决机制特作以下规定：

（1）表决票由基础票和加权票组成，两者具有同等效力。每个会员自动获得一张基础票。每财年进口或生产数量超过 30 万吨的会员可获得加权票，标准是每 30 万吨一张。

（2）大会决议需有在场的 3/4 表决票同意方可通过。大会每年举行一次全会。如有超过 10 名会员或 15 张表决票请求，也可随时举行特别会议。

监事会由 9 人组成，任期 3 年。其中官方代表 3 人，分别由联邦经济部长、联邦财政部长和联邦参议院委任；炼油厂和石油进口公司各 3 人，由会员大会选举产生。监事会以多数票通过方式从 6 名企业界代表中选出监事会主席、副主席。监事会的法定任务是：确定储备的采购和签约，确定会费和预算，决定超额油出售收入的使用，任命和解除理事会成员，监督理事会工作并在理事会出现意见分歧时进行裁决，任命常设委员会成员，商议有关联盟的重大问题。监事会会议由主席召集，如有 2 名以上成员或理事会要求，须及时开会。监事会的任务包括：负责石油的采购和签约；制定会费标准和预算；决定超额部分石油出售收入的使用；任命和解除理事会成员并监督理事会的工作。

理事会的法定任务是负责处理联盟的日常工作及其他重要事务，如向联邦经济与出口管制局上报会员企业月度统计报表、EBV 月度储备报表和年度储备报表（每年 3 月 31 日前）等。理事会由 2 名地位平等的理事组成，任期 5 年。理事会下辖储备部、质量与技术部、财务部、法规与会费部、监察部和经营部，现有 30 名专职工作人员。

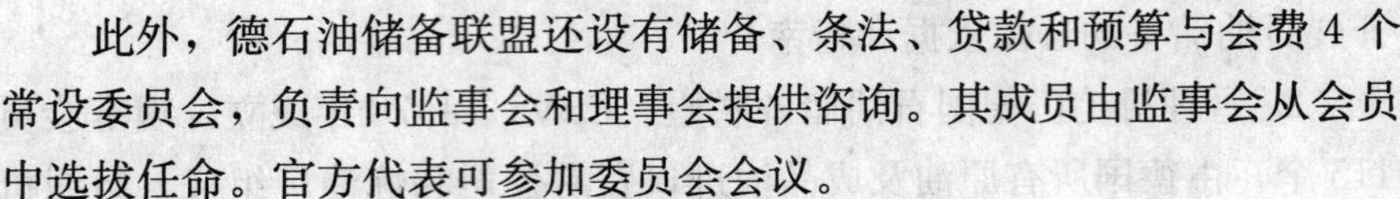

此外，德石油储备联盟还设有储备、条法、贷款和预算与会费 4 个常设委员会，负责向监事会和理事会提供咨询。其成员由监事会从会员中选拔任命。官方代表可参加委员会会议。

（四）储备方式

1. 储备规模。德国法律规定，联盟储备应能满足德 90 天的成品油（汽油、中间馏分油及燃料油）消费。联盟在每年年初确定当年的义务储量，计算方式是“前 3 年（或上年）会员的进口和炼油总量÷1095 天（3 年）×90”。如当年的定额高于现有储量，联盟须在 6 个月内将储量补充到位。联盟会员必须向联盟如实申报其进口或炼油情况。联盟通过与德联邦经济、出口监察局合作、实地考察等方式进行核查。违规企业将根据情节轻重处以数额不等的罚款。2004 年联盟的储备规模为 2366 万吨，比义务储量多 120 万吨。在德石油储备联盟的石油储备中，90％为自有储备，10％为委托储备，即通过公开招标选择伙伴代为储存。原油储备以地下盐洞为主，成品油则以地面油罐储存居多。此外，德与比利时、法国、意大利、卢森堡和荷兰等国签订了石油储备互助协议，联盟也可租用这些国家的储备设施。

2. 储备品种。主要为原油、汽油和中间馏分油。现有储备中大约 50％为原油，50％为汽油和中间馏分油。联盟与德所有炼油厂都签订了紧急情况下的原油加工协议，以保证需要时能及时将储备的原油加工成成品油。联盟对储备油实行严格的质量监测，并根据情况变化（如储备油质量下降或出现新标号汽油等）进行更新。

3. 储备分布。主要遵循两个原则：一是重视地区平衡。德法律规定，联盟储备的布局必须体现地区协调；二是力求节省、灵活、安全。根据这两个原则，石油储备联盟将全德分成东部、北部、西北部、西南部和南部 5 大供应区，按区设立相应的储油库，每个供应区的储量不少于该区 15 天以上的消费量。该联盟的大部分储备特别是原油储备，都储存在北德地区的地下岩洞里。这样一举三得：一是利用地下岩洞建成地下油库可降低储备成本；二是地下储备有利于长期储存和防范外来破坏；三是接近主要港口与输油管道，便于输送。

4. 储存途径与设施。原油以地下洞库储存为主，成品油以地上油罐储存居多。原则上不允许利用运输或生产设施进行储存，但在港口等待卸货的油轮除外。储备设施一部分为联盟所有，一部分从民间租赁。联盟独立拥有1000万立方米的储存能力，以契约方式交其子公司“西北储藏有限公司”（NWKG）管理。其他储备设施通过公开招标“择优”租用，合同期为1—5年。由于德与比利时、法国、意大利、卢森堡和荷兰等国签有石油储备互助协议，因此联盟有权租用这些国家的储备设施。

（五）储备资金

德国法律规定：国家和公共基金不得向石油联盟提供直接资助，企业也不得参股。只有国家法律更改造成联盟解散，政府才承担其债务。因此，联盟自成立之日起一直自筹资金，主要来源由银行贷款和会费两部分组成。

1. 银行贷款。主要用于购买储备需要的原油、成品油及储备设施。1978年联盟成立时向银行贷款约25亿欧元，迄今累计银行贷款36.8亿欧元。按有关规定：联盟不须偿还贷款本金，但须支付贷款利息。联盟若因国家修改法律而解散的情况下，其债务由政府承担。这样有利于避免因限时还贷给联盟造成巨大的财政负担，也使联盟的新老会员都能分担联盟创业费用，以体现公平。由于联盟作为法定公益组织具有良好资质，金融机构普遍愿向其提供优惠贷款。

2. 会费。德国石油储备法规定，所有炼油厂、石油进口和经销公司是联盟的法定会员。会费标准的制定和修改由会员大会决定后，交联邦经济部长与财政部长批准。现行的会费收费标准平为：汽油6.13欧元/吨、中间馏分油4.62欧元/吨、重油4.1欧元/吨。逾期交费需支付比欧洲央行借贷利率高3%的滞纳金。联盟现有会员企业115个，年会费收入约5亿欧元，主要用于支付银行贷款利息、租赁设施租金、委托储备费用和联盟的日常开支，只有1%用于行政经费。根据自身开支及债务状况，德石油储备联盟有权不定期对会费的标准进行调整。对于储备联盟，政府或公共基金不提供补助，企业也不能直接进行投资。

会费根据会员进口或生产的数量分类计算，按月交纳。会员须在每月底向联盟申报本月进口或生产的数量和种类，并在下月底前交纳相应会费。逾期交费需支付比欧洲央行的利率上限还高 3 个百分点的利息。会员进口或生产的原油、成品油一旦入境或进入成品油储罐即开始产生会费。出口、船运、炼油厂自行消耗和向盟国军队提供的成品油免交会费。用德自产石油加工的成品油仍需交费，但不计入联盟的义务储量。

3. 超额油出售收入。德储备法规定：允许会员将其交纳的会费纳入商品销售价格，并在发票上注明“此价格包含法定储备费用”并列出费用数目。各销售环节均照此办理。因此，联盟及会员的储油费用实际上由最终消费者承担。

德储备法还规定：石油联盟不得从事投机性买卖活动，但在不干扰国内油市的前提下，可以出售其超过义务储备 105%的储备油，收入归己，但售价不得低于平均进货价。从实际操作看，超额油数量有限且非每年都有，所得收入在联盟收入中的比例也很小。

石油储备联盟在购买储备油和出售超额油时可免交“石油税”和“增值税”。

（六）储备动用机制

德储备法规定：德联邦经济部主管联盟储备的投放，即石油战略储备的投放必须有联邦经济与劳动部下达的指令。其前提有三：一是德能源供应受到直接影响；二是德国内出现能源供应短缺；三是履行欧盟或国际能源机构的义务。如果投放期限超过半年，须经联邦参议院批准。1991 年海湾战争期间，德联邦经济部曾按国际能源机构的要求，指示石油储备联盟向会员开放储备。

联盟投放的战略储备根据会员缴纳的会费比例进行分配，不搞竞价销售。投放时间超过半年，须经联邦参议院批准。如果出现特殊情况，如个别地区的人民生活或公共机构的工作因能源供应不足而受影响，也可根据联邦经济部长的指令向特定对象实行优先分配。储备油的投放价格按当时的市价确定，但不得低于储备的平均进货价格。储备的出库费用由购买储备油的会员承担。

德政府拥有的石油储备作为国家的战略储备，控制得十分严格，除在特定情况下发放给军事部门，或用于弥补进口企业储备义务与国际能源机构所规定的90天储备目标不足外，决不轻易动用。近年来，引发国际石油生产和供应危机的因素复杂多变，造成世界油价严重失控，世界大国围绕石油资源的竞争十分激烈。因此，对任何一个石油消费大国而言，保持充足的战略石油储备，对于保障本国经济安全和社会稳定具有十分重要的“战略”意义。但同时也应看到，随着影响国际石油市场价格的因素增多，特别是国际游资炒作油价的能量极大，指望借助一国乃至多国的石油储备来平抑国际油价的大幅波动已然不易。2000年以来美已多次动用战略石油储备平抑油价，虽然短期内似乎有效，但对油价的长期走势影响不大。纵然如此，建立和完善形式多样、配置合理的战略石油储备体系仍是各国保障石油供应安全的必由之路。

三、能源应急机制

德国家能源应急组织（NESO）应国际能源署（IEA）的要求而建立，其主要任务和目标是参与实施IEA制定的各项措施，履行本国的国际供应平衡义务，在维护传统石油供应渠道和供应结构基础上确保对消费者的安全供应。该组织由联邦经济与劳动部、联邦经济与出口管制局、储备联盟的代表和石油经济供应专家组成，其秘书处设在储备联盟内。德石油经济界主要通过供应协调委员和危机供应理事会参与制定和实施德能源应急机制。供应协调委员由7名石油采购专家和石油加工及分配专家组成，其中工业界代表5人、贸易界代表2人。其任务有三：一是评估当前和今后的石油供应形势；二是分析与判断石油危机的数据和条件，提出克服能源供应短缺的建议；三是为联邦经济与出口管制局确定行政性供应平衡方案出谋划策。危机供应理事会由储备联盟的监事会主席、副主席和供应协调委员主席组成，其任务也有三：一是为联邦经济与劳动部制定克服能源供应危机的决策，特别是要在制定限制消费措施、投放石油储备的方式和数量时献计献策；二是在限制消费、减少储备、调整生产结构等方面给德石油经济行业协会提出建议；三是与德石油经济行业协会协商解决在供应平衡框架内出现的问题。

经过多年发展，德国石油储备联盟已成为承担德国石油储备义务的主要力量。原则上，石油储备联盟可以自行选择储存原油或石油制品。但事实上，德国三大类石油储备中，汽油和中间馏分油储存量中至少40%是石油制成品，重油部分则全部是原油。如果石油储备联盟的储存量超过法定限量的105%，石油储备联盟可以向市场出售石油储备，但必须确保其做法不会干扰石油市场。在任何情况下，投机性交易都是绝对禁止的。

根据石油储备法，企业作为会员除了承担石油储备联盟规定的义务外，还必须自行储备一定数量的石油，不包括企业生产或进口过程中所必需的周转库存。德法律规定：炼油企业应当有15天的储备，石油进口企业和使用石油发电的电厂需要储备30天的使用量。如果市场供应出现严重短缺，德联邦经济部可以通过发布紧急投入法令来动用石油储备，并就投放品种和数量作出规定。储备联盟收到法令后，按各会员交纳会费的比例，向各会员发放石油储备的品种与数量。

紧急投放法令发布一个月后，国际能源机构负责检查情况，以确定是否需要继续采取进一步的行动。德国的石油储备分布较为均匀，具有较高的灵活性，因而在紧急情况下，石油储备能够迅速到达指定地区和企业的手中。至于企业自身的石油储备，各企业在紧急时期可自行决定动用，但事后必须迅速补足原定的储备量。

德国的石油储备体制存在的问题是：由于石油储备法并不要求化工企业必须成为石油储备联盟的会员，因此化工企业所需的石油必须自行解决。这些企业通常以期货交易、自行或代理采购等多种方式确保自己能够安全渡过危机。此外，石油成品如液化石油气、润滑油、沥青等，国家储备很少，企业储备更少，储备量一般不超过30天。

第二节 法国的战略石油储备

法国拥有世界第四大石油企业——道达尔菲纳埃尔夫集团，但本国的石油资源匮乏，每年在本国开采的原油尚不足200万吨，但需求量很大，高达1亿多吨（包括部分再出口的油品）。它同某些西欧国家一样，既是石油消费大国，又是一个贫油国，所需石油基本上依赖进口，每年需进口石油1亿吨左右。为确保石油供应，经过几十年的努力和不断完善，法国逐步建立了较完整的石油储备机制。

一、起源

法国是最早建立战略石油储备的国家之一。早在一战时，法国政府就认识到了石油作为战略物资的重要意义。1923年起，法政府要求石油商必须保持足够的石油储备。1925年1月10日，法议会通过法案，成立“国家液体燃料署”，管理石油储备。最初，仅以满足军队燃料需求为目标。但随着石油储备的不断扩大，其目的也发生了变化，由应付战争变成避免能源短缺影响经济发展。20世纪60年代，法率先实行石油储备政策，后逐渐被欧洲乃至世界其他国家仿效。1968年，欧共体决定实施石油储备政策。1973年第一次石油危机爆发以后，西方工业国家既是亡羊补牢，也是防患于未然，于1974年11月在经合组织范围内成立了国际能源署（总部设在巴黎）。国际能源署成立后，积极推行能源储备政策。

1973年10月的第四次中东战争导致全球性的石油危机。鉴于这次危机的教训，法国政府初次制定了能源政策。此后，这一政策历经修订和补充而逐渐完善，其首要目标就是确保能源供应的长期安全与持续性，而其中最重要的措施之一则是建立石油战略储备体制。

二、管理机制

法国原油的主要供应地依次为挪威、前苏联、沙特阿拉伯和英国。法国的石油战略储备由国家、专门机构和石油生产经营者三家共同参与管理并承担费用。建立石油储备库和购买储备的经费由国家财政部负担并绝对控制。为了保证石油储备在法领土上的均衡分布，有关法律规定，行政管理部门在征得行业委员会的同意后，负责批准石油储备的具体地点。

法国石油战略储备行业委员会（CPSSP）是一个为国家经济发展服务的行业委员会，其宗旨是建立和维持国家的战略石油储备。它的主要任务是：负责制定石油储备的各项具体政策，确定安全储备管理有限责任公司（SAGESS）的采购和销售计划；审核并决定经营者所需的所有必要费用等。

安全储备管理有限责任公司是特许经营机构，是行业委员会的服务商，其主要任务是承担战略储备义务，几乎所有的石油生产和经营企业都是其股东。该公司按照行业委员会的要求购入原油或成品油用作储备，其储备的数量约占法国全国石油战略储备的60%。根据企业的选择，行业委员会承担油价的54%或80%，并向有关用油企业收取存储费用，其余部分由石油生产和经营企业承担。每年年底，该公司须向燃料存储部际委员会（CIDH）提交下一年度的战略储备布点计划，由委员会负责审批。负责储备的公司免征石油产品内部消费税。战略储备的数量（成品油）为前一年销售总量的27%。对于海外省、海外领地和地方行政区，战略储备的数量为前一年销售总量的20%。其余储备为石油经营者储备，其中10%的储备可在法国本土以外，通过政府间协议的方式进行。

一般情况下，法国石油战略储备行业委员会将部分石油储备义务委托给安全储备管理有限公司完成，其余的由经营者以票据储备的形式完成。安全储备管理有限公司是一个负责完成公共任务的私有公司。法国政府规定：安全储备管理有限公司是一个联合储备公司，负责维持并管理国家的部分战略石油储备。建立安全储备管理有限公司的主要目的是推动市场的公平竞争，减轻经营者资产负债表中强制性储备的负担，改善紧急状况下的供应安全和储备的区域分布。

经法国石油战略储备行业委员会批准，安全储备管理有限公司承担管理国家储备的任务，政府和法国石油战略储备行业委员会对安全储备管理有限公司实行严格监督和控制。安全储备管理有限公司代表法国石油战略储备行业委员会负责每天的管理和经营任务。按规定：安全储备管理有限公司只能在政府和法国石油战略储备行业委员会的要求下购买储备石油或卖出石油。

为了保证石油储备在法国国内平衡分布，法律规定行政管理部门在征得法国石油战略储备行业委员会的同意后，负责批准石油储备的具体位置。储备的石油必须在保持总量不变的条件下进行永久保存，石油储备的金额、分配以及总量的改变都由法国经济财政工业部能源和原材料总司下属的能源和矿产资源局（DIREM）决定。

三、战略石油储备的构成

战略石油储备由三部分构成：

1. 非官方储备，所有的石油产品生产者和经营者都必须承担这一义务，法国采取的是“混合制”。其中起主导作用的是“石油战略储备专业委员会”和“安全储备管理有限责任公司”。前者是官方机构，负责制定储备政策；后者为企业性质，系前者的服务商，几乎所有石油生产和经营企业均为其股东。这种储备根据石油企业的选择由专业委员会承担54％或80％，并向有关企业收取存储费用，其余部分由石油企业承担，后者按照前者的要求购入原油或成品油用作储备，其担负的份额约占法国石油战略储备总量的60％。

2. 国家储备，所储备的石油产品由国家财政负担，并由国家对之实行绝对控制。

3. 机构（包括公、私机构）储备，费用由石油产品生产者和经营者按比例付给这些机构以储备费用。

法国的战略石油储备不同于美、日等石油消费大国，其主体不是原油，而是成品油。根据1992年12月31日法国国民议会和参议院通过的关于石油体制改革的第92—1443号法，除原油外，法国石油战略储备中的成品油包括：汽车用汽油和航空煤油、柴油和家庭用燃油及照明煤油、喷气发动机燃油、重油。此外，法国的海外省如法属圭亚那和留尼汪，还储备液化石油气。

法国现行的石油战略储备体制已实行30余年，目前其石油战略储备量约可供全国消费96天。

四、监管

法政府对战略石油储备实行永久监控。

1. 法律监督。根据规定：法国储备的石油必须在保持总量不变的条件下进行永久保存，而总量的改变须由法经济财政工业部下属的能源和矿产资源局（DIREM）决定。石油储备分配、储备金额、需要进行监控的公司以及获准进行战略储备的仓库也都由该局监管。

2. 海关监管。海关人员有权在不预先通知的情况下，对公司的账目和储备进行检查。然后，海关人员向能源和矿产资源局递交储备清单。能源和矿产资源局指定人员起草每个受查公司的情况备忘录。

3. 违规处罚。如果在监控过程中发现违规情况，经济财政工业部主管部长负责向有关公司发出正式的违规通知。违规公司须在1个月内对自己的违规行为提交书面说明，主管部长在征询“燃料存储部际委员会”的意见后提出经济处罚建议，由违规公司向海关交付罚款。法国法律规定，处罚的最高额可达缺口储备金额的50倍。

五、储备量与调用

1. 储备量。石油战略储备是一种强制性的体制。国际能源机构和欧盟在规定上大体相同，稍有区别。前者要求各成员国必须储备不少于上年度90天原油和（或）成品油的“净进口量”，后者则规定各成员国必须储备不少于国内平均90天原油和（或）成品油的“消费量”，其计算基数是上年度的日平均消费量。法国作为国际能源机构和欧盟的成员国，于1992年12月通过了关于石油制度改革的法案，规定战略石油储备的数量为前一年销售总量的27％。对于海外省、海外领地和地方行政区域，战略储备的数量为前一年销售总量的20％。在法国，有关储备的数量通过规章条例加以规定，而不是以法律的形式，目的是使规定具有一定的灵活性。按上述规定，在法本土必须储备相当于95天石油的消费量，法海外省必须储备相当于73天石油的消费量。与美、日两国以原油为主的战略储备不同，法以储备成品油为主、原油为辅。成品油主要包括车用汽油和航空煤油、柴油、家用燃油及照明煤油、喷气发动机燃油和重油。法属圭亚那和留尼汪岛，主要储备液化石油气。据国际能源署2004年的统计：法国的石油储备为2227.1万吨，其中成品油储备为1325.2万吨，原油901.9万吨。法国的成品油储备为消除因传统的供应管道缺乏或堵塞所造成的、且日趋严重的地区紧张作出了很大贡献。

2. 储备调用。法政府规定：当国内某地区的石油市场出现明显短缺时，法能源和矿产资源局有权要求石油战略储备行业委员会（CPSSP）和安全储备管理有限公司（SAGESS）调用战略石油储备，但其他地区必须相应增加储备量，以使全国的战略石油储备总量维持不变。事过之后，有关部门必须在30天内恢复该地区的石油储备。法政府还规定，动用战略石油储备必须与欧盟以及国际能源机构协调行动。

六、存在的问题

虽然有法规和政令的规定，法国的战略石油储备实际上仍存在诸多问题。20世纪末和21世纪初，由于交通、环保等因素影响，战略石油储备的实际能力下降。1973年法拥有大型战略储备油库550座，储油能力超过1500万吨，到1999年底只剩下288座，储油能力下降到不足1300万吨。另外，储油能力的地理分布也越来越不均衡，288座油库中的35座集中了64%的炼油厂及其储备能力。法国是个具有罢工传统的国家，法工会经常以封锁油库的方式向政府施压，给法国的经济活动和人民生活带来严重影响。

为了应对新的挑战，确保石油供应的安全性和可持续性，法在实施战略石油储备政策的同时制定了一系列相关政策。例如：鼓励本国石油企业勘探和开采油矿，积极开拓供应基地，在世界能源舞台上发展和竞争；参加国际能源组织，促进石油市场的稳定；发展本国的石油加工业，并从技术、经济和税收等各方面促进石油工业的发展；完善销售网络，提供财政援助；积极开发新能源（包括再生能源），推广清洁能源，降低石油消费；石油进口多元化等等。

据法国能源部门的统计，2001年法从中东的进口量占其进口总量的比例已从1973年的71%锐减至29%，而从北海油田、俄罗斯、尼日利亚进口的石油分别升至37%、11.7%和6.1%。

总体来看，法国的石油战略储备政策比较行之有效，在防患国际油价波动方面，发挥了重要作用。

美、日、德、法四国产生建立战略石油储备的构想有先有后，美国早在二战期间就产生了这一构想，日本起于20世纪60年代第三次中东战争之后。但对战略石油储备进行立法，这四国都是在20世纪70年代爆发第一次石油危机后才开始的。对于战略石油储备的目标和规模，这四国在各自的法律文本中都做了明确规定，并随着时间的推移，不断进行修正。在国家储备方面，美、日、德的储备量分别是10亿桶、3.15亿桶、5350万桶，加上民间储备，美、日、德、法的石油储备量分别相当于各国158天、169天、117天和96天的石油消费量。

美、日、德、法的储备体制各有不同。美国实行自由市场型，石油储备主体是政府战略储备，对于民间储备，虽然有一些优惠政策和存放服务，但不是资金支持，也不进行管理。日本是政府导向，储备主要由政府进行，但为每一位石油商都严格规定了储备额度，完不成的要罚款。德国是“联盟储备”机制，官民联盟储备、政府储备、民间储备比率为57∶17∶26。法国是官民结合机制，民间储备、政府储备的比率为75∶25。

英国与美、德、法、日不同，它是一个石油生产大国和净出口国，因此可不按国际能源机构的规定行事。但是，这并不意味着它不需要战略石油储备。实际上，自20世纪70年代爆发石油危机起，英国也建立了自己的战略石油储备，称为“紧急石油库存”，其目的就是为了防患于未然，以减少因突发事件造成的石油供应中断对英国经济产生不利影响。目前，英国保持的战略石油储备是以欧盟1998年12月14日的立法为基础。该法要求各欧盟成员国建立起相当于90天石油消费量的战略储备（按上一年的日均消费量计算）。英国的战略石油储备主要包括轻柴油、煤油、汽油和柴油，以及发电厂和大型油轮用的燃料油。英国石油公司负责全国战略石油储备任务。

第四章

俄罗斯的能源发展战略

俄罗斯的能源环境与条件不同于美、日、德、法四国，它既是世界油气生产大国，又是首屈一指的油气出口大国，因此在俄罗斯石油安全战略中，战略石油储备未受到足够的重视。2003 年 5 月 22 日俄联邦政府批准了由俄罗斯联邦能源部制定的关于《2020 年前能源战略基本纲要》（以下简称《能源战略纲要》）文件。该文件获俄联邦政府原则通过后，于 2003 年 9 月 5 日被俄联邦总理卡西扬诺夫正式确认，并发布实施这一战略的命令。按照命令，俄能源部、经济发展贸易部、核工业部要实行对能源战略规定的措施，实施监控。而且，每年第一季度都要向政府提交该战略执行情况的报告。

伊拉克战争后，新一轮世界能源资源争夺愈演愈烈。中国也把能源战略研究列入政府的重要议事日程。2003 年 5—6 月间，胡锦涛主席成功出访俄罗斯、哈萨克斯坦等国并参加“上海合作组织”峰会，与会首脑就加强双边和多边能源合作进行了认真的探讨。鉴于俄罗斯油气在世界能源中的地位，深入研究俄罗斯的长期能源战略，不仅对我国制定能源战略有重要的借鉴作用，而且对有效加强与俄罗斯和中亚国家的能源合作，以及推进我国石油企业海外油气资源的开发十分有益。

第一节　制定《2020年前能源战略基本纲要》的背景

俄罗斯《能源战略纲要》是俄联邦政府根据国内外政治经济发展趋势，经过7年半的反复讨论和修订后确定的。该纲要阐述的国内外能源政策是俄联邦政府对国家发展进程进行协调的重要组成部分。

但是，在俄罗斯政治经济剧烈震荡、经济政策不确定的时期，国家能源战略难以制定，即使制定了也难以实行。从1992年起，按照前总统叶利钦的指示，俄联邦政府部门间委员会制定了《新经济条件下能源政策的基本构想》。1995年5月7日，俄联邦总统472号令，批准《2010年前俄联邦能源政策的基本方针》；10月3日，俄政府通过1006号令，批准了《俄罗斯能源政策基本纲要》。这实际上是《能源战略纲要》的第一个草案。

但是，该文件很快中断执行，主要原因是：国家政治经济局势多变，缺乏明确的经济政策，能源部门难以确定其发展的主要参数，更谈不上实行长期能源战略。

1996—1999年，俄联邦各部委在研究发达国家能源战略的基本内容和制定方法的基础上，对俄罗斯能源战略目标、战略任务和措施等进行了大量修订和补充。政府专家委员会也多次对其讨论和审核，国家杜马在听政会上，对能源战略进行过听政讨论，但政局的动荡和经济危机使《能源战略纲要》的修订和实施搁浅。

2000年，普京总统执政后，俄政局趋稳，经济开始复苏。为振兴经济，同年10月，俄联邦燃料能源部根据俄经济发展和贸易部等制定的《国家长期经济和社会发展计划》，在分析部门生产状况基础上，向政府和国家杜马提交了《2020年前能源战略和电力工业结构改革》报告，即俄罗斯《2020年前能源战略基本纲要》的前身。2000年11月23日，该战略纲要得到俄政府批准并在实业界、地区、科学和社会各界引起了广泛反响。有人曾将其重要性与十月革命后列宁制定的全俄电气化计划相提并论。

但是，此后一年半左右，《能源战略纲要》中一些带有根本性的战略建议未能实行，主要实施的措施是加速提高国家调节的燃料能源资源价格和费用。2001年俄政府提出，国家杜马通过的《矿产资源开采税法》的征税原则与《能源战略纲》规定的有关征税内容出现矛盾。2001年12月6日俄联邦政府会议备忘录50号文件要求对《能源战略纲要》进行修订和更准确的阐述。

燃料能源部很快完成了《能源战略纲要》的修订工作，修订内容包括：预计的国家经济增长速度、燃料能源需求的预测参数、燃料能源综合体及其各部门发展的预测参数，完善价格和税收政策的任务，以及关于电力和天然气工业部门改革，完善电力和天然气工业价格构成的新建议。修订后的《能源战略纲要》得到有关部委的同意，于2002年2月28日提交俄政府，拟于3月14日俄联邦政府会议对其进行审议。但是，3月初文件被撤回，要求对其进一步修订加工。

2002年5月，能源部向政府提交了另一与前者完全不同的《能源战略纲要》：仅有空洞的宣言，没有经济、能源需求和燃料能源部门发展的预测参数，不包括各经济发展阶段的具体数据建议，也没有国家的任何职责。俄政府指出：《能源战略纲要》要更准确地说明国家经济预测的增长速度，预测的能源需求和部门发展参数，完善和调整价格和税收政策，在电力和天然气部门形成与改革相应的价格政策。俄政府同时强调，要建立国家实施《能源战略纲要》的监控机构，否则任何战略都难以实施，政府本身就不能认真执行。

从2001年12月到2002年11月，俄政府委托燃料能源部对能源战略草案存在的问题进行了多次修订。2003年5月22日，俄联邦政府审查批准了《俄罗斯2020年前能源战略基本纲要》，但提出尚需对一些条款进行修订和补充。

第二节　俄罗斯能源战略的基本内涵

俄罗斯关于《能源战略纲要》的理论之争早已结束。人们普遍相

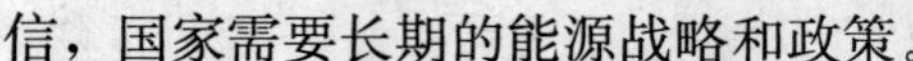

信，国家需要长期的能源战略和政策。

什么是能源战略？俄政府和专家的一致看法是：能源战略是说明国家能源部门的长期方针、作用、政策及其具体实施措施的重要文件。它根据国家面临的国内外政治经济环境、国家宏观经济、地缘政治、科技发展趋势和能源部门发展状况，把在规定时期内国家的能源方针、目标、任务和政策具体化。它要对国家的能源政策（包括国内的、对外的、地区的能源政策）、能源消费结构、科技和生态政策及其手段等作出具体规定，并提出一系列有科学依据的观点。

但是，能源战略不是“普通”的宣言，不是指令性文件，不是规划，也不是计划，而是对未来解决能源问题的可能做法提出的有技术、经济和社会依据的可选择途径，是对国家能源发展起指导作用的文件。因此，能源战略所表明的部门发展和能源消费等定量指标带有陈述性，它只表明在实施战略和相应措施情况下可能的结果。

俄政府和专家一致认为：实践表明，如果国家没有明确的经济政策，就不可能制定出有科学依据的能源战略。实施能源战略的主要手段是：国家对能源市场的指导作用、价格政策、税收和关税政策、能源部门的体制改革、主要法律和法规的完善等。

2020年前俄罗斯能源战略的基本框架是：在对本国能源资源和能源部门现状，对世界能源资源状况和发展趋势进行实事求是分析和评价的基础上，确定能源部门在本国经济和社会发展，以及在外交上的作用和定位。这是能源战略的基本出发点；能源战略的主要目标和主要任务；能源使用的经济发展模式；大力发展油气资源储备基地；调整能源消费结构；国内能源市场和国家对能源市场的监督机制；能源投资政策；加强俄罗斯在国际能源市场上的地位问题；改善生态环境，履行国际职责问题等。

俄罗斯《2020年前能源战略基本纲要》共有9章，另加两个附件。这9章分别是：

1. 能源部门的发展趋势和问题，包括：燃料能源综合体现状、在国民经济中的作用和发展要素、国家能源安全、国家能源利益面临的威胁；

2. 能源战略的目标；

3. 能源部门的经济发展模式；

4. 国家能源政策，包括：能源经济政策的基础、部门的发展和现代化，机制转换、国家地下资源储备管理、能源资源和供应需求的管理、燃料能源（平衡）结构、发展国内能源市场、发展能源部门的投资政策、生态保护政策、机械制造和科学技术政策、对外能源政策和国家能源政策的主要宏观经济成果；

5. 俄罗斯和世界能源市场，包括：国际能源空间的一体化和国外有前景的市场；

6. 能源部门的社会作用；

7. 地区能源政策；

8. 能源部门的发展前景，包括：发展原料资源基地、石油、天然气、煤炭、电力、核工业、供热、再生能源和地方燃料、运输基础设施的发展目标；

9. 能源战略的实施系统及其预期结果。

两个附件是：

1. 2020 年前俄罗斯主要宏观经济指标和燃料能源资源的平衡，内容包括：燃料能源资源的平衡、能源结构、2020 年前俄罗斯燃料能源资源平衡的预测；

2. 2020 年前俄罗斯能源战略的实施计划。

第三节　俄罗斯《2020 年前能源战略基本纲要》要点

俄罗斯《2020 年前能源战略基本纲要》的要点可归纳如下：

（一）俄罗斯是世界能源强国之一

俄罗斯拥有世界上 13%的领地和 2.4%的（近 1.45 亿）居民。俄占有世界能源资源的 12%—13%：其中，占有 5.7%的世界剩余石油探明储量（82 亿吨）；约 1/3 的探明剩余可采天然气储量（47.47 万亿立方米)，11%的探明可采煤炭储量和丰富的水利资源。

2002年，俄石油（加凝析油）产量为3.649亿吨，占世界石油年产量的约10%，居第二位；天然气产量为5949亿方，占世界的23%，居第一位；煤炭2.53亿吨，占世界的6%，居第六位；电力生产8920亿千瓦小时，占世界的6%，居第四位。

俄因而是欧洲和独联体国家的主要能源供应国。2002年，俄出口天然气1344亿立方米，出口石油1.865亿吨，比上年增加了2600万吨。其中，全部天然气出口和85%的石油出口，即1.511亿吨石油输往欧洲。此外，还出口了约9000万吨油品。

（二）能源是俄罗斯国民经济的支柱产业

能源部门在俄国民经济中的作用举足轻重，巨大的能源资源潜力是保障俄罗斯国家经济安全，保证现在和将来其经济发展所必须的能源需求的基础。目前，其产值约占俄工业总产值的30%，上缴预算占联邦预算的54%，出口额占俄出口总额的54%，外汇收入占俄外汇总收入的约45%。近两年来，能源出口已成为俄经济发展的关键因素，其出口增加了12%，其中石油出口比重增加了6%。

20世纪末，俄罗斯在世界经济中的地位下降，但能源部门始终是俄罗斯经济的支柱产业。前苏联解体后，世界许多国家经济迅速增长，而俄经历了前所未有的深刻政治和经济危机，生产出现和平时期从未有过的持续下滑，居民生活水平下降。在1990—2000年的10年间，美国人均GDP增加36%，挪威和英国分别增加38%和22%，土耳其和墨西哥增加41%，中国增加了150%以上。而同期，俄GDP减少了34%。如果说前苏联还被列为经济强国之列，到2001年，俄人均GDP仅居世界第30位，为美国的18%。10年内，尽管俄能源部门生产下降速度相对较小，仍为俄经济的支柱产业，但是多年政治和经济的激烈震荡使这些部门丰富的资源储备大量耗费。

1999—2000年危机后，俄能源部门的发展趋势好转，各部门的生产出现增长。提高能源部门在俄罗斯国家经济中的作用及其在世界市场上的地位，成为俄国家经济发展的首要任务。

（三）俄罗斯能源战略的出发点、主要目标和主要任务

俄能源战略的出发点是：在向市场经济过渡条件下，为继续实行社会经济改革，克服危机和向稳定发展的轨道过渡，要合理使用国家丰富的能源资源、科技和人才潜力，保证国家长期的经济安全和能源需求。

俄能源战略的主要目标是：在有效生产和使用能源资源，发挥其科技和经济潜力的基础上，保证国家对能源资源的需求，实现国民经济的增长，提高居民的生活质量。

俄能源战略的主要任务是：结合国家社会经济长期发展目标和预测指标，确定能源部门的发展方针和速度并使之具体化。

俄实现能源战略任务的方针：一是保证国民经济和居民对能源资源的需求，形成企业和居民可接受的能源价格，鼓励节能，实现各能源部门的完全自负盈亏；二是保证国家能源安全，降低外部风险因素的影响，防止能源安全保障受到威胁；三是提高能源部门在国际市场上的竞争力，增加能源加工产品的生产，保持国家出口潜力；四是建立机制，创造条件，在生产、流通、销售各个环节降低能耗，实行节能方针；五是发展文明的能源市场，建立制度机制，发展自由竞争；六是建立发展能源部门的稳定法律法规；七是提高能源部门管理的质量和效率。

形成文明能源市场的措施是：制定综合配套的价格、税收和投资政策，调节外贸活动，保护和发展国内市场；实行有效的反垄断政策，推进能源部门的体制改革，发展市场关系和竞争；激励经营主体革新、投资和节能的积极性。国家将通过完善法律法规来实施上述措施。

今后20年内，俄能源生产的具体战略目标：一是能源年生产量达到20.4亿当量吨（比2001年增加40%），以满足国内11.45亿—12.70亿当量吨/年和出口8.55亿当量吨/年的需求（包括石油约3.09亿吨、天然气约2450亿立方米）；二是超速发展石油和天然气加工工业，石油和天然气化学工业，以增加产品附加值，克服单一化的原料出口格局。

预计：在良好经济发展条件下，俄石油年开采水平将从现在的3.76亿吨增加到2010年的4.45亿—4.9亿吨和2020年前的4.5亿—5.2亿吨；天然气年开采量从2002年的5950亿立方米增加到2010年的

6350 亿—6650 亿立方米，到 2020 年达到 6800 亿—7300 亿立方米；煤炭产量从 2002 年的 2.53 亿吨增加到 2010 年的 3.1 亿—3.35 亿吨，到 2020 年达 3.75 亿—4.45 亿吨；电力生产从 2002 年的 8920 亿千瓦小时增加到 2010 年的 1.0150 万亿—1.07 万亿千瓦小时，到 2020 年达 1.215 万亿—1.365 万亿千瓦小时。

为保障国家对石油加工制品的稳定需求，原油加工制品将从现在的 1.8 亿吨增加到 2010 年的 2 亿—2.1 亿吨，其中清洁石油制品（汽油、柴油、航空燃油）的产量要达到 1.1 亿吨；2020 年，原油加工制品要达 2.2 亿—2.35 亿吨，清洁石油制品达 1.3 亿吨，石油加工深度达到 80%以上。

俄专家认为：加快发展高附加值产品的生产，给发展“新经济”以推动力，从而增加就业，扩大需求，促进整个经济的发展。

（四）从高能耗经济向有效使用能源的经济发展模式过渡

向有效使用能源的经济发展模式过渡是俄能源战略最重要的任务之一。目前，俄经济仍是高能耗经济，其 GDP 的能耗比发达国家高 2—3 倍。俄的节能潜力是国家能源年需求量的 40%—45%，即为 3.6 亿—4.3 亿当量吨。《能源战略纲要》要求：到 2020 年，俄的 GDP 能耗要降低一半左右。为提高能源使用效率，规定了强化节能的组织和技术措施。这些措施包括：实行合理的价格政策，采取更合理利用能源的措施；有效利用现有节能技术，使经营主体获得经济利益；利用一切可能的条件，节能和扩大出口；在遵守能源使用的效率定额和标准方面，研究制定企业经济利益机制。这是节能经济机制的基本方针和合理利用能源资源的杠杆。

（五）大力发展油气资源储备基地

《能源战略纲要》提出：由于地质勘探工作减少，俄原料资源基地油气探明储量的增长速度已呈下降趋势。为扭转这一局面，《能源战略纲要》提出发展油气资源储备基地的任务：2003—2010 年间，俄将完成 34 亿吨石油和 4 万亿立方米的天然气储备，完成钻探进尺 1830 万米；2005—2010 年后，俄将加快其欧洲北部北冰洋大陆架、远东和南部海上油气田的储备；同时，创造条件，大力改善投资环境，吸引更多外资参与油气原料基地的建设和发展。

（六）适度调整能源结构，促使能源各部门全面发展

能源结构，尤其是一次性能源消费需求结构，是衡量一个国家经济发展水平的重要参数之一。

近年来，俄能源消费需求结构中，天然气和石油所占比重过大，分别为50%和22%—23%左右，煤炭和电力所占比重不高。《能源战略纲要》提出：要发展节能经济，多元化使用能源，使能源消费结构更加合理，促使经济各部门全面发展。今后，在能源总需求增长25.4%—38.4%的条件下，俄将适当增加煤炭和核电生产的比重，主要能源需求将分别增加：油品35.8%—50.1%、天然气18.4%—23.7%、煤炭35.7%—70.3%、核电1.2—1.5倍。

（七）发展国内能源市场，建立国家对能源市场竞争的规范和监督机制

目前，俄国内能源市场竞争性不强，资金流动不透明，能源交易合同的一些环节不公开，因此不能形成合理的能源价格，能源供求指标缺乏客观性，阻碍了能源产品质量的提高。《能源战略纲要》规定，俄进一步发展国内能源市场的任务是建立国内完善的能源市场，主要措施是：

首先，继续推进能源企业的改革，使之成为实现整个市场经济改革的发动机，在有竞争潜力的领域发展竞争。企业改革的目的是提高生产效益，降低消耗，提高产品质量和服务，保证国家能源安全。在改革进程中，企业经营要增强透明度，提高管理效益，形成平等的竞争条件和吸引投资的环境。企业改革的做法：一是在石油工业基本实现私有化基础上，创造条件使中小型采油企业平等参与能源基础设施建设和石油加工项目；二是继续实行天然气和电力工业改革，鼓励独立经营生产者的出现，打破部门垄断，形成竞争环境。

其次，建立国家相应的监督规范机制，包括完善反垄断法，保证国家对能源市场的调节；发展能源交易、能源资金市场和期货市场；建立

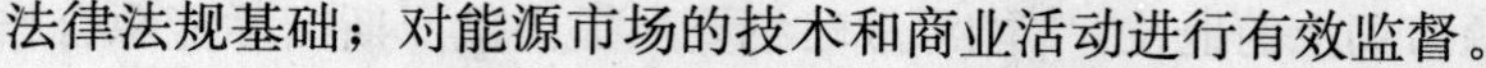

法律法规基础；对能源市场的技术和商业活动进行有效监督。

（八）能源投资政策的任务

由于能源部门投资大、回收周期长，商业和非商业风险很高，国家长期缺乏稳定的税法（税法法典尚处于审查阶段），对自然垄断产品的价格和利税的调节未考虑必要的投资费用。因此，能源企业的固定资本磨损严重，生产资本投入不足。

为此，《能源战略纲要》提出能源投资政策的两大任务：一是大大增加能源领域的投资和改进投资结构。吸引投资的措施是，改善部门的经营环境，建立平等的法律基础，确定公司经营的明晰原则。二是完善自然垄断产品的价格政策和折旧提成政策。改善投资结构的措施是，对优先发展的部门给以投资支持，包括减少投资经营风险和非商业风险，支持各项保险计划；减少对一些能源部门的行政压力；对向国家进行价格调节的部门进行投资的投资者实行长期经济保障。

根据预测：2020 年前，俄将需要 5000 多亿美元的投资。能源企业增加投资的来源有三：一是主要来源于私营经济部门；二是国家各级预算拨款支持，但仅限于具有战略意义或具有重要社会价值的项目，并通过《目标纲要》机制，首先是联邦《能源效益经济》纲要实现；三是进一步吸引外资，吸引必要的信贷资金。到 2003 年 3 月底，俄累计吸引外资 430.31 亿美元，其中能源部门占 36.1％。进一步吸引外资的主要措施是：建立稳定的征税制度和必要的法律，依法保障投资者权益；完善外国投资者参与能源资源开采、生产和运输项目建设的有关法律法规；推广使用产品分成法和租赁协议；发展许可证制度。入世后，俄联邦政府将对国内能源企业采取积极支持措施，使其能面对激烈的竞争和挑战。

（九）保持和加强俄罗斯在世界能源市场上的地位是《能源战略纲要》最重要的任务

能源部门不仅是保证俄国家能源安全和长期稳定外汇收入的重要因素，而且是俄罗斯在能源问题全球性和政治化背景下，实行外交政策，巩固和提高国家在世界政治和经济中地位的重要手段。为保持和加强俄在世界能源市场上的地位，《能源战略纲要》提出俄罗斯国际能源合作的战略思想如下：

1. 在国际（包括与独联体国家）能源合作中，坚持国家利益最大化原则。

2. 支持并鼓励国家石油天然气公司积极参与中亚、里海、中东、亚太地区等海外油气资源的开发和利用，争夺世界能源销售市场，参与世界能源市场的价格制定；积极开展与美国、欧盟和欧配克的对话，美伊战后，力争继续控制属于其势力范围的中东和伊朗等资源。具体作法是：

首先，把独联体国家油气资源（特别是天然气）长期纳入自己的能源平衡之中，以节约俄北部资源，减缓自身油气资源的投资开发进程，维护俄在里海地区的地缘政治利益。目前，每年俄向独联体国家供应本国能源出口的18%—19%。2003年2月23日，俄罗斯和哈萨克斯坦、白俄罗斯、乌克兰签署了建立欧亚经济共同体的声明，有关经济一体化新阶段的任务已基本确定，为俄控制包括里海在内的独联体国家油气资源创造了条件。

其次，把欧洲作为其最大的能源销售市场，首先与其实现能源一体化，使经济逐步融入欧洲。《能源战略纲要》规定，今后俄罗斯将继续把向欧洲出口油气作为主要方向。到2020年，俄向欧洲年出口天然气1650亿立方米，年出口石油1.5亿—1.6亿吨。在与欧洲的能源合作方面，将实现公司兼并，开展共同开发能源的项目，深入交换信息和推广先进的科技经验。

其三，在北美洲，美国可作为俄长期的石油销售市场，美资本可成为俄能源部门投资的来源之一。在亚太地区和南亚，中国、韩国、日本和印度是俄的主要能源合作伙伴。在亚太地区，尤其是东北亚经济发展的前景，将为俄出口能源资源、技术和劳动力提供可能性。到2020年，这些国家和地区在俄油气出口中的比重，将从现在的3%增加到15%—30%。在中东、南美和非洲，这些国家是俄能源公司服务的潜在需求者，是俄有关技术和装备的进口国。

3. 实行能源出口多元化方针，大力建设国内外油气运输管道。《能源战略纲要》强调，俄实行能源出口多元化方针：俄罗斯公司不仅要尽快建设自己的一系列油气运输管道，而且将参与有关国家的基础设施建设；国家鼓励本国公司参与实施西向和东向的大型跨国输油气管道项目。《能源战略纲要》提出：为实现油气出口多元化，俄罗斯要建设一系列主要油气运输管道，其目的是保证俄国内能源的可靠供应，为进一步开拓西欧、远东、亚太和北美地区油气市场打开出口通道。其重点是积极开展与欧盟、美国、其他国家和国际组织的合作。

到2020年前，俄将建设的跨国输气管道有："蓝流"（俄罗斯—意大利）、亚马尔（西西伯利亚）—西欧和北欧、新西伯利亚—克拉斯诺亚尔斯克—塔伊谢特—哈巴罗夫斯克—平壤—汉城—大庆项目。俄罗斯将建设的输油管道有：从西西伯利亚—摩尔曼斯克港（北冰洋岸边不冻港）管道；波罗的海管道系统和田吉兹—诺沃拉西斯克的管道；完成"友谊"和亚德里亚海输油管道一体化并建造通向克罗的亚奥米沙尔港的新管道（运输能力达1500万吨/年）；铺设安加尔斯克—纳霍德卡（运输能力达5000万吨/年），以及到大庆支线（运输能力达3000万吨/年）的输油管道。

4. 是改善能源出口结构。《能源战略纲要》强调：今后俄罗斯不仅要成为能源原料的出口国，还要成为深加工能源产品的大型供应国，以进一步在世界上发挥作用。

（十）大大改善生态环境，全面履行国际职责

《能源战略纲要》提出，俄能源部门的生态政策目标是：在保持预计增长速度的同时，保证生态安全，保护能源企业作业区周围环境，使其符合现代生态要求和科技发展水平。

能源部门是俄罗斯自然环境的大规模污染源之一，尤其是老油气开采区、石油及其他废弃物对自然环境的污染已成为部门的最大生态问题之一。改善生态环境的主要任务是：逐步推广温室气体排放技术工艺，合理生产和利用能源资源；建设和改造自然保护项目，恢复被污染土地的耕作，利用再生原料；推行国际标准化生态保护技术工艺；建立全国统一的生态数据系统；培训和培养自然保护专家等。主要措施是：发展

灵活的生态保护经济激励机制，采取相应的投资支持措施，建立和谐的法律法规；履行生态保护的国际职责。根据《京都议定书》的要求，在2008—2012年，要保持1990年温室气体排放水平。据《能源战略纲要》预测：俄完全能履行这一国际义务，即使到2020年，俄温室气体排放指标也不会超过1990年的水平。

第四节 《2020年前能源战略基本纲要》的启示

1. 通过研究分析不难发现，俄实施《2020年前能源战略基本纲要》面临三个方面的风险因素：

（1）据预测：2020年前，为实施能源战略目标，俄罗斯能源领域需要约5000亿美元投资。但至今为止，俄法律不健全，投资环境差，能源公司被政治寡头操纵。如何吸引如此多的投资，是俄罗斯实施《2020年前能源战略基本纲要》的最大风险。

（2）能源开采条件恶化，探明油气储量的地质结构越来越复杂，这是增加油气产量和实现出口目标的制约因素。在现有国家石油探明储量中，难采储量已占一半以上。有38.4％的原油位于低渗透储层，19.6％位于气层下部，13.6％属于重油，10.4％属于高稠油。天然气储量的前景也不乐观，浅层高产气田工业采出程度已较高，而且基础设施已老化。能否实现增加油气产量的目标，不少人表示怀疑。

（3）全球能源争夺日益加剧、形势复杂，美国的争夺态势咄咄逼人，能源问题涉及政治、经济、外交、军事等诸多因素，在俄与西方石油公司以及一些“战略伙伴”的国家关系中，有诸多不能掉以轻心的风险因素。如何妥善处理，也是其能源战略目标能否顺利实施的重要外部因素。

在编制能源战略过程中，俄联邦政府充分研究并参照了发达国家能源战略的内容和制定方法，并在以下方面受到启示：一是工业发达国家都有其国家长期的能源战略；二是每个国家在制定能源战略的基础上，都确定了本国在能源领域的国际分工地位及其在世界市场上的竞争力；

三是尽管这些国家市场机制比较完善，但国家在许多方面的直接调节作用非但没减少，反而增强。在俄罗斯《2020年前能源战略基本纲要》中，这些启示得到体现，对我们制定长期能源战略也有启示作用。

不同国家的能源资源基础和部门发展状况不同，能源在本国经济和社会发展中的作用，以及在国际能源市场上的国际分工定位也不相同。但是，对任何一个国家来说，能源都是现代文明生活的基础，是国家经济生活的核心。能源不仅是维护本国经济安全，保证国家经济可持续发展和居民生活水平不断提高的重要战略因素，而且是涉及后代人生命悠关的重大问题，不能掉以轻心。制定符合本国国情和世界能源发展趋势的国家长期能源战略具有重大战略意义，是各国政府义不容辞的责任。

2. 从俄《能源战略纲要》制定和反复修订的过程看，制定国家长期能源战略的出发点应当是：既要考虑本国能源供需趋势，又要紧密结合世界格局变化对世界能源供需趋势的影响；既要依据本国及世界主要国家社会经济发展的趋势和预测指标，考虑能源部门与其他经济部门的相互关系，又要正确确定能源部门在本国国民经济中的作用和在国际能源市场上国际分工的定位。

一个国家的能源部门是国家国民经济的一部分，能源战略的制定和实施的效果首先取决于国家的长期经济政策，在国家统一的经济空间中，也受一般经济规律的制约。能源发展的主要参数，取决于整个经济和其他主要工业部门发展的参数，取决于国内的投资环境、税收政策水平、通货膨胀水平和贴现率等。其次，一个国家的能源市场又是世界能源市场的一部分，国家能源部门的发展也受世界能源市场上供需规律的制约，受世界格局变化趋势的影响。

3. 能源战略不是政治宣言，而是阐述国家能源部门的作用、长期方针、政策及其具体实施措施的详细、综合的长期预测计划。它是在规定时期内，国家能源方针、目标、任务和政策的具体化；在国家能源政策包括国内的、对外的、地区的能源政策、能源消费结构、科技和生态政策及其手段等方面，都须提出有科学依据的原则立场。

4. 无论从战略高度和国家安全角度看，还是从经济发展的现实出发，坚定不移地加强与俄罗斯的能源合作是我国能源来源多元化战略的重要组成部分，不仅在战略上有必要，在实际上也有可能。发展中俄能源合作既有利于我国能源安全和经济的可持续发展，又符合俄罗斯的战略利益，符合俄罗斯长期能源战略的基本战略思想。

随着经济的高速发展，目前我国能源需求量已居世界第二位，进口石油逐年增加，而且大部分来自中东地区，这对维护我国经济安全不利。根据《能源战略纲要》的规定：俄罗斯不仅大力发展欧洲北冰洋大陆架、远东和南部海上油气田储备基地，改善投资环境，吸引更多外资参与油气原料基地建设和发展，还要调整能源出口结构，加大投资，增加石油天然气加工产品出口。中国与韩国、日本是俄在东北亚地区的主要能源合作伙伴，到2020年，俄对中、日、韩和印度的能源出口将从目前的3%增加到15%—30%。《能源战略纲要》已将安—大石油管线作为支线纳入安—纳输油管道项目。此外，在俄罗斯发展电力和煤炭的政策中，我国也可以找到合作的契机。

然而，我们必须了解俄实行能源出口多元化的方针，追求俄罗斯最大利益是其发展国际能源合作的基本的原则。因此，在与俄罗斯的合作中，也与其他经济合作一样，面临激烈的国际竞争。但是，只要我们本着互惠互利原则，实事求是、认认真真地解决两国在能源合作中存在的问题，增强相互信任，只要我们继续推进体制改革，使体制和企业运作方式与国际接轨，在合作中实现双赢，甚至多赢，中俄双边甚至多边能源合作的发展都是有前景的。

5. 俄罗斯能源战略中关于建立能源储备基地的思路和政策；关于完善国内能源市场、建立国家对能源市场的规范和监督机制的做法；关于向节能经济模式的转变；关于改善能源企业作业区生态环境，履行国际职责的措施；关于计算和解决经济发展，以及能源需求比例的做法，都值得我们研究和借鉴。

中国能源安全篇

中国能源安全的核心是石油供应安全。在当前条件下，应确立起中国石油安全战略的核心思想：保内争外。从国外获取石油资源，开展能源合作，关键是要以正确的态度和决策融入国际社会，遵守游戏规则，直面国际博弈。中国的石油企业要以科学发展观作统领，争取最佳业绩，为中国的经济建设作贡献。

引　言

2003年5月26日，温家宝总理主持会议听取中国工程院课题研究组汇报时指出：石油、天然气是重要的战略资源，关系国民经济和社会发展，关系到国家安全……

已在北京正式启动的中国可持续发展油气战略研究的重点是：资源和供需状况、国内油气资源开发、油气资源进口和参与国际油气资源开发、石油安全和储备、石化工业发展、油气资源节约和替代、油气资源发展的有关政策措施……

近10多年来，中国经济的飞速发展带动能源需求持续增长。目前中国从沙特、伊朗、阿曼等中东产油国的石油进口越来越多。随着中国石油进口的不断增大，超过日本，成为仅次于美国的石油进口大国已为期不远，届时中国能源需求的60%将依赖进口。美国能源信息署（EIA）的报告认为，在能源供应中断或者被政治因素操纵之下，中国将特别脆弱……不管中国如何试图使能源供应多样化，除了继续在很大程度上依赖中东油气外，中国没有其他选择。

当前中国正处于工业化过程中，社会经济发展对能源的依赖要比发达国家大得多。2001年中国能源费用支出达1.25万亿元人民币，占GDP的13%。按照目前的能源消耗方式预测，在2020年中国需要一次能源32亿吨标准煤以上，能源消费比2000年增长2.5倍多。如果不强化可持续发展的能源政策，在不久的将来，能源的开采、转换和利用对环境、公众身体健康、全球气候变化、经济发展、国家能源安全等都会产生巨大的影响。因此，能效提高和可再生能源开发应是中国可持续能源发展的重中之重。

世界大国的石油战略一般都从属于各自的能源战略，是各国能源战略的重要组成部分，同时也是各国赖以实现可持续发展的关键。2001年3月6日，前总理朱镕基在九届全国人大四次会议上，首次正式提出要实施国家石油战略。

2006年7月中旬，八国集团同中国、印度、巴西、南非、墨西哥、刚果六个发展中国家领导人在圣彼得堡举行对话会议。7月17日，国家主席胡锦涛发表书面讲话，全面阐述了全球能源安全问题。

第一章

油气产业发展现状

第一节　油气发展简述

《中国石油工业“十五”发展规划》对20世纪我国改革开放以后的油气工业发展的总结是：

1978年中国石油产量突破1亿吨大关，从此跨入了世界产油大国的行列。随后，由于国民经济的快速增长和对环境保护要求的提高，对石油天然气的需求逐步加大，中国从1993年起成为石油净进口国，天然气供求矛盾逐渐突出。至20世纪末，全国25个省、市、自治区和近海海域发现了688个油气田，形成了六大油气区，建成了大庆、胜利、辽河、新疆、四川、长庆、渤海和南海等24个油气生产基地。全国原油产量从1949年的12.1万吨增至2000年的1.6亿吨，列世界第5位；2000年天然气产量277亿立方米，列世界第15位。截止到1999年底，建成长距离输油管线1.13万千米、输气管线1.18万千米，基本形成了东北、华北、华东地区的输油管网和华北、川渝地区的输气管网。全行业形成了油气勘探、开发、设计、施工、科研和技术服务配套的工业体系。

石油工业的发展促进了中国能源结构的改善。中国石油消费量从1949年占全国能源消费总量的3.8%上升到1998年的19.8%；天然气消费量从1953年占全国能源消费总量的0.02%上升到1998年的2.1%。北京、天津、重庆、成都等大中城市把天然气作为清洁燃料用于工业和居民生活，并已开始使用天然气汽车，在一定程度上遏制了大气环境的恶化。由于工业结构的调整力度进一步加大和国家对环保要求的不断提高，1999年国内煤炭比1998年减产16.4%，使油气在整个能源消费结构中所占比例明显提高。……在油气开采行业，形成了1860亿元的固定资产，年销售收入1876亿元，实现利润总额290亿元，占全国国有及国有控股企业利润的30%，成为国民经济中的重要基础产业。

进入21世纪后，我国的油气产业虽然得到了进一步的大发展，但由于我国经济建设的迅速腾飞，实在难以满足社会发展的需要，油气产量与社会需求之间的缺口越来越大，油气供应形势十分严峻。

一、石油储量和原油产量

（一）石油资源稳定增长，但跟不上我国经济的发展速度

20世纪末，中国石油地质资源量为940亿吨，最终石油可采资源量为140亿吨左右。累计探明石油地质储量205.6亿吨，可采储量为59.3亿吨，石油可采资源探明率为42.4%，剩余可采资源量为80.7亿吨。当时业内人士普遍认为：中国石油地质资源仍有较大勘探潜力，已进入稳定增长期，前景颇令人乐观。

最新资料统计表明：中国目前的石油总资源量为1130亿吨，天然气总资源量为53万亿立方米；石油可采资源量有135亿吨，天然气可采资源量有8.83万亿立方米；煤层气初步预测为31.46万亿立方米，中国天然气水合物资源量约45万亿立方米；现共有含油气盆地500多个，进行资源评价的盆地有150个。

另据美国《油气杂志》公布的资料、2002—2005年中国的探明剩

余石油储量均为25亿吨，同期我国的石油产量分别是1.7029亿吨、1.7075亿吨、[①] 1.747亿吨、[②] 1.8175亿吨，增速较快。若无新发现的石油储量作补充，我国石油业面临的窘境显而易见。

中国油气资源存在的问题是：一是潜力大，但探明率较低，石油为24%、天然气为7%；二是同中东产油国相比，资源质量相对较差、难开采资源的比例也较大；三是储采比低，勘探找到的可采储量不能弥补当年产油消耗的储量，处于入不敷出的状态。但成就也是显著的，据不完全统计：新中国建立后共发现油田531个、气田185个、煤层气田4个，全国原油产量列世界第5位，天然气产量列世界第14位；海洋油气资源勘探发展迅速，发现油气田51个，投入开发建设的24个。此外，中国的石油天然气勘探开发理论和技术走出了新路，不少领域处于国际领先；实施“走出去”战略效益日增，已取得大量的份额油；三大石油集团实行战略重组后，进入了国际资本市场，影响越来越大。这些巨大成就带动了相关产业和地方经济的发展，壮大了国家经济实力，为国民经济发展和社会长期稳定作出了重大贡献。

（二）原油产量

中国是世界第五大石油生产国，1996年原油产量突破1.5亿吨，2000年增至1.62亿吨，2002年突破1.7亿吨，此后攀升加速，到2005年增至1.8175亿吨，连续多年超额完成“十五”计划制定的发展目标。

（三）石油消费与进口

国土资源部资料显示，近10多年来，中国原油消费量以年均5.77%的速度增加，国内石油消费仅次于美国、日本居世界第三位，而

① 梁刚：“2003年和2002年世界石油储量和产量（数据表）”，《国际石油经济》2004年第1期。

② 梁刚：“2004年世界石油储量和产量（数据表）”，《国际石油经济》2005年第1期。

同期国内原油供应增长速度仅为1.67%。2001年中国的石油消费超过2亿吨。据中国海关的统计数字：2002年中国原油进口达6941万吨，同比增长15%。中国进口原油额同比上升9.4%，达到127.57亿元，成品油进口数量则同比减少4.9%，为2034万吨。成品油虽进口数量减少，但进口金额却同比增加1.4%，达到37.99亿元。中国快速增长的经济所形成的巨大能源需求是原油进口持续增长的主要动力，原油进口约占国内原油需求的28%。

2003年中国消费石油2.67亿吨，进口石油9700万吨；2004年中国消费石油2.9亿吨，进口原油约1.23亿吨，对外依存度从2003年的36%增至42.4%。如果算上成品油进口，总进口量约为1.5亿吨，对外依存度已超过50%。2005年中国的石油进口继续增长，达1.3亿吨，增幅约达5.7%。中国的石油需求若以上述5.77%的增速计算，到2010年为4.06亿吨，2015年为5.375亿吨，2020年为7.115亿吨。国内的原油产量若保持1.67%的增速，那到2010年为1.93亿吨，2015年为2.24亿吨，2020年为2.28亿吨。石油供求缺口分别为2.13亿吨、3.135亿吨、4.835亿吨。国内的石油资源和产能明显不能满足这一日益扩大的供需缺口，导致对外依存度越来越高。

二、天然气储量和产量

全国天然气地质资源总量为38万亿立方米，天然气剩余可采资源量约15.5万亿立方米。至21世纪初，累计探明天然气地质储量2.3万亿立方米，探明可采储量1.48万亿立方米，可采资源探明程度仅为9.55%。中国天然气勘探仍处于勘探初期阶段。

中国煤层气资源比较丰富，初步预测陆上埋深2000米以浅的煤层气地质资源量为30万亿—35万亿立方米。但是，煤层气勘探仍处于起步阶段。

世界主要油气生产国石油天然气储产量大幅度增长的历程表明：一般天然气储产量大幅度增长期滞后于石油30—40年。中国同样如此，天然气从1990年开始进入储量增长高峰期，比石油滞后30年。

"八五"期间新增天然气储量为7005亿立方米，"九五"期间新增储量超过10000亿立方米，21世纪初继续保持10%这一快速增长势头。

2000年中国的天然气产量达277亿立方米，2002年达328.14亿立方米，2003年达339.81亿立方米，2004年达407.64亿立方米，2005年达504.92亿立方米（与2004年相比增长23.86%）。

三、对外合作

自20世纪80年代起，中国采取多种灵活的合作合资方式引进国外资金、先进技术和管理经验，加快了国内油气资源勘查速度，提高了油气田开发水平；90年代开始到国外合资合作勘探开发油气资源，不断扩大中国在国外的资源份额。

1982—2000年，中国海洋石油总公司先后同18个国家的70家油公司签订了140个石油合同，在中国海域进行勘探和开发，直接利用外资64.5亿美元，合作钻探发现了19个油气田和62个含油气构造，探明石油地质储量8.7亿吨，天然气地质储量1302亿立方米。陆上石油对外开放167个区块，签订合同52个，引进外资11亿美元。煤层气项目签订了7个产品分成合同，引进外资近亿美元，从而促进了中国煤层气勘查评价技术的提高，加快了勘查步伐。上述项目总计引进外资70多亿美元。

近年来，中国加强与世界石油生产国和消费国政府、国际能源组织和跨国石油公司间的交流与合作，境外油气勘探开发取得了明显成效。海外勘探开发在苏丹、马六甲、南美、墨西哥湾和中亚等地区取得控股、参股和独立勘探开发权益，控制海外份额油剩余可采储量超过4亿吨，建成原油生产能力1300万吨，天然气生产能力8亿立方米。

国内三大石油公司在参与境外油气勘探开发的同时，境外技术服务范围不断扩大，积极开拓物探、钻井、测井、录井和管道建设等工程技术服务市场，带动了技术、装备和材料的出口及劳务输出。20

世纪 90 年代，中国的石化产业得到迅速发展，从而成为世界上最大的石化产品进口国之一。因此，一些世界各大跨国公司如 BP、埃克森莫比尔、壳牌公司、巴斯夫公司等，都自然而然地把投资目标转向了中国市场。

BP 公司在中国的业务始于 20 世纪 70 年代初，主要包括炼油与销售、勘探与生产、化工、天然气和可再生能源。BP 在华的主要上游业务有：天然气业务，每天有 5000 万立方英尺的天然气通过 50 公里的海线输送到海南岛。2002 年 8 月份，中国选定澳大利亚西北路架集团每年供应 300 万吨的液化气，BP 是该公司的股东，占有 30％的股权。2002 年 9 月份签订了为期 25 年的天然气供销合同，要求在 2002 年起，天然气的供应量达到 220 万吨。在聚乙烯、聚丙烯等生产方面，BP 就生产工艺进行了转让，签订技术转让协议 26 个。一家作为目前中国国内最大的醋酸生产企业，于 1995 年在重庆成立，并于 1998 年 12 月投产。2001 年 11 月，与中石化上海化工合作，成立了年生产能力 20 万吨的乙烯公司。此外 BP 跟中石化还达成协议，建立加油站。BP 润滑油于 1997 年进入中国润滑油市场，建立了年生产达到 60 万吨的生产基地。BP 还是唯一一家参与中国航空油料供应的跨国公司，在深圳机场的承运合资企业拥有 35％的股份。

BP 业务大多以合资形式出现，或使用双资品牌，或者利用自己的品牌同中海油、中石化、中石油三大石油公司以及其他地方企业建立了长期的合作伙伴关系。据不完全统计，BP 在华累计投资总额 45 亿美元。其中包括：购买了中国石化 4 亿美元股票和中海油 2 亿美元股票；参与南海流花 11—1、崖城 13—1 油气田管理生产；在广东 LNG 项目中占有 30％权益；与川维合资的扬子江乙酰公司150 kt/a 醋酸装置将扩增至 350 kt/a，并建 80 kt/a 醋酸酯装置；合资兴建赛科 900 kt/a 乙烯联合装置，并拟建 500 kt/a 苯乙烯、300 kt/a PS 装置；珠海 350 kt/a PTA 装置即将开工；在广东已建立 LPG 合资公司和营销网络；在华已有 36 座加油站和多家天然气公司，在浙江将合资兴建 500 座加油站。

埃克森莫比尔公司购买了中石化发行股票的 20％（10 亿美元）；与

福建炼化合资经营8000kt/a炼油厂、600kt/a乙烯联合装置；拟与广石化合资，使7500kt/a炼油能力翻番，并建1000kt/a乙烯装置；与中石化在广东合资500座加油站。

壳牌公司购买了中石化发行股票的14％（4.3亿美元）和中海油发行股票的20％（3亿美元）。在华投资已达17亿美元，拥有20家企业和40座加油站。运作中国第二大气田克拉－2和其他4个气田，持股45％。参与塔里木、鄂尔多斯油气勘探开发。在华参与的项目有：在460亿元（56亿美元）西气东输管道项目中持股45％；至2005年，在华投资总额将达50亿美元；与中石化在合资500座加油站；参与南海800kt/a乙烯联合装置建设；用壳牌煤炭气化技术改造洞庭化肥厂；西气东输江苏段项目。

巴斯夫公司在华有6家生产企业（一家全资、其余合资）。它在中国的产品销量超过10亿美元，其中38％的产品产于当地。南京扬巴合资企业生产180 kt/a PS，它参与扬巴一体化600 kt/a乙烯联合装置建设；另外它还参与上海化工区160 kt/a MDI和130 kt/a TDI合资企业建设，并在上海化工区建设世界最大的60 kt/a聚四氢呋喃和80 kt/a四氢呋喃一体化装置。

道达尔菲纳埃尔夫以及所属阿托菲纳公司投资兴建了西太平洋炼油厂，在北京、上海、昆明、常熟有4家合资企业。在南海800 kt/a乙烯项目中，参建30万吨/年PS。

陶氏化学公司在张家港生产120 kt/a PS。谢夫隆德士古公司参与渤海辽东湾02/31区块油田开发生产，并在张家港生产130 kt/a PS。拜尔公司在华投资31亿美元，开办了12家独资、合资企业，在上海化工区合资建设100 kt/a PC装置。杜邦公司在华投资5亿美元，开办19家独资、合资企业。

四、企业改制，打造三大石油公司

1998年中国油气产业进行战略性重组和结构调整，按照上下游、内外贸和产销一体化的原则，分别组建了中国石油天然气（中石油）、中国石油化工（中石化）两大集团公司。[①] 在世界50家大石油公司中，按油气储量、油气产量、石油炼制能力、油品销售量等六项综合指标，中石油名列第11位，中国石油化工集团公司名列第20位，两大集团均具有较强的规模优势和上下游一体化优势。重组改制实现了政企分离，打破了行业垄断，引入了竞争机制，特别是各省市石油公司分别划入两大集团后，不仅增强了两大集团公司实力，加强了产销一体化优势，而且通过上下游生产自行调节，降低了市场的价格风险，增强了抵御市场波动和参与市场竞争的能力，为石油石化工业的持续发展奠定了基础。中海油为中国第三大石油公司，自成立以来一直保持了良好的发展态势，后通过改制重组、资本运营、海外并购、上下游一体化等战略的成功实施，企业实现了跨越式发展，综合竞争实力不断增强，逐渐树立起精干高效的国际石油公司形象。

中石油、中国石化两大集团公司通过重组改制，先后创立了股份公司，不仅进一步突出了主业，而且拓宽了国际融资渠道，开始按国际油气公司经营模式运作，国际竞争力明显增强。中国油气业拥有勘探、开发、管道输送等研究机构，技术力量雄厚。重组改制后实行产研一体化，科研管理体制进一步理顺，创新机制进一步完善，广大科研人员以面向生产、贴近生产为科研指导思想，促进了科研成果的转化。

第二节 油气供求变化

2002—2005年中国的石油探明剩余储量均为25亿吨，世界排名在第12位前后徘徊。中国的石油资源在地域分布上共三大块：西部、东部和海域，资源比例分别为27.5%、39.1%和26.1%。2004年估算产量17.47亿吨，世界排名第5位。

① 在2006年财富全球五百强中，中石化排名第23位，中石油排名第39位，中国国家电力排名第32位。

2002—2004 年中国的天然气探明剩余储量均为 15100.4 亿立方米，2004 年估算产量约为 407.64 亿立方米。

表 1—1　　2002—2005 年中国油气储产量一览表①

	探明剩余储量				估算产量				单位
	2002 年	2003 年	2004 年	2005 年	2002 年	2003 年	2004 年	2005 年	
石油	25.00	25.00	25.00	25.00	1.7029	1.7075	1.7470.0	1.8175	亿吨
世界总量	1661.48	1733.99	1750.28	1770.62	32.7131.5	34.0434	35.4967	35.8969	
天然气	15100.4	15100.4	15100.4	15100.4	328.14	339.8	407.64	504.92	亿立方米
世界总量	1557838.23	1720680.81	1710405.69	1730775.82	24981.15	26382.84	26719.18	27825.67	

关于中国的石油储产量目前国内主要有两种不同的观点。一种观点认为：限于国内油气资源条件，现在要大幅度增产石油是困难的。中国的石油资源总的来说还是比较缺乏的，特别是中国石油资源赋存条件差，约有 35.8％的陆上石油资源分布在较恶劣的环境中，56％埋深在 2000—3500 米，西部石油资源的埋深甚至大多在 3500 米以上。资源量中非常规石油所占比例较大，占陆上资源量的 16.4％，占海上资源量的 33.3％。在探明剩余可采储量中，低渗或特低渗油、重油、稠油和埋深大于 3500 米的占 50％以上。至于待探明的可采资源，则大都是难动用的资源。资源赋存条件决定了我国石油资源增储难度大，勘探成本高，从而对勘探理论、方法及技术要求较高。其次，中国的石油资源开采强度大，后备资源不足。目前中国陆上大多数主力油田如大庆、胜利、大港、华北油田②等都已进入中后期开发阶段，处于高含水、高采

① 请参阅能源形势篇第一章相关数据表。

② 请参阅本章附录。

出阶段，含水率高达85%以上，平均采出程度超过67%。东部产量逐年递减，近10年来已累积减产1000万吨以上，今后减产幅度将会更大，“稳定东部”变得越来越困难。“发展西部”已10年有余，但西部后备资源明显不足，未能形成产区的战略接替。而海上原油产量及所占比重虽然在逐年增加，但是从总体上看所占份额仍比较低。总的来说，近年来，我国新建的原油生产能力难以弥补老油田的产量递减，处于“入不敷出”的状态。老油田挖潜成为原油产量的重要组成部分，原油稳产难度加大。

另一种观点认为：根据国土资源部2003年公布的调查结果，我国总体上是一个油气资源比较丰富的国家，估计石油总资源量有1100亿吨，其中石油可采资源量135亿吨。而目前陆上石油的平均探明程度越为28%，远低于世界平均水平。我国天然气总资源量近53万亿立方米，其中可采资源量为8.83万亿立方米，平均探明程度只有6%左右，远低于世界天然气的探明率。我国中西部地区以及近海油气资源的勘探开发尚处于初期。[①] 因此，不应太悲观，中国的油气资源还是相当丰富的，而且随着科技的进步，勘探、开采石油的技术都在进步，石油增产是有一定希望的。

2006年底，中国石油网一则题为《青藏高原发现石油 石油储量相当于两个大庆》的报道不胫而走，引起了人们的广泛关注。该报道说：成都地质矿产研究所科研工作队用7年时间，在青藏高原羌塘盆地考察确定，该地区的原油气储量高达100亿吨，相当于两个大庆油田。有专家称：这些资源若被开发利用，我国的经济发展50年内无石油供应安全之虞。数年后，青藏高原腹地的羌塘盆地将成为国内的又一石油基地。[②] 对于这一消息，报道中提到的成都地质矿产研究所研究员尹福光博士在接受新华社记者采访时明确表示：青藏高原的石油发现需要理性

---

① 贾康：《WTO与中国经济安全管理干部读本》，中国社会科学出版社，2002年版，第44—48页。

② 缪琴：“青藏高原发现石油 石油储备量相当于两个大庆”，中国金融网，2005年12月22日。

看待。青藏高原开发石油资源并非易事，目前还仅仅是在有油气潜力的构造带预测出羌塘盆地存在100亿吨的远景资源量，这与石油储量的概念不同。资源发现并不等于有效开采，今后羌塘盆地能否出油，还需要进一步勘探实验。青藏高原羌塘盆地平均海拔4500米，高寒缺氧，在这样的自然条件下进行石油勘探和开发，存在许多技术难题，并且成本高昂。这一西部荒原要成为中国的石油基地，还需要走很长的路。

中国自1993年成为石油净进口国起，石油消费逐年攀高，而石油生产却没有什么变化，仍在原位徘徊。于是，供需缺口逐年拉大，进口依赖度也开始逐步提高。2004年，中国原油进口总量达1.22亿吨。中国国内的石油生产潜力有限，石油资源的战略接替存在难度，东部油田已进入中晚期，出油率日益降低，自然递减严重，难度增加，成本上升。虽然中外地质学家认为中国的海洋石油资源丰富，但迄今为止还没有发现足以改变中国石油供应形势的大型油田。青藏高原羌塘盆地发现近百亿吨石油储量的消息，虽然鼓舞人心，但尚需进一步的勘探、分析和研究，即使该资源最终得到完全证实，但到真正实现开发利用，仍有许多难题需要解决。自1982年以来，我国累计投资62.5亿美元，仅获得40亿吨石油储量，其中近期可供开采的还不到50%。西部开发虽已启动，但投资大、技术复杂、建设周期长（形成规模至少需要10年时间），即使发现了大油田，恐怕一时也难以解燃眉之急。此外，中国在开采、加工、转换、储运和终端利用等过程中存在着较严重的浪费现象，这无疑是雪上加霜，增加了石油供需的不足，强化了对外石油的依赖度。

中国国内的油气形势不容乐观，而外部环境又不稳定，且竞争激烈。据美国《油气杂志》统计：截至2003年底，全球的石油探明剩余储量为1750.28亿吨，以当年的石油产量计算，还可开采49年。美国能源信息署预测，到2020年世界石油产量将达到58.55亿吨/年，世界石油需求以每年2.2%的速度增长，到2020年将达到58.7亿吨/年，两者基本持平。

但是，世界石油储量的估计存在着政治化倾向，含有较多水分。1988—1989年，欧佩克的6个成员国（委内瑞拉、伊朗、伊拉克、阿联酋、沙特和科威特），石油储量突然大幅增长，增加了2870亿桶，几乎与1987—1990年全球石油探明储量增长的总和相等，令人难以置信。一般而言，一个国家的石油储量越高，其石油出口配额亦会相应提高，石油收入自然也会随之增加。因此，1997年有59个国家声称，它们的石油储量与1996年相比没有什么变化。由于石油储量是一个变量，既会随着油田的老化和耗竭而自然减少，也会随着新油田的发现而增加，因此年复一年、几乎不变的石油储量是不可靠的。目前，中国的石油缺口主要依靠进口来填补。在世界石油供过于求或供需基本平衡时，在和平与发展的世界潮流下，进口油气会有较好保证，关键是要能以合理的价格稳定地获取世界共享油气资源。

在石油需求方面，1999—2000年，中国石油产量约为1.6亿吨—1.7亿吨，而需求量则为1.9亿吨—2亿吨，自给率为80%。与此同时，缺口量不断上升，至2000年，进口量达0.7亿吨。在20世纪中国还是仅次于美国、日本、俄罗斯的世界第四大石油消费国。到2003年便一越超过日本，成为世界第二大石油消费国，发展速度之快举世震惊。中国的油气供求关系因此出现了以下一些变化：

（一）原油方面

2003年中国一举超过日本成为世界第二大石油消费国，石油消费增长强劲。2004年，全年能源消费总量19.7亿吨标准煤，同比增长15.2%，其中：原油2.9亿吨，同比增长16.8%；天然气415亿立方米，同比增长18.5%。在石油消费迅速增长的同时，中国原油的对外依存度也逐年加大，已从2003年的36%上升到2004年的42%，给我国经济的安全运行增添了新的压力。这是中国宏观经济环境进一步改善，经济持续快速增长的必然结果。经济增长带动石油消费增长，而石油产量的增长总是滞后于石油消费的增长，其中的缺口主要通过进口原油来解决。

（二）成品油

中国成品油的主要生产商是中石化和中石油，占中国原油加工总能力的90%以上。这两个集团公司生产的汽油、煤油、柴油产量约占中国这三类成品油产量的94%。由于国内炼厂中催化裂化的生产能力较大，约占一次加工能力的30%以上。虽然经过不断的结构调整，加氢精制的生产能力有较明显的提高，但总体上催化重整和加氢精制的能力仍较偏低，从而使成品油生产的结构仍不够合理，而且汽油和柴油的质量也较国外同类产品差。

汽油主要用于各类汽油车和摩托车。近年来，由于汽油车和摩托车的销量和保有量迅速增长，使汽油的消费量已连续三年呈上升趋势。2004年，中国车用燃油消耗从2003年的7000万吨增加到了8120万吨，约合5.94亿桶，占当年中国石油消耗总量的1/3。由于中国汽车普及率远低于世界水平，汽车用油的比重也低于国外水平。2004年中国车用燃油消耗掉中国汽油总资源的85%、柴油总资源的20%。受国际油价猛烈上涨的巨大冲击，大量依赖进口的国内成品油价格连续上升已不可避免。

煤油主要用于民航用油，约占煤油总消费量的63%左右。由于民航用油的拉动，使煤油的消费量呈上升趋势。2003年，煤油进口量减少，出口量增加，其中民航用煤油消费量约在550万吨左右，比2002年略有增加，但工业用煤油有所下降，估计在224万吨左右。2004年民航用煤油和工业用煤油都有较大增长，表观消费量达到1044.51万吨，比2003年增长21.78%。

柴油的主要消费领域有柴油车和农用车、铁路和水运、农业用、渔业用、电力、其他工业用途以及民用消费等。其中柴油车、农用车、铁路和水运消费柴油约占柴油总消费量的51%，农业用柴油约占柴油总消费量的33%（包括农田运输用油约占8%）。2004年柴油消费量迅速增长，主要是南方一些省份如广东由于电煤短缺，大量使用柴油发电所致。

我国燃料油消费主要集中在电力、运输、化工、建材以及钢铁等领域，占总消费量的95%左右。近年来，国内化工、建材、钢铁等领域的快速发展，造成燃料油需求增加。据预测：今后国内发电领域燃料油需求将有所下降，但占我国燃料油需求近1/4的交通运输领域燃料油需求会因水上运输业的发展而有所增长。总的来看，“十一五”期间我国的燃料油需求有可能呈缓慢下降态势。

（三）液化石油气

中国液化气的主要消费是民用，其中城镇消费量约占53%，农村消费量约占8%左右，工业部门液化石油气的用量约占液化气总消费量的17%，商业、交通及其他的消费量占总消费量的22%左右。液化石油气消费经历了20世纪90年代前期的高速增长后，国内市场现已走向成熟，增长速度趋稳。2002年曾出现反弹，消费量增加到1760万吨，同比增长13.4%。2003年，由于华北地区液化气需求增加，使液化气的表观消费量出现新的增长，消费量约达1931万吨。2004年突破2000万吨，达2108万吨，同比增长9.12%。

（四）石油沥青

石油沥青主要用于道路建设，其用量约占石油沥青总消费量的90%以上。2003年石油沥青的消费量与1998年相比，增长1.25倍，年均增长率达到18.6%；2004年表观消费量增至1144.88万吨，在石油沥青中重交沥青的比例上升，这表明高速公路及高质量公路所用沥青的量正在增加。

（五）国内石油市场

“9·11”事件以后，由于石油消费市场的迅速膨胀和石油供应的过度垄断，国际油价动荡以及石油相关产品的价格上扬，给中国的交通运输、冶金、渔业、轻工、制造业等产业带来了一定的影响。

在中国，石油业的改革历经多次，其中1998年的石油工业重大改制以及随后的重组上市，加快了中国石油产业市场化、国际化的步伐，形成了中石化、中国油和中海油“三足鼎立”的发展格局。竞争机制的引进，使一个相对开放的市场得以建成并发展，现在绝大多数石油产品的价格都已放开，所有用油企业的营销也已自主，但在更深的层次上，仍处于“地域垄断”之中，国有石油巨头牢牢地掌管着中国原油、成品油的供应，原油、成品油定价机制还未与国际接轨。市场主体严重缺乏，加之难以预测的供求关系，使中国石油用户既不能有效预见石油市场的不安全隐患，也不能在危机面前采取有效的经济和市场手段化解危机。中国石油市场体系和机制的严重不完善，在一定时期内影响了自身的发育与发展。

从总体看，近几年中国国内原油市场呈现出供不应求的态势，对国外石油的依存度不断增加；天然气产量的较快增长有利于优化中国能源结构，但中国天然气在一次能源消费结构中小于3%，远低于23.8%的目前世界平均水平，需求潜力较大。

从需求的行业结构来看，石化行业关联度最大，是油气行业的直接下游产业。近几年，中国石化行业的投资热点大都集中在原油、天然气加工和有机化工原料、合成材料生产等方面。交通运输业对石油的需求近年来急剧增长。2004年中国的车用燃油消耗从2003年的7000万吨增加到了8120万吨，约合5.94亿桶，占2004年中国石油消耗总量的1/3。从长期看，不仅车用燃油消耗有较大的上升空间，电力生产也是能源消费大户。目前我国电力生产主要依靠煤炭，但煤电能源消耗高，环境污染严重，因此油气行业特别是天然气对于电力的重要性必然会日益凸显。2004年中国电力供求失衡，导致全国24个省级电网拉闸限电，高峰期间用电缺口达3000万千瓦，从而为天然气发电提供了市场前景。中海油集团公司在进入新世纪之初，加快了中下游发展的步伐，依托丰富的海上天然气资源和进口液化天然气（LNG）资源，大力发展天然气发电，为其他企业树立了样板。

从季节看，夏季和冬季是用油高峰季节，工业用油和生活用油都会加大。因此，随着国际油价的不断上涨，2005年和2006年国内油价持续走高，是必然的。

第三节 中国油气发展面临的若干问题

中国既是一个油气生产大国，也是一个能源消费大国。包括油气在内的能源生产总量仅次于美国和俄罗斯，居世界第三位；基本能源消费占世界总消费量的1/10，仅次于美国，居世界第二位。长期以来，能源问题一直是中国国民经济和社会发展中的热点和难点问题。中国政府对能源一直予以高度重视。2001年3月15日，在九届人大四次会议上通过的《中华人民共和国国民经济和社会发展第十个五年计划纲要》，提出了“发挥资源优势，优化能源结构，提高利用效率，加强环境保护”的能源建设方针。这也是中国“十五”期间推进经济和社会发展的一项基本方略。

能源安全最重要的标志是能源的供给能满足国民经济和社会发展的需要。在过去的20多年里，中国经济年均增长9.7％，而能源消费的增长率仅为4.6％。据估计，中国煤炭剩余可采储量为900亿吨，可供开采不足百年；石油剩余可采储量为25亿吨，约可供开采14年（以上两项均忽略每年可能新增的探明可采储量）；天然气剩余可采储量为1.51万亿立方米，可供开采年限较长。中国能源安全的一个制约性因素是人口众多、消费量大，导致能源资源相对匮乏。中国人口约占世界总人口的21％，已探明的煤炭储量占世界储量的11％，原油占2.4％，天然气仅占1.2％，人均煤炭资源为世界平均值的42.5％，人均石油资源为世界平均值的17.1％，人均天然气资源为世界平均值的13.2％，人均能源资源占有量还不到世界平均水平的一半。

随着中国经济发展对能源需求量的增加，中国的能源需求与供给必然产生缺口。改革开放以来中国经济的发展速度很快，但能源消耗也很惊人。1980年以来，中国的能源总消耗量每年增长约5％，是世界平均增长率的近3倍。中国的能源资源（尤其是石油资源）与未来几十年的发展需求之间，供需缺口越来越大，伴随而来的是石油进口依存度的逐步扩大，这是未来中国石油供应安全的最主要问题。在石油需求上，中国今后新增的石油需求量几乎要全部依靠进口。到2020年，中国的石油进口量将超过4亿吨（接近5亿吨），① 成为仅次于美国的世界能源进口大国。由于中国对进口油气的依赖度越来越大，中国石油发展的安全问题因此凸显。

---

① 根据供需缺口推算。请参阅本书第604页。

石油供应安全不是一个简单的经济问题，它是国家安全的基础之一，是影响国家可持续发展及和平稳定的战略性问题。“十五”期间中国的的油气发展既面临挑战，也存在机遇。从技术层面看，中国石油发展中的不安全因素主要有以下三点：

（一）资源问题

石油、天然气是重要的能源矿产和战略性资源，是一个国家经济和社会发展的重要因素之一。迄今为止，中国已在25个省（市、区）和近海海域开展了勘探工作，对150多个盆地进行了资源评价，累计探明石油地质储量214.14亿吨，其中：海上探明石油地质储量27.59亿吨，全国剩余石油可采储量24.95亿吨，位列世界第10位；累计探明天然气地质储量3.62万亿立方米，其中海上探明天然气地质储量6556亿立方米，全国剩余天然气可采储量1.51万亿立方米，位列世界第20位。在23个油气盆地，形成了大庆、胜利、辽河、新疆、四川、长庆、渤海等七大油气区，建成了24个油气生产基地。

在中国的一次能源消费结构中，原油占23.6%，天然气占2%—3%，原油人均年消费量1.3桶，天然气人均年消费量18立方米，远低于世界人均水平。近10年来，国民经济年均增长9.7%，原油消费量年均增长5.77%，而同期国内原油供应的增长速度仅为1.67%。1993年中国成为石油净进口国，2000年进口石油7020万吨，2004年进口石油1.22亿吨，约占总消费量2.9亿吨的42%；2005年增至1.3亿吨，在总消费量中所占的比例同上年基本相当，但绝对值明显增加。石油供求矛盾显而易见。

近30年来，全球的油气勘探已由过去的“规模取胜”、“成本取胜”发展到“技术取胜”。随着油气资源探明程度和发现难度的增加，油气勘探领域已转向深层、沙漠、海洋和极地，油气储藏类型也日趋隐蔽、规模变小，对资源评价和剩余资源的预测提出了新的挑战。1984年、1994年中国曾先后开展了两次全国性的资源评价，为国内油气发展战略的制定和油气勘探部署作出了重要贡献。2000年起，中国油气资源评价，在思路、方法、标准上有了较大变化，将过去单一的资源量计算结果变成远景资源量、可探明的地质资源量和可采资源量。根据这一标准，中国石油探区剩余油气地质资源量分别为石油224.8亿吨，天然气15.5万亿立方米，主要集中于岩性地层油气藏、前陆盆地、海相碳酸盐岩和老区扩展四大领域，分别占剩余地质资源的74%和93%。[①] 至于剩余可采储量，则保持在25亿吨左右，占世界剩余可采储量的1.43%；天然气剩余可采资源量约为1.51万亿立方米，占世界可采资源量173.0776万亿立方米的0.87%；2005年估算石油产量1.8175亿吨，同比增长4.3%；2005年估算天然气产量504.92亿立方米，同比增长23.86%。（详情参阅本章第二节）

目前，中国的陆上大多数主力油田如东部的老油田已进入中后期开发阶段（即高采出程度、高含水率的双高开采阶段），挖潜效果差，采油成本上升，难以稳产增产。海洋油气资源的勘探开发虽有较大进展，但产量仍较低，因此中国石油资源的长期短缺已成定局。2004年，全国剩余可采储量的储采比为14.8∶1，已开发油区储采比仅10.9∶1。根据国内外油田开发规律，在这样的储采比配置下，稳产处于临界状态，增产难度较大。

另外，在剩余石油可采储量中，低渗或特低渗油、重油、稠油和埋深大于3500米的占50%以上；待探明的可采资源量大都是难动用资源，埋深更大，质量更差，边际性更强。即使勘探程度得到不断提高，新发现油田规模总体还是趋向变小，而新增探明储量中的低渗透与稠油储量所占比例却逐年加大，储量品质变差，新增及剩余储量可动用性较差。

（二）天然气的勘探开发滞后，市场开发难度大

天然气基础设施落后，输气管线未形成网络，中游设施建设与下游市场建设不同步，下游市场的资金筹措难度大。天然气发电、化工和化肥的基础设施配套程度低，致使工业用气市场难以放大，民用气市场培育矛盾复杂，制约因素多，商品率较低，价格偏高导致市场竞争力低

---

① 《光明日报》，2003年12月10日。

下。这些情况极大地限制了中国的天然气勘探开发和天然气产业的发展，致使中国油气产量比仅为 1∶0.12，而世界平均为 1∶0.7。2004 年，国内形成了川渝、鄂尔多斯、塔里木、青海、莺—琼等五大气区，问题是天然气储量丰度较国外明显偏低，已探明气田规模偏小，空间分布位处偏远，管网建设滞后，市场不发育，缺乏必要的产业政策扶持。这些情况制约了天然气的开发利用，使得天然气产量增长速度很慢，在一次能源的生产和消费结构中比例很低，短期内难以形成对石油的有效替代。

中国共计有天然气生产企业 60 多家。其中：产量在 1 亿立方米以上的企业有 28 家，在 5 亿立方米以上的企业有 15 家，在 10 亿立方米以上的企业有 9 家，超过 30 亿立方米的企业有 3 家。中国石油西南油气田分公司是我国天然气产量最大的生产企业，天然气产量占全国天然气总产量的 1/4 以上。

国内市场天然气需求将随着国内经济的快速增长不断攀升，2003 年工业产值增长约 8.5%。目前世界人均消费天然气 403 立方米/年，而我国仅为 25 立方米/年。我国天然气主要用于化工、油气田开采和发电等领域，在天然气消费中所占比例为 87%以上。居民用气在天然气消费结构中所占比例不到 11%。

天然气在中国一次能源消费结构中所占比例，现在仍低于 24%的世界平均水平和 8.8%的亚洲平均水平。这从侧面表明：国内天然气市场的发展潜力较大，天然气发电和工业用气以及城市燃气等消费需求有望得到快速增长。

2004 年中国天然气需求量为 400 多亿立方米，2005 年又有新的突破，在一次能源消费结构中所占的比例也有所增长。预计到 2010 年和 2015 年，天然气需求量将分别达 1050 亿立方米和 1350 亿立方米。按照预计的产量，缺口约 250 亿—400 亿立方米，因此必须逐年增加进口量。天然气市场的开拓主要取决于气价及天然气消费结构等因素。中国天然气价格偏高，而消费者的价格承受能力差，因此市场开拓难度大。

（三）资源浪费现象严重，局部地区勘探开发秩序混乱，技术水平较低，创新能力差

中国是世界上油气消费增长最快的国家之一。在供需缺口日益加大的同时，我国存在着比较严重的油气资源浪费：一是直接燃烧原油现象普遍存在，油田每年直接烧掉的原油近千万吨；二是综合回收利用不够，每年仅点“天灯”烧掉的天然气就达9亿立方米；三是有限的资源配置不合理，高耗能产品比重过大。

近年来，受利益驱使，国内某些地区乱开滥采石油情况比较严重。国有油田普遍存在被强占井位、盗抢原油现象；非法群采的小井距开采和直井生产的落后方式，严重破坏了油层，大量石油资源无法采收，破坏了油田的总体规划，也使当地的生态环境特别是水源、耕地受到了污染和破坏。有的还因争抢资源发生群体械斗，破坏了正常的社会秩序。

此外，中国油气资源勘探开发总体技术水平较低。在油气勘探方面，由于中国含油气盆地的地质条件复杂，要真正同时做到增长油气储量、产量稳中有升、降低油气开采成本和提高采收率，目前的技术还难以满足需要。在油气田开发方面，盆地沉积体系复杂、储层不均性强、天然驱动能力低、高含水、高采出、后备储量不足等问题十分突出，特别是现在对稳油控水和剩余油挖潜的技术要求越来越高，而针对已探明未动用储量和未来探明储量的现代开发技术体系却没有完全形成。

从经济发展层面看，中国油气发展的不安全因素同样存在：首先是国家宏观管理和政策扶持的力度不够，油气资源的勘探开发政策，增加储量、提高采收率、节能降耗的新理论、新技术和新方法，以及鼓励石油企业积极开展国际化经营的政策体系一直没有健全起来；在信贷、税收、价格、环境保护和资源的开发利用等方面还缺乏必要的政策扶持。中国油气产业是加入WTO后受冲击最大的重点领域之一。油气资源的勘探开发作为整个石油工业的基础和上游产业，面临的挑战是前所未有的。

随着国民经济的快速发展，中国的石油消费量迅速增长，且大大高于产量的增长。“八五”以来我国的石油消费量年均增长4.9%，而同期原油产量增长仅为1.7%。其主要原因是：中国东部各油田已处于开发后期，大庆、胜利和辽河这三个主力油田已经老化，进入生产减退时期，产量逐年下降，而西部各油田开发不足，产量跟不上。此外，工业化、城市化和汽车迅速普及，导致中国石油短缺问题更加严重。2020年前，国内原油产量虽将继续增长，但增幅有限，而石油供需缺口将越来越大。据比较保守的估计，2010年中国对国外石油资源的依赖度将上升到40%以上，2020年上升到50%以上。随着中国对进口石油依赖度的提高，今后国际石油市场暂时和局部的短缺，以及油价的异常波动，都将对中国的石油供给和国民经济产生巨大的影响和冲击。

从国际环境看，世界石油资源和市场分布不均衡的矛盾突出，中国与世界主要石油消费国分享世界石油资源的竞争已趋于激烈。世界石油资源主要集中在中东（含北非）、中亚（含俄罗斯）和北美三个地区，其剩余石油可采储量占世界的82.3%，待探明可采石油资源占世界的72%。其中中东地区剩余石油可采储量占世界的64%，待探明可采石油资源占世界的25%。从消费情况看，目前及今后十几年世界石油消费近80%集中在北美、亚太和欧洲。这种资源分布与消费格局，使供需不平衡的问题更加突出。今后围绕石油资源的竞争将主要集中在以上三个地区。

亚太地区是当前世界上对石油需求增长最旺盛而资源量又严重不足的地区。20世纪90年代初，该地区的石油消费年增5.4%，大大高于世界平均水平，1992年起超过欧洲成为世界第二大石油消费区。进入新世纪后，该地区的石油供需矛盾更加尖锐，超过北美成为世界第一大消费区只是时间问题。目前，东北亚是能源与安全结合得最紧密的地区，日本99%以上的石油靠进口，韩国对石油的需求多年来也一直随着经济发展的增长而增长，朝鲜虽有煤炭，但缺乏石油，所需石油全靠进口。美国著名能源问题专家K. E. 卡尔德把从东北部富有能源的萨哈林穿过朝鲜经日本到中国缺乏能源的福建和广东省称为是“东北亚弧形危机地带”，认为由于地缘政治结构和自然资源的差别，能源对这一敏感地带而言是一把双刃剑，既有可能造成大国对抗，加剧地区紧张，也有可能通过新的合作，化解各国之间的矛盾。积极推进能源合作，对整个东北亚的稳定具有建设性意义。

未来10—15年内，中国油气的对外依存度将越来越大。因此，中国迫切需要建立起全球范围内的能源供应体系，以获得长期、稳定、充足和价格合理的石油供应，支持国民经济的持续稳定发展。然而，由于对于国际能源命脉，西方发达国家一直拥有较多的话语权，因而在日趋激烈的国际能源竞争中，中国基本处于守势，对国际石油市场及能源供应产地缺乏足够的影响力和控制力，比较被动。以石油资源为例，目前世界排名前20位的大型石油公司垄断了全球已探明优质石油储量的81%。美国专家指出：今后中国将在利用中东石油资源上首先与美国展开竞争。在中国开发利用中亚油气资源方面，美国等西方垄断集团显示了积极的拼抢态势。比如，前些年中俄进行能源合作谈判时，BP公司迅速投资20亿美元购买了俄罗斯一家石油公司10%的股份，部分控制了原本拟向中国供气的俄东部最大的凝析气田——克维克金斯克的勘探开发权；壳牌公司购买了俄天然气股份公司的股权，以控制西西伯利亚的开发权；埃克森莫比尔石油公司和日本三菱公司购买了俄萨哈林石油公司的股份，联合投资俄萨哈林三个石油开发项目中的两个项目。由此可见，中国要与世界主要石油消费国分享世界石油资源，其竞争不仅不可避免，而且是非常激烈的。

长期以来，中东产油国的石油出口量一直占世界石油出口总量的70%左右，中国经济过多依赖局势动荡多变的中东石油供应，从长远看是有潜在危险的，关键在于要掌握好"适度"，处理好周边关系，使我国构建和谐世界的外交理念得到全面落实。2004年和2005年中国从中东进口的原油均占中国原油进口总量的40%以上，进口原油的其余部分来自北非和亚太地区，所有这些地区的原油进口都要经过漫长的海上运输线，而中国目前尚缺乏长距有效的海上安全保障手段。其实，即使拥有这样的实力和手段，也绝非良策，当今世界搞对抗不是长久之计，且不利于和谐世界的构建。经验表明：能源供应的地缘政治多元化有助于世界石油市场的稳定及进口国家的能源安全利益。能源进口来源越是多元化，承受外部冲击的能力就越强。过去一段时间，中国政府一直努力做这方面的尝试，从这几年的实际情况看，已初见成效。2005年中国共进口原油约 1.3 亿吨，其中从中东国家的进口量占进口总量的 50%以上。进口来源国家共有 20 多个，其中进口量超过 2000 万吨的国家 1 个，它是沙特阿拉伯王国；超过 1000 万吨的国家有 4 个，它们是阿曼、安哥拉、伊朗、俄罗斯。上述 5 个国家中，沙特、阿曼和伊朗是中东国家，安哥拉在西非，邻国俄罗斯是环里海国家之一。从地域分布看，符合石油来源多元化方针。

在世界经济日益全球化的今天，越来越多的国家意识到，世界上没有一个国家能够仅靠自身力量来完全解决本民族的能源供应安全问题。今后在需求和供应方面各国之间相互依存性日益明显，加强各国之间全球性能源协调和合作势在必行。在全球化趋势下，中国与世界其他能源社会的相互依赖度大大增加，中国对能源需求的增长将为世界提供极大的机会。

中国具有利用中东、中亚和俄罗斯石油资源的政治和地缘优势，中国和这两个地区的所有国家都保持着良好的政治关系。中东国家虽然一直是美国等西方国家的势力范围，但大都不满美国和西方的政治、军事和外交压力，和中国一直保持着传统友好关系，因此更希望同中国开展合作。中东的油气供应国大多以“油气立国”。对于这些国家，石油的“供应安全”与消费国的“需求安全”具有同等的重要意义，中国的诚信使这些国家对中国的巨大石油消费市场充满信心。沙特、阿联酋、阿曼、也门等中东产油国都积极表示，希望中国公司参与它们国家的油气勘探和开发，与中国发展长期稳定的合作。

中国加入 WTO 后，能源领域更加开放，合作与投资的环境不断改善，已逐步放宽对能源市场的限制，取消了补贴，放开了石油价格，对国有石油企业进行了重组，鼓励大石油公司提高生产能力，向市场经济方向发展，为建立能够与国际石油资本竞争的国际化企业打下基础。此外，通过扩大贸易和投资的途径，进一步与国际市场接轨。中国的石油公司走出去，在苏丹、秘鲁、缅甸和哈萨克斯坦等国的油田投资数十亿美元，从事油气资源的勘探和开发；埃克森莫比尔、BP、壳牌等国际石油集团引进来，参与中国石油企业的合作与投资。在国内，中国政府计划在未来 10 年内铺设从新疆到上海的长达 4000 多公里、贯穿东西、耗资 50 亿美元的天然气管道，壳牌集团和俄罗斯天然气工业股份公司为得到这一项目展开了激烈的竞争。

经济全球化和信息网络化进程的加快，对全球统一大市场的形成具有重要影响。20 世纪 90 年代，拉美、东欧、亚太和前苏联各国都对油气工业进行了民营化改革，颁布了一系列新的石油法律和政策，积极鼓励引进外资和对外合作，进行油气资源勘探开发，这为中国走向国际油气资源市场提供了契机。中国加入 WTO 后，其石油工业的发展既受益于经济全球化，也越来越受到市场竞争的直接冲击，国内外的竞争异常激烈。

为增强整体实力，降低成本，提高市场竞争力，近年来一些国际大石油公司纷纷调整战略，进行了大规模的企业兼并、联合与重组，形成优势互补、强强联合的巨型石油公司，如埃克森莫比尔、BP、阿莫科阿科、英荷壳牌、埃尔夫菲纳道达尔等，这一发展态势增强了这些国际大石油公司的竞争实力，对中国石油公司形成了巨大的市场竞争压力。

世界金融市场和经济形势动荡，油价暴跌暴涨、剧烈波动，对中国国内石油市场造成巨大冲击。认真、有效地规避油价风险，是中国油气发展需要长期面对的问题。

附　录

大庆油田

大庆油田是目前中国最大的石油工业基地，1960 年开发建设以来累计生产原油超过 18 亿吨。按照大庆油田提出的“创建百年油田”的目标，大庆油田 2010 年油气当量为 4200 万吨，2020 年为 4000 万吨，到 2060 年仍然是中国重要的油气生产基地。

胜利油田

胜利油田是中国第二大油田。截至 2004 年底，胜利油田经济可采

储量为10.773亿吨，剩余经济可采储量为2.485亿吨，技术可采储量增加5.9个百分点。2005年胜利油田又探明石油地质储量1亿多吨。这是胜利油田连续23年实现新增探明石油地质储量超亿吨。

大港油田

大港油田是一个开采了40余年的老油田。2005年，大港油田在9个油田展开精细油藏描述工作，描述含油面积146.8平方公里，描述储量1.8254亿吨，增加可采储量365万吨。据报道，中国石油大港油田勘探开发设计研究院组织实施的“大港油田南部海滩油气富集规律与预探”课题取得重大突破，在大港附近海域探明原油储量3000多万吨，可供10年开采，标志着大港油田的主要开采领域从陆地转向海洋。该项目实施至今，已增加大港油田可采储量1000万吨，累计增加原油产量超过500万吨。

华北油田

20世纪70—80年代，经过大规模的石油会战后，华北油田的勘探已达到很高的程度，到90年代，勘探基本处于停滞不前的状态。1990—1998年的9年间，华北石油人最终仅找到油气储量500万吨，但1999年后起死回生，连续6年探明油气储量超过500万吨。①

① 以上资料均源自上述各油田自建的网站。

第二章

中国石油安全面临的国际环境

国际环境是一种动态过程，也是某一国家受国际关系影响，相应做出反应的一种互动过程。环顾四周，简而言之，有待稳定的中美关系、发展中的中欧关系、既竞争又合作的中印关系、亟需改善的中日关系、可望进一步扩大合作的中俄关系，即是21世纪中国的外部环境。

进入21世纪以来，经济全球化在世界各地迅速发展，国际间政治、经济和文化的联系大为密切。与此同时，世界各地反全球化运动也在蓬勃发展，各种力量之间的竞争和对抗加剧，使国际形势不断发生变化，其中最具震撼力的是“9·11”事件给世界政治、经济和国际关系带来的重大影响。而中东恐怖主义的威胁上升、巴以和黎以冲突不断扩大、美国的单边主义重新抬头等一系列变化，则加剧了世界形势发展的不确定性，使国际环境更趋错综复杂。

在此形势下，国际环境对石油安全的影响更显突出。石油安全已不单纯是个经济问题，它与政治、军事、外交等关系更加密切，成为影响国家可持续发展及和平稳定的一个非传统安全问题。未来若干年世界石油供求关系大体平衡，但供求格局将发生变化，各国围绕石油资源的竞争将更加激烈，石油消费大国之间、消费国和资源国之间以及资源国与资源国之间的关系更趋微妙与复杂。由此引发政治、军事、外交矛盾和

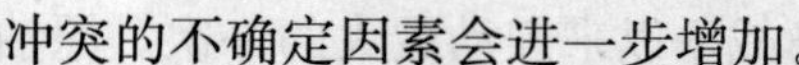

冲突的不确定因素会进一步增加。

随着中国对进口油气依赖程度的不断加深，中国在全球油气领域中的地位日益突出，已成为世界石油市场的重要组成部分。当前，国际环境总体有利于中国参与分享世界资源，但中国对国际石油市场及能源供应产地仍缺乏足够的影响力和控制力。要确保21世纪的中国石油安全，迫切需要从战略上做出相应的政治、经济和外交安排，建立起全球范围内的能源供应体系，一方面提高中国的国际地位和应对石油危机的能力，一方面努力构建和谐世界。

第一节　国际能源环境

进入21世纪以来，大国间虽仍以协调与合作为主流，处于良性互动之中，但因战略利益不尽相同，彼此关系存在许多不确定因素。在国际政治领域，美国一如既往地加强自己的主导地位，建立由它领导的单极世界。但主流是各世界大国都在复杂的矛盾和分歧中寻找利益汇合点，并促使多极化趋势加速发展，积极构筑对自己有利的21世纪新型国际战略关系。世界正在朝相互依存的时代大步迈进。在国际安全领域，“9·11”事件后传统的安全观念受到挑战，恐怖主义的威胁上升，美国的外交政策变得更加积极，更加强硬，更具进攻性。但同时，一些地区仍旧危机四伏、冲突不断，激进势力抬头，宗教极端主义和恐怖主义活动频繁。“9·11”事件发生后，中、美、俄等大国以反对国际恐怖主义为利益汇合点进行了新的调整。彼此之间对抗因素减弱，合作面增加，关系有所改善。美国利用阿富汗战争顺理成章地进入了中亚，并借机退出反导条约。俄从长远利益考虑，对此保持克制和低调，同时做出了融入西方一体化的选择，以求平衡。

从经济层面看，“9·11”事件对美国和全球经济造成了巨大的冲击。就能源领域而言，油价对国际政治、经济形势的反应敏感而迅速。“9·11”事件之前，国际油市比较平稳，油价虽有所下滑，但总的来说波动不大，国际油价保持了相对稳定。但“9·11”事件之后，形势急转直下，石油价格大起大落，成为海湾战争以来震动最大的一次。原油价格一度涨到每桶29美元，伦敦国际原油交易所北海布伦特原油期货价格飙升到30美元/桶以上，最高时达到31.05美元/桶。随后油价很快回落，9月底跌破20美元/桶的大关，12月中旬原油价格又跌到每桶17美元以下。国际石油市场呈现出动荡的局面。

"9·11"事件后油价的剧烈波动，反映出人们对美国在遭到恐怖袭击后经济处境会更加困难，并进一步拖累全球经济的担心。据统计，2001年和2002年全球对原油的需求量有所减少，沙特阿拉伯石油大臣纳伊米认为，这是人们对前景担心所造成的。从总体上看，世界石油工业对"9·11"事件的后续影响以及美国的后续行动十分敏感，在一定时期内对世界石油消费的影响很大，油价走势因此很难驾驭。总之，全球能源需求的增长一要看美国经济的恢复情况，二要看亚洲国家的经济增长势头。

新世纪初国际形势的一个重要特点是：经济全球化在世界大部分地区的发展较快，国际间政治、经济和文化的联系更为密切。受此影响，国际能源领域出现了以下变化：

一、油气领域的全球化程度进一步加深，油气供应国和消费国之间相互依存度增加，合作和竞争并存

一方面，全球化将各国经济捆绑在一起，产油国和消费国的利益更加密切。如果油价过高，可能影响到世界经济的恢复和增长。而世界经济的滞胀，会造成石油需求的进一步减少。产油国的石油销路不畅，反过来可能导致低价倾销，损害产油国的利益。另一方面，竞争甚至对抗的一面也在加剧。对那些主要出口国而言，能源因素已经成为其对外政策和外交的决定因素，除了通过国有化，由国家实行不同程度的控股等途径来维护自身利益，以及与其他能源出口国继续捍卫欧佩克自身的全球利益外，还要与非欧佩克成员产油国加强策略上的协调，甚至建立正式同盟。而发达国家则主要通过资金和技术的投入来取得对资源国资源的实际占有，并常常采用经济、政治乃至军事等

手段来确保能源来源的畅通。欧佩克国家企图控制石油供应和油价的努力，与主要石油消费国要求确保石油以平稳的价格、无障碍地流入国际市场之间的矛盾，将会长期存在下去，任何一个环节处理不当都有可能引发冲突。

二、国际石油公司出现合并浪潮，超大型石油公司的力量得到进一步加强，跨国油气公司在国际能源领域的作用大大加强

在世界经济日趋全球化的形势下，石油公司通过强强联合实现规模化、上下游一体化，已被证明能够大大增强其在国际能源环境中的抗风险能力。20 世纪末，以大型石油公司为主角的合并，取得了巨大成功，被国际石油界称为“七姊妹”的世界七大石油公司（埃克森、壳牌、英国石油公司、海湾、德士古、莫比尔和加州标准石油公司）经合并后演变为五巨头（埃克森莫比尔、壳牌、英国石油公司、谢夫隆、德士古、道达尔菲纳埃尔夫），其中菲利普斯石油公司和大陆石油公司合并后一举成为继埃克森莫比尔和谢夫隆、德士古之后的美国第三大石油公司。

强强联合为这些超级石油公司带来了巨大的协同效益（石油公司合并所带来的协同效益总额每年超过 100 亿美元；将节省的成本资本化可以给股东创造近 1000 亿美元的价值）。以英国石油公司为例，通过一系列的合并收购，每年节省成本 58 亿美元；埃克森莫比尔合并后，仅 2000 年便节省开支 46 亿美元；谢夫隆与德士古合并后，年削减成本 20 亿美元。这些超大型石油公司不仅是地区石油工业的领导者，而且在世界石油工业中占有主导地位。它们对石油资源、勘探开采、加工炼制、终端销售等的全方位控制以及对国际油价的影响力日益深刻。

随着经济全球化趋势的进一步发展，跨国油气公司在国际能源领域的作用大大加强，由各国政府支持和做后盾的大型油气公司之间的国际竞争将进一步激烈。现在，越大越强的理念已被国际石油公司普遍接受。中型石油公司由于经营上的困难和越来越多地受到来自大型石油公司的竞争压力，纷纷加入到合并浪潮中来。这种局面正随着全球化进程

的发展，进一步强化。

三、欧佩克对国际能源市场的调控能力有所下降

20 世纪 70 年代，欧佩克处于顶峰阶段，占有的国际石油市场供应份额高达 80%。鉴于石油对工业经济的特殊战略意义，欧佩克不仅可以在国际石油市场呼风唤雨，甚至还可以左右世界政治和经济形势。如今，欧佩克虽然仍是最具竞争力的生产者，但它在国际能源市场的作用明显下降，对世界石油市场的调控能力有所削弱。目前，欧佩克占有的国际石油市场供应份额已减少至 40%，要想单独左右市场几乎不可能。主要原因是：

1. 欧佩克产油国和非欧佩克产油国的关系发生变化。20 世纪 70 年代两次石油危机后，西方主要石油公司的投资转向非欧佩克产油国。有关统计数据显示，2004 年非欧佩克的原油日产量约达 4910 万桶，较 2003 年增长 40 万桶/日。在众多非欧佩克国家中，有增产能力的国家较多，其中俄罗斯和墨西哥的石油产量已连续多年保持强劲增长。特别需要注意的是俄罗斯，它过去增产主要是通过对西伯利亚老油田的挖潜，而现在它已开始在里海沿海地区开发新油田。

伊拉克战争爆发以前，面对伊拉克及非欧佩克国家的增产，欧佩克如何继续执行已推行多年的每桶 22—28 美元的“基准价格”政策，曾是迫切需要解决的问题。2003 年，欧佩克成员国大都能较好地执行新的产量政策（日生产 2540 万桶），但欧佩克的这一产量政策对 2004 年持续走高的油价失去了意义。2003 年世界石油消费 7970 万桶/日，2004 年增至 8240 万桶/日，其中的增额 270 桶/日必须通过与非欧佩克产油国的合作来满足。从实际情况看，非欧佩克产油国的崛起已对欧佩克的霸主地位发起挑战。

2. 随着全球自由贸易体系的发展，几个国家或几个公司联合起来对市场实行垄断和控制的卡特尔形式正在逐渐削弱，欧佩克成员国正越来越多地融入世界经济。在全球化趋势下，这些国家较以前更多地重视本国的利益，因此每当欧佩克做出限产保价决定时，其成员并不全能做

到令行禁止。那些经济状况良好、具有丰富石油储量的国家，如沙特阿拉伯、阿联酋、卡塔尔等国并不急于增产；有些国家为改善本国经济状况极力主张增产，这些国家中如伊朗、伊拉克和利比亚，虽然也有丰富的石油储量，但均受西方国家的制裁，经济处于困境之中。2000 年 9 月份欧佩克曾提出减产目标，可当月各成员国的每日总产量还是超过了原先定下的限制目标。欧佩克成员国内部的矛盾逐渐削弱了该组织在世界能源政策中的作用。

3. 国际石油资本和发达国家政府对油价控制力的加强，以及世界第二大石油出口国俄罗斯在国际能源市场的作用日益突出，使欧佩克的作用有所下降。例如，在 2000 年出现油价持续暴涨的情况下，美国政府通过动用战略储备干预市场，成功地使每桶原油价格下降了近 5 美元。再如，俄因急需出口大量油气换取足够资金，用以发展其经济，对欧佩克限产保价的联合行动不屑一顾。2000 年 11 月中旬，欧佩克在不得已的情况下发动了一场旨在迫使俄罗斯大量减少石油产量的石油价格大战，石油交易商们则抓住了机会趁机把油价一路往下打压，但俄罗斯仍顶住压力，不愿做出减产安排。俄罗斯的独立油价政策成功地稳定了本国经济，也令欧佩克的减产行动大打折扣。

四、中东地区在世界油气储、产领域仍占有突出地位，但对国际政治的影响力有所下降

中东地区自二战结束后逐步替代墨西哥湾成为世界油气中心。20 世纪 70 年代两次石油危机后，其地位开始受到非中东产油国不断上升的油气份额的挑战。尤其是 20 世纪 90 年代以来，虽然在待开采石油资源和储采比方面，中东地区仍占有巨大优势，但环里海地区和俄罗斯巨大资源的对外开放和各国不断寻求资源的多元化，使中东地区在能源出口、价格和运输成本等方面受到挑战。“9·11” 事件以后，国际能源形势发生了新的变化，对中东产油国造成很大冲击。首先是国际大石油公司减缓了对中东产油国的投资，国际资本向中东以外地区转移。“9·11”事件后，恐怖活动成为对世界石油中心的重要威胁之一。舆论

认为：恐怖分子对中东石油的破坏要比再次制造类似“9·11”那样的事件容易得多，所引起的全球性的能源危机、经济和政治恐慌也要大得多，因此引起国际投资者对中东地区安全形势的担忧。其次，由于阿富汗战争后美国在中东仍采取偏袒以色列的立场，阿拉伯世界反美情绪强烈，而美国国内种族主义和反穆斯林情绪也有所升温，助长了中东问题上的亲以色列和反巴勒斯坦情绪、掀起了怀疑非民主国家（即所谓无赖国家）的新浪潮，使美国对这些国家及其支持国家采取更为强硬的政策。美国总统布什在此后发表的国情咨文讲话中，将包括中东两大产油国伊朗和伊拉克在内的三个国家划为“邪恶的轴心”。与此同时，美国同中东的另一个产油大国沙特的关系也趋向紧张。所有的迹象表明：推翻萨达姆政权、伊朗核问题、大中东民主计划，都充分证明美国对于沙特、伊拉克、伊朗的石油资源是有想法的，若能有效控制这三个国家，那等于掌握了世界油库。只是眼下对伊拉克的行动未能顺利地按预先设定的时刻表进行，所以伊朗才能够得以同美国继续上演对手戏。目前伊朗的强硬政策究竟能支撑多久，就看伊拉克的“民主”改造进程。美国一旦搞定伊拉克，下一个目标非伊朗莫属。当然，在中东石油资源尚不能搞定的情况下，美国需要从世界其他地方获取足够的石油来源。在美国目前的石油来源多元化战略中，里海和俄罗斯高居榜首。此外，美国也试图和包括苏丹和利比亚在内的非洲国家搞好关系，以寻求该地区的石油供应。

目前，世界虽然仍在大量利用来自中东的石油，美国也继续把海湾石油作为第一供应来源，把里海和中亚地区的油气资源当作补充供给来源，但是石油不会再成为中东左右国际政治和市场的“底牌”。因为，国际跨国石油公司正在通过合作开发等手段，逐步恢复对中东石油的控制。

五、世界石油的消费中心正在悄然向亚洲新兴市场转移

20 世纪 90 年代中期，北美取代欧洲成为世界最大的石油消费区，世界石油的消费中心也因此由欧洲转移到北美。而现在，这一中心正在

由北美向亚洲新兴市场迅速移动。亚洲的石油消费从20世纪80年代中期起迅猛增长，并成为与北美、欧洲石油消费量基本相当的重要地区。近年来，世界能源需求的增长点，主要集中在经济增势明显的亚洲地区。有专家指出：21世纪前30年，世界经济发展热点在东北亚环日本海地区，该地区的能源需求增长达8%—10%。目前亚洲能源需求的70%来自中东，其中日本1993年为78%，1997年为81%，现已接近90%。这种快速增长的势头如果继续下去的话，亚洲终将要取代北美成为世界石油消费市场的中心。

据国际能源机构的统计，由于中国经济的迅速发展，以及其他一些国家的经济复苏，2003年和2004年对石油需求的增长都超过了预期水平。美国作为世界最大的能源消费国和进口国，其石油消费全球增长最快，现在每天耗油约2000万桶，其中2/3依靠进口。

六、世界油气供需的战略格局变化

在当今世界，美国既是能源生产大国，同时又是能源消费大国。近年来，美国的石油产量每年下降，而石油消费量却在年年增长，因此美国的能源缺口越来越大。能源的可持续发展现已成为美国政府关注的重点，能源战略与其国家利益和国家安全紧密相联。2004年，美国对伊拉克等中东国家加强控制，使世界石油消费区域构成与资源区域构成出现错位与失衡，同时也加剧了世界各国对油气资源的争夺。

欧佩克的总体战略以限产保价为主，它对国际油价的控制力受到多方挑战，作用已大不如前。非欧佩克国家如俄罗斯和墨西哥等国的油气产量和出口量大幅增长，在世界油气市场中的作用日益加强。

在经济全球化日益推进的背景下，跨国石油公司在重组与并购中迅速发展起来。全球前50家大石油公司控制了世界油气储量、产量和炼油能力的60%以上。①

---

① 《我国石油天然气供需的国际环境分析》，中国机械资讯网，2005年9月9日。

(一) 世界油气消费现状

2004年，全球经济增长迅速，增幅达4%，直接带动了石油需求。国际能源署公布的统计数字显示：2004年全球石油需求总量达到8240万桶，较2003年增长260万桶，其增幅高达3.3%，是自1976年以来的最大增幅。

从结构上看，2004年，经合组织（OECD）需求增长减缓，非经合组织石油需求增长加快，而来自中国的需求增长最快。2004年中国原油需求量达到633万桶/天，较2003年增加81万桶/天。石油需求的快速增长成为2004年世界油价上涨的主要因素。

(二) 世界油气生产现状

2004年，世界石油实际产量为35.5亿吨（约合7100桶/日），比上年的34.25亿吨增长了3.6%。从产量看，明显低于全球的原油需求8240桶/日。

1. 欧佩克的增产能力减弱，全球石油供应增速趋缓

2004年，为满足不断增长的全球原油需求，欧佩克从6月份起3次提高产量配额，共计400万桶/日，以增产限价维护其长期的经济利益。2004年欧佩克全年增产1.02亿吨，增幅达7.6%，其中第四季度产量超过2950万桶/日，超出限额250万桶/日。

2. 非欧佩克产量增长低于预期水平

2004年，非欧佩克产油国的产量增长不多，使全球石油供应趋于紧张，其原因：一是北美地区受9月份飓风影响，下半年北半球冬季取暖油季节性供应紧张异常明显；二是尼日利亚政局不稳影响了西非地区石油出口；三是北海地区受挪威等国投资不足影响，不能马上大幅增产；四是俄罗斯尤科斯公司资产被冻结，影响了石油出口。

3. 世界油气探明储量增长速度放慢

世界石油探明储量在近5年一直保持了上升趋势，由2001年的1409亿吨上升到2005年的1770亿吨，增长了近360亿吨。但波动较大，2001年仅增长0.3%，2002年增长17.6%，2003年为4.4%，

2004年为0.98%。世界天然气探明储量在2000—2003年保持了上升趋势，由2000年的149万亿立方米上升到2005年的173万亿立方米，增长了近20多万亿立方米，特别是2003年增幅高达10.3%。但在2004年，世界天然气探明储量出现了负增长，减少至171.0405万亿立方米，减少了1万亿立方米，同比下降0.5%；2005年同比增长4.14%。

4. 区域分布的变化

中东仍是石油产量最多的地区。中东地区平均日产石油2000多万桶，占世界日均总产量的1/3左右。相对于原油储量来讲，中东又是全球石油产量最少的地区，西欧地区的相对产量最高，北美地区次之。这意味着按目前的日产油量，中东地区石油可开采的时间也是全球最长的，而西欧的石油会最快枯竭。

（三）国际油价波动和上涨状况及其影响

2004年—2006年，国际油价持续上涨。全球经济的增长拉动了全球石油的消费和需求，但产油国的增产能力有限，难以保持供求平衡，导致石油价格极易受到地缘政治风险、市场炒作等因素的影响。

促使国际油价攀高的因素很多，一般认为：当国际油价处在高位时，30—32美元由供需基本面决定，恐怖主义活动造成的市场心理可能导致10—15美元“溢价”，石油库存减少可能造成3—5美元的涨落，欧佩克减产的影响力在2—4美元，各种基金的投机炒作也能起到一定的作用。在这些因素的综合作用下，2004年国际油价持续攀升，伦敦市场的布伦特原油价格从1月初的每桶约30美元涨至8月中旬的每桶45美元，10月甚至一度超出每桶52美元，每桶上涨了22美元，涨幅达73%，涨速和涨幅为历年罕见。其他国际市场的石油现货价和期货价格也是不断上涨。8月，纽约市场上西得克萨斯中油的期货价曾一度逼近每桶50美元，9月国际油价出现短暂回落，至10月1日冲破每桶50美元大关，10月下旬每桶冲破56美元，布伦特原油价格每桶冲破52美元。

促使2004年国际油价上涨的因素主要有三：一是世界经济的快

速增长使原油需求大增，美国商业原油库存在2004年12月前一直低于近5年的平均水平，市场出现恐慌心理；二是各种投资基金的活动助长了原油期货价格的上涨势头；三是主要产油国的政治事件推动了原油价格的上涨，如中东地区冲突、尤科斯事件等使国际原油供给严重受损。

进入2005年1月份，西得克萨斯中油的期货价格为每桶46.84美元，布伦特原油货期价格每桶44.51美元，比2004年12月份的油价每桶分别上涨了3.69美元和4.91美元。2月份国际油价继续攀升，到3月3日，西得克萨斯中油的期货价格涨至每桶53.05美元，布伦特原油期货价格每桶51.72美元。此后，国际油价一路飙升，不断刷新历史纪录。到8月8日至12日，纽约市场收盘价先后突破每桶63美元、64美元、65美元和66美元，欧洲市场紧随其后，伦敦市场布伦特原油期货价格收于每桶66.45美元，周均价为每桶64.1美元。8月29日，纽约商品交易所原油价格开盘时每桶飙升4.67美元，达70.8美元，突破了每桶70美元的心理大关。油价剧烈波动再次成为全球关注的焦点。

2005年国际油价节节攀升，屡创历史新高，至8月底一举突破70美元/桶的水平。这一时期，国际金融资本以及其他不确定因素取代供求关系，成为决定国际油价的主要因素。据分析，在这一国际高油价中，至少有15—20美元的“投机溢价”。但是，决定国际油价的基础依然是供求关系，如果全球石油大量供过于求，国际资本投机就失去了基础，地缘政治风险等不确定因素的影响就会大大减弱。2005年世界大国的石油库存虽然都出现了不同程度的回升，但并没有起到抑制油价上升的作用，其原因是世界经济增长周期处于复苏和繁荣阶段，原油库存增加对油价的平抑作用有限，而原油库存下降却会极大地支撑油价上涨。同时，在经济复苏和上升周期，原油需求增加、油价上升时，增产对平抑油价上涨作用有限，减产将加剧价格上涨；在原油供求紧张或基本平衡时，不确定因素对油价的影响力明显上升，这时原油供给和需求方面的任何一个变数或影响到供给和需求的相关变数，往往在一定时间内左右油价的走势。

第二节　中亚战略地位提高对国际能源供需格局的影响

一、中亚形成新的地缘政治格局，里海油气在国际能源格局中的地位有所提高

“9·11”事件对国际关系全局产生了重大影响，其中最显著的是中亚地区的地缘政治格局已悄然发生变化。虽然阿富汗战争的硝烟早已散去，但美军长驻了下来，这引起了人们对美“借反恐怖热浪实现其地缘战略目标的动向”的关注。其实，美国对中亚的渗透早在20世纪90年代初苏联解体后就开始了，美国不仅觊觎里海丰富的油气资源，更重视横亘在东西方之间这片广阔地区巨大的地缘价值。美国凭借其技术和资金上的优势，利用这些新独立国家急于依靠石油资源致富和融入国际社会的心理，一方面鼓励美国和西方大石油公司大举向这些国家投资，希望从经济上控制这些国家，进一步使这些国家不得不在政治上依赖西方。当时，刚刚独立的中亚五国有意与俄罗斯保持距离，而美国的石油公司则以帮助这些国家减少对俄罗斯的依赖为名，谋求建设不经由俄罗斯的新输油管道将里海的石油推向国际市场。在美国中央情报局的关照下，美国大型石油公司加利福尼亚联合石油公司计划兴建经过阿富汗的输送土库曼斯坦原油的管道，并投入了数千万美元，但这一计划最终因局势变化而不了了之。2000年，美国决定建设不通过俄罗斯而通往土耳其的杰伊汉管道，又因俄罗斯的反对而搁浅。阿富汗反恐怖战争使美国找到了长驱直入中亚的理由。在经济援助和军事合作的双重利诱下，中亚国家“纷纷倒向美国的怀抱”。

“9·11”事件发生以后，中亚地缘政治现实已发生变化，美国变成了中亚的第三邻国，所有各方需要花很长时间才能适应这一变化。美国驻中亚的军事基地表面上是为了防范塔利班，实际上是为了实现自己的战略利益。国际舆论认为：“美国正把对阿富汗的反恐战争变成在里海

和中亚地区建立美国主导的稳定结构的契机，其根本原因在于该地区是涉及能源的地缘政治战略地带”。[①] 美军长期驻扎的动向与美国以中亚石油和天然气资源为目标的中亚战略密切相关。在美国的能源安全战略中，外交和军事举措已经成为保护其能源供应的一个重要手段。只要美国继续围剿已在中亚扎根的“基地”组织，美军在中亚驻扎就不可避免。

二、各国围绕里海油气的竞争和合作态势加强

由于俄罗斯与中亚的历史渊源，多年来俄罗斯一直致力于恢复对这一地区的影响力。普京上台以后，俄曾有意牵头建立一个包括俄罗斯、伊朗、阿塞拜疆、土库曼斯坦和哈萨克斯坦在内的“里海五国同盟”，通过一个共同的天然气战略来确立和增强俄罗斯及其能源盟国在世界能源市场的优势。这五国的天然气储量极大，几乎达世界天然气储量的一半。五国同盟一旦建立，其能量无异于“第二个欧佩克”，这是美国极不愿意看到的。因此，美国利用阿富汗战争的机会，迅速建立起美国在中亚的军事存在和影响力，以最大程度地保障美国在该地区的石油利益。“9·11”事件以前，俄罗斯对美国石油公司在中亚的渗透一直保持高度警惕，在建设里海周边地区的输油气管道路线走向问题上，与美国处处针锋相对。俄罗斯反对美国主张建设的巴库（阿塞拜疆）—第比利斯（格鲁吉亚）—杰伊汉（土耳其）的管线（称为“BTC”线路），这条线路一度成为美俄“资源战”的象征。但“9·11”事件以后，俄美关系出现微秒变化，俄罗斯为改善同美国的关系，同时取得美对俄车臣政策的支持，不仅对美单方面退出反导协议予以默认，而且俄的鲁克石油公司还表示要参与这条绕过俄罗斯的管道建设。俄出此政策也是出于无奈，因为无论在财力上还是在军事上，它都无法与美国竞争，更不用说重新赢得中亚国家的芳心。

① 《从反恐怖合作看欧盟各国的国家利益之争》，日本《中央公论》月刊，2002年1月号。

由于阿富汗问题与中亚能源这一长期的战略利益交织在一起，因此除美俄外，欧盟、日本、土耳其以及伊朗等国都极其希望参与处理战后问题。协商建立阿富汗新政权，实际上是建立地缘政治学和能源战略上阿富汗未来的舞台，欧盟各国都以“本国利益”为重，一致表示支持美国。

中亚油气地缘政治的复杂关系，是在20世纪90年代初出现中亚油气投资热潮之后逐步形成的，而且一直处于发展变化中。中亚油气投资热的兴起起源于苏联的解体以及里海周边的国家如哈萨克斯坦、阿塞拜疆、土库曼斯坦和乌兹别克斯坦等国的相继独立和对外开放。在油气资源方面，这些新成立的中亚共和国无法与毗邻的中东波斯湾相比，但由于这里是世界上为数不多的尚未全面开放的重要油气区，因此对西方的油气公司仍有很强的吸引力。在20世纪90年代的头5年里，西方跨国公司纷纷拥入中亚各国，广泛承揽油气田勘探、开发、生产直至管道建设和经营等项目，合同投资额高达上百亿美元，被西方媒体称为“新一轮淘金热”或“新的大冒险”。

第三节　世界油气资源争夺态势

当前，油气资源取代意识形态成为21世纪国际争夺与控制的焦点。随着各国把石油资源安全确定为本国安全战略的主要目标，未来全球石油资源争夺将愈演愈烈，中东、非洲、拉美及中亚里海和远东等地区的石油资源将成为争夺的热点。

中东地区：由于世界其他地区大量发现石油，使中东剩余可采石油储量在世界总量中的比例降到了61.42%，但由于中东地区仍拥有相当可观的勘探潜力，故中东作为世界能源龙头的地位不变。随着世界经济发展，石油需求持续攀升，世界将更加依赖中东石油，中东作为世界石油生产中心的战略地位更加重要。这决定了中东将成为21世纪石油资源争夺最重要的地区。

伊拉克战争为美国重新控制中东石油资源奠定了基础。通过这场战争，美国不仅控制了伊拉克的石油资源，排挤了俄、法、德等国家在伊拉克的石油利益，而且通过扶持伊拉克新政权，将其强行纳入自己的战略利益范围，为独霸全球、建立单极世界，提供坚实的能源安全保障。伊拉克的局势变化，使俄、法、德等国在伊拉克的数百亿美元的债务和石油合同直接受损。在这些大国之间，围绕着伊拉克石油乃至中东利益，必将继续有一番争斗。此外，亚太新型工业化国家也将全力参与中东石油竞争，以保障本国石油供应。综上所述，随着“新伊拉克”的诞生和各能源大国的全力角逐，加之伊拉克和中东地区对英、美的抵触情绪，中东石油资源的争夺将越来越复杂、激烈和扑朔迷离。

非洲地区：非洲石油工业发展迅速，已引起全世界的高度关注。截至2005年年底，非洲剩余石油可采储量占世界的7.94%（包括北非阿拉伯产油国），石油产量为世界总产量的12.3%，其中70%以上出口。对于谋求石油进口多元化的美国、亚太等石油消费国家和地区来说，非洲也是比较理想的地区。在布什新能源政策中，美国将尼日利亚和安哥拉列为同南非一样重要的非洲国家，并宣布要重新启动美国—非洲经济贸易合作论坛及能源部长会议，加速向非洲地区渗透。然而，非洲长期以来属于法国利益范围，这就使非洲必然成为油气争夺的热点地区。

拉美地区：委内瑞拉是美国等能耗大国在拉美地区进行石油资源争夺的主要目标。委内瑞拉石油资源丰富，2005年剩余石油探明可采储量约达109.2178亿吨，约占世界总量的6.17%，年产1.0625亿吨石油，是世界主要石油生产大国之一。由于地缘等因素，美国一直致力于在委内瑞拉建立亲美政权，以保障“石油后院”的稳定。2001年以来，委内瑞拉向美国每年出口原油约1亿吨，约占美国石油进口的20%，委内瑞拉石油生产直接关系到美国的石油消费。包括中国在内的一些国家介入并加大在该地区的石油勘探，使拉美地区石油资源争夺日益激烈。

中亚里海地区：该地区石油资源丰富，有“第二中东”之称。近几年，美国等西方国家、俄罗斯、中亚及周边国家为控制该地区油气资源的生产与运输，展开了激烈竞争。美国通过阿富汗战争顺利进入里海—中亚地区，填补了苏联解体后留下的权力真空，削弱了俄罗斯在该地区的影响和石油利益。中国、印度和巴基斯坦等国也加大了对该地区的渗透。在上海合作组织框架内，中国加强了与中亚四国的能源合作，土库曼斯坦与阿富汗、巴基斯坦签订了建设输气管线的有关协议；伊朗与巴基斯坦、印度也签署了合作协议，考虑修建伊朗到印度的输气管线。该地区丰富的石油资源与极其重要的地理位置，决定其将长期成为世界能源争夺的热点地区。

另外，在远东，美国、日本和中国等国家为控制该地区丰富的油气资源展开了激烈争夺：日本成功拦截了俄罗斯输往中国的石油管线，美国则计划修建输往摩尔曼斯克港的石油管线。为争夺远东油气资源主导权的竞争日益激烈。在南中国海，周边国家为争夺油气资源而引发的争端将长期存在。

未来世界石油供需总体充满变数，在经济全球化趋势下爆发严重石油危机的可能性不大，但石油供需形势不可乐观，将继续受战争、政治波动以及国际投机资本等非市场因素影响而不断出现剧烈动荡，各能源大国为保障本国能源安全对全球石油资源的争夺将日益激烈。从总体看，未来全球性石油资源争夺主要集中在中东、里海、远东、拉美及非洲等地区，并以中东石油竞争为主要舞台，逐步形成以美国为主导，俄罗斯、亚太地区及欧洲等多种力量交合的复杂竞争态势。

第四节　经济全球化对中国油气发展的影响

经济全球化使中国的油气发展和石油安全受到了前所未有的挑战。

一、石油的对外依存度持续上升

近 10 年来，随着中国经济的高速发展，中国的能源消耗越来越多，原油、成品油、天然气等能源的进口更是急剧增长。2004 年进口的原油量为1999年的2.3倍，消费金额增加6.3倍。中国的原油进口依存度也由1995年的7.6%增加到2004年的42.8%，原油消费占世界总量的6.9%。①

中国的石油需求从1978年到1990年为平稳增长期，消费量从1978年的9130万吨增长到1990年的11030万吨，年均增加158万吨，年均增长率为1.6%。1991年以后，中国经济持续快速发展，石油需求随之进入快速增长期，石油消费从1991年的1.18亿吨，增加到2003年的2.7亿吨，年均增长1170万吨，每年递增7.1%。2003年与2001年相比，石油消费总量增加4200万吨，年递增8.7%。2003年中国石油消费总量2.67亿吨，其中国内生产1.62亿吨，进口是1.05亿吨。

2004年，石油消费继续增长，达2.9亿吨，同比增长7.4%。进口原油1.2272亿吨，同比增长34.8%，进口量增速较上年更快，进口价值339.1亿美元，增长71.4%。由于国际原油价格屡创新高，平均每吨进口价格达276.3美元/吨，比2003年上涨58.9美元，全年总共多支付外汇70.68亿美元；原油进口占当年中国进口总值的6%，比上年提高1.2个百分点；原油进口来源国家达20多个，其中进口量超过1000万吨的国家有5个，它们是沙特、阿曼、安哥拉、伊朗和俄罗斯，合计7372万吨，占当年中国原油进口总量的60%；沙特居首，达1724万吨，同比增长14.3%；阿曼居第二位，为1635万吨，同比增长76.3%；俄罗斯为1077万吨，居第五位，但增长最快，达1倍。同年，进口成品油3788万吨，增长34.1%，价值92.5亿美元，增长57.7%。两项合计431.6亿美元，成为中国进口金额最大的单一产品。②

根据以上发展趋势，对未来的石油进口状况可以作出初步判断。如果2006年至2010年中国经济年增长率为7.5%，中国能源消耗水平和能源结构基本不变，国内原油产量保持1.75亿吨，那么预计到2010年

① 有关2005年中国的石油进口情况，请参阅能源形势篇第二章附表“美国、中国原油进口及主要来源国家比较表”。

② 张毅：《去年油价屡创新高我国原油进口多花70亿美元》，新华网，2005年2月22日。

中国原油总需求将达到 4.06 亿吨，其中进口原油约 3 亿吨，原油进口依存度约达 60%，约占世界原油消费的 10.3%（不包括成品油进口）。中国能源需求如果按此速度和方式发展，仍然大量依赖国际市场供应，由此带来的问题就是供应和运输方面的安全问题。目前中国的能源安全依靠的是国际市场体系的正常运转，若要以中国的现有国力单独保障能源安全恐怕不能胜任。因此，中国的能源安全战略不外乎两种选择：一是选择自身安全体系建设，自己保卫自己的安全；二是选择参与和维护世界经济体系正常运转，不断加强综合实力、提高国际地位、努力构建和谐世界，使中国成为世界经济体系中不可缺少的组成部分。比较两者，后者的可行性显然更大。

二、油价高企对中国经济造成负面影响

国际石油市场油价自 2003 年起步步高涨，至 2005 年 8 月下旬，油价首次突破 70 美元/桶。长期以来，人们一直认为国际油价在 23—28 美元/桶区间内波动属于合理价位，高于或低于这一价位对世界经济的发展均不利。据测算，国际市场油价每涨 10 美元/桶，美国、日本、欧盟经济增长率就会分别回落 0.2%、0.4%、0.5%，而发展中国家则平均回落 1.5%。2004 年，原油价格上涨给中国带来的直接成本代价是 136 亿美元，其中原油进口方面多支出约 71 亿美元，石化产品多支出 61 亿美元，约占 2004 年 GDP 总量的 0.9%。由此不难看出，2004 年的油价上涨对中国经济的直接影响是损失了 1 个百分点，如果再加上其他间接影响，其损失无疑更大。2005 年和 2006 年国际油价的涨势更猛，给中国经济造成了更大的负面影响。

然而，同样遭受油价影响，发达国家受到的影响相对较小，关键原因在于它们的单位 GDP 能耗少于发展中国家。中国的万元 GDP 能耗是世界平均水平的 3.4 倍，是日本的 9.7 倍。所以，中国受油价的影响比发达国家要大，比一般发展中国家也大。尤其值得注意的是，中国当前遭遇的是双重能源打击：一是国产原油供应严重不足；二是原油进口遭受国际油价剧烈波动的影响。国际原油生产现已接近极限，油价正处在

高度敏感时期，一有风吹草动就有可能非理性地直线上升，甚至引发石油危机。如果真的遇上石油危机，相比西方发达国家，由于中国原油战略储备刚刚起步，储备不足、抗冲击能力不强，中国经济遭遇险情是可以预见的。当前，中国能源安全面临的形势很严峻，高油价对中国经济产生的负面影响自2004年起已经显现。20世纪90年代后期爆发的东亚金融危机对中国的警示记忆犹新，如何防范高油价的冲击，确保中国石油安全乃至经济安全，已成当务之急。

三、中国的油气发展观发生重大转折

能源是发展经济的命脉。保障能源安全是当今各经济体发展经济的重要战略课题。二战以来，随着人类社会的发展、文明程度的提高，人们对能源的理念发生了极大的变化。20世纪90年代，经济全球化、信息化成为主旋律，各国之间经济互补，相互合作越来越多，经济相互依赖、密不可分。主导这一变化的自然是西方发达国家。中国领导层勇于迎接挑战，在适应世界经济形势变化的基础上抓住了世界产业调整、转移的发展机遇，一边积极发展加工制造业，一边开放本国市场，既提高了自身竞争力，又大胆引进了外部竞争，达到了良好的平衡。从这个角度分析，中国也是经济全球化的受惠国。然而，西方发达国家对能源产业的控制却并不因经济全球化而有所放松。在国际产业分工的新格局下，能源安全战略问题不仅成为各能源消费大国的关注重点，且有了新的内涵。中国在能源安全战略问题上，受到了来自内部发展和外部因素的挑战，中国的能源安全观因此发生了变化。在这一变化中，中国企业没有沿用传统方法，简单地购买石油开采权和经营权，而是在充分认同和自觉遵守国际规则的基础之上积极参与国际合作。现在世界上的油气资源大都有“主”，其开采权、经营权或是由所在国家政府控制，或是在老牌石油大亨手里，他们不会轻易出让这些权利。在国际油气合作方面，中国一般都是采取主动协调与合作的态度，例如，中海油出资185亿美元收购美国优尼科石油公司的举措，后因美国国会的强烈反对，未能收购成功[①]；再如，对同样需要原油的竞争对手印度，中国主动提出通过国际合作方式获取石油资源。中国如此应对说明：中国的油气发展观出现了重要转折，过去那种紧紧抓住油气资源开采权、经营权不放的传统发展观已不再是必须恪守的金科玉律。

当前，经济全球化的发展已导致形成一个共同的市场经济体系，世界各国按照游戏规则开展经济活动。政府在制定规则、维护规则方面发挥作用，企业主要开展经济活动，可以在全球范围内无障碍地整合资源、优化配置资源。从国际合作或博弈看，几乎全世界都在恪守“国家的安全利益高于一切”的观念。在安全利益方面，美国同中国似乎也存在着某种联系，至少美国的进口贸易对中国的依赖程度相当高。如今的世界已是你中有我，我中有你，相互融合和依赖，彼此难以分割，大家一和双赢，一斗俱损，因此中国的油气发展应有新的思路和定位。

20 世纪 70 年代发生两次石油危机，促使世界大国广泛使用石油以外的能源，如核能、水力、太阳能、风能及地热等，结果导致世界油价在低价位上维持了近 20 年。这充分说明世界大国的能源多元化发展有利于确保能源安全，能够有效地削弱世界经济对石油资源的依赖性。中国已为能源多元化发展做了多年努力，在目前的初级能源消费中，石油约占 24%，水电约占 8%。中国能源整体发展战略计划应扩大可再生能源技术的应用，以便进一步改善能源结构，保护生态环境。

日本因为节能、节约资源做得好，经济综合竞争力才达到了一流水平。日本制造业自 1979 年至今产值翻了几番，但能耗总量几乎没有增加。日本汽车、钢铁、化工、电器、机械等工业的竞争力能够超越美国，能在世界范围掀起节约新潮流，关键还在于它的节能和节约资源的高水平。总之，节能技术在世界范围内的广泛应用，曾使石油资源在过去的 20 多年里出现生产过剩现象，其战略意义也有所降低，如今节约能源已被国际上公认为与煤炭、石油、天然气和电力同等重要的“第五

① 中海油收购美石油公司受挫说明，中国企业在参与国际博弈的过程中，还需要进一步完善内部机制，以便能够跟上国际竞争的节奏。有分析人士称，中国方面的行动快一些的话，是有可能取得成功的。

能源”。鉴于世界大国的成功经验，中国应该奋起直追。

新能源不同于现有的常规能源，一般是指通过新技术和新材料开发利用的能源，新能源常常又是可再生能源，主要包括太阳能、风能、地热、生物质能、海洋能和氢能。新能源的特点是清洁、可再生。开发新能源和可再生能源已成为人类社会发展的当务之急，中国经济的现代化不能走单纯依赖传统能源的发展道路，也不能以污染地球作为代价，在世界可开采能源不能满足世界经济发展需要的条件下，中国应肩负起为人类社会多做贡献的历史使命，去开拓新能源、新技术，才能实现真正意义上的经济现代化和中国的和平发展。中国在能源问题上应以创新精神，寻找新的突破，开发出新的能源技术，造福于人类社会。

四、入世后中国石油行业面临的机遇和挑战

加入 WTO 对中国经济的发展影响深远，石油和石化工业可谓是中国入世后最受冲击的重点领域之一。入世后机遇与挑战并存，但只有正确应对才有机遇。

（一）WTO 与石油石化工业

按照中国的入世承诺，油气产业应该遵循“一般禁止数量限制原则”、“国民待遇”和“关税减让原则”的规定。与“入世”前相比较，主要是在关税减让、市场准入、进口配额三个方面发生了变化。具体包括：

1. 石油和天然气

入世前，中国国内原油价格已于 1999 年与国际接轨。入世后，进口原油每吨 16 元的关税被取消，进口配额和许可证也被取消，原油出口仍存在许可证制。同时，取消管输天然气的关税。

2. 成品油

入世前成品油的关税分别为：汽油 9%、煤油 9%、柴油 6%、润滑油 9%。入世 1 年后汽油和润滑油的关税分别降为 5%、6%，煤油和柴油关税保持不变；成品油进口配额将以每年 15%的速度递增，4 年后全

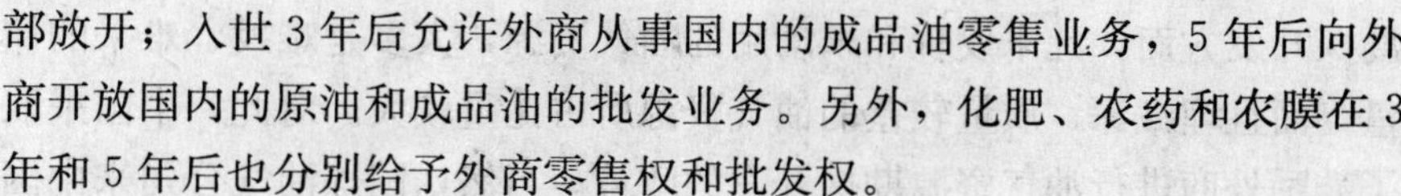

部放开；入世3年后允许外商从事国内的成品油零售业务，5年后向外商开放国内的原油和成品油的批发业务。另外，化肥、农药和农膜在3年和5年后也分别给予外商零售权和批发权。

3. 化工产品

入世前，除聚乙烯的关税为18%外，其余合成树脂的关税均为16%。入世后到2008年，树脂类的关税须降到6.5%；化肥关税从5%降到4%，1—2年后取消进口配额；纤维类关税4年后由15%—19%降为5%；一些基础有机化工原料在2005年降到2%，其中聚酯切片、晴纶和涤纶1年后取消进口配额。

（二）入世对中国油气资源勘探开发的影响

在WTO与油气产业相关条款中，并没有直接涉及油气资源勘探开发方面的具体规定。但是，油气资源的勘探开发作为整个石油、石化工业的基础和上游产业，受冲击是难以避免的。入世后，中国油气产业主要在以下两个方面受影响：

1. 石油勘探开发方面

1998年，中国石油、石化行业进行了重组和结构调整，按照上下游、内外贸和产销一体化的原则，分别组建了中石油、中石化两大集团公司。后来，中石油、中石化和中海油三大集团公司又通过重组改制，先后创立了股份公司，开始按国际石油公司经营模式运作，国际竞争力明显增强。同时，三大石油集团公司为迎接入世，已在油气资源勘探开发方面做好了必要准备。入世对油气资源勘探开发的影响相对较小的主要原因是，三大集团公司的勘探区域大都已经对外开放。自20世纪80年代起，中国就采取多种灵活的合作、合资方式，引进国外的资金、先进技术和管理经验，加快了国内油气资源的勘探速度，提高了油气田的开发水平。截至2000年，中国陆上石油对外开放178个区块，签订合同59个，引进外资13亿美元。海洋石油作为中国改革开放后第一个全方位对外开放的行业，从1982年至2000年先后与18个国家的70多家油气公司签订了140个合同，直接利用外资近70亿美元。对外开放的稳步发展，使我国的石油集团公司积累了丰富的引资经验。在油气资源勘探开发方面，凡未发现和未动用的油气资源，大多是难找、难采的储量，而且埋藏深、质量较差的油气资源所占比重较大。对此，中国采取了鼓励外商进行油气资源勘探开发的政策。当然，国外油气公司来中国合作进行油气资源勘探开发也是慎重的。由于中国的原油价格已与国际市场接轨，原油关税水平又基本接近零税率。因此，入世后中国的油气资源勘探开发环境并未发生突变。

但是，入世给中国中小油田的勘探开发带来了较严重的影响和挑战：一是国内的原油开发成本比国外高30%，入世后成本竞争的压力较大；二是国内新发现的油气资源储量少，新发现的可采储量不能弥补当年产油消耗的储量，处于入不敷出的状态，储采比低，储量的接替状况不理想。在这种条件下，放开专营权会给中小油田的勘探开发雪上加霜。

2. 天然气的开发利用方面

天然气作为一种清洁的燃料，在世界能源市场上越来越受重视。2000年，天然气在世界能源结构中所占的比例已高达25%左右，而中国仅为2%—3%。中国天然气资源丰富，但是天然气的利用率还较低，处在成长阶段。开发利用程度不高的主要障碍在于：勘探开发的投资力度小、基础设施落后，以及价格偏高。这是因为国内天然气价格与部分进口天然气相比，不具优势。

（三）入世后的机遇

中国加入WTO后，挑战是现实的，机遇是潜在的。入世给中国油气资源的开发利用带来以下4个方面的机遇。

1. 油气合作环境改善

近年来，在多次国际性矿业投资大会上，在对各国矿业投资环境评估中，均将我国列为高风险国家之一，排名始终在倒数第一至第三位，国际矿业资本纷纷向拉美国家、非洲国家，以及亚洲其他国家转移，直接影响到了国内油气资源的勘探开发。入世后，根据需要，中国逐步完善了相应的法律、法规，形成了统一的矿业政策，简化了行政审批程序，从而增强了国际矿业界特别是石油界对中国油气资源勘探开发的投资信心。国际资本进入中国后，国内金融业履行入世承诺，逐步开放银行业务，促进了国内油气资源市场的生成和发展，导致油气资源投融资体制和机制发生根本性变化。此外，油气产品市场价格的国际化，外商原油和成品油直接销售量的增长，也都有利于减少外商的投资顾虑。中国西部开发战略的实施，对勘探开发西部油气资源的引资更是一个重要的促进。所有迹象表明：中国油气资源对外合作的环境正在逐渐改善。

2. 天然气和煤层气的合作开发前景看好

中国天然气和煤层气的资源丰富。天然气的总资源量为 53 万亿立方米，可采资源量为 8.83 万亿立方米。埋深在 300—2000 米范围内煤层气资源量为 38 万亿立方米，居世界第三位，仅次于前苏联和美国。外国石油公司在资本、技术、管理、销售等方面具有优势，而中国在资源和市场方面有优势，特别是中国作为世界第二大能源消费国，对外国公司的吸引力很强，合作基础牢固，前景看好。入世后，实施按国际通行办法形成的中国天然气价格机制和贸易规则，有利于促进输气管道的建设，有利于刺激外资进一步增加投入，加快国内天然气的开发利用。据媒体报道，为确保能源供应安全，中国已向外国投资者开放石油和天然气行业的上游和下游业务。2005 年初国家发改委副主任张晓强在印度新德里举行的一次石油消费国与生产国会议上表示，中国拟进一步向外界开放油气业务。除此之外，其他措施还有：继续加大国内勘探、能源节约、发展先进技术的力度，增加天然气的使用，加大能源进口等。[①] 2005 年中国进口原油 1.31 亿吨，是全球能源需求增长最快的国家之一。

3. 有利于中国油气公司推行“走出去”战略

入世给中国提供了全新的国际大市场，有利于中国在相对平等的条件下参与国际竞争。国民待遇条款有利于消除中国油气公司进入国外油气市场的法律障碍、政策障碍及行政障碍，有利于中国“走出去”战略的实施。由于国内的油气资源不足，每年都需要大量进口原油，到国外

① 《石油天然气上下游业务将向外资开放》，中国机械资讯网，2005 年 1 月 20 日。

去开采原油，不但可以把国内的资源保存起来，而且还可以节省大量的外汇。据统计，到国外去开采原油与从国外采购相比，每吨原油价格至少可以降低5美元，而现在中国的炼油企业每加工1吨原油的利润还不到5美元。降低原油价格等于大幅度降低成本，有助于提高炼油企业的利润。入世后，中国油气公司可以享受到国外的优惠政策，更方便地到国外去勘探开发油气资源，得到更多、更廉价的油气资源。从国际环境看，“9·11”事件后发生的世界政治和经济格局的调整，为中国油气公司尽快“走出去”提供了新的契机。

4. 有利于“西气东输”工程吸引外资

“西气东输”是中国开发利用西部进而利用中亚油气资源的一项重大工程，投资大、线路长。国家对此高度重视，给予了许多优惠政策，如全线对外开放、全面对外合作，外方可以控股，比例与合作方式不受限制，可以采取合资、合作等形式。此外，城市天然气管网建设也列入了对外合作范围；天然气的价格采取政府调控和供需双方协商相结合的管理方式；投资总额内进口的自用设备，按有关规定和程序免征关税和进口环节增值税等等。“西气东输”工程不仅能享受国家及有关部门制定的基础设施建设方面的优惠政策，还可享受国家在西部大开发方面的优惠政策。入世为“西气东输”工程的实施提供了更加开放的投资环境，整个工程蕴藏着的巨大商机和合作机遇，再加上诸多优惠政策，对外资形成了巨大的吸引力。

（四）对政府转变职能的要求

入世对有关管理部门提出了更高的要求，必须主动适应这一新形势，在规定时限内实现职能和工作方式的转变，依法行政，提高工作效率，按国际通行规则进行管理和服务，在油气资源管理方面与国际接轨。

国家主管部门应组织力量，专门研究入世后中国的油气发展与WTO相关的一系列问题。重点是深入研究和掌握WTO的规则，特别是涉及油气资源方面的法律法规、经济政策和行政管理规范等方面的内容；清理和修改不符合WTO规则的油气资源方面的涉外法规和政策，在执法中维护国家法律的一致性和政策的统一性；按照WTO的规则，改进和完善现行的行政执法手段和实施方式，简化程序；加快建立监管体系，对油气矿业权执行、市场准入，服务标准和信息、质量、安全、环保等实行统一监管。

附录一

2001—2004 年中国原油进口来源①　（单位：万吨）

进口来源	2001 年	2002 年	2003 年	2004 年	比例
沙　特	877.84	1139.04	1517.62	1724.43	14.0%
阿　曼	814.04	804.59	927.74	1634.78	13.3%
伊　朗	1084.70	1063.00	1238.89	1323.74	10.8%
也　门	228.69	226.17	699.68	491.22	4.0%
阿联酋	64.98	—	86.35	134.39	1.1%
伊拉克	37.21	53.68	—	130.65	1.1%
科威特	145.98	106.97	90.72	125.40	1.0%
卡塔尔	132.56	45.76	—	14.24	0.1%
叙利亚	—	—	75.51	—	—
苏　丹	497.34	642.56	625.84	577.05	4.7%
利比亚	25.04	—	12.89	133.85	1.1%
阿尔及利亚	—	—	12.85	67.62	0.6%
中东小计	3908.37	4081.78	5288.09	6357.37	51.8%
安哥拉	379.89	570.51	1010.15	1620.82	13.2%
刚　果	64.16	104.73	338.93	477.33	3.9%

① 资料来源：国家海关总署。表中所占比例为 2004 年，苏丹、利比亚和阿尔及利亚三国列入中东国家统计。

续表

进口来源	2001 年	2002 年	2003 年	2004 年	比例
赤道几内亚	214.64	178.02	146.02	348.48	2.8%
尼日利亚	77.25	48.97	12.20	148.90	1.2%
加　蓬	14.70	—	27.76	54.83	0.4%
其　他	81.53	35.07	31.56	101.17	0.8%
非洲小计	832.16	937.11	1566.62	2751.51	22.3%
亚太小计	868.26	1185.01	1385.35	1416.16	11.5%
欧洲和西半球	416.75	736.87	872.57	1756.50	14.3%
进口量合计	6025.54	6940.77	9112.63	12281.55	100

第三章

中国的能源安全

迄今为止，在中国的能源结构中，煤炭仍占主要地位。中国既是能源消费大国，又是能源生产大国。在中国的能源生产结构中，煤炭约占3/4，每年出口8000万—9000万吨；在能源消费结构中，煤炭约占68%，[①] 石油约占24%，剩余部分为其他能源，如核能、水能、风能、太阳能、海洋能、地热能等。从比例上看，石油消费大大低于煤炭，但从对中国经济发展的贡献率看，石油的重要性及其在技术层面的难以替代性不言而喻。再从储量看，2004年中国煤炭探明剩余可采储量约900亿吨，以目前产量可供开采近百年；石油探明剩余可采储量为25亿吨，[②] 以2005年石油产量1.8175亿吨计算，约可开采14年（以上两项均忽略每年可能新增的探明可采储量）。由此不难看出，煤炭资源及其生产较有保证，确保能源安全的关键在于石油供应的安全。换言之，中国能源安全的核心是石油供应安全，只有确保石油供应，方能确保国家

---

① 赵嘉麟、钱春弦：《解读：中国能源消费对世界能源构成了威胁?》，新华网，2005年5月17日。

② 梁刚：《2005年世界石油储量和产量（数据表）》，《国际石油经济》，2006年第1期。

经济的安全运转。

第一节 石油安全观

石油安全是西方工业大国在遭受第一次石油危机冲击之后提出来的，现已成为世界大国竭力追求的重要战略目标之一。石油安全既关系到经济安全，又关系到国家安全，现在石油安全与国际政治的联系也越来越紧密。

关于石油安全，美国的观点是：以合理的价格合理地获取国外石油资源，或表述为“确保石油价格合理并自由流通”，[①] 即以合理的价格稳定地获取经济发展所需的石油。日本自 20 世纪 70 年代两度遭受石油危机的冲击后，一直高度重视石油的安全供应，把石油安全放到了与国家安全同等重要的位置。国际能源署（IEA）把石油供应中断量达到上年净进口量的 7%定为石油安全的警戒线。按此标准，石油供应安全必须符合以下两个条件：一是供应充足，不能中断，即使偶尔出现短缺，但短缺量必须低于上年净进口量的 7%；二是能以合理的油价稳定地获取石油资源，像 2005 年和 2006 年出现的 50 美元以上/桶乃至接近 80 美元/桶的高油价对经济发展的影响是很大的。

过去，石油安全是指减少石油消费和进口的依赖性。石油供应安全指数用石油进口依赖程度来表示，石油进口依赖程度越高，石油供应安全度就越低。据媒体报道，2003 年中国消费石油 2.67 亿吨，进口石油 9700 万吨；2004 年中国消费石油 2.9 亿吨，进口原油约 1.23 亿吨，对外依存度从 2003 年的 36%增至 42.4%；如果加上成品油进口，总进口量约为 1.5 亿吨，对外依存度已超过 50%。按此标准，中国的石油供应安全问题不言而喻。现在，经过二三十年的发展，传统的石油安全观已悄悄改变，石油安全已成为进口国和出口国共同关注

---

① 王丰、刘洪义、李建华著：《石油资源战》，中国物资出版社，2003 年版，第 196 页。

的问题。有专家认为：经济全球化已使石油从战略性资源和“武器”回归到一般商品的属性，在国际市场上可以买到任何所需要的矿产资源，石油进口依存度与石油供应安全已没有必然关系。从国际石油供应形势来看，自20世纪70年代出现石油危机和国际能源署成立起，在国际紧张局势总体有所缓和、自由化和全球化趋势进一步发展的条件下，国际石油市场已发生很大的变化，一方面石油输出国增加，探明储量和石油储备增加，油价趋于灵活、透明，市场垄断状况不断改善；另一方面，中东地区虽然局势复杂、风云多变，但阿拉伯石油供应国自20世纪80年代起已不再把石油当武器使用，世界上基本没有出现真正的石油供应短缺。即使有一些石油供应国如利比亚和伊拉克受到国际社会的制裁，但并未影响世界石油市场的正常供应或引发石油供应短缺。大部分石油进口国渴望有可持续供应的资源和稳定的市场以保证供应安全，而石油出口国也渴望有一个稳定的出口市场，以保证需求安全和可持续的收入。

从理论上说，高油价是一柄“双刃剑”，不仅伤害石油消费国，也伤害石油供应国。因为高油价既能使石油出口国获得更多的利润，也会促使消费国提高能源效率，发展可再生能源及替代燃料，从而加速改变石油在世界能源结构中的主导地位。另外，高油价导致产品成本增加，最终仍会转嫁到消费者头上。但从国际石油市场的供应看，并非所有的石油输出国都能接受这一理论。2005年和2006年国际油价长期保持在50美元/桶以上，其中2006年两次攀高至70美元以上/桶，沙特石油大臣对2003年以来的国际油价从不发表意见，只是在2006年油价第二次从70美元以上/桶的高位回落至50美元/桶时，才向媒体开口称50美元/桶的油价是乐意接受的。

当前产油国与消费国之间的关系正在向互相依赖、共同合作的方向发展，故意中止石油供应的可能性越来越小，但自然灾害、技术上的障碍以及政治混乱所引起的危险还是存在的。例如，2002年12月—2003年3月，委内瑞拉内战一触即发，其石油行业几乎陷入全部瘫痪的状态，造成了海湾危机以后最严重的石油供应中断，高峰中断量达到260万桶/日。此外，墨西哥湾的飓风袭击以及个别产油国的石油工人罢工，也都对世界石油供应产生过或多或少的影响。

从历史的经验看，中东地区的局势变化对石油供应的影响最大。中东拥有世界石油探明剩余总储量的2/3，石油产量占世界总量的30%，生产成本全世界上最低，原油出口约占世界出口总量的一半，今后一二十年内世界石油需求对中东的依赖程度仍将进一步增加。近年来的地缘政治形势以及能源价格飙升已印证这一判断。“国际能源市场价格居高不下，冲击了全球经济发展，对产油国和消费国都没有好处。油价居高不下的原因是复杂的，需要国际社会加强对话和合作，从多方面加以解决。”① 目前世界石油市场的一个现实问题是：多数经合组织国家及中国、印度等油气进口大国对中东原油依赖程度正越来越大，石油供求的灵活性下降，除少数几个拥有庞大储量的产油国如欧佩克的中东成员国和俄罗斯等国家之外，其他能够大量提供原油的国家和地区不多。此外，石油进口国和出口国之间的相互依赖关系明显增强，而海盗、恐怖袭击以及各类事故导致油井或者管线封闭、油轮停航的风险也有加大趋势。鉴于这一客观现实，我们既要承认国际油市有了很大的发展，石油安全形势有了很大的变化；又要认识到世界局势的复杂性，发生大规模石油供应中断并带来重大经济损失的可能性仍然存在。只要石油在中国的能源结构中依然占有重要地位，那石油安全问题就必须放到国家经济安全的高度来认识，万万不可掉以轻心。

第二节　确立中国石油安全战略的核心思想——保内争外

20世纪80年代以来，随着中国经济的腾飞，中国的能源需求特

① 引自胡锦涛主席在八国集团同中国、印度、巴西、南非、墨西哥、刚果六个发展中国家领导人的对话会议上的书面讲话，《人民日报》，2006年7月8日第1版。

别是石油需求不断增长。据统计，1996—2005 年中国原油进口已从 2000 多万吨增加到约 1.3 亿吨。在中国的石油消费中，81%用于石油炼制业、化学纤维制造业、化学原材料及成品制造业。这充分说明：原油及其制成品在中国化工等基础工业中的作用非常重要。没有石油作保证，这些行业的高速发展难以实现，中国经济的高速发展也会受到重大影响。

在中国能源消费结构中，石油所占的消费比重（约 24%）虽不及西方发达国家的 40%，但就经济贡献率而言，石油的递增速度远大于煤炭的递增速度。随着原油及其制品的消费需求不断增加，中国经济对石油的依赖度越来越高。由于中国的石油战略储备能力较弱，对原油突发性供应中断和油价大幅度波动的应变能力较差。因此，未来进口石油资源的安全性凸显。从某种意义上说，能否保证石油供应、价格是否合理，已成为中国经济持续快速发展的一个关键。

中国进口石油数量持续增长的后果，就是受世界油价上涨的影响越来越大。油价上涨对中国经济的直接影响是：物价上涨，外汇支出增加，净出口减少，进而降低 GDP 的增长率。据有关部门测算，国际油价每桶变动 1 美元，影响进口用汇 46 亿元人民币，直接影响中国 GDP 增长 0.043 个百分点。

油价上涨对中国国民经济的间接影响是以石油为主要燃料或原料的产品，因生产成本上升导致产品竞争力下降，使出口面临下降的危险；出口对象国因油价上涨，陷于国际收支困境，进口能力随之降低。2004 年初国际油价从 30 美元/桶起一路攀升，至 2005 年 8 月下旬一度突破 70 美元/桶大关。在油价一路飙升的情形下，中国原油进口仍保持增长，不仅增加了国家外汇支出，而且增加了炼油加工及运输成本，严重影响和波及工业、农业、交通等各行各业，以及人民生活等各个方面，导致国民经济整体运行成本增加，不利于中国经济的持续稳定健康发展，不利于国家的经济安全。

在石油供求方面，中国原油产量自 1996 年突破 1.5 亿吨以后，产量保持稳定，连续多年超过 1.6 亿吨。2002 年突破 1.7 亿吨，2003 年达1.7075亿吨,[①] 2004年为1.747亿吨,[②] 2005年为1.8175亿吨，连年超额完成“十五”计划制订的发展目标。但是，随着中国的经济发展对石油需求的增加，国内的石油产量早已不能满足需要，供求缺口越来越大。而同期国内原油供应增长速度仅为1.67%,[③] 明显滞后于需求增长。国际能源学中有一个推算比例，一个国家的GDP要保持10%以上的增长速度，其石油消费就会以6%以上的速度增长。如此中国必成为继美国之后的世界第二大石油进口国。从现在起到2020年之前，正是中国经济完成工业化过程的关键时期，中国石油消费将处于迅速增长阶段。中国石油安全面临的挑战主要有：

1. 国内石油资源不足[④]，原油产量不能满足需求，供需矛盾突出，进口石油依存度不断增大；

2. 抵御油价风险的能力差，中国经济受易国际油价的影响；

3. 世界石油资源争夺日益激烈，境外资源空间逐步缩小，中国三大石油公司对外投资经常受到西方跨国公司的挤压和地方势力的排挤，甚至受到大国政治因素的制约；

4. 海上的石油运输线路风险较大，而中国对海上石油运输通道的控制能力较薄弱；

5. 尚未建立完善的能源安全预警应急体系，仅有少量的战略石油储备；

6. 中东和中亚地区地缘政治形势复杂，美俄驻军纷纷插足中亚国家，它们在中国周边地区的军事存在正日益壮大。

---

① 梁刚：《2003年和2002年世界石油储量和产量（数据表）》，《国际石油经济》，2004年第1期。

② 梁刚：《2004年世界石油储量和产量（数据表）》，《国际石油经济》，2005年第1期。

③ 中国可持续发展油气资源战略研究课题组：《中国可持续发展油气资源战略研究》，国土资源新闻网，2004年1月24日。

④ 2006年初国内媒体有关西藏高原羌塘盆地石油资源新发现的报道尚待证实。详情请参阅本篇第一章相关内容。

进入21世纪后，由中东问题而引发的全球石油变局，对中国的影响日益严重，而国内的供需缺口因经济迅速发展也正越来越大。从国内的石油资源和产能看，国内供应显然不能满足这一日益扩大的供需缺口，由此产生的一个必然结果是：对外依存度越来越大，自给率则将逐步下滑到50%以下。中国对进口石油的依赖性越来越大，必然带来诸如进口石油来源、石油运输安全、油价高企风险、国际市场竞争等一系列石油安全供应隐患。为了确保中国的经济安全，必须正视并认真应对中国面临的石油安全问题。一般认为：当一个国家的石油进口超过8000万吨时，国际市场的行情就会严重影响国内经济的运行；石油进口量一旦超过1亿吨，就必须采取外交、经济、军事措施以保证石油安全。

如前所述，由于我国的煤炭资源及其生产较有保证，因此确保能源安全的关键在于石油供应的安全。换言之，中国能源安全的核心是石油供应安全，只有确保石油供应，方能确保国家经济的安全运转。我们在考虑建立中国的能源安全战略时，应首先确立中国的石油安全战略。而建立中国的石油安全战略，又应首先确立中国石油安全战略的核心思想。

解决石油安全问题，思想应解放，不应受国内资源条件的束缚，而应借鉴西方发达国家的经验，用世界眼光构建自己的石油安全战略，要与世界积极开展对话和合作，充分利用国际资源，同时提高本国的能源利用效率。国内的资源永远属于自己，因此应进行有计划的保护性开发和利用，与此同时扩大与世界产油国的合作，分享国际资源。在对外油气合作方面，要坚持多元化的方针，坚持资源供应地、合作方式以及能源资源品种的多样化。充分发挥国际国内两个市场和两种资源的积极作用，保证中国能源需求的可持续发展。按照互利互惠、共赢双赢的原则，加强与能源生产国和能源消费大国的合作。中国同八国集团以及其他发展中国家就能源问题积极对话并开展合作，这对缓解中国乃至世界能源紧缺具有重要意义。确保石油供应安全是保障国家经济可持续发展的基本条件。中国石油安全战略的核心思想应是：保内争外。提出这一看法，主要基于以下思考：

1. 中国的石油需求增长难以遏制。世界上的发达国家大都在人均

GDP3000—10000美元之间经历了人均能源消费量快速增长和能源结构快速变化、石油需求比例上升的过程。当前中国的工业化进程开始加快，城市化进程开始提速，城市新型消费热潮开始兴起，汽车工业时代已近在咫尺，由此不难做出判断，中国的能源消费进一步快速增长已不可避免。现代工业技术以及交通运输业等，大都以利用石油为主，另创一套能源利用技术并予以普遍推广决非易事。在中国经济的现代化过程中，石油需求出现快速增长是经济规律使然，其发展势头难以逆转，强行予以遏制或改变恐怕不妥，很有可能导致产生不可预测的负面影响，因此应顺应发展需要，努力保障石油供给，不可因噎废食，以致影响中国的经济安全。总之，中国的石油安全战略必须有利于中国的经济腾飞与和平发展。

2. 国内的油气资源应予以保护。中国的石油资源条件不理想，探明的可采石油储量有限，产能也有限，根本不能满足石油的增长需求和社会发展需要，无计划、无节制地挖潜开采，只能加快石油资源耗尽的步伐。从国家的长远发展和石油安全考虑，国内的油气资源应予以保护性的开采和利用。对于国内的油气资源，也有持乐观论点者。但是，即使国内的油气资源获得了新的重大发现，考虑到石油资源的不可再生性，以及新替代能源的发现和普遍应用还存在较远距离这一现实，也应该确立起细水长流的思想。有关领导部门决定将新疆、陕甘宁、川渝、青海四大油气区建成中国的四大战略储备田，符合中国国情，有助于确保国家拥有可持续发展的油气资源。今后10年内，中国石油勘探开发重点是：鄂尔多斯盆地、准噶尔盆地、松辽盆地南部地区三大战略区和塔里木盆地、柴达木盆地两大战略后备区。新疆准噶尔盆地的油气资源前景看好，是新世纪中国石油的战略接替区。对于国内油气资源，应在不断加强勘探的同时，进行有计划地开采。加强勘探是为了不断增加新储量，计划开采则是为了有效保护本国资源。对于中国石油安全来说，这才是长远之计。

3. 短期内石油在中国能源安全乃至中国经济安全中的地位和影响难觅替代。国内探明剩余石油储量加上今后可能增加的新发现储量，按2005年的产量水平开采，可供开采的年限已然不长。从目前资源情况看，逐年提高石油产量的思路并不足取，因为每年进行的勘探并不一定能获得预期结果，而提高产量肯定会缩短国内石油资源的开采年限。在有限的时期内，要为石油迅速找到理想的替代能源，其难度可想而知。目前中国的能源利用仍属粗放型，由于中国经济增长带动的石油需求增长过快，造成石油供需缺口过大，目前正在推广节约型的能效利用，这是解决石油供应问题的方法之一，但并不是唯一的解决方法。按目前国内的石油资源和产能，要满足中国的石油需求，应多渠道地增加海外油源。

4. 创造良好的国际环境，合理、合法地获取世界石油资源。获取海外油气的首选之道是积极参与国际共享油气资源的合作开发，获取份额油。从长考虑，应充分利用国际石油资源。从国外大量获取石油资源势必增大中国石油供应的不安全系数，但并不意味着必然导致石油安全危机，其中挑战与机遇并存，关键是要以正确的态度和决策融入国际社会，遵守游戏规则，直面国际博弈。在具体操作实践中，还应彻底解放思想，肃清冷战思维残余影响，要弃对立，求统一；弃对抗，求和谐；要以科学发展观作统领，在和平与发展的时代，维护世界和平，与世界各国共求发展。

对于从海外获取石油的安全性，目前说得最多的是那条穿越马六甲海峡的海上石油运输线，对此忧心忡忡者甚多。其实大可不必，关键是要有一个良好的国际环境。而实现这一点，既需要世界各国人民的共同努力，更需要从自身做起。当今世界，能源已成为一个开放的、具有全球市场的系统，能源挑战是全球共同面临的问题，中国的石油供给也正在从依赖国内资源的“自我平衡”逐渐转变到构建国际化战略的框架下，走资源和市场全球化的道路。在经济全球化条件下，解决石油供应的关键应是国际合作，而不是对抗。时代变了，思考中国石油安全的思维方式也应跟着变。不能一提海上石油运输，就滑入“受攻击、受威胁”的窠臼中，而应在创造良好的国际环境、积极推动国际合作、求取双赢佳果方面，积极思考。

5. 他山之石，可以攻玉。在进口石油方面，日本经验似乎可以借鉴。20 世纪 50 年代初，日本开始调整能源结构，在当时的日本能源结构中，煤炭占 75.2%，石油占 16.5%，到了 1973 年，这一比例被完全颠倒，石油占 76.7%，煤炭占 18.9%。为了解决进口能源和出口商品的运输问题，日本大力发展造船业，使船舶运输实现大型化。有了强大的海上运输力量，日本就能可靠、稳定地从中东地区得到廉价石油，从而大大促进了日本的经济发展。海上运输因此被认为是日本经济的生命线。从日本大量进口中东石油至今，已过去了 50 年，日本的海上自卫队并无能力保卫它的经济生命线，但它的海上油气运输并无安全之虞，而是 20 世纪 70 年代爆发的两次石油危机使日本经济遭受了猛烈冲击。时过境迁，日本现已建成 169 天（近半年）的战略石油储备，抗风险能力大大增强。

除日本外，美国近几年的能源动向也值得关注。2002—2005 年，美国的石油产量分别是 2.873 亿吨、2.8625 亿吨、2.7 亿吨和 2.56 亿吨，呈下降趋势；石油消费分别为 8.88 亿吨（合 1776 万桶/日）、10 亿吨（合 2000 万桶/日）、10.26 亿吨（合 2052 万桶/日）和 10.35 亿吨（合 2070 万桶/日），呈上升趋势。① 这两个一正一反的趋势说明：美国不想缩小石油的供求缺口，也不担心对外依存度的扩大。它的能源安全重心进一步移到了对国际共享石油资源的获取上。这当然是以实力为后盾的。美、日是当今世界前两位的油气进口大国，它们的共同特点是：都以稳定、大量获取国际共享油气资源为目标，只是具体做法与措施有所不同而已。两者的最大区别是：前者通过其各大老牌的跨国石油公司，在全球范围内大量开发油气资源；后者则主要从中东产油国进口油气，进口量长年保持在总进口量的 90%左右。

第三节　构建中国石油安全战略的框架

中国的石油安全是一个复杂的系统工程，涉及到政治、经济、外交、军事以及国内外环境等各个方面。为了确保中国的石油供应安全，

---

① 美国能源信息署：《美国能源信息署 2005 年世界原油展望报告》，中国新能源网，2004 年 12 月 14 日。

10多年来我国有关部门采取了一系列行之有效的措施。以这些措施为基础，在“保内争外”的思想框架下，可逐步构建起中国石油安全战略的框架。

一、“走出去”开发国际油气资源

中国共产党十三大报告明确提出要充分利用国际、国内两种资源，开辟国际、国内两个市场。国家经贸委支持中国石油企业拓展海外油气勘探开发，弥补国内油气资源不足。除了到苏丹合资开发油田、办炼油厂外，中东和中亚各国以及俄罗斯都应成为中国的油气合作伙伴。此外，还要积极研究并落实油气进口的来源、品种、方式、渠道，尽早实现国内外两种资源的战略互补。

中国的石油企业到海外寻求能源合作的战略举措既符合国际“新资源安全观”，也符合经济规律和国际合作惯例。近年来中东、非洲地区各主要资源国积极实施对外开放政策，为防止少数国家控制本国资源，希望更多的国家进入他们的资源开发领域。中国的市场潜力大，可与资源国形成长期稳定的互补合作关系。在此背景下，中国的油气产业“走出去”，一方面可以有效利用国际石油资源，保护国内石油资源，另一方面有利于实现进口来源、方式、品种和渠道的多元化，分散石油供应的风险。其最终目标是：发展国际合作，争夺国际产权市场，与他国实现双赢。同时积极有效地利用国际石油资源，以满足中国迅速增长的石油消费需求。

石油经济是经济全球化的代表，世界石油工业的发展史就是一部国际合作的发展史。在经济全球化的形势下，新的资源安全观是资源国和消费国之间相互依存、双赢（多赢）互利，在同一个能源市场体系下共同发展。在此条件下，实施“走出去”战略就是要从消极的防御型体系向积极的主动出击型体系转变，探索走出国门和立足国外、参与多方面市场竞争、建立多角化战略同盟、规避国际市场风险以及运用多种避险手段等方面的政策与战略。“走出去”不仅要走进勘探开发的实物领域，而且需要走进风险市场、投机市场，走进国际石油期货市场为主的金融化操作领域。在国际市场油价低稳、原油充裕时，中国应设法多利用国际石油资源，要将企业战略与国家战略相结合，在国家统一部署下，建立起稳定的石油供给系统，以维护国家和企业的战略利益。

中国是个发展中国家，基础薄弱，因此实施“走出去”战略不会一帆风顺，磕磕绊绊在所难免。2005 年，中海油竞购美国优尼科公司因政治阻力无果而终，中石油收购哈萨克斯坦石油公司只能在低调中推进，但中国石油化工集团公司在国际能源领域里的一系列举措，受到了海内外（特别是日本方面）的强烈关注。

二、借鉴大国经验，建立战略石油储备

中华人民共和国前总理朱镕基曾指出：要加快油气资源的勘探开发，积极利用国外资源，尽快建立石油等战略资源储备制度。2002 年国家计委拟定中国石油储备由政府企业共担，基地初步选在大亚湾，企业储备主要由中石化集团和中石油集团负责。国家战略石油储备的启动规模为 800 万吨，长远达到 2000 万吨—3000 万吨。美国、日本等石油消费大国都有完善的石油储备体系。中国的国家战略石油储备才起步，而国家石油石化企业用于生产的少量零星周转性库存很有限，只能维持较短时期。没有足够的战略石油储备，对于国家和企业应付突发事件、保障国家经济安全极为不利。

伊拉克战争的爆发，促使中国加快了战略石油储备体制的建立。为应对中东局势的变化，中国斥资 15.7 亿美元，购买 5000 万桶石油（相当于当时中国 25 天的进口量），以此作为战略石油储备。2005 年和 2006 年油价居高不下，此项工作因此趋缓。对于中国的油气需求，国际能源机构认为，到 2030 年中国的石油净进口量将增至 980 万桶/日。2004 年中国实际进口原油约 1.22 亿吨。据估计，2010 年、2015 年随着中国的石油进口量的不断上升，自给率将分别下降到 56％和 50％以下。

战略石油储备是国家整个能源安全体系中的一个重要组成部分，在

出现石油供应中断或其他意外事故影响到石油供应时，通过紧急动用战略储备，可以保障国民经济和人民生活的稳定。中国战略石油储备多少为宜，没有可供参考的标准，美、德、法、日等世界中国战略石油储备也是有多有少。国际能源署建议其成员国的战略石油储备标准是90天的石油净进口量。但在国际上也有一些不成文的原则，即按照国家的预期发展规划，充分考虑国家的经济承受能力和安全环境来制定。现在美国的战略石油储备约7亿桶，相当于美国38天的石油需求量；日本为3.15亿桶，相当于日本169天的石油需求量，德国和法国战略石油储备分别达到117天和96天的需求量，[①] 而中国石油系统内部原油的综合储备天数仅为21.6天。

解决油气安全问题最重要的措施是建立起由政府和大企业集团共同参与的战略石油储备制度。形式应多样、配置应合理，以适应不同层次的安全需要。同时还应建立安全预警应对机制，按照石油短缺达到进口量的程度建立相应的预警应对方案。总之，中国必须把战略石油储备当成一个包括法律法规、管理运行、储存基地、配套设施和统计网络在内的整体工程来考虑和建设。

2010年之后，中国的资源问题将明显暴露出来，尤其是中国的石油需求将继续直线上升，石油消费将急剧增加，而油气资源则可能进入枯竭阶段。中国现有探明剩余可采储量25亿吨，今后若无新的发现，按现在的开采量，约可开采14年。由于中国的国情不同于西方国家，因此在战略石油储备方面不能完全照搬西方国家的方法，而应根据自己的具体情况建立战略石油储备。

2002年6月22日，中国公布了石油储备制度的具体实施计划，宣布到2010年，中国的战略石油储备要达到1500万吨（约合1.1亿桶）以上。从2003年起，中国开始在广东等沿海地区建立陆地战略石油储备基地。中国战略石油储备基地建设一期工程已全面展开，首批被选定的国家战略石油储备基地有四个：浙江镇海、岱山、山东黄岛和辽宁大连。镇海被认为是四大战略石油储备基地中规模最大、工程进度最快的

---

① 请参阅借鉴篇有关世界大国战略石油储备的章节。

一个，2005年一期工程已完成，石油储量超过500万立方米。除镇海外，其他三处石油储备基地也在紧锣密鼓的建设之中。预计到2008年，四大基地将基本竣工。建成后，可形成大约10余天原油进口量的政府战略石油储备能力，再加上石油系统内部21天进口量的商用石油储备能力，中国战略石油总储备能力将超过30天原油进口量。据报道，中国计划再花两个5年时间，把战略石油储备能力分别提高到60天和90天，预计将耗资900亿元人民币。

三、进口来源多元化

从石油安全角度来看，中国油气资源的外部来源必须多渠道，因此中国的石油贸易应坚持进口方式多样化、进口品种多样化、供应渠道多元化的方针。此外，采取来料加工或以合资、合作等方式获得石油资源也可以作为中国获得稳定石油供应的重要途径。目前中东地区是中国最大的石油供给地区。进入21世纪以来中国从中东进口的原油在总进口量中的比例节节攀升，但是中东地区的局势紧张对于中国油气安全无疑是一个不利因素。近年来巴以冲突、伊拉克战争、恐怖主义暴力袭击等接踵而至，真所谓一波未平，一波又起，局势始终处于不稳定状态。中国从中东进口油气的另一不利因素是，石油运输过分依赖马六甲海峡。由于马六甲海峡太“拥挤”，对中国进口油气很不安全。日本、韩国及中国台湾省每年都有约4.5亿吨的进口原油需要途经马六甲海峡。另外，巴西、澳大利亚的铁矿石、煤等大宗矿产品运往东亚市场，也要走马六甲海峡。中国的石油进口来源可从三处获取：一是中东，二是俄罗斯和环里海国家，三是非洲产油国。因此，可适当改变过去那种以中东为主的石油进口格局，实现能源进口多元化的战略构想。

说到底，国内的石油资源属于自己。从长远看，无论资源条件如何，“先外后内”利用石油资源总是值得考虑的，更何况目前我国的资源情况确实比较困难。在“保内争外”思想的指导下，解决国内石油的安全供应问题，似乎可以更多地依重国际共享石油资源——中东、里海油气。2004年和2005年中国分别进口原油1.2272亿吨和1.3亿吨，其中从中东国家的进口量占进口总量的50%以上。进口来源国家共有20多个，其中进口量超过2000万吨的国家1个，它是沙特阿拉伯王国；超过1000万吨的国家有4个，它们是阿曼、安哥拉、伊朗、俄罗斯。上述5个国家中，沙特、阿曼和伊朗是中东国家，安哥拉在西非，邻国俄罗斯是里海沿岸国家之一。从地域分布看，基本符合石油来源多元化方针。

从中东地区进口原油，不安全因素是客观存在的：一是随时可能爆发的潜在的“中东危机”；二是马六甲海峡的安全问题，这对日本、韩国、泰国等需要从中东大量进口原油的国家而言，同样如此。在2004年的整个原油进口中，经马六甲海峡运送的石油数量达64%以上，大大超过计划中的1/3。从地域政治看，中东特别是海湾地区作为世界上石油资源最为富集的地区，在相当长的时期内都将是世界市场上石油的主要供应者，凡石油进口大国都不能不同它打交道，中国也不例外，需要从中东地区大量进口油气产品，而且每年的增长很快。但是，作为“世界油库”的中东，却是当今世界最为动荡的地区，其石油供应往往受到宗教、民族、边界和其他多种复杂因素的影响。伊拉克战争结束后中东和平进程并未加快，而恐怖主义威胁有增无减，以暴制暴、以恐制恐已成恶性循环。解决进口中东石油的上述两个不安全因素，关键在于要努力贯彻我国政府提出的关于构建和谐世界的思想，创造出良好的国际环境。

进口中东石油虽存在一定的不安全因素，但有利因素也是客观存在的。首先，中东地区（含北非阿拉伯产油国）是当今世界上油气资源最丰富的地区，不少产油国的石油储采比都近百年，开展能源合作的前景十分广阔。2005年探明剩余储量为1093.7783亿吨，占世界总量1770.6158亿吨的61.77%；估算产量13.3356亿吨，占世界总量35.8969亿吨的37.18%；石油出口量占全球的一半以上。在2005年世界石油储量排名的前20个国家中，中东国家占9席，它们分别是沙特、伊朗、伊拉克、科威特、阿联酋、利比亚、卡塔尔、阿尔及利亚和阿曼。据有关国际权威机构的估计，2010年全球的石油消耗将比现在增加20%，日消耗量超过1亿桶。中东地区的石油地质环境好、油层浅、开采条件优越、油气生产成本全球最低，产能增长前景诱人。鉴于中东产油国的资源条件、中东产油国与中国的传统友好关系和油气合作基础，加之地缘上相近，因此应成为中国可以倚重的海外石油来源地和中国参与国际油气博弈的主要目标区。

其次，中国同中东、中亚里海产油国有着良好的经济合作基础，彼此之间完全可以发展成为优势互补、互利共赢的能源合作伙伴。实现这一目标的途径较多，如拓展合作渠道，建立自由贸易区，充分调动政府、民间、企业和国际组织的力量，积极参加国际经济、金融、贸易规则的制定，争取公平的竞争条件，创造更多市场机会和发展空间，促进南南合作，推动经济全球化朝着均衡、普惠、共赢的方向发展等等。自中国石油企业实施“走出去”战略以来，由于中国与中东产油国之间存在着传统的友好关系，加之石油安全在中国能源安全中所占有的核心地位与作用，中东油气资源的优势地位凸显，中东地区因而可以成为双方石油企业利用各自的相对优势，开拓互利市场和资源交换的重要舞台。而搞好与中东产油国的能源合作，既有利于落实中央“两种资源、两个市场、两种资金”的战略思想，也有利于保持中国国民经济的持续稳定发展，实现中东产油国与中国的互利双赢和共同发展。需要注意的是：从中东产油国大量进口石油也是一把“双刃剑”，处理得好，有利于中国的石油安全；处理得不好，过于集中的进口来源也会危及中国的石油安全。

实施油气来源多元化，首先就是要实施石油进口地域的多元化，就是要把中国的油气进口逐渐扩大至非洲、拉美、中亚、俄罗斯等国家和地区，以分散进口风险。其次是要实施石油生产及种类的多元化，这方面的工作主要包括：实施国内和国外生产相结合战略以加强我国石油产业；确定可调整的原油、成品油的进出口比率以稳定国内油市；引进国外资金和技术，提高上游企业石油开采生产率和扩大石化及相关产业部门生产规模，以增强石油企业国际竞争力等。从现实看，油气来源多元化是实现中国石油安全和经济安全的重要举措，已势在必行。

四、构建石油基金与石油金融体系

借鉴挪威、日本、韩国、中东产油国的经验，创立国家石油基金，以备不时之需。基金的净收入可用于储油、偏远地区供油补贴、研发新能源以及石油探勘等。基金的主要作用是帮助中国构建起石油金融体系，参与国际油市和石油期货市场的运作。长期以来，中国在国际油市的价格竞争中一直处于被动地位。近两年油价居高不下，对中国国际收支中经常项目下的外汇平衡造成了不利影响。

石油基金可分为两类：一是石油产业投资基金，主要目的是为建立战略石油储备库、风险勘探、重大项目评估等提供专项基金，为国家石油安全提供重大项目的启动资金；二是石油投资基金，由专业投资机构利用各种手段在国际石油期货市场、石油期货期权市场、国际货币市场以及与石油相关的证券市场上进行石油实物、期货、债券、汇率、利率和股票等的投机操作，赚取价格波动差价，为“石油金融”保驾护航。

石油安全和金融安全相互关联，金融业也面临着“走出去”的任务。中国是世界第二大外汇储备国，外汇储备超过 2000 亿美元，这么大的外汇储备本身存在着巨大风险。战略石油储备不光包括石油的实物储备，还包括期货储备，这种做法不是一个企业主体能够做到的，而需要国家金融、货币政策上做出战略调整和安排。借助一个市场化交易主体的力量，代行国家战略职能，适时地在外汇储备和石油期货之间进行转换，使金融安全和石油安全相联系。

构建石油金融体系，一可以通过变换资产存在形态来提高金融资产质量和规避金融风险、汇率风险，有效地通过国际期货市场获取石油资源，增加国际石油的战略储备；二有助于规避与跨国公司因石油资源而发生硬冲突，通过内地金融支持来大幅度提高中国企业在国际风险市场中的竞争能力。

另外，作为配套措施，还应兴建石油银行，以使中国石油的战略储备得到多元化、多层面的安全保障，减缓油价波动可能带来的负面影响，减少对进口石油的过度依赖。

五、建立节约型石油消费模式

中央早就提倡建立能源节约型、环境友好型的社会模式，落实在石油安全战略方面，就是要开源节流，要树立全球化的石油资源观。石油是最早受到全球化浪潮冲击的领域之一。优先利用世界上廉价的石油资源以实现经济发展目标，是西方发达国家的成功经验，这一点可以根据本国国情适当借鉴。但是，在开发国内石油资源时要掌握好适度，尽量保存国内的石油资源，或者只勘探不开发，把其作为石油后备资源区，先行利用国外廉价的石油资源，以确保中国可持续发展战略的贯彻与实施，唯此才能达到开源目的。在开源的同时，亦应注意节流，提高能源利用效率，以使开源成果不至于付诸东流。经过多年努力，中国在节能方面已取得了显著成效。以 2004 年为例，中国每万元 GDP 消耗的能源比 1990 年节约了大约 45%，共节约了 7 亿吨标准煤。所以节约能源被一些专家、学者视为与煤炭、石油、天然气和电力同等重要的“第五能源”。与发达国家相比，中国的油气能效利用较低，差距较大。为提高经济效益和实施可持续发展战略，油气节约应成为一项长期的国策，由粗放利用模式向节约模式转变。2004 年中国的石油资源只占世界总量的 1.42%，石油产量却占世界总量的 4.92%，但是仍不能满足石油消费的需要。因此，加快建立节约型石油消费模式，减低能源消耗已是当务之急。为提高经济效益和实施可持续发展战略，应加快资源节约型、环境友好型社会的建设，石油粗放利用模式应向节约型模式转变。

六、设立专职的能源管理机构

创造良好的国际环境是确保中国石油供应安全的关键，也是必要条件。当前，经济全球化的发展已导致形成一个共同的市场经济体系，世界各国都须按游戏规则开展经济活动。为了营造一个良好的国际环境，构建和谐世界，维护国家和人民的根本利益，我国政府除制定政策法规外，还应在国际社会中充分发挥作用，积极开展能源外交，承担国际责任。

从中国的能源管理现实看，随着能源安全问题的日益突出，中国应设立一个专门的能源管理部门，全面负责能源政策的制定与工作协调，监管能源政策的执行，下设石油、石化、煤炭、水电、核电等专职机构，各司其职，并尽量吸收专业人员加入（加拿大能源监管委员会有数千人之众）。建立健全必要的能源管理机制对于中国石油安全战略的贯彻和实施，无疑具有重要意义。

七、充分发挥三大石油集团公司的作用

中国石油天然气集团公司（中石油）、中国石油化工集团公司（中石化）、中国海洋石油总公司（中海油）是中国实施石油战略的主要执行者。中国石油业是在加入 WTO 后少数几个可以得到相对保护的行业之一，这三大集团公司在中国石油战略的实施过程中会继续得到政府的有力支持。中石油是中国最大的油气公司，根据探明油气储量计算，该公司已成为世界第四大上市油气公司。

中石化、中石油、中海油三大石油集团公司作为中国石油安全战略的主要实施企业，可以在全球范围内整合资源、优化配置，或“走出去”搞能源合作，联合勘探开采油气；或“引进来”，同外资合作开发国内的油气资源。形式不拘，方法灵活多样，但目标只有一个，为中国的石油供应安全作贡献。

八、建立必要的油气运输船队和远洋力量，提高运油能力

目前中国进口石油以海运为主，未来中国石油进口的通道主要由海运和石油管道共同构成（哈中输油管线 1 期工程已经投入运营）。随着综合国力的增强，在条件允许的情况下，中国应尽快建立必要的石油天然气运输船队和远洋力量，为中国在国际市场上通过正常的贸易手段，合法获取不断增长的油气利益做准备。基于以上考虑，建立石油运输船队和远洋力量，应成为国家石油战略的重要组成部分。

九、扩大国际合作，确保石油供应安全

中国石油安全问题的根源是国内的石油供需矛盾日益尖锐，主要表现为市场供不应求。为了正确解决这一矛盾，中国应努力减少对进口石油的依赖，而转为积极参与国际石油市场的竞争，加强国际石油领域的合作。

中国正在走向世界，需要通过正常的国际经济活动迅速扩大包括油气利益在内的全部经济利益。为了确保中国的石油安全，既应保持与沙特、伊朗、阿曼、俄罗斯、安哥拉的油气合作关系，也应考虑与亚洲能源短缺国家，特别是东北亚国家建立新的能源合作关系，在共同的能源纽带中彼此合作，建立诚信，这无疑是一种一举多赢的选择。

第四节　非石油层面的能源安全

如前所述，中国能源安全的核心是石油安全，因为目前除石油供应安全面临挑战外，中国能源需求的总自给率达 94%。以 2004 年为例，当年原油生产约 1.75 亿吨，出口煤炭 8000 万吨—9000 万吨，占世界煤炭贸易量的 56%。在中国的能源生产结构中，煤炭占 76%；在能源消费结构中，煤炭占 68%；2/3 的水电资源尚未开发。由此可见，中国自身能源的供应潜力就很大。中国既是能源需求大国，更是能源生产大国，原油进口只占中国能源消耗的一小部分。说到底，撇开了石油供应问题，中国的其他能源基本上都能自给自足。以下主要探讨非石油层面的中国能源安全问题。

在非石油层面上，当前的中国能源安全形势已经由 20 世纪 80 年代的总量平衡的矛盾转化为主要由环保压力引发的结构性矛盾。对此，专家们提出了种种对策，但大都集中在解决石油供应安全方面，比如加大参与国际石油市场的竞争力度，大量增加海外份额油的供应，建立石油储备基地，西气东输等等。客观地讲，这些方案都有可取之处，不过也

应看到这只是一种补充性方案，并不能真正解决中国能源安全的结构性矛盾。对于这一矛盾，考虑到中国的国情，应采取“节约优先、立足国内、多元发展、内外并举、分散风险、优化能源结构、开发新能源、扩大国际合作”的总体发展方针。

一、能源结构多元化

进入21世纪后，中国经济在高速增长的同时，也遭遇了能源瓶颈的制约，煤、电、油供应不足已日益凸显。2003年以来，在国民经济快速增长的拉动下，中国能源需求和能源生产增长迅猛，一次能源生产总量都在16亿吨标准煤以上，年增长率超过11%，但能源生产的高速增长仍然不能满足需要。近几年，中国持续发生的能源“三荒”（煤、电、油）给中国的能源发展敲响了警钟，中国的能源短缺已经把煤、电、油三种基础能源拴在了一起，任何一种单一的能源供应都不能有效保障中国经济快速发展的需求。解决中国的能源需求只能是一种结构多元、全面发展的可持续发展战略。因此，坚持以煤炭为主体，电力为中心，油气和新能源全面发展的能源发展战略，是当前中国能源发展的重中之重，其核心内容是调整和优化能源结构，实现能源供给和消费的多元化。

能源结构多元发展不同于石油进口来源多元化。中国一次能源消耗煤炭占多数，其次是石油和水电，核电所占比重不到3%，而发达国家核电比例一般在15%以上，法国、日本均在40%左右。从这一点上看，发展核电是推行能源结构多元化的理智选择。国际上核电技术已比较成熟，中国也有发展核电的基础和经验。但在引进和自我开发核电方面仍应实行两条腿走路的方针。在中国未来一二十年的经济发展过程中急需大量能源，开发可再生能源不可能马上跟上石油需求的增长，况且价格也成问题，因此加快发展核电步伐应该予以考虑。

二、内外并举

解决能源安全问题，应解放思想，不应受国内资源条件的束缚，可以借鉴西方国家的成功经验，用世界眼光构建自己的能源安全战略。要与世界积极开展对话和合作，充分利用国际资源，提高能源利用效率。国内的资源永远属于自己，因此应进行有计划的保护性开发和利用，与此同时扩大与世界能源国的合作，分享国际资源。在对外能源合作方面，要坚持多元化的方针，坚持资源供应地、合作方式以及能源资源品种的多样化。充分发挥国际国内两个市场和两种资源的积极作用，保证中国能源需求的可持续发展。按照互利互惠、共赢双赢的原则，加强与能源生产国和能源消费大国的合作。中国目前正在积极与美国进行能源政策对话，与俄罗斯等能源大国合作，这对缓解中国乃至世界能源紧缺具有重要意义。

三、节约优先

在石油利用方面需要开源节流，在其他能源的利用方面也需要开源节流。目前，国内的能源浪费现象依然严重，单位能耗较高，不利于解决中国战略资源短缺与经济、社会发展之间的矛盾。由于能源浪费现象严重，因此节能潜力巨大。各种统计数据显示，中国有限的能源并没有得到有效利用。从根本上解决中国能源问题，必须选择资源节约型、质量效益型、科技先导型的发展方式，牢固树立和认真贯彻科学发展观，切实转变经济增长方式，坚定不移地走新型工业化道路。在开源方面，还应大力调整产业结构、产品结构、技术结构和企业组织结构，依靠技术创新、体制创新和管理创新，在全国形成有利于节约能源的生产模式和消费模式，发展节能型经济，通过立法鼓励和引导全民节能，努力建设节能型社会。总体来看，中国政府在20世纪80年代提出的“节约与开发并重，把节约放在优先地位”的号召，仍应是构建中国能源安全战略的总方针。至于近几年提出的“建设资源节约型、环境友好型的社会”，更是缓解中国能源紧张，保障能源供应安全的长远之计。

四、优化能源结构

当前中国能源问题面临的主要挑战之一，是把能源生产、消费与环境保护协调起来。为使能源配置更趋合理化，应尽可能建立使用多种燃料发电的系统，坚持走燃料种类多元化的道路。当前中国能源发展的一个重要任务，就是要在主要经济城市中考虑多种能源配置，统一安排全国的能源供给系统。据行内预测，到 2010 年中国能源消费中的油气比重将增至 30%，2020 年增至 40%，其中油气对外依存率将超过 50%。在今后几年内，中国还将大规模地开发和建设天然气田，铺设输气管线，将分布在陕甘宁、四川和新疆的天然气田和上海、北京等大城市连接起来。21 世纪天然气的前景显然要比石油好，无论从资源还是从环保角度看，天然气都比石油有优势。

基于中国能源的现状及对未来的预测，按照能源、经济、环境协调发展，保证能源对经济社会发展的支撑作用，满足可持续发展需要的原则，结合国内实际，未来的能源发展战略方针首先应注意优化能源结构。具体操作起来：一要充分利用国际、国内和省内的各种优势，建立健全有利于组织资源、调节市场的能源市场体系，发挥市场机制在资源配置中的基础性作用，以满足日益增长的一次能源需求。二要因地制宜，根据自身条件，加快国内能源资源的综合开发，加大资源勘探力度，提高新能源、可再生能源的开发利用水平。三要优化能源结构，提高天然气等优质能源的比重，控制煤炭消费。四要强化节能，改善环境，进一步提高能源的利用效率。五要在注重油气资源的开发与节约的同时，大力开发新能源，建立新能源系统，实现能源的可持续利用，积极引导与激励煤层气产业健康发展。六要加大对煤层气勘探开发的投资力度，将煤层气勘探开发和利用列入国家能源发展规划，优先发展。七要加强天然气水合物的研究开发，实施天然气水合物调查评价专项计划，以进行能源方面的技术和资源储备；鼓励地热、太阳能、风能及潮汐等新能源的开发利用。八要发展石油替代技术，即水煤浆代油、煤合成燃料、生物质能源、天然气汽车和电动汽车、燃料电池等。

从当前条件看，煤炭作为中国能源“老大”的基础地位难以撼动。在中国的一次能源消费结构中，煤炭长期占据主导地位，油气所占比例不足1/4。从现实看，在一次能源消费结构中煤炭向石油转化过快，不利于石油安全。只有认真推广煤炭的高效清洁利用，才是长久之策。中国的煤炭资源丰富，探明储量是石油的7倍，按年产11亿吨计算，可开采100年。将大量的煤炭置于一旁，不适当地提高油气的使用比例并非是明智的选择。从中国国情出发，立足煤炭这个根本，通过大力发展净煤技术以替代部分石油消费有利于确保中国能源的可持续发展。

值得关注的是，加快天然气的开发利用，提高天然气在能源结构中的比例，对于维护中国的石油安全具有重要的战略意义。按照保持供求基本平衡的原则规划电力的发展，电源建设应转向优化结构上来，实施以大代小，鼓励热电联产，提高天然气、核能电力转换比重，替代煤电。在实际操作中，特别要加快天然气利用规划工作，提高天然气在国内的利用率。天然气的规模应用是国内优化能源结构、改善环境的重中之重。目前，中国天然气地质储量为2.2万亿立方米，探明程度仅为5%，发展潜力巨大。如能在10年内将天然气在一次能源结构中的比例从2.1%提高到8%，将会大大降低对进口石油的依赖。当然，开发燃料酒精等石油替代品，以甲醇代替汽油作为汽车燃料等也是较好的办法。

总之，要真正实现“优化能源结构”这一目标，还需要一系列具体的措施和政策保证。

五、开发新能源

能源是经济发展的血液，是中国可持续发展的关键，根据目前情况，发展新能源已显得十分重要和紧迫。国内外很多机构对中国未来能源需求进行了分析。据不完全统计，2005年中国一次能源需求分别为：煤炭约15亿吨，原油和成品油约3.1亿吨，天然气520亿立方米，一次电力

3300亿千瓦时；煤炭、石油、天然气、电力在一次能源消费中的比例分别为67.1%、21.1%、4.4%和7.4%。从能源供应看，在当前乃至未来，煤炭主要由国内生产，石油在一定程度上要依靠国际石油市场。

新能源是除传统的煤炭、石油之外的能源品种，其最大特点是可再生、无污染。如水能、风能、太阳能、海洋能等。

1. 水电。水电资源，取之不尽，用之不竭，且无环境污染之忧。中国水能的可开发装机容量为3.78亿千瓦，年发电量1.92万亿千瓦时，居世界首位。但目前水电装机容量仅为8200万千瓦，水能的利用率仅为13%，低于发展中国家水资源平均利用率11.5%。巴西和澳大利亚同属煤炭出口大国，它们的水电在一次能源消费结构中的比例分别为90%和59%，而中国不到17%。中国的水利资源非常丰富，完全应该进一步加以开发利用，大力提高水电在一次能源消费结构中的比重。

2. 太阳能。在中国2/3的领土上，年辐射量超过60万焦耳/平方厘米，每年地表吸收的太阳能大约相当于2.4万亿吨标准煤的能量，开发利用前景广阔。

3. 风能。资源量约为16亿千瓦，可开发利用的风能资源约2.5亿千瓦，风力发电装机容量40万千瓦。

4. 地热。地热资源仅中低温直接利用量就超过2000亿吨标准煤。

5. 生物质能。资源丰富，秸秆等农业废弃物的资源量每年达3.1亿吨标准煤，薪柴资源量为1.3亿吨标准煤，加上城市有机垃圾等，资源总量可达6.5亿吨标准煤以上。①

6. 其他资源还有海洋能、海流能、波浪能、温差能、盐差能等。

发展新能源不仅前景广阔，而且具有非常高的经济社会价值，有利于确保中国的能源安全。在这一方面，中国自改革开放以来，实际上已开展了广泛的科研工作，虽然投资比重不大，但涉及的范围较广，特别是结合农村和边远地区的需要，进行了有针对性的应用推广，取得了较为实用的效果。20世纪80年代，中国政府颁布过关于促进农村能源发展的若干意见，将可再生能源的开发和利用纳入农村能源建设规划。近

① 《中国亟需发展新能源》，中国能源网，2002年9月18日。

些年来，中国政府不断通过颁布政策和立法等手段，进一步消除可再生能源发展的障碍，取得了可喜的成就。例如著名的“光明工程”、“乘风计划”、“送电到乡工程”等等，都是可再生能源——太阳能、风能、小水电等立下的功劳。这些工程有一个突出特点，即把可再生能源的利用与扶贫结合在一起。以“光明工程”为例，服务对象是分散在中国近一半国土上的2300多万无电的农牧区群众，相当一部分是贫困户。这项工程利用太阳能或风力发电，解决了人们日常生活的用电问题。政府为此项目设备和服务总投资约100亿元人民币，重点向西北地区倾斜，对新疆、内蒙古、甘肃、青海和西藏给予特殊支持。中国政府原计划到2010年，使这2300多万人的无电农牧区达到人均发电容量100瓦的水平，相当于全国人均发电容量1/3的水平。这些成就固然喜人，但与国家经济的发展目标尚有距离，要满足我国的社会发展需要，还须继续努力，还须大力开发新能源、新技术，才能适应国内外能源形势和环境新变化，使中国经济能够安全度过能源关。为与世界共建和谐世界，中国应当站在历史的高度，以全球视野处理能源问题，为人类社会实现第三次能源革命做出应有的贡献。

第四章

实施石油安全战略的思考与建议

在当前条件下，为了确保国内的石油供应安全，应首先确立起“保内争外”的核心战略思想。在此思想下，贯彻实施中国的石油安全战略，对于国内的油气资源，无论多寡，无论环境优劣，都要充分重视、关注并不断加强它的可持续开发和利用。鉴于现实条件，应心怀忧患意识，确立起细水长流的思想。在“争外”层面上，对于中国石油企业“走出去”直面国际博弈，参与国际油气资源的合作开发，政府不仅需要进一步加强宏观战略方面的指导，还应多给予一些政策方面的优惠和支持，以资鼓励。因为，“争外”的首选之道是通过国际合作搞油气开发，其次才是通过国际石油市场进口原油。在开展国际能源合作方面，考虑到中国与中东主要产油国之间的特殊传统关系，至少在当前及未来的相当时期内，中东应是中国石油企业“走出去”参与油气开发的战略首选地区。

第一节　加强国内油气资源的可持续开发和利用

国内油气资源的可持续开发和利用，其主旨是：科学规划，合理开采，细水长流。

对于国内的油气资源①，目前主要有两种截然不同的看法：一部分学者持悲观态度，另一部分学者则比较乐观。其实，无论当前我国的资源条件如何，考虑到石油资源的不可再生性和我国经济的可持续发展，在石油的开发和利用上，确立“先外后内”乃至“保内争外”的思想，无疑有利于我国的石油供应安全和我国经济的安全运行。

总之，国内油气资源的可持续开发和利用，应以能够有效支持中国经济的可持续发展为纲。在开发和利用层面上，应加强并做好陆上和海洋资源的开发，以及技术创新、生态环保、建立新的产销体系等方面的工作。

一、开发利用陆上油气资源方面

加强国内油气资源的勘探开发，首先要做好陆上东部含油气区的挖潜，推动新区、新层系的油气勘探，然后是加快西部的油气资源勘探，开展油气资源战略远景区的评价工作，立足大油气田的发现，增加后备储量，尽快实现油气资源和产区的战略接替。

在石油勘探方面，近期的主攻方向仍应是陆上的渤海湾盆地、鄂尔多斯盆地、塔里木盆地、准葛尔盆地、西藏高原的羌塘盆地。在这些区域内，确定一批有望迅速增加储量、产能的重点选区，加大勘探力度，争取新的突破，力争找到大型油田，以大幅度增加石油储量和产量。西藏高原羌塘盆地的油气资源须做进一步的分析、研究和确定。天然气方面，勘探的重点地区应是四川盆地、鄂尔多斯盆地、塔里木盆地和柴达木盆地。

二、开发利用海洋油气资源方面

中国近海的油气资源总体上呈“南气北油”的分布特点，海域油气资源勘探主要集中于近海大陆架浅水地区。在海洋油气资源的开发和利

---

① 详情请参阅本篇第一章第二节“油气供求变化”。

用方面，加强海域油气资源勘探开发，对保持中国沿海北部环渤海经济区、长江三角洲经济区和珠江三角洲经济区的快速稳定发展，有着重要的现实意义。

勘探开发海洋油气资源的重点油气区：

1. 渤海海域。中国北部沿海地区继胜利、辽河等油田之后的重要能源接替基地。

2. 南海北部海域。包括珠江口盆地、北部湾盆地、莺歌海盆地和琼东南盆地等，这是中国南方最大的油气资源开发区。

3. 东海。东海大陆架盆地面积约 26 万平方公里，目前勘探程度非常低，可当作今后中国海洋天然气勘探的“主战场”之一。近几年，日本对我国在东海的一举一动十分关注，NEC 电视广播公司曾专门组织人力，赴我国开展调研活动，了解我国对东海油气的开发动态。

4. 争议海域。中国从南向北依次有南沙盆地、莺歌海盆地西部、北部湾盆地西北部、东海盆地、北黄海盆地均存在划界争议，这些争议区蕴藏着丰富的油气资源。

5. 深水海域。勘探实践表明：深水区勘探成功率高、发现储量大，在南沙海域的 13 个盆地中，有的部分位于深水区，有的全部位于深水区。深水海域已成为今后海洋油气资源勘探开发的重点油气开发选区。①

三、技术创新方面

考虑到我国的石油地质条件背景，加快、推广技术创新是保证中国油气资源在储量、产量上同步稳定增长的必然选择。为了实现这一目标，应建立起合理的油气科技新体制，以政府为主导，油气资源勘探开发企业为主体。由制度作保证，无论政府和企业，都有责任积极参与技术创新，大力开发拥有自主知识产权和有较强实用性的原创技

① 中国可持续发展油气资源战略研究课题组：《中国可持续发展油气资源战略研究》，国土资源新闻网，2004 年 1 月 12 日。

术和核心技术，同时加快科技成果向生产力的转化，做好成熟、实用技术和方法的推广、普及，鼓励油气资源勘探企业使用新技术。政府对油气资源勘探开发企业的环保投资和科研投资，应给予政策支持，实施优惠政策。

除油气资源的开发和利用需要技术创新外，提高节能技术也是值得推崇的一个方面。在这方面，要确立以提高能源利用率为中心、节能优先发展的战略，大力促进结构节能、科技节能和管理节能。同时要以《节能法》为依据，形成调整用能单位节能行为的外部机制；按照市场经济法则，建立用能单位以节能降耗、提高产品市场竞争力为目标的内部机制，使节能活动法制化、市场化、科学化。提高节能技术主要有以下两个途径：

1. 积极引进节能技术和设备。节能是第五大资源，节油可以降低石油资源的战略意义。中国单位 GDP 的能耗和汽车的油耗水平远高于发达国家，因此节能潜力较大。2005 年中国政府提出了发展循环经济、建设资源节约型和环境友好型社会的政策，旨在构建节约型的经济增长方式、产业结构、城镇化模式、农业生产体系、消费方式，树立节约型的思想观念。

中国发展节约型经济可以借鉴国外先进经验和技术，充分发挥后发优势。目前日本、德国节能技术比较发达，中国可以通过举办展会等形式引进发达国家先进的节能技术和设备。与此同时，自行研发相应的节能技术，或是对引进技术进行再研发，使节能技术有所创新，有所进步。

2. 开展能源技术合作。中国经济发展中的能源问题也是全人类面临的问题。中国有责任在能源领域为人类社会的发展做出贡献，世界各国也同样如此。当前，中国应在以下 3 个方面加紧努力：一是同国际能源组织或发达国家建立能源合作机制，共同研究、开发新能源、新技术，积极发展太阳能、风能、生物能、地热等可再生能源；二是与发达国家合作，积极引进或联合开发先进的节能技术；三是通过技术有偿转让、技术参股、技术指导等方式，促进拥有节能技术的企业与相对比较落后的企业开展合作，在全社会推广节能技术。

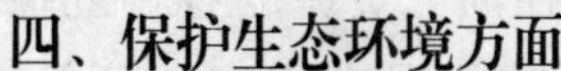

四、保护生态环境方面

油气资源是生态环境系统的重要组成部分，加强油气资源勘探开发，不能以破坏环境为代价。《中共中央关于制定“十一五”规划的建议》中对环境友好型社会作了专门的阐述：我国土地、淡水、能源、矿产资源和环境状况对经济发展已构成严重制约。要把节约资源作为基本国策，发展循环经济保护生态环境，加快建设资源节约型、环境友好型社会，促进经济发展与人口、资源、环境相协调。推进国民经济和社会信息化，切实走新型工业化道路，坚持节约发展、清洁发展、安全发展，实现可持续发展。发展循环经济是建设资源节约型、环境友好型社会和实现可持续发展的重要途径。坚持开发节约并重、节约优先，按照减量化、再利用、资源化的原则，大力推进节能、节水、节地、节材，加强资源综合利用，完善再生资源回收利用体系，全面推行清洁生产，形成低投入、低消耗、低排放和高效率的节约型增长方式。当前，我国已进入大范围生态退化和复合型环境污染的新阶段；将来我国生态和环境将面临新一轮发展带来的巨大压力。环境友好型社会是一种人与自然和谐共生的社会形态，其核心内涵是人类的生产和消费活动与自然生态系统的协调可持续发展。在我国社会经济总量不断增长的同时，经济发展模式粗放、经济发展效益不高，资源利用率低、污染排放量大，导致我国生态与环境形势日益严峻，已进入大范围生态退化和复合型环境污染的新阶段，生态与环境问题表现出显著的系统性、区域性、复合性和长期性特征；另一方面，随着人口增长和人均消费水平的提高、经济持续增长并进入重化工业阶段、城镇化和未来农村快速发展以及全球经济一体化，我国生态和环境将面临着新一轮发展带来的巨大压力。[①] 这也是中国全面建设小康社会的必然选择。

在油气生产方面，要实现以上目标，应坚持勘探开发和保护齐头并

---

① 《建设环境友好型社会 促进人与自然和谐》，《人民日报》，2005 年 11 月 17 日。

举的原则。这是直接的环境保护，目的是避免、减少或降低油气资源勘探开发活动对周边环境的直接破坏和影响。在油气资源的各种勘探生产作业施工和设施建设中必须考虑对环境的影响，提交相应的环保方案，并在项目实施过程中严格按照有关环保法规和项目环保方案施工，推行项目负责人制度，对整个项目的环境保护和勘探生产负责。油气资源的勘探开发不能以牺牲生态环境为代价来换取经济效益，更不能走“先污染、后治理”的路子。在油气资源勘探开发过程中，必须制定行之有效的生态环境保护措施和实施方案，全力保护油田或工作区周边的水、土、林等自然环境。加大生态环境建设的投入，在有条件的勘探开发作业区域内，综合利用当地的自然资源，种草种树宜林则林、宜果则果，保护好水资源，走绿色开发之路。总之，既要坚持开发与节约并重，又要有利于生态环境保护。

五、建立新的产销体系

（一）充分利用国内国际两个市场，实行多品种、多渠道的市场多元化方针

要根据国内石油市场和资源的特点，研究有利于组织资源、公平竞争、规范管理、符合社会主义市场经济规律的政策，用经济手段引导能源供求平衡，用法律手段规范企业行为。要加强石油市场的宏观调控，建立平抑市场波动的调节机制，完善能源价格形成机制，理顺价格体系。

（二）建立和完善石油天然气的政策法规体系

借鉴国际经验，对石油天然气先行立法，制定出相关的法律、法规，对中国的油气资源从战略调查、勘探和开采到对外开放等做出详细、准确的规定，依法管理、保护和合理利用油气资源。从实际情况来看，目前特别需要抓紧制定一批专门的法规和政策，如中国企业从事境外石油勘探开发、国家石油储备、石油税收、油田保护和安全生产管理等行政法规和政策。通过建立和完善石油政策法规体系，加强引导，把

油气资源管理活动纳入法制化轨道。

（三）建立国家油气资源风险勘探基金

中国油气资源勘探开发资金短缺是一个长期问题。因此，应集思广益、广开财源，建立油气资源风险勘探基金，专项用于开展新区、新领域、新层系的油气资源战略调查和全国油气资源基础地质研究、资源评价研究、勘探方向研究等。对新发现的油气区块，采取招投标方式有偿出让给油气开发公司，所得收益再转入风险勘探基金，专款专用。

（四）制定油气资源风险勘探的优惠政策

从各油气公司、油气田每年上交的所得税和利润中返还一定比例，扶持油气公司用于风险勘探，确保勘探投入。同时建立风险投资机制，鼓励油气公司努力开辟新领域、新层系、新地区和新盆地的勘探。利用积极的财税政策，鼓励开发难动用油气储量。制定减税、免税和差额税率等扶植政策，支持和鼓励开发油气贫矿、尾矿、特低渗透油、稠油、高凝析油和进入高含水阶段老油田的难动用剩余可采储量，提高资源利用效率，增加可采储量，延缓油田产量递减速度。政府还应出台西部油气勘探开发优惠政策，引导国内外资金流向西部油气勘探。

（五）加强对油气资源的规划和管理

制定油气资源统一规划，实行宏观管理，包括政策制定、综合平衡等；转变政府管理油气资源职能，依法行政。实施改革措施，统筹包括油气资源在内的整个能源系统，进一步确定有关主管部门对能源规划、管理、保护、利用的职责。在政策法规框架下，对油气资源的市场、标准、信息以及质量、安全、环保等实行统一监管。

（六）引进外资参与国内油气资源的勘探开发

采取积极有效的措施，吸引国外资金投入国内的油气勘探开发，按照国际上流行的产量分成和合资经营模式，明确政府与外国投资者的利益。通过吸引大量国外资金、引进国外先进技术来勘探开发和利用国内油气资源，以保证油气日益增长的需求。

进一步扩大海洋油气资源勘探开发的对外合作，不必局限于原有合作模式和合作对象，可灵活采用战略联盟、合资等方式，寻找更为广泛的伙伴。除了单纯的油气公司外，还可扩展到非海洋石油企业甚至非石油企业，吸引有投资能力和信誉的国内外企业参加海洋油气资源的勘探开发。至于合作领域，除了传统的勘探开发外，可拓展到油气资源的加工、销售、大型工程建设及大型科技攻关项目等。

（七）对“走出去”企业实施优惠鼓励政策

具体措施如：从政策上加强对国外油气勘探开发活动的统筹规划和管理，鼓励中国油气公司与跨国公司进行战略结盟，允许相互持股、海外投资，建立基地、海外上市；鼓励使用自有资金参与国外油气勘探开发；鼓励并优先安排跨国油气公司所获份额油气返销国内，并酌情减征或免征关税和增值税；放宽“走出去”的中国油气公司在国外融资、筹资和出入境换汇权限；利用国家财政拨款或其他财源，设立海外油气发展基金；允许油气公司选择无税或低税的国家和地区，设立避税地子公司合法避税，提高效益；提高国外项目审批的效率，简化国外油气勘探开发项目的审批过程，由国家计委审批后即可实施，项目中标后直接报批项目可行报告；项目审批权限可依据投资额而定，对权限范围内的项目，可委托国家油气公司审批，报国家计委备案；对海外份额油的税收优惠等等。

总而言之，要实现上述目标，保持国内能源总量平衡和供应安全，必须抓住经济结构调整和能源供求阶段性缓解的有利时机，解放思想，转变思路，从注重量的供给转向结构优化平衡。

第二节　中国石油企业应坚持不懈地开展国际合作

随着世界经济的发展，石油供应安全问题牵动着诸多国家的神经，全球范围内的油气资源竞争日趋激烈。中国目前正处于重化工业发展阶段，以汽车和房地产快速发展为标志的城市化进程正在提速，但由经济腾飞带来的石油供应安全问题也日益突出，已关系到我国的持续稳定发展。我国石油供应的形势迫使中国的石油企业必须进一步解放思想，以科学发展观为统领，加强与石油输出国之间的国际合作。但是，油气资源在地域上的分布不均衡，决定了只有国际化才能实现油气资源的世界性最佳配置。近几年，世界油气资源出现新的供需变化和再配置的局面，对中国石油企业坚持改革开放不动摇，积极参与国外油气资源开发是一个难得的历史机遇。世界政治格局的多极化为中国石油企业进入海外油气资源勘探市场提供了有利条件，特别是油气资源国的开放政策，既为中国利用世界油气资源提供了有利时机，也为中国石油企业尽快“走出去”提供了契机。

中国的石油供应安全就目前而言，面临着三大问题：一是经济增长带动石油消费迅速增加，造成石油供求缺口不断增大；二是经济受石油资源制约的系数迅速增大；三是石油的对外依存度不断提高。在此背景下，要确保石油供应安全，除了需要采取建立战略石油储备等一系列必要举措之外，更要坚定地走“石油来源多元化”的道路，想方设法广开油源，以避免资源地单一可能带来的风险。目前，由于我国缺乏必要的战略石油储备能力，对石油突发性供应中断和油价大幅度波动的应变能力较差。随着今后进口石油数量的增加和国际市场油价的波动，进口石油资源的安全性应当受到足够的重视。寻求我国石油安全问题的解决办法，就是要营造一个良好的国际环境，让我国的石油企业走向世界，直面国际博弈。

目前我国对海外石油资源的利用，除了由中国石油企业在国际市场上进行期货或现货贸易外，也包括在勘探、开采等领域与外方进行合作。很多合作项目都采取“份额油”的方式，即中国石油企业在当地的石油建设项目中参股或投资，每年从该项目的石油产量中分取一定的份额。这样做既能保证拿到实物，石油进口量也不至于受油价波动的太大影响。充足的海外石油产量可以有效抵消高油价对中国经济的冲击，稳定国内石化工业的发展。

中国石油企业"走出去"的重点应放在全方位参与国际竞争之上，在竞争中化解市场风险。[①]"走出去"采油优先于买油，要利用已有技术和资金到国外采油，参与他国油气资源的开发，实现石油供应的多元化，规避石油资源地过于集中和油价波动带来的风险。只有掌握油源，才能从根本上改变国际油市一打喷嚏国内油市就"感冒"的现状。近年来以中石油、中石化和中海油为代表的中国石油企业实施"走出去"战略的步伐明显加快。中国石油企业同海外油源的合作范围已扩展到中亚的俄罗斯、阿塞拜疆、哈萨克斯坦，东南亚的印尼、缅甸，中东的利比亚、伊朗、阿曼和中南美洲委内瑞拉，非洲苏丹等地。但是，国际油市风云变幻，一些老牌的跨国石油公司对国际石油资源的争夺如狼似虎，中国石油企业国际博弈的道路异常艰辛。首先，同行业竞争异常残酷。全球的石油巨头都在圈地，世界上的共享油气资源地都早已成为西方跨国石油公司的势力范围，要跻身其中已很难。这些国际石油巨头为了保护既得利益，都采取了排挤措施。中海油及中石化收购哈萨克里海油气资产失败和中海油以185亿美元现金竞购美国第9大石油公司居然受挫便是佐证。其次，地缘政治压力巨大。伊拉克战争结束后，世界能源的地缘政治格局和世界油市格局出现了重大变化，世界石油业步入了一个微妙的势力重划阶段。这对中国的石油企业来说，不啻是一次历史性的机遇，随着我国经济的迅速发展和国内石油缺口的进一步扩大，中国的石油企业应与时俱进，不断参与和加强国际油气合作的力度。

中国石油企业参与国际油气合作的道路不可能一帆风顺。中国三大石油集团公司应全面掌握并精妙运用国际游戏规则，摒弃冷战思维残余，仔细研究并充分利用微妙的国际关系，寻求企业生存和发展空间。

一、分享国际石油资源，确保中国石油安全

从20世纪90年代开始，中国经济的持续高速发展带动了石油消费

---

① 朱训：《朱训论文选：矿业卷》，中国科学出版社，2002年第3版，第409～413页。

量的急剧上升。1993 年石油进口量超过了石油出口量，一举成为石油净进口国；1995 年石油进口的金额超过了石油出口的金额，在石油贸易金额上成为石油净进口国。1996 年中国的石油产量居世界第 5 位，为 1.56 亿吨，原油加工能力达到 2.3 亿吨，石油与石油产品的进口量为 1393 万吨，相当于当年石油消费总量的 8%；1997 年原油进口量达到 3547 万吨；1998 年进口原油 2732 万吨，成品油 2174 万吨；1999 年原油和成品油净进口额为 4680 万吨。2002 年，中国进口原油和油品总量为 8975 万吨，其中原油进口 6491 万吨，比 2001 年增长了 15.2%，进口额达到了 127.57 亿美元；油品进口 2034 万吨，进口额为 37.99 亿美元。2003 年的总进口量（包括原油、成品油和 LPG）超过 1 亿吨，2004 年增至 1.22 亿吨。这 11 年中国的石油进口量呈直线上升之势，石油需求量的增长率保持在 5.77%。

中国石油的最终可采储量较低，人均占有量只有 10 吨，居世界第 41 位；油气剩余可采储量每年新增量已多年低于开采量，不仅占世界比重很低，储采比也大大低于世界平均水平。加之中国东部高产油田因开采难度增加、成本攀高，大都已进入开采中晚期，因此中国的石油产量在短期内难以实现大幅度增长。[①] 而在此期间，经济与社会生活的发展以及全面建设小康社会的步伐加快，必然导致国内的石油需求进一步增加，供求缺口越来越大，对外依存度越来越高，使石油供应安全的难度系数不断提高。

国内有关能源机构曾预测：2010 年我国石油供需缺口为 1.2 亿吨左右，2020 年为 2.1 亿吨左右。我国对国外石油资源的依赖程度将由目前的 20%上升到 2010 年的 40%多和 2020 年的 50%多。[②] 这些数据已经被证实有误，2005 年中国进口原油约 1.3 亿吨，已经超过上述 2010 年我国石油供需缺口 1.2 亿吨的估计，在这方面国外机构的预测

① 2006 年初多家媒体报道了有关青藏高原羌塘盆地大量发现石油储量的消息，该资源还有待进一步分析、研究、探讨与证实。

② 陈昌荣、杨卫东、吴 军、伍三军：《充分利用新疆区位优势，加大与中亚国家石油战略合作力度》，新疆科技情报学会网，2006 年 11 月 14 日。

结果普遍高于我们国内的预测。世界能源机构认为，中国的石油需求量2010年为3.5亿吨，2020年为5亿吨，而原油产量2010年为2亿吨，2020年为1亿吨，2010年缺口将达到1.5亿，2020年将达4亿吨。尽管国内外有关能源机构的预测数据有一定的出入（见表4—1），但对中国石油安全变化趋势的估计却是一致的：即国内原油自给率不断下降，对外依存度越来越高。

表4—1　　国内外机构对中国石油对外依存度预测比较①

预测机构	2010年	2020年
中国能源研究所	46％—52％	55％—62％
国际能源机构（IEA）	60％	76％
美国能源信息署（EIA）	49.7％	65.5％
欧佩克（OPEC）	45％	52％

石油的对外依赖度越高，供应的安全性就越脆弱，但并不等于一定会危及经济安全。从长远看，中国未来的油气来源应首先在“海外”，因为石油是不可再生资源，用一点就少一点。从日本的经验看，它从20世纪50年代起就全面改变能源结构，把利用石油放到了主要位置，并大量从中东进口原油。半个世纪以来，除20世纪70年代遭遇两次石油危机的冲击外，因缺乏防范措施，使国内经济运转一度失灵外，其他时候基本安全无恙。再一个例子就是美国，近年来其国内的石油产量一降再降，国外进口原油一升再升，速度非常之快。由此不难发现：美国在石油利用方面的策略是“先国外后国内”，因为自己领土下的石油要比国外共享油气资源安全得多，所以在它认为国际环境适宜的时候，它把手伸向了中东，伸向了伊拉克，甚至不惜通过战争来解决问题。美国

① 陈昌荣、杨卫东、吴军、伍三军：《充分利用新疆区位优势，加大与中亚国家石油战略合作力度》，新疆科技情报学会网，2006年11月14日。

的这种做法值得商榷，但把国内资源放在国际共享资源之后的思路值得借鉴。从这种意义上说，解决中国石油安全问题不应拘泥于石油的对外依存度，而应着眼于创造良好的国际环境，中国的石油供应安全需要国际石油市场。中国的石油安全战略应是一种外向型的国际石油战略，其核心思想是：保内争外[①]。

二、中国石油企业实施参与国际油气合作的收获

中石油是我国最早走出去的大型企业。在实施国际化经营中，中国石油的海外投资项目已经从单一的油气合作开采发展到石油工业一体化运作，开始进入自我积累、滚动发展的良性循环阶段。经过 10 余年的探索和发展，中石油积累了在海外开展不同规模和不同合作模式项目的开发、建设与管理经验。中石油目前正在执行的几十个海外石油投资项目分布于全世界近 20 个国家，基本建成 4 个海外油气生产基地，即北非地区、中亚地区、南美地区和亚澳地区。业务范围包括油气勘探开发、生产销售、炼油化工及成品油销售等领域。最新统计显示：中石油海外原油作业产量达 2548 万吨，获得权益原油产量达 1304 万吨；天然气作业产量达 19.2 亿立方米，获得权益产量达 13.9 亿立方米。从 1998 年至 2003 年，海外原油作业产量增加了 6.78 倍，权益产量增加了 5.11 倍。[②] 根据规划，2005 年中石油的海外油田产量应达到 3500 万吨，2010 年达 5000 万吨。

中石化参与国际油气合作的步伐较快，已在伊朗、沙特、加蓬、哈萨克斯坦、也门和厄瓜多尔等国家参与当地的油气项目，签订了一批项目协议。中石化国际勘探工程公司于 2003 年 12 月 31 日在伊朗卡山区块风险勘探中成功打出高产油气井，并参与了世界第二大油田阿扎德干

---

① 请参阅本篇第三章第二节“确立中国石油安全战略的核心思想——保内争外”。

② 李国洪：《中国应建立集中海外石油投资体系》，巨潮资讯网，2005 年 6 月 14 日。

德油田北部区块的竞标。2004 年 3 月，中石化集团同沙特阿美石油公司及沙特石油部签署了鲁卜哈利盆地 B 区块天然气风险勘探开发协议，这是中国石油企业第一次正式登陆世界最大的油气富集区——沙特阿拉伯。

中海油的成果也十分可喜。2002 年中海油斥资 12 亿美元收购了澳大利亚和印度尼西亚的三块石油天然气田，以 5.58 亿美元买下了西班牙瑞普索公司在印度尼西亚的 5 个海上油田的部分石油资产，这是中国石油企业并购国外资产数额最大的项目之一。中海油这一跨国资产并购将为其带来每年 4000 万桶、约 500 万吨石油的份额。经过这次并购，中海油现已成为印尼最大的海上石油生产商之一。

（一）涉及的油区

1993 年以来，按照党中央、国务院提出的“充分利用国内外两种资源、两个市场”的方针，中石油、中石化、中海油三大石油集团公司先后走出国门，勘探开发境外油气资源，取得了显著的成果。共涉足 26 个国家，其中已在苏丹、委内瑞拉、秘鲁、印度尼西亚、哈萨克斯坦、阿曼、加拿大等 7 个国家获得份额油。另外，正在开展的项目有俄罗斯、土库曼斯坦、阿塞拜疆、伊拉克、科威特、伊朗、卡塔尔、阿尔及利亚、尼日利亚、加蓬、叙利亚、埃及、也门、缅甸、泰国、巴基斯坦、阿根廷、厄瓜多尔、西班牙等 19 个国家。

（二）利用国外资源的主要方式

1. 购买老油田，利用先进开采工艺，直接生产原油。中石油在秘鲁采用这种方式，虽然这种方式投资不大，风险较低，通过发挥中国二次采油、三次采油的技术优势，提高采收率，比较容易成功。中石油在秘鲁的投资已于 2000 年全部收回，而该油田预计还可生产 14 年，年净利润超过 1000 万美元。

2. 购买区块，单独开发。中石油在苏丹采用此种方式，虽然这种方式风险大，但投资收益也大。苏丹项目勘探上不断取得突破，石油可采储量接近 10 亿桶，新增可采储量的发现成本约 1 美元/桶，低于国际

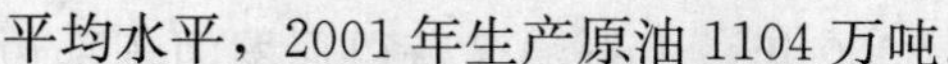

平均水平，2001年生产原油1104万吨。

3. 采用合资、入股、兼并等形式，与国际跨国石油公司联合开发世界新区油气资源。这种方式比较容易获得项目，因而最为普遍，中国三大石油公司在大多数国家都采用这种方式。

4. 技术服务。这种方式我方仅有作业权，中石油在委内瑞拉中标的两个油田和中石化在伊朗的项目就采用这种方式。这种方式的成本可以在后期的开发收益中全部列支，且有固定回报率，风险小。

（三）进行国际油气合作的成果与挫折

中国三大石油公司通过国际油气合作已经取得了显著的成效。2001年取得份额油900万吨，2002年超过1200万吨，2005年争取拿到份额油2200万吨，2010年份额油目标是3000万吨。

在勘探开发油气资源的同时，三大石油公司也加强了下游管线的建设，中石油在苏丹建设了油田至苏丹港全长1506公里的输油管道。中国石油企业到海外投资参股，带动了国内技术、装备、材料、劳务的输出，成为国际化经营战略的重要组成部分。据不完全统计，通过海外投资项目带动国内各类出口超过20亿美元。另外，中国石油企业通过参与国际竞争锻炼了队伍，特别是海外投资项目的技术支持队伍已形成一定规模。

尽管中国石油企业在参与海外油田勘探开发及获取“份额油”方面取得了一定的进展，但从总体上看，海外开发的努力仍属尝试性质，还应重点探索走出国门和立足国外、参与多方面市场竞争、建立多角化战略同盟、规避国际市场风险以及运用多种避险手段等方面的应对策略。石油的国际合作开发要和下游产业的发展通盘考虑，利用国外资源的思路不应局限在一个环节，还应考虑适当降低中国成品油和石化原料产品的自给率，更多利用国外的生产能力，提高这些产品在国际市场的采购水平。

中国石油企业取得成功的最大海外投资地是苏丹。1996年11月，中石油中标苏丹穆格莱德1、2、4区油田开发权，并负责组建苏丹最大的石油开采作业企业———大尼罗河股份有限公司。在这个公司中，中方股份占40%，为最大控股方。2000年，中石油又获得尼罗河东部迈卢特盆地油田的开采权。到2007年，迈卢特盆地的日开采量达到目前苏丹全国的产量，即30万桶/日，最终可达50万桶/日。经多年努力，中国作为苏丹最早也是最大的石油开采国际合作方，已经逐步形成了一个集生产、精炼、运输、销售于一体的完整的石油工业产业链。

2004年5月，中石油宣布介入苏丹最大的炼油企业项目。在双方的这次10亿美元投资合作中，其中3亿美元用于扩大喀土穆炼油厂的规模，将其产能从每天5万桶提升至9万桶，其余资金将用于修建750公里长的输油管道。虽然在中国的石油战略图上，苏丹已居重要地位，但是中石油在苏丹遇到的国际竞争也是很激烈的。2004年初，苏丹决定让中断了20年的法国能源集团重返苏丹，显然是为了改变苏丹的石油产业竞争格局。7月下旬美国介入苏丹人道主义危机后，竞争局势变得更为复杂。

近年来，温家宝总理和胡锦涛主席对一些产油国家的访问，都被外界看作是“展现中国全面实施‘工程换石油’战略的决心”。据媒体报道，“温家宝总理访问哈萨克斯坦，成功地签署了合作建造输油管的协议，而中国在中亚的另一条石油管道是由巴基斯坦做中介的，中国在巴国的瓜达尔港投巨资建立新的石油集中港，可吸纳中东的石油。”[①] 苏丹有25亿桶探明石油储量，另有80亿—120亿桶潜在资源，已勘探开发的仅占10%。2003年苏丹共产原油1416万吨，其中约70%出口国外。2004年苏丹的石油收入约达24.3亿美元，较上年增加5亿美元。

中国石油企业开展国际合作开发虽然取得了可喜的成绩，但由于受国际政治因素的影响，海外拓展多次受挫也是不可否认的。如中俄石油输送管线改道、中国石油企业被迫退出俄罗斯斯拉夫石油公司股权竞拍、收购里海油气田项目受挫等，最突出的是中海油收购美国优尼科石油公司受到美国国会的强烈反对和抵制，使人们进一步看清了国际能源合作背后的国际政治因素，从而也为中国的石油企业提了个醒，在

① 《中石油在苏丹受考验，中国能源外交应变换新思路》，《中国日报》，2004年12月8日。

"走出国门"参与国际竞争的时候，必须重视经济运作背后的政治因素。因为石油作为一种自然资源和物品，虽具有其商品属性，但自一战以后，石油就具有了战略性属性，因而不可避免地带上了政治属性，国际石油价格的波动和国际石油市场的争夺，或多或少地可以折射出其背后的国际政治因素。

三、中国石油企业参与国际合作应注意的问题

为了保证油气资源的可靠供应，既要加强国内油气资源勘探开发，更要充分认识油气资源是全球市场配置的资源，抓住国际上油气资源供应充足、价格相对稳定的有利时机，积极参与国际竞争，勘探开发国外油气资源。目前油气资源勘探开发应以周边国家和中东为主，其中石油资源可考虑以参与俄罗斯和中东地区的勘探开发为主，天然气资源以参与远东和中亚地区的勘探开发为主。

（一）国外油气资源的选择、勘探与开发

利用国外油气资源需要优选勘探开发地域、优选长期稳定的合作伙伴、建立安全的油气输送通（管）道。综合分析海外资源国的地质背景、油气蕴藏状况、开发条件、宗教文化、法律框架等具体情况，在重点目标的选择上，应主要集中力量开辟中东地区和中亚里海的国外油气资源战略选区。

中东地区是当今世界上油气资源最丰富的地区，其原油产量占全球产量的35%，石油出口量占全球的一半以上。这一地区油气资源丰富，生产成本低，石油地质条件好，许多国家与中国有着传统的友好关系，可作为中国21世纪境外油气资源勘探开发的主要目标区。

中亚里海地区蕴藏着十分丰富的油气资源，有"第二中东"之称。该地区油气开发程度相对较低，潜力大。在地缘上，与中国接壤或近邻，通过"上海合作组织"，中国与中亚国家建立了长期稳定的战略合作关系，有着良好而现实的基础。

环里海国家之一的俄罗斯油气资源丰富，是世界第一天然气大国，

第七大石油大国，在世界石油市场上的地位举足轻重。中俄之间具有良好的地缘条件和外交关系，中国进入俄罗斯开发油气资源享有天时地利之便。

非洲和拉美地区勘探程度较低，经济技术水平相对落后，中国已在苏丹、委内瑞拉等国拓展了发展空间，取得了可观的份额油，继续在这些地区进行勘探开发，实现有效的扩张，可以巩固中国在北非、南美的战略性成果。

从地缘上看，伊朗距我国大西北较近，且探明剩余石油储量极其丰富，近几年新发现的石油储量大大超过开采掉的产量。据美国《油气杂志》公布的数字，伊朗的石油储量约为186亿吨，年产量约2亿吨，[①]其中大量供出口。近年来伊朗因核问题深陷困境。国际社会的关注和干预越来越强，制裁措施也越来越严厉。在伊朗的这场核危机中，中国政府应持何种态度，应采取何种政策至关重要。伊朗是中国石油企业较早进入参与油气开发合作的国家，中国的石油企业已在伊朗的石油勘探和开发领域有了一定的基础。在当前形势下，进一步加强中国石油企业在中东产油国的国际油气合作，是历史性机遇，也是挑战。全球化说到底是个全球竞争机制，在此机制下，各国之间的竞争是持久的、心照不宣的，与发展是矛盾的对立统一，发展须竞争，在竞争中求发展；我国政府和石油企业必须通过积极参与和竞争求发展，同世界各国在竞争与合作中共建和谐世界。据此，加强对中东地区特别是伊朗、阿富汗反恐斗争的支持与投入，加强中国石油企业对伊朗以及沙特、伊拉克、科威特、阿联酋等石油储采量大国的合作开发，把中国的大西北地区建成我国的反恐、反民族分裂基地和战略油气储备基地，既有利于我国大西北的发展和稳定，也有利于中国的石油供应安全和经济安全。

（二）利用国外油气资源的方式

借鉴国内外石油公司境外找油的成功经验，采用多种灵活方式，

---

① 梁刚：《2006年世界石油储量和产量（数据表）》，《国际石油经济》，2007年第1期，第54页。

实施境外油气资源开拓战略。据了解，现在主要采取以下 4 种方式：即购买区块，单独进行石油勘探开发；收购尚未开发的探明石油储量，独立开发；购买老油田，利用先进开采工艺，直接生产原油；采用合资、入股、兼并等形式，与国际跨国石油公司联合开发世界新区油气资源。

通过参与国外油气资源勘探开发，在 15—20 年内，在海外增建若干具有一定规模的石油生产供应基地，到 2010 年争取 5000 万吨份额油；到 2020 年力争达到 1.0 亿—1.5 亿吨海外份额油。这样，才能基本满足中国经济的发展需要。

（三）参与国际油气合作的实施步骤

根据对国内油气资源勘探开发和供需状况的分析以及对全球油气资源发展趋势的初步估价，中国石油企业参与国际油气合作宜分两步走：在 2010 年前继续巩固已有的境外油气资源勘探开发成果，抓住世界油气资源有利的战略机遇期，不断开拓和扩大新的领域，实现 5000 万吨份额油，同时为以后发展积蓄力量，做好人才、技术、资金和地域选择的准备。在 2010—2020 年之间，加强与油气资源国的合作，在全球油气资源的重点地区建立起两大油气资源保障体系，争取 8000 万吨份额油甚至更多，使国内和国外油气资源供应量基本相当。

（四）配套措施

要实现上述战略建议和目标，国家必须采取一些配套措施。大力扶持和鼓励中国石油企业参与国际竞争，勘探开发国外油气资源。这是一项竞争强、风险大的经济活动，利益与风险并存。参与国际合作和竞争的主体是企业，但政府必须统筹规划、综合协调，发挥自身的功能和作用，采取积极的扶持和鼓励政策。

1. 设立国外油气资源发展协调工作机构。由政府有关部门和三大油气公司等企业抽调人员组成，负责中国石油企业开展国际合作的政策制定、综合协调、咨询指导、信息服务等。

2. 设立国外油气风险勘探专项资金。专款专用，主要用于中国石油企业开展国外前期油气资源战略调查评价，组织进行国外油气资源战略选区和基础性、前期性调查研究工作，以增加选择目标国家和区域的准确性，减少中国石油企业的投资风险。

3. 制定国际合作勘探开发的法规。按照国际通行的规则，比照中国陆上、海上石油对外合作条例，制定国内企业到国外勘探开发油气资源的法律法规，在项目审批、资金筹集、税收制度、外汇管理、投资保险、资本经营、财务管理、进出口的方面给予扶持和鼓励，加以严格规范。

4. 建立区域性战略联盟与论坛。一是与周边油气资源大国建立能源联盟；二是与主要油气资源消费大国建立利益联盟；三是在亚洲或国际上建立主导性的油气资源论坛。

5. 为开展、从事能源外交的驻外机构建立必要的激励机制。

（五）制约中国石油企业参与国际油气合作的国际政治因素

中国石油企业参与国际油气资源的开发合作受国际政治因素制约是多方面的，主要有：（1）霸权主义国家控制石油产地和运输通道，遏制中国的和平发展。美国发动伊拉克战争的一个目标就是石油因素。（2）跨国石油公司对我国从事国际合作开发石油资源制造障碍。中石油在苏丹开发石油取得成功后，美国等西方国家无理指责中国专门在所谓问题国家搞合作经营。《华盛顿邮报》在描述中国在苏丹的石油开发项目时，用心险恶地称中国工人是在苏丹军人的严密保护之下工作的，苏丹政府军得到了从机关枪、火箭弹到坦克和武装直升机等的全套中国武器装备。（3）周边国家则围绕着石油资源对我国钓鱼岛和南沙诸岛主权提出挑衅，这也影响了这些地区的石油开发的国际合作。（4）政治因素限制了中国石油公司的海外开发和合作，俄罗斯为了更有效地控制未来东亚地区的油气格局，最终放弃了安大线，在日本、韩国的参与下，选择了泰纳线。（5）中国“石油威胁论”不时抬头，西方媒体把近两年的国际油价暴涨归咎于中国。（6）中加进行能源合作，共同开采阿尔伯塔省北部的油田后，美国媒体大肆宣称，这是对美国安全构成的威胁等等。

消解上述政治因素影响的对策是：(1) 努力构建和谐世界，为中国石油企业开展能源合作创造良好的国际环境。(2) 积极开展全方位的石油外交，为我国石油公司参与国际竞争、开展合作开发铺路搭桥，利用我国与一些石油生产国间的传统友好关系，集中力量发展优势项目，逐步做大、做全、做强，建立多元化的石油供应体系。(3) 积极开展区域能源合作，避免恶性竞争，开展友好合作。东北亚地区的中、日、韩3国在石油领域面临共同困难：石油市场脆弱，彼此缺乏协调，与欧美相比进口石油需要更多的费用。国际石油市场从1992年起，就以“亚洲溢价”向亚洲国家供应石油，致使亚洲的石油价格高出欧美1—1.5倍。事实上，东北亚国家在能源合作方面也存在诸多互补之处，只要抛弃冷战思维，树立互利共赢思想，就可以借鉴欧洲从“煤钢共同体”走向联合的经验，推动东北亚乃至亚洲地区一体化的进程。(4) 存异求同，共同开发。2005年3月14日，菲律宾国家石油公司、中国海洋石油总公司和越南油气总公司在马尼拉签署了《在南中国海协议区三方联合海洋地震工作协议》，决定联合勘探南中国海14万平方公里水域的油气资源。[①] 这一协议的深远意义在于：它将南海由争议之海变为和平、稳定的合作之海，这是在构建和谐世界思想指导下的一次重大外交突破，也是亚洲能源自主战略走出的关键性一步。它为其他有争议地区的油气国际合作，如中日的东海油气合作开发提供了可资借鉴的模式。

四、中国企业参与国际油气合作的前景

到目前为止，中国的石油和化工业均以年均7%—10%的速度增长，远远高于世界平均增长速度。据预测，到2020年中国原油进口有可能达5亿吨，这个数字是2001年的8倍。石油资源短缺带来的石油安全危机不仅关系到中国石化产品的长远发展和竞争力，更影响到经济的可持续发展。中国石油安全危机的解决之道在于：参与国际油气合作

① 《中、越、菲三国石油公司签订〈在南中国海协议区三方联合海洋地震工作协议〉》，央视国际，2005年3月15日。

不仅要走出国门，更要走出仅依赖石油的结构误区。中国石油企业走出国门不仅要办工厂，更要参与勘探、开采与加工，要充分利用他国的油气资源。当然，其中存在风险，特别是中东地区的政治风险较大。从目前情况看，中国解决石油安全危机的步伐已经迈出，实现石化工业增长是完全可能的。

第三节　政府应加强对中国石油企业参与国际合作的宏观指导和支持

20 世纪 80 年代以来，石油经济的全球化浪潮逐渐形成。全球化意味着石油生产和贸易将向世界各地的市场开放，而石油安全供应是石油经济全球化的一个重要课题。石油经济的全球化和区域化的发展对世界经济与政治局势影响深远，由此产生的对世界能源消费大国对石油资源主导权的争夺更趋复杂。石油作为不可再生的重要战略物资，已成为 21 世纪国际争夺与控制的焦点。中国经济迅速融入全球化进程，以及中国对外石油依存度的不断提高，使中国能源安全特别是石油安全与国际环境紧密地联系起来。国际环境对中国的石油安全既有积极的影响，也存在不利的制约因素。

首先，全球油气资源的政治性博弈和控制权争夺愈演愈烈，中国在国际市场上进行油气资源勘探开发的空间所剩不多。以往的世界石油资源争夺史和当前世界石油资源格局的演变趋势表明：世界能源生产或消费大国，特别是美、欧、俄等西方国家及其跨国公司为了谋取石油利益都是不择手段的，甚至不惜通过战争来争夺和控制世界上的战略油气资源。2003 年 3 月爆发的伊拉克战争尽管有着种种理由，但是与 1990 年的海湾战争一样，归根到底它是一场与“石油”有关的战争。美国推翻萨达姆政权并以美国的民主模式建立伊拉克新政权，其目的就是为实现美国全球石油战略和全球霸权战略服务。多年来一直作为世界石油主要生产和出口地的中东、非洲、拉美、中亚里海和俄罗斯远东地区，将继续成为未来世界油气资源争夺的主战场。目前，世界排名前 20 家大石油公司垄断了全球已探明优质石油储量的八成以上，全球可供勘探开采的油气资源空间越来越小，而中国在海外的石油资源产地大多分布在政治、经济不稳定的地区，这与中国经济发展的需求和中国对世界和平与稳定所做的贡献不相适应。因此，中国必须借助大国外交、经济合作和一定的制海权，在全球范围参与石油竞争，确保自己的海外石油市场份额和石油运输安全。除了在中东、中亚、俄罗斯和中国南海等富油区参与竞争外，还要参与西非、拉美、东南亚和大洋洲等地的石油开发与合作，寻求广泛的海外油气资源来源，以拓宽中国石油安全的国际空间。

其次，中国处在亚太地区新的能源消费增长中心，与周边的油气消费大国竞争激烈。近10年来，亚太地区已成为仅次于北美洲的新的能源消费中心。北美洲作为世界第一大石油消费区，其石油消费量在世界石油消费总量中所占比重有所下降，亚太地区的石油消费量增加了约7个百分点，成为世界石油消费第一增长大户。美国、中国、日本、韩国、印度等作为世界经济中的强国、大国或增长潜力巨大的发展中国家，都是石油消费大国和净进口国，其国内生产的石油和天然气远远赶不上需求的巨大增长，石油需求和消费的自给能力较低，对外依存度却不断增高。目前，北美消费的石油约为每天2400万桶，亚太地区消费的石油为每天2000万桶。美国、日本进口石油占石油消费总量的比重分别为60%和80%。其中中东原油占进口比重为：美国为22%、日本为98%、中国为50%以上，其他亚太国家约为73%。当前中国和印度等亚洲国家已成为亚太地区新的能源消费中心，快速增长的经济体以及独特的地缘政治经济联系，不仅使它们自己，也使它们与美、日等传统消费大国在世界石油市场上展开了激烈的竞争。

中国石油企业参与国际油气合作，在亚太地区遇到的最强竞争对手主要是美国、日本、印度和韩国等，其中与美、日的油气战略竞争最为激烈。中国作为联合国安理会常任理事国和世界经济发展最快的国家，在国际政治经济舞台上具有越来越重要的地位。布什政府上台之初即认为中国的经济发展和社会进步会对美国形成最大威胁。在21世纪里，中国是美国的战略竞争对手而不是战略伙伴，因此防范和遏制中国曾一度是布什政府对华政策的基点。虽然这一政策基点在“9·11”事件后转向了与中国合作反恐，但美国政府内心深处遏制中国的长期战略未变，一直试图将能源（主要是石油）作为遏制中国的重要手段。尽管世界上越来越多的国家赞赏中国一如既往地实行独立自主的和平外交政策和作为负责任大国对国际公共问题所作的巨大贡献，但“树欲静而风不止”，中国对石油需求进口的正常商业行为常常被过分“政治化”。在未来的中美关系中，石油可能成为另一个重大的、影响到双边或多边关系的不确定性因素。因此，不管自觉不自觉、愿意不愿意，在全球化浪潮中，中国别无选择，已经并将继续卷入世界油气资源领域的激烈竞争。任何企图回避竞争的想法都是不切合实际的。

从能源方面看，世界油价波动与世界石油供应链的连续和完整均具有不确定性，这是未来各国石油安全共同面临的一个问题，也是包括中国在内的各石油消费大国所严重关切和担忧的问题。由于石油不是一种普通商品，而是一种重要的原材料和战略物资，其全球供应链和价格机制除了受市场经济规律影响外，往往还受国际政治因素的制约，以至于石油价格常常体现出明显的“政治因素”。从1973年世界爆发“第一次石油危机”到2003年美英等国再次对伊拉克发动战争的30年间，世界油价经历了多次暴涨和暴跌，其中油价的多次暴涨都是由政治事件引起的。2004年5月，国际原油价格上升到每桶40美元，创下了自第一次海湾战争以来的新高，其重要原因之一就是政治因素——以伊拉克为中心的中东产油区的地缘政治风险在增大。从当前的国际石油供应态势看，在未来二三十年内，全球石油供应链似乎不会出现太大的问题，发生石油危机的几率很小，但是因政治因素，特别是战争因素会使世界石油市场价格出现波动，增大人们预测油价走势的难度，动摇石油投资者和消费者的信心，进而扭曲世界石油市场格局，阻碍世界石油市场一体化的发展进程。世界石油价格的波动和上涨，不仅将对诸如航空和运输等对石油依赖程度较大的行业产生严重冲击，而且使整个世界经济的稳定和发展都受到影响。对于上述风险，西方发达国家的承受能力显然要比发展中国家强得多。

从中国石油企业参与国际油气合作的现实看，受西方跨国石油公司的打压与遏制以及受产油国的排斥和刁难的事情时有发生，致使中国石油企业的国际运作步履艰难，屡屡受挫。为了进一步提高中国石油企业参与国际油气合作的成效，中国政府应对中国石油企业加强宏观指导，提高支持力度。我国的驻外机构也应积极参与能源外交活动，为中国石油企业在境外开展油气开发业务，积极提供便利和支持。

一、发挥政治作用，体现大国风范，提高国际地位

中国是世界上最大的发展中国家，也是联合国安理会常任理事国，应在国际事务中充分发挥政治作用，体现大国风范，努力提高国际地位。经济全球化使世界经济趋于密切化、利益共同化、安全共享化。但是这种利益分配、安全分享程度因国而异。一般而言，国际地位越重要，取得的话语权就越多，参与国际分工的程度就越深，赢面就大。对中国来讲，可从以下三个方面做努力：一是以公正公平姿态，积极参与国际市场竞争，其间要充分显示并发挥自己的优势，中国石油企业一旦取得市场优势，就能获得更多的话语权；二是中国石油企业拥有自己的技术特点和优势，因此应在国际能源市场上尽快确立属于自己的商业品牌和知识产权技术专利，并不断扩大影响，以此争取行业话语权；三是建立国与国、国家与地区的紧密关系，在经济领域实行结盟政策，在能源领域开展深层次合作，不仅要与中东海湾国家，还可以与西非、南美拥有石油资源的国家发展经济同盟关系。

二、积极争取国际石油定价权

目前我国利用世界石油资源主要有两种途径：一是通过石油贸易，从国外直接购买石油及石油产品，即“贸易油”；二是参与国外石油资源开发，建立海外长期的石油生产基地，稳定地获取“份额油”。一般而言，海外份额油掌握得越多，利用国外石油资源的主动权就越大。但现在贸易油还是我国海外油源的主渠道，份额油仅是辅渠道。因此，应尽快提高增加份额油。要实现这一目标，首先要打破西方大国对资源控

制权的垄断，把油价风险尽可能释放在国际市场中，在国际石油市场的采购价和采购规模上争取更多的主动权和发言权。其次，可考虑建立、开放石油期货市场，争取市场交易、交割规则的制定权，以此积极影响国际价格，改变过去那种被动承受的局面。中国的石油期货价格一旦成为国际油价的重要参考，中国石油的交易价格就有可能摆脱国际资本的控制和操纵。据媒体报道，上海石油交易所已于 2006 年 8 月 18 日重新挂牌开业，由上海久联集团有限公司和中国石油国际事业有限公司、中国石化销售有限公司、中海石油化工进出口有限公司、中石化国际石油公司共同出资组建，注册资本为 1.05 亿元。上海曾在 1993 年开设了石油交易所，品种涉及原油、汽油、燃料油等，总交易量一度占全国石油期货市场份额的 70%，曾是继伦敦、纽约之后的第三大石油期货交易所。但在一年后因政策原因关闭。而今，上海石油交易平台重新启动，旨在积极探索建立完善的现代石油市场体系，提高中国石油石化产品的交易水平，增强中国石油石化企业的国际竞争力。① 通过重新亮相开业的上海石油交易所，中国将建立起自己的市场价格标杆，进而影响远东甚至国际市场的实际交易价格。这样就能增加中国对石油进口价格的话语权，这也是它重新开业的最终目的。② 在 2006 年上海市社会科学界学术年会经济管理专场上，学部委员李扬教授称：上海石油交易所经一个时期的运营，特别是在天然气定价领域已明显收效，发挥了积极的作用，同时也有望获得影响国际石油价格的话语权。

三、积极创造良好的国际国内合作环境

创造良好的国际合作环境需要做好以下几个方面的工作：

---

① 蒋娅娅、孟群舒：《上海石油交易所开业》，《解放日报》，2006 年 8 月 19 日。

② 许超声：《石油定价上海发出自己的声音》，《新民晚报》，2006 年 8 月 21 日。

（一）改善国内投资环境

中国石油企业既要实施“走出去”战略，也要实施“请进来”战略。当前，在油气资源和产能不能满足国内实际需要的情况下，进口石油不可避免。为了确保稳定、充足的石油供应，参与国际合作与竞争，投资国际石油资源的开发是一种有效方法。但国际市场上争夺石油资源开采权和经营权的斗争十分激烈，合作机会比较少。因此，可以考虑鼓励外商来华建立石油炼制企业和成品油销售，而成品油销售市场特点是赢利较多且稳定。另外，中国成品油市场目前正在逐步对外资企业开放，所以应制定优惠政策引导那些希望进入成品油市场的外资企业，让外企炼制与销售挂钩。外企来华投资希望进入成品油销售市场的大多是国际老牌石油集团，在海外拥有许多石油开采权和经营权。开采和进口石油是其最擅长的业务。中国石油消费市场前景被普遍看好，许多外资企业都想进入这些领域，只要有相应政策引导，外资企业会积极参与。

（二）积极开展能源外交

当今世界，能源外交在国际石油资源角逐中的作用是不言而喻的。美、日、俄三大国在开展能源外交方面一直十分重视。从近些年的情况看，美国从事能源外交的特点是：确保既得油气利益，鼓励大公司抢占战略地区，为使这一目标顺利实现，甚至不惜以军事力量作后盾，通过军事实力来构建自已的石油帝国；日本的特点是：官商结合，灵活渗透，用钱开路，谋取资源；俄罗斯的特点是：左右逢源，权衡利弊，谋建欧佩克之外的另一世界油气供应市场。中国的油气自给能力已不能满足国民经济和社会发展的需求，因此积极开展能源外交已成为中国不可回避的现实任务，以确保国内的油气供应。这对中国而言，是一个较新的课题，政府有关部门提出的利用好国际国内“两种资源、两种资金”、开辟好国际国内“两个市场”的战略思想已有多年，但对中国石油企业博弈国际能源市场，政府方面真正予以宏观指导的仍较少，中国石油企业基本处于摸着石头过河、孤军奋战的境地，而来自外交机构的支持则缺乏主动性，职责不清，方向不明。

因此，中国应及早尽快扭转、改变这一局面。考虑到中国的具体国情，在“保内争外”战略思想指导下，中国应一边积极参与国际油气资源的开发，参加国际能源市场的竞争，在全球油气开发领域占领战略制高点；一边加强能源的国际合作，在日趋激烈的能源争夺战中占据主动地位。除积极地、有步骤地参加国际性和地区性的经济和能源合作外，中国还可以采取以市场换资源的方针，在中东、北非、中亚、东北亚和东南亚等地区的外交活动中强化能源外交，以此提高获取国际油气资源的安全系数。

（三）参与国际石油市场新秩序的建立

中国石油企业到境外进行石油勘探开发的跨国经营，应成为中国石油安全战略的重要组成部分，而非权宜之计。近10年来，中国共在26个国家开展了油气田合作项目，在7个国家获得了份额油，4年前的2002年就达2000万吨，约占中国原油产量的12%。目前中石油、中海油和中石化三大集团公司都在积极开展国际油气合作，以争得更多的海外石油。

随着中国经济的迅猛发展以及中国在世界经济格局中的地位不断提高，中国对世界石油市场的参与度、影响力正在逐步提高，在国际石油贸易、石油金融领域的作用越来越明显。鉴于中国目前的条件与国情，中国绝不应该成为世界能源市场上一个任人宰割的消费大国或进口大国，中国的石油企业应该发展成为实力雄厚、跻身世界前列的超级跨国公司。随着石油经济全球化进程的加快，中国应在世界石油勘探开发、石油供应、石油投资等领域发挥重要作用，在建立国际石油政治经济新秩序中，充当游戏规则的制定者、修改者和执行者，世界石油市场的受益者和维护者。

（四）确立合作型的新石油安全观，建立多边油气合作安全机制

石油安全问题不只是一个国家的问题，而是一个全球性的问题，无论国家强弱或大小，都面临着能否以合理的价格获得足够石油的问题。由于中国是一个人口众多、经济飞速发展的国家，因而石油安全问题更

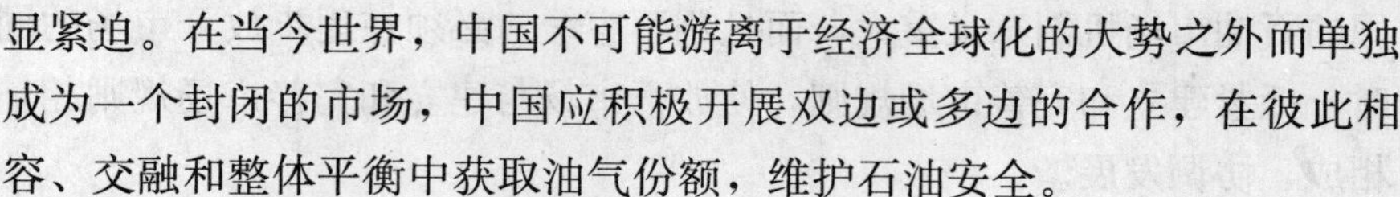

显紧迫。在当今世界，中国不可能游离于经济全球化的大势之外而单独成为一个封闭的市场，中国应积极开展双边或多边的合作，在彼此相容、交融和整体平衡中获取油气份额，维护石油安全。

（五）为中国石油企业开发国际油气资源保驾护航

中国石油企业在国际上以独资方式获取石油开采权容易引起同行业嫉妒，无形中遇到的障碍也会大量增加。这些障碍最终也会转化为成本，增加中国企业的资金支出。因此，可采用合资、参股、结盟的方式，灵活参与海外石油资源的勘探、开采、冶炼、销售，同样也可以获得原油、成品油或石油产品。对于那些在华投资的石油财团，中国石油企业应积极主动开展合作、打好基础，以便为将来共同开发海外资源做准备。

由于海外石油开发与贸易竞争激烈，加之中国石油企业在海外创业的时间不长、经验不丰富，因此政府和企业都有责任和义务积极创造条件，以提高中国石油企业进军海外石油市场的成功率。中国政府应为石油企业跨国经营提供外交、法律、制度和政策层面的支持。当前，一个国家要想获得经济发展、政治稳定、军事安全，不能没有充足、稳定、价格合理的石油供应。在当代国际关系中，石油既是各国政治外交的争夺对象，又是达到政治外交目的的手段。中国在开展国际政治活动或制定对外政策时，可通过多边外交、首脑外交、周边外交、经济外交、区域外交和大国间外交等多种外交手段，为中国石油安全创造有利的国际环境。与此同时，建立并健全企业境外投资管理制度，调整国家现行税收、信贷和外汇政策，设立海外油气风险勘探专项基金，鼓励石油企业进行国际融资，“走出去”参与国际资本市场和油气市场的竞争。此外，还可以通过其他灵活多样的方式加强与油气生产国、消费国和国际能源组织的沟通协调，为中国石油企业跨国经营创造宽松的国际环境。

四、积极参与建立现代石油市场机制

深化中国的油气市场化改革，加快中国的油气市场化进程，建立中国的石油市场机制意义重大，而且刻不容缓。必须在逐步放开市场的同时，抓紧建立和完善市场规则，使放开市场与建立和完善市场规则相辅相成、协调发展。

改革现有石油工业管理体制和市场准入机制，就是要求中国率先实现对内开放，放松进出口管制，打破石油供应方的寡头垄断。中国政府应鼓励民营企业投资石油行业，积极培育市场主体，促进有效竞争，在战略石油储备建设和管理中引入企业投资者，并逐步放开原油、成品油市场价格。此外，还应放开原油、成品油的定价机制，由市场需求决定价格，这对于稳定社会、促进企业发展、减少政府行政干预具有重要意义。

在石油市场体系的建设中，应该逐步形成规范、有序、公正、透明的市场规则，力争以完整的市场规则规范放开后的石油市场，并在相互磨合中使其尽快成长和完善起来。石油价格放开，没有期货市场不行。当前可考虑从石油中远期合同交易市场建设入手，逐步形成既有期现货、中远期合同以及期货和期权等多种交易方式的现代石油交易市场体系，最终完成中国的油气市场化改革。通过石油股指期货、期货期权交易，优化投资组合，提高收益和增强安全性，降低整个石油行业及石油制品的交易风险，增加企业赢利机会，从而为中国油气的可持续发展提供有力的体制保证。

第四节　中国的石油需求增长不会对世界构成威胁

中国经济持续稳定的快速增长，会带动能源需求相应增长，但不会造成世界油气供应紧张，更不会构成世界能源威胁。近几年国际油价持续上涨，不是中国造成的，一些石油消费大国不从世界经济的强劲复苏、美国石油库存、国际供求关系、地域政治、国际投机基金、地区冲突与战争、自然灾害等因素上寻找油价上涨的原因，只是把它简单地归咎于中国，并粗暴地谴责中国，有的国外媒体甚至提出了“中国能源需求对世界构成威胁”的观点，这既不符合实际情况，也是非常无理的。仅仅从石油消费看，近几年中国的石油消费虽已超过日本，成为世界第二大石油消费大国，但进口量还远低于日本，更不用说世界第一石油消费大国美国。2005 年美国的石油消费超过 10 亿吨，但国内的石油生产已降至 2.56 亿吨，巨大的供需缺口均需从海外补给。由此可见，中国的石油需求增长对于世界石油市场的供求平衡尚不足以构成威胁，但中国作为一个负责任的世界大国，有责任同国际社会一起，为平抑油价做出应有的贡献，使国际油价趋于更合理、更理性化。

中国是一个油气需求大国，同时也是一个油气生产大国，自身供应潜力很大，但从长期发展着眼，应充分利用世界共享资源。

一、油气需求快速增长，但对世界油气供应不构成威胁

近年来中国经济运行继续朝宏观调控的预期方向发展，总体形势良好。但中国的石油消费总量增长速度较快，2005 年和 2006 年中国油气供应总体偏紧。据报道，2005 年国内的原油需求量达到 3.1 亿吨，比 2004 年增长 6%左右，供需缺口约在 1.3 亿吨，需依靠进口解决，全年进口依存度超过 43%，比 2004 年提高近 2 个百分点。2005 年下半年，尽管国际油价继续在高位震荡，但全球能源需求仍十分强劲，国内的油气消费继续保持旺盛势头。由需求原因导致的能源紧张局面一时难以缓解，能源产品价格总体走势继续保持高位运行。

从历史经验看，大部分发达国家处在人均 GDP3000—10000 美元之间时，都经历了人均能源消费量快速增长、能源结构快速变化、石油需求比例上升的过程。中国的情况要比发达国家复杂得多，目前中国的工业化进程已加快、城市化进程已提速，城市新型消费热潮正在兴起，根据近几年国民经济的发展势头，到 2020 年基本实现工业化和全面建设小康社会，中国能源需求总量将达到 36.2 亿吨标准煤，中国的能源供应问题客观存在。

由于中国的经济腾飞带动了能源需求的迅速增长，因此国际上出现了一种把近年来国际油价高涨的责任归咎于中国的不和谐声音，即“中

国石油威胁论”时有耳闻。这是应该认真予以驳斥的。

(一) 近年国际油价高企并非中国能源需求快速增长所致

2004年5月13日，纽约市场国际油价涨至每桶41美元以上，创21年来原油期货最高收盘价位。此后，国际油价一直在高位徘徊，至2005年8月下旬最高超过70美元/桶。国际油价持续攀升的原因是多方面的。例如：世界经济的强劲复苏，世界石油库存降低及欧佩克削减产量，主要产油国和地区局势动荡紧张，国际垄断资本对油价的控制和操纵，美元贬值以及大型油田越来越少等等。尽管中国的经济增长和能源消耗与近期石油价格上涨不无关系，但如果把国际油价居高不下的原因简单地归咎于中国，那不是出于无知，就是出于偏见。中国经济增长对全球石油市场有影响，并且会长期存在，但决非是国际油价高企的根源。

长期以来，由于国际资本对国际油价的控制和操纵，中国对国际油价没有话语权，只是国际油价的被动承受者，而不是国际油价的积极影响者。例如：中国自产原油从勘探开发到卖出原油，除去管输、交接环节，成本不到20美元一桶，而2004年纽约商品交易所WTI期货平均价格为每桶41.47美元，这意味着中国进口原油的成本价格在40美元以上。在近期国际油价的上涨中，国际石油炒家们坐享每桶9—14美元的利润空间。现在中国虽已超过日本成为仅次于美国的第二大石油消费国，但是在国际油价体系中仍没有发言权，对国际油价的影响力不足0.1%。这也是中国国内油价经常波动的主要原因。由于亚洲地区尚缺乏成功的原油期货市场，因此亚洲地区不能通过期货市场的透明竞价机制形成油价。与中国不同，美国和欧洲都有成功的石油期货市场，可以取得比东北亚更有利的油价。中国每年的石油交易量巨大，但并没有成为国际原油定价的重要参数。如果中国石油期货价格成为国际油价中心之一，成为国际油价的重要参考，那么中国石油的交易价格就能够摆脱国际资本的控制和操纵，国际油价会更趋合理。

中国经济的快速发展，带动原油需求增长，导致进口量大幅攀升，成本增大。2004年中国累计进口原油1.22亿吨，增长34.8%，进口量增速为4年以来最快，进口价值339.1亿美元，增长71.4%。该年中国占世界石油需求增长量的30%左右，这与中国在过去10年中对全球经济增长27%的贡献大致相等。这也就是说，中国在世界石油需求增长总量中所占的比例与其在全球经济增长总量中的比例大致相当。作为日益增长的能源需求的潜在因素，中国的增长和稳定为世界提供了机遇而非挑战。由于国际原油价格屡创新高，2004年平均每吨进口价格比2003年上涨58.9美元，中国为此多支付外汇75亿美元，石化产品多支出61亿美元。①

随着中国进口石油数量的持续增加，国际油价的上涨对中国经济的影响越来越大。石油价格上涨对中国经济的直接影响表现为国内生产总值增长率降低和物价的上涨。据有关部门测算，国际油价每桶变动1美元，影响中国进口用汇46亿元人民币，直接影响中国GDP增长0.043个百分点。2000年国际油价上涨64%，影响中国GDP增长率0.7个百分点，相当于损失600亿元人民币。油价上涨会加大以石油为燃料或原料企业的成本，相应产品价格上升、企业利润空间缩小、企业竞争力削弱。直接受到影响的主要有航空运输、旅游、石油化工、汽车等行业。对于居民汽车消费，燃油上涨肯定会直接增加居民消费负担，抑制消费增长。油价上涨对中国经济的间接影响是：使以石油为主要燃料、原料的产品，因成本上升降低出口竞争力，而出口对象国因油价上涨使国际收支出现困难，进而降低进口能力。

（二）中国能源需求不会对世界能源市场构成威胁

中国的油气需求现在没有、将来也不会造成世界范围内的能源供应紧张，更不可能构成对世界能源供应的威胁。这是因为中国有着丰富的能源资源，无论是煤炭、石油、天然气，还是电力工业，都有着强大的能源工业生产体系和消费体系。据媒体报道，在新疆召开的油气勘探工作会议上，经专家评估，中国的油气资源比原来的第二次评估大大提高了。无论是石油还是天然气资源量，都有新的增长。

---

① 陈黛：《高油价的“代价”》，《第一财经日报》，2005年8月24日。

《BP 世界能源统计 2005》指出，中国石油进口量在世界总体进口量中所占的份额并不高。2004 年，美国原油进口高达 5 亿吨，日本为 2 亿吨，欧洲为 5 亿吨，中国仅为 1.22 亿吨，仅为世界各国原油进口量的 6.6%。事实上，油价上涨受害最大的还是发展中国家。

二、“中国石油威胁论”给我国带来的负面影响

近年来，中国经济快速增长带动中国能源进口数量不断增加，引起了某些世界大国特别是美国的“高度关注”和“忧虑”，认为美国在世界能源市场上正面临来自中国日益有力的竞争，“中国能源需求量的不断增加已构成对美国能源安全的威胁和挑战，美国与中国争夺能源供应方面的竞争会更加激烈”等等。日本也认为中国大量进口石油将引起世界石油市场的混乱，为了维护石油安全，中国可能采取军事手段，从而威胁到地区的稳定与安全。近年来，美、俄、日等国在国际石油市场上有意无意地干扰、排挤中国石油企业参与海外石油开发的几个实例就充分说明了这一点，同时也证明了所谓“中国石油威胁论”其实不过是嫁祸于人或转移视线的无理指责而已。

例一，2002 年 12 月中石油集团收购俄罗斯斯拉夫石油公司部分股权“搁浅”。中石油应俄方邀请，原定于 2002 年 12 月 18 日参加俄斯拉夫石油公司部分股权的公开招标。然而，就在招标的前一天，俄国家杜马投票通过了对 1993 年私有化条例的修改，把国有股份超过 25%的公司不得参与私有化这一规定的适用对象扩大到外国法人和自然人，中石油只得宣布退出竞标。

例二，原计划 2003 年底开工的中俄石油管道“安大线”，因日本力促建一条通向太平洋沿岸纳霍德卡的“安纳线”和美日关于“安大线”不利于俄罗斯国家安全战略的蛊惑而夭折。

例三，2003 年 5 月中国海洋石油公司和中国石化集团欲购买英国天然气集团在哈萨克斯坦里海北部油田的股份，由于现有股东“行使”优先收购权而先后“惜败”。

例四，2005 年 8 月 2 日，中国海洋石油集团公司宣布撤回对美优尼

科公司的收购要约。这是因为中海油竞购交易宣布后，在美国出现了前所未有的政治上的反对声音，甚至要取消或更改美国外国投资委员会多年来行之有效的程序，中海油为完成此项商业目的的竞购，曾做出多项承诺，以消除美国监管当局可能的担心，美国的政治环境使中海油很难准确评估成功的几率，对完成交易形成了很高的不确定性和无法接受的风险。尽管中海油不情愿，但不得不撤回其报价。[①] 中海油收购美优尼科石油公司案就此受挫。

上述事件的发生尽管是多种因素综合作用的结果，但“中国石油威胁论”及其夸大其词的数据推测却是一个不可忽视的重要原因。这种论调和不负责任的推测，损害了中国的国际形象和对外开放的环境，对开拓海外石油资源和建立资源保障体系极为不利。对此，中国政府必须予以高度警觉和重视，并通过一切必要手段，消除世人的误解和疑虑，为中国石油企业直面国际博弈，创造有利的国际环境。

第五节　参与中东油气合作有利于中国的和平发展

中国经济快速增长，综合国力不断增强，对地区事务的影响力明显增大，中国的和平发展已是不争的事实。伴随着中国的和平发展，中国已在国际事务中发挥越来越重要的作用，而中东国家则在中国的和平发展中扮演重要角色。一方面，中国的和平发展既需要包括中东国家在内的广大发展中国家的支持，也需要中东地区这样的展示平台；另一方面，经济持续发展是保障中国和平发展的基本前提，而石油则是实现其经济持续发展的基本支撑。鉴于目前以及今后相当长的一段时间内中国将面临石油供应持续紧张的局面，中东石油和中国石油安全的重要性日益突出。

① 常志鹏：《退出并购优尼科：中海油得到了什么?》，新华网，2005年8月3日。

一、中国开发利用国外油气资源的重要选区

要确保中国的和平发展，就必须确保油气资源的稳定供应，当前除合理开发利用国内的油气资源外，更应着眼于分享国际油气资源，参与国外油气资源的开发利用。中国石油企业到国外勘探开发国际油气资源，近期应以中东、中亚里海地区为主，其中尤其应以建有传统友好关系的发展中国家为先，在现有基础上，逐步扩大国际合作规模。从资源种类考虑，石油资源方面应加强与中东主要产油国的合作开发，天然气资源方面应加强与中亚主要产气国的合作开发。

中国石油企业参与国际油气合作，勘探开发国外油气资源的重点目标：

1. 中东地区（包括北非）。中东地区目前原油产量占全球的35%，石油出口量占全球的一半以上。中东地区不但油气资源丰富，而且生产成本低，石油地质条件好，不利因素是地域政治变数大，政治风险难以预测；

2. 中亚里海地区（包括俄罗斯）。这一地区油气资源同样丰富，21世纪初已成为全球最重要的油气供应地之一，着眼这一地区的油气资源对中国具有十分重要的战略意义；

3. 南美地区，即拉美、加勒比海地区。这一地区的石油资源也很丰富，其中的委内瑞拉拥有世界上最大的重油储藏量。2005年委内瑞拉拥有探明剩余石油储量109.2178亿吨，年产10625万吨；天然气探明剩余储量42870.52亿立方米，年产283亿立方米。

二、当前和未来中东地区是我国油气供应可倚重的主要来源地

中国要保持经济高速发展势头，必须解决石油短缺问题。目前的现实是：我国石油生产增长速度远不及经济发展对石油需求的增长。研究结果显示：未来14—15年内，中国石油产量至多只能满足国内需求的50%，其余将不得不依赖进口或搞国际合作开发。因此，在中东产油国

中间开展石油外交，或进口原油，或共同开发石油资源，已是今后不可回避的选择。

但是，在合理利用中东油气资源方面，我国国内一直存在着多种不同意见。由于中东地区局势错综复杂、反复多变、长期动荡不安，因此国内专家大都认为不可过分依赖中东油气，建议尽快实现石油来源的多元化。鉴于目前中国在海外获取石油的资源产地大多分布于政治经济不稳定的敏感地区，一些专家特别指出：这种情况不利于中国的石油安全，建议调整中国参与海外资源开发的战略布局。有些专家还提出，中国的石油对外依存度应控制在 1/3 的范围内，并且要立足于周边解决，即在对外依存的份额中，应从俄罗斯解决 1/3 左右，中亚地区解决 1/3 左右，其余 1/3 可继续依靠中东地区。① 这一石油来源的三分法，对于中国的石油安全是比较理想的，但在短期内难以实现。从世界石油资源的分布情况看，中东地区在世界油气储、产领域仍占主要地位，在可预见的未来，中东产油国作为我国主要石油来源地的地位不可能改变。目前，在全世界的 19 个特大型油田中，14 个集中在中东地区，中东地区的石油储量约占世界总储量的 61%，② 而生产成本又是最低的。尽管近些年中亚、非洲的石油产量都在增加，但中东原油仍在世界石油市场占主导地位，特别是中亚地区的资源条件和产量，无论如何都满足不了中国的 1/3 对外石油需求。目前中东产油国的探明剩余石油储量为 1093.78 亿吨，其中：西亚产油国的探明剩余石油储量为 1018.37 亿吨，北非产油国为 75.41 亿吨；石油总产量为 13.34 亿吨，其中：西亚产油国的石油产量为 11.31 亿吨，北非产油国的产量为 2.03 亿吨。③ 按中东产油国目前的增产能力，到 2010 年约可达 14.1 亿吨/年，到 2020 年约可达 19.25 亿吨/年。按中东产油的剩余石油储量估算，中东产油

---

① 中国现代国际关系研究院经济安全研究中心：《全球能源大棋局》，时事出版社，2005 年版，第 248—250 页。

② 请参阅中东油气资源部分，以下同。

③ 梁刚：《2005 年世界石油储量和产量（数据表）》，《国际石油经济》，2006 年第 1 期。

国的这一石油产量和出口，至少可以维持到21世纪中期。因此，从全球范围看，能够长期维持大规模石油生产及输出的地区主要是中东地区，能够长期稳定向中国提供石油的地区也主要是中东地区。我国这些年正在积极探索走能源来源多元化道路，但无论在什么情况下，中东油气都会是我国石油的海外主要来源，其他地区资源只能是战略性的多元化补充资源。

由于中东局势长期动荡不安，国内媒体对世界石油供应的安全担忧是可以理解的。中东地区是全球冲突和动荡持续时间最长的热点地区，也是当代恐怖主义活动最为活跃的地区之一。尤其是最近几年，恐怖主义者常以石油设施和从业人员为袭击目标，造成国际油价出现恐慌性震荡，同时也对中东产油国造成了较大冲击。舆论认为：恐怖分子对于中东石油的破坏要比再次制造类似“9·11”那样的事件容易得多，所能引起的全球性能源危机、经济和政治恐慌也要大得多，因此国际投资者对中东地区安全形势表示担忧是有理由的。现在已经有一些国际大石油公司减缓了对中东产油国的投资，国际资本一度也有向中东以外地区转移的迹象。此外，伊拉克战争后，美国和阿拉伯国家的矛盾不断加深，它提出的旨在改造阿拉伯和伊斯兰国家的“大中东计划”遭到阿拉伯国家的普遍反对；它在伊拉克深陷泥潭，不能自拔；它同中东产油大国沙特阿拉伯的关系日趋紧张。由于担心和中东国家的关系恶化，同时重新认识到了过分依赖中东石油的危险性，美国正试图调整其石油战略。伊战后，美国推出的全球能源新政策，提出了向阿拉伯国家和伊斯兰国家降低石油进口的目标，同时积极关注中亚、高加索和撒哈拉以南的非石油输出国组织成员国。

但是，从另一方面也应该看到，自从1973年和1979年先后爆发两次震撼世界的石油危机以来，世界石油安全形势已发生了重大变化。在全球化进程中，石油生产国和石油消费国在经济上相互依存度日益加深，对抗已被对话取代，稳定石油市场和减少价格波动已成为共同利益。如果油价过高，可能影响到世界经济的恢复和增长。而世界经济的滞胀，会带来石油需求的进一步减少。产油国的石油卖不出去，反过来可能导致低价销售，损害石油国的利益。如今人们更多的是关注石油价格的稳定，而不是能源供应的短缺。原油价格的大幅度波动决不仅仅是供求关系造成的，有时可能是由国际垄断资本及国际大投机商操纵所致。从经济学角度看，石油的价格是由世界市场决定的。美国表示要降低对中东能源的依赖程度更多的是一种政治姿态。美国能源专家和学者指出：世界仍然使用来自中东地区的石油，确保获得这一地区的能源对美国仍有着生死攸关的意义。今后，把海湾石油作为第一供应来源仍将是美国的基本政策，中亚里海地区的油气资源将作为发生战事时的补充供给来源，只是美国不会允许石油重新成为中东地区左右国际政治和市场的"王牌"，中东石油对美国的重要性略有所下降。具有讽刺意味的是，虽然布什政府正在中亚、高加索和撒哈拉以南等非石油输出国组织地区推进新的石油边境，但海湾地区的主要石油生产国——沙特阿拉伯、伊朗、科威特甚至伊拉克仍然控制着世界能源供应的数量和价格。

迄今为止还没有一个石油消费大国能够真正减少对中东油气的依赖，这就是目前中东油气资源在世界油气资源中的地位和影响。这些年来，欧洲、亚洲的主要石油消费国对中东石油的依赖程度不降反升，美国更是从未放弃对中东石油的控制。中国需要实施石油来源多元化战略，但当务之急不是考虑如何去降低对中东油气的依存度，而是如何加大对中东地区的能源外交力度，做好中东石油大文章。当前，中东产油国都已加快石油经济一体化及多种经营的战略调整步伐，从而为中国充分利用这一地区的石油资源提供了契机。①

三、中国具有与中东国家开展能源合作的独特优势

中国和中东地区的所有国家都长期保持着良好的政治关系，中东国家对中国普遍友好。过去，该地区绝大多数国家曾为恢复中国在联合国合法地位做出过重要贡献，双方在一些重大国际问题上互相支持。多年来，许多中东国家在人权问题、台湾问题和中国加入世贸组织等问题上一直给予积极的支持，在建立国际政治新秩序的斗争中双方有较多的共

① 吴磊：《中国石油安全》，中国社会科学出版社，2003 年版，第 151 页。

同语言。当前，阿拉伯世界正处于困难的转型时期，面临巨大的改革压力。伊拉克战争后，阿拉伯国家对美国备感失望，矛盾加深。它们日益不满美国和西方的政治、经济、军事和外交压力，对中国的认同感和期望值增加，同时希望中国利用自己同中东地区各国都保持良好关系的优势，在中东地区的事务中发挥独特作用。近年来，随着中国综合实力的增强和国际地位的提高，中东国家对中国的发展模式兴趣日增，它们密切关注并看好中国的发展，希望同中国开展更紧密的合作，交流改革经验。与此同时，中东地区作为中国周边战略的重要组成部分，以及主要的石油供应地，对中国对外战略和石油安全的重要意义日渐凸显。"9·11"以后，中东地区处于一个新的国际环境之中，地区矛盾更趋错综复杂，中东局势的发展对中国周边战略环境、整体安全形势、中国与阿拉伯国家和伊斯兰世界的关系以及中国在中东地区的现实和长远利益，均具有特殊的重要意义。

当一些国家还在对中国的发展感到担忧，甚至散布"中国石油威胁论"时，中东国家对中国的发展普遍投以赞赏和期待的目光，愿为中国喝彩。"中国石油威胁论"在中东地区几乎没有市场。阿拉伯大使委员会主席夫塔哈·马迪 2002 年 5 月 27 日在中阿关系研讨会上说："所有的阿拉伯人都在以赞赏的目光注视中国国际地位的提高、文明作用的加强以及经济的繁荣和技术的进步，并祝愿中国能早日实现民族统一。同样，所有的阿拉伯人都认为，与中国在各个领域的协商、对话和合作将给双方乃至世界带来巨大益处。"马迪表示，阿拉伯国家"已经注意到中国作为安理会常任理事国为使我们阿拉伯地区避免战争灾难所做的努力。同时，我们也在关注中国为结束包括外国占领在内的战争对伊拉克的影响所做出的努力。"通过这些话语我们不难感觉到，中东国家从未像今天这样高度关注中国，这种关注和它们对自身命运与前途的思考密切相关。这为中国推进睦邻友好的大周边外交创造了条件，也为双方的石油合作提供了政治上的保证。

中东地区的主要产油国都以"油气立国"为本，对这些国家而言，石油的"销售安全"和消费国的"供应安全"几乎具有同等的重要意义。因此，中东产油国对于既拥有充足的外汇储备，又具有巨大潜力的石油消费市场——中国怀有极大的兴趣，希望能在能源领域与中国发展长期稳定的合作。近年来，中东产油国纷纷表示，希望中国公司参与该地区的石油勘探和开发。科威特研究机构提供的报告指出：中国经济的迅速发展，已成为一个必须持续跟踪的重要课题。该报告还认为：中国将对世界能源市场尤其是石油市场、全球市场战略及政治关系产生重大影响。中东地区产油国十分清楚，结成重要的贸易伙伴和建立利益相关的经济关系，是促成包括中国在内的世界大国积极维护该地区的和平与稳定，保障产油国安全和利益的重要基础。从中国石油企业开展海外油气开发合作的实践看，搞好与中东产油国的能源合作，既有利于落实中央“两种资源、两个市场、两种资金”的战略思想，也有利于保持中国国民经济的持续稳定发展，实现中东产油国与中国的互利双赢和共同发展。① 在经济全球化条件下，落实新的资源安全观就是要在资源国和消费国之间相互依存，双赢（多赢）互利，在同一个能源市场体系下共同发展。② 中国石油企业充分利用中国与中东产油国的传统友好关系优势，积极开展油气合作，与他国共求双赢的举措，既符合国际“新资源安全观”③，也有利于中国的和平发展。而中国与中东产油国在政治经济上的共同需要，则奠定了双方油气合作的可靠基础。

三、合理竞争，加强合作，保障和平发展

中国的和平发展以及对石油需求的激增是一个全球关注的问题。今后中国在利用世界石油资源方面必然会面临与世界主要石油消费国之间的激烈竞争。美国东西方研究中心的专家公开表示，美国已在利

---

① 朱训：《朱训论文选：矿业卷》，中国科学出版社，2002 年第 3 版，第 394—398 页。

② 杨光：《中东非洲发展报告（2004—2005）》，中国社会科学文献出版社，2005 年版，第 105 页—110 页。

③ 安蓓：《中国石油企业走出去符合国际“新资源安全观”》，新华网，2005 年 9 月 24 日。

用中亚里海油气资源方面对中国形成了“抢先”之势。今后在利用中东石油资源上，中国不但要与美国展开竞争，还要与日本和韩国竞争，这种竞争有时甚至很激烈。有专家指出：21世纪前30年，世界经济发展热点在东北亚环“日本海地区”，该地区近几年对石油的需求增长较快，达8%—10%。目前亚洲所需能源的70%以上来自中东地区。据专家预测，到2010年，亚洲每天从中东地区进口的石油可能多达1900万桶。

国外对中国迅速发展及中国石油需求快速增长的担忧甚至不安是客观存在的。中国和东盟国家就南中国海的一些岛屿归属问题存在争议，人们因此担心中国对石油需求的增加会导致中国和周边国家关系紧张。美国一些分析家称，中国“和平发展”的理论存在许多“薄弱环节”，主要是中国对石油和原材料的需求“会妨碍其睦邻友好政策的执行”，甚至连和中国有着友好关系的俄罗斯也担心中国发展会对其构成安全威胁。一些国家的舆论认为：美国控制中东地区和里海地区石油资源的目的，主要不是为了保障自己的石油供应，而是为了向潜在的对手中国施压。俄罗斯《独立报》认为：美国打击伊拉克的根本目的是企图通过控制中东石油这一战略资源，从而遏制俄罗斯、中国和印度的发展，保证美国的单极霸权地位。美国世界政策研究所高级研究员詹姆斯·瑙特称，一旦发生台海战争，美国可能对中国实施石油禁运。

中国作为世界石油进口大国的新成员，其迅速增长的进口势头引起了国际社会的普遍关注，一些国家对此心存疑虑。为了保障石油供应，争取世界各国对中国和平发展的认同和支持，中国必须在中东石油问题上调整思路，强调合理竞争，加强多边合作，强化双赢及共赢意识，与各国共同确保能源安全，要让各国了解中国在中东地区是一个稳定性力量而不是一个竞争性力量。中国为保障石油的安全供应，首先将促进中东地区的长期和平与稳定，保证中东石油能够持久稳定地供应国际市场，这与各国利益是一致的，也符合中东国家的利益。另外，还有专家说，石油经济是经济全球化的代表，世界石油工业的发展史就是一部国际合作的发展史。在经济全球化的形势下，新的资源安全观就是要在资源国和消费国之间相互依存，双赢（多赢）互利，在同一个能源市场体系下共同发展。中国企业到海外寻求油气合作、与他国共求双赢的举措，符合国际“新资源安全观”。

然而，我们也必须意识到，世界上没有一个国家能够仅靠自身力量来完全解决本国的石油供应安全问题。今后在需求和供应方面，各国之间相互依存性将日益增强。加强各国之间全球性能源协调与合作势在必行。美国大西洋协会资深研究员、前助理国务卿帮办玛莎·哈里斯在谈到亚太地区能源安全问题时指出，至少在今后 20 年里，亚洲不断扩大的石油供求缺口将使该地区国家不可能依据排外的、民族主义的方式来追求石油供应安全。美国人和亚洲人都必须意识到，不加强合作，谁都不能取得石油供应安全。在全球化趋势下，中国与世界其他石油消费国家或供应国家的相互依赖程度正在不断增加。中国需要世界，世界也需要中国。一方面，中国有更多的机遇参与国际能源合作与开发；另一方面，中国的能源需求增长，也为世界提供极大的市场。中国对石油日益增长的需求有可能导致中国进一步融入国际经济体系。

作为世界石油消费大国，中国应当为亚洲经济发展及石油供应安全做出自己相应的贡献。现在，中国的专家学者已在“以合作取代竞争”方面形成共识，即中国应当联合亚洲，特别是联合对中东石油供应严重依赖的日、韩等国，共同担负起促进中东政治与经济稳定方面的责任，建立亚洲（东亚）石油安全供应保障体，由多个国家共同承担石油风险，总体上加强地区的集体抗风险能力，分享节能技术，提高本地区的能源使用效率；建立地区的共同石油储备体系；在困难时相互调配，减缓因油价异常波动给成员国经济带来的冲击；在国际能源市场上共同发挥影响；建立东亚国际供应管线体系等。

在中国的能源安全中，最为重要的是石油供应安全。中国正在走向世界。中国需要通过正常的国际经济活动迅速扩大包括石油利益在内的全部经济利益。在制定中国石油安全战略方面，既应保持与沙特、伊朗、阿曼等中东产油国以及俄罗斯、安哥拉的油气合作关系，也应考虑与亚洲能源短缺国家，特别是东北亚国家建立新的能源合作关系，在共同的能源纽带中彼此合作，建立诚信，这无疑是一种一举多赢的选择，同时也有利于和谐世界的构建。

总之，中国需要尽快确立基于新的全球观和安全观之上的中国石油安全战略，并将其融入对外战略总框架。在此框架下，加强对中东地区的石油外交，确保石油进口安全与石油资源开发利用的有效合作。

附 录

世界石油公司名称中外文对照表

公司名称	外文简称
阿拉伯油气管道公司	ACOG
阿布扎比陆上石油开采公司	ADCO
阿布扎比液化气公司	ADGAS
阿布扎比天然气工业公司	ADGASCO
阿布扎比海上石油开采公司	ADMA-OPCO
阿布扎比石油公司	ADNOC
阿吉普公司	AGIP
阿吉普	AGIP
卡塔尔阿勒萨尼公司	Al-thani
阿美拉达赫斯公司	Amerada Hess
阿莫科石油公司	AMOC
阿纳达科石油公司	Anadarko
阿帕契公司	Apache
阿科公司（大西洋富田公司）	Arco
沙特阿美石油公司	Armco
巴林国家石油公司	Bapco
德国 BASF 公司	BASF

续表

公司名称	外文简称
美国柏克德公司	Bechtel Corporation
英国 BG 公司	BG
英国石油公司	BP
英美 BP-Amoco 合资公司（英国石油公司—美国阿莫科石油公司）	BP-Amoco
西班牙石油公司	cepsa
谢夫隆公司	Chevron
千代田化工	Chiyoda Corporation
中石油勘探开发公司	CNODC
中海油集团公司	CNOOC
中石油集团公司	CNPC
大陆菲利普斯（康菲石油公司）	Conoco Phillips
德意志银行	Deutsche
印度建筑公司	DODSAL
海豚能源公司	Dolphin
迪拜天然气公司	DUGAS
意大利爱迪生天然气公司	Edison
西班牙埃格天然气公司	Egagas
埃及天然气公司	EGAS
埃及石油公司	EGPC
恩德萨公司（恩维思）	Emdesa
以埃合资东地中海天然气公司	EMG

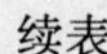

续表

公司名称	外文简称
西班牙伊萨造船公司	Engagas
巴基斯坦 ENGRO 化工公司	ENGRO
意大利埃尼集团	ENI
意大利埃尼—阿吉普公司	ENI-Agip
阿联酋国家石油公司	ENOC
美国埃索公司	ESSO
突尼斯国有石油公司	ETAP
埃克森莫比尔	Exxon mobile
福斯特惠勒	Foster Wheeler
俄罗斯天然气工业股份公司	Gazprom
法国天然气公司	GDF
天然气合成油	GTL
海湾石油公司	Gulf Oil petroleum
美国亨（汉）特石油公司	Hunt Oil
现代公司	HYUNDAI
伊朗国家石化公司	INPC
日本 INPEX 公司	INPEX
国际石油公司	InterOil
伊朗海上工程建设公司	IOEC
日本伊藤公司	ITOCHU
日本天然气公司	JGC

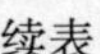

续表

公司名称	外文简称
韩国天然气公司	Kogas
科威特油气公司	KUOFP
拉斯米纳斯公司	Lasminas
韩国 LG-CALTEX 公司	LG-CALTEX
德国林德公司	Linde
瑞典伦丁石油公司	Lundin
丹麦马士基公司	MAERSK
日本丸红株式会社	Marubeni
俄罗斯马歇诺进口公司	Mashino import
梅尔哈夫公司	MERHAV
三井物产株式会社	MITSUI
商船三井	MOL
澳大利亚诺务斯能源公司	NAE
芬兰耐思特石油公司	Neste
加拿大奈克森石油公司	NEXON
伊朗国家石油公司	NIOC
利比亚国石油公司	NOC
挪威水电海德鲁公司	NORSK HYDRO
澳大利亚诺务斯公司	Novus Euergy
西方石油公司	Occidental Petroleum
伊朗石油工业工程建设公司	OIEC

续表

公司名称	外文简称
利比亚国家石油投资公司	Oilinvest
阿曼 LNG 公司	OLNG
奥地利能源公司	OMV
印度石油天然气有限公司	ONGC
阿曼石油公司	OOC
奥瑞克斯	ORYX
印度石油天然气有限公司下属海外投资公司 ONGC-Vedish Ltd.	OVL
美国西方石油公司	OXY
葡萄牙石油公司	Parted
阿曼石油发展有限公司	PDO
宾州石油公司	Pennzoil
印尼国家石油公司	Pertamina
加拿大国有石油公司	Petrocanada
伊朗法尔斯（波斯）石油公司	Petrofars
马来西亚国家石油公司	Petronas
马来西亚国有石油公司	Petronas Karigaly
泰国勘探生产公司	PTTEP
卡塔尔燃料添加剂公司	QAFAC
卡塔尔化肥公司	QAFCO
卡塔尔石化公司	QAPCO
卡塔尔液化天然气公司	Qatargas

续表

公司名称	外文简称
卡塔尔化工公司	Q-CHEM
卡塔尔通用石油公司	QGPC
卡塔尔塑料制品公司	QPPC
卡塔尔乙烯基公司	QVC
马来西亚联熹公司（兰希尔）	Ranhilll
拉斯拉凡液化天然气公司	Rasgas
印度电信公司	RELIANCE
西班牙雷普索尔公司	Repsol
皇家荷兰壳牌集团	Royal Dutch/shell
南非沙索石化公司	Sasol
沙迦天然气公司	SHARLCO
壳牌石油公司	Shell
西伯利亚石油公司	Sibneft
中石化集团公司	SINOPEC
意大利司南普吉提公司	Snamprogetti
阿尔及利亚国有油气公司	Sonatrach
叙利亚国家石油公司	SPC
挪威国家石油公司	Statoil
苏丹石油公司	Sudapet
日本住友公司	SUMITOMO
苏诺克公司	Sunoco

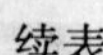

续表

公司名称	外文简称
日本帝国石油公司	Taikoku Oil corp
俄罗斯鞑靼石油公司	TATNEFT
法国德希尼布中东分公司	Technip
道达尔公司	Total
道达尔菲纳埃尔夫公司	TotalfinaELF
土耳其国家石油公司	TPAO
比利时动力集团	Tractebel
特朗贝 LNG	Trombay
土耳其杜布拉斯炼油公司	TUPRAS
乌姆达克开发公司	UDECO
西班牙联合飞诺沙公司	Union Fenosa
美国尤尼科公司（美加州联合石油公司）	UNOCAL
英国精炼公司	Valero
美国维利迪公司	Verities（Veritias）
荷兰 Vopak 公司	VOPAK
利比亚西部天然气公司	WLGP
亚姆特蒂斯公司（美以合资公司）	YAMTHETIS
也门燃料公司	YFC
也门石油公司	YOC
也门国家石油矿产事务公司	YOMINCO
南韩 YuKong 公司（现 SK 集团子公司）	YuKong
扎库姆开发公司	ZADCO
俄罗斯国有石油公司	Zarubezneft

主要参考文献

1. 朱训：《中国矿情（第三卷 非金属矿产）》，科学出版社，1999年版。

2. 朱训：《朱训论文选（矿业卷）》，科学出版社，2000年版。

3. 朱训：《关于中国能源战略的辩证思考》，《中国能源》，2003年第9期。

4.《中国能源展望》编写组：《中国能源展望2004》，清华大学出版社，2004年版。

5. 国家统计局工业交通统计司与国家发改委能源局：《中国能源统计年鉴2004》，统计出版社，2005年8月版。

6. "十五"国家高科技发展计划编写组：《能源发展战略研究》，化学工业出版社，2004年版。

7. 中国石油集团经济和信息研究中心：《世界石油年鉴2003》，石油工业出版社，2004年版。

8. 美国能源部能源信息署：《国际能源展望2004》（中文版），清华大学清华BP清洁能源研究与教育中心翻译，清华大学出版社，2004年版。

9. 经济合作与发展组织国际能源署编著：《世界能源展望2002》，中国石化出版社，2004年版。

10. [俄] 斯·日兹宁：《国际能源政治与外交》，华东师范大学出版社，2006年版。

11. 周大地主编：《中国能源问题研究2003》，中国环境科学出版社，2005 年版。

12. 杨光：《中东非洲发展报告（2004—2005）》，中国社会科学文献出版社，2005 年版。

13. 中国现代国际关系研究院经济安全研究中心：《全球能源大棋局》，时事出版社，2005 年版。

14. 中国企业管理研究会：《中国能源企业的战略选择与管理创新》，中国财政经济出版社，2004 年版。

15.《中国能源发展报告》编辑委员会：《2003 中国能源发展报告》，中国计量出版社，2004 年版。

16. 葛艾继、郭鹏、许红等：《国际油气合作理论与实务》，石油工业出版社，2004 年版。

17. 查道炯：《中国石油安全的国际政治经济学分析》，当代世界出版社，2005 年版。

18. 倪健民：《国家能源安全报告》，人民出版社，2005 年版。

19. 冯跃威：《石油博弈》，企业管理出版社，2003 年版。

20. 王革华等：《能源与可持续发展》，化学工业出版社，2004 年版。

21. 浩君：《石油效应——全球石油危机的背后》，企业管理出版社，2005 年版。

22. 赖向军、戴林：《石油与天然气——机遇与挑战》，化学工业出版社，2005 年版

23. 安尼瓦尔·阿木提：《石油与国家安全》，新疆人民出版社，2003 年版。

24. 王家枢：《石油与国家安全》，地震出版社，2001 年版。

25. 吴磊：《中国石油安全》，中国社会科学出版社，2003 年版。

26. 王丰、刘洪义、李建华：《石油资源战》，中国物资出版社，2003 年版。

27. 安维华、钱雪梅：《海湾石油新论》，社会科学文献出版社，2000 年版。

28. ［黎巴嫩］哈菲兹·巴尔加斯：《围绕阿拉伯石油的国际争斗》

(阿拉伯文版)，贝鲁特白伊桑出版社，2000年版。

29. Госкомстат СНГ。

30. Данные национальные экспертов。

31. Survegy of Energy Resources 2001. WEC。

32. Energy balances of non-OECD countries. OECD. Paris. 2000—2001。

33. Energy balances of OECD countries. OECD. Paris. 2000/2001。

34. Примдетов С. Центральая Азия : леалии и перспективы экономической интеграции. М. 2000 г。

35. Вячеслав Вашанов，доктор эконом. наук，руководитель Центра исследований экономических проблем СНГ; Михаил Михайлов, заместитель генерального директора АО "Ростоппром"，《ТЭК России и стран Центральной Азии》, 12: 42 14.02.2005 Журнал "Панорама Содружества" № 2，2005 г。

36. Диагностический доклад 《Рацтольное и эффективное использование энергетических ресурсов в Центральной Азии》. Публикация ЕЭК ООН 2004 г。

37. Energy balances of non-OECD countries. OECD/IEA. Paris，2003。

38. Национальные программы перпестивного развития энергтики стран Центральной Азии。

39. Примбетов С. Центральная Азия: реалии и перспективы экономической интеграции. М. 2000 г。

40. Вячеслав Вашанов，доктор эконом. наук，руководитель Центра исследований экономических проблем СНГ; Михаил Михайлов, заместитель генерального директора АО "Ростоппром"，《ТЭК России и стран Центральной Азии》, 12: 42 14.02.2005. Журнал "Панорама Содружества" № 2，2005 г。

41. 《В БОЛЬШОЙ ИГРЕ ВОКРУГ КАСПИЙСКОЙ НЕФТИ РОССИИ ВЫПАЛА ХОРОШАЯ КАРТА》。

42. Иен Макдональд，генеральный директор КТК《КТК: РАСШИРЕНИЕ СИСТЕМЫ СОХРАНИТ ПРЕИМУЩЕСТВА》。

43. Игорь ИВАХНЕНКО《Приложение к газете “Коммерсантъ”》 11 Nov 2004

44. Р. Оруджев，《Милитаризация Каспия усиливается》，26. 12. 2004，“Эхо” http：//www. iamik. ru/ 19512. html 28. 01. 2005 12：11。

45. Иран планирует разработку нефтяных месторождений на Каспии。

46. Москва. 17 февраля. ИНТЕРФАКС。

图书在版编目（CIP）数据

中东、里海油气与中国能源安全战略/钱学文等著.—北京：时事出版社，2007.9
ISBN 978－7－80232－133－5

Ⅰ.中… Ⅱ.钱… Ⅲ.①石油资源－研究－中东②石油资源－研究－里海③能源－国家安全－研究－中国 Ⅳ.P618.130.6 TK01

中国版本图书馆CIP数据核字（2007）第150029号

出版发行：时事出版社
地　　址：北京市海淀区万寿寺甲2号
邮　　编：100081
发行热线：(010) 88547590　88547591
读者服务部：(010) 88547595
传　　真：(010) 68418647
电子邮箱：shishichubanshe@sina.com
网　　址：www.shishishe.com
印　　刷：北京昌平百善印刷厂

开本：787×1092　1/16　印张：46.75　字数：696千字
2007年11月第1版　2007年11月第1次印刷
定价：95.00元